中国文化遗产研究院

中国传统村落文化研究

（上册）

裴王强 著

项目编号：2019-1-4

中国文化遗产研究院基本科研业务费专项

"中国传统村落文化研究与中国文化遗产保护"课题

图书在版编目（CIP）数据

园林建筑体系文化艺术史论：上下册 ／ 赵玉春著．
—— 北京：中国建材工业出版社，2022.3
（中国传统建筑与中国文化大系 ／ 赵玉春主编）
ISBN 978-7-5160-3340-1

Ⅰ．①园… Ⅱ．①赵… Ⅲ．①园林建筑－建筑史－研
究－中国 Ⅳ．①TU-098.42

中国版本图书馆CIP数据核字(2021)第223349号

园林建筑体系文化艺术史论（上下册）
Yuanlin Jianzhu Tixi Wenhua Yishu Shilun（Shangxiace）

赵玉春　著

出版发行：中国建材工业出版社
地　　址：北京市海淀区三里河路1号
邮　　编：100044
经　　销：全国各地新华书店
印　　刷：北京天恒嘉业印刷有限公司
开　　本：787mm×1092mm　1/16
印　　张：46.75
字　　数：820千字
版　　次：2022年3月第1版
印　　次：2022年3月第1次
定　　价：520.00元（上下册）

序 言

　　"中国传统建筑与中国文化大系"是中国艺术研究院所属建筑与公共艺术研究所承担的院级重点科研项目，内容涉及中国传统建筑体系，包括宫殿、礼制、寺观、民居、公共、园林、陵墓等七个主要类型，以及与之相关的传统营造技艺。

　　中国学者研究中国传统建筑文化的历史可追溯至中国营造学社创立之际。该学社是以建筑文化研究为主旨的，在述及学社缘起时，社长朱启钤在"中国营造学社开会演词"中说："吾民族之文化进展，其一部分寄之于建筑，建筑于吾人生活最密切，自有建筑，而后有社会组织，而后有声名文物，其相辅以彰者……"因此，"研求营造学，非通全部文化史不可，而欲通文化史，非研求实质之营造不可"。早期营造学社虽然有此初心，但囿于历史条件，实际的研究工作还是侧重于建筑考古和实例调查方面，重点是"营造法式"的诠释和考证，解译"法式"与"则例"的密码。早期除寻访佛寺遗存外，逐渐将调研范围扩展到宫殿、陵墓，而后又将园林、民居等纳入了研究的视野，研究对象基本涵盖了传统建筑的主要类型。至于对中国建筑史作整体性、贯通性的研究，主要还是在新中国成立以后的事情，如国家建设部门在20世纪50年代和80年代两次集中全国学术力量，组织撰写了中国古代建筑史，其中对建筑体系类型的研究继续成为传统建筑研究的重点，如对各朝代的建筑体系论述基本还是以类型来进行的。与此同时，对古代建筑体系的研究范围和视角也有了更广泛的扩展，如建筑技术、建筑艺术、建筑空间，以及各种建筑专题研究等，如《中国建筑技术史》《中国建筑艺术史》《中华艺术通史》之"建筑艺术"部分等。从营造学社开启的中国传统建筑与文化研究迄今已近百年，人们对研究的内容和取向越来越持开放的态度，建筑文化也越来越成为共同的话题，其中的一个重要趋向就是由对物的研究转向对人的研究，这既是一种研究的深化，也是当代社会文化发展的现实反映，表明了人们对人自身的关注和反思，实质也就是对文化的普遍关注。

　　建筑是文化的容器，缘于建筑是人们生活的空间。容器也罢，空间也好，其主角是人与人的活动，人的活动应包括设计、建造、使用、思想、赋义等在内，由此也构成了建筑文化的全部。古人将中国传统建筑分为屋顶、屋身、台基三段，所谓上、中、下三分，并将其对应天、地、人"三才"。汉字"堂"原指高大的台基，象征高大的房屋，若从象形角度看，其中也隐含着建筑基本构成的意味，上为茅顶，下为土阶，"口"居中间代表人，并以"口"为尚，表示对人及活动的重视。汉字"室"也有相近含义，强调建筑是人的归宿及建筑的居住功能。"堂""室"二字常常连用表达建筑的社会功能和空间划分，如生活中常说的"前堂后室""登堂入室"等。再如古汉字角（京），与堂一样也具有高大、尊贵的含义，杨鸿勋先生考证其原指干栏建筑，上为人字形屋顶，中为代表人的"口"，或指人活动的空间，下为架空的基座。由此可见，无论是南方干栏木屋，还是北方茅茨土阶，建筑的构成都是反映了古人意念中的天、地、人之同构关系。古人把建筑比同宇宙，而"宇宙"二字都含有代表建筑屋顶的宝盖，所谓"上栋下宇，以待风雨""四方上下曰'宇'，古往今来曰'宙'"等。反过来古人又把自然的天地看成一座大房子，天塌地陷也可以如房子一样修补，如女娲以石补天，表明了古代中国人对建筑与宇宙空间统一性的思考。

对建筑文化研究而言，需要理清什么是建筑，什么是文化，什么是建筑文化等基本问题，以及三者的关系等。建筑文化研究不是单纯的建筑研究，也不是抽象的文化研究，不是历史钩沉，也不是艺术鉴赏。在叙事层面，是以建筑阐释文化，还是以文化阐释建筑，还是将建筑文化作为客观存在的本体，这又将涉及如何定义"建筑文化"，进而确定建筑文化研究的对象、范围、特征、方法等，以及研究的价值和意义。就像对文化有多种不同的解释一样，关于建筑文化也会有多种不同的解释，但归根结底，建筑文化离不开建筑营造与使用，离不开围绕在建筑内外和营造过程中的人与人的活动等。梁思成先生在其《平郊建筑杂录》等著作中的很多观点都值得我们特别关注，如"建筑之规模、形体、工程、艺术之嬗递演变，乃其民族特殊文化兴衰潮汐之映影……今日之治古史者，常赖其建筑之遗迹或记载以测其文化，其故因此。盖建筑活动与民族文化之动向实相牵连，互为因果者也。""中国建筑之个性乃即我民族之性格，即我艺术及思想特殊之一部，非但在其结构本身之材质方法而已。"即一个建筑体之形成，不但有其物质技术上的原因，也"有缘于环境思想之趋向"。相应于其他艺术作品中蕴涵的"诗意"或"画意"，梁思成先生还创造性地提出了"建筑意"的用语，即存在于建筑艺术作品中的"这些美的存在，在建筑审美者的眼里，都能引起特异的感觉，在'诗意'和'画意'之外，还使他感到一种'建筑意'的愉快。"

以宫殿建筑体系文化研究而论，宜以皇帝起居、朝政运行、仪礼制度为中心，分析宫殿布局、空间序列、建筑形态、建筑色彩、装饰细节、景观气象等。在这种视角中，宫殿作为彰显皇权至上的最高殿堂，是弘扬道统的器物，宋《营造法式》中说过："从来制器尚象，圣人之道寓焉……规矩准绳之用，所以示人以法天象地，邪正曲直之辨，故作宫室。"《易传》中将阴阳天道、刚柔地道和仁义人道合而为一，转化成了中国宫殿建筑的设计之道。礼制化、伦理化、秩序化、系统化，成为中国宫殿建筑设计与审美的最高标准。反过来，建筑的礼制化又加强了礼制的社会效应，二者相辅相成；以园林建筑体系文化而论，园主的社会地位、经济实力、文化身份等，往往是园林形态与旨趣的决定因素，园林虽然可以地域风格等划分，更可根据园主不同身份、地位、认知、理趣等进行分类，如此可有皇家、贵胄、文人、僧道、富贾等园林，表达各种不同人群不同的生活方式与理想等；以民居建筑体系文化而论，表现了人伦之轨模。以其文化为锁钥，可以将民居类型视为社会生活的外在形式，如在中国传统合院式住宅的功能关系就是人际关系以及各式人等活动规律的反映。中国重情知礼的人本精神渗透在中国社会各个阶层生活之中，建筑作为社会生活的文化容器，从布局、功能、环境，到构造、装修、陈设等莫不浸染着这种文化精神……

再以营造技艺为例，其研究对象不等同于建筑技术，二者虽有关联但也有区别，区别之关键就是文化。对于中国不同地域风格的建筑，现在多是按照行政区划分别加以归类和论述，但实际上很多建筑风格是跨地区传播的，如藏族建筑就横跨西藏、青海、甘肃、四川、内蒙古，且藏族建筑本身也有多种不同风格类型，按行政区划归类显然完全不适合营造技艺的研究。基于地域建筑的文化差异，陆元鼎先生曾倡导进行建筑谱系研究，借鉴民俗学方法，追踪古代族群迁徙、文化地理、文化传播等因素，由此涉及族系、民系、语系等知识，有助于对传统建筑地域特征、流行区域、分布规律等有更准确的把握。按民俗学研究成果，一般将汉民族的亚文化群体分为16个民系，其中较典型的有八大民系，即北方民系（包括东北、燕幽、冀鲁、中原、关中、兰银等民系）、晋绥民系、吴越民系、湖湘民系、江右民系、客家民系、闽海民系（包括闽南、潮汕民系等）、粤海民系。由于建筑文化的传播并非与民系分布完全重合，实际上还有材料、结构、环境、历史等多重因素制约。基于建筑自身结构技术体系和形成环境原因，朱光亚先生提出了亚文化圈区分方法，如京都文化、黄河文化、吴越文化、楚汉文化、新安文化、粤闽文化、客家文化圈七个建筑文化圈，加上少数民族建筑圈如蒙古族、维吾尔族、朝鲜族、傣族、藏族文化圈共12个建筑文化圈。

营造是人的建造活动，就营造技艺研究而言，围绕着以工匠为核心的人来展开研究，应该更切合非物质遗产研究的特点，例如以匠系及其人文环境为主要研究对象，探讨其形成演变过程及规律，以求为技艺特点和活态存续做出合理的解读。从近年来申报国家非遗项目中的传统营造技艺类项目来看，项目类型大多与传统民居有关，说明民居建筑营造技艺与地域、民族、自然、人文环境的关系更为密切，也反映出活态传承的根基在民间。立足于代表性的营造技艺现在活态传承实际情况，同时结合文化地理、民俗学（民系）、建筑谱系研究的成果，也可尝试按照活态匠艺传承的源流，将较典型、影响较大且至今仍存续的中国传统营造技艺划分为北方官式、中原系、晋绥系、吴越系、兰银系、闽海系、粤海系、湘赣系、客家系、西南族系、藏羌系等匠系。此外，在匠系之下，又有匠帮之别。匠帮不同于匠系，匠帮是相对独立的工匠群体、团体，并有相对流动、交融、传播的特征。匠系强调源流、文脉、体系，而匠帮较强调技术、做法、传承。匠帮是匠系的活态载体，匠系则是匠帮依附的母体。只有历史、地域文化、工艺传统共同作用才能产生匠帮，他们在营造历史上留下鲜活的身影，如香山帮、徽州帮、东阳帮、宁绍帮、浮梁帮、山西帮、北京帮、关中帮、临夏帮等。

中国建筑文化可以同时表现为精神文化与物质文化两种形态，并存于典章制度、思想观念、物化形态和现实生活当中；也可以表现为精英文化与草根文化，前者光耀乎庙堂，后者植根于民间，二者相互依存、交融，都是中华文化的重要组成部分，是中华文化的血脉和基因，共同构成了中国建筑文化的整体。从文化角度而言，建筑虽有类型体系之分，而并无高下之别，宫殿、礼制、寺观、民居、园林等建筑体系类型，都是人们应因自然环境和社会文化等而结成的经验之树和智慧之花，都需要我们细心体察。如果说结构是建筑的骨架，造型是建筑的体肤，空间是建筑的血脉，那么文化可以说是建筑的精气神。执此观念并将其表达在建筑文化叙事中，或可成为这套《中国传统建筑与中国文化大系》的初衷，也是这套丛书区别于一般建筑史或建筑类型研究的特色。同时，这套丛书主要也是以文化艺术史论的形式，对中国传统建筑相关的文化内容等进行较全面的阐释，适合建筑学专业的研习者、设计师、大学生和传统建筑与文化爱好者阅读。由于各种体系的传统建筑营造目的多有不同，其历史信息和文化内涵也自然会有所不同，因此《中国传统建筑与中国文化大系》中每一本专著的体例和字数等也会有所不同，如此或更适于不同的读者进行选择。

刘 托

2021 年 4 月于北京

目录

《 上 册 》

下　册

上卷

中国传统园林建筑体系的前置性问题

园林建筑体系文化艺术史论

第一章 中国传统园林建筑体系前置性问题综述

第一节 本专著撰写的背景、目的与内容

笔者是建筑学专业出身，从毕业至今主要从事建筑艺术与历史研究，物质与非物质文化遗产保护研究，各类策划、规划与设计、教学和工程咨询等工作。在从事上述工作和其他社会工作过程中，经常会遇到有关中国传统文化方面的问题。笔者发现，凡是遇到此类问题，大家往往首先想到的是属于"经""史""子""集"以及佛教和道教等方面的内容，但结果又常常是说不清、道不明，如所引用的内容，或狭窄片面，或支离破碎，以致要说明的问题不得要领等。中国传统文化的范畴固然广泛，不同研究领域的切入点也大不相同，但笔者以为，中国传统文化不应该只是一些较抽象的概念，一定是与具体的"事物"相关联。而若能系统地厘清每一类具体的"事物"自身，以及与之相关的传统文化之间的对应关系，实际上也就构建了一座不再抽象的中国传统文化的大厦。至于这座"大厦"的价值，在不同的历史时期或不同的领域会有不同的体现，而所构建的内容只需客观、真实和具体。为此，笔者一直有意识地积累素材，计划写几本不同类型的中国传统建筑体系与相关的传统文化关系方面的专著。

在中国传统建筑体系的研究方面，之前已经有很多学者做出了很多的成就与贡献，大致可以分为五大类：

（1）偏重于中国传统建筑实例的年代鉴别，以及相关构造与技术的挖掘和总结类成果等。以中国营造学社成立以来，朱启钤、梁思成、刘敦桢等前辈的研究成果为开端并为代表，如梁思成先生所著的《清式营造则例》《营造法式注释》等，还包括他们所著的大量的学术论文等。

（2）由专家学者撰写的有关中国传统建筑体系的通史类成果等。近几十年以来，这类内容的研究可谓硕果累累，包括笔者参与撰写的十几卷本的《中华艺术通史》《中国建筑艺术史》和《中外美术交流史》等。但由于这些专著属于通史，或可能存在深入性不足等问题。

（3）由专家学者撰写的有关中国传统建筑体系的专史类成果等。近几十年以来，这类内容的研究成果也非常多，如《中国建筑技术史》等。其中，园林专史类的以童寯先生所著《江南园林志》、刘敦桢先生的《苏州古典园林》、陈从周先生所著《苏州园林》、杨鸿勋先生所著《江南园林论》、周维权先生所著《中国古典园林史》、汪菊渊先生所著《中国古代园林史》等为代表。

（4）由专家学者撰写的有关中国传统建筑体系史论和美学类成果等。直至目前，这类内容的研究成果还比较少，以萧默先生所著的《敦煌建筑研究》、侯幼彬先生所著的《中国建筑美学》为代表。

（5）由建筑学或非建筑学专业背景学者撰写的，有关中国传统建筑体系其他方面的研究成果等。此类研究的内容很多也较庞杂。其中由非建筑学专业背景学者撰写的，无论在某些方面的成果多么突出，但凡是涉及具体的传统建筑本身的问题，大多就显得力不从心了，以至于反过来会影响到其观点的正确性和准确性，毕竟建筑学的专业性和实践性是道绕不过去的坎。

而笔者所设想的专著类型需要具备如下特点：其一是具体阐释的某类传统建筑，必须具备较完整的系统性、准确性和深入性；其二是与具体的某类传统建筑相关的传统文化内容，必须具备较完整的系统性、准确性和深入性；其三是前述两项内容必须做到精准对应，并突出对相关传统文化和历史现象包括历史事件的解读。当然，这些设想与前面所总结的学术成果的最大不同，主要是体现在写作的目的不同和阐释的问题不同。

就具体的"园林建筑体系文化艺术史论"这一主题而言，笔者虽早有设想，但因以往其他学者的研究成果在很多方面已经是硕果累累，且笔者自身的学识和能力有限，终难下笔。但笔者在研究和准备的过程中也发现，在以往的研究成果中，还存在着很多关键性的不足，并且这些不足并非属于个别现象，很多已经"约定成俗"。这反而促使笔者更加深入地研究与思考相关的问题，同时也促使笔者能集中精力，力争尽快地完成这一主题的研究工作。另外需要注意的是，中国传统园林属于传统建筑体系的一部分，故本专著所称"园林建筑体系"，是对这类建筑体系的称谓，非单指园林中的具体建筑。

在中国古代社会，对建筑体系内容的研究非常少，至今能阅读到的相关历史文献，主要有如下内容：较早简单地概括介绍城市规划、宫廷建筑和礼制建筑营造方面的，有《考工记·匠人营国》；具体的建筑设计、施工和造价方面的，有宋代《营造法式》、明代《鲁班营造正式》《新镌京版工师雕斫正式鲁班经匠家镜》和清代的《工程做法则例》；礼制建筑理论和内容方面的，有二十五史中的"吉礼"部分和唐朝杜佑的《通典》等；园林方面的，有《淮南子·本经训》《水经注》和《二十五史中的《地理志》《本纪》《列传》中的"只言片语"，还有西汉刘歆（或东晋葛洪）的《西京杂记》、东汉郭宪的《洞冥记》、东魏杨炫之的《洛阳伽蓝记》、北魏姜质的《亭山赋》、北周庾信的《小园赋》、六朝佚名的《三辅黄图》、唐杜宝的《大业杂记》、唐李华的《贺遂员外药园小山池记》、唐李德裕的《平泉山居诫子孙记》、唐白居易的《太湖石记》《池上卷并序》等、宋徽宗的《艮岳记》、北宋李格非的《洛阳名园记》、北宋祖秀的《华阳宫记》、北宋孟元老的《东京梦华录》、南宋周密的《武林旧事》、南宋吴自牧的《梦粱录》《吴兴园林记》、明王世贞的《游金陵诸园记》、明文震亨的《长物志》、明计成的《园冶》、明末清初李渔的《一家言》、清陈梦雷的《古今图书集成》、清吴伟业的《张南垣传》、民国徐珂的《清俾类钞》，等等。还有各类通志（如《析津志》）和大量的无法一一列举的诗词歌赋等。

在以上所举历史文献记载的内容中，能够初步并直接阐明建筑与文化关系且稍成体系的，反而是二十五史的"吉礼"部分的内容，主要为各朝皇帝与大臣或群臣之间的相关对话等，其中既有阐释也有争论，包括对部分礼制建筑体系形制的阐释与介绍等。至于历史文献中记载的与传统园林建筑体系相关的，无论是与文化的关系还是美学思想等，多属于"只言片语"。

在现代，中国学者系统地研究中国传统建筑体系方面的工作始于 20 世纪初期，如在前面简单介绍过的以 1930 年 2 月在北京正式创立的"中国营造学社"为标志。朱启钤任社长，梁思成、刘敦桢分别担任法式、文献组的主任。学社从事古代建筑实例的调查、研究和测绘，以及文献资料的搜集、整理和研究，编辑出版《中国营造学社汇刊》等。截止到 1946 年"中国营造学社"停止活动，编辑出版的《中国营造学社汇刊》共计 7 卷 23 期 22 册，约 5600 页，其中插图约 1600 页。研究中国传统园林建筑体系的开山之作是童寯先生的《江南园林志》，该书虽然完成于 1937 年，但直到 1962 年才得以出版。

然而有趣的是，时至今日，在中国传统建筑体系的研究方面，各类研究成果最多的反而是与园林建筑体系相关的内容。研究所依据的内容包括遗留至今的园林实例、遗址、遗迹和前述各类历史文献资料等。

笔者发现，与中国传统园林建筑体系相关的研究成果，以遗留至今的传统园林实例等作为依据的，最多的是属于对"看得见、摸得着"的具体内容的解读，结论的差异性不大；而以前举历史文献资料中的相关内容作为依据的，因为资料本身就庞杂多样且没有系统性，再加上研究者个人在学识和其他相关问题认识上的差异，使得很多研究成果的结论，可以用"盲人摸象"来概括。进一步讲，即便是盲人能够摸到大象的所有部位，也并不代表一定能还原出一头完整的大象。

在以往的与"中国传统园林建筑体系"相关的研究成果中，"约定成俗的问题"可以三个常见的问题为例：

（1）研究"中国传统园林建筑体系"所依据的传统文献资料内容，多为各类文学作品等。其中很多描述的内容本身，就不可避免地属于作者情绪化、艺术化以至随意和夸张的表达，还有很多属于作者应景之辞，甚至是口不对心的谎言。因此，以这类本身存在缺陷的历史文献资料作为研究的依据，稍不注意就可能得出偏颇甚至错误的结论。下面笔者列举三首古人在欣赏传统园林场景后，因有所感而作的诗词，可以检验我们能否仅凭借这三首古诗词，便能大致判断出作者的身份，以及所描写的是属于哪种类型的园林场景等：

"霏香红雪韵空庭，肯让寒梅占胆瓶。最爱花光传艺苑，每乘月令验农经。为梁谩说仙人馆，载酒偏宜小隐亭。夜半一犁春雨足，朝来吟屐树边停。"

"月转风回翠影翻，雨窗尤不厌清喧。即声即色无声色，莫问倪家狮子园。"

"幽兰泛重阿，乔柯幕憩榭。牝壑既虚寂，细瀑时淙泻。瑟瑟竹籁秋，亭亭松月夜。对此少淹留，安知岁月流？愿为君子儒，不作逍遥游。"（答案在中卷第四章）

再回到前述正题，那些"有缺陷"的历史文献资料中所传达的内容，既包括属于广泛的社会学范畴的内容，也包括对具体事物描述的内容。前者如对所谓的"隐逸文化"的有意拔高等，后者如可能对园林的内容、形态和艺术效果的有意夸张等。以前者为例，在以往的研究成果中，"约定成俗"并老生常谈的观点有：私家园林建筑体系的发生与发展主要与魏晋时期隐逸文化的发生与发展相关。以此为出发点，赋予了私家园林建筑体系在营造技艺及与之相关的美学、哲学、文化、艺术，特别是与之相关的个人品德和修养等方面的意义。并且，以艺术修养和艺术成果等方面的内容，与所谓的人格品德挂钩，这也是我们以往思维惯性的误区。其实与隐逸文化相关的"隐逸行为"便有"真隐"与"假隐"的根本性区别，并且既有显性的"假隐"，又有直至今日我们也很难判断的"假隐"，因此以"隐逸"之名标榜私家园林建筑体系的很多社会价值甚至是艺术价值等，很难经得起推敲。

例如，苏轼在其《于潜僧绿筠轩》中说："宁可食无肉，不可居无竹。"如果我们以"居有竹"代表拥有私家园林，很显然"居有竹"和"食有肉"仅在经济学上就是不可同日而语的概念。实际上，无论是遗留至今的私家园林建筑体系的实例，还是以历史逻辑较全面地分析历史文献的内容，均显示出，在满足拥有者作为其闲适、奢侈甚至是奢靡的生活载体的诉求方面，绝大多数的私家园林建筑体系与皇家园林建筑体系的本质并无二致。这类问题会在以后的章节中深入地讨论与阐释。

（2）遗留至今的历史文献资料的多寡与时间的关系可以比喻为"金字塔"规律，即距今年代越久远，流传至今的历史文献资料就越趋向于金字塔的顶部，也就是数量就越少，而距今年代越近，历史文献资料就越趋向于金字塔的底部，数量也就越多。这本属于一般性的常识。那么在某些事物或内容并不存在技术类障碍的前提下，以不同历史时期的文献资料中所记载的相同内容的多寡，去反推这些内容在真实的历史时期存在数量的多寡，就有可能犯下低级的错误。而这类错误在以往的很多研究成果中并非罕见。

例如，依据相关历史文献资料，以往很多研究者认为，在中国传统园林建筑体系中，"掇山""叠山"或"叠石"等的大量应用，发端于东汉至魏晋南北朝时期"士人园林"的兴起，且主要是由士人与"隐逸"相关的文化情怀所致，如"寄情山水"的情怀等。并且这些"叠石"等的应用、技术和美学思想等，至隋唐时期才发展到了成熟阶段。

历史文献资料确实表明，在魏晋南北朝及以后时期，与这类内容相关的描述确实是越来越多、越来越细致。但笔者认为，这一现象主要受四个方面因素的直接影响：首先是受如上所阐释的历史文献内容的"金字塔"现象规律的影响；其二是"叠石"等内容，在北宋之前的大型皇家园林中，并非需要重点关注与描述的内容（更重要的是各类高台建筑和大型的山体等）；其三是"叠石"等毕竟属于较原始的工程技术（艺术效果仅是因人的营造而异），并不如传统木结构建筑技术的发展那样需要千年累积；其四是因绝大多数私家园林的规模较小，整体上对各类园林要素内容和规模等必然要有所限制，拥有者的"情趣"也必然是集中于其所能拥有的内容上，那么文学作品描绘的逐渐增多与更加细腻也就成为了必然。例如，在那些相对属于小型的私家园林中，从未出现过如大型皇家园林中的很多内容，也就无从描述。

鉴于以上原因，以遗留至今的文字作品描述的多寡和细腻程度等，不足以判定"叠石"等在早期的古帝王与皇家苑围或园林中运用的情况。

进一步讲，从魏晋至唐宋以来，私家园林中的以叠石技术营造的"假山""置石"和其他造园手法以及相关的美学思想等（如"以小见大"），主要是为了适应这类私家园林规模的"小"而发展出来的。其中的很多内容在大型皇家园林中也并无必须采用的必要。两种园林在观念的表达方面有着很大的不同，并且即便是处于平原地带的皇家园林，在隋唐之前与之后时期，也几乎是完全不同的两种形态。尽管如此，在《淮南子·本经训》中已经明确说明至晚在西汉时期的大型皇家园林中，已经普遍地存在"叠石"等技术内容，并且无任何文献证明这类"叠石"等技术内容就不精巧细腻。因此在这类相关问题的研究中，不宜以"初级""发展""成熟"等惯性思维习惯，去套用和评判传统园林建筑体系本身和与之相关的文化及美学思想等。再如，仅就私家园林建筑体系自身来讲，遗留至今的江南私家园林，不一定就比西汉时期的私家园林更"成熟"，只是记载后者的历史文献只有"只言片语"，况且还是描述大型私家园林的"只言片语"，如袁广汉的私家园林（详见本卷第三章中相关内容的阐释）。

（3）历史文献资料表明，以隋唐时期为大致的时间参考点，之前和之后平原地带的皇家园林表现出两种截然不同的空间内容和空间形态。并且又以北宋汴梁"华阳宫"的"艮岳"为标志，历史文献资料表明，这座皇家园林与我们熟知的清朝时期的皇家园林，甚至是与我们熟知的江南私家园林等，在很多方面都有着相似性，如堆山叠石和建筑形式的选择等。因此"约定成俗"的观点是，在隋唐时期，皇家园林建筑体系开始或已经走向了成熟阶段。不知这种结论的依据是什么，是否凡属于与我们熟悉的内容与形式相同或相似就意味着"成熟"？这属于哪种历史或科学逻辑？实际上无论是秦汉及前后，还是隋唐及北宋时期的皇家园林，我们对它们的认知都是来自于历史文献的记载。若从皇家园林建造目的之角度来讲，秦汉及前后时期的皇家园林，其空间内容、空间形态和艺术效果等，远比隋唐及以后时期的皇家园林要丰富得多。并且秦汉及前后时期的皇家园林也有大量的堆山叠石等。这类内容也会在以后的相关章节中深入讨论与阐释。

以往研究成果中存在的各种问题在此无须一一列举，也将在以后的相关章节中深入讨论与阐释，并且这类内容也将是本专著需要重点阐释的内容。

第二节　与中国传统园林建筑体系相关的传统文化

关于"文化"，世界上并没有统一的概念，因此也就无法确切地回答"文化是什么"，而一般却可以说出几乎无所不包的"某某文化"系列，如"姓氏文化""岭南文化""饮食文化"，等等。在此，我们可以借用英国人类学家爱德华·伯内特·泰勒（Edward Burnett Tylor）在其所著的《原始文化》一书中对文化的表述作为参考，即"知识、信仰、艺术、道德、法律、习惯等凡是作为社会的成员而获得的一切能力、习性的复合整体，总称为文化"。（注1）与文化相近的又有"文明"一词，如"农耕文明""东方文明""精神文明"，等等。至于"文化"与"文明"的关系，有三种不同的观点：其一，两者是同义的；其二，文化所包含的概念要比文明更加广泛；其三，文明是物质的，文化是精神的。从有关文化与文明相关内容的各类论述来看，把两者视为同义的情况更为普遍，如"航海文明""航海文化""新石器文明""新石器文化""西方文明""西方文化"等，分别所说的都是同一类内容。因此我们在以后的相关论述中暂且采用这一观点。

笔者以为，就文化的具体内容来讲，可以归纳为如下三类基本内容：其一是精神层面的各种观念、学说，即非物质性的"世界观"，如哲学观、宗教观、科学观、伦理观、社会观、法制观等；其二是以精神层面的内容为基础，延伸同为非物质性的，且可能包含某些行为或曰实践性的内容，如社会制度、法律制度、风俗习惯、道德规范、语言文字、宗教活动、教育传承、科学实验、医学治疗、生产实践、文学和艺术品创作、表演和体育竞技活动等；其三是以精神层面内容为基础，结合具体的实践活动所创造的物质性内容，如具体的建筑、雕塑、绘画、各类器物和工具等。很显然，就第三类内容而言，受精神层面内容影响的程度不可能很平均。

具体到与中国传统园林建筑体系相关的传统文化，既是清晰明确的，又是复杂多变的，有礼制文化、宗教文化、与礼制文化和宗教文化都相关的鬼神文化、隐逸文化、理学文化、文人士大夫文化、世俗文化、书法绘画文化等。其中的某些文化内容之间不一定都有明显的界线，有些还可能属于包含关系，又有些是原生性的，有些是从域外输入的。另外，就与其相关的礼制文化和宗教文化来讲，它们的发展与演化又受到科学发展的影响等。因此，厘清这些文化内容的起源、内涵和外延等，与具体的不同类型的中国传统园林体系的关系，以及园林与其拥有者个人特质的关系等，是笔者将要贯穿始终并重点阐释的内容。但首先要强调说明的是，中国传统园林建筑体系的营造，都是有着使其成为生活空间载体的物质性内容的营造（包括宗教与礼制建筑园林），并且是有着巨大成本的营造（相对于诗词、书法和绘画等创作而言），因此对其形态影响最深刻的首先是基本目的，而在相同历史时期最终决定各种差异的关键因素，是拥有者自身所具备的政治地位与经济能力等。从建筑历史的角度看，自然还包括不同时期的建筑形式等。因此，虽然中国传统园林建筑体系在其发展或曰延续的历史中，确实受到过各种文化的影响，但大多数文化本身并无指导园林营造的能力。相对而言，因为中国古代社会的皇帝等拥有绝对的特权，包括政治、行政、经济、资源、动员等方面的控制能力，所以在以文化观念等指导园林营造方面更加游刃有余，具体说就是礼制文化。而对于绝大多数私家园林来讲，个人有限的政治和经济能力以及因"张扬"可能带来的各种负面的社会影响等，是限制其文化观念指导园林营造的关键。因此就绝大多数私家园林来讲，在其发展或曰延续的历史中就出现了两种现象：其一是在纯粹的语境和语言等层面上赋予了私家园林以至于园主本人很多文化方面的意义，并且这类"意义"不断地被累积、放大，以至于形成了一种虚幻的社会共识；其二是基于园林规模等的约束，发展创造出了适应于这种规模的营造技艺，包括相关的情趣和美学思想等。因此总体来讲，中国传统园林建筑体系与文化的关系，并非都属于一一对应的关系。这也是以往研究中国传统园林建筑体系最大的陷阱与误区。

本专著的研究内容是中国传统园林建筑体系与中国传统文化之间的关系，包括不同类型的传统园林建筑体系的不同特点等。因遗留至今的传统园林建筑体系实例多为清朝时期所营造，所以本专著中的"传统"的时间概念，可以限定为中国古代社会结束之前。

注1：爱德华·伯内特·泰勒（Edward Burnett Tylor）：《原始文化》，连树声译，上海文艺出版社1992年8月出版，第1页。

第三节　前置性问题的主要内容和必要性

本专著既非建筑通史亦非专史，在系统性地总结各个历史时期的各类园林建筑体系的空间内容与空间形态的基础上，以园林谈文化，亦以文化谈园林，当然亦包括相关的历史与文化内容的梳理与总结等，内容的跨越性和跳跃性都比较大。并且一些概念性的问题和共性问题等，不宜在正文中过多地重复论证与论述。因此在行正文之前，首先要简要并明确地说明几个相关的前置性问题，以便于读者在阅读中卷和下卷正文中相关问题的阐释时，能从宏观层面加以理解。这些问题包括：

（1）中外传统建筑技术成就的比较。中国传统园林建筑体系的基本形态固然与中国传统文化相关，以往的研究成果也多以"文化"作为切入点并得出相应的结论。但这类研究如果从一开始便仅盯住特定的文化而忽略其他，其中的很多结论就难免出现偏颇或整体性的认识不足等问题。因为无论中外，任何传统建筑体系的基本特征都脱离不了其整体的建筑环境特征和建筑技术形态特征等，中国传统园林建筑体系同样不能例外。例如，以往的研究成果多把"文化"解释为中国传统的"山水园林"形态形成与延续的唯一依据。笔者以为，这样的结论显然是完全忽视了中国传统建筑体系整体特征，特别是技术特征的客观因素。因此本专著在行正文内容之前，有必要简单地介绍、阐释和比较中外传统建筑体系技术成就的不同特点等，这样也有助于不同专业背景的读者对"中国传统园林建筑体系"的存在与特征等能有整体性的更深刻的理解。在此，笔者提出了中国传统建筑体系本身就有"泛园林化倾向"的概念与成因。同时，这也是专业研究"中国传统园林建筑体系"不应再忽视的基本问题。

（2）中国传统园林建筑体系的基本内容。这看似是一个常识性的基本问题，但笔者以为却是最核心的问题。从建筑空间艺术的角度来讲，在中国传统建筑体系中，传统园林建筑体系的艺术成就最高，这也是即使在近代，还曾经对英国乃至欧洲的古典园林风格产生过冲击与深刻影响的根本原因。中国传统园林建筑体系的基本内容，既包括"实"的要素内容，如山、水、建筑、植物等，也包括"虚"的要素内容，即特殊的"空间形态"。但这并不是因有"实"的客观存在，就必然会形成"虚"的"空间形态"那么简单，而是要有目的、有手法地去组织"实"与"虚"的内容，共同形成一个有别于自然形态的虚实交映的"空间内容"与"空间形态"。即便如此解释了，这似乎还是属于基本的常识性问题。但笔者发现，在以往的很多研究成果中，这又是一个最容易被忽视的问题。例如，假如笔者说："把中国传统建筑与山、水、植物等放在一个空间内，就自然会形成中国传统园林建筑体系。"恐怕大多数研究者都不会认可这样的结论。但以往的很多研究成果，在对待历史文献资料上，哪怕其中只有与园林要素等内容相关的"只言片语"，便马上被确定为园林，也就是在不经意间不自觉地认可了前面的结论。因此在行正文之前，首先要简单地梳理这个看似简单的问题。更详细的阐释，将在下卷中展开。

（3）中国传统园林建筑体系的范围。与上一个问题相关，在以往的研究成果中，这一体系的内容非常宽泛，如包含了古帝王与皇家园林、私家园林、公署园林、礼制与宗教建筑园林、书院园林、楼邸园林（由笔者提出）（注1）、公共自然风景区园林等。仅就私家园林建筑体系来讲，拥有者的成分就非常复杂，还可以分出很多类型，另有建在不同地点之别和大小之别等。研究者所依据的资料，既包括从清代遗留至今的传统园林实例和其他实例（注2），又包括大量的各类历史文献的记载等。以至于最终研究成果存在的问题是：到底哪些内容（包括实物的和资料的）属于"中国传统园林建筑体系"范畴，往往都模糊不清了。因此在行正文之前，有必要厘清并明确"中国传统园林建筑体系"的范围问题。为此笔者提出了"社会学意义的园林"和"建筑学意义的园林"的概念和它们之间的区别。只有首先弄清楚两者之间的概念和区别，才能真正地认清历史中的某些社会文化问题，并进一步理解中国传统园林建筑体系的根本性特点。

另外，在正文的行文中，为了能更加清晰、连贯地表述不同类型的传统园林建筑体系自身及其文化，和与更广泛的社会文化之间的相互关系，以及不同类型的传统园林建筑体系发展脉络等，将以"古帝王与皇家园林建筑体系"和"私家与其他园林建筑体系"各自独立成卷。且因为"古帝王与皇家园林建筑体系"与"私家园林建筑体系"，本身就是中国传统园林建筑体系最重要的两种类型。

注1："楼""邸"是古代兼具酒店、客舍、货栈性质的两个级别的场所，很多都附带有小型园林。在宋朝孟元老的《东京梦华录》中有相关内容的记载。

注2：所谓"其他实例"，就是那些根本不属于园林的实例。

第二章　中外传统建筑体系技术的不同特点

　　建筑的本质是人类创造的、用以满足某种或几种功能需求、固定的、并具有一定体量的、空间和围合空间的物质和形态的统一体。在人类建筑历史发展的过程中，始终是在追求能满足越来越复杂多样性的功能需求。从古代社会开始，人类所追求的建筑空间，主要有高大体量空间和复杂多功能空间两种最基本类型。与之伴随的是精神审美需求，最原始的这类需求，又主要可以称为"泛宗教需求"。随着建筑技术的不断进步，这两种类型的空间最终可以合而为一，即用相同或相近的结构与构造技术等，既可以实现较单一的高大体量空间，又可在统一的高大体量空间内实现多空间满足多功能需求等。从单纯的建筑技术角度来讲，人类建筑历史的发展，正是沿着这样一条轨迹发展的，尽管路有歧途。但在这条总的发展轨迹的前段，形成了不同地域或民族的不同的建筑技术形态与风格，同时，在此阶段也形成了不同地域或民族的传统园林建筑体系。

第一节　外国传统建筑体系技术

一、古埃及文明的传统建筑体系技术

　　非洲尼罗河流域的"古埃及文明"始于公元前 3500 年左右，最初形成了上、下埃及王国，又于公元前 3200 年左右初步统一为古代埃及王国，实行奴隶制专制统治。法老（国王）一般掌握军政大权，并受祭祀（奴隶主贵族阶层）不同程度的制约。古埃及王国的历史又分为古王国时期（公元前 3200 年—公元前 2130 年，第一王朝至第十王朝）、中王国时期（公元前 2130 年—公元前 1580 年，第十一王朝至第十七王朝）、新王国时期（公元前 1582 年—公元前 332 年，第十八王朝至第三十王朝）、托勒密王朝时期（公元前 332 年—公元前 30 年）。之后被罗马帝国吞并，也标志着古埃及文明的结束。

　　古埃及文明遗留的最重要的建筑有石质金字塔（属于陵墓与纪念性建筑）、石梁柱结构建筑与金字塔结合的陵墓、石梁柱结构神庙、石窟庙、石窟墓等。

　　古埃及的金字塔以位于吉萨平原的"吉萨三塔"为代表，建造年代大约为公元前三千年纪中叶。其中最大的库富（Kufu，又译为"胡夫"）金字塔原高 146.6 米，各边长平均约 230.35 米（不同边长的最大误差约 0.2 米），由普通石灰岩砌筑而成，

最外层用大理石包砌，塔内有法老王和王后两个墓室，连接国王墓室的还有一条高大长长的甬道，均采用的是"叠涩券结构"形式。古埃及的神庙以卡纳克（Karnak）和鲁克索（Luxor）的阿蒙神（太阳神）庙为代表，其中最大的卡纳克阿蒙神庙的建造及扩建年代前后贯穿了整个新王国时期，采用的是"石梁柱简支梁结构"形式。其总长 366 米、总宽 110 米，前后有 6 道大门，最为高大的第一道大门高 43.5 米、宽 113 米。大殿内部净宽 103 米、进深 52 米，共有 16 列 134 棵石柱。大厅内部空间形式是中央高、两边低，中央两排 12 棵石柱高 21 米、直径 3.57 米，柱上石梁跨度 9.21 米。其余石柱高 12.8 米、直径 2.74 米（图 2-1）。

　　以上所举古埃及文明的这些建筑遗存，是以原生性的石材和"叠涩券结构""石

图 2-1　古埃及卡纳克阿蒙神庙石梁柱（采自《远古埃及对建筑学的贡献》）

梁柱简支梁结构"来实现对大体量空间建筑的追求。前者用于金字塔内部，后者多用于神庙的厅堂等。当然，同时期也并不会缺少简单的木结构建筑。

二、两河流域文明的传统建筑体系技术

以西亚的两河流域下游地区为主的"两河流域文明"始于公元前4000年左右，最初由苏美尔人建立了许多奴隶制国家。公元前1758年，汉谟拉比统一了两河流域地区，建立了古巴比伦王国。公元前900年前后，两河上游地区的亚述王国扩张统治了包括两河流域、今叙利亚和埃及等地区，建立了亚述帝国。公元前625年，迦勒底人征服亚述，建立了新巴比伦王国。公元前550年，发源于伊朗高原的波斯人建立了横跨欧、亚、非三洲的波斯帝国。

公元前3000年至公元前600年间，西亚地区最著名的城市是乌尔城（位于现伊拉克的穆盖伊尔），最早由苏美尔人创建。城址内目前尚保存若干座"山岳台"（观象台），外形如台阶式金字塔，最上面建有一座庙宇，所以山岳台又称"塔庙"。西亚人有山岳崇拜和天体崇拜的传统，乌尔城最著名的建筑是月神塔庙，该庙为公元前22世纪乌尔·那穆王所建，顶部筑一小神庙，为月神南纳的寝宫，亦是塔庙的中心；塔庙四周为广场，设有附属神庙及祭司的住房。

在亚述帝国时期的尼尼微城（位于今伊拉克的北部，底格里斯河的东岸，隔河与今天的摩苏尔城相望），目前已发现的城内主要建筑包括三组宫殿和两组神庙。城南是亚述国王西拿基立（在位时间为公元前704年—公元前681年）王宫，城北是阿苏尔巴尼帕宫。两宫之间有阿苏尔纳西尔帕二世宫、文字神纳布庙及爱与战争女神伊丝塔尔庙。在城内出土的石板浮雕中已经描绘有"穹窿顶"建筑。

在亚述帝国时期的另一座著名城市都尔·沙鲁金城（位于今伊拉克北部赫沙巴德），最著名的建筑是西北面的亚述国王萨尔贡二世（在位时间为公元前722年—公元前705年）王宫。这一时期发现的建筑形式有"拱券"城门和建筑大平台下面的"拱券"沟渠。

波斯帝国时期的波利斯城（位于今距离伊朗南部城市设拉子50公里处）在大流士一世（波斯帝国的第三代君主，公元前522年—公元前485年）时期建立了波利斯宫，由于当地盛产石材，宫殿建筑多为"石梁柱简支梁结构"，外面有敞廊。波斯帝国后期的萨珊王朝（公元226年—公元651年）时期的首都在泰西封（位于今巴格达东南32公里处）建有规模庞大的宫殿，其中一座建筑用彩色琉璃砖砌成，今存大拱厅残迹。拱顶为椭圆形"穹窿顶"，跨度25.3米、高度36.7米，承受拱

顶侧推力的墙高 34.4 米、厚 7.3 米。

西亚地区的传统建筑主要是以土作为基本建筑材料，从夯土墙始至日晒砖至烧制砖，并以沥青为黏结材料，墙面等的装饰材料从陶钉、陶面砖发展到彩色琉璃砖。最重要的建筑技术成就是发明了"拱券"和"穹窿顶"等新型建筑结构形式，这也是除"叠涩券结构""石梁柱简支梁结构"等形式之外，实现大体量建筑空间与形象的技术基础。

三、古印度文明的传统建筑体系技术

南亚的印度河流域的部分地区在公元前 3000 年以前便进入了金石并用时代。约公元前 2300 年—公元前 1750 年，出现了"古印度文明"，以位于印度河流域旁遮普地区考古遗址"哈拉巴"命名（又译为"哈拉帕"），因此也称为"哈拉巴文化"。约公元前 1500 年—公元前 600 年，雅利安人入主后形成吠陀文化时期。公元前 600 年—公元前 187 年在印度半岛中部和恒河流域先后出现了列国时期、孔雀帝国和笈多帝国。

在哈拉巴文化时期，最著名的城市是哈拉巴城和摩亨佐·达罗城（位于今巴基斯坦信德省拉尔卡纳县境内），从遗址发掘来看，后者占地近 8 平方公里，分为西面的上城（卫城）和东面的下城。上城四周有城墙和壕沟，城墙上筑有许多瞭望楼，城内建有高塔、带柱子支撑走廊的庭院建筑、带柱子的厅堂等，居住着宗教祭司和城市首领。上城内还有一个举世闻名的摩亨佐·达罗大浴池，长 12 米、宽 7 米、深 2.4 米，由烧制砖砌成，地表和墙面均以石膏填缝，再盖上沥青。浴池周围并列着单独的洗澡间，入口狭小，排水沟设计非常巧妙。下城是手工业、商业和普通居住区，有南北与东西交叉的大街和小巷，主要街道宽度达 11 米，街道交叉处的建筑物都砌成圆形，以免阻碍交通。

古印度文明在哈拉巴文化时期所用主要建筑材料已经是"烧制砖"，这种传统的建筑材料和砌筑技术一直延续和发展到以后时期，代表作有精美的砖塔等。由于古代印度的建筑遗存主要是宗教性的（婆罗门教、耆那教、佛教），在 12 世纪与 14 世纪伊斯兰教统治印度时期，这些建筑遗存受到了很大破坏，所以能遗存至今的已属凤毛麟角。

四、爱琴海、古希腊文明与希腊化时期的传统建筑体系技术

"克里特-迈锡尼文明"始于公元前2000年前后，范围包括爱琴海上的克里特岛、

临近爱琴海域希腊半岛的迈锡尼和小亚细亚的特洛伊等地区，因此也称为"爱琴文明"，当时建立了许多奴隶制小国家。古希腊文明始于公元前8世纪，范围包括希腊半岛、巴尔干半岛南部、爱琴海上诸岛屿，小亚细亚海岸及东至黑海、西至西西里的广大地区，先后建立了众多不同层级的城邦制奴隶制国家。在公元前4世纪后期，马其顿建立了横跨欧、亚、非三洲的马其顿帝国，史称"希腊化时期"，直到最后一个希腊化王国并入罗马帝国为止。

爱琴文明时期的主要建筑遗存有克里特岛的米诺斯王宫，迈锡尼的城市、宫殿、住宅、陵墓和城堡等遗址，著名的有迈锡尼城的狮子门和梯林斯卫城等。米诺斯王宫等建筑主要采用"石梁柱简支梁结构"形式。迈锡尼的阿伽门农（Agamemnon）墓的两个墓室采用了"叠涩穹窿结构"形式，大墓室平面直径14.6米，叠涩穹窿高13.4米。迈锡尼的狮子门采用的是"叠涩券结构"形式。

古希腊文明时期和希腊化时期的建筑遗存很多，主要有神庙、元老院议事厅、露天神坛、露天剧场、竞技场、广场、纪念亭等，有顶的大体量建筑主要采用"石梁柱简支梁结构"形式，这种结构形式既是从最初的"木结构"形式建筑（包括神庙）发展而来，并受古埃及建筑技术的影响。"叠涩穹窿结构"形式则是继承了西亚的建筑技术。

五、古罗马文明的传统建筑体系技术

古罗马位于地中海的意大利半岛，"古罗马文明"起源于公元前7世纪末，当时有大批伊达拉里亚人（又译为"伊特鲁里亚"）迁居罗马。公元前6世纪，罗马大兴土木，挖水道、辟广场、铺街道、建神庙、筑城墙等，并于公元前510年建立了早期的罗马共和国。公元前2世纪至公元2世纪，罗马成为强大的帝国，不仅称霸地中海，还横跨非洲、欧洲、西亚。公元395年，罗马帝国分裂为东西两部。西罗马帝国统治了今意大利、西班牙、法国、英国、中欧、北非等地区，首都是罗马城。东罗马帝国以巴尔干半岛为中心，领属包括小亚细亚、叙利亚、巴勒斯坦、埃及以及美索不达米亚和南高加索的一部分。首都君士坦丁堡（今土耳其首都伊斯坦布尔）是古希腊移民城市拜占庭旧址，故东罗马又称拜占庭帝国。公元475年，日耳曼雇佣军废黜了西罗马最后一个皇帝，西罗马帝国灭亡。公元1453年，奥斯曼土耳其帝国攻入君士坦丁堡，东罗马帝国灭亡。

古罗马时期的建筑随其统治的疆域遍布从大西洋到幼发拉底河、从大不列颠到北非，目前建筑遗存除现罗马外，还分布于古罗马时期的尼姆、特里尔、韦鲁拉缪姆、维罗纳、蒂沃利、庞培、奥斯蒂亚、斯普利特、塞萨洛尼基、以弗所、米利都、帕加马、君士坦丁堡、北非的提姆加德和大莱普提斯等。

古罗马的建筑技术极大地超越了古埃及、两河流域、爱琴海、古希腊这些古文明以及希腊化时期的建筑技术，最重要的建筑是建于公元2世纪的罗马城的万神庙（Pantreon）和建于6世纪的君士坦丁堡的圣索菲亚教堂（Santa Sophia）。

古罗马在建筑材料与结构技术上主要有两大成就：其一是发明了以那不勒斯地区火山灰（水化碳酸钙）为辅料的"完美配方"的"混凝土"材料，特点是黏合力强、硬度强、耐腐蚀性强并具有良好的防水性。混凝土最初用于砌体的粘接和填充，大约在公元前2世纪开始成为独立使用的建筑材料。例如从公元前22年开始，古罗马人就在位于今以色列的凯撒利亚古城港口建造水下建筑，这些建筑至今完好无损。把混凝土而不是大型石质建筑构件等运至施工现场施工，较之以前也是有着极大的进步。其二是继承和发展了"拱券"和"穹窿"技术，这对欧洲建筑技术的贡献无与伦比。古罗马建筑的典型布局、空间组合、艺术形式以及复杂功能和巨大规模等，都与混凝土材料和这些结构技术有着不可分割的关系。具体地讲，这些建筑技术包括"混凝土筒形拱"与"砖砌拱券"混合浇筑技术、"连续十字交叉拱"拱顶体系技术、"肋架拱"技术、减轻自重的"穹窿顶"技术、"帆拱"技术（拜占庭时期）和多种结构组合技术等。另外，古罗马的"木桁架"技术也很突出，已经分辨出受拉和受压构件，公元2世纪时，桁架的跨度可达25米。古罗马人开拓的革命性建筑新材料与新技术，也促使他们发展出许多新建筑类型——除新型的神庙和教堂外，还有圆形剧场和角斗场（斗兽场）、公共浴室、别墅、巴西利卡（一种公共建筑形式，平面呈长方形，外侧有一圈柱廊，主入口在长边，短边有耳室，采用条形拱券作屋顶）和市场建筑等，连同为城市供水的高架渠（下部为连续拱）、连接城镇的下水道和精修的道路等，成为许多地区的重要标志（图2-2）。特别是这些开拓性的建筑技术与材料，为复杂多样功能需求的大体量建筑的建造提供了可能，最典型的实例有罗马城的卡拉卡拉大浴场（Thermas of Caraclla，建造年代为公元211年—217年）和戴克利提乌姆浴场（Thermae of Diocletium，建造年代为公元305年—306年），它们的结构出色、功能完善、内部空间简洁多变，开创了室内空间序列的艺术手法。即便是站在今天的角度来讲，古罗马人开拓性的建筑技术与材料，不仅影响了古代的欧洲，也影响了现今的世界。从石梁柱简支梁、叠涩券等到古罗马丰富多样的建筑技术，使一座单体建筑便可满足多种功能需求成为了可能。

图 2-2　古罗马斗兽场局部

第二节　中国传统建筑体系技术

中国主流的传统建筑技术是"木结构建筑"技术，从原始社会末期至今一脉相承。这种木结构建筑技术由柱、梁、檩、枋、斗拱等大木构件形成框架结构，承受来自屋面、楼面的荷载以及风力和地震力。

早在距今约 7000 年的河姆渡文化遗址中，作为中国传统木结构建筑标志的"榫卯技术"就已经出现。在距今 3800 ~ 3550 年的河南偃师二里头遗址中，大型木构架夯土宫殿建筑已经出现。

至迟在商代晚期，已经出现了真正的"高台建筑"，用于宫廷和园林建筑体系之中。宫廷建筑墙体（包括城墙）的"版筑技术"和"建筑彩画"也已经出现。

至晚在西周时期，瓦和作为"斗拱"原始形态的"栌栾"已经出现在宫殿建筑中。《诗经·小雅·斯干》："乃生女子，载寝之地，载衣之裼，载弄之瓦。"这间接地说明至晚在西周时期便开始出现烧制的陶瓦。从陕西岐山凤雏西周建筑遗址可见陶瓦的遗存，但判断当时仅用于屋脊部分。

春秋时期，高台建筑形式已经在诸侯宫廷与园林建筑体系中普遍使用。在大型建筑遗址中，较多发现板瓦、筒瓦、瓦当，表面多刻有各种精美的图案，可知重要建筑屋面也开始覆瓦。

战国时期，大型空心砖开始应用于诸侯和贵族地下墓室中的墓壁和墓底，实心砖开始用于"官式建筑"（用于宫殿、公署、宗教和礼制建筑等）铺地和少量的墙体砌筑。同时，多层和高架的木结构建筑（可以认为是从原始的"干栏式"建筑发展而来）已经出现，并在秦汉时期得到进一步发展（图2-3～图2-5）。

西汉时期，大概已经形成了以"抬梁式"和"穿斗式"为代表的中国传统木结构建筑的两种主要形式的木结构体系，另外，还有一种不常见的"井干式"结构，可以垒叠成高大的木构建筑或基座；出现了用于墓室的空心大砖梁板结构和空心砖的"拱券"顶结构；木结构建筑屋顶出现了"举折"做法，让屋顶的形状不再是平直的斜面，而是形成"反宇"型弧面，使得建筑的形象更加柔美协调。班固《西京赋》有"上反宇以盖戴，激日景而纳光"。

"抬梁式"木结构的形式是在柱

图2-3　汉画像砖（石）中的干栏建筑

图2-4　汉画像砖（石）中的两层建筑

图2-5　汉画像砖（石）中的高架建筑

头上插接梁头，梁头上安装檩条，梁上再插接矮柱用以支起较短的梁，如此层叠而上，每榀屋架梁的总数可达 5 根。当柱上采用斗拱和隋唐时期出现的"铺作（斗拱）层"时，则梁头插接于斗拱上。这种形式的木结构建筑的特点是室内分割空间比较容易，但用料较大。后来一直广泛用于华北、东北等北方地区的民居以及国内大部分地区的宫殿、礼制和宗教等较大的建筑（图 2-6）。

"穿斗式"木结构的特点是用穿枋把柱子纵向串联起来，形成一榀榀的屋架，檩条直接插接在柱头上；沿檩条方向，再用斗枋把柱子串联起来，由此形成一个整体框架。这种形式的木结构建筑的特点是室内分割空间受到限制，但用料较小。后来一直广泛应用于安徽、江浙、湖北、湖南、江西、四川等地区的民居类建筑中（图 2-7）。

还有一种抬梁式与穿斗式相结合的"混合式"结构，后来一直多用于上述南方地区部分宫殿、厅堂、礼制和宗教等较大的建筑中。或在山墙的位置使用"穿斗式"屋架，在空间中使用类似于"抬梁式"屋架（图 2-8）。

东汉时期，出现了用于墓室的砖的"叠涩穹窿"结构、石材的拱券和梁柱结构，另外在墓室中主要用实心条砖拱券结构代替以前的空心大砖梁板结构和空心砖拱券结构；出现了"木楼"和多层"木塔"，并以挑梁、斗拱和挑梁加斗拱的形式，作为"悬臂梁"承托屋面出檐部分重量，最终形成了官式建筑的挑檐结构。因为大约明代之前的建筑的墙体主要为版筑夯土墙或土坯墙（大多官式建筑也不例外，更原始的还有"木骨泥墙"），所以有必要用屋面的出檐来保护墙体免遭雨水的冲刷。老子《道德经》："凿户牖以为室，当其无，有室之用。"就表明春秋时期的建筑墙体多是先用土夯成，再凿出所需要的门洞与窗洞。重要的是在东汉时期，中国传统建筑的

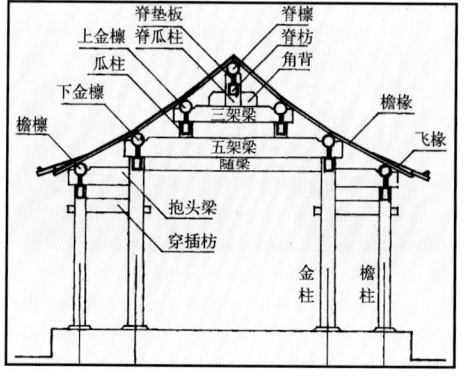

图 2-6 七檩抬梁式屋架剖面图

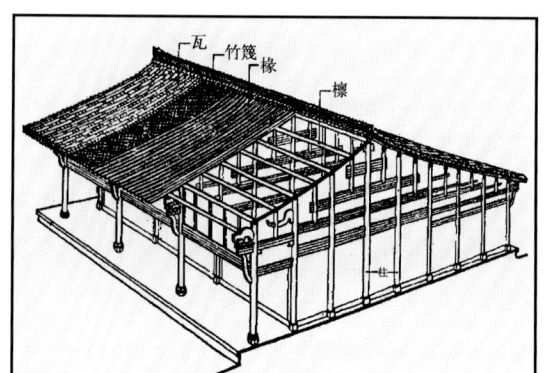

图 2-7 穿斗式木结构透视图

图 2-8　张飞庙正殿室内混合屋架

土、木、砖、石四大结构均已形成。另外在两汉时期，屋面的四角还没有明显的起翘，有庑殿顶、歇山顶、悬山顶、攒尖顶、盝顶五种屋面形式。

　　魏晋南北朝时期，木结构和砖石结构的塔逐渐增高，使得中国传统建筑也跨入了简单的高层建筑的序列。至晚在北魏时期就出现了琉璃瓦。

　　至晚从隋唐时期开始，官式建筑从木结构到外部形象都普遍出现了一些新的变化：以梁柱与"铺作（斗拱）层"相结合的技术，可支撑大开间大进深的建筑的屋顶；以外柱和内柱及联系构件分别组成"内槽"和"外槽"，上面用乳栿加以拉接，下面柱脚以地栿并联。柱子又做"侧脚"（外圈柱子的柱脚向外侧倾斜）和"生起"（檐柱由中间向两端依次升高）。这两种举措都增强了木结构的稳定性（图 2-9、图 2-10）。隋唐时期出现了较大体量的单体建筑，如大明宫"麟德殿"由前殿、中殿和后殿组成，前殿与中殿间有一条通道相隔，中殿与后殿间有一道墙相隔，三座建筑总面阔 11 间（室内 9 间）、总进深 17 间，最大的中殿面积约 940 平方米。大明宫"含元殿"面阔 11 间、进深 4 间，面积约 1236 平方米（图 2-11 ～图 2-16）。

　　辽代的官式木结构建筑在各方面直接继承唐代的较多，尺度高大则过之；"楼阁式"塔不再采用上下贯通的中心柱，节省了内部空间。由于采用八边形平面，各

图 2-9　唐长安兴庆宫勤政务本楼复原设想图（采自《宫殿考古通论》）

图 2-10　唐佛光寺东大殿梁架剖面图（采自《中国建筑技术史》）

图 2-11　唐长安大明宫麟德殿复原设想图（采自《宫殿考古通论》）

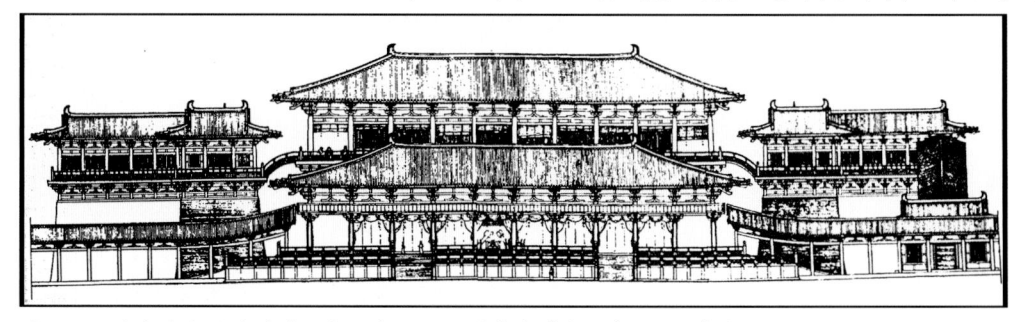

图 2-12　唐长安大明宫麟德殿复原南立面图（采自《宫殿考古通论》）

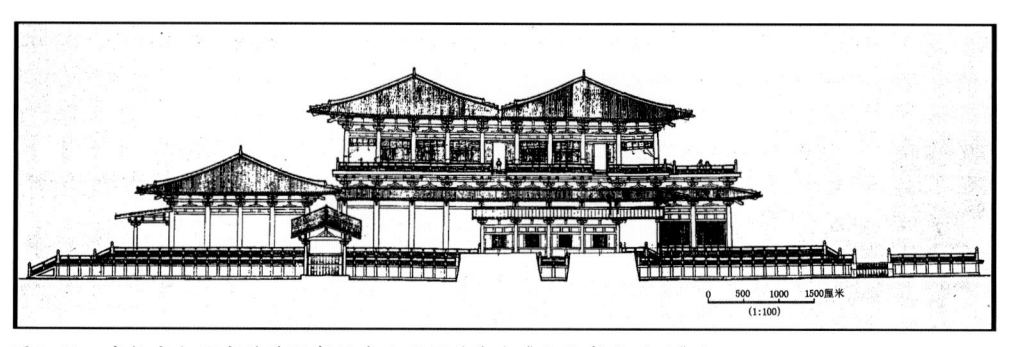

图 2-13　唐长安大明宫麟德殿复原东立面图（采自《宫殿考古通论》）

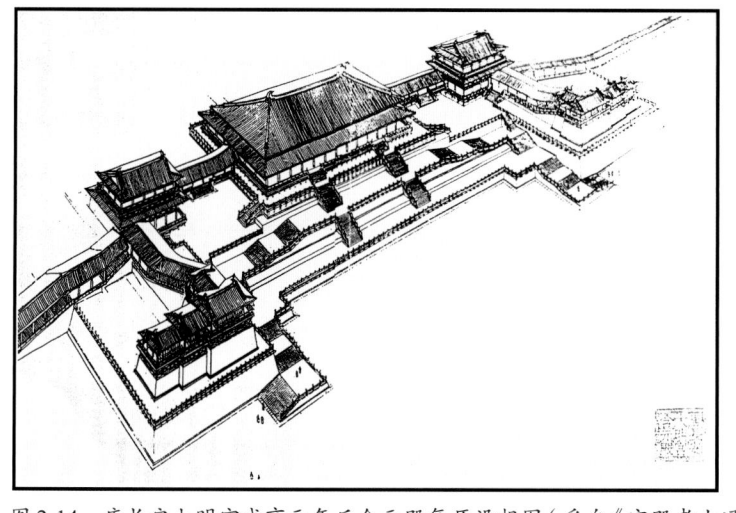

图 2-14　唐长安大明宫咸亨元年后含元殿复原设想图（采自《宫殿考古通论》）

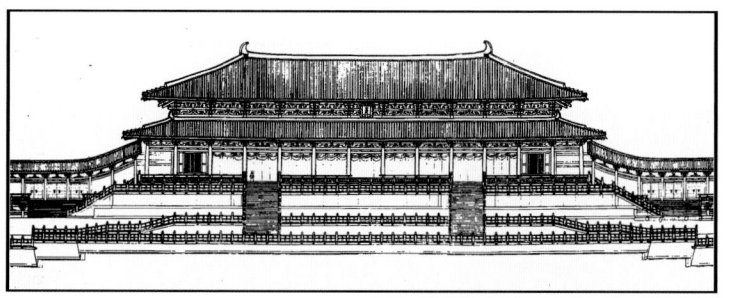

图 2-15　唐长安大明宫含元殿复原南立面图（采自《宫殿考古通论》）

图 2-16　唐长安大明宫含元殿复原纵剖面图（采自《宫殿考古通论》）

层又都采用斜撑固定复梁，有效地增加了塔身的整体性（图2-17）。

两宋时期，出现了官式木结构建筑屋顶山面向前的殿堂和楼阁，产生了丁字脊、十字脊屋顶和工字形、亚字形平面的殿堂。可以说我们今天所能见到的中国单体传统建筑的基本形式，至宋代均已出现，斗拱尺度比唐代的缩小。"减柱法"和"移柱法"已经出现，前者是为了增加室内可用空间，后者是为了方便室内空间的使用，因此大胆地抽去了若干柱子或位移若干柱子（图2-18）。

中国传统木结构建筑从隋唐至北宋时期，逐步完成了程式化、标准化、模数化。以宋代《营造法式》的出现为标志，总结出了一整套包括设计原则、类型等级、加工标准、施工规范、造价定额等完整的营造制度，并以八等级"材"作为模数标准。这是中国传统木结构建筑营造技艺的一座里程碑。在宋代《营造法式》中，称内外柱同高或内柱稍高，内外柱上均接斗拱的建筑为"殿堂式"；称内柱升至檩下，内柱不接斗拱的建筑为"厅堂式"；称不用斗拱的小型建筑为"梁柱作"。

金代"官式"木结构建筑普遍使用斜拱。由于又普遍使用"减柱法"和"移柱法"，主梁荷重不能直接传到立柱上，因此发明了用前檐内柱之间的"大额"（大内额和大由额）承受主梁传来的巨大荷重的方法（图2-19、图2-20）。

元代官式木结构建筑进一步发展了"减柱法"和"移柱法"中"大额"结构，并运用抹角梁加强屋顶转角部位的刚度；取消室内斗拱，使梁与柱直接连接，并用

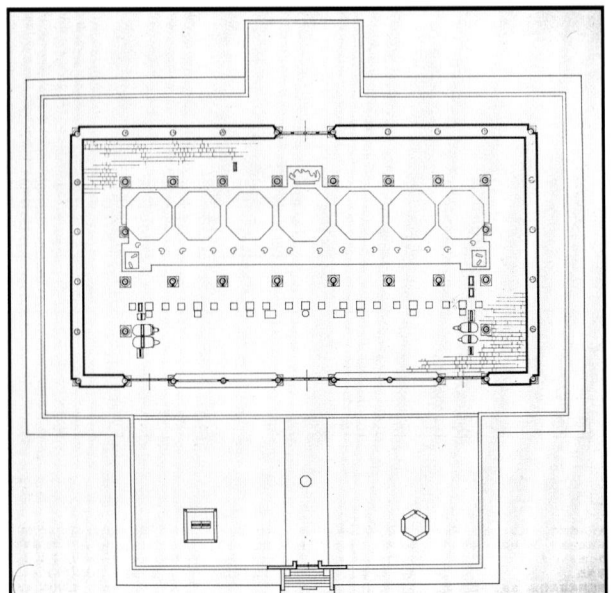

图2-17　山西省应县佛宫寺释迦塔　　图2-18　辽宁义县辽奉国寺大殿平面图（采自《中国建筑技术史》）

弯曲的木料做梁架构件；不用梭柱与月梁，而用直柱与直梁等。这些措施不仅节省了木材，也使木结构进一步加强了自身的整体性和稳定性（图2-21）。

明清时期，官式建筑明显地朝着简化结构和施工的方向发展。从元末至明代开始，煤炭的大量使用，使得烧制的黏土砖的产量大增，自此官式建筑和城市民居普遍采用砖墙，并使得建筑挑檐可以进一步缩小；为了节省木材，以往习惯使用的"侧脚"和"生起"的做法被逐渐取消，并充分利用梁头向外出挑来承托本已缩小的屋檐荷重；大型建筑的内檐框架基本摆脱了斗拱的束缚，使梁柱直接插接；抬梁式建筑屋角部位梁架的构造通行顺梁、扒梁、抹角梁方法；用水湿压弯法使木料弯成弧形檩枋，供小型圆顶建筑使用（宋代就有）；木构件断面尺寸变小，并用小尺寸短木料对接或包镶，拼合成高大的木柱，供楼阁建

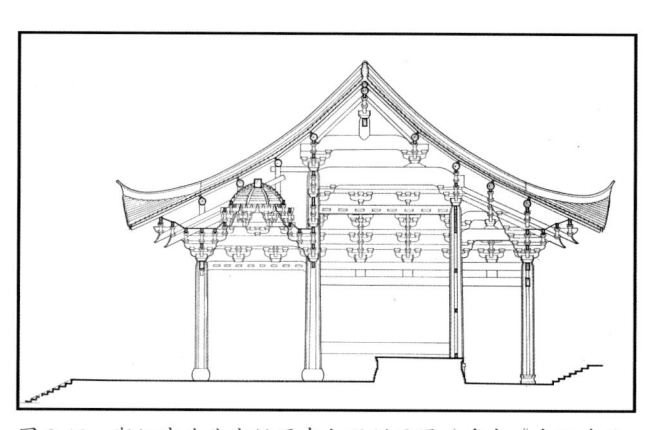

图2-19　浙江宁波北宋保国寺大殿剖面图（采自《中国建筑技术史》）

图2-20　山西朔县金代崇佛寺弥陀殿梁架剖视图（采自《中国建筑技术史》）

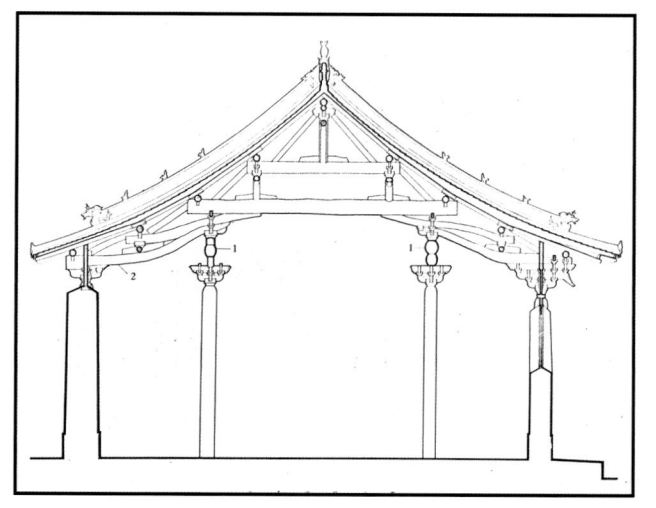

图2-21　山西洪洞县元代广胜下寺后殿剖面图（采自《中国建筑技术史》）

筑作通柱使用；苏州等江南一带用圆木做梁架、多层楼阁框架等。又以明代《鲁班营造正式》和清代工部《工程作法则例》的出现为标志，后者以十一等级"斗口"为模数，形成对今天仍影响深远的有别于宋元时期以前的传统木结构营造技艺。

第三节　中国传统建筑体系技术特点引发的园林化趋向

总结前两节的内容，解决建筑的大体量室内空间和复杂功能空间问题，一直是人类不断追求的建筑技术，这不仅有使用功能上的需求，前者还是精神功能的视觉感受的需要。古罗马建筑技术的出现和完善，使得这些需求和需要在古代的西方世界得以实现。中国古代在寻求这类需求和需要方面，走的是另外一条道路。

上节简述的中国传统木结构建筑技术的发展，只是针对于单体建筑技术而言。从中可以看出，中国传统木结构建筑在春秋战国时期（公元前770年—公元前221年）就已经发展到了较成熟阶段，在两汉之际，各种建筑形式基本已经出现，之后无论在材料、结构、构造、空间等方面的演进都非常有限。如果以明清时期的木结构建筑与唐宋时期甚至是春秋战国时期的相比较，无论在哪些方面都没有发生本质性的进步。例如从建筑面积看，唐朝大明宫的"麟德殿"和"含元殿"都属于较大的宫殿建筑，麟德殿这组建筑的一层由前后三个建筑组成，根据杨鸿勋先生推测（注1），二层空间是由中、后两个单体建筑的二层连接而成，使用面积不超过1750平方米（图2-22）。含元殿"正阶"夯土台面积约60米×21.2米，东、西、北三面"副阶"（其上为外廊）宽5米，南面的宽6.2米。"正阶"之上的建筑面不会超过1270平方米，假设在"副阶"处加外墙，建筑面积不超过2268平方米（笔者按照副阶外缘计算）。但即便是这类最大的单体建筑，也无法同时满足大体量室内空间和复杂功能需求问题，如建筑内

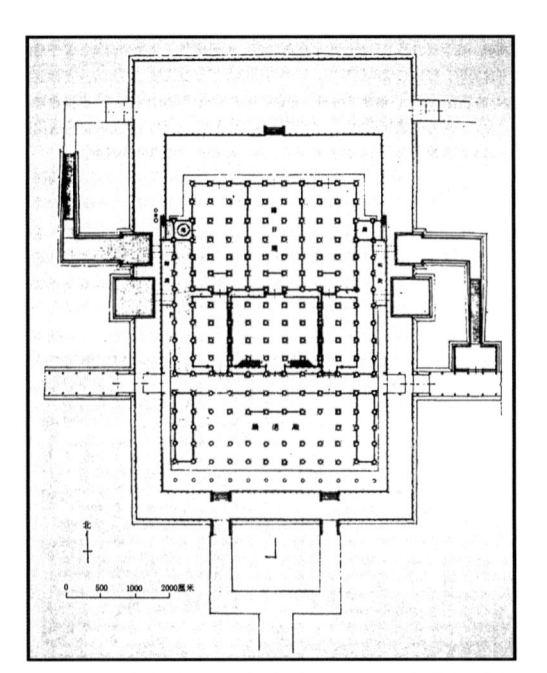

图2-22　唐长安大明宫麟德殿平面图（采自《宫殿考古通论》）

部空间的水平和竖向空间相对自由地分割与组合，并同时满足隔声、防水、防火等复杂功能要求等。

中国较早追求表面上的大体量建筑的努力是建造"高台建筑"。东汉张衡《东京赋》曰："慕唐虞之茅茨，思夏后之卑室。"南朝范晔《后汉书·卷四十上·班固传》说："扶风掾李育，经明行著，教授百人，客居杜陵，茅室土阶。"西晋袁宏《后汉纪·卷一·光武帝纪》有："礼有损益，质文无常，茅茨土阶，致其肃也。"后人用"茅茨土阶"来形容商及先商宫殿等较大型建筑的状况，"茅茨"就是只用茅草做的屋顶，"土阶"就是用素土夯出的高台，然后在其上建造木构建筑，或形容夯土的台阶。

中国古代历史中的"高台建筑"，在先秦文献中称为"台""榭"或"台榭"。有三种主要形式：其一就是以版筑的、高大的、类似于"台阶状金字塔"的夯土内核为基础，再在夯土内核台阶上层层建屋，除顶层外，木构架紧密依附于夯土内核台阶的立面，形成庇檐外廊，进而形成土木混合的结构体系，建筑或四面或两两对面形象对称。从东周时期开始，出现了长方形的"台阶状金字塔"的夯土内核，建筑两两对面形象对称（图2-23～图2-25）。其二是通过将若干单体建筑聚合组织在一个版筑的大型夯土台阶上。从力学方面考虑，夯土台同样类似"台阶状金字塔"形式，并且夯土台四周也有庇檐外廊。以此取得体量大、形式多变的建筑群式样（图2-26）。传说中的古巴比伦的"空中花园"采用的也是这种方法，只是在高台裸露的部分种植了大量的

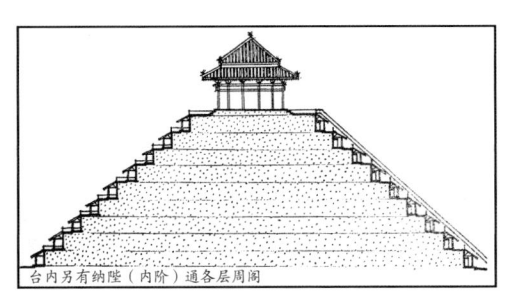

图 2-23 晋灵公九层台设想剖面图（采自《宫殿考古通论》）

图 2-24 晋灵公九层台设想透视图（采自《宫殿考古通论》）

图 2-25 楚国章华台主体部分设想透视图（采自《宫殿考古通论》）

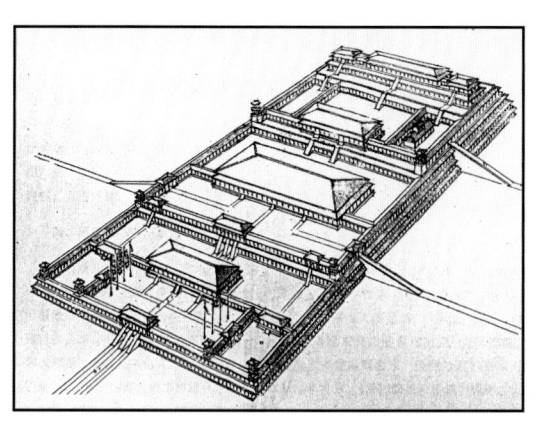

植物。其三是前两种形式的结合，既有依靠夯土内核的建筑（不仅为单纯的庇檐外廊），也有建于台顶的独立建筑，夯土台的形状也无须对称（图2-27～图2-29）。"高台建筑"外观宏伟、位置高敞，非常适合体现古帝王和皇帝对礼制建筑、宫廷建筑和园林建筑等高大威武以

图2-26　西汉长安未央宫前殿复原透视图(采自《宫殿考古通论》)

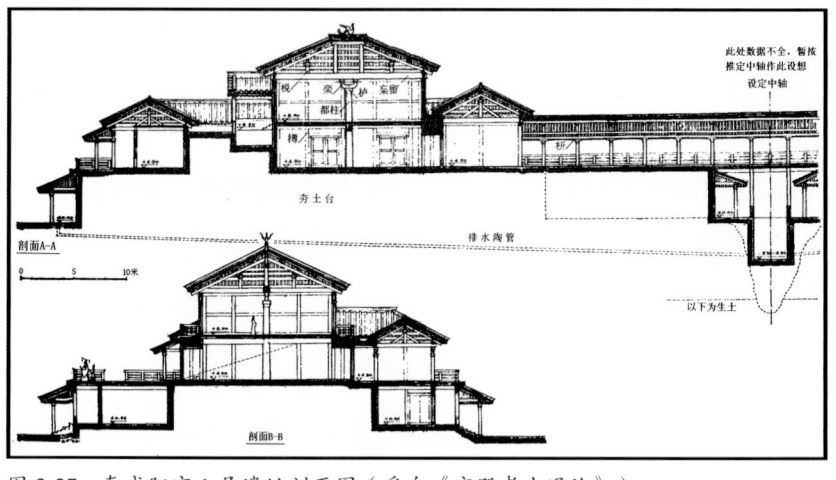

图2-27　秦咸阳宫1号遗址剖面图（采自《宫殿考古通论》）

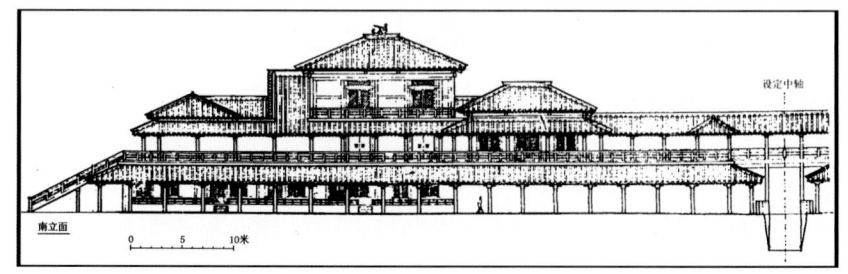

图2-28　秦咸阳宫1号遗址复原南立面图（采自《宫殿考古通论》）

图2-29　秦咸阳宫1号遗址复原透视图（采自《宫殿考古通论》）

及"高视点"的视觉功能需求。但因第一类"高台建筑"必须提托夯土内核建造，所以建筑实际的内部空间体量并非如外观显现得那样的巨大；第二类"高台建筑"只是借助于夯土台抬高了建筑的基础，形成了"高台＋建筑"，也就相当于人工造山，再在其上营造多个单体建筑相组合，因此也与增加室内空间体量无关；第三类"高台建筑"是前两类的综合，也与增加室内空间体量无关。

历史文献中记载较早的第一类"高台建筑"可能有商纣王的鹿台、沙丘苑台，周文王的灵台等。第二类和第三类"高台建筑"多为从春秋战国至秦汉时期甚至南北朝时期的"高台建筑"，但仍以第一类为多数。《国语·楚语》说："高台榭，美宫室，以鸣得意。"汉代贾谊的《新书·卷七·退让》载："翟王使使至楚，楚王欲夸之，故飨客于章华之台上。上者三休，而乃至其上。"楚灵王休息三次才能爬到顶，可见"章华台"之高。从春秋战国至秦国时期遗留至今的"高台建筑"遗址，以邯郸赵王城宫殿遗址和秦咸阳宫 1 号宫殿遗址为代表。由于"高台建筑"的建造成本巨大，又没有实际增加室内空间体量，从两汉时期开始就逐渐减少了。后期的"高台建筑"，以从三国时期一直延续到后赵时期的邺城铜雀园的"铜雀台""金虎台""冰井台"等为代表。但直到隋唐时期，很多宫殿建筑的基础台座也很高大，可以看作是"高台建筑"的遗韵，如唐长安大明宫"麟德殿"的基础台座高 7 米有余，"含元殿"的基础台座高 15 米有余。

中国传统木结构建筑技术始终无法解决大体量和复杂功能室内空间需求的问题，如明清北京紫禁城的总建筑面积约为 15.5 万平方米，最大的单体建筑"太和殿"的建筑面积约 2368 平方米（以外边计算），如果以太和殿的面积为基本单位进行计算，那么整座故宫相当于需要约 66 座太和殿。相比较，法国卢浮宫为一座"U"字形的建筑，建筑的占地面积（一层建筑面积）就达 4.8 万平方米。既然中国传统木结构建筑体系的单体建筑始终无法解决大体量和复杂功能需求的问题，那么也就不得不始终采用单体建筑（多为单层）的群体组合方式，以达到满足复杂多样的功能需求的目的，并且衍生出如下三大主要特征：

（1）单体建筑的不同组合方式，成为体现中国传统建筑体系空间艺术最重要的特征之一。在不同的历史时期，各类建筑体系都有着不同的空间组合方式，也就有着不同的艺术特征，其中包括宫廷建筑、公署建筑、合院式民居建筑、宗教建筑、礼制建筑、园林建筑等，它们在艺术特征和象征性等方面各具特色。例如，通过多样化的单体建筑及院落式组合方式，把各个构图要素有机组织起来，以各单体建筑间的烘托与对比、院落的流通与变化、空间与建筑的虚实相映、建筑室内外空间的交融过渡等，形成总体上量的壮丽和形的丰富。也就是中国建筑群必须注重整体规划布局，以单体建筑间的抑扬顿挫、起承转合、呼应协调关系，强调诉诸建筑组合的气氛渲染。其中又以园林建筑体系的空间形态与空间内容最为复杂多样、艺术成就最高，也因此才会有在第一章中阐释的"建筑学意义的园林"和"社会学意义的园林"问题。另外，中国传统的单体建筑的技术特点和擅长群体建筑组合的关系，可以说是互为表里，但单体建筑技术进步缓慢的特点是主要因素。

（2）必须以单体建筑不同的群体组合方式来实现各类不同的建筑体系空间（包括满足使用功能），那么单体建筑自身的适应性就较强，且相近体量的单体建筑之间的差异就较弱。例如，在皇家宫廷、礼制、陵墓（也属于广义的礼制建筑）、宗教等建筑体系中，相同历史时期的高等级的单体建筑，并无多少实际的差异。也就是如某歇山顶建筑，既可用于宫廷，也可用于礼制、宗教、陵墓和园林等不同的建筑体系中。

（3）在以单体建筑不同的群体组合方式所形成的各类建筑体系中，必然会在"纯建筑"之外留下不同形状与大小的室外空间，并且如宫廷、宗教与礼制等建筑体系内也必须留够必要的室外空间。对这些室外空间的处理，就不得不选择布置道路、广场、绿地、水面、桥梁，以及配置山石、植物和其他构筑物等，也就使得这些不同的建筑体系在表面上均具有了园林建筑体系的某些特征。例如，当建筑体系的占地面积较大时，内部就必然存在或必须做出地形的高差，那么裸露的供水和排水的处理，就有可能采用与园林建筑体系相同或相近的方法，植物的种植等也同理。也就是中国传统建筑体系的基本特征决定了它们均会有意无意地在形式上多具有"园林化倾向"，更何况园林建筑体系内的建筑，与其他建筑体系中的也并无实质性的区别。

这些特征就让很多研究者误以为，中国传统的园林建筑体系与其他类建筑体系应该属于并行存在的关系，而非不同类别的关系。例如，明清时期北京天坛、地坛、日坛、月坛等皇家礼制建筑群，可以说在表现上是园林化了。但笔者以为，"园林化倾向"并不等同于园林，这个问题将在第四章中进一步详细阐释。但可以肯定的是，上述中国传统建筑体系的主要特征，正是决定中国传统园林建筑体系形态走向的重要基础。并且中国传统园林建筑体系的发展与延续，与中国传统的主流文化的发展与延续，始终是互为表里。

注1：杨鸿勋：《宫殿考古通论》，紫禁城出版社2001年8月出版，第445～447页。

第三章　中国传统园林建筑体系的基本内容与范畴

第一节　中国传统园林建筑体系的基本内容

中国传统园林建筑体系是世界三大传统园林建筑体系之一。所谓"世界三大传统园林建筑体系"，分别是以中国、西亚（包括北非）和古希腊传统园林为代表的园林体系。西亚（包括北非）地区气候干燥少雨而多沙漠，在建筑庭院中经营一块绿洲，树绿花香，弥足珍贵，就如同"天国乐园"（伊甸园）。后来又不断发展与运用"水法"，即水景观的处理方法，使得园林内容更为丰富，并影响到后来欧洲园林的建造。古希腊人仿造西亚波斯人的园林，引种名花异卉，发展成为四周住宅、中间绿地、精心规划的"柱廊园"。希腊人的造园手法又被罗马人所继承，并发展为大规模的"山庄园林"，主要是在建筑的前面以规则的轴线布局展开，"园林要素内容"有绿篱、柱廊、雕塑和几何花坛、水池、水渠等，再后又发展成为欧洲的传统园林，如"宫廷园林"等。

中国的"园林"一词，见于西晋以后的文献中，如东魏杨炫之所撰《洛阳伽蓝记·卷二》评述司农张伦的住宅时说："园林山池之美，诸王莫及。"此"园林"与"山池"并列，显然"园林"是指园中植物。又，《洛阳伽蓝记·卷三》："龙华寺，广陵王所立也。追圣寺，北海王所立也。并在报德寺之东。……京师寺皆种杂果，而此三寺园林茂盛，莫之与争。"显然，此"园林"也是指园中的植物。从遗留至今的传统园林实例来看，中国传统园林建筑体系仅就其表面特征来讲，可以称之为"山水园林"。

中国最早的传统园林建筑体系是古帝王的园林建筑体系，可称为"苑囿"，即起源于统治者贵族阶层的狩猎、豢养、种植，延续远古山岳崇拜、江湖崇拜、其他自然崇拜、求仙延寿等活动的场所。在发展到一定时期后，便在思想和精神层面上包含了浓缩地模拟"神仙境地"甚至是"宇宙天地"等内容，以宣示王权的威严与博大等功能。后面这些功能又与某些礼制建筑体系的功能有相通之处，甚至是两者合一。概括地讲，中国古帝王和皇家园林建筑体系之内容与形态，是以运用各种手段，或具象或抽象地浓缩模拟"天人之际"的"神仙境地"，甚至是"宇宙天地"等为基本特征，以作为可为拥有者提供宣示、驻跸、朝政、起居、享乐、种植、渔猎、宗教、祭祀等目的的综合空间载体。所谓"具象地浓缩模拟"，就是整体的空间基底以自然山水的精华为蓝本，再布设其他园林要素内容，包括利用自然山水和堆土叠石成山、挖土垒岸为池等；所谓"抽象地浓缩模拟"，就是建造那些体量巨大的"高台建筑"等，既作为山岳类型的"神仙境地"的重要内容，又象征"通天"的阶梯。

相对而言，其他类型的传统园林建筑体系之内容、形态和功能等要相对单纯些。在私家园林普遍出现以后，私家园林在思想和精神层面中又先后融合了释、道、墨等诸家思想，玄学思想、隐逸思想、理学理想中的部分内容，某些同样是以浓缩地模拟个人心目中的"天人之际"的"神仙境地"，甚至是"宇宙天地"等为基本特征，以作为皇亲国戚、文人士大夫、地主富商等享受"闲雅精致"甚至是奢华淫逸等生活目的的综合空间载体，某些又成为个人标榜追求所谓"人格完善"和"人格理想"即"林泉之志""烟霞之侣"等内容的物化象征。

在中国传统园林建筑体系中，基本的园林要素内容包括以"叠山"和"理水"为代表的地表地形塑造、建筑物的营建、动植物的配置等。"山"和"水"是中国传统园林建筑体系不可或缺的、或借助或营造的基本内容，其中"山"又有抽象、具象和写意（或意向）之分。

（1）叠山："叠"就是层层垒叠，叠山也就是以石头营造山的方法。意思相同的词语还有"掇山""构山"等，又把这类具体的技术称为"叠石"。另外，用土造山可称为"堆山"；用土和石一起造山可称为"堆叠""堆土叠石"等。明朝造园家计成在《园冶·掇山》中列举了明朝时私家园林中"山"的类型或位置有"园山""厅山""楼山""阁山""书屋山""池山""内室山""峭壁山"等。其他历史文献中记载的更大规模的造"山"的实例也并不罕见。例如，西汉时期的《淮南子·卷八·本经训》中描述了古帝王和皇帝的"宫苑园林"中的情景；又如，西汉末年刘歆著、东晋葛洪辑抄的《西京杂记·卷三·袁广汉园林之侈》记述了汉武帝时期茂陵富人袁广汉私家园林中的情景等（详见后面描述）。

一般习惯上把那些由人工建造的、体量较大的、与真山无异的山直接称为"山"；把主要用石材叠出的小型的山俗称为"假山"；把用土堆出的低矮的山称为"山坡"；把那些小到不能称为"山"，但起到了重要的视觉效果作用或象征作用的石组或独立的石头称为"置石"，其中也包括用于土山的山脚、山间、山顶和池岸边缘等处的、形象较突出的、可以起到保护作用的、或成组或独立的石头等。"置石"也就是看似随意"放置的石头"，自然是可以放到很多位置。

另外，以上所说的"山"，都是如同或类似（写意）于自然形态的山，这类内容来源于中国古代社会特别是中后期的大量文献记载和遗留至今的各类园林实例。在早期的古帝王和皇家园林中，人工建造的更多的是以各类"高台建筑"所象征的抽象的山。

（2）"理水"："理"就是梳理，理水就是规划和梳理水系、水面，也就是水景的处理手法。水是生命之源，园林中的动植物生态体系离不开水，"山水相依"又是大自然中绝美的自然形态，更何况水景还有着丰富多样的作用和其他重要的文化内涵。因此在中国传统园林建筑体系中，水景是与山景属于同等重要的园林要素内容。从考古学发现来看，目前已知最早的园林水景是河南偃师商王宫后院的水池遗迹。《诗经•大雅•灵台》中提到有"灵沼"，显然此区域是以水景作为控制性园林要素内容的。

理水必须有水源。水的来源一般主要有三种方式：其一是借助于河湖之自然水系，包括泉水；其二是引自河湖之水，包括临近的泉水等；其三是因有很多地区地下水的水位较高（古代时期比较普遍），可以在池底挖井，靠地下水反涌蓄水（多用于小型水池）。另外，雨水也可以造就水景。

从遗留至今的清代园林实例来看，通过理水营造的水景内容，除了较大的湖泊与河渠外，还有较小的池塘、山溪（与山石结合）、濠濮（与山石结合）、渊潭（集中的水面）、源泉等形式。在历史上，皇家园林中较大的湖面还可以演练水军，如西汉长安"上林苑"之"昆明池"；或本为城市水系的主要源头，如清北京"颐和园（清漪园）"之"昆明湖（瓮山泊）"；同时也是皇家所用水产品的养殖基地，如北京明清"南苑"中的水系等。

（3）营造建筑：无论类型与多寡，建筑本身也是中国传统园林建筑体系中不可或缺的内容。至晚从商代末期的古帝王园林开始，其中就包含了很多高台建筑的内容，因此我们才称之为"园林建筑体系"。从保存尚属完整的秦汉时期的皇家宫廷建筑遗址来看，宫殿与园林相结合是这类建筑体系规划布局的基本形式。例如在西汉时期，以"未央宫"为"主宫"（即"正宫"），位于汉长安城的西南部龙首原（在秦"章台"的基础上修建而成），全宫区域为一规整的方形平面，四面有围墙，周长近9公里（合汉代21里），面积约5平方公里，占长安城总面积的1/7，约是北京明清紫禁城面积的6倍。由于位置在西，又有"西宫"之称。从未央宫的平面布局和内容来看，更接近于清皇家园林建筑群（如颐和园）（图3-1）而不是紫禁城。因此我们又把类皇家宫廷与园林结合的建筑群称为"宫苑"或"宫苑园林"。并且

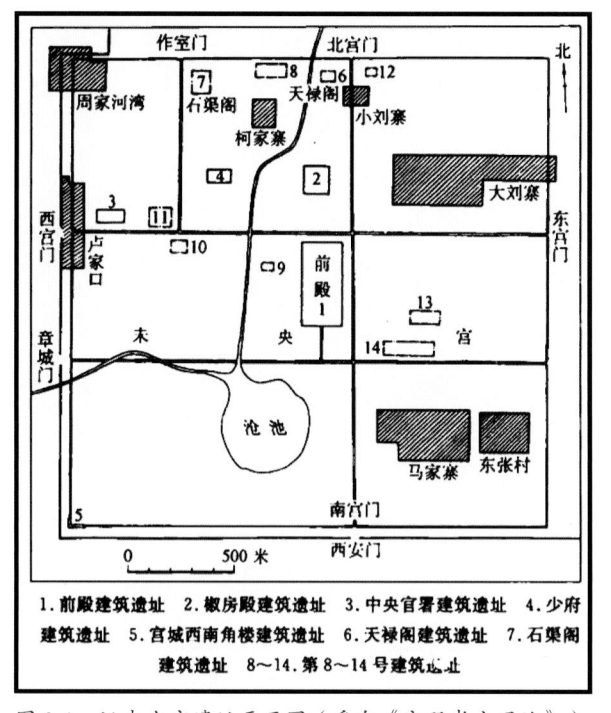

图 3-1　汉未央宫遗址平面图（采自《宫殿考古通论》）

凡不作为"主宫"的"宫苑"，在历史上就称为"离宫别馆"（注1），其中又有"离宫"和"行宫"等区别。未央宫遗址有43座高台，实际上见于记载的大殿（高台建筑）名称有"前殿""高门""猗兰""承明""清凉""宣室""温室""金华""玉堂""白虎""麒麟""椒房"等50处（称为"台"的建筑尚不在其数）。未央宫规模之大、殿宇之盛，达到了一个高峰。它以"前殿"（一组高台建筑，图2-26）为中心向四面展开，居于全宫的最高处，其基址南北长约350米，东西宽约200米，北部最高处距地面约15米，是利用龙首原上的高地有意造成凌空之势，以显示皇权的至高无上。1981年，在未央宫"前殿"遗址北侧大约200米处发现了一座大殿遗址，占地达40亩，清理出了房屋基址和铺地砖、台阶、水井等以及其他遗物，曲廊回径，建筑物很多，可能就是未央宫中皇后居住的"椒房殿"。

　　另外，组成未央宫建筑群体的除宫殿建筑外，还有许多名为"阁""台""观""阙""门""室""楼"（某些为"井干楼"）等。可以肯定的是，"台""观""阁"均为"高台建筑"，"井干楼"为木制的高大建筑。如，有皇帝登高瞭望与"接神"的"柏梁台"，有最大的水面"沧池"中的"渐台"，有收藏天下书籍的"天禄阁""石渠阁""麒麟阁"等。据考古勘查，"沧池"遗址南北长约500米，东西宽约400米，总面积近2万平方米。水由城外"沄水"从"章城门"引入，入"宫后"称"明渠"。由西向东注入"沧池"，又从"沧池"北部由南向北流出，经"前殿""椒房殿"和"天禄阁"西边，向北流出未央宫。由于西汉时期的大朝会设在"司徒府"内，所以宫殿尚以皇帝日常听政和生活起居为主，不以"外朝"功能为主。所谓"外朝"，《国语·鲁语下》："天子及诸侯合民事于外朝，合神事于内朝；自卿以下，合官职于外朝，合家事于内朝。" 需要特别强调的是，各类"高台建筑"等，曾经是平原地带古帝王和皇家园林建筑体系中最重要的"高视点园林要素内容"。

从东汉时期的洛阳开始，已经有了"正宫"与"离宫别馆"的明显区别，但即便是在古代社会后期，皇帝的大部分时间也是在园林中度过的。例如，清自雍正以后的各位皇帝，除了登基之礼、大婚之礼、新年郊礼、冬至大祀等重大典礼期间外，都是居住在各处园林内。从康熙到咸丰的六个皇帝中，驾崩于紫禁城内的只有康熙。就是在清朝末年戊戌变法的关键时期，光绪皇帝还是经常居住在颐和园中，而实际掌握着政权的慈禧太后，也是在镇压变法的前两日才从颐和园搬回到紫禁城中。更有意思的是，当戊戌变法失败后，慈禧太后又把光绪皇帝囚禁在"西苑南海"的"瀛台"。

从现存较完整的明清时期江南私家园林建筑体系来看，大致有住宅、祠堂等院内布置的"庭园"，住宅旁另辟的"宅园"，近郊"别墅园"和建于风景区的依附于商业的园林等，后者如扬州瘦西湖区域。

另外，在一些书院、公（衙）署、会馆、寺庙等建筑群内，也会有相对独立的园林内容。其中在公（衙）署内布置园林，是这种建筑体系的基本形制，因为国家为省级以下公（衙）署的最高行政长官配备的宿舍，一般就位于公（衙）署后院。

在中国传统园林建筑体系中，单体建筑的类型总结起来有宫、殿、楼、阁、厅、堂、轩、斋、馆、台、榭、舫、廊、桥、塔等。建筑是传统园林建筑体系中重要的生活等功能的空间载体，因此也是园林建筑体系得以或发展或延续的关键性基础。

至于很多自然风景区等，其中某些内容虽然也经历过了一定的人工干预，并且也可以称之为"园林"，但这类"园林"与我们研究和讨论的"中国传统园林建筑体系"，至少在"建筑学意义"方面基本上没有太大的关联，更多的是属于"社会学意义"的园林。因为我们研究和讨论"中国传统园林建筑体系"，主要是立足于人类创造的建筑学范畴的内容与社会文化的关系。

（4）配置动植物：中国传统园林建筑体系是以山水为重要特征，其中必然会连带地包含动植物等。很多历史文献中都记载了在古帝王和皇家园林中大量栽培观赏性植物（可吸引禽类动物）和蓄养各类动物等。从现有清代遗留至今的园林实例来看，动、植物，特别是后者也是传统园林中不可或缺、有时也是最重要的、或曰控制性的园林要素内容，如无锡惠山的"寄畅园"。另外，很多皇帝及后妃等的日常餐饮的副食品、祭祀活动的贡品等，也多来自大型皇家园林内的产出。

下面以两则历史文献中记载的较早的案例，形象地说明园林建筑体系中要素内容的应用等。

案例1：

早在汉景帝后期，淮南王刘安开始主持撰写《淮南子》一书，在武帝刘彻即位之初的建元二年（公元前139年）进献于朝廷。《淮南子·卷八·本经训》中有一段文字是杂以"五行"的观点，论述国家的祸乱源于帝王的淫奢，其中较详细地描述了"宫苑"的内容。为了便于理解，现把相关内容集中翻译为白话文如下：

"大凡祸乱产生的原因，都在于帝王的放荡淫逸。放纵淫逸的地方表现在五个方面：

……

挖掘深深的沟池，水面宽阔，无边无际。接通溪谷的水源，装饰起曲曲弯弯的堤岸，层层堆砌璇玉之石（笔者按：原文为'积牒旋石'），沿着蜿蜒的渠道铺成。控制住急流，激起怒涛，而扬起高高的波澜。水流有时曲折，有时相背，有时徘徊不前，就像江河环绕的番禺和苍梧地区一样。水中大量种植莲藕和菱角，用作供给鱼鳖的食粮。……乘着豪华的龙舟，扬起高高的鹢首，浮行水面，鼓乐齐鸣。这就是淫逸在'水'的方面。

筑起高高的城郭，设立重重险阻，建起雄伟的台榭，圈起巨大的苑囿，用来满足自己观赏的奢望。宫阙高耸，向上和青云相接；高楼层层，可以和昆仑山比高。修起墙垣，建筑物（笔者按：一定是高台建筑或井干建筑）之间有飞阁复道相通。掘平高丘，填高洼地，累积土石成为山峦（笔者按：原文为'残高增下，积土为山'）。奔驰在大道上，通达到很远的地方。使危道变为平直，使险阻化为坦途。终日急驰，而没有绊倒的威胁。这就是淫逸在'土'的方面。……"

《淮南子·卷八·本经训》以上述内容作为例子提出"警示"，且并没有具体指明这类现象是属于哪个朝代的事情，说明早在汉武帝之前，这些内容在皇家等园林中已经非常普遍。并且表明无论从宏观方面还是微观方面来讲，"高台建筑"之外的山景和水景的处理方法早已"成熟"，特别是其中提到了"积牒旋石"（且是与水景结合），也就是后世所说的"叠石"（"叠山"的技术），这一称谓在后世文献中也常出现，如清代张岱《陶庵梦忆·卷三·包涵所》中讲："南园在雷峰塔下，北园在飞来峰下，两地皆石薮（即"聚集"），积牒磈砢（指众多聚积的石头），无非奇峭。"

案例 2：

在西汉末年刘歆著、东晋葛洪辑抄的《西京杂记·卷三·袁广汉园林之侈》中，记述了茂陵富人袁广汉私家园林的情形："于北邙山下筑园，东西四里，南北三里。引流注其内，构石为山，高十余丈，连延数里。养白鹦鹉、紫鸳鸯、旄牛、青兕，奇禽怪兽，积委其间。移沙为洲屿，激水为波潮。其中育江鸥海鹤，孕雏产鷇，延漫林池。奇树异草，靡不具植。屋皆徘徊连属，重阁修廊。行之移晷，不能遍也。广汉后有罪诛，没入为官园，鸟兽草木皆移植上林苑中。"（注 2）

茂陵富人袁广汉背景不详，但秦和西汉都实施迁其他地区的旧贵族、富人于京城周围居住的举措，因为惧怕这些旧贵族、富人因名望和经济实力而在地方上聚集政治势力，对皇家政权构成威胁。"后有罪诛"，说明他并非等闲之辈，但仅以"富人"相称，表明他不属于皇亲国戚和门阀世家。这也间接地说明西汉时期私家园林以及"构山"等处理手法并不罕见。《西京杂记》介绍袁广汉私家园林的文字虽然不多，仅从有限的文字中可以看出，在袁广汉的园林中，几乎包含了后世私家园林中的所有园林要素内容和营造手法，如：

叠山："构石为山，高十余丈，连延数里。"如果说《淮南子》中的"积牒旋石"还是指水岸的处理手法（当然不能排除其他位置也会如此），那么这里的"构石为山"肯定地讲主要是指在陆地上构山的形态。另外，《淮南子》中的"积土为山"和这里的"构石为山"，不过是两种材料的造山方法或山的外表形态，更不能排除在现实中是包含了两种材料和方法的混合运用。如袁广汉园林"奇树异草，靡不具植"，很难想象所造之山上会没有这些植物，那么"构石为山"是指山的突出的表面形态，而实际上是"积土为山"与"构石为山"相结合，不然那些后来被移入上林苑的植物原本种植在哪里？单纯的"构石为山"又怎会"连延数里"？因此袁广汉园林中的"山"绝不只是单纯地用石头"构""掇""叠"，而是土与石结合"堆掇""堆叠"才讲得通。

理水："移沙为洲屿，激水为波潮。"

动植物："白鹦鹉、紫鸳鸯、旄牛……其中育江鸥海鹤，孕雏产鷇，延漫林池。""奇树异草，靡不具植"。

建筑："屋皆徘徊连属，重阁修廊。"

历史文献中记载的小型私家园林中的"叠山理水"等内容，将在下卷中具体介绍。

以上介绍的内容，涉及了中国传统园林建筑体系中基本的园林要素内容，但若仅有这些要素内容的简单堆砌，并不能构成真正的中国传统园林建筑体系。要形成这一体系，这些要素内容之间还必须具备一套完整的、有意识的、特殊的空间组织关系等。有关具体的造园手法类内容，将在本专著最后集中阐释。

注1：《左传·庄公二十三年》中说商代末期"南距朝歌，北距邯郸及沙丘，皆为'离宫别馆'。"

注2：载于《太平广记·卷二百三十六·奢侈一》

第二节　中国传统园林建筑体系的范畴

一、中国传统园林建筑体系的空间实物与空间组织要素内容

首先进一步总结和补充上一节中的内容。从遗留至今的传统园林实例的表面上看，在中国传统园林建筑体系的空间中，主要有山、水、植物、动物、建筑（含构筑物）、路径和小型广场等内容。其中的"山"除了利用自然的之外，还有用土石堆叠的体量较大的"真山"和小型的象征性的"假山"，以及"置石"等。简单地总结就是"山""水""植物""建筑"等，为中国传统园林建筑体系最基本的"园林要素内容"。但问题的关键是，在一个空间中包含了这些"园林要素内容"，是否就构成了传统的园林建筑体系。

包括园林在内的建筑体系都属于空间的艺术，对于空间艺术，我们可感知的内容之一为"视觉感受"。仅从遗留至今的传统园林实例来看，我们可感知的不仅只有"实"的、独立的"园林要素内容"，还有通过对这些"要素内容"的"组织"而产生的丰富多样的"虚"的"空间形态"，并且在我们的"视觉感受"中，"实"与"虚"并不能分割开来独立存在，而是共同构成了丰富多样的、虚实相映的"空间内容"和"空间形态"。更确切地说，在"虚"的"空间形态"中包含了"实"的"园林要素内容"。这种在语言概念上的纠结，也恰恰说明了至少在"视觉感受"方面，我们认可了园林实例中的空间内容与空间形态，并且不能认可凡含有"园林要素内容"的空间都属于中国传统园林建筑体系。例如在山区，同时包含有山、水、植物、建筑的空间环境体系比比皆是，但不能认为这类空间体系就属于中国传统园林建筑体系。

注意，直到目前为止，笔者还是以"建筑学"思维的角度，阐释中国传统园林建筑体系的"空间内容""空间形态"和"视觉感受"。但在古人的理解中，还远不止于此。例如，有些宋代的理学家，就把这类"空间内容"与"空间形态"上升为对宇宙天地形态的模拟，并可成为考察"天人之际"的对象。这也是中国传统的

宇宙观念中，以"气"（或"虚空"）为宇宙构成与联系媒介理论的形象表达。中国古人认为"气"（或"虚空"）是万物万事的发生根源，并且以"气"作为可感知的媒介，因此万事万物都是"气"或是"气"的表现，所以"虚实相映"的"空间内容"与"空间形态"，就如同一座浓缩的宇宙模型。这类理论，是中国传统的对自然山水的认知理论，也是中国山水画创作的基本理论。

上面所说的"组织"，在建筑学专业中称为"空间处理手法"，也就是"造园手法"或曰"营造技艺"中的重要内容。因此仅从遗留至今的传统园林实例的表面特征来看，"中国传统园林建筑体系"区别于国内外其他"建筑体系"的，正是把基本的"园林要素内容"通过"空间处理手法"而产生的丰富多样、虚实相映、不可分割的"空间内容"与"空间形态"。在运用"空间处理手法"时，既包括具体的营造内容，也包括不同的意识形态观念，即相应的神学、哲学和美学思想等的具体指导。例如，在绝大多数小型的私家园林中，因规模受限，所有"园林要素内容"的应用，都需要与之相应的细腻的技巧，并发展出了"以小见大"的美学思想和方法。同时，又称其中最具表象特征的"叠山理水"，为中国传统园林建筑体系营造的关键性技术、技巧和相应的美学思想。再有，"叠山理水"也同样是其他类型的传统园林建筑体系的表象特征和关键性技术，因此在以往的研究成果中，这类内容又被视为中国传统园林建筑体系走向"成熟"的重要特征和标志。当然，在隋唐以前的大多数大型古帝王和皇家园林中，实际还存在着其他更重要的表象特征，如，主要以丰富多样的各类"高台建筑"，以及与之相匹配的"飞阁复道""飞虹复道""周阁复道"等"高视点园林要素内容"，与依托或模仿的自然形态的山、水、植物和其他建筑等相融合，共同构成了丰富立体的"空间内容"与"空间形态"，以此展现拥有者心目中的"神仙境地"甚至是"宇宙天地"。

那么概括地讲，我们可以把"山""水""植物""建筑"等中国传统园林建筑体系基本的"园林要素内容"称为"空间实物要素内容"。为了强调这一建筑体系丰富多样的"空间内容"和"空间形态"，与其他建筑体系的"空间内容"和"空间形态"的区别与特殊性，我们又可以把相应的"空间处理手法"，包括相应的方法、技巧和意识形态（思想）内容等，称为"空间处理要素内容"，如"巧于因借"等在园林建筑体系中的普遍应用。再如，中国早期的"宫苑园林"中重要的"高台建筑"，首先是作为"空间实物要素内容"，它们除了具有使用、象征和模拟等功能外，站在其上四目眺望，与站在平地上的空间体验即视觉感受完全不同，并且它们也是构成"神仙境界"最重要的内容和形态的标志，可称为"高视点园林要素内容"。

那么以各类"高台建筑"为主，构成这类空间的方法、技巧和意识形态等，也就成为了这类园林建筑体系的"空间处理要素内容"。

二、中国传统园林建筑体系的三项重要特征

在以往研究中国传统园林建筑体系的成果中，总结出的中国传统园林建筑体系的主要类型有皇家园林、私家园林、公署园林、礼制与宗教建筑园林、书院园林、楼邸园林（此项由笔者总结出）、公共自然风景区园林等，我们可以把这些称为"第一层次"分类的园林类型。其中私家园林按照其拥有者分类，又可分为皇亲国戚园林、门阀士族园林、文人士大夫园林、地主富商园林等（它们之间也有交叉）；如果按照所处位置分类，又可分为城镇宅第园林（包括庭院园林）、城镇独立园林（独立于宅第）、城镇宗祠园林（包括庭院园林）、近郊别墅园林、乡野庄园园林和位于自然风景区的园林等。如果把所有"第一层次"类型的园林都如此再细分一遍，那么所谓"传统园林体系"的内容，就可能涵盖了中国传统建筑体系中的绝大部分内容，这样的结论显然是有问题的。例如，有研究者就把北京的天坛、地坛、日坛、月坛、社稷坛、先农坛等这类皇家礼制建筑体系也划定为"礼制建筑园林"。也有学者认为，不应把中国传统的园林建筑体系与其他类型的传统建筑体系并列分类，"园林"只是作为一种特殊类型的体系内容，"伴随"于传统的建筑体系之中，即为其他建筑体系内部的环境处理方法。甚至认为在自然山水中划定一片区域，也就构成了一座中国传统的园林。那么请问，如果在美国黄石国家公园也划定一片区域，是否也就构成了一座中国传统园林？笔者以为，这些观点对中国传统建筑体系的理解是"只见树木不见森林"，即只看到了其中"实"的"要素内容"。当然，把山（假山）、水、植物等作为其他建筑体系内部环境处理内容的实例也非常多，在第二章中笔者已经总结过，中国传统建筑体系很多具有"园林化倾向"，但并不能因此否认独立形态的传统园林建筑体系存在的事实。因此，划定中国传统园林建筑体系的边界范畴，是在建筑学层面上继续深入研究中国传统园林建筑体系"空间内容"与"空间形态"（或可统称为"空间形态"）特征，以及与其相关联的传统文化的前提。

虽然中国传统园林建筑体系的"空间内容"和"空间形态"也经历过发展变化过程，目前所遗留下来的实例也并非完全一样。前面提到的"空间实物要素内容"和"空间处理要素内容"，也仅属于可实际感受到的表面特征。笔者以为，若要划定"中国传统园林建筑体系"的边界范畴，并确定历史文献中记载的哪些属于真正的园林，在参考各类历史文献和遗留至今的园林实例的基础上，应重点总结它们的

综合特征。笔者以为，中国传统园林建筑体系有三项重要的并相互关联的特征。

特征一：是在某种观念的"宣示"或"标榜"等名义下的，以坐享或闲适或奢华甚至是奢靡等生活为主要目的建造的。

在临近国家形成之前的一段时期和国家形成之后的商周时期，中国古代社会制度的形态，是以酋长和古帝王为最高权力核心的贵族阶层集权制度，包括以酋长为最高权力核心的酋邦或早期国家形态的各自为政时期、商代的以商王为最高权力核心的紧密联盟国家时期、周代的以周王为最高权力核心并以血缘关系为纽带的宗法政权国家时期；从大秦帝国开始的社会制度的形态，是以皇帝为最高权力核心的中央集权制度。在这两类相对和绝对集权制度时期，最高统治者都是以"礼制建筑体系"为重要标志，或明示或暗示地宣示着自己为"天人之际"代言人的特殊地位。"天人之际"中的"天"，也就是"上帝"。礼制建筑体系是以形态严肃、严谨和象征性为表象特征，也几乎是唯一不具任何"实用性"的建筑体系；他们又以"园林建筑体系"等为载体，在宣示着同样内容的同时，坐享"天人之际"神仙般的生活（包括期遇神仙的目的）。这类建筑体系主要是以或抽象或具象，但相对的自然和自由为表象特色，在"实用性"方面，较其他建筑体系有着最多的功能。例如，历史上的古帝王与皇家园林建筑体系本身是形态各异，除去我们熟知的一般园林概念的"实物要素内容"和功能外，大多还具有古帝王与皇家的宫廷与朝廷、宗教与祭祀场所、军事训练与军事堡垒、生产与生活基地等空间载体功能。但大多数古帝王与皇家园林建筑体系的形态，无论是否自然与自由，从根本上讲也是以礼制文化为依托，来象征古帝王与皇帝具有"天人之际"的崇高地位，因此这些园林的具体形态，就要浓缩地模拟"神仙境地"甚至是"宇宙天地"。可以说古帝王与皇家的"礼制建筑体系"和大部分"园林建筑体系"，是以两种截然不同的形态表达了礼制文化的本质内容。例如在《汉书·高帝纪》中，记载汉相萧何曾直接地表白过非礼制类的皇家建筑体系（具体指"未央宫"）的宣示意义："天下方未定，故可因遂以就宫室。且夫天子以四海为家，非令壮丽亡（笔者按："亡"通"无"，以下文言文括弧中的字均为笔者改或注）以重威，且亡令后世有以加也。"即，皇家建筑体系需要"壮丽"的功能之一，就是表达威严，并让后来者都感觉无法超越。

萧何的这类观点绝非空穴来风，之前的帝王和皇帝一直就是这么实践着的。例如周文王在认为与商纣王的势力旗鼓相当之际，便急匆匆地营造"灵台"，在《诗经·大雅·灵台》的描绘中，以灵台为核心的范围内还有灵沼、辟雍、灵囿等。郑玄注说："文王受命而作邑于丰，立灵台。"汉朝（佚名）纬书《礼含文嘉》说："礼，天子灵台，以考观天人之际，阴阳之会也。"（注1）又，在汉语中，"灵（靈）"字从"巫"，本义也是"巫"，楚人直接称以歌舞降神的巫为"灵"，又可把"灵"直接引申为"神"，前者如《离骚》中的"命灵氛为余占之"，后者如《楚辞·怨思》中的"合五岳与八灵兮"。许慎也说："灵（靈），灵巫也。以玉事神。"（注2）因此周文王的"灵台"也就是"神台"，建造灵台便有宣示可以"通天"，即与"昊天上帝"相通的政治目的。在中国古代社会，掌握"通天"的权力也就意味着掌握了绝对的"话语权"。例如《泰誓》和《牧誓》中记载了在周灭商的过程中，周武王做过几次政治动员，每次都要强调商纣王的罪行之一是轻慢和违逆天意，而武王带领大家伐纣就是顺应天意、替天行道。但灵台并不是单纯的礼制建筑体系。《诗经·大雅·灵台》对灵台建成后的情景描述为："王在灵囿，麀鹿攸伏。麀鹿濯濯，白鸟翯翯。王在灵沼，于牣鱼跃。虡业维枞，贲鼓维镛。于论鼓钟，于乐辟雍。于论鼓钟，于乐辟雍。鼍鼓逢逢，矇瞍奏公。"很显然，周文王在这里并不仅做单纯的祭祀和宣示活动，而是以实际享受为主，这组建筑群更接近于我们后来所称的"园林建筑体系"，其中的主题景区都冠以"灵"字，说明是在浓缩地模拟"神仙境地"。

我们再看看遗留至今的皇家园林的具体实例。清代皇家园林艺术成就最高者之中有"圆明园三园"，该园是为皇帝现实享受目的而营造无须论证。圆明园整体地势是西北高、东南低，雍正在建园前邀请的张钟子（山东德平县知县，深谙堪舆理论）等人认为，西北区域可象征西北的昆仑山，东南区域可象征东南的海洋。建成后的全园最大的水面"福海"本身具有"一池三山"的象征和寓意。环绕于大宫门内"前湖"和"后湖"沿岸的九个小岛，象征《禹贡》九州。另外，在其中也布设了很多显性和隐性的宗教文化内容景区，有汉传佛寺、藏传佛寺、道观、清真寺和诸多礼制建筑景区。如位于圆明园后湖区域附近的"舍卫城"（综合供奉城隍、关帝、三世佛、弥勒佛等，有佛像十万尊）和"慈云普护"（藏传欢喜佛道场，又供奉关帝、龙王）、西部的"月地云居"（汉传佛寺）；位于长春园的保相寺、法慧寺、庄严法界、正觉寺（藏传佛寺）、延寿寺，西洋楼景区的"方外观"清真寺；位于福海南岸"夹镜鸣琴"附近的"广育宫"（供奉道教碧霞元君）；位于绮春园的"烟月清真楼"；还有位于长春园西湖内的一组建筑"海岳开襟"，下层南檐匾题"青瑶屿"，上层南檐匾题"乘六龙"。"瑶屿"为传说中的神仙居住地。在中国神话传说中，有太阳神乘车驾驭六龙的说法。总之，圆明园纲领性的宣示主题，可以用"九州清晏"高度地概括，"九州"就是"天下"，也就是圆明园为一座浓缩地模拟可以覆盖"天下"的"神仙境地"。

与私家园林建筑体系相关的、文人士大夫等最爱标榜的主题是"隐逸""放达""林泉之志""烟霞之侣"等。例如，宋郭熙的《林泉高致·山水训》说："君子之所以爱夫山水者，其旨安在？丘园养素，所常处也；泉石啸傲，所常乐也；渔樵隐逸，所常适也；猿鹤飞鸣，所常亲也；尘嚣缰锁，此人情所常厌也；烟霞仙圣，此人情所常愿而不得见也。直以太平盛日，君亲之心两隆，苟洁一身，出处节义斯系，岂仁人高蹈远引，为离世绝俗之行，而必与箕颍（笔者按：相传尧时，许由隐居在箕山下、颍水旁）埒素（笔者按：比谁更清苦）黄绮（笔者按：汉初商山四皓中之夏黄公、绮里季）同芳哉！《白驹》之诗、《紫芝》之咏（笔者按：都是写隐士情怀的诗），皆不得已而长往者也。然则林泉之志、烟霞之侣，梦寐在焉，耳目断绝，今得妙手郁然出之，不下堂筵，坐穷泉壑，猿声鸟啼，依约在耳；山光水色，滉漾夺目，此岂不快人意，实获我心哉！此世之所以贵夫画山水之本意也。不此之主而轻心临之，岂不芜杂神观，混浊清风也哉！"此文虽然讲的是世人热爱山水画的理由，其中是以世人热爱园林等的理由作为论据，提出了"林泉之志、烟霞之侣"是"皆不得已而长往者也"，而现实是"梦寐在焉，耳目断绝"。但世人对"林泉之志、烟霞之侣"志趣的标榜却是一直存在的，以致影响到有很多皇帝也喜爱以这类"志趣"为标榜。例如，笔者在第一章第一节中所列的三首诗词，实为从乾隆皇帝的《御制圆明园图咏》中的"圆明园四十景"题诗中选取的。且现实中的康熙皇帝并不是一位因"看破红尘"而"遁世"的皇帝。西晋大官僚石崇拥有"金谷园"（"河阳别业"），他所写的相关文学作品有《金谷诗》和《思归引》（注3）。他在《思归引·序》中表白说："余少有大志，夸迈流俗。"五十岁去官以后"晚节更乐放逸，笃好林薮""傲然有凌云之操"。但《思归引》诗文最后表明的生活却是"终日周览乐无方。登云阁、列姬姜；拊丝竹、叩宫商。宴华池、酌玉觞"。并且我们在阅读《思归引·序》和《金谷诗·序》时，很难联想得到，石崇本是靠任荆州刺史时劫掠往来商人而致富，并有以斩杀美人而劝酒的冷血与残酷（注4）。看来，"林泉之志"等"志趣"，完全可以是只挂在口头上的自我标榜，并且也不是哪个阶级哪个阶层哪个人的专利。但实际拥有园林，却需要相应的政治和经济能力。因此，无论是"宣示"还是"标榜"，以园林作为坐享或闲适或奢华甚至是奢靡生活的载体，这一现实的作用是任何语言都无法否认的。泛宗教建筑体系园林的产生与上述很多私家园林有关，以后详述。

特征二：依托或依照自然环境加以人工营造的、凸显山水特征的综合建筑体系。有明确文献记载的中国最早的园林是商代帝王的园林（"苑""囿""圃"等），并有相关考古发现为佐证。总体来讲，文献中的古帝王或皇家园林建筑体系的营造，有同等重要的两个方面内容：一方面是对地表形态的利用、改造和新构，包括山体、水体和植物等，还包括豢养动物等；另一方面便是营造建筑。从遗留至今的清代皇家园林来看，无疑具备上述主要内容和特征。而早期在古帝王和皇家园林中出现的"高台建筑"（一直延续到南北朝时期），很多是出于对"山岳"的抽象模拟。

私家园林出现的时间无疑是晚于古帝王和皇帝的园林，如果笼统地讲，两者间最明显的区别主要是规模的不同，例如，在较大规模的古帝王和皇家园林中的堆叠真山（大山）等，在绝大部分规模较小的私家园林中，就不得不演变为堆叠"假山"了（象征或写意性的小山）。当然，无论是古帝王与皇家园林还是私家园林，都是规模和形态各异。如，汉梁孝王的"东苑"就属于堪比皇家园林的超大型私家园林，且两者中最主要的内容和特征基本是一致的，即以"山""水""植物""建筑"等为基本的"园林要素内容"。

特征三：运用独特的空间处理手法，塑造出令人心旷神怡的视觉空间形态的艺术效果。如果从清朝遗留至今的中国传统建筑体系的整体特征来看，以园林建筑体系空间的处理手法和艺术成就最高。可以用空间内容与形态的"丰富程度"和"视觉空间"与"物理空间"差异比的大小来衡量。前者无须多阐释，后者是指在传统园林建筑体系中，由于运用了相应的空间处理手法，使得其"视觉空间"远大于"物理空间"（"差异比"大于1）。笼统地讲，皇家园林的空间内容和形态的"丰富程度"更高，私家园林的"视觉空间"与"物理空间"的"差异比"更大，并且这两类空间都具有令人心旷神怡的视觉艺术效果。

总结以上特征：

特征一是"目的与功能"，关键词是"坐享或闲适或奢华甚至是奢靡生活的空间载体"。至于所谓"宣示"和"标榜"等的内容，属于广泛的社会学领域的范畴。

特征二是"主题与形象"，关键词是"山水主题"和"神仙境地"。例如，周文王的灵台就是对山岳的浓缩模拟，因为山岳既是通天（帝）的阶梯，又是神仙的居住地，这类观点在《山海经》《尔雅·释丘》《庄子·天地》《淮南子·地形训》等文献中都有大量的记载。再有，《林泉高致·山水训》中提出"烟霞仙圣，此人情所常愿而不得见也。"说明世人皆有对"神仙圣地"的向往。

特征三是"手法与成就"，关键词是"空间处理手法（非单纯的工程技术）"。仅从清朝遗留至今的江南私家园林实例来看，"空间处理手法"概括起来可以包括外围空间边界的处理手法、外围空间边界天际线的处理手法、整体空间内部天际线的处理方法、内部空间之间关系的处理手法、不同的园林各要素内容之间关系的处理手法、相同的园林要素内容之间关系的处理手法等，还有前人总结出的与上述内容相关的江南私家园林"组景18法"和笔者总结出的"假景法"等。在隋唐之前的大型古帝王与皇家园林建筑体系中，还有主要以高台建筑以及飞虹复道、飞阁复道等为依托的立体空间处理手法等。总之，这些空间处理手法中的大多数内容，是中国传统园林建筑体系所独有的，且在中国传统建筑体系中是成就最高的，也因此模拟出了拥有者内心的"神仙境地"。

那么可以说凡是与上述特征相同的中国传统建筑体系，便属于"传统园林建筑体系"，而并不能把凡具有"山""水""植物"等的建筑群或空间，都想当然地冠以"传统园林建筑体系"（注5）。

但我们也应该认识到，若以中国历史文献中的文学表达内容作为研究中国传统园林建筑体系的依据，试图明确地厘清"特征一""特征二""特征三"中的内容也是非常困难的。毕竟园林建筑体系最终是要服务于人的，而且是以显性或隐性的方式表达人的情感和观念，又使人的情感和观念高度浸淫于其中的建筑体系。但人的情感和观念的表达，既受时代性因素的间接影响，又受个人的学识、修养、境遇、环境、表达能力等因素的直接影响，甚至更多的是受偶发因素（如情绪）的直接影响。因此在文学作品中所反映出的情感与观念等，也就具有偶然、多变、应景、夸张、扭曲甚至是谎言和妄言等不确定性的特点。而对遗留至今的实例之外的传统园林建筑体系的研究，不得不以有限的文学作品作为重要参考。特别是对文人士大夫等的私家园林中的各个方面内容的研究，往往会被这类文学作品本身引入歧途，以致造成误判甚至是产生幻觉。例如，以往某些研究者对中国传统园林建筑体系内容的误判，最多的是因文学作品中的观念和文学性表达，掩盖了其世俗性的一面（把生活需求当作了"情怀"），甚至是文学性的表达进一步影响到了研究者对作者所表述的"园林"的具体形态的误判等。也就是误判的具体内容，既包括园林建筑体系和与人相关的社会文化功能，也包括园林建筑体系自身形态两个主要方面内容。

例如，若我们单读西晋石崇的《金谷诗》《思归引》，很容易得出魏晋南北朝时期文人士大夫的情怀（隐逸文化）与人格特点等，与私家园林的兴起等系列关联的"历史逻辑"。甚至以往的很多研究者，一直把这种"历史逻辑"当作私家园林建筑体系最为重要的文化意义。例如，即便在有关现存的江南私家园林的表述中，往往一定会追溯到上述内容。甚至连皇家园林也不能例外，因为在目前遗留至今的清朝时期的皇家园林中，确实有不少模仿江南私江家园林的内容。但我们若对石崇曾经的暴行、残忍和冷酷不是有意地回避，上述"历史逻辑"的"幻觉"便会不攻自破。更不会再因某人或拥有私家园林或写过几首相关诗词，便都要与"隐逸""放达""林泉之志""烟霞之侣"等所谓"人格特征"牵强地联系起来。并且"隐逸"也仅仅是一种社会生活行为，现实中有主动"隐"与被动"隐"之别，有"真隐"与"假隐"之别，甚至很多"名仕"的"隐逸"仅仅是为了沽名钓誉、待价而沽，因此"隐逸文化"本身其实多与人格无关。所以即便是同一类型的传统园林建筑体系本身，与相关文化的关系和与拥有者的关系，在相同或不同的时代，既具有一般共性的特点，也更具有复杂多样性的特点。

至于对各类历史文献中表述的"园林"的物化形态方面的误判，可用如下的案例加以说明。在中国各类历史文献中出现过很多以"庄园""庄田""园""园墅""池馆""山池""山庄""别墅""别业"等命名的位于城市之外的私家房地产，以往的研究成果把这类内容都归为私家园林范畴。但是否真的都为私家园林，可参考以下案例分析。

案例 1：西晋石崇的金谷园（河阳别业）

石崇《思归引·序》云："……遂肥遁于河阳别业。其制宅也，却阻长堤，前临清渠，柏木几于万株，江水周于舍下。有观阁池沼，多养鱼鸟。"（注 6）另有其《金谷诗·序》说："……有别庐在河南县界金谷涧中，或高或下，有清泉茂林，众果、竹、柏、药草之属，莫不毕备。又有水碓（利用水流为动力舂米的工具）、鱼池、土窟，其为娱目欢心之物备矣。"（注 7）

西晋石崇的金谷园（河阳别业）位于洛阳西北郊。从以上有限的文字内容分析，金谷园本来就位于自然山水景色极佳之处，因建长堤拦水，在前面形成清渠，使四周有江水环绕；园中有观阁、池沼、各种植物和其他设施等，更具体的内容无法确定。如果对比前面总结的中国传统园林建筑体系的三个基本特征来看，金谷园基本上可算是一座主要以自然环境为依托并为特色的私家园林。

案例 2：南朝谢灵运的山庄别墅

《宋书·谢灵运传》载："灵运父、祖并葬始宁县，并有故宅及墅，遂移籍会稽，修营别业。傍山带江，尽幽居之美。"谢灵运的曾祖父谢安年轻时曾隐居会稽郡始宁县之东山，在东山建有谢安别墅。其侄谢玄归隐后，在东山南边也建了别墅。谢灵运继承了其祖父谢玄的产业，再次大规模整治庄园，凿山开道，围水造湖，疏通水路，使南北有水路相通。整体上因依山傍湖、背山临江、山川平原相结合，形成了环境优美、自给自足的农业经济大庄园。谢灵运自己也写了一篇《山居赋》，因文字较多，我们在此仅表其大意：文中开始首先阐明山居的意义，然后描述了近东、南、西、北和远东、南、西、北的大环境，也就是可借景的环境等。接下来描述环境中动植物及农田耕作、灌溉等情况，勾画出自然生态和自给自足的经济形态。最后描述南山北山，也就是南居和北居的大致情况，以及不同季节景象、与人交往和各种感慨等。

谢灵运一生的爱好是游山玩水，因此以往的研究者又根据《山居赋》描述的内容，就把谢灵运的山庄别墅确定为了私家园林。但由于《山居赋》整篇内容都是文学性描写，而规划布局和具体内容的形态等颇费悬测，实际上很难确定是否应该把这座庄园全部划归为私家园林范畴。详见下卷第十一章中的相关论述。

案例3：唐王维的辋川别业

王维在晚年于辋川山谷（今兰田县西南10余公里处）原宋之问的辋川山庄的基础上营建一座"辋川别业"。以往的研究者根据《辋川集》中王维和同代诗人裴迪所赋绝句等，把这座别墅描绘为范围广大的、包括数山数坳的山庄别墅类私家园林，甚至称王维是唐朝的造园大家。我们可以根据《辋川集》中王维和同代诗人裴迪所赋绝句，大致还原《辋川集》中涉及的空间环境内容，其中主要的活动空间包括几个山坳，即有山谷、平地和湖面等。

第一个山坳：从东山的山口进入，迎面就是"孟城坳"，坳内有"辋口庄"，于是有"新家孟城口""结庐古城下"。因此这里应该就是"辋川别墅"所在的区域。坳背山冈叫"华子岗"，应该是在坳的北面。这里山势高峻，林木森森，多青松和其他树木，因而有"飞鸟去不穷，连山复秋色"和"落日松风起"。

第二个山坳：越过华子岭山冈后，"南岭与北湖，前看复回顾"。大概在这一山坳北面的山岭下有"文杏馆"，"文杏裁为梁，香茅结为宇"。馆后崇岭高起，岭上多大竹，题名"斤竹岭"。有山路可达，"一径通山路""明流纡且直，绿篠密复深"。

第三个山坳：大概从第二个山坳缘溪往西南可达另一小山谷，题名"木兰柴"（木兰花）。这里景致幽深，"苍苍落日时，鸟声乱溪水，缘溪路转深，幽兴何时已。"

第四个山坳：溪流之源的山冈大概在斤竹岭西南（或与华子岗连脉），与斤竹岭对峙，下有"茱萸沜"（笔者按："沜"即岸边）。可能因这一带山冈多"结实红且绿，复如花更开"，岸边便以"茱萸"题名。

第五个山坳：过茱萸沜，有一小山谷，"仄径荫宫槐"，题名"宫槐陌"，位置"是向欹湖道"。从这里可登与斤竹岭对峙的冈岭，至人迹稀少的山中深处，题名"鹿柴"，这里"空山不见人，但闻人语响"。

第六个山坳：鹿柴山冈下又有一片面积很大的山坳，包含有"北垞"和"南垞"（笔者按："垞"为小丘）。"北垞"山冈尽处，峭壁陡立，下面是开阔的"欹湖"，湖边盖有屋宇，"南山北垞下，结宇临欹湖"。欹湖的景色是"空阔湖水广，青荧天色同，舣舟一长啸，四面来清风"。如泛舟湖上，"湖上一回首，青山卷白云"。岸边还建有"临湖亭"，"轻舸迎上客，悠悠湖上来，当轩对尊酒，四面芙蓉开"。沿湖堤岸上种植了柳树，"分行接绮树，倒影入清绮""映池同一色，逐吹散如丝"，因此名"柳浪"。从"柳浪"往下，还有水流湍急的"栾家濑"，这里是"浅浅石溜泻""波跳自相溅""汛汛凫鸥渡，时时欲近人"。从这里到南垞因有欹湖相隔，必须舟渡，"轻舟南垞去，北垞渺难即"。

离水南行复入鹿柴山，有泉名"金屑泉"，"潆岺澹不流，金碧如可拾"。若从山下的南垞缘溪往东下行到入湖口处，有"白石滩"，这里"清浅白石滩，绿蒲向堪把""跂石复临水，弄波情未极"。若沿溪往西上行可到"竹里馆"，得以"独坐幽篁里，弹琴复长啸。深林人不知，明月来相照"。

此外山间还有"辛夷坞""漆园""椒园"等胜处，因多辛夷（即紫玉兰）、漆树、花椒而命名。

那么根据以上内容，是否就可以得出辋川别墅为一座依托于自然山水的山庄别墅类私家园林？并且王维堪称造园大家？结论我们暂且不定，可以再引一些其他文献中的其他内容作为参考。在古代文献中还有很多描写山野寺庙、精舍等，这些也曾被某些研究者归类为山野寺庙园林。

案例4：庐山慧远精舍

《高僧传·卷六》载："远（东晋慧远）创造精舍，洞尽山美。却负香炉之峰，傍带瀑布之壑。仍石垒基，即松栽构。清泉环阶，白云满室。复于寺内别置禅林。森树烟凝，石迳苔合。凡在瞻履，皆神清而气肃焉……每欣感交怀，志欲瞻睹。会有西域道士，叙其光相。远乃背山临流，营筑龛室。妙算画工，淡彩陶写。色疑积空，望如烟雾。……"

文中首先描绘了这座精舍所处的自然环境，随后明确地说"复于寺内别置禅林"，很显然，至少在这座精舍中是附带了一座园林，因此这座精舍可以作为佛寺园林的实例。但以下内容的文学描述就很难得出相同的结论。

《魏书·逸士传》载："（冯）亮既雅爱山水，又兼巧思，结架岩林，甚得栖游之适。颇以此闻。世宗给其工力，令与沙门统僧暹、河南尹甄琛等，周视嵩高形胜之处，遂造闲居佛寺。林泉既奇，营制又美，曲尽山居之妙。"

《水经注·卷三十二·肥水》记载："肥水自黎浆北迳寿春县故城东……西南流迳导公寺西。寺侧因溪建刹五层。屋宇闲敞，崇虚携觉也……肥水西迳寿春县西北，右合北溪水。导北山泉源下注，漱石颓隍。水上长林插天，高柯负日。出于山林精舍右，山渊寺左……溪水沿注西南，迳陆道士解南精庐，临侧川溪。"

很显然，上述后两则文献记载所涉及的建筑体系类内容的表述过于简单，更多的是强调自然环境的优美。唐文宗（李昂）时期诗僧处默有一首诗很有意思，可以用来对这类内容予以总结。《题栖霞寺僧房》："名山不取买山钱，任构花宫近碧巅。松桧老依云里寺，楼台深锁洞中天。风经绝嶂回疏雨，石倚危屏挂落泉。欲结茅庵共师住，肯饶多少薜萝烟。"（注8）

一句"名山不取买山钱"道出了山野景色之性质。如案例3中与"辋川别墅"相关的内容，可能仅限于第一个山坳内的"辋口庄"（"新家孟城口""结庐古城下"），可惜恰恰是这一部分内容并没有历史文献资料。其他山坳中的自然景色与王维无关，一些人为添置的内容更不知是何人所为，即《辋川集》诗文所涉及的广大范围，多与"辋川别墅"无关。至此可以总结说，"辋川别墅"和一些"山野寺观"等外围环境的艺术形象，皆为依赖于自然环境本身的特质，与人的主观创造行为并无关联。即便是今天，这类有建筑等嵌入自然环境中的山野景色也并不罕见，但我们绝不会便把这些看作中国传统园林建筑体系。再如，北宋钱易撰描写唐朝时期历史的《南部新书·第八卷·辛》载："司空图侍郎旧隐三峰，天佑末移居中条山王官谷。周迴十余里，泉石之美，冠于一山。北岩之上，有瀑泉流注谷中，溉良田数十顷。至今子孙犹存，为司空之庄耳。"此"司空之庄"显然可与辋川别墅相比，但明显地并不属于私家园林。依据以上历史文献的描述，至少我们不能肯定地认为，上述那些实例均属于中国传统园林建筑体系。

三、"社会学意义的园林"与"建筑学意义的园林"

与现代社会相比，传统园林建筑体系在中国古代社会有着既特殊又普遍的社会文化意义。仅就文人士大夫群体来讲，私家园林既可作为承载享受快意和闲适物质生活的空间载体，又可作为承载或标榜或纾解或释放精神志趣和放达情怀等精神生活的空间载体或媒介。同样可以成为这类"载体"或"媒介"的，还有书法、绘画、音乐、舞蹈、戏曲、文学、哲学和宗教等，另外还有其他类型的空间，如一座农庄等。但本专著毕竟是要落实在建筑学的空间艺术层面上研究问题，并重点研究那些承载着人的艺术与技术智慧的空间内容与空间形态。因此我们有必要把历史文献中出现的、并被以往的研究者认定的所谓"园林"，再换个角度总体分类，划分出"建筑学意义的园林"和"社会学意义的园林"。显然，从建筑艺术空间的角度来讲，前者是我们需要研究的主要内容，也就是"中国传统园林建筑体系"实际范畴中的内容。

（1）"社会学意义的园林"

其特征是在空间体系中可能包含"山""水""建筑""植物"（包括农作和药用植物）等基本内容（不一定是全部），且"山""水""植物"也不一定都经过了人工干预，但足以作为标榜"归隐""放达""林泉之志""烟霞之侣"等内容的空间载体或媒介。并且若无相关历史文献对包含了这类内容的情怀的大量描述，我们甚至无法知晓这类空间曾经有着丰富的"社会学意义"。《宋书·卷九十三·隐逸》载："（宗炳）好山水，爱远游，西陟荆、巫，南登衡、岳，因而结宇衡山，欲怀尚平之志。有疾还江陵，叹曰：'老疾俱至，名山恐难遍睹，唯当澄怀观道，卧以游之。'"我们今天并不知道宗炳"结宇衡山"和江陵的隐居处具体的空间内容与形态，但宗炳因心灵的"澄怀观道"，便可以"卧以游之"，展开对以往"好山水，爱远游"的向往与追忆。对这类心态或实际描述或夸张标榜的古代文献资料非常丰富，涉及的空间内容包括农业经济庄园、山野别墅、山野寺观、山野精舍，甚至是自然山水等。但这类空间，可能很多与"空间实物要素内容"和"空间处理要素内容"为限定的传统园林建筑体系并无关联，能满足心灵的"澄怀观道"便足矣。因此我们可以把凡属这类的空间，归结为"社会学意义的园林"。

（2）"建筑学意义的园林"

其特征也就是符合笔者前面提出的三项特征的建筑空间体系，从空间感受方面考察，同时具有"空间实物要素内容"和"空间处理要素内容"。很显然，"建筑学意义的园林"是包含在"社会学意义的园林"范畴之内的，它既是我们常说的与国内外其他建筑体系相区别的、以山水内容为表征的、有着特殊的空间处理手法的建筑空间体系，也是"建筑学"重点研究的"中国传统园林建筑体系"。以往很多研究者有关中国传统园林建筑体系范围和内容的结论，以及所举的具体实例等，是把广泛的"社会学意义的园林"与有着特殊的空间处理手法的"建筑学意义的园林"混为一谈了。这种概念的含混不清，既把中国传统园林建筑体系的范围无限地扩大化了，又无法抓住中国传统园林建筑体系的"建筑学"意义，即空间处理手法的技术与艺术等方面的意义。

另外，历史文献中的大多数"社会学意义的园林"，也并非"建筑学意义的园林"的初级阶段，两者间几乎无任何继承和发展关系。例如，从农业经济农庄中发展不出私家园林，而私家园林最早的蓝本一定是古帝王与皇家园林以及大自然等，私家园林和古帝王与皇家园林间最终的差异，也主要是基于不同的拥有者的政治和经济能力等所决定的差异。这类内容将在下卷的章节中详细阐释。

由于本专著的内容是探讨中国传统园林建筑体系与中国传统文化之关系等，上述"社会学意义的园林"和"建筑学意义的园林"都会涉及，但笔者会在相关的阐释中加以必要的说明。

注1：《太平御览·礼仪部·卷十三》。

注2：许慎《说文解字·卷一·玉部》。

注3：《石崇诗文全集》。

注4：《世说新语·汰侈》：石崇"每要（邀）客燕（宴）集，常令美人行酒。客饮酒不尽者，使黄门交斩美人。"

注5：历史上皇家宫廷建筑体系与皇家园林建筑体系的关系比较复杂，西汉及以前时期以"宫苑"形式存在的比较普遍，这些内容将在中卷中详细阐释。

注6、注7：《石崇诗文全集》。

注8：《处默诗词全集》。

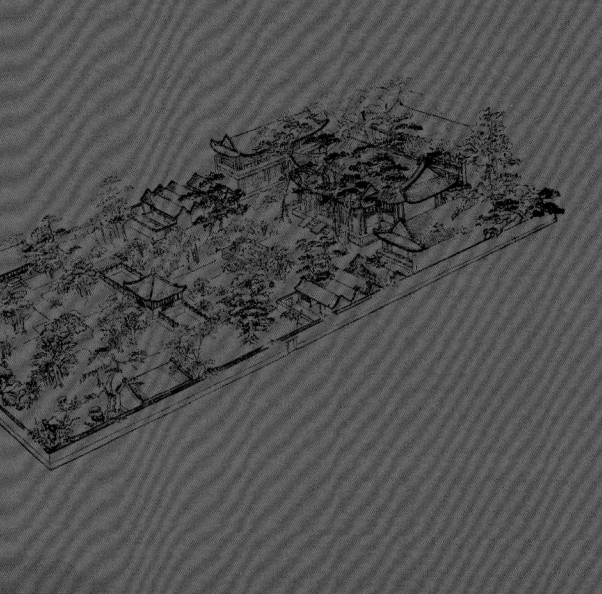

中

卷

古帝王与皇家园林建筑体系

园林建筑体系文化艺术史论

第四章 商周与春秋战国时期园林建筑体系

第一节 战国及之前历史时期史略与原始宗教崇拜

一、战国及之前历史时期史略

"中国"一词最早见于周成王"和尊"铭文（注1）："唯王初迁宅于成周……唯武王既克大邑商，则廷告于天下，余其宅兹中国，自兹乂（yì，治理）民。"以文明而论，中国部分地区的文化进入新石器时代的时间，可上溯至公元前18000年至公元前9000年，如江西仙人洞遗址等。普遍的新石器文化的发展大致可分为四期：

一期从开始延续至约公元前7000年。主要以在华南的"洞穴遗址"和"贝丘遗址"中发现的内容为例证。这一时期已经出现了磨制石器和陶器，农业已处于萌芽阶段，个别地点已有家猪饲养。

二期约为公元前7000年至公元前5000年左右。在华北地区主要以"磁山文化"等为代表，出现了较精细的磨制石器和陶器，有较发达的旱地农业，种植粟、黍，并饲养家猪；在华中地区主要以"彭头山文化"等为代表，磨制石器尚不多见，陶器则比较发达，已有水稻种植，并饲养家猪和水牛等。

三期约为公元前5000年至公元前3000年左右。在华北地区主要是以"仰韶文化"和"大汶口文化"等为代表。均以发达的彩陶为一大特色。农业进一步发展，有较大的聚落，如"半坡遗址""姜寨遗址"等。流行多人二次合葬。在华中地区主要是以"河姆渡文化"和"大溪文化"等为代表。前者以黑陶为一大特色，有极为丰富的稻谷遗存和骨耜等水田耕作农具。后者以红陶为主并含彩陶为一大特色，房屋建筑往往用稻壳掺泥抹墙，陶器胎壁内也掺有大量稻壳。这两种文化的稻作农业已有很大的发展。另外，约从公元前4000年至公元前3000年，在河北北部、辽宁西部大凌河与西辽河上游地区还有重要的"红山文化"，最重要的发现是祭祀遗址、出土的女神像和玉器等。

四期是铜石并用时代，约从公元前3500年至公元前2000年。在华北地区主要是以山东和河南的"龙山文化"等为代表，在华中地区主要是以"良渚文化"和"石家河文化"等为代表。这一时期的陶器普遍采用轮制，并普遍出现了小件铜器，有了中心聚落和最早的城址，如山东"章丘城子崖址"、山西省襄汾"陶寺遗址"、河南淮阳"平粮台遗址"、湖北天门"石家河遗址"、湖南澧县"城头山遗址"等。

房屋建筑中出现分间式大型建筑，开始用石灰和土坯抹地、筑墙等。出现了大量的精美玉器，石器中钺、镞等武器明显增加。墓葬出现两极分化，大墓往往有棺有椁和丰富精美的随葬品。良渚文化中还出现了大规模人工堆筑的贵族坟山和祭祀地，并被考古专家定义为"早期的国家形态"。

《史记·夏本纪》中记载"夏"是姒姓夏后氏、有扈氏、有男氏、斟鄩氏、彤城氏、褒氏、费氏、杞氏、缯氏、辛氏、冥氏、斟灌氏共十二个氏族组成的部落的名号，以"夏后氏"为首，因此在建立了国家性质世袭的政权后就以部落名为国号。建立夏国家政权的第一代君王是大禹，其父亲名鲧，是颛顼之子。《大戴礼记·帝系》《尚书·尧典》《尚书·洪范》《国语·鲁语》等文献都提到了鲧和颛顼（他们之间的关系有不同说法），当然也提到了黄帝等其他古帝王。但由于"夏"没有相关文字自证，因此目前国内外很多学者认为"夏"的国家性质属于"传说时代"。当然国内外也有很多学者，一直在试图证明河南洛阳偃师的"二里头文化遗址"即为夏都城遗址之一。更有一些学者，也在不断地试图把其他一些文化遗址与其他古帝王相联系，例如，认为山西襄汾县的"陶寺文化遗址"是帝尧之裔子所封之国都等。

按照《夏商周断代工程·阶段成果报告》的结论（并未被中外学术界广泛认可），商代前期从成汤至盘庚迁殷前，历20王，年代跨度从公元前1600年至公元前1300年。商后期从盘庚迁殷后至商纣王，历12王（含盘庚），时间至公元前1046年（武王伐纣，商灭亡），这一年也是《夏商周断代工程·阶段成果报告》中引起争论的最重要的时间节点之一。商代历史前后共经历了大约554年。

在西周建立之初，周武王姬发于公元前1043年驾崩，之后由其子姬诵继位为周成王，并由文王姬昌的第四子姬旦即周公"辅政"（也曾称王）。周公为西周杰出的政治家，《尚书大传》（注2）概括其政绩为："一年救乱，二年克殷，三年践奄，四年建侯卫，五年营成周，六年制礼乐，七年致政成王。"其中就有营建新的都城洛邑，位于今河南省洛阳市，横跨瀍水两岸，名"成周"。因西周时期实行的是东、西两都制，位于陕西的丰、镐两城又名"宗周"。（注3）成周洛邑建成之后，周公召集天下诸侯举行盛大庆典，在这里正式册封天下诸侯。《荀子·儒效》说周公"立七十一国，姬姓独居五十三人。"并且宣布各种典章制度，也就是所谓"制礼作乐"的核心内容。"礼"所要解决的核心问题是尊、卑、贵、贱的区分，即"宗法制"，也是"继承制"。由于周在之前没有严密的继承制，管叔和蔡叔因争王位而背叛王室，因此"小邦"周不能不吸取"大邦"殷覆灭的经验教训。商前期的继承制度是传弟和传子的并存，曾导致了"九世之乱"。传弟和传子均有传长、传幼和传贤的矛盾，传弟之后又有传弟之子和传兄之子的矛盾。这些矛盾的存在，往往导致王室纷争，最终导致王权衰落，国祚不久。商代从康丁以后，历经武乙、文丁、帝乙、帝辛（纣王），明显地废除了传弟制而确立了传子制。周在周公之前也没确立明确的继承制度，例如继太王位的周文王之父季历之上有兄泰伯和仲雍都没有继承王位。总结历史经验，周公确定了"嫡长子继承制"，就是想从根本上免除非嫡长子或王之兄弟争夺王位的合法性，起到稳定和巩固统治阶级秩序的作用。嫡长子继承制是宗法制的核心内容，周公把宗法制和政治制度结合起来，创立了一套完备地服务于奴隶制社会的上层建筑。周天子成为天下"大宗"后，姬姓诸侯对周天子来说是"小宗"，而这些诸侯在自己封国内是"大宗"，同姓卿大夫又是"小宗"，这样组成一个金字塔形宗法政权结构，它的顶端是周天子。周代大封同姓诸侯的目的之一便是要组成以血缘为纽带结合起来的宗法政权结构，它虽然仍不属于中央集权制度，但也比商代紧密的联盟形式前进了一大步。周代同姓不婚，周天子对异姓诸侯则视为甥舅关系。由宗法制必然推演出维护父尊子卑、兄尊弟卑、嫡尊庶卑、天子尊诸侯卑的等级森严的礼法。谁要是违反了与此相关的礼仪、居室、服饰、用具等的具体规定，便视为"非礼""僭越"。

西周是中国历史上真正的封建社会，从武王伐纣并立国至周幽王，历 13 王，年代跨度从公元前 1046 年至公元前 771 年。其中从公元前 841 年（周共和行政元年）开始，中国就有了确切的历史纪年。周幽王于后宫得褒姒，生子姬伯服。不久，废申后及太子姬宜臼，以褒姒为后、姬伯服为太子。于是姬宜臼逃奔其母国申国，申侯联合缯国和犬戎进攻周镐京，周幽王与郑桓公均被犬戎所杀。随后申、鲁、许等诸侯国拥立姬宜臼继位。姬宜臼为避犬戎之难，于公元前 770 年迁都洛邑，是为周平王。《史记·周本纪》："平王立，东迁于洛邑，辟戎寇。平王之时，周室衰微，诸侯强并弱，齐、楚、秦、晋始大，政由方伯。"

由于周幽王的无道，导致了周平王从公元前 770 年东迁洛邑，开始进入东周时期，延至公元前 476 年，也称为"春秋时期"。公元前 475 年以后进入战国时期，直至公元前 221 年。其中在公元前 256 年（周赧王五十九年），东周被秦所灭。周共历 25 王，因此整个周代历史前后共经历了大约 790 年。

在整个春秋战国时期，中国文化迎来了"百家争鸣"的局面，中国古代社会大部分学说均来源于此。可以说，以战国时期开始为标志，各个诸侯国实际上已经是各自为政，直至"战国七雄"，分裂成不同的国家。

二、中国的古史观与原始宗教崇拜

在上卷中笔者已经清晰地表明了一个观点，即中国传统园林建筑体系主要是以满足拥有者在物质和精神生活方面的诉求为基本目的。这个观点并无褒贬义，至于其结果衍生出来的其他"成就"却是另外一方面的问题。就中国传统园林建筑体系本身来讲，能满足拥有者在物质生活方面的诉求，恐怕古今并无本质的区别，而在精神层面则存在一些差异。但这一体系无论是在哪个历史阶段，都未偏离过主要对以自然山水为基本蓝本的"神仙境地"甚至是"宇宙天地"的浓缩模拟，或直接利用自然山水，或抽象或具象或写意地、浓缩地模拟。而人类对自然的认识，越接近现代就越接近理性，那么如果沿着历史发展的轨迹反推过去，则是时间越久远就越显现出非理性，也就是"神性"。

英国人类学家爱德华·伯内特·泰勒（Edward Burnett Tylor）（注4）最早提出"万物有灵"理论，认为原始人在形成真正的宗教之前最先出现万物有灵观念，即相信灵魂、生命或气息等可存在于万事万物之中。后来德国学者威廉·冯特（Wilhelm Wundt）（注5）又从心理学意义上对之补充发挥，指出原始人通过对梦境、幻觉、睡眠、疾病、影子、映象、回声、呼吸等现象的认识而产生了非物质性独立灵魂的观念，认为灵魂在物体中的去留决定着这些物体生命的有无。此后英国人类学家马莱特（R·R·Marett）（注6）曾以"前万物有灵论"对之提出修改，认为原始人在形成万物有灵观念之前已经有了相信整个物质世界都具有生命的观念，其理论故又名"物活论"。万物有灵理论是以宗教进化论为基础，即断定宗教经历了从"灵魂观""鬼神观"至"上帝观"的进化发展。尽管万物有灵和前万物有灵理论后来遭遇过其他学者的否定，但即使是在近现代社会，"灵魂观""鬼神观"等在所有国家的特定人群中也并未完全消失，这样的例子在我们身边可能就有。其实原因也非常简单，因为所谓"世界观"只是个人认知问题，且认知的内容并不存在生物学方面的遗传性，即便是在同一个社会、同一个时代，在每个人短暂的一生中所积累的知识结构是千差万别的，所以同一个社会、同一个时代中每个人的世界观，既可能是超越时代的，也可能只是处于历史上某一阶段水平的，特别是个体对知识的吸收是有选择性的，并且还可能是多次选择的。那么在近现代某类人群或个体中依然拥有人类文明初级阶段的"灵魂观""鬼神观"等，就一点都不奇怪了。

如果说人类早期的"灵魂观"还属于对世界懵懂的认知问题，那么"神鬼观"特别是"上帝观"就已经属于宗教范畴了。在中国古代社会，这种"原始宗教"社会性的表现形式，就是在"吉礼"的名义下一直延续到清末的祭祀制度与活动等。如《墨子·天志上》说："昔三代圣王禹、汤、文、武，欲以天之为政于天子，明说（劝告）天下之百姓，故莫不犓（chú，用草料喂养）羊、豢犬彘，洁为粢盛酒醴，以祭祀上帝鬼神，而求祈福于天。"

如果以最先进入文明阶段的族群或国家为"标本"考察，在人类获取生存手段的历史进程中，在远古时期大致经历了三个阶段，第一为采集和渔猎阶段，第二为采集和垦殖、渔猎和畜牧（驯养）并存阶段，第三为以垦殖和畜牧（驯养）为主、采集和渔猎为辅的阶段。人类踏入早期文明门槛的标志之一必定是进入了第三阶段，也就是从不断地迁徙转向定居阶段，当然，这种定居只是相对的，人类的迁徙活动从来就没有真正停止过。在我们一般性的历史认知中，世界四大文明古国的起源都与大河相伴随，尼罗河孕育了古埃及文明，幼发拉底河和底格里斯河孕育了古西亚文明，印度河和恒河孕育了古印度文明，黄河和长江等孕育了古华夏文明。这些大河在文明起源中的作用主要就是对大规模农业灌溉的支撑。但实际上华夏文明的起源又有着特殊性，古埃及、古西亚和古印度文明的农业，依靠的是河流泛滥对农作物的灌溉，而中国是一个多山的国家，何炳棣先生认为中国新石器时代文化遗址，多是沿着小河的黄土台地或小丘冈，所以北方黄土区域农业的肇始并不在黄河泛滥区域（注7）。钱穆先生认为中国北方古代农业最主要的特点是山耕与旱作物，最早最普通的农作物是稷，黍（有黏性的黄米）次之，粱（小米）又次之，麦稻更次之（注8）。以上粮食作物，越是排名靠前的越是可以不依靠河水灌溉，因此华夏文明至少在北方地区滥觞于山地农业的兴起，这似乎也可以从一些典籍的记载中找到佐证，如《国语·鲁语上·展禽论祀爰居（海鸟）》中有一段关于祭祀原则的记述：

"夫圣王之制祀也，法施于民则祀之，以死勤事则祀之，以劳定国则祀之，能御大灾则祀之，能捍大患则祀之。非是族也，不在祀典。昔烈山氏之有天下也，其子曰'柱'，能植百谷百蔬。夏之兴也，周弃继之，故祀以为稷。共工氏之伯九有也，其子曰'后土'，能平九土，故祀以为社。黄帝能成命百物，以明民共财。颛顼能修之，帝喾能序三辰以固民，尧能单均刑法以议民，舜勤民事而野死，鲧障洪水而殛死，禹能以德修鲧之功，契为司徒而民辑，冥勤其官而水死，汤以宽治民而除其邪，稷勤百谷雨山死，文王以文昭，武王去民之秽。故有虞氏禘黄帝而祖颛顼，郊尧而宗舜；夏后氏禘黄帝而祖颛顼，郊鲧而宗禹；商人禘舜而祖契，郊冥而宗汤；周人禘喾而郊稷，祖文王而宗武王。幕，能帅颛顼者也，有虞氏报焉；杼，能帅禹者也，夏后氏报焉；上甲微，能帅契者也，商人报焉；高圉、太王，能帅稷者也，周人报焉。

凡禘、郊、祖、宗、报，此五者，国之典祀也。加之以社稷山川之神，皆有功烈于民者也。及前哲令德之人，所以为民质也；及天之三辰，民所以瞻仰也；及地之五行，所以生殖也；及九州名山川泽，所以出财用也。非是，不在祀典。"

以上这段言论也可以理解为儒家正统的"古史观"，其中有关古帝王的历史未必完全可信，但现实祭祀活动中的部分祭祀内容，的确是按照这个"古史观"的认知操作并演进的。其中的"烈山氏"也是中国传说中的农业之神即"神农氏"，"烈山"就是放火烧山，以便耕作，也就是"刀耕火种"，属于山地农业生产活动方式。《左传·昭公二十九年》也说："有烈山氏之子曰'柱'为稷，自夏以上祀之。"《诗经·大雅·生民》又有："厥初生民，时维姜嫄。生民如何，克（能）禋（yīn，祭天的一种礼仪）克祀，以弗（笔者按："祓"的假借，除灾求福的祭祀）无子。履帝武敏（笔者按：通"拇"，大拇趾）歆（笔者按：心有所感的样子），攸介（笔者按：通"祄"，神保佑）攸止（笔者按：通"祉"，神降福），载震载夙，载生载育，时维后稷。"即认为周王族的始祖是后稷。传说中的后稷本名"柱"（或"弃"，与"稷"谐音），出生于稷山（今山西运城稷山县）。其母为帝喾高辛氏元妃有邰女姜嫄。传说"柱"（或"弃"）也曾经被尧举为"农师"，被舜封为"后稷"，封地古邰城（今陕西咸阳武功县西南）。在古汉语中，"后"的本意之一是帝王、诸侯等，"后稷"就是与农业相关的"官""王"，因此也就是农业神，其地位仅次于其父"神农"。这些历史传说的内容可以认为是间接地反映了中国早期的北方农业是不依赖于河水泛滥的山地农业的，因此可以推断这些北方先民早期居住在山地。

古代典籍中还记录了以山岳为名的诸侯或酋长，如《尚书·尧典》和引用其内容的《史记·五帝本纪》都记载帝尧在位日久，在考虑接班人问题时咨询"四岳"的故事。在《史记·集解》中，郑玄认为"四岳，四时官，主方岳之事"。在《史记·正义》中，孔安国认为"四岳，即羲和四子也。分掌四岳之诸侯，故称焉。"即便假设帝尧已经是移居黄河冲积平原的远古帝王，还有一部分人依然是居住在山地，或在那时设立了掌管山地某类事务的官员。至于帝尧的接班人帝舜，《史记·封禅书》说得更具体："《尚书》曰：舜在璇玑玉衡，以齐七政。遂类（祭）于上帝，禋（祭）于六宗，望（祭于）山川，遍（祭于）群神。辑（收取）五瑞（玉），择吉月日，见四岳、诸（侯）、牧（守），还瑞（玉）。岁二月，东巡狩，至于岱宗。岱宗，泰山也。柴，望（祭）秩于山川。遂觐东后。东后者，（东方）诸侯也。合时月正日，同律度量衡，修五礼，五玉、三帛、二生、一死，贽（zhì，祭祀时所持祭品）。五月，巡狩至南岳。南岳，衡山也。八月，巡狩至西岳。西岳，华山也。十一月，巡狩至北岳。北岳，恒山也。皆如岱宗之礼。中岳，嵩山也……天子祭天下名山大川，五岳视三公，四渎视诸侯。诸侯祭其疆内名山大川。四渎者，江、河、淮、济也。"这段文字不但明确了"四岳"为诸侯、牧守，还进一步明确了帝舜要祭祀国内的名山"五岳"与名河"四渎"，诸侯也要祭祀其疆域内的名山大川。

虽然从目前的历史研究成果来讲，历史典籍中记载的烈山氏至帝尧至帝舜等，不可能与历史中的真实人物一一对应，但把与这些人物相关的事件串联起来，可以看作是对远古历史进程的"压缩式叙述"。如果参照"万物有灵"理论，实际上《史记·封禅书》所描述的祭祀五岳四渎的历史时期，已经进入了宗教发展的"鬼神观"乃至"上帝观"的历史阶段。以"岱宗之礼"为例，也就是封禅活动，从后世秦始皇和汉武帝等的封禅活动内容来看非常具体，一是告慰上帝，因为祭山仪式中基本内容与形式是"柴"，即焚烧柴薪，以此表明祭祀的是天神（上帝），泰山可以充当"天人之际"的阶梯、通道；二是要祭祀泰山的地主神；三是向天下昭告"受命"，也就是昭告民众，是上帝委派他们治理天下臣民等。其他历史典籍的叙述可以更明确地说明这一点。

《尔雅·释丘》："丘，一成（即"层"）为敦丘，再成（层）为陶丘，再成（层）锐上为融丘，三成（层）为昆仑丘。"

《山海经·海内西经》："海内昆仑之虚，在西北，帝之下都。昆仑之虚，方八百里，高万仞……面有九门，门有开明兽守之，百神之所在……昆仑南渊深三百仞。开明兽身大类虎而九首，皆人面，东向立昆仑上。"

《山海经·西次三经》："昆仑之丘，是惟帝之下都，神陆吾司之。其神状虎身而九尾，人面而虎爪；是神也，司天之九部及帝之囿时。"

《山海经·大荒西经》："西海之南，流沙之滨，赤水之后，黑水之前，有大山，名曰'昆仑之丘'。有神，人面虎身，有文有尾，皆白，处之。其下有弱水之渊环之，其外有炎火之山，投物辄然（燃）。有人戴胜，虎齿，有豹尾，穴处，名曰'西王母'。此山万物尽有。"

《山海经·海内经》："西南海黑水之间，有都广之野，后稷葬焉……有木，青叶紫茎，玄华黄实，名曰'建木'，百仞无枝，上有九欘（zhú，树木弯曲的地方），下有九枸（灌木），其实如麻，其叶如芒，大暤（太昊）爰（描述）过，黄帝所为。"

《庄子·天地》："黄帝游于赤水之上，登于昆仑之丘。"

《庄子·至乐》："昆仑之虚，黄帝之所休。"

《穆天子传》："昆仑之丘……黄帝之宫。"

《河图括地象》："地中央日'昆仑'。昆仑东南，地方五千里，名日'神州'，其中有五山，帝王居之。"郑玄注："神州，晨土，即所谓齐州，中国之地也。"

《淮南子•地形训》："建木在都广，众帝所自上下。日中无景（即"影"），呼而无响，盖天地之中也。""禹乃以息土填洪水以为名山，掘昆仑虚以下地，中有增（层）城九重，其高万一千里百一十四步二尺六寸。上有木禾，其修五寻，珠树、玉树、琔树、不死树在其西，沙棠、琅玕在其东，绛树在其南，碧树、瑶树在其北。旁有四百四十门，门间四里，里间九纯，纯丈五尺。旁有九井，玉横维。其西北之隅，北门开以内不周之风。倾宫、旋室、县（即"悬"）圃、凉风、樊桐在昆仑阊阖（chāng hé，天门）之中，是其疏圃。疏圃之池，浸之黄水，黄水三周复其原，是谓丹水，饮之不死。"

《神异经•中荒经》："昆仑有铜柱焉，其高入天，所谓天柱也。"

《水经注•卷一》："《昆仑说》曰：'昆仑之山三级，下曰'樊桐'，一名'板桐'；二日'玄（悬）圃'，一名'阆风'；上曰'层城'，一名'天庭'，是为太帝之居。'"

从上面诸文表述的复杂内容并结合其他省略的内容，可以总结出昆仑山有如下特征：

昆仑山位于"地中"，有三级，是一座神仙居住的又能通天的"神山"。山上有通天神柱，即"天柱""建木"；昆仑山的地主是西王母。山中还有虎神"陆吾"和"开明"，后者就是"启明"即金星（金神"蓐收"），它们的属性都类似于主西方的"白虎"，是主生死之神；昆仑山上还有"不死树"，即与中国文化中生死乃循环的概念相对应；昆仑山上的"下都"就是上帝在人间的都城，"层城"（"增城""天庭"）就是供神仙居住的城市和宫殿，"悬圃"（"玄圃""县圃""阆风"）就是供神仙享用的园林（"空中花园"）。

总之，昆仑山的性质就相当于希腊之奥林匹司、印度之苏迷卢等神山。苏迷卢山在古印度的"宇宙模型"中就是宇宙（天地）的中轴，与中国"盖天说"宇宙（天地）的中轴非常一致。曾有很多学者试图考证历史上的昆仑山到底是哪座山，主要有西部昆仑山和东部泰山两种主要观点。笔者以为考证它具体是哪座山实无必要，因为它只不过是与山岳崇拜有关之"鬼神观"和"上帝观"原始宗教进化过程中抽象的历史记忆，可能历史上有很多座大山都曾经充当过"昆仑山"。

华夏大地本身就是一个多山岳、多丘陵、多高原的地域。在垦殖和畜牧成为古人主要的生活来源之前，如果仅从渔猎和采集着眼，平原地带当然也是理想的地区，但从躲避洪水宜居的角度来讲，大多数哺乳动物也会选择依山傍水的潜山之地。那么这类地区自然也会在相当长的时期内成为古人生活的主要地区，并在此类地区孕育了原始农业和原始畜牧业。因生于斯长于斯，他们背后山岳的雄伟、神秘甚至是残暴，必然会在记忆深处留下最为深刻的烙印。虽"万物有灵"，但山岳的体量还有星空的神秘等，会被迫地成为人们最值得敬畏的神灵。伴随着氏族部落或酋邦的逐渐壮大，生存技能与抵抗自然灾害手段的不断增长，人们需要逐渐地走向平原地区，扩大垦殖与畜牧规模以满足人口增长的需要。但山岳的烙印在人们的脑海中不但不会泯灭，反而还会被进一步强化，因为远望与传说，会使得山岳更显神秘，进而对其产生更深刻的敬畏。更何况人们的生存并不可能完全脱离山岳的影响，迁徙流动伴随着山岳，狩猎和采药等要面对山岳，甚至是战争与设防也要依托山岳。而在此远古时期，也正是原始宗教处于肇始及发展时期，相对于人类自身的渺小甚至是无助，雄伟的山岳便有可能成为人们进一步敬畏与崇拜的对象，是一种发自内心的信仰，这便是山岳崇拜的成因与最原始阶段，更何况山岳还可以作为通天的阶梯。即便是今天，某些一直生活在大山深处的少数民族对山岳的敬畏，也是世代生活在城市中的人无法理解与想象得到的。

山岳崇拜的原始宗教文化现象不仅发生在中国北方地区，在南方长江中下游流域稻作生产区域也是如此，如环太湖区域的"良渚文化"（目前发现的"余杭莫角山遗址"最大，其他遗址分布区域还有嘉兴南、上海东、苏州、常州、南京一带。再往外还有扩张区，西到安徽、江西，往北一直到江苏北部，接近山东），其高台祭祀与墓葬区域等历史遗存，既与当时预防水患有关，也与更早时期便形成的山岳的崇拜思想有关，具体实例有"反山""瑶山""汇观山""草鞋山""张陵""寺墩""福泉山"等祭祀与墓葬遗址。其中反山墓葬区现高出地表约 4 米，东西长 90 米，南北宽 30 米左右，是一座人工堆筑的熟土墩；瑶山也是一座人工堆砌的土山，顶部祭坛是一个边长约 20 米的三重的"回"字形土台，从内到外依次是赤色土方、灰色土框和黄褐色土框。在祭坛的南半部有规律地排列着 12 座大墓，随葬品丰富而精美，以玉器为大宗；汇观山祭坛呈长方形覆斗状，覆"回"字形三重土色，与瑶山祭坛相似，稍不同的是在东侧灰沟中多出了三条垂直于灰沟的狭沟。

如果按照中国新石器时代北方农业文明初始阶段，人们迁徙定居的路线是从山地到河流的冲积平原地区推断，那么江河崇拜可能不会早于山岳崇拜，以"四渎"为其中的代表。西汉时期的《尔雅·释水》曰："江、河、淮、济为四渎。四渎者，发源注海者也。"说明了奉江、河、淮、济为四渎的原因是此四者为大，最终均流入大海。其实仅就"流入大海"的地理概念来讲，《尔雅·释水》中的解释可能已经超出了刚走出山地先民的认知水平，当为后世的总结，因为无论这些先民最初迁自于哪里，更早的地理知识不会通过生物基因遗传。东汉应劭《风惜通义·山泽》引《尚书大传》《礼三正记》继续解释说："渎者，通也，所以通中国垢浊，民陵居，殖五谷也。江者，贡也，珍物可贡献也。河者，播也，播为九流，出龙图也。淮者，均也，均其物也。济者，齐也，齐其度量也。"这种解释只说对了一部分，主要是"民陵居，殖五谷也"（"河出图"的观念不可能这么早就形成了）。可以总结说，古人对四渎信仰源于古老的自然崇拜观念，江河为人们提供生活与生产必不可少的水源，提供可食用的各种鱼、虾、鳖、蟹，其中蚌壳也是最原始的收割工具，但有时在江河中也会遇到威胁生命的各种"怪物"，江河涨势的肆虐或干涸的影响更不可轻视；江河发源于崇山大川，且水面的雾气、其上的云气和雷雨闪电又似使之与天相连……能出云、为风雨、见怪物的自然会被看作神。古人不可避免地要对其产生敬畏之情，祀之以神。至晚从周代开始，四渎神就作为江河水神的代表由君王祭祀，并且在以农业为本的社会，这类祭祀本身也是表达了实施治理天下的具体措施和鲜明的态度。

另外，对山、水、星空等崇拜也并不是华夏文明所独有，例如古西亚文明的"塔庙"等，都有发源于远古山岳崇拜的痕迹。需要特别说明的是，原始宗教从"鬼神观"向"上帝观"的发展，并非完全是出于自然而然的对世界的认知，特别是"上帝观"发展到了一定的阶段，就进入了人为的"政治操作"阶段，这方面的内容会在后面章节继续阐释。

以上简单地阐述了中国早期历史和与自然崇拜相关的礼制文化与原始宗教问题等，是为了说明中国传统园林建筑体系，或以利用自然山水，或以浓缩地模拟自然山水为主要特征，与原始宗教的某些内容有着密不可分的联系。虽然园林建筑体系与礼制建筑体系有着完全不同的功用，但在早期的传统园林建筑体系中，原始自然崇拜的痕迹更浓郁，其发展又是以仿照仙人、神灵、上帝的居住环境的方式展开的。

注1：何尊是周成王时期的青铜器，其内底铸铭文12行122字，记载了周成王亲政五年时，在新营建的东都成周（今河南洛阳）对其下属"宗小子"的训诰。

注2：《尚书大传》是对《尚书》的解释性著作，共五卷，其中"补遗"一卷，作者和成书时间均无法完全确定。载于《四库全书总目·卷十二》（《经部十二·书类二》）。

注3：另一观点认为洛邑本建有两座城，一座名"新都""新邑""新洛邑""新大邑""新国洛"等，因周王所居又叫"王城"。另一座是在王城东郊、瀍水以东

供殷民居住的名"成周",并由周人的"八师"驻军看守。因史书记载在东周时期,周平王姬宜臼居王城,至周敬王姬匄时发生"王子朝之乱",周敬王避居瀍水东的成周城。

注4:爱德华·伯内特·泰勒(Edward Burnett Tylor,1832—1917),英国文化人类学的奠基人、古典进化论的主要代表人物。著有《阿瓦纳克人——古代和现代的墨西哥和墨西哥人》《人类古代史和文明发展的研究》《论语言的起源》《蒙昧人的宗教》《史前种族的生活方式》《原始文化》《人类学》等论文和专著。

注5:威廉·冯特(Wilhelm Wundt,1832—1920),德国生理学家、心理学家、哲学家,被公认为实验心理学之父。著有《对感官知觉理论的贡献》《关于人类和动物心灵的讲演录》《生理心理学原理》《心理学大纲》《语言史与语言心理学》《民族心理学》等专著。

注6:英国人类学家马莱特(R.R.Marett,1866—1943),著有《人类学与古典学》等。

注7:何炳棣:《黄土与中国农业的起源》香港中文大学出版社1969年出版,第106、117页。

注8:钱穆:《中国古代北方农作物考》,收录于《中国思想史论丛》,东大图书公司1975年版。但"稷"具体为哪种作物,自南北朝以来便没有了定论,《本草纲目》有:"黏者为黍,不黏者为稷。"因此后人认为是高粱。

第二节　商与西周时期园林建筑体系

为了便于对本卷中涉及的古帝王与皇家园林建筑体系的理解和比较,笔者首先把清代北京城内及周边地区的皇家园林的类型进行简单的总结。

北京的紫禁城是明清时期的皇宫,也称为"宫城""正宫"等。至清代,内有"御花园""建福宫花园""慈宁宫花园""宁寿宫花园",这四座宫城内的小型园林可称为"大内御苑";紫禁城的西边有"三海",北面有"景山",由于均位于"皇城"内,也可以称为"大内御苑";北京西郊的"万寿山颐和园""香山静宜园""玉泉山景明园"和"圆明园(包括"长春园""绮春园")""畅春园",以及南郊的"南苑"和承德"避暑山庄(热河行宫)""盘山静寄山庄"等,可以称为"离宫御苑";在皇帝出巡需要经常驻跸的地方,还会设置中小型的"行宫御苑",如与北巡承德避暑山庄和木兰围场有关的行宫,在昌平境内有"蔺沟"和"汤泉"行宫，顺义境内有"三家店"和"南石槽"行宫，怀柔境内有"祇园寺"行宫，在密云境内有"刘家店""罗家桥""要亭"行宫，至河北滦平内有"巴克什营""两间房""常山峪""王家营""喀喇河屯（临近"花峪沟"）"行宫。从"避暑山庄"再往木兰围场沿途还有"钓鱼台（临近有"二沟"行宫）""黄土坎（临近有"汤泉"行宫）""中关""什巴尔台""波罗河屯""齐尔哈朗图""阿穆呼朗图"等行宫；另外，在从北京往东陵、西陵、天津、山东、江浙、山西、嵩洛、盛京等线路上，沿途也都设有行宫。紫禁城以外的"大内御苑""离宫御苑""行宫御苑"都可以称为"离宫别馆"，那些小型的多以建筑为主。

中国在商代之前有无园林，既无确切的考古发现，也无同时代的文字记录。后世文献记载但无法考证的是以《山海经》等文献中描述的相关内容为代表。另外，《晏子春秋·谏下十八》："及夏之衰也，其王桀，背弃德行，为璿（即"璇"）室玉门。"《淮南子·本经训》："晚世之时，帝有桀纣，为璇室、瑶台、象廊、玉床。"《三国志·魏书·辛毗、杨阜、高堂隆传》载杨阜谏曰："桀作璇室、象廊，纣为倾宫、鹿台，以丧其社稷。"显然，夏桀有"璇室""象廊"等用玉石和象牙装饰的宫室等传说流传甚广，但可能也只是传说。

中国古代最早的园林可以称为"苑囿"，如《史记·秦始皇本纪》："嫪毐封为长信侯。予之山阳地，令毐居之。宫室车马衣服苑囿驰猎恣毐。"之前在甲骨文卜辞就有"囿"字。东汉许慎的《说文解字》说："苑，所以养禽兽囿也。""囿，苑有垣也。"另外，"囿"字从"囗（wéi）"，从"有"，"囗"即"围"。"有"即"以手持肉"，引申为"拥有兽肉"。"囗"与"有"组合起来可以表示封闭的狩猎场或养兽场。甲骨文卜辞中还有"圃"字，即封闭的种植园。古文字中又有"籞"（yù）字，可以解释为禁苑或苑囿的墙垣或篱笆等。"籞"字中包含的"示"字，《说文解字》说："示，天垂象，见凶吉，所以示人也。从二（'二'为古文'上'字）。三垂，日月星也。观乎天文以察时变，示神事也。"因此推断"苑"与"囿"一般不会各自独立存在，最早的实际功能就是栽种刍秣，豢养动物，供古帝王贵族等狩猎享乐等，同时也是祭神的场所。苑囿与自然狩猎场的最大区别是人为改造、增添内容、封闭或半封闭，但最早的苑囿必须是借助、依托自然的狩猎场等。特别巧合的是，从辽、金、元开始发展至明清时期的北京"南苑"，清朝营造的承德"避暑山庄"和"木兰围场"体系，依然采用的是这种方式，诸多其他方面的功能竟然与早期的苑囿也有着惊人的相似性。

随着古帝王统治范围的不断扩大和城市的发展，选择的苑囿的位置必然是要逐渐临近统治中心——城市。而当苑囿一经迁入平原城市的邻近区域甚至是城市之内（早期的城市不一定都有外城墙），地表形式的塑造、建筑的营造、珍奇植物的种植与动物的豢养等，便会同时成为体系性经营的主要内容，当然，其中建筑所占的比例一定会增大，功能也会增多。这一转变的具体过程我们目前是很难梳理清楚的。有后世记载的商周时期的苑囿已经具有了"离宫别馆"的性质，但包括在后世的历史中，特别是在东汉之前，很多宫城（正宫）与"离宫别馆"在形式上基本相同，可能主要的区别反而是古帝王或皇帝是在那里长期驻跸还是短期驻跸，因此又可以把这类建筑体系称为"宫苑"或"宫苑园林"，特别是有些"宫苑"本身就是建设在城市之内。例如，西汉长安城内的"宫苑"与明清北京紫禁城相比，显著的区别除了建筑本身的形式外，最主要的是有无明确的中轴线和内部苑区所占比例的大小等。且元、明、清时期的北京皇城，至少在元朝甚至是明朝前期，整体上还具有"宫苑"的形态。

商代在历史中曾经历过多次迁都，如自汤至盘庚之间的三百多年时间内就有五次迁都，盘庚就曾把都城从山东（奄，今曲阜）迁都到河南。从目前的考古发现来看，河南偃师早期商城遗址宫殿区的布局还算规整，有大致的轴线关系，在区域的北侧有园林要素（池沼）的迹象（图4-1）。而河南安阳小屯晚商遗址的宫殿区更像一座"离宫别馆"，许多宫殿遗址布局比较自由，其中有些建筑基址平面较特殊，如呈现"凹"或"凸"字形等，许多不取南向，还有的朝向洹水。遗址中还发现了大量的麋鹿、丹顶鹤、褐马鸡、鹰、雕、鸥鹄、冠鱼狗、鲟鱼、乌龟和大蚌等动物骨骸，这在其他宫殿遗址中罕见（注1）（图4-2）。考古学家许宏认为，从时间上来看，小屯晚商遗址的宫殿区与洹河以北商城宫殿宗庙区的关系，可能只是前期和后期的关系，而非正宫与"离宫别馆"的关系（注2）（图4-3）。

商代最后的都城是朝歌城，位于今河南省鹤壁市新区。《史记·殷本纪》记载，商纣王"厚赋税以实鹿台之钱，而盈钜桥之粟。益收狗马奇物，充仞

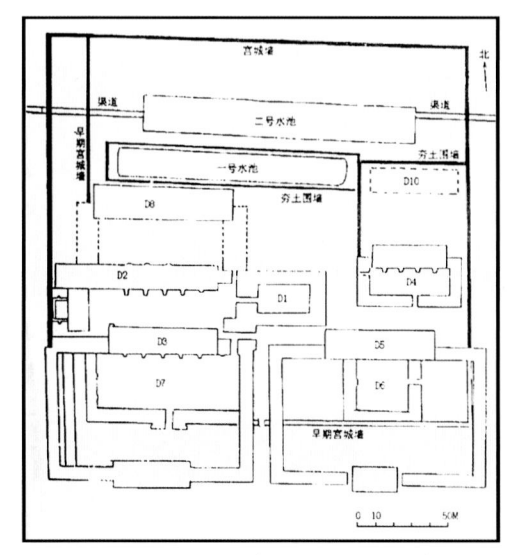

图4-1　河南偃师早期商城遗址（采自《宫殿考古通论》）

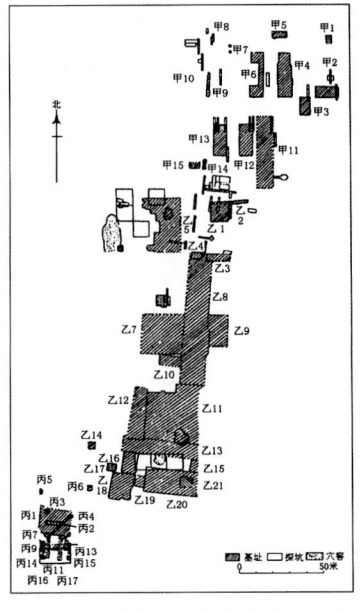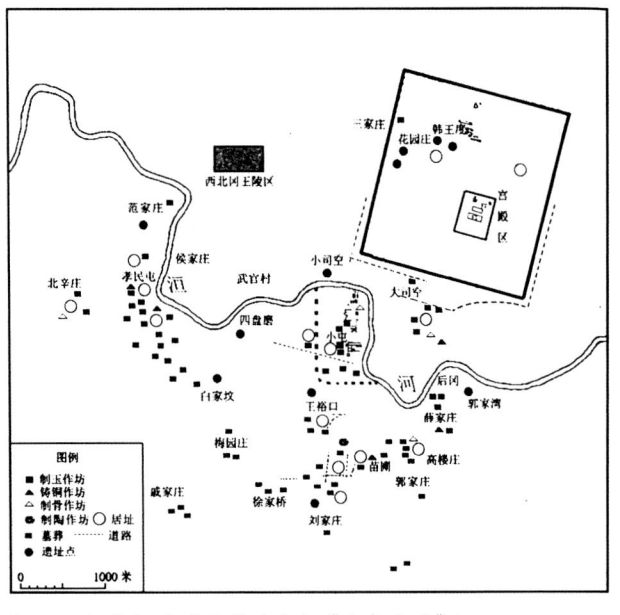

图 4-2 河南安阳小屯殷墟宫殿建筑 图 4-3 河南殷墟遗址群（采自《大都无城》）
遗迹分布图（采自《宫殿考古通论》）

（笔者按：通'牣'，满）宫室。益广沙丘苑台，多取野兽蜚（笔者按：即'飞'）
鸟置其中。慢于鬼神。大冣（jù，通'聚'）乐戏于沙丘，以酒为池，县（笔者按：
即"悬"）肉为林，使男女倮（笔者按：即'裸'）相逐其间，为长夜之饮"。这
段文字主要是表述商纣王的穷奢极欲、荒淫无度，也间接地描述了商纣王"宫苑"
的大致情况，其中既有宫室又有大量的动植物等，规模自然不会小。鹿台和沙丘苑
台均以"台"命名，肯定其中最主要的建筑是"高台建筑"。汉刘向的《新序·刺奢》
说："纣为鹿台，七年而成，其大三里，高千尺，临望云雨。" 显然有些夸张。鹿
台在现鹤壁新区钜桥镇刘寨与申寨之间，在市区南七里许，濒临淇水，遗址中曾经
遗留有六块台地。沙丘苑台位于今河北邢台地区。而"苑"与"台"合称，说明"苑"
中有"台"是这一时期苑囿即"宫苑"的基本形式。商纣王最著名的"逸事"当数"酒
池肉林"，就是发生在沙丘苑台。

《史记·殷本纪》记载，在武王灭商时："纣亦发兵距之牧野。甲子日，纣兵败。
纣走入，登鹿台，衣其宝玉衣，赴火而死。"这说明鹿台是商国都也是商纣王可以
最后坚守的据点，可见其高大，这也属于古苑囿的功能之一（后世清咸丰皇帝为躲
避英法联军进京，几乎携带了整个朝廷到承德等地"木兰秋狝"）。

大约于公元前 1046 年（依据《夏商周断代工程阶段性成果》结论，但不是定论），

周武王姬发联合西方 11 个小国诸侯会师孟津，随后对商军发起进攻。武王姬发亲率战车 300 辆、虎贲军 3000 人、甲士 45000 人进攻朝歌。在牧野一战，"血流漂杵"，一举克商。而在此之前，其父周文王姬昌继承西伯侯之位，也是商纣王的"三公"之一。为兴周灭商，周文王"克明德慎罚"，勤于政事，重视发展农业生产，礼贤下士，广罗人才，拜姜尚为军师，问以军国大计，使"天下三分，其二归周"。收附虞、芮两国，攻灭黎（今山西长治）、邘（今河南沁阳）等国，建都丰京。这些努力和功绩都为武王灭商奠定了基础。周文王姬昌还有两项功绩为世人传颂，其一是传说推演了《周易》，其二是建造了一座著名的"灵台"。

《诗经·大雅·灵台》："经始灵台，经之营之。庶民攻之，不日成之。经始勿亟，庶民子来。王在灵囿，麀（yōu，母鹿）鹿攸伏。麀鹿濯濯（zhuó，肥壮貌），白鸟翯翯（hè，洁白貌）。王在灵沼，于（wū，叹美声）牣（rèn，充满）鱼跃。虡（jù，悬钟的木架）业（装在虡上的横板）维枞（cōng，悬钟的载钉），贲（fén，大鼓）鼓维镛（笔者按：大钟）。于论（通"伦"，有次序）鼓钟，于乐辟雍。于论鼓钟，于乐辟雍。鼍（tuó，扬子鳄，这里指其皮）鼓逢逢（péng，鼓声），矇瞍（笔者按：对盲人的两种称呼）奏公（笔者按：读为'颂'）。"

文中描述的区域内除了这个人工堆砌的"灵台"外，还有"灵囿""灵沼"。到了唐代，这座"灵台"还有遗迹可寻。唐初李泰《括地志·卷一·雍州·长安县》中说："辟雍、灵沼，今悉无复处，惟灵台孤立，高二丈，周回一百二十步。"至于周文王的这座包含了"灵台""灵沼""灵囿"区域的规模，《诗经·大雅·灵台》西汉毛苌注："囿，所以域养禽兽也，天子百里，诸侯四十里。"还可以参考更早的《孟子·梁惠王下》中有一段孟子与齐宣王的对话。齐宣王问："文王之囿，方七十里，有诸？"孟子回答："于传有之。"齐宣王问："若是其大乎？"孟子回答："民犹以为小也。"齐宣王问："寡人之囿，方四十里，民犹以为大，何也？"这段对话首先说明诸侯的范围"方四十里"。虽然齐宣王苑囿"方四十里"依据的是周代的制度，但周代对商代的制度有一定的继承关系。周文王在当时还不是天子，在成为天子之前就抢建灵台已经属于"僭越"行为，所以整个灵台的范围"方七十里"基本可信。

在汉语中，"灵（靈）"字从巫，本义也是巫，楚人直接称以歌舞降神的巫（能通神者）为灵，如《离骚》："命灵氛为余占之"；《九歌·云中君》："灵连蜷兮既留"；《九歌·东皇太一》："灵偃蹇兮姣胶"等。许慎的《说文解字》："灵，灵巫也。以玉事神。"又可把"灵"直接引申为"神"，如《楚辞·怨思》："合五岳与八灵兮"；《九歌·湘夫人》："灵之来兮如云"；《尸子·卷下·神明》："天神曰'灵'。"《正统道藏·洞玄灵宝定观经注》："灵者，神也，在天曰'灵'。"《大戴礼记·曾子问》："阳之精气曰'神'，阴之精气曰'灵'。"等。又如最常见的"灵霄殿"，即是神殿。所以《灵台》东汉郑玄注说："文王受（天）命而作邑于丰，立灵台。"汉朝（佚名）纬书《礼纬·含文嘉》曰："礼，天子（登）灵台，以考观天人之际，阴阳之会也。"唐代孔颖达《毛诗注疏·灵台》引战国齐人公羊高的《春秋公羊传》和东汉许慎的《五经异义》说："天子三，诸侯二。天子有灵台以观天文，有时台以观四时施化，有囿台观鸟兽鱼鳖。诸侯当有时台、囿台。诸侯卑，不得观天文，无灵台。"《礼记·明堂位》唐卢重元注："天子太庙上可以望气，故谓之灵台。"这类解释的逻辑链就是：因为"文王受（天）命而作邑于丰"，因此需要经常通过"观天文""望气"，也就是通过"占星"活动"考观天人之际，阴阳之会也"。按照现代科学的分类，大气层以内属于大气物理学研究的范畴，大气层以外属于天文学研究的范畴。古人自然分不清两者之间的差别，况且中国古人认为"虚空"或"气"就是万事万物发生的根源，并且以"气"作为可感知的媒介，因此万事万物都是"气"或是"气"的表现。而"观天文""望气"都属于"占星"活动的范畴。

　　文王苑囿中明确的其他建筑，《诗经·大雅·灵台》中只提到了无疑是位于灵沼区域内的"辟雍"。有关灵台、明堂、辟雍、宗庙（太庙）、太学等建筑在上古时期的本来面貌的争论，在汉朝时期便已达到了高潮，其中就有"明堂环水曰'辟雍'"的观点，而灵沼无疑是有着丰富水系的区域。所以东汉蔡邕的《明堂论》干脆总结说："取其宗祀之貌则曰'清庙'，取其正室之貌则曰'太庙'，取其尊崇则曰'太室'，取其乡明则曰'明堂'，取其四门之学则曰'太学'，取其四面之周水圆如璧则曰'辟雍'。异名而同事，其实一也。"目前唯一可以肯定的是，辟雍属于礼制建筑，其中可能也含有天子在特定的时期可以在此居住的功能（有意思的是，在约3000年后，上海豫园入园门后的第一座建筑"三穗堂"内高高悬挂着一块匾额，上书"灵台经始"）。

　　考古研究成果表明，西周前期的都城丰京（文王建）、镐京（武王建）位于今西安市西南郊的沣河两岸，丰京位于西岸，镐京位于东岸。比较而言，沣河以西地势较高，河流密布，池沼众多，南对圭峰山，当时除沣河西岸的低平之地为农业区外，向南去的原区（台地）及其秦岭脚下一带仍为森林区，为营建苑囿提供了有利条件。因此，在西周建都丰、镐的二百多年间，可能丰京主要是周王或天子祭祀和游乐的场所，而镐京则主要是政治中心。西周沣河西岸的苑囿区具体范围目前已难确知，今沣河西岸灵沼乡东南灵台村的"灵台遗址"仍很高大，可能就是周代的灵台。可见当时在以灵台、灵圃、灵沼为主的苑囿景区内，灵台为主脊，以高屋建瓴之势统帅全园。

"灵沼"即水池，也是灵沼河的源头，位于今沣河西岸的灵沼村。今灵沼虽已干涸，但池址依稀可见。后人总结山水相依景观的妙处在于"山贵有脉，水贵有源，水随山转，山因水活"。而当年灵沼区域的景象是有远山近水，且"王在灵沼，于牣鱼跃"，显示了当时的生机勃勃。汉朝辛氏撰《三秦记·昆明池》记述西汉园林时讲："昆明池中有灵沼，名'神池'。"这再一次提醒我们不能只把灵沼简单地等同于一般的湖池，而是浓缩地模拟"神仙境地"的有机组成部分。

"灵圃"即动物饲养园（其也会包含植物），用以满足娱乐性的狩猎活动。因人工所筑灵台的高度毕竟是有限的，很难独立地浓缩模拟神仙境地，而灵圃广义的范围却可以充盈整个苑囿，可以和灵沼一起在水平空间上起到辅助灵台浓缩地模拟神仙境地的效果。另外，珍奇的动植物也是神仙境地不可或缺的重要内容，例如，在《山海经》十八篇的"神界"中都有各种奇怪的动植物：

《山海经·大荒东经》："大荒之中有山，名曰'孽摇頵羝'，上有扶木（即"扶桑树"），柱（即"树身"）三百里，其叶如芥。有谷，曰温源谷。汤谷上有扶木，一日方至，一日方出，皆载于乌。有神，人面犬耳兽身，珥两青蛇，名曰'奢比尸'。有五采之鸟，相乡弃沙（相对而舞）。惟帝俊下友（帝俊从天上下来和它们交友），帝下两坛，采鸟是司（由这群五彩鸟掌管着）。"

《山海经·大荒北经》："有盖犹之山者，其上有甘柤（zhā，同"楂"），枝叶皆赤，黄叶白华而黑实。东又有甘华，枝干皆赤，黄叶。有青马，有赤马，名曰'三骓'。有视肉。"

《山海经·大荒西经》："大荒之中有山，名曰'鏖鏊（áo áo）钜'，日月所入者。有兽，左右有首，名曰'屏蓬'。有巫山者。有壑山者。有金门之山，有人名曰'黄姬之尸'。有比翼之鸟，有白鸟，青翼黄尾玄喙。有赤犬，名曰'天犬'，其所下者有兵。"

《山海经·大荒北经》："大荒之中，有衡石山、九阴山、泂（jiǒng）野之山。上有赤树，青叶赤华，名曰'若木'。"

《山海经·海内经》："西南黑水之间有都广野，后稷葬焉。爰有（即"出产"）膏菽、膏稻、膏黍、膏稷，百谷自生，冬夏播琴（冬夏都能播种）。鸾鸟自歌，凤鸟自舞，灵寿实华，草木所聚。爰有百兽，相群爰处。此草也冬夏不死……有木，青叶紫茎，玄华黄实，名曰'建木'。百仞无枝，（上）有九欘（zhú，树顶上有九根蜿蜒曲折的丫枝），下有九枸（树底下有九条盘旋交错的根节），其实如麻，其叶如芒，大皞爰过（太皞凭借建木登上天），黄帝所为（黄帝栽培了建木）。有窫窳（yà yǔ），龙首，是食人。有（青）兽，人面，名曰'猩猩'。"

丰京以南的原区（台地）和秦岭脚下，因当时森林茂密、水网密布，是动物出没的所在，其中的动物应该大多是野生的，因此会有"王在灵囿，麀鹿攸伏。麀鹿濯濯，白鸟翯翯"。

在《诗经·大雅·灵台》中还提到了"鼍鼓逢逢，矇瞍奏公（颂）"，再加上前面的"虡业维枞，贲鼓维镛。于论鼓钟，于乐辟雍。于论鼓钟，于乐辟雍"，表面上是好一派歌舞升平的人间景象。但盲人乐师"奏公（颂）"的内容，可能既有对周文王"受命于天"的"奏公（颂）"，也有对天帝神仙恩德的"奏公（颂）"，还可能有大量"娱神"的表演内容，这些活动同样是原始崇拜内容与形式的余韵。

注1：杨鸿勋：《宫殿考古通论》紫禁城出版社2001年出版，第64、65页。

注2：许宏著：《大都无城》，三联书店2016年出版，第37页。

第三节　商与西周时期园林建筑体系形态的文化与空间艺术

一、神道设教的历史与道德虚构

从上一节阐释的内容来看，商纣王的鹿台、沙丘苑台和周文王的灵台绝不是一座座简单的古帝王苑囿，与后者相关的文献信息更多一些，其中包含着很多与原始宗教相关的文化内容。中国传统文化的核心是礼制文化，一切社会活动都会或多或少地受其影响与制约。在《史记》和《汉书》中均记载了孔子曾编辑过一本有关礼仪制度方面的书籍，直到晋代，这本书籍最终被称为《仪礼》，流传至今共有17篇。战汉年间，有很多儒家学者撰写过解释《仪礼》的文章，至西汉时期，戴圣选编的49篇本被称为《小戴礼记》。东汉末年，经学大师郑玄为《小戴礼记》做了出色的注解，即为我们今天见到的《礼记》。

在西汉的景帝和武帝之际，河间献王刘德从民间征得一批古书，其中一部名为《周官》。原书中有《天官》《地官》《春官》《夏官》《秋官》《冬官》等六篇，但《冬官》篇已亡。直到刘向、刘歆父子校理秘府文献时才发现《周官》并加以编录，又取性质与《冬官》相似的《考工记》补其缺。在汉成帝时期，因刘歆奏请，王莽把《周官》更名为《周礼》，经学大师郑玄也为《周礼》做了出色的注解。

《周礼》《仪礼》《礼记》（解释《仪礼》）被后人称为"三礼"。但因《周官》是在西汉突然出现的，对于其叙述的是汉之前哪一个时代的历史，甚至是不是伪书，至今也没有统一的定论。

《礼记·中庸》说："礼仪三百，威仪三千。"

《尚书》是中国最早记载有关"礼"的著作之一，其中包含《虞书》《夏书》《商书》《周书》，在先秦时期就已经有了定本。流传至今的包括《今文尚书》（汉隶书字体）和《古文尚书》（汉隶书以前字体）两部分，从唐代以来，人们便把两者混编在一起。但后来经过明、清两代学者考证、辨析，确认其中东晋文人梅赜所献、相传由汉朝孔安国传下来的《古文尚书》和孔安国写的《尚书传》均是伪造的。近年"清华简"的出现更证实了这一结论（《伪古文尚书》中影响较大的是《舜典》和《五子之歌》等）。

《尚书·皋陶谟》说："天秩有礼，自我五礼有庸哉。"这样，由"礼仪三百"概括成为"五礼"。《周礼·春官·大宗伯》又将"五礼"坐实为"吉礼""凶礼""军礼""宾礼""嘉礼"。由于《周礼》在汉代已经取得权威地位，所以其"五礼"分类法为社会普遍接受。后世修订礼典，大体都依"吉""凶""军""宾""嘉"为纲，如北宋《政和五礼新仪》《明会典》《大清会典》等。

《国语·楚语下》说："明等级以导之礼"。《礼记·乐记》说："天高地下，万物散殊，而礼制行矣。"《汉书·成帝纪》说："圣王明礼制以序尊卑，异车服以章有德。"唐代孔颖达在《礼记·乐记》注疏中总结说："礼者，别尊卑，定万物，是礼之法制行矣。"这些解释是说"礼"的核心意义就是明尊卑贵贱。我们再以西周政权为例阐释这一结论：

翻检西周初年的历史，便可看出当时礼乐制度对于维护国家与社会稳定的重要性。周武王灭商两年后去世，年轻的西周政权便马上陷入了危机，也就有了《尚书大传》所说的周公旦辅政坎坷的历程："一年救乱、二年克殷、三年践奄、四年建侯卫、五年营成周、六年制礼乐、七年致政成王。"

在东都洛邑建成之后，周公召集天下诸侯举行盛大庆典，正式册封天下诸侯，宣布各种典章制度，主要有宗法制、分封制、畿服制（详见本章第四节中相关内容）、爵谥（shì）制、官制、兵制、法制、乐制等。其中最主要的是强化相应的封建制度，如分封诸侯，这样既保障了一个大一统的政治局面，又保障了不同的政治集团的利益均沾。但利益又必然是有差别的，而人的本性又往往是欲壑难填，因此就必须建立相应的宗法制度——嫡长子继承制，其本质就是规定了延续性的等级差别，表面上看是家族个人之间的差别，其实暗含了集团之间的差别，因为它是在法理层面杜绝觊觎与僭越；社会的稳定需要每个人自觉地承认差别和遵守秩序，这就需要建立相应的文化制度——礼乐制度，在人的思想和行为层面不断地、无时无刻地对"规则"进行强化宣传和示范，即"礼乐教化"。周公为此还在继承据说是源于夏代《万》舞的基础上，制作了歌颂武王武功的"武舞"《象》和表现周公、召公分职而治的"文舞"《酌》，合称《大武》。孔子赞美西周的礼是"周监于二代，郁郁乎文哉"。礼本身也是差别的具体体现，所以对待个人的欲望要"克己复礼"，《礼记•曲礼上》所说的"礼不下庶人、刑不上大夫"也是差别的体现。与礼关联的乐代表了秩序与和谐，其作用就是调和，是进一步稳定人心。礼本身强调的是"别"，即所谓"尊尊"；乐的作用是"和"，即所谓"亲亲"。《逸周书•度训》说："众非和不聚，和非中不立，中非礼不慎，礼非乐不履。"因此乐也是礼的具体内容之一，也因此乐必然同样是有等级差别的，进而可以成为潜移默化地宣扬等级差别的形式之一。春秋时期鲁国季氏"八佾舞于庭"僭越了等级，因此孔子愤愤然："是可忍也，孰不可忍也！"

总之，周公制礼乐的目的就是希望这种"有等级差别的秩序"能成为普遍的社会信仰和伦理道德规范。社会的每个人最好能做到如后世《论语•颜渊》中所言的"非礼勿视、非礼勿听、非礼勿言、非礼勿动"。只有这样，"周天下"才能够"帝祚永延"。因此，中国古代社会中后期礼制文化的主要目的，就是有意识地通过文化和规则的自觉认同，来明示或暗示人与人之间的复杂关系，并以此来维护一个稳定的、有等级差别的社会统治秩序。与明示、暗示相关的礼，主要集中在"五礼"中，其中影响最深刻的又莫过于与宗教信仰相关的礼，因为这些内容更能令人"心悦诚服"。《周易大传•象》说得更直白："圣人以神道设教，而天下服矣。"因此中国古代社会在发展到一定时期的政权体制中，一直有着不同程度的政教合一的基本属性，至晚从西周开始，主流的是与"隐性的"儒教相结合的政权形式。其中所谓的"隐性宗教"，是指继承了原始宗教并以祭祀的形态显现的宗教形式和内容。

《左传》说："国之重事，在祀在戎（军事）。"《国语•鲁语上》说："夫祀，国之大节也，而节，政之所成也。故慎制祀以为国典。"中国礼制文化中的"吉礼"就是祭祀之礼，因此成为了"五礼"之首。在中国古代的"吉礼"中，祭祀的内容主要有天神、地祇和人鬼（死去的祖先或先贤等）三大类，另有一些灵物和动物类。很显然，这些祭祀的内容无疑都来自原始宗教，也因此礼制文化中最重要的"吉礼"

是与原始宗教互为表里。而巧妙地暗示或明示礼制文化等级性的，就是划分有等级的祭祀权，因为祭祀的过程也就是祭祀者与被祭祀者之间"相互沟通"的过程。

笔者在本章第一节中阐释了华夏原始宗教崇拜的起源问题，直到目前的考古学研究成果表明，中国最早的文字体系是殷商甲骨文，若以此为历史坐标点，相关考古发掘均表明，在文字产生之前的一段时间内，我国绝大部分地区的原始宗教均早已步入"上帝观"的阶段，即进入了"政治操作"的阶段，亦即原始宗教的某些方面脱离了朴素的世界认知阶段，进入到了为特殊利益集团实现某种统治目的服务的阶段。例如，新石器时代后期的很多考古发现表现出两方面的现象：其一是阶级分化严重，表明代表少数人的利益集团已经形成；其二是已经存在以"太阳神"和"北极神"等为代表的上帝崇拜，表明代表少数人的利益集团已经控制了对"天意"的解释权。《国语·楚语下》所载楚昭王与观射父的一段对话，可以看作是对这类控制对"天意"的解释权，也就是话语权的注解。为了便于理解，现直接翻译为白话文如下：

楚昭王问："《周书》上所说的重和黎使天地无法相通，是怎么回事？如果不是这样，人民就能升天吗？"

观射父回答说："不是这个意思。古时候民和神不混杂。人民中有精神、专注不二，而且又能恭敬中正的人，他们的才智能使天地上下各得其宜，他们的圣明能光芒远射，他们的目光明亮能洞察一切，他们的听觉灵敏能通达四方。这样神明就降临到他那里，男的称为'觋'（xi），女的称为'巫'。让这些人制定神所处的祭位和尊卑先后，规定祭祀用的牲畜、祭器和服饰。然后让先圣的后代中有功德的、能懂得山川的名位、祖庙的神主、宗庙的事务、昭穆的次序、庄敬的认真、礼节的得当、威仪的规则、容貌的修饰、忠信诚实、祭服洁净，而且能恭敬神明的人，让他们担任太祝。让那些有名的家族的后代，能懂得四季的生长、祭祀用的牲畜、玉帛的种类、祭器的多少、尊卑的先后、祭祀的位置、设坛的所处、上上下下的神灵、姓氏的出处等，而且能遵循旧法的人担任宗伯。于是就有了掌管天、地、民、神、物的官员，这就是五官，各自主管它的职事，不相杂乱。百姓因此能讲忠信，神灵因此能有明德，民和神的事不相混同，恭敬而不轻慢，所以神灵降福，谷物生长，百姓把食物献祭给神，祸乱灾害不来，财用也不匮乏。等到少皞氏衰落，九黎族扰乱德政，民和神相混杂，不能分辨名实（原文："民神杂糅，不可方物"）。人人都举行祭祀，家家都自为巫祝，没有了相约诚信。百姓穷于祭祀，而得不到福佑。祭祀没有法度，民和神处于同等地位。百姓轻慢盟誓，没有敬畏之心。神对人的一套习以为常，也不求祭祀洁净。谷物不受神灵降福，没有食物来献祭。祸乱灾害频频到来，人不能充分发挥作用。颛顼承受了这些，于是命令南正（曰）'重'主管天来会合神，命令火（笔者按：'火'可能为'北'之误）正（曰）'黎'主管地来会合民，以恢复原来的秩序，不再互相侵犯轻慢，这就是所说的断绝地上的民和天上的神相通（原文："是谓绝地天通"）。"

我们也可以把这一段对话看作是对远古社会历史进程的"压缩式叙述"。历史的真相可能是，从历史的某一时期开始，在各个方面都表现得出类拔萃的人被推举为某种形态的社会组织（如酋邦）的首领，也可能是大巫。他们因聪慧和执着等，比别人掌握了更多的知识，因此得到"神"的"眷顾"而获得了与神沟通的权利，这样，他们也获得了更多的话语权，并强化行政指挥权和其他特权。当他们掌握的知识、沟通权、话语权、行政指挥权和其他特权等受到来自内部的挑战时，他们便会通过各种手段来维护这些权利，其中最重要的需要极力维护的权利之一，便是与神沟通的权利，也就是对"天意"的解释权，于是不得不"绝地天通"。这一垄断性的手段也同样适用于不同族群之间的兼并与统治的过程。

楚昭王与观射父的对话内容绝不是"妄言"，虽然其中的人物肯定属于传说中的人物。但《诗经·商颂·玄鸟》曰："天命玄鸟，降而生商，宅殷土芒芒。古帝命武汤，正域彼四方。方命厥后，奄有九有……"这表明商人宣称对天下的合法统治就是"天授"的。并且后来周武王推翻殷商政权的基本理论纲领也是以"君权天授""替天行道"的名义，如《尚书·牧誓》载周武王姬发在伐纣前的誓师大会上就明确地喊出"今予发维恭行天之罚"。

那么很显然，"绝地天通""天命玄鸟""维恭行天之罚"等都属于为了个人或集团利益的历史与道德虚构，也就是虚构了统治行为权利"天然"的合理性与合法性。而"历史和道德虚构"所利用的，正是不断自我强化的原始宗教内容，也就是"圣人以神道设教，而天下服矣"。其中的"天"，就是一直延续到清末甚至袁世凯也祭祀过的"昊天上帝"（注1），尽管"昊天上帝"的具体角色在明朝中期之前还一直是不断地转化着的（不赘述）。在此可以举一个距今5300～4300年的良渚文化遗址考古的例子：

在良渚文化"瑶山祭坛"中，有少部分人脱离了公共墓地而单独埋葬，在一座单人墓葬中的随葬品中有玉钺和玉琮，前者是武器，代表军权；后者是祭天的礼器，代表祭祀权。两者共为一人的随葬品，显示军权与神权集于一人的事实（注2）。

从西周初期开始，统治者的历史与道德虚构和"绝地天通"时期相比也有了些进步，如在《尚书·周书·昭告》中记载的周公所言：

"呜呼！皇天上帝，改厥元子兹大国殷之命。惟王受命，无疆惟休，亦无疆惟恤。呜呼！曷其奈何弗敬？……天既遐终大邦殷之命，兹殷多先哲王在天，越厥后王后民，兹服厥命。厥终，智藏瘝在。夫知保抱携持厥妇子，以哀吁天，徂厥亡，出执。呜呼！天亦哀于四方民，其眷命用懋。王其疾敬德！……王敬作所，不可不敬德。……我不可不监（笔者按：通'鉴'）于有夏，亦不可不监（鉴）于有殷。我不敢知曰，有夏服天命，惟有历年；我不敢知曰，不其延，惟不敬厥德，乃早坠厥命。我不敢知曰，有殷受天命，惟有历年；我不敢知曰，不其延，惟不敬厥德，乃早坠厥命。今王嗣受厥命，我亦惟兹二国命，嗣若功。……王其德之用，祈天永命。"

周公这段话的核心意思是告诉年幼的周成王，夏和商本来也是"代天而治"，但因夏和商没有从始至终行德政，致使百姓疾苦难忍。而上帝听到了百姓哀呼，因此就结束了夏和商的统治命运。现上帝让周"代天而治"，周就要对夏和商的历史教训有所借鉴而行德政，这样上帝给予的统治命运才会长久。

从绝对的"绝地天通"到"王其德之用，祈天永命"，可以说是一种思想的进步，也开启了中国以"德""仁"为代表的儒家思想。但在政权具体的操作层面上，各个朝代的统治者无一例外地只是划定了"绝地天通"的等级。在后来的神权理论上还发展了"天运转移"的学说，即上天有"五帝"，人间王朝皇家的血统分别与"五帝"相"感应"，因此"五帝"也被称为"感生帝"。因上天的"五帝"会轮流执政，因此人间的王朝就会跟着"轮流坐庄"。如《新唐书•卷一十三•礼乐三》记载了起居舍人王仲丘分析"祈谷礼仪"的本意时说了一段话，大意为：

"祈谷"原本就是祭祀"感生帝"或"昊天上帝"的说法都不正确。因为"天之五帝"轮流称王，而人世间的统治者能够称王必是受其中之一的护佑，即由"天人感应"所致。又因"五帝者五行之精"，因此"九谷"与"五帝"有关，所以在"祈谷"祭祀"昊天上帝"的时候才要一起祭祀"五帝"。

唐代杜佑的《通典•卷四十二•吉礼一》中也有同样的表述："凡大祭曰'禘'，……大祭其先祖所由出，谓'郊'，祭天也。王者先祖皆感太微五帝（笔者按：'太微'为'紫微'之误）之精以生。其神名，郑玄据《春秋•纬》说，苍（青）则灵威仰，赤则赤熛怒，黄则含枢纽，白则白招拒，黑则协光纪。皆用正岁之正月郊祭之，盖特尊焉。"

因此在中国古代史中关于朝代更迭的理论阐释，既有是否行"德政"以致是否引起了"天怒人怨"的解释，也有因"感生帝"轮流执政的解释，但两者在礼制文化的核心内容与原始宗教互为表里的本质上并无不同。

二、以高台建筑为主所表征的神仙境地

在中国古代社会，"吉礼"所明示的内容是等级森严的祭祀权利，所暗示的内容是等级森严的阶级与阶层差异，并且表明这种差异都是"天然"的。与此相关的有祭祀对象、祭祀仪式中的相关内容和礼制建筑等。在等级森严的祭祀权利体系中，古帝王和皇帝无疑是有着最高的祭祀权利，也就意味着有对"天意"的解释权，因为他们自认为是"天人之际"的联系者，也就是"昊天上帝"委派人间的治理者，并且自身也是有着半人半神的血统。"天人之际"的沟通，有地点、渠道（如天梯）、标志和象征（物）等。地点除了自然的山岳、江河、海域外，就是人为营造的礼制建筑。地点又以"五岳""四渎""四海"为代表。以山岳等为"天人之际"沟通的地点、渠道、标志和象征（物），是因为这些地点也是各类神灵居住的地方，如上帝等天神在昆仑山上就有"下都"和"悬圃"（园林），而古帝王和皇帝自身又具有神的血统，也就拥有了"天然"的政治地位，因此也就具有浓缩模拟"下都""悬圃"等这类"神仙境地"的冲动，以作为实际享受"天人之际"生活的空间载体，并且这样的"神仙境地"同样具有明示和暗示的宣示作用。如在上卷中引用过的《汉书·高帝纪》中所载萧何所说的"天下方未定，故可因以就宫室。且夫天子以四海为家，非令壮丽亡（无）以重威，且亡（无）令后世有以加也。"就是阐明了未央宫以"壮丽"而彰显"重威"的宣示意义。

因此可以肯定地讲，商纣王的鹿台、沙丘苑台和周文王的灵台等，具有明显地浓缩模拟"神仙境地"之意。并且其中的高台建筑，既带有山岳崇拜的痕迹，又是向世人宣示拥有与神沟通的"通天之台"（注3）。而"通天之台"既是具有符号性、象征性和微缩了的山岳，也是"神仙境地"中最重要的园林要素内容。同时，高台建筑等具有"高视点"的优势，既可以极目远眺湖光山色，又可以俯首细观苑囿中的美景。从视觉感受的角度分析，站在地面仰视高大的高台建筑，就会因其高大突兀和适当的视觉阻隔而产生神圣感。而站在台顶四目远眺，又会因视觉无比开阔而产生疏朗感——园内外的湖光山色与建筑群等，笼罩在或烟雨蒙蒙，或漫天飞雪，或晨光微露，或阳光普照，或暮色苍茫的任何氛围之中，皆不乏涤荡胸襟之感。并且在特定的时间或气候条件下，也不乏有清净幽雅之感。恐怕也只有站在这类特定的区域俯瞰远近，才能真切地体验到这类大型古帝王园林的特殊意境所在。因此，"高视点园林要素内容"也就成为了绝大多数大型皇家园林中最重要的内容，无论是依托天然的还是人工营造的。与模拟山岳相同的思路，"灵沼"等水面，是模拟和象征着"四渎""四海"等。因后来的秦始皇和汉武帝都曾去过东海，在秦汉及以后

时期，便由"灵沼"又发展出了以"一池三岛"或"一池四岛"等为代表的皇家园林建筑体系的水景观"母题"，并被私家园林所模仿。

概括地总结，以鹿台、沙丘苑台和灵台为代表的中国早期的古帝王园林建筑体系，是以浓缩地模拟"神仙境地"为基本特征，其功能除了可以主要作为满足个人奢华生活享受的空间载体之外，也是显示威严、宣誓通天权利和能力的形象工程和政治工程。

另外，周文王因在古人心目中属于一等"圣人"，因此历史中无人对他建造灵台之事提出过任何质疑。而商纣王因在古人心目中属于失德的残暴之君、淫逸之君、亡国之君，故其建造鹿台和沙丘苑台等行为就成了千夫所指。

在上一节中所举《孟子·梁惠王下·文王之囿》所载的齐宣王与孟子的对话中，对于文王之囿"方七十里"的规模，齐宣王问这个规模大吗？孟子回答"民犹以为小也"。齐宣王最后问"寡人之囿，方四十里，民犹以为大，何也？"孟子最后的回答很有意思，现直接翻译成白话文如下：

"文王的苑囿边长各七十里（注4），割草砍柴的人可以去，捕禽猎兽的人也可以去，这是与百姓共享的公用场所。百姓嫌它小，不是很合理吗？我刚到达贵国的边境时，先问清了贵国重要的禁令以后才敢入境。我听说在国都的郊野有边长各四十里的苑囿，若有谁杀死了其中的麋鹿，就跟杀死了人一样判刑。那么这边长各四十里的囿，就等于在国内设置了一个边长各四十里的大陷阱。百姓觉得它太大，不也同样合乎情理吗？"

孟子所处的年代距周文王所在的年代有近八百年的间隔，显然在孟子的回答中，不乏对"圣王贤君"臆想的赞美。周文王姬昌因曾经是商纣王的"三公"之一，目睹过鹿台、沙丘苑台的规模、壮丽和奢华等，所以周文王之灵台在这些方面应该与商纣王的鹿台、沙丘苑台的情况类似。既然商纣王需要"厚赋税以实鹿台之钱"，那么周文王的灵台在建造过程中绝不可能如《诗经·大雅·灵台》中所说的，庶民像儿子孝敬老子一样心情愉快地就建成了（"庶民子来，不日成之"）。建成之后也更不可能如孟子所说的庶民可以随便出入砍柴、割草和狩猎等。《孟子·梁惠王上》中更臆想地说："文王以民力为台为沼，而民欢乐之，谓其台曰'灵台'，谓其沼曰'灵沼'，乐其有麋鹿鱼鳖。古之人与民偕乐，故能乐也。"对于"庶民攻之，不日成之"，宋代朱熹在他所著《诗经集传·灵台》中的解释更有意思："灵台，文王所作也。谓之灵者，言其倏然而成，如神灵之所为也。"

在前引刘邦与萧何的对话中，萧何表达了皇家建筑体系要以"壮丽"而彰显"重威"的宣示意义。而在"二十五史"中，记载更多的是朝廷大臣劝诫皇帝免造规模巨大的皇家"宫苑"的事迹，因为这类内容的建造活动，无一例外地是要劳民伤财甚至是祸国殃民。例如，《三国志·魏书·卷二十五·辛毗、杨阜、高堂隆传》载魏明帝曹叡在洛阳大修宫室的情景：

"帝愈增崇宫殿，彫饰观阁，凿太行之石英，采谷城之文石，起景阳山于芳林之园，建昭阳殿于太极之北，铸作黄龙凤凰奇伟之兽，饰金墉、陵云台、陵霄阙。百役繁兴，作者万数，公卿以下至于学生，莫不展力，帝乃躬自掘土以率之。"

辛毗、杨阜、高堂隆等大臣都对魏明帝曹叡的这类行为提出了明确的反对意见，其中辛毗还是在担任"将（匠）作大匠"（相当于建设部长）期间。如高堂隆进谏盖曰：

"今上下劳役，疾病凶荒，耕稼者寡，饥馑荐臻，无以卒岁……臣观在昔书籍所载，天人之际，未有不应也。是以古先哲王，畏上天之明命，循阴阳之逆顺，矜矜业业，惟恐有违。然后治道用兴，德与神符，灾异既发，惧而修政，未有不延期流祚者也。爰及末叶，暗君荒主，不崇先王之令轨，不纳正士之直言，以遂其情志，恬忽变戒，未有不寻践祸难，至于颠覆者也。……今吴、蜀二贼，非徒白地小虏、聚邑之寇，乃据险乘流，跨有士众，僭号称帝，欲与中国争衡。今若有人来告：'（孙）权、（刘备）并修德政，复履清俭，轻省租赋，不治玩好，动咨耆贤，事遵礼度。'陛下闻之，岂不惕然恶其如此，以为难卒讨灭，而为国忧乎？若使告者曰：'彼二贼并为无道，崇侈无度，役其士民，重其征赋，下不堪命，吁嗟日甚。'陛下闻之，岂不勃然忿其困我无辜之民，而欲速加之诛。其次，岂不幸彼疲弊而取之不难乎？"

之前高堂隆对商纣王宫室的评价是"台观是崇，淫乐是好"。

对于辛毗、杨阜、高堂隆等对魏明帝曹叡这类行为的批评，明帝也曾以萧何的那段话进行过反驳，而魏明帝继位期间，距萧何去世已经有四百多年的历史跨度，可见萧何表达的这类思想影响之大，且这类思想并非属于萧何创造，无疑在古帝王统治地位具有"天然"的合理性与合法性的礼制构建中早已存在了，后人的历史评价也仅是因人而异。

注1：在《周礼·春官·大宗伯》中，把受祭的"天神"依照尊卑不同分为三等，第一等是昊天上帝，或称"天皇大帝"，为百神之君、天神之首；第二等是日月星辰；第三等是有所司（掌管）、有功于民的列星，如司中、司命、风师、雨师等。受祭的"地祇"（地神）也依照尊卑不同分为三等，第一等是社稷、五祀、五岳；第二等是山林、川泽；第三等是四方百物。受祭的"人鬼"虽然是"升天"的祖先和先贤等，但古帝王和皇帝"升天"的祖先又与凡人的不同，往往与天神或地祇相混或相关联，

这类人鬼与天神或地祇等在不同时期又互有转换。如果遍览二十五史中有关吉礼的内容，受祭的还有一些"灵物"，有些是与天神、地祇、人鬼有关联，如"灵石"，可以认为与地祇有关。另有一些可以称为动物类神灵，但表面上的同一动物神，可能会有完全不同的属性。例如虎神或"白虎"，主要体现为地祇属性（阴神），但在蜡祭中，虎神又仅为动物神的一种。

注2：苏秉琦：《中国文明起源新探》三联书店2000年出版，第124页。

注3：如果没有明显的视野遮挡问题（很容易解决），在台上和台下"观天文"即"考观天人之际，阴阳之会也"的效果没有任何区别，因此"通天"的宣示意义远大于实用意义。

注4：中国古代是以周长表述范围概念，其中"方×里"，一般是指边长为"×"里，也就是"×里见方"的意思，如《考工记·匠人营国》中规定的各个等级的城市的边长。以此为依据，中国古代县城的边长是"方三里"，实例有保存完整的平遥县城。另外，也有"方×里"是直接表示周长的实例。

第四节　春秋战国时期园林建筑体系

西周之初设立的国家制度和行政区域划分如一个"金字塔"形结构。在国家制度上是分封诸侯，在"周天子"以下有诸侯和卿大夫，其中"诸侯"又有"公、侯、伯、子、男"五个等级，而卿大夫直接服务于周天子（也就是政府官员）。与之相对应的是封土建国，在"周天下"的名义之下有王国、封国和采邑三类，其中"王国"归周天子，"封国"归诸侯，又有"国、都、邑、野、鄙"五个等级，采邑归卿大夫；在行政区划上采用"畿（jī）服制"，即西周的王畿（靠近国都的地方）以镐京为中心，向四周延伸各四百里。王畿内有王国、封国和采邑，拥有畿内采邑者多为王朝的卿大夫，他们也可称"诸侯"。畿内封国和采邑对维护周天子的统治、保障王室的财政收入极为重要。而王畿以外只有封国没有采邑，其诸侯，少数为"周天子"的亲戚和功臣，多数为先王先臣之后或殷商故族。畿外诸侯国是王朝管辖范围内的行政组织，其主要职责是拱卫王室，防止外敌入侵。畿内畿外诸侯也都要服侍于"周天子"，如对"周天子"有进贡的义务，也有帮助"周天子"行政和进行征讨战争的义务。但问题是周代的"分封制"并不是中央集权制，如在理论上"周天子"对"周天下"拥有名义上的主权和治权，但实际上只对自己的"王国"拥有治权，而诸侯和卿大夫对自己的封国和采邑却拥有实际的治权。这就在制度上为诸侯、卿大夫以后的"做大"留下了法理和经济等方面的操作空间。另外，在诸侯的封国内，仿照周天子的国家体制，诸侯以下有大夫和封邑等。

历史文献中记述的春秋战国时期的园林建筑体系，既有"周天子"所建，也有各类诸侯所建。这类历史文献内容非常明显地多于以往，除了这一时期园林确实增多了外，其原因也就是笔者在上卷中所阐释的历史文献多寡的"金字塔结构现象"，但历史文献中描写园林的细节内容仍不多。

东晋王嘉的《拾遗记》中杂录了一些历史轶闻，其中有描述春秋时期周灵王姬泄心（东周第11代君主，公元前571年—公元前545年）苑囿的内容。

《拾遗记·卷三·周灵王》载："周灵王二十三年，起昆昭之台，亦名'宣昭'。聚天下异木神工，得崿谷阴生之树。其树千寻，文理盘错。以此一树，而台用足焉。大干为桁栋，小枝为栭角（érjué，椽子）。其木有龙蛇百兽之形，又筛水精以为泥。台高百丈，升之以望云色。时有苌弘能招致神异，王乃登台，望云气蓊（wěng，茂盛）郁，忽见二人乘云而至，须发皆黄，其衣皆缝缉毛羽。王即迎之上席。时天大旱，地裂木燃。一人先唱能为霜雪，引气一喷，则云起雪飞，坐者皆凛然。宫中池井，坚冰可琢。又设狐腋素裘，紫罴文褥，皮褥是西域所献也，施于台上，坐者皆温。又有一人唱能使即席为炎，乃以指弹席上，而暄风入室，裘褥皆弃于台下。时有容成子谏曰：'大王以天下为家，而染异术，使变夏改寒，以诬百姓，文武周公之所不取也。'王乃疏苌弘而求正谏之士。时异方贡玉人石镜。此石色白如月，照面如雪，谓之月镜。有玉人机戾自能转动，苌弘言于王曰：'圣德所招也。'故周人以苌弘幸媚而杀之，流血成石，或言成碧，不见其尸矣。"

《拾遗记》对"昆昭之台"本身的描述有《山海经》的影子，其他内容多属于神话，不可全信，但也可从中隐约了解"昆昭之台"的规模和形式，即这个"昆昭之台"不但规模巨大，其上还有建筑。这个神话明确地说明了周灵王建"昆昭之台"的目的就是与神沟通，且这个目的并不像是虚构的，其中有名有姓的人物都是历史中的真实人物，例如苌弘为中国古代著名学者，通晓历数、天文、音律等，以才华闻名于诸侯，也曾为孔子之师。他本是周灵王至周敬王时期的大臣刘文公所属大夫，也因此而辅佐周王行政，主要工作就包括了"占星"等。他真实的死因是遭到当时的霸主晋平公的设计陷害，最后被周敬王车裂，属于历史冤案。很多历史文献对他的事迹都有过记载。如《国语·周语》："敬王十年，刘文公与苌弘欲（建）城周（城），为之告晋。魏献子为政，说苌弘而与之。将合诸侯。"《淮南子·氾论训》："昔者苌弘，周时之执数者也，天地之气，日月之行，风雨之变，律历之数，无所不通，然而不能自知，车裂而死。"《史记·封禅书》："苌弘以方事周灵王，诸侯莫朝周。周力少，苌弘乃明神鬼事，设射狸首。狸首者，诸侯之不来者。依物怪，欲以致诸侯，诸侯不从，而晋人执杀苌弘。"

从上例中我们也可隐约地看出，春秋战国时期社会动荡，宗法制度遭到了严重破坏，"礼崩乐坏"，周天子的权力常被诸侯架空（诸侯也常被自己的大夫架空，大夫又常被自己的家臣架空）。因此各大诸侯竞相效仿、僭越周天子在政治、经济、生活等方面的各项特权，其中就有广筑台榭、大修宫室一项。如西汉董仲舒的《春秋繁露·卷四·王道第六》引用《左传》记载曰："鲁庄公（公元前693年—公元前662年在位）好宫室，一年三起台……"《左传》和《国语》提到诸侯的高大台榭还有：

秦穆公（公元前659年—公元前621年在位）之"灵台"、晋灵公（公元前624年—公元前607年）之"九层台"、楚庄王（公元前613年—公元前591年在位）之"层台（匏居台）"、宋平公（公元前575年—公元前532年在位）之"台"（无其他名称）、齐景公（公元前547年—公元前490年在位）之"遄台"（"路寝之台"）、卫灵公（公元前534年—公元前493年在位）之"灵台"、楚灵王（公元前541年—公元前529年在位）之"章华台"、吴王夫差（公元前496年—公元前473年在位）之"姑苏台"、赵武灵王（公元前325年—公元前299年在位）之"丛台"等。

《晏子春秋·景公登路寝台不终不悦晏子谏》载："景公登路寝之台，不能终，而息乎陛，忿然而作色，不悦，曰：'孰为高台，病人之甚也（笔者按：'害人不浅呀'）！'晏子曰：'君欲节于身而勿高，使人高之而勿罪也。今高，从之以罪，卑亦从以罪，敢问使人如此可乎？古者之为宫室也，足以便生，不以为奢侈也，故节于身，谓于民。及夏之衰也，其王桀背弃德行，为璇室、玉门。殷之衰也，其王纣作为顷宫、灵台，卑狭者有罪，高大者有赏，是以身及焉。今君高亦有罪，卑亦有罪，甚于夏殷之王；民力殚乏矣，而不免于罪，婴恐国之流失，而公不得享也！'公曰：'善！寡人自知诚费财劳民，以为无功，又从而怨之，是寡人之罪也！非夫子之教，岂得守社稷哉！'遂下，再拜，不果登台。"

"路寝"两字名始见于《诗·鲁颂·闷宫》："路寝孔硕。"《毛传》注释："路寝，正寝也。"《礼记·玉藻》说祭祀："君日出而视之，退适路寝以清听政。"可见路寝台绝不是一座光秃秃的高台。《景公登路寝台不终不悦晏子谏》还有两个细节，其一是齐景公还没有登上路寝台就气喘吁吁地休息了，才因此"忿然而作色"，足见台之高；其二是齐景公放弃登台后还拜了两拜，足见台有神圣之意。

东汉时期地方志性质的《越绝书·九术》载："昔者，越王勾践问大夫（文）种曰：'吾欲伐吴，奈何能有功乎？大夫（文）种对曰：'伐吴有九术。'王曰：'何谓九术？'对曰：'一曰尊天地，事鬼神；二曰重财币，以遗其君；三曰贵籴粟槁，以空其邦；四曰遗之好美，以为劳其志；五曰遗之巧匠，使起宫室高台，尽其财，疲其力；六曰遗其谀臣，使之易伐；七曰疆其谏臣，使之自杀；八曰邦家富而备器；九曰坚厉甲兵，以承其弊。故曰九者勿患，戒口勿传，以取天下不难，况于吴乎？'越王曰：'善。'"

而后越王勾践为伐吴首先采用的策略是"遗之巧匠，使起宫室高台，尽其财，疲其力"。《吴越春秋·勾践阴谋外传》载越王勾践使三千余人入山伐木，取得"一夜天生神木一双，大二十围，长五十寻，阳为文梓（有纹理的梓树），阴为水（笔者按：疑为'红'之误）梗楠。巧工施校，制以规绳，雕治圆转，刻削磨砻，分以丹青，错画文章，婴以白璧，镂以黄金，状类龙蛇，文彩生光，乃使大夫文种献之于吴。"

《越绝书·九术》也记载："于是作为策楯（栏杆），婴以白璧，镂以黄金，类龙蛇而行者。乃使大夫（文）种献之于吴，曰：'东海役臣孤勾践，使者臣（文）种，敢修下吏，问于左右。赖有天下之力，窃为小殿，有余财，再拜献之大王。'吴王大悦。申胥谏曰：'不可。王勿受。昔桀起灵门，纣起鹿台，阴阳不睦，五谷不时，天与之灾，邦国空虚，遂以之亡。大王受之，后必有灾。'吴王不听，遂受之而起姑胥台（即"姑苏台"）。三年聚材，五年乃成。高见二百里。行路之人，道死尸哭。"

南朝（宋）祖冲之《述异记》说："吴王夫差筑姑苏台，三年乃成。周环诘屈（即"曲折"），横亘五里，崇饰土木，殚耗人力。宫妓千人，又别立春宵宫，为长夜饮。造千石酒钟，又作大池，池中造青龙舟，陈妓乐，日与西施为水戏。又于宫中作灵馆、馆娃阁，铜铺玉槛，宫之栏楯，皆珠玉饰之。"（注1）

很显然，这里记述的吴王夫差的姑苏台纯粹是为奢靡享乐而建，在这个"横亘五里"的范围内另有"春宵宫""灵馆""馆娃阁"和可行龙舟的"大池"等。并且历史上已无任何人再为姑苏台粉饰其他方面的任何意义了。

再看另外一个实例。《国语·楚语上·伍举论台美而楚殆》中讲述了楚灵王与右司马伍举的一段对话，其内容有助于我们进一步了解高台建筑在当时的多重功能属性。为了便于理解，现直接翻译成白话文如下：

楚灵王建造了一座豪华的高台叫"章华台"。有一天，他特意邀请伍举登台远望，并得意地感叹："这高台真美啊！"

伍举回答说："我听说贤明的国君把有德并受到尊崇当作美，把安抚体恤百姓当作快乐，把能听从有德之人的劝谏当作听觉灵敏，把能招致远方的人归附当作贤明；没有听说过把建筑的高大和雕梁画栋当作美，把钟磬笙箫的盛大喧哗当作快乐，也没有听说把场面宏大、东西奢侈、姿色迷乱当成目光明亮，把能分辨音乐的清浊当作耳朵灵敏的。"

伍举接着说："楚王的先祖楚庄王建造的匏居台，高度不能超过观望气象的台子，台大不过能够容纳宴会的杯盘，用的木材不占用国家的储备，建造的费用不增加官府的负担，让百姓参与建造也不会耽误他们的农时，官吏监督建造但绝不会影响日常的政务。宴请过的人也只有宋公和郑伯；主持朝见礼节的是华元和驷騑；其他做宴会协助工作的是陈侯、蔡侯、许男和顿国国君；随行的高官大夫们也各自陪侍自己的国君。当时楚庄王就靠这样消除祸乱，使楚国成为强国而并不得罪诸侯。现在您建造了这章华之台，百姓疲惫、钱财用尽、耽误农时、百官繁忙。这个高台花了数年才建成，现在希望有诸侯来贺，但请柬发出去了，诸侯们都拒绝，没有一个表示前来。后来派太宰启疆去请鲁侯，并用蜀地之战威胁他，人家才勉强姗姗而来。在贺宴上，让那些高帅俊美的小生辅佐事务，让那些长着髯须的人装模作样导引朝见，我实在看不出这有什么美。"

伍举又说："所谓美，是指对上下、内外、大小、远近都没有妨害，都一片和气融融才叫美。那些建筑看上去倒是高端大气上档次，但国库里财用匮乏，老百姓钱包干瘪，这有什么美呢？……"

伍举最后说："先王建造台榭，榭用来讲习、演练军事，台用来观望气象、决断吉凶。因此榭只要能满足在上面可以检阅士卒，台只要能满足登临观望气象就行了。它所在的地方不占农田，建造不会使国家财用匮乏，组织运筹不会影响日常政务，建造的时间不妨碍农耕。而且是在贫瘠的土地上建造它，用建造城防的剩料建造它，官吏在闲暇的时候组织它，在农闲的时候建成它。所以《诗经》上说：'周文王在建造灵台时，让百姓来营造，没用几天就完成了。建造的时间不急迫，百姓像孝顺的儿子一样都来了，加班加点很快完成。周王来到了园林，母鹿都有感应而悠然卧伏。'建造台榭，是为了让百姓得到利益，没听说是让老百姓匮乏的。如果您认为这高台很美，那么楚国可就危险了！"

以上两例也说明，当时的有识之士对以高台建筑为主的"宫苑"形式的园林建筑体系的基本性质的认识是非常清楚的，因此都极力反对这种通过劳民伤财来仅仅满足统治者个人私欲的建设行为。

在春秋战国时期，不仅是诸侯，诸侯的属臣大夫们也纷纷效仿僭越，详见下卷

第十章中介绍的鲁国"季氏之宫"的相关内容。

在孔子所处的时代之前，《诗经·鲁颂·泮水》记载了一座鲁僖公（在位时间公元前659年—公元前627年）时代的"泮宫"，为了便于理解，现直接翻译为白话文如下：

"兴高采烈地赶赴泮宫水滨，采撷水芹菜以备大典之用。我们伟大的主公鲁侯驾到，远远看见旗帜仪帐空翻影。只见那旌旗飘飘迎风招展，车驾鸾铃声声响悦耳动听。无论小人物还是达官显贵，都跟着鲁侯一路迤逦而行。

兴高采烈地赶赴泮宫水滨，采撷水中藻以备大典之用。我们伟大的主公鲁侯驾到，只见他的坐骑是那样强盛。只见他的坐骑是那样强盛，他讲话的声音又悦耳动听。他满脸和颜悦色，满脸笑容，不怒自威教化百姓树新风。

兴高采烈地赶赴泮宫水滨，采撷凫葵菜以备大典之用。我们伟大的主公鲁侯驾到，在宏伟的泮宫里饮酒相庆。他开怀畅饮着甘甜的美酒，祈盼上苍赐予他永远年轻。通往泮宫的长长官道两侧，大批的淮夷俘虏跪拜相迎。

……

我们勤勉的主公鲁侯君王，庄敬恭谨展示出品德高尚，先是筹划修建宏伟的泮宫，接着又发兵淮夷束手臣降。那一群勇猛如虎的将士们，泮宫水滨献俘大典正奔忙。那些贤良如皋陶的文臣们，筹备献俘大典聚在泮水旁。

……

本为恶声鸟如今却翩翩飞，栖居起落在我泮宫的树林。它既然吃了我的甜美桑葚，当然要感念我的仁爱之心。野蛮的淮夷既已臣服我国，忙不迭地前来献宝把贡进，这些宝物有美玉巨龟象牙，还有南方出产的铜！"

"泮水"即鲁国泮宫周围的水，清朝戴震《毛郑诗考证》："泮水出曲阜县治，西流至兖州府城，东入泗。"《礼记·礼器》云："鲁人将有事于上帝，必先有事于泮宫。"因此简单地说，"泮宫"就是诸侯级别的辟雍，属于礼制建筑体系，等级逊于天子辟雍，外围仅有三面环水，如郑玄撰的《毛诗笺》中所说："泮之言半也，半水者，盖东西门以南通水，北无也。"因为辟雍也有国家"官学"的功能，例如在清代的国子监内，中央的一座象征性的建筑名"辟雍"，四面环水池。而省级及以下官学，以前面半圆形的"泮池"作为象征（图4-4）。

《诗经·鲁颂·泮水》与《诗经·大雅·灵台》中描述的环境、建设内容、使用和象征性的功能等都非常相似（注2）。如"在泮献功"这类庄严的活动，一般是在具有国家象征性质的"社"内举行，因此泮宫一定具有与"社"相通的原始宗教场地属性，所以《礼记》等的解释都非常正确。还应该注意的是，"半水"与"环水"等概念也只是汉朝时期诸儒生的解释、附会，水面形状在汉朝以前未必都采用那么规矩的形式。更应该注意的是，《诗经·鲁颂·泮水》原文中"思乐泮水""在泮饮酒"之句，以及泮宫周围三面环水，环境优美，植物茂盛，吸引动物栖息，还有鲁公来此地所洋溢的欢乐的氛围等，都显示这里也是一座诸侯国君级别的范围。

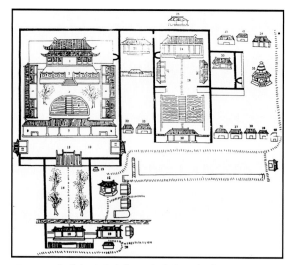

图4-4 清《泉州府志》所载清泉州府学平面图

从商纣王的"鹿台"、沙丘苑台和周文王的"灵台"到战国结束的八百多年间的"宫苑"园林，尽管功能多样，但基本上在满足统治者作为浓缩地模拟神仙境地，并以此作为满足奢靡生活的空间载体的基本诉求方面并无本质的不同。其中春秋战国时期"宫苑"园林中的很多重要的高视点园林要素内容——高台建筑，更加高大奢华。

注1：《大平御览·卷二百三十六》。

注2：《诗经·鲁颂·泮水》原文：

思乐泮水，薄采其芹。鲁侯戾止，言观其旂。其旂茷茷，鸾声哕哕。无小无大，从公于迈。

思乐泮水，薄采其藻。鲁侯戾止，其马蹻蹻。其马蹻蹻，其音昭昭。载色载笑，匪怒伊教。

思乐泮水，薄采其茆。鲁侯戾止，在泮饮酒。既饮旨酒，永锡难老。顺彼长道，屈此群丑。

……

明明鲁侯，克明其德。既作泮宫，淮夷攸服。矫矫虎臣，在泮献馘。淑问如皋陶，在泮献囚。

……

翩彼飞鸮，集于泮林。食我桑葚，怀我好音。憬彼淮夷，来献其琛。元龟象齿，大赂南金。

第五章　秦汉关中地区皇家园林建筑体系

第一节　秦与西汉时期史略

秦朝是我国历史上一个极为重要的朝代。自诸侯国王秦孝公之后，经过六代国王的努力，秦王嬴政最终于公元前221年完成了统一六国的事业，结束了中国自春秋起五百年来分裂割据的局面，成为我国历史上第一个统一的多民族的以皇帝为核心的中央集权制度的国家，或曰是进入了以血缘宗法为基础的中央集权的国家时代，奠定了之后中国两千余年政治制度的基本格局。

由于秦始皇统治时期实施书同文、车同轨、统一度量衡，又北击匈奴、南征百越，修筑万里长城、驰道和直道等，把中国推向大一统时代，因此秦始皇本人被明代思想家李贽誉为"千古一帝"。《史记·秦始皇本纪》载丞相王绾、御史大夫冯劫、廷尉李斯等赞扬曰："昔者五帝地方千里，其外侯服、夷服，诸侯或朝或否，天子不能制。今陛下兴义兵，诛残贼，平定天下，海内为郡县，法令由一统，自上古以来未尝有，五帝所不及。"

秦帝国的中央政权官制分成三个层级，第一层是由丞相、太尉和御史大夫（兼副丞相）组成，即被后世称作"三公"（"三公制"草创于商代）。丞相负责处理全国的政务，即掌管着国家的行政权。太尉是皇帝的主要参谋和顾问，也可以在出征时担任军队首领，即掌管着国家的军权。御史大夫是中央和地方监察系统的首领，负责保障整个官僚体系的正常运转，尤其是保障官僚系统的官员们忠诚于君主。三者相互制约，各自开府，在分工上十分明确，各自有所侧重，且互相牵制，由此有效地防止了专擅、独大，从而保障了君权的绝对权威。第二层则是由以下官员所组成：奉常，掌管宗教礼仪；郎中令，掌管公堂掖门；廷尉，主管司法刑狱；治粟内史，掌管农业赋税；典客，掌管兵礼；宗正，负责皇族宗亲的管理；卫尉，负责宫门戍门、宫廷的保卫；太仆，掌皇家出行的舆马；少府，掌管山海池泽之税，这即是"九卿"。与九卿同列的还有前后左右将军。九卿从职务上基本是围绕皇帝和皇帝的家事设置的，其中只有廷尉、治粟内史更多地具有公共管理的性质。第三层则由更低层次的官员所组成，如：将作少府，掌管宫室修建与修缮；詹事，掌管皇太子家事；中尉，负责京师的戍卫；主爵中尉，负责管理列侯事宜；五官中郎将，负责皇帝出行仪仗；诸博士，在礼仪问题上的后备顾问，这些官员就是后世所称的"列卿"。秦朝中央官制的这三个层次紧密相连，共同维护了皇权的地位，皇权独尊的局面由此形成。

在地方政府设置方面，将境内分为 36 郡，后来随着边境的开发和郡的整治扩大为 40 郡，通过开驿道、设驿站的方式沟通连接。地方行政区划为两级，即郡与县。京师的地方主管为内史，其他郡的主管则为郡守，郡丞为副，郡尉主要掌管军事。另外还设监御史监督郡县的各官；县一级设县令（人口在万户以上，反之，人口在万户以下的小县则设县长）、县丞和县尉；在县以下，还设有乡，乡有三老、啬夫、游徼，分别掌管教化、司法和征税、巡查盗贼等；乡下边又有里，里设里正。由此形成了一座官僚体系的"金字塔"，各个官员各司其职，专制主义中央集权制度也由此确立。另外，这一行政管理体系与从元朝创立的中央政府（中书省）直接管理"腹里"（河北、山西、山东）和"行省"（十个）等不同，中央政令可直达郡县。

但由于秦朝建国初期的急政暴虐、好大喜功，陈胜、吴广领导的农民战争和以前诸侯国后裔的反秦战争，导致秦朝于公元前 207 年迅速灭亡。自秦始皇嬴政至秦三世子婴，共传 3 帝，享国只有 15 年。

在接踵而来的争夺统治权的楚汉之战中，汉胜楚败，使国家分裂局面得到控制，实现了重新统一。公元前 206 年汉高祖刘邦自称汉王，前 202 年改称皇帝，建立西汉。刘邦在该年 5 月听从娄敬的建议从洛阳迁都长安，开始了西汉王朝的统治，成为中国历史上第一个强盛稳固的朝代。汉承秦制，如在中央政权机构设丞相、太尉、御史大夫等。但西汉初年，封有异姓王共有 7 人，即楚王韩信、梁王彭越、淮南王英布、赵王张耳、燕王臧荼、长沙王吴芮、韩王信（也名"韩信"）。这些异姓诸侯王的封国跨州连郡，占据了战国时期东方六国大部分的疆域，又握有重兵，所以刘邦登基后的主要精力放在了剿灭这些异姓诸侯王方面。刘邦在临终之前嘱咐吕后，身后由萧何、曹参、王陵、陈平等人相继任相。并立下遗嘱，凡不是刘姓为王者，天下共诛之。

在刘邦去世后，其子刘盈继位，为汉惠帝。刘盈时年 16 岁，生性懦弱，大权掌握在吕后手中。吕后先是令吕禄、吕产将南北军。临死之前，又任吕产为相国，吕禄独掌军权。在刘姓天下处于危殆的情况下，刘邦旧臣陆贾出面调和陈平和周勃之间的嫌隙，联合对付诸吕。在诸吕外戚被铲除后，经大臣计议，迎立代王刘恒（刘邦子）为帝，是为汉文帝。在汉文帝和汉景帝时期，又有削平刘氏同姓王的战争。其间推崇黄老治术，采取"轻徭薄赋""与民休息"政策，带来"文景之治"。

在汉武帝执政时期（公元前 140 年—公元前 87 年），西汉开始进入了盛世。汉武帝在政治方面：创设中外朝制、刺史制、察举制，颁行"推恩令"，使得刘姓王的势力越来越分散，因此加强了君主专制与中央集权。此外，还创设年号、颁布"太初历"等；在经济方面：推行平准、均输、算缗、告缗等措施，铸五铢钱，由官府垄断盐、铁、酒的经营，并抑制富商大贾的势力，又凿空西域、开丝绸之路，并开辟西南夷；在文化方面："罢黜百家，独尊儒术"，并设立以儒学教育为根本的太学；在军事方面：采用扩张政策，除与匈奴长年交战外，还破闽越、南越、卫氏朝鲜、大宛。

至汉宣帝刘询在位时期，联合乌孙打击匈奴，设置西域都护府监护西域诸城各国，使天山南北这一广袤地区正式归属于西汉中央政权。

在汉元帝以后，豪强大地主阶级兼并之风盛行，形成特殊的庄园经济，即农民没有了属于自己的土地，必须依附于地主豪强，如《后汉书·仲长统传》载："豪人之室，连栋数百，膏田满野，奴婢千群，徒附万计。船车贾贩，周于四方；废居积贮，满于都城。琦赂宝货，巨室不能容；马牛羊豕，山谷不能受。"这样的一种经济形势几乎一直延续到魏晋南北朝时期（东汉开国皇帝刘秀进行过治理）。致使中央集权逐渐削弱，社会危机日益加深。

汉成帝沉迷于温柔之乡，外戚王氏的权力越来越大，自王太后的亲戚王凤以来，全由王氏子侄出任大司马大将军，王氏在朝廷的势力日渐巩固。

汉成帝死后，成帝皇后赵飞燕联同太子合力排挤王氏。太子即位是为汉哀帝，让哀帝祖母傅太后及生母丁太后入主宫禁。大司马王莽见大势已去，向太皇太后王氏建议暂时退让，王莽辞官回到新野新乡封国。但汉哀帝有"断袖之癖"，拜 22 岁的宠臣董贤为大司马辅政，又使汉朝逐渐衰弱。

汉哀帝死后，王氏权力再起，此时，王莽以君子之姿逐渐干预朝政。最后，他杀孝平，废孺子，于公元 9 年 1 月 10 日正式称帝，改汉为"新"，西汉亡。西汉政权共 13 帝（包括吕雉），历 210 年。

公元 25 年，光武帝刘秀建立东汉政权。东汉时，"三公"权力被大幅削弱，由皇帝亲自掌管的直接行政的"尚书台"权力得到提升。汉明帝、汉章帝在位期间，东汉王朝进入鼎盛时期，史称"明章之治"。汉章帝后期，外戚日益跋扈。汉和帝继位以后，扫灭外戚，使东汉国力达到极盛，史称"永元之隆"。

东汉中后期，朝政日益腐败，豪强士族大肆兼并土地。太后称制、外戚干政，幼君多借助宦官才能亲政，史称"戚宦之争"。如身为贵戚的大司马梁冀竟敢毒杀年仅 9 岁的汉质帝刘缵，后来汉桓帝刘志联合宦官单超、徐璜、具瑗、左悺、唐衡等力量逼迫梁冀自杀，并将之灭族。汉桓帝、汉灵帝在位时期，昏庸无道、横征暴敛、皇帝直接授意卖官鬻爵，农民在多重残酷压榨下不堪重负，公元 184 年爆发黄巾之乱，朝廷令各州郡自行募兵，虽然将民变基本平定，但却导致地方豪强拥兵自重。

初平元年（公元 190 年），董卓挟献帝迁都长安，自此朝廷大权旁落，揭开了东汉末年军阀混战的序幕。董卓被杀死后，建安元年汉献帝西归（公元 196 年），曹操迎汉献帝迁都许昌。

公元 220 年，曹丕篡汉，东汉覆灭，进入三国割据时期。东汉共 14 帝，历 195 年。东汉与西汉统称汉朝。

汉朝的文化（包括王莽"新朝"）在中国历史上有着特殊的地位。中国地域广博，传统文化多元，虽然早在西周时期已经建立了有着"天下共主"的初级统一的国家，但在春秋时期还有华夷之间风俗不同、语言不通的情况。在秦朝统一中国的时期，以华夏族为主体的各国还有文字不同的问题。但是到了汉朝，由华夷交融而形成的汉族人口已经占了全国总人口的大多数。汉朝的统治者把儒家学说定为正宗，用统一的思想来维护国家的统一。并在继承先秦时期灿烂文化的基础上，对以往的文化进行了系统的梳理、阐释与总结，其成果又成为了之后中国古代社会传统文化新的起点，并对其产生了极其深远的影响。例如，在其后仍处于主流核心地位的礼制文化中，几乎无不以汉儒总结与传承的传统文化作为正统的参照。

从政权的角度来看，在周代实行的分封制度中，诸侯和卿大夫对天子负责，但诸侯的卿大夫只需对诸侯负责，卿大夫的家臣也只需对卿大夫负责，所以很容易形成不同级别的"家天下"，行政管理体系一级级地被架空的局面，最严重的后果就是"政令不出都城"，"周天子"难以号令天下。而秦帝国郡县级别的官员都必须直接对皇帝负责，行政控制得到了极大的加强，社会效率显著地提高。但其弊端是一旦皇帝做出了错误的行政决策，难有缓冲的余地，很快就会祸及全国。秦始皇个人的缺点是嗜杀戮、好大喜功、骄奢淫逸，如焚书坑儒（方士）、滥用酷刑，又在相同的时间内大建阿房宫、长城、骊山墓等，很快致使整个社会不堪重负，其结果是通过几代人不断努力建立起来的帝国大厦，仅仅存活了 15 年便轰然倒塌。如张衡《东京赋》所总结的那样："乃构阿房，起甘泉，结云阁，冠南山。征税尽，人力殚。然后收以太半之赋，威以参夷之刑。"致使秦天命短祚。

类似于周代的封建制度在汉初又有反复，直到汉武帝时期，中央集权得以最终确立。为了确保以皇帝为首的中央集权制度的稳固，除了牢牢把握各种硬实力手段之外，还必须强化各种软实力手段，后者的主要表现之一为对思想特别是对原本就根深蒂固的原始宗教的再次垄断，亦即强化具有严格等级的礼仪制度。其中最隆重的仪式和宣示，便是因袭前世特别是秦始皇的封禅活动，本质上是把原始宗教更加清晰地推向了"上帝观"的层面。封禅类活动也体现了帝国皇帝基本的宇宙观，但与这类具体活动"偶然"相关的"宫苑"园林的大规模建造，更真实、物化、生动地反映了这一宇宙观和人生观的本质与本性。因此，以下即将阐释的秦汉时期的园林建筑体系的形态，与以秦始皇和汉武帝为代表的强势皇帝的个人嗜好等有着极大的关系。不同于以往的是，这类内容的前因后果等在历史文献中已经有了较清晰的记载。

另外，泰山之巅并没有如《山海经》中所描绘的昆仑山上通天阶梯"天柱""建木"，现实中无法建造这样的"天梯"，只能象征性地建造祭坛，因此秦始皇和汉武帝也只能在祭坛上通过"感应"与上帝沟通。但在现实中，秦始皇和汉武帝确实是想当面见到与长生不老相关的神仙的。

第二节　秦咸阳等地区皇家园林建筑体系

一、与上帝对话并践行天人之际的秦始皇

与上帝和其他神仙对话并践行"天人之际"，是秦始皇统一中国之后始终追求的目标之一，具体的行动内容包括封禅、寻找海上神山并希望遇到仙人得到长生不死之药、大规模地浓缩模拟"宇宙天地"等。秦始皇虽然不是中国历史上第一位行封禅之礼的帝王，但确是有可信历史记载的第一位（之前可能还有周成王）。据《史记·封禅书》记载，秦始皇于初定天下的第三年（公元前219年）便到泰山封禅。首先是东巡郡县，拜谒"峄山祠"（位于山东邹县），颂秦功业。之后"征从齐鲁之儒生博士七十人，至乎泰山下"。诸儒生建议"古者封禅为蒲车"，即用蒲草包裹车轮，为的是"恶（即"勿"）伤山之土石草木"，并且"埽（sǎo，扫）地而祭，席用菹（zū，一种产于南方的草）秸，言其易遵也"。秦始皇觉得此类言论颇为怪异，难以施用，如用蒲草包裹车轮，怎能运行而包裹无损等，因此就遣散了诸儒生。最后"遂除车道，上自泰山阳至巅，立石颂秦始皇帝德，明其得封也。从阴道下，禅于梁父。其礼颇采太祝之祀雍上帝所用，而封藏皆秘之，世不得而记也"。

远古封禅活动的具体内容与形式，因时间久远，至秦之际已有很多荒谬之传说，以至于秦始皇不肯采信。后世总结与依据的，反而是来源于秦始皇和汉武帝封禅活动的具体实践。关于封禅，主要观点认为"封"是指在山顶上建筑的坛，目的是接近众神所居的天，便于向上帝禀告；"禅"是在山下特定的地方"除地"，即扫地

以祭祀地神。《汉书·武帝纪》中颜师古（唐初）注引孟康（三国）说："封，崇也，助天之高也。"引应劭（东汉）说："封者，坛广十二丈，高二丈，阶三等，封于其上，示增高也……下禅梁父，祀地主，示增广。此古制也。武帝封广丈二尺，高九尺。"唐朝张守节的《史记正义》也说："此泰山上筑土为坛以祭天，报天之功，故曰'封'。此泰山下小山上除地，报地之功，故曰'禅'。"还有一种观点解释"封"，就是指皇帝把告天文书等密封起来，世人不得见，东汉班固的《白虎通义》云："或曰封者，金泥银绳，或曰石泥金绳，封之印玺也。"既然封禅的意义是皇帝颂扬自己的功德，把功德禀告上帝和地神，同时也昭告世人，那么报给上帝的，就要把内容密封起来，使世人不得见；昭告臣民的，或刻在石碑上或下达诏书晓谕天下。这一"密"一"宣"，正好显示出皇帝一人作为神人之际唯一使者的身份。所以孟康说："王者功成治定，告成功于天。"应劭说："刻石，纪绩也。立石三丈一尺，其辞曰：事天以礼，立身以义……"

从史书的记载来看，以上两种对封禅的解释并不矛盾，合二为一后基本上就是整个封禅活动的主要内容和过程，即核心内容为告天、祭地、示人。

秦始皇的泰山封禅活动并不顺利。《史记·封禅书》说："始皇之上泰山，中阪遇暴风雨，休于大树下。诸儒生既绌，不得与用于封事之礼，闻始皇遇风雨，则讥之。于是始皇遂东游海上，行礼祠名山大川及八神，求仙人羡门之属。"从《史记·封禅书》后面的记述来看，游东海才是秦始皇此次远行最重要的目的。

以前齐威王、齐宣王、燕昭王等都曾使人入海寻找蓬莱、方丈、瀛州三神山。据传说这三座神山在东海之中，路程并不算远，曾有人到过那里，山里有众仙人以及长生不老药。山上的东西和禽兽主要是白色的，并且以黄金和白银建造宫阙。所以到山上以前，望过去如同一片白云。但来到跟前，发现三神山反而是在海水以下。想要登上山，则每每被风吹引离去，终究不能到达。世俗间的帝王无不钦羡非常，及秦始皇统一天下后，到海上游览时，向秦始皇谈及这些事的方士不计其数。

很显然，秦始皇这次东海之行不可能看见三神山等。但对于秦始皇来讲，寻访仙人、得长生不老之药的愿望，可能比封禅更具有吸引力，因为他自认为没有人能挑战他"千古一帝"的地位。而封禅活动更侧重政治表演，证据是连诸儒生告诉他的封禅礼仪的具体细节都可以不顾。秦始皇不断派方士带着童男童女到海上寻找三神山，但寻访者每从海中归来，都以遇风不能到达为借口，并说虽未到达但确实看到了三神山。

第二年，秦始皇重游海上，到琅琊，路过恒山，取道上党而回。三年后，巡游碣石山，被派遣入海寻找三神山的方士，从上郡返回京城。过了五年，南游到湘山，登上会稽山，并来到海上，希望能得到海中三神山中的长生不老药。可惜寻访三神山并获得长生不老药的一切都没能如愿，在最后一次出行回来的路上病死在沙丘宫。

二、以咸阳为核心规模庞大的皇家园林建筑体系

秦始皇并不止于派遣方士寻找三神山并希望亲遇神仙等，而是在秦都咸阳城以及"宫苑"的建造中努力浓缩地模拟"神仙境地"，甚至是更高层的"宇宙天地"。古人最初以天地山川为代表的原始自然崇拜，尚属于大众化的原始宗教，而封禅等活动便属于帝王的专利了，亦属于"绝地天通"的后续活动。中国原始宗教的物化形态与象征物，除了"五岳""四渎""四海"等外，最终是以礼制建筑体系为主要代表。但古帝王与皇帝们并不仅仅满足于对这类原始宗教内容单纯的垄断，还要以强大的政治、军事、经济等的控制能力为基础，享受天帝神仙般的生活，这样对上述原始宗教内容的垄断以至"帝祚永延"也才有现实意义。园林与宫廷建筑体系，便是这类最终目的的物化形态与象征物的最主要的代表之一，既可满足自己作为人的私欲，又可进一步起到暗示或明示自己作为"天人之际"纽带的地位。这一倾向在秦汉时期更为突出，物化形象也最为丰富。

公元前 350 年（周显王十九年、秦孝公十二年），秦国建初咸阳城，次年自栎阳徙都咸阳。咸阳位于关中平原的中部，既在九嵕诸山以南，又在渭水以北，山南曰"阳"，水北亦曰"阳"，故名"咸阳"。"咸阳宫"（"因北陵营殿"）自秦孝公迁都前开始营建，至迟到秦昭王时已建成。在秦始皇统一六国的过程中，该宫又经扩建，据《史记·秦始皇本纪》记载，为秦始皇执政"听事"的所在。根据考古发现推测，咸阳宫属于平面形式较复杂的高台建筑（参见插图 2-27 ～图 2-29）。另在渭水南岸，建有秦"祖庙""章台宫"（从名称上判断也是以高台建筑为主）和"上林苑"等。至此，宫殿、离宫、苑囿的区别还比较明晰，即咸阳宫为正宫、章台宫为离宫、上林苑为苑囿。

每灭掉一个诸侯大国，秦始皇都按照该国宫室的样子在渭水北原（"北阪"）上进行仿建，整个"仿六国宫室"区域南边濒临渭水，从雍门往东直到泾、渭二水交汇处，殿屋之间和外围有天桥"复道"和长廊互相连接起来，宫室内填充从诸侯国掳得的美人和钟鼓乐器之类。

公元前 220 年，在渭水南面建造"信宫"，不久，又更名为"极庙"，从极庙开带有边墙的"甬道"可直达骊山。极庙的性质就是宗庙，名称象征北天极，也就

是秦始皇有意识地把自己与上帝联系起来了。又在渭水以南重新修建了"甘泉宫前殿"。甘泉宫最早为秦惠文王所建，芈月太后执政期间多居于此宫，曾在此诱杀义渠王（西汉长安"桂宫"是在此遗址上兴建）。

公元前212年，秦始皇嫌咸阳城人口多，宫廷也窄小，并听说周文王建都在丰，武王建都在镐，丰、镐两城之间才应该是帝王的都城所在，于是计划在渭水南岸上林苑内修建新的朝宫（也就是正宫）。先在阿房（地名）建"前殿"（高台建筑），东西长五百步、南北宽五十丈，宫中可以容纳一万人，下面可以树立五丈高的大旗。四周架有上下两层可行走的天桥"复道"，从前殿之下可一直通到南山，以南山的顶峰作为象征宫殿的"门阙"。又在阿房之北修建横跨渭水的天桥"复道"，连接咸阳城。

秦始皇建造的"宫苑"形式的"离宫别馆"之多也是空前绝后的，在关中总共建造了三百座，关外建四百座，并称之为"宫观"。说明这类"离宫别馆"的重要特征是"观"，即以高台建筑为主。其中被历史文献记载过的如"兰池宫"，在宫南有"兰池陂"。《史记•秦始皇本纪》载："三十一年（公元前216年），始皇微行咸阳，与武士四人俱，夜出，逢盗兰池，见窘，武士击杀盗。"在"兰池"宫苑区域内能遇到盗匪，可见其规模一定不小。唐张守节《史记正义》说："《括地志》（唐初魏王李泰主编）云：'兰池陂即古之兰池，在咸阳县界。'"他还引秦国历史档案《秦记》云："始皇都长安，引渭水为池，筑为蓬、瀛，刻石为鲸，长二百丈。逢盗之处也。"唐李吉甫《元和郡县图志•卷一》载："兰池陂，即秦之兰池也，在（咸阳）县东二十五里。初，始皇引渭水为池，东西两百丈，南北二十里，筑为蓬莱山，刻石为鲸鱼，长二百丈。"这些文献为我们提供了秦始皇特意仿造神山仙岛的线索，可能也是中国后期传统园林中"一池三山"等"园林母题"的滥觞，同时也是较早营造的模仿自然形态之"山"的"高视点园林要素内容"（图5-1）。

《史记•秦始皇本纪》记载了公元前212年方士卢生与秦始皇的一次对话。为便于理解，现直接翻译成白话文：

卢生对秦始皇说："我们寻找灵芝、奇药和仙人，一直找不到，好像是有什么东西伤害了它们。我们心想，皇帝要经常秘密出行以便驱逐恶鬼，恶鬼避开了，神仙真人才会来到。皇上住的地方如果让臣子们知道，就会妨害神仙。神仙真人是入水不会沾湿，入火不会烧伤，能够乘驾云气遨游，寿命和天地共久长。现在皇上治理天下，还没能做到清静恬淡。希望皇上所住的宫室不要让别人知道，这样，不死之药或许能够得到。"始皇回答说："我羡慕神仙真人，我自己就叫'真人'，不再称'朕'了。"

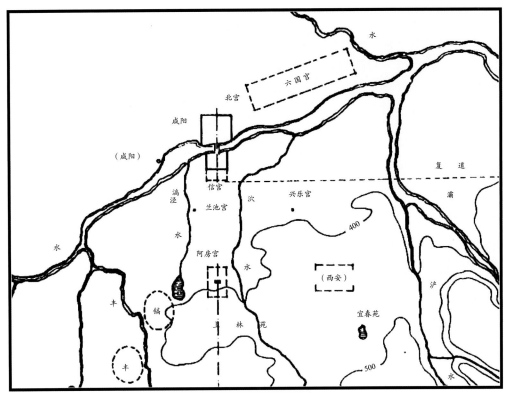

图 5-1　秦咸阳主要宫苑分布示意图（采自《中国古典园林史》）

秦始皇"乃令咸阳之旁二百里内宫观二百七十复道、甬道相连，帷帐钟鼓美人充之，各案署不移徙。行所幸，有言其处者，罪死。"

用架空的天桥和两侧带围墙的甬道把以咸阳为中心的二百里范围内的二百七十座宫观连接起来，这样的构想是前无古人后无来者之举。经这样的连接，以咸阳为中心的区域就如同一座巨大的园林建筑体系，各个"宫苑""宫观"等都可以看作一座范围广大的园林建筑体系内部的节点。从《史记·秦始皇本纪》的记载来看，这个构想至少是部分地实现了，因为有一次秦始皇巡幸"梁山宫"，从山上望见丞相的随从车马众多，很不高兴。宦官近臣中有人把这件事告诉了丞相，丞相以后就减少了车马数目。秦始皇认为是宫中有人泄露了他说过的话，经过审问没有人认罪，就下令把当时跟随在旁的人全部杀掉，从此以后再没有人知道其行踪了。无人知其行踪，说明他的出行是隐蔽于甬道和复道中的。所以唐杜牧《阿房宫赋》说："覆压三百余里，隔离天日……长桥卧波，未云何龙？复道行空，不霁何虹？高低冥迷，不知西东。"

上林苑位于渭河以南，除修建了庞大的宫观建筑群外，其余地方均为皇家禁苑。《三辅黄图·卷四》："汉上林苑，即秦之旧苑也。"《史记·李斯列传》："二世二年（公元前 208 年）……李斯已死，二世拜赵高为中丞相，事无大小辄决于高。高自知权重，乃献鹿，谓之马。二世问左右："此乃鹿也？'左右皆曰'马也'。二世惊，自以为惑，乃召太卜，令卦之，太卜曰："陛下春秋郊祀，奉宗庙鬼神，斋戒不明，故至于此。可依盛德而明斋戒。'于是乃入上林斋戒。日游弋猎，有行人入上林中，二世自射杀之。"这说明秦上林苑为游猎之场所，范围可能是北临渭水，南抵秦岭，东向灞、浐，西向沣、滈一带伸延，与周代的灵囿相比，范围要广大得多。秦国的农业区与周代相反，渭北为粮仓，渭南为游猎区，这是因为秦建都渭北，又开郑国渠，使得渭北农业得到发展，而渭南就成为范围广大的上林苑。而在这一时期之前，周代的丰、镐两城也早已荒废不见踪迹了。秦国的上林苑区域除有部分农田外，主要为森林草地，并有丰富的水系即上林诸湖。在这样的自然环境中，野兽出没，景色宜人，自然是游猎的良好场所。

第三节 秦咸阳皇家园林建筑体系形态的文化与空间艺术

我们在第四章第一节中简略地阐释了与古帝王园林建筑体系起源相关的原始山岳崇拜和江河崇拜等问题。如果进一步分析总结，中国原始宗教崇拜发展到某一社会阶段时，其内容可以大致划分为三大类：

第一类是以生殖崇拜为核心的祖先类原始宗教崇拜内容，可以视为一大项内容。

第二类是自然类原始宗教崇拜内容，其中一大项内容属于"可触摸的自然物"，以山岳、江河等为最大代表；另一大项内容属于"不可触摸的自然现象"，就是天文、天文现象和大气物理现象等（风、云、雷、电等）。

第三类是"上帝观"原始宗教崇拜内容。这类内容的本质就是"祖先类原始宗教崇拜内容"和"不可触摸的自然现象原始宗教崇拜内容"相结合的结果。从古代文献的记载来看，具体表现为"自然神上帝"和"祖先神上帝"一直存在着扯不清的关系，当然，这不过是一场旷日持久的宗教理论之争罢了。

以上三类原始宗教崇拜内容，逐渐演变成了中国礼制文化中最重要的内容和理论依据，因此中国礼制文化又可以称为"隐性"的宗教。而以第三类内容为主，沿着另外一条路线发展、演化，就逐渐走向了"显性"的宗教（如道教）。简单概括地讲，"显性"的宗教出现的过程，就是原始宗教崇拜内容进一步人格化、社会化的过程。奇特的是，当中国"显性"的宗教出现以后，"隐性"的宗教并没有逐渐消失，而是继续披着礼制文化的外衣，与"显性"的宗教共同发展着。

《史记·封禅书》全篇内容都是描述古帝王与皇帝行原始宗教崇拜之事迹，具体从"舜帝"开始至汉武帝止。开篇便说："自古受命帝王，曷尝不封禅……传曰：'三年不为礼，礼必废；三年不为乐，乐必坏。'每世之隆，则封禅答焉，及衰而息。厥旷远者千有余载，近者数百载，故其仪阙然湮灭，其详不可得而记闻云。"所谓"封禅"，就是原始宗教崇拜发展到"上帝观"的具体活动。那么历史发展到春秋战国之际，古人又是如何以原始宗教的眼光看待天文和大气物理现象的？可参考的历史文献资料有《山海经》中的部分内容、《尚书》《国语》《左传》《诗经》等中的"只言片语"和屈原的《天问》等，以及《史记·天官书》《史记·封禅书》和《史记·历书》等。其中最详尽具体的实例，当数《史记·封禅书》中对秦雍城相关内容的描述。

"雍"在现陕西省凤翔县城南，是秦国历史上时间最长的都城。周平王东迁洛邑，秦襄公因护送有功，被封为诸侯，赐岐西之地，岐西遂为秦族活动中心地带。秦德公元年（公元前677年），秦自平阳（今宝鸡市阳平）迁都于此，筑雍城（在今凤翔县城南），至献公二年（公元前383年）徙都栎阳（在今临潼区境内）。雍城不仅在春秋战国时期，即便是到了西汉中后期，仍是统治阶层祭祀活动的重要地区。面积虽然不过10平方公里，秦时的祭祀建筑就有"百余庙""数十祠"。所以相对于其他诸侯国而言，这一地区邻近西周早期的丰镐，更便于继承源自西周的很多祭祀内容。为便于理解，现译为白话文如下：

"而雍州有日、月、参、辰、南北斗、荧惑星、太白星、岁星、填星、辰星、二十八宿、风伯、雨师、四海、九臣、十四臣、诸布（祭星曰'布'）、诸严、诸逑之类，共一百多座祠庙。西县也有数十座祠庙。在湖县有周天子祠，下邽有天神祠，丰县、镐县有昭明庙（荧惑星散为昭明），天子辟池庙（辟雍）。在杜、亳二县有三座社主的祠庙、寿星庙（南极老人星）；而雍城的草庙中也有杜主庙。杜主，原是周朝的右将军，在秦中地区，是小庙中最有灵验的庙宇。以上种种各自都按年岁、季节供奉和祭祀。

诸神祠中唯有雍州四畤（zhì，青、黄、赤、白）上帝祠（庙）地位最尊贵，祭祀场面最激动人心的要数陈宝祠。所以雍州四畤，于春季举行岁祭，还有由于不封冻、秋季河川干涸、冬冷引起的冰雪塞途的祭祀，五月用马驹当祭品的郊祭，以及四仲月（阴历二、五、八、十一月）举行的月祀，而陈宝祠只有陈宝应节降临时的一次祭祀。春夏季祭礼用红色的牛，秋冬季用马驹。每用马驹四匹，由四匹木偶龙拉的木偶栾车一乘，四匹木偶马拉的木偶马车一乘，颜色与各'方帝'相应方位的颜色相同……"

在秦故都雍城及附近的祠庙建筑中，用于祭祀诸天神的最多，其中还有更重要的祭祀以太阳神和抽象的上帝相结合的"四方帝"的"四畤"。"四方帝"（或"五方帝"）的概念在新石器时代就已经出现，《史记·封禅书》中记载最早的具体祭祀"四方帝"的礼制类建筑是秦国人建造的。

在中国古代历史中，"天人感应"等这类整体的宇宙观、宗教观（即"天人合一"的核心内容），至晚在新石器时代早期便已经形成，但其中的精髓部分即"天文学"中的历法知识和通天事物内容等，属于酋长、大巫师、大贵族及后来的帝王和皇帝等必须垄断的学问，因为这是在精神上影响个人和集体生死命运（军国命运）的重要学问。例如，《周书·泰誓下》记载的周武王灭商理由的陈情中就有"上帝弗顺，祝降时丧。尔其孜孜，奉予一人，恭行天罚"。在《史记·封禅书》中，秦雍城祭祀的祠庙中最多的是与天神有关。这一现象可能是源自两种历史轨迹的融合：其一是对于古人来讲，"不可触摸的自然现象"属于最难以理解的内容，因此必然是原始宗教内容最后和最重要的"题材"。相对而言，那些更容易理解的原始宗教内容必然会被弱化。其二是至春秋战国之际，随着没落贵族子弟"士"阶层队伍的不断壮大，"官学"中的内容逐渐地流落民间，其中"天文学"中的"天人感应"这类宗教观在民间也会更加普及。而《史记》更关注秦国，在这方面记录的内容也详尽。如欲了解楚国在这方面的信仰内容，我们只能从《楚辞》等历史文献中去寻找（如《天问》）。但秦国也确实属于在这方面的信仰较突出的地区，可能是由于地理上的原因，秦国更便于继承西周时期大部分的原始宗教遗产，因此秦旧都雍城及附近地区便汇聚了祭祀各类天神的祠庙，并有几代秦王建立的"帝畤"。

我们再参看中国古代星图所反映的原始宗教内容。中国古代星图把北方地区可视的整个天空区域划分为"三垣二十八宿"。"三垣"就是"紫微垣""太微垣"和"天市垣"。紫微垣位于北天极附近，居于北天极中央的位置。北极点的赤纬为90°；太微垣在紫微垣以南，赤纬在 −2°～20° 之间（大约在后发、室女和狮子座的交汇处），下临翼、轸、角、亢四宿，上接北斗七星；天市垣也在紫微垣以南，赤纬在 −15°～30° 之间（大约在巨蛇、蛇夫、天鹰、天箭、武仙等星座的交汇处），下临房、心、尾、箕四宿，上接织女、七公，和太微垣之间隔着大角星（牧夫座 α 星）和左右摄提。三垣都有"垣墙"为界（图 5-2～图 5-4）。二十八宿的分布可以理解为沿着南北两极把"天球"如切西瓜一般切成 28 块，除了三垣内的星座外，凡落在每一块中的星座都属于该星宿内的星座（只要在北半球观察得到），如"老人星"虽距赤道或黄道很远，但仍属于井宿之内。这样，紫微垣有 39 个星座、太微垣有 20 个星座、天市垣有 19 个星座、东方七宿有 46 个星座、南方七宿有 42 个星座、西方七宿有 54 个星座、北方七宿有 65 个星座，全天共 283 个星座。

《史记·天官书》本身就把星或星座称为"天官"，其曰：

"中宫天极星，其一明者，太一常居也；旁三星三公，或曰'子属'。后居四星，末大星正妃，余三星后宫之属也。环之匡卫十二星，藩臣。皆曰'紫宫'。

前列直斗口三星，随北端兑，若见若不，曰'阴德'，或曰'天一'。紫宫左

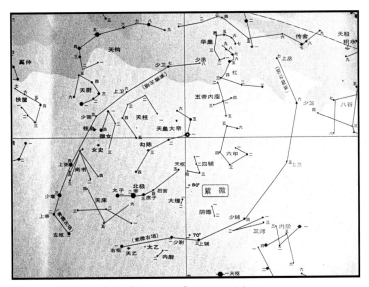

图 5-2　紫薇垣（采自《全天星图》伊世同绘）

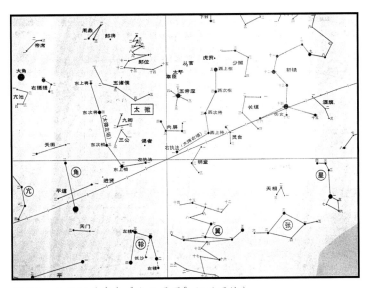

图 5-3　太微垣（采自《全天星图》伊世同绘）

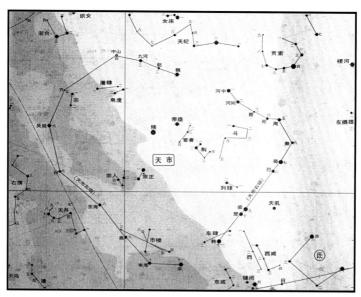

图 5-4 天市垣（采自《全天星图》伊世同绘）

三星曰'天枪'，右五星曰'天棓'（bàng，棍子），后六星绝汉抵营室，曰'阁道'。

北斗七星，所谓'旋、玑、玉衡以齐七政。'……斗为帝车，运于中央，临制四乡。分阴阳，建四时，均五行，移节度，定诸纪，皆系于斗。

斗魁戴匡六星曰'文昌宫：一曰'上将'，二曰'次将'，三曰'贵相'，四曰'司命'，五曰'司中'，六曰'司禄'……

杓端有两星，一内为矛，招摇；一外为盾，天锋。有句圜十五星，属杓，曰'贱人之牢'……

东宫苍龙，房、心。心为明堂，大星天王，前后星子属。不欲直，直则天王失计。房为府，曰'天驷'（sì，驾车的四匹马）。其阴，右骖（cān，驾车的三匹马）。旁有两星曰'衿'（古代衣服的交领）；北一星曰'辖'（即为插在车轴端孔内的车键）。东北曲十二星曰'旗'。旗中四星曰'天市'；中六星曰'市楼'……

左角，李（指司法官）；右角，将。大角者，天王帝廷。其两旁各有三星，鼎足居之，曰'摄提'。摄提者，直斗杓所指，以建时节，故曰'摄提格'。亢为疏庙（即外朝），主疾。其南北两大星，曰'南门'。氐为天根（"若木"之根），主疫。

尾为九子，曰'君臣'；斥绝，不和。箕为敖客，曰'口舌'……

南宫朱鸟，权、衡。衡，太微，三光（笔者按：日、月、五大行星）之廷。匡卫十二星，藩臣：西，将；东，相；南四星，执法；中，端门；门左右，掖门。门内六星，诸侯。其内五星，五帝坐。后聚一十五星，蔚然，曰'郎位'；傍一大星，将位也……中坐，成形，皆群下从谋也……廷藩西有隋星五，曰'少微'，士大夫。权，轩辕，黄龙体。前大星，女主象；旁小星，御者后宫属……

东井为水事。其西曲星曰'钺'。钺北，北河；南，南河；两河、天阙间为关梁（即关口和桥梁）。舆鬼，鬼祠事……

柳为鸟注（即鸟嘴），主木草。七星，颈，为员官，主急事。张，素，为厨，主觞客（即占卜宴客事）。翼为羽翮（hé，翅膀），主远客。

轸为车，主风……轸南众星曰'天库楼'；库有五车。车星角若益众，及不具，无处车马。

西宫咸池，曰'天五潢'。五潢，五帝车舍……

奎曰封豕，为沟渎。娄为聚众。胃为天仓，其南众星曰'廥（kuài，藁草）积'。

昴曰'髦头'……毕曰'罕车'，为边兵，主弋猎……昴（宿）毕（宿）间为天街。其阴，阴国（即夷狄之国）；阳，阳国（即华夏之国）。

参为白虎。三星直者，是为衡石。下有三星，兑（同"锐"，直立），曰'罚'（同"伐"），为斩艾（即斩杀）事。其外四星，左右肩股也。小三星隅置，曰'觜觿'（zī xī），为虎首，主葆旅（即军旅）事。其南有四星，曰'天厕'。厕下一星，曰'天矢'……其西有句曲九星，三处罗（罗列）：一曰'天旗'，二曰'天苑'，三曰'九游'（即九州兵旗）。其东有大星曰'狼'……狼比地（接近地平线）有大星，曰'南极老人'。老人见，治安；不见，兵起。常以秋分时候之于南郊……

北宫玄武，虚、危。危为盖屋（主天府、天市等盖房等土工事）；虚为哭泣之事（即占卜丧事）。其南有众星，曰'羽林天军'。军西为垒，或曰'钺'……危东六星，两两相比，曰'司空'。

营室为清庙，曰'离宫''阁道'。汉（即银河）中四星，曰'天驷'。旁一星，曰'王良'（"天马"官）。王良（旁）策马（星名），车骑满野。旁有八星，绝汉（即横跨银河），曰'天潢'（即天子之池）。天潢旁，江星。江星动，人涉水。

南斗为（天）庙，其北建星。建星者，旗也。牵牛为牺牲。其北河鼓（银河中的军鼓）。河鼓大星，上将；左右，左右将。婺（wù，不顺从）女，其北织女。织女，天女孙也……"

对以上内容无须过细注解，简单地说，天空中星官就是人间百物的映像，又以与帝王相关的政权、军事和生活等内容为多。我们从中也可以分析出其所表达的重要观念：

（1）天上（神界）与地上（人间）的事物有着一一对应的关系。地上（人间）

国家的大部分事物，大到军、国命运和灾异，小到帝王身边出现谄谀之辈等，在天上都会有所反应，即预兆（在上面引文中忽略了相关解释内容）。

（2）天上（神界）与地上（人间）的都城等也有着一一对应的关系。如，至上神"太一"居住的"紫微垣"位于天之最北（天球北极区域，整个宇宙天地围绕其旋转），其南有"天廷"即"太微垣"（包括五帝居处）和"天市"即"天市垣"。偏南或左右为天之"坛庙"（如"名堂""灵台""天社""天稷"）和"离宫别馆"（如"室宿""渐台"）区域等。我们可以把这种对应关系称为"微观对应"（图 5-5）。

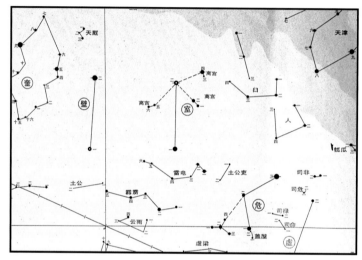

图 5-5　室宿（采自《全天星图》伊世同绘）

（3）天上（神界）与地上（人间）的地区也有着一一对应的关系。至晚在战国时期便已经出现了完整的天上"分星"与地上"分野"相对应的学说，如，"十二星次"（在黄道附近的星座）与地面上国或州的位置有着一一对应的关系。《周礼·春官·保章氏》载郑玄注为：星纪—扬州，吴越；玄枵（xiāo）—青州，齐；娵訾（jūzī）—并州，卫；降娄—徐州，鲁；大梁—冀州，赵；实沉—益州，晋；鹑（chún）首—雍州，秦；鹑火—三河（河东、河内、河南三郡，天下之中），周；鹑尾—荆州，楚；寿星—兖州，郑；大火—豫州，宋；析木—幽州，燕。国家重点祭祀的"四渎"，在银河中也有对应的恒星。我们可以把这种对应关系称为"宏观对应"。

（4）上帝的地位也有高低之分。如，至上神为"太一"，二等神为"五方帝"（与转化为"人帝"的黄帝、炎帝等有区别）。至于上帝到底应该是只有一个还是五个或六个等，甚至到了宋朝还在争论不休（参见拙作《礼制建筑体系文化艺术史论》）。

再来看看"秦始皇"名号的来源，《史记·秦始皇本纪》载：

秦王嬴政曰："寡人以眇眇之身，兴兵诛暴乱，赖宗庙之灵，六王咸伏其辜，天下大定。今名号不更，无以称成功，传后世。其议帝号。"

丞相王绾、御史大夫冯劫、廷尉李斯等皆曰："昔者五帝地方千里，其外侯服、夷服，诸侯或朝或否，天子不能制。今陛下兴义兵，诛残贼，平定天下，海内为郡县，法令由一统，自上古以来未尝有，五帝所不及。臣等谨与博士议曰：'古有天皇，有地皇，有泰皇，泰皇最贵。'臣等昧死上尊号，王为'泰皇'。命为'制'，令为'诏'，天子自称曰'朕'。"

秦王嬴政答曰："去'泰'，著'皇'，采上古'帝'位号，号曰'皇帝'。他如议。"

天皇、地皇和泰皇都是神的名号，泰皇也就是"太一"，因此嬴政给自己定的名号是把天神和上古人间帝王的名号结合起来了，表明自己是真正的"天人之际"的联系者。其实，"帝"的本意也是天神，只是大约在春秋战国时期，把所谓远古君王也称为"帝"，因为他们符合"帝者，德合天地曰'帝'"的德行。"帝"这一字意的扩展，也是原始宗教的"五天帝"（五个太阳神）转化为远古的"五人帝"的历史过程（参见拙作《礼制建筑体系文化艺术史论》）。

秦始皇在统一中国前后，无论从哪一方面的实力来讲，都为其践行并向天下昭示唯自己有资格充当"天人之际"纽带的角色做足了准备。因此《史记·秦始皇本纪》所载"焉作信宫渭南，已更命信宫为极庙，像天极。""周驰为阁道，自殿下直抵南山。表南山之颠以为阙。为复道，自阿房渡渭，属之咸阳，以像天极阁道绝汉抵营室也。"及《三辅黄图·卷一》所载"始皇穷极奢侈，筑咸阳宫，因北陵营殿，端门四达，以则紫宫，象帝居；渭水贯都，以象天汉；横桥南渡，以法牵牛"等也绝不是后人妄加附会的。以秦咸阳城为核心的、规模庞大的宫苑园林建筑体系的空间艺术特点等，可以总结如下：

（1）北原地区与渭水及南岸地区的空间关系："咸阳宫"和仿建的"六国宫室"都是建在渭水北岸的高地上，可以直接俯瞰渭水及南岸上林苑等广大地区，并且这些"六国宫室"之间有天桥"复道"等相连。

（2）渭水北岸"咸阳宫"与"渭水""上林苑""阿房宫"及其他"宫观"和"南山"等的意向关系：以"南山"象征"阿房宫"的"阙门"并有天桥"复道"直抵南山。以"渭水"象征"银河"，以跨越渭水的天桥"复道"象征跨越银河中的"阁道"（奎宿在银河中的 6 颗星），连接"阿房宫"所象征的"室宿"（离宫）和"咸阳宫"所象征的"紫微垣"和北天极（图5-6）。

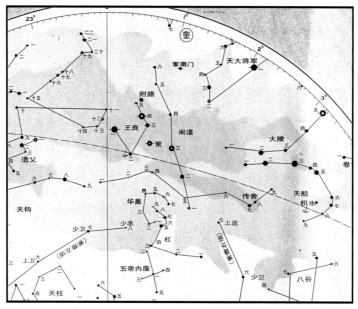

图 5-6 银河中的阁道（采自《全天星图》伊世同绘）

（3）关中平原上散布的"宫观"之间及与咸阳城等之间的空间关系：用带边墙的"甬道"和天桥"复道"把咸阳周边二百里内的二百七十座"宫观"连接起来。这样的构想和实践也是前无古人后无来者之举。经这样的连接，以咸阳为中心的区域就如同一座范围广大的园林建筑体系，各个"宫苑""宫观"和其他景观等，都可以看作是这座园林建筑体系内的景观节点内容。

（4）如果说战国及之前的以高台建筑为代表的"高视点园林要素内容"还主要限于苑囿和宫苑园林等之内，并仅限于浓缩地模拟"神仙境地"，那么秦始皇的构想和实践，则是在更广大的空间范围内，是浓缩地模拟"神仙境地"乃至"宇宙天地"。

（5）渭水南北地形的高差、"高台建筑"与地面景物的高差，大量的"宫观"（高台建筑为主）、自然的山（如南山）、模仿自然的山和各种水面（如"一池三岛"、渭水、兰池）、横跨渭水双层的桥、其他大量的天桥"复道"等，又使得这一范围内的空间形态高低错落、变化多端、丰富多样。同时，大量、多元的"高视点园林要素内容"的立体架构，又使得以咸阳为中心的、广泛的园林体系的空间形态，既依托又摆脱了纯粹自然山水形态的束缚，生动具体地表现了"神仙境地"乃至"宇宙天地"的思想主题。

事实上，中国从远古至秦帝国，也只有如贾谊《过秦论》所评价的"奋六世之余烈，振长策而御宇内，吞二周而亡诸侯，履至尊而制六合，执敲扑而鞭笞天下，威振四海"的秦始皇才敢于有这样狂妄的气魄和现实的能力。举全国之力浓缩地模拟"宇宙天地"这一最高级别的"神仙境地"，也正是秦帝国狭义与广义的"宫苑"园林最为突出的空间艺术特点，为前无古人、后无来者之举。

第四节　西汉长安等地区皇家园林建筑体系

一、与鬼神仙对话并践行天人之际的西汉皇帝

与鬼神对话并践行"天人之际"，是西汉皇帝追求的目标之一，具体的行动内容包括汉高祖刘邦进一步的"道德虚构"、汉孝文帝刘恒对祭祀权利的进一步垄断（"归福于朕，百姓不予"）等，也包括以汉武帝为代表的封禅、寻找海上神山并希望遇到仙人及得到长生不死之药、大规模浓缩地模拟"神仙境地"等。

在《史记》和《汉书》中，记载的西汉时期最重要的皇帝是汉高祖刘邦和汉武帝刘彻。汉高祖是开国皇帝，记载的内容主要以政治和军事斗争为主。而汉武帝为守国皇帝，既记载了很多雄才大略事迹，也记载了很多个人生活事迹。

在刘邦与项羽争夺天下之际，便给很多功臣封王，得天下之后又加封了很多刘姓王并开始剿灭异姓王。最初给功臣们封王是不得已而为之，而加封刘姓王是想接受秦灭亡的教训。他错误地认为，秦帝国覆灭，是因为秦国缺少宗族王侯及封地的拱卫等（如西周那样），所以才快速地被六国旧势力剿灭。汉武帝刘彻为孝景帝之后，7岁时被册立为皇太子，16岁登基（公元前140年），此时汉朝建立已经有60多年，前有"文景之治"，天下初步安定。汉武帝在位54年期间，数次大破匈奴、吞并朝鲜、遣使出使西域、独尊儒术、开拓汉朝最大版图，并以"推恩令"为手段削平了刘姓封建诸王，恢复了中央集权。但是，汉武帝连年征战，耗尽了国库，导致民生凋敝，在位晚年发生农民暴动，并且在巫蛊案中冤杀无辜（包括太子）。就个人性格来讲，汉武帝好大喜功，热衷于封禅及其他祭祀活动，对上帝、鬼神的信奉比起秦始皇来有过之而无不及。但这一现象也并不是孤立的，在整个西汉时期，从开国皇帝刘邦至篡位的王莽（公元9年—公元23年，称为"新朝"），对以往中国礼制文化中的原始宗教信仰与祭祀体系等内容进行了系统的总结与创新，其成果又成为之后中国古代礼制文化中相关内容的新样板，其核心内容就是整合"神系"和祭祀规则、程

序等。因此在两汉时期墓室内的画像砖和画像石中，出现了大量以神界为主的母题。

《汉书·高帝纪》中说刘邦是其母与蛟龙的后代。在刘邦起事反秦之前，与人一起编造了自己化身为赤帝之子，斩杀了化身为白蛇的白帝之子，在他逗留之处，天上出现"天子云气"等神话。并且编造说这类"天子云气"秦始皇听说过、吕雉亲眼见到过。《史记·封禅书》中记载，在高祖二年（公元前205年），刘邦在故秦雍城创建了"黑帝祠"，名曰"北畤"，恢复了天神"五帝"体系。后四年，又大规模地恢复了各地的祭祀活动，如"诏御史令丰（县）治枌榆社，……令祝立蚩尤之祠于长安。长安置祠祀官、女巫。其梁（开封一带）巫祠天、地、天社、天水、房中、堂上之属；晋巫祠五帝、东君、云中君、巫社、巫祠、族人炊之属；秦巫祠杜主、巫保、族累之属；荆（湖南湖北一带）巫祠堂下、巫先、司命、施糜之属；九天巫祠九天：皆以岁时祠宫中。其河巫祠河于临晋（今陕西大荔东），而南山（今秦岭）巫祠南山……"

至汉武帝时期，天神、地祇等体系基本完成创制。《史记·封禅书》还特别强调"武帝初即位，尤敬鬼神之祀"。还记载在元封元年（公元前110年）三月，汉武帝亲率18万大军从长安出发东巡。先到嵩山（太室山）祭祀中岳地祇，而后兴致勃勃地前往山东。此时泰山花草未生，登山未免索然无味。且这次出行还有出海寻仙之目的，在这一点上，武帝的兴趣绝不逊于秦始皇。于是便命人先立石于泰山顶，自己转而继续东巡，并祭祀八神。汉武帝出行，常常由方士公孙卿持天子符节先行到达，在名山胜境迎候天子车驾。汉武帝到蓬莱后，公孙卿说夜间看到一个异常高大的人，身长数丈，走近后却看不到了，只留下一个很大的形状像是禽兽的足印。先行的大臣中还有的说见到一个老人牵着狗，老人说我想见一见臣公，说完就忽然不见了踪影。汉武帝还亲自察看了禽兽的大足印，尚不肯相信，等到又听群臣讲述牵狗老人的事，才深信这就是仙人了。因此特意在海边留宿以待仙人，准予方士乘坐驿传的车马往来报信，陆续派出的求仙之人有上千人。又有齐人纷纷上书谈论神怪和奇异方术有数以万计，然而没有一件能得到证实。于是汉武帝调发了更多的船只，让那些谈论海中神山的数千人下海寻求蓬莱山的仙人。等到四月，泰山草木已生，武帝从海边归来登泰山行封禅之礼。

封禅结束后，汉武帝坐于山下明堂内接受群臣轮番觐见道贺。武帝降书诏告于御史说自己以渺小之身继承至尊大位，终日战战兢兢深恐不能胜任。由于德行微薄，不明礼乐。所以在祭祀太一神的盛典时，仿佛有霞光出现，又隐然见到一些奇怪物事，恐怕是怪物出现，欲停止行礼而又怕得罪神灵，于是强自支撑，登上泰山行封祭礼，到梁父山行禅祭礼。欲从此自新，与士大夫一起重新做起。

　　与之前秦始皇的那次封禅不同，汉武帝在泰山封禅过程中没有遇到风雨等阻挠，因而方士们纷纷说蓬莱山诸神不久将能见到，武帝也欣然地以为会如此，便又重新东行到海边观望，希望能遇到蓬莱山等及诸神仙。后因奉车霍子侯（霍去病之子霍嬗）突然得急病而亡，汉武帝这才怏怏离去。汉武帝一行沿海而上，北行到碣石，自辽西开始巡察，历经北部边塞来到九原县。五月，返回到"甘泉宫"（位于咸阳北面、当时的云阳县甘泉山南麓，秦二世在此建"林光宫"）。之后，武帝又于元封五年（公元前106年）、太初元年（公元前104年）、太初三年、天汉三年（公元前98年）、太始四年（公元前93年）、征和四年（公元前89年）六次"东巡泰山"，除太初元年外，均举行了封禅活动，每次也均不忘于东海求遇仙人。

　　因汉武帝希冀上帝和神仙赐福、追求长生不老的荒诞和愚昧，在他周围便围绕了一群方士。这些方士或以魔术手法炫人眼目，或以动听言辞故弄玄虚，而武帝对方士却是深信不疑，或尊之礼之，或封之赏之，并且言听计从，而结局却是方术无一灵验。武帝屡屡受骗，却始终不能醒悟自拔，仍然执着地"羁縻弗绝，冀遇其真"。《史记·孝武帝本纪》中毫不忌讳地记载了武帝先后被长陵女子神君、李少君、谬忌、少翁、上郡巫、栾大、汾阴巫锦、齐人公孙卿等八人欺骗过。下举几例，为了便于理解，对话内容译成白话文：

　　李少君曾对武帝说道："祭祀灶神就能招来鬼神，招来鬼神后朱砂就可以炼成黄金，黄金炼成了用它打造饮食器具，使用后就能延年益寿，寿命长了就可以见到东海里的蓬莱岛仙人，见到仙人后再举行封禅典礼就可以长生不死了，黄帝就是这样的。我曾经在海上游历，见到过安期生，他给我枣吃，那枣儿像瓜一样大。安期生是仙人，来往于蓬莱岛的山中；跟他投合的，他就出来相见，不投合的就躲起来不见。"于是武帝开始亲自祭祀灶神，并派遣方术之士到东海访求安期生之类的仙人，同时用丹砂等各种药剂提炼黄金。过了许久，李少君病死。汉武帝以为他并非死了而是成仙而去，就命令黄锤县的佐史宽舒学习他的方术。访求蓬莱仙人安期生的活动始终没有结果，却有燕、齐沿海一带许多荒唐迂腐的方士继续仿效李少君，纷纷来到汉武帝面前谈论神仙之类的事情。

　　齐人少翁以招引鬼神的方术觐见汉武帝。适逢汉武帝有一个宠爱的王夫人病死了，据说少翁用方术在夜里使王夫人和灶神的形貌出现，武帝隔着帷幕望见了。于是就封少翁为文成将军，给他的赏赐很多，并以宾客之礼待他。少翁说道："皇帝如果想要跟神交往，而宫室、被服等用具却不像神用的，神就不会降临。"于是汉武帝便命人制造了画有各种云气的车子，按照五行相克的原则，在不同的日子里分别驾着不同颜色的车子以驱赶恶鬼。又在云阳县甘泉山南麓营建"甘泉宫"，在宫中建起"高台宫室"，室内画着天、地和太一等神，而且摆上祭祀用具，想借此招来天神。过了一年多，少翁的方术越发不灵验了，神仙总也不来，于是就在一块帛上写了一些字，让牛吞到肚里，便说这头牛的肚子里有怪异。然后大家把牛杀了验证，发现有一块帛上写着字，内容很奇怪，汉武帝也怀疑这件事的真伪。有人认得少翁的笔迹，一问，果然是他假造的。汉武帝便杀了少翁，并把这事隐瞒起来。但汉武帝杀死少翁后，又后悔他死得早，惋惜没有让他把方术全部拿出来。等到后来汉武帝见了栾大，为了消除他心中的顾虑，谎称少翁是误食马肝而死的。

少翁死后的第二年，汉武帝在"鼎湖宫"病得很重，巫医们什么办法都用了，却不见好转。有人便说道："上郡有个巫师，他生病时鬼神能附在他的身上。"汉武帝便把巫师召来，供奉在"甘泉宫"。等到巫师有病的时候，派人去问附在巫师身上的"神君"。"神君"说天子不必为病担忧，病一会儿就会好，您可以强撑着来跟我在甘泉宫相会。于是在汉武帝的病轻些时，就亲自前往甘泉宫，果然完全好了。之后大赦天下，又把"神君"安置在"寿宫"。据巫师说，"神君"中最尊贵的是太一神，跟随他左右的辅佐神是大禁、司命之类的神仙。人们看不到众神仙的模样，只能听到他们的说话声，跟人的声音一样。神仙们时去时来，来的时候能听见沙沙的风声。他们住在室内的帷帐中，有时白天说话，但经常是在晚上说话。汉武帝先举行除灾求福的祓（fú）祭，然后才进入宫内，以巫师为主人，让他关照"神君"的饮食。众神所说的话，由巫师传送下来。又在安置这些神仙的"寿宫""北宫"张挂羽旗，设置祭器礼敬"神君"。"神君"所说的话，汉武帝也都命人记录下来，称作"画法"。太史公还特别点出："其所语，世俗之所知也，毋绝殊者，而天子独喜。其事祕，世莫知也。"其实所谓"神君"和众神所说的话等，都是由那位巫师模拟的。

方士们迎候祭祀神仙，去海上寻访蓬莱仙山等，最终也没有什么结果。公孙卿之类声称遇见过神仙的方士，还用巨大的脚印来证明托辞辩解，最终也是无法效验。后来汉武帝对方士们的荒唐话也越来越厌倦了，然而却始终笼络着他们，不肯与他们绝断往来，总希望有一天能遇到真有方术的人。

有汉高祖刘邦这样一位善于自我神话、道德虚构并大兴原始宗教活动的皇帝，有汉武帝刘彻这样一位毕生醉心于追寻神仙方术的皇帝等，汉家"宫苑"的形式和内容等必定要有所对应。

二、西汉长安等地区皇家园林建筑体系

西汉初年计划定都洛阳，但很快就改都长安，新建的长安城位于秦咸阳城东南、渭水南岸（于今西安城西北约 5 公里处的汉城乡一带）。汉高祖刘邦时期，先在长安城内秦"兴乐宫"旧址上建"长乐宫"，在"龙首原"（一块高地）秦"章台宫"遗址上建"未央宫"，在城北部建"北宫"。至汉惠帝刘盈时筑长安内城墙。汉武帝时期，在秦"甘泉宫"旧址上建"桂宫"，另建"明光宫"并扩建"北宫"。总体来讲，历史文献记载的西汉长安的这些"宫"的形态，比秦咸阳要详细些，都是以"宫苑园林"的形态为主。又在长安城西面圈出了一座范围更广大的"宫苑"区"上林苑"，苑内建了著名的"建章宫"，位置靠近"未央宫"。另外，在长安城周围还有很多其他的"宫"，最著名的有渭北当时的云阳县甘泉山南麓的"甘泉宫"（也称"甘泉苑"，在汉武帝时期，其地位仅次于未央宫）等。但"长乐宫""未央宫""北宫""桂宫""明光宫"这五所"宫苑"约占现已知西汉长安城总面积的三分之二。根据《汉书》、班固《西都赋》、张衡《西京赋》和佚名《三辅黄图》等历史文献记载，长安城还有一百六十个闾里（封闭的居住小区）、九府、三庙、九市，容纳总人口约 50 万，因此推测在长安城应该还有外城墙（外郭），但直到目前始终没有找到踪迹。考古学家许宏认为，从远古至秦汉时期，有很多大都城的模式是宫城加郭区（外围居民区），因此汉长安城没有外城墙。汉长安城在公元前 195 年至公元 25 年间是当时世界上最大的都市，园林建筑体系的发展也达到一个新的高峰。萧何所说的皇家建筑的壮丽就是要表达皇家的威严，让后来者都无法超越的观点，在汉武帝时期被真正地推向了极致（图 5-7）。

西汉"未央宫""长乐宫""建章宫"为长安最著名的三座宫，特点是规模巨大、宫室与园林紧密结合，也成为广域园林中的一部分。在这三大宫内，都特别重视人工池湖和高台建筑。泾、渭、洛被称为"关中三川"，渭、泾、灞、浐、涝、潏、沣、滈被称为"关中八水"。丰富的水系也为宫内大量人工湖的设置提供了便利，使它们成为了宫苑园林。并且这些"宫苑园林"中面积巨大的人工池湖内也并不是只有孤立的水面，池中建有人工岛和高台类建筑等，有些就是直接"仿建"神山仙岛。

汉朝丞相开府办公，"相府"便成为国家行政运转与指挥中心。丞相辟府的机构则有"十三曹"，即一西曹，主府史署用；二东曹，主二千石长吏迁除，并包军吏在内，二千石是当时最大的官吏，以年俸有两千石谷得名，朝廷一切官吏任免升降，都要经丞相的秘书处；三户曹，主祭祀农桑；四奏曹，管理政府一切章奏，略如唐朝的枢密院，明朝的通政司；五词曹，主词讼，此属法律民事部分；六法曹，

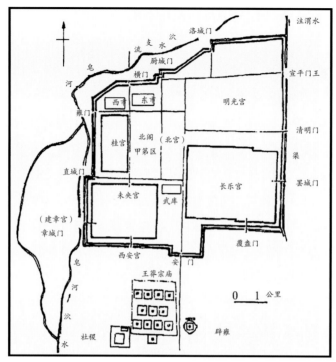

图 5-7 汉长安城平面示意图（采自《中国古代建筑史》）

掌邮驿科程，科程是指一切交通方面之时限及量限等；七尉曹，主卒曹转运，略如清朝之漕运总督；八贼曹，管盗贼；九决曹，主罪法；十兵曹，管兵役；十一金曹，管货币盐铁；十二仓曹，管仓谷；十三黄阁，主簿录众事，这是丞相府秘书处的总务主任。可见当时全国的政务是都集中到丞相身上的，而主管监察的御史大夫也直属于丞相。相应地，皇帝的朝宫（正宫）只是处理重大朝政、举行庆典、召见王公大臣及少数民族政教首领、接见外国使臣之所。例如，未央宫是西汉长安最早建成的皇帝的朝宫（也是后来新莽、西晋、前赵、前秦、后秦、西魏、北周等多个朝代的理政之地，隋唐时也被划为禁苑的一部分），皇帝和后妃也居住在这里。到了武帝时期，情形却为之一变，直接用命于内廷，导致丞相有名无实。

汉武帝时期还"广开上林苑"。秦末战争和楚汉争霸使得秦上林苑宫室大部分尽毁。最初刘邦也曾想占秦上林苑为己用，但遭到了萧何的劝阻。《汉书·萧何传》中有相关记载，为便于理解，对话部分译为白话文：在刘邦平定黥布后班师回朝的时候，路上被百姓拦住，上书说相国强行贱买了数千百姓的田宅。刘邦回朝后，萧何去拜见，刘邦笑着说："现在相国竟然向百姓取利了。"随即把百姓的上书都给了萧何，然后说："您自己向百姓谢罪吧。"后来萧何替百姓们上书说："长安耕地少，上林苑中有很多空地闲置不用，希望能让百姓进去耕种，不收秸秆做野兽的食物。"刘邦大怒说："相国收了商人的贿赂，竟然替他们请求我的林苑！"于是下令把萧何交给廷尉，让他戴上刑具拘禁起来。几天后，王卫尉侍奉刘邦的时候上前问到："相国究竟犯了什么大罪，陛下会这么囚禁他？"刘邦回答："我听说李斯当秦皇帝的丞相时，有好的事情就归功于皇上，有过错就说是自己的过错。现在相国受了商人的贿赂，自己为讨好百姓，竟为他们请求我的上林苑，所以我才拘捕他治罪。"王卫尉说："为官办事，有利于民的就上书请愿，这才是真正的丞相的职责。陛下怎么能怀疑这是相国接受了商人的贿赂呢？况且陛下与楚军征战数年，陈豨、黥布叛乱的时候，陛下是亲自率军前往。那个时候相国守在关中，稍有举动，那么关西之地就不是陛下的了。相国那个时候不图利，难道现在会贪图商人的钱吗？而且秦王是因为不愿听对自己的批评，从而丢掉了天下，李斯是太过分了，不值得借鉴！陛下不必把相国看得如此浅薄。"刘邦听了之后虽然很不高兴，还是派使者拿着符节去赦免萧何。萧何年事已高，素来行事恭谨，光着脚入朝谢罪。刘邦说："相国不要这样！相国为百姓请求我的上林苑却没有得到批准，这使得我就像是桀纣一样的君主，而相国却是贤能的国相。我之所以治罪相国，只是想让百姓知道我的过错。"后如《汉书·高帝纪》载："故秦苑囿园池，令民田之。"

汉初，在上林苑地区也保留了一部分禁苑，如《史记·张冯汲郑传》记载在汉文帝时期便有皇家虎圈："上登虎圈，问上林尉禽兽簿，十余问，尉左右视，尽不能对。虎圈啬夫从旁代尉对上所问禽兽簿甚悉，欲以观其能口对向应亡穷者。文帝曰：'吏不当如此邪？尉亡赖！'诏（张）释之拜啬夫为上林令。"

《汉书·东方朔传》中详细地讲述了汉武帝修建上林苑的缘由。为了便于理解，对话译为白话文：

建元三年（公元前138年），汉武帝开始微服出行，北至池阳（今陕西泾阳西北），西至"黄山宫"（汉惠帝时建，在今兴平城西30里，也是史料记载汉朝在上林苑中建的第一座离宫），南猎"长杨宫"（在今陕西周至），东游"宜春苑"（即后来唐曲江苑一带）。八九月间，武帝与随从的侍中、常侍、武骑，以及"待招"（陇西郡、北地郡能骑善射者）约定在殿门等候（从这时开始有了"期门"的称号）。汉武帝是在夜漏下十刻才出发，常常假称是平阳侯曹寿。次日天明到达终南山下，或驰射鹿、猪、狐、兔，或徒手格击棕熊，奔驰在禾地稻田里。引得农民们都大声呼喊叫骂，并聚众向鄠（hù）县和杜县县令告状。县令前往射猎的地方，要求谒见"平阳侯"。那些骑马的侍从便要鞭打县令，县令大怒，派属吏呵斥制止，并要扣留这些侍从。于是这些侍从拿出皇帝的御用物品，纠缠了许久才得以离去。开始的时候，武帝深夜出宫，次日傍晚返回，后来就携带五天的食物，到第五天该去"长信宫"谒见窦太后时才回来。武帝十分喜欢这种微服出游射猎，但还有些迫于窦太后的压力不敢远行。后来终南山下的百姓也知道是武帝经常微服出来射猎。丞相御史知道武帝的心意，就派右辅都尉在"长杨宫"以东巡逻，又命令右内史征发平民，到武帝射猎的地方听候调用。又私下在"宣曲宫"以南为武帝设置了十二所配置宫人的"更衣处"，供武帝白天休息更衣。夜晚武帝则去各行宫住宿，多临幸"长杨""五柞""倍阳""宣曲"等宫。长此以往，汉武帝便觉得路远劳苦，又被老百姓厌恨，于是派太中大夫吾丘寿王和两个懂算术的待诏，将阿城以南、盩厔（zhōu zhì）以东、"宣春宫"以西地区的农田面积与折合价值的多少编为簿册，打算在这里置建上林苑，让它和终南山相连。武帝又诏令中尉、左右内史标划出属县的荒地，想以此抵偿给鄠、杜二县的农民。吾丘寿王（曾为董仲舒的学生）向武帝奏报了所做的事，武帝大喜，称赞他做得好。当时东方朔就在旁边，便向皇上进谏说：

"臣听说，为人谦逊恬静谨厚，天就显现报应，用福泽来报应他；为人骄纵奢侈，天也显现报应，用灾异来报应他。现在陛下修建台观，惟恐它不高；射猎的地方，惟恐它不广。如果天不降灾祸，那么三辅地区（左、右内史和主爵都尉管辖的京畿地区，相当今陕西中部地区）都可以作为陛下的苑囿，何必局限于盩厔、鄠、杜三县之地呢？奢侈超越了礼制，天为此而降灾，上林苑虽然小，臣还认为它太大了。

终南山是天下险要之地，南边有长江、淮河，北边有黄河、渭水。这个地方从妍水、陇山以东到商、洛二县以西，土地肥沃、物产富饶。汉朝建立时，离开三河，留居在灞水、潼水以西，定都于泾水、渭水南面的长安，这一带是被称为天下'陆海之地'，秦国之所以能够降服西戎兼并山东六国，就是因为据有这块地方。这里的山出产玉、金、银、铜、铁等矿产，还出产豫章、檀香、柘树等珍贵木材，（还有）异类的奇物，不可探究它的本源。这里还出产百工生产用的原料，是万民赖以富足的宝地。又有粳稻、梨、栗、桑、麻、竹箭的丰饶，土壤适宜种姜和芋头，水中盛产蛙、鱼。贫穷的人靠这些丰衣足食，没有饥寒之忧。所以丰、镐之间号称沃土膏壤，这里的地价每亩一斤黄金。现在把它划为苑囿，断绝陂池水泽之利，又占取农民肥沃的土地，上使国家的财用匮乏，下夺百姓赖以谋生的农桑之业。离弃成功、趋就失败、减损粮食收入，这是不能建上林苑的第一个原因。况且，使荆棘丛林茂密繁盛，以生长养育麋鹿、拓广狐兔栖身的园地、扩大虎狼出没的丘墟，又毁坏人家的坟茔墓地，拆除人家的居室屋庐，使幼弱怀土思乡、耆老涕泣悲哀，这是不能建上林苑的第二个原因。拓地营建、筑墙为苑、骑马驰骋于东西、驾车驱奔于南北，又有深沟大渠，尽一日田猎之乐自然不会危及天子无限的富贵，这是不可建上林苑的第三个原因。因此，务求苑围广大、不恤农时不是强国富民的办法。

殷纣王兴建九市之宫，因而诸侯反叛；楚灵王垒筑章华台，因而楚民离散；秦始皇修建阿房宫，因而天下大乱。像粪土似的愚昧臣子（指自己），忘掉生命触犯死刑，违逆皇上的盛意隆旨，罪该万死，不能了却弘大心愿，希望陈奏《泰阶六符经》，用它来观察天象的变异，这是不能不明察的。"

因为前有东方朔上奏《泰阶六符经》之事，汉武帝就封东方朔为太中大夫、给事中，赏赐黄金一百斤，但仍按吾丘寿王上奏的计划开始修建上林苑。

由于历史文献资料有限，下面只能简单地介绍上述宫苑园林的一些基本情况。

1. 未央宫

位于长安城西南角高地"龙首原"上（笔者按："未央"在汉代是吉祥的意思，如没有灾祸等），现存遗址实测周长约8560米，折合21里，有两重垣墙。因其位于长安城的西北角，外垣墙上只在北面和东面有两阙门。内垣墙在四面有"司马门"。

宫内有南北主路一条、东西主路两条，这两条东西主路把宫内分成南、中、北三部分。南部和中部的一部分属于"外宫"（如"沧池"位于西南苑区），北部称为"后宫"。未央宫最主要的建筑是几乎位于几何中心（偏东）的"前殿"，为一组巨大的高台建筑，台南北长约400米、东西约200米，共分三层。《三辅黄图·卷三》："宣室（殿），未央前殿正室也。""前殿"之南有"瑞门"，东有"宣明""广明"二殿，西有"昆德""玉堂"二殿，均为政府衙署。再西为"白虎殿"，外藩觐见之所。再西为"沧池"等（参见图2-26、图3-1）。

"前殿"其北面350米处是巨大的后宫的"椒房殿"，再北不远处有稍小的"掖庭"，两者也是分别建在夯土台上的建筑群。《三辅黄图·卷三》："椒房殿，在未央宫，以椒和泥涂，取其温而芬芳也。武帝时后宫八区，有昭阳、飞翔、增成、合欢、兰林、披香、凤凰、鸳鸯（鸳鸾）等殿，后有（又）增修安处、常宁、茝若、椒风、发越、蕙草等殿，为十四位。"再北还有高台建筑"天禄阁"（图5-8、图5-9）。

高台建筑是未央宫主要的建筑形式，北魏郦道元《水经注·卷十九·渭水三》载："高祖在关东，令萧何成未央宫。何斩龙首山而营之。山长六十余里，头临渭水，尾达樊川。头高二十丈，尾渐下高五六丈，土色赤而坚，云昔有黑龙从南山出，饮渭水，其行道因山成迹。山即基，阙不假筑，高出长安城。北有玄武阙，即北阙也。东有苍龙阙，阙内有闾阖、止车诸门。未央殿（笔者按：即'前殿'）东有宣室、玉堂、

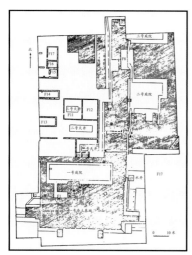

图 5-8　未央宫椒房殿遗址平面图（采自《宫殿考古通论》）

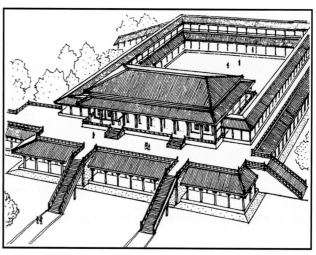

图 5-9　未央宫椒房殿 1 号台部分复原透视图（采自《宫殿考古通论》）

麒麟、含章、白虎、凤皇、朱雀、鹓鸾、昭阳诸殿，天禄、石渠、麒麟三阁。"汉刘歆著、东晋葛洪辑抄的《西京杂记》说未央宫有"台、殿四十三，其三十二在外（南区和中区），其十一在后（北区）。宫池十三、山六，（其中）池一、山一亦在后。宫门闼凡九十五。"西晋潘岳《关中记》说未央宫有"台三十二，池十二，土山四，宫殿门八十一，掖门十四。宫殿及台，皆疏龙首山土以作之。殿基出长安城上，非筑也。未央宫东有鸳鸯殿"。其中的"殿""台"都属于高台建筑。《史记·平准书》说未央宫中的"柏梁台"高数十丈。

另外，从上面引用的历史文献来看，未央宫内有依托或模仿自然的土山 4 至 6 座，水池 12 至 13 个。最大的水池是位于西南部的"沧池"，为潏水支渠"飞渠"入城所汇。《三辅黄图·卷四》载："未央宫有沧池，言池水苍色，故曰'沧池'。池中有渐台……"汉代张衡《西京赋》曰："沧池漭沆，渐台立于中央。""漭沆"就是广阔无边的大水。

2. 长乐宫

长乐宫内也有很多高台建筑和池湖等。《三辅黄图·卷三》说长乐宫内有"鸿台"，"秦始皇二十七年筑，高四十丈，上起现宇，帝尝射飞鸿于台上，故号'鸿台'。《汉书》惠帝四年，长乐宫鸿台灾。"另说："秦酒池，在长安故城中，《庙记》（笔者按：北魏杨炫之著）曰：'长乐宫中有鱼池、酒池，池上有肉炙树，秦始皇造。汉武帝行舟于池中，酒池北起台，天子于上观牛饮者三千人。'又曰：'武帝作，以夸羌胡，饮以铁杯，重不能举，皆抵牛饮。'《西京赋》云：'酒池鉴于商辛，追覆车而不寤（wù，觉悟）'。"但《水经注·卷十九·渭水三》载长乐宫："周二十里，殿前列铜人，殿西有长信、长秋、永寿、永昌诸殿。殿之东北有池，池北有层台，俗谓是池为酒池，非也。"说明在长乐宫中除"鱼池""酒池"外，还有其他"池"，所以后人容易把名称和位置混淆。

3. 建章宫

位于上林苑内，《史记·孝武本纪》中有相关内容的记载。太初元年（公元前104年），汉武帝曾到渤海遥祭蓬莱之类的仙山，希望能到达仙人所居住的异境。回京后"未央宫"柏梁台在之前遭火灾焚毁了，公孙卿说："黄帝就青灵台，十二日烧，黄帝乃治明庭。明庭，甘泉也。"很多方士也说古代帝王有在甘泉建都的。因此汉武帝就改在位于现淳化县的"甘泉宫"临朝接受各郡国上报的计簿，接受诸侯朝见，并在甘泉建造诸侯的官邸。勇之说："越俗有火灾，复起屋必以大，用胜服之。"意思是后盖的建筑要用更大的体量来压制火灾的发生。武帝于是在长安城西南上林苑内修造更辉煌的建章宫。

建章宫外垣墙周长约30里，紧邻未央宫，两宫间有"飞阁辇道"相通。南垣墙正门"阊阖门"（壁门），三层高三十余丈，屋顶置铜铸凤凰，下有枢机，可随风而动。阊阖门东侧有"凤阙"高二十五丈，阙顶亦有铜凤凰。西侧为"神明台"，上有承露盘，即铜仙人舒掌捧铜盘玉杯。据说经常饮用和着玉石粉末的露水可以长生不老。北垣墙设"北阙门"，高二十五丈。宫内分南北两部分，南部多宫殿建筑，北部以园林为主。

南部宫殿区周围有内垣墙。南垣墙正门"圆阙"，高二十五丈，上亦有铜凤凰。"圆阙"东侧为"井干楼"，高五十丈。西侧有"别凤阙"，高五十丈。"圆阙"门北二百步为二门"嶕峣阙"，再北为正殿"前殿"。这样，"阊阖门""圆阙""嶕峣阙""前殿""北阙门"组成南北中轴线。《三辅黄图·卷三》载建章宫内有更小的宫区："骀（dài，舒畅）荡宫，春时景物骀荡满宫中也。馺（sà）娑宫，馺娑，马行疾貌。一日之间遍宫中，言宫之大也。枍（yì）诣宫。枍诣，木名，宫中美木茂盛也。天梁宫，梁木至于天，言宫之高也。……神明台，《汉书》曰：'建章有神明台。'《庙记》曰：'神明台，武帝造，祭仙人处，上有承露盘，有铜仙人，舒掌捧铜盘玉杯，以承云表之露，以露和玉屑服之，以求仙道。'《长安记》：'仙人掌大七围，以铜为之。魏文帝徙铜盘折，声闻数十里。'"

北部园林区主要以"太液池"为核心。《史记·孝武本纪》描述建章宫说："度为千门万户。前殿度高未央，其东则凤阙，高二十余丈。其西则唐中（苑），数十里虎圈。其北治大池，渐台高二十余丈，名曰'太液池'，中有蓬莱、方丈、瀛洲、壶梁，像海中神山龟鱼之属。其南有玉堂（殿）、璧门、大鸟之属。乃立神明台、井干楼，度五十余丈，辇道相属焉。"《三辅黄图·卷四》引《关辅记》云："建章宫北有池，以像北海，刻石为鲸鱼，长三丈。"引《庙记》曰："建章宫北池名'太液'，周回十顷，有采莲女鸣鹤之舟。"又引：《三辅旧事》云："日出旸谷，浴于咸池，至虞渊即暮，此池之象也。"

《西京杂记·卷六》说：太液池边，皆是雕胡、紫萚（tuò）、绿节之类。菰（gū）之有米者，长安人谓之雕胡。葭芦之未解叶者，谓之紫萚。菰之有首者，谓之绿节。其间凫雏雁子，布满充积。又多紫龟、绿鳖。池边多平沙，沙上鹈鹕、鹧鸪、鸡鹢（jiāo jīng，池鹭）、鸿鹢（yì）动辄成群。"说明太液池的环境、景色也是充满了勃勃生机。

《三辅黄图·卷四》："（汉）成帝（刘骜）常以秋日与赵飞燕戏于太液池，以沙棠木为舟。以云母饰于鹢首，一名'云舟'。又刻大桐木为虬龙，雕饰如真，夹云舟而行。以紫桂为柂（duò，同"舵"）枻（yì，船舷）。及观云棹水，玩撷菱藕（qú，荷花）。帝每忧轻荡以惊飞燕，命佽（cì，帮助）飞之士以金锁缆云舟于波（"陂"bēi，水岸）上。每轻风时至，飞燕殆欲随风入水，帝以翠缨结飞燕之裾（jū，前后襟）。常恐曰：'妾微贱，何复得预结缨据之游？'今太液池尚有避风台，即飞燕结裾之处。"可见太液池可能也是西汉三大"宫苑"中风光最优美的所在（图5-10）。

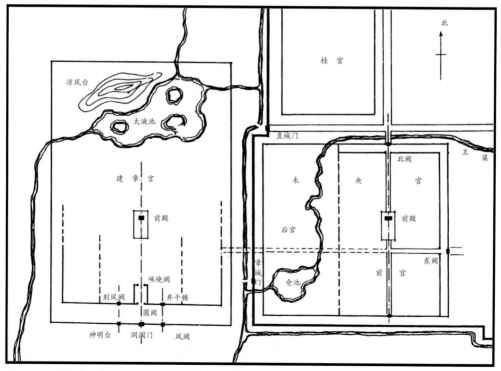

图5-10 建章宫、未央宫平面设想图（采自《中国古典园林史》）

4. 桂宫

位于未央宫之北，以秦"甘泉宫"为基础修建，面积约有未央宫的一半。班固《西都赋》："自未央而连桂宫，北弥明光而亘长乐。"《水经注•卷十九•渭水三》载桂宫："周十余里，内有明光殿、走狗台、柏梁台，旧乘复道，用相径通。故张衡《西京赋》曰：'钩陈之外，阁道穹隆'属长乐与明光，径北通于桂宫。"北宋《太平广记•卷四〇三》引东晋王嘉《拾遗记》："武帝为七宝床、杂宝按、屏风、杂宝帐，设于桂宫，时人谓之'四宝宫'。"

5. 上林苑

上林苑在秦时的范围就已经很大，汉武帝广开上林苑后，使其成为方圆数百里的以自然风光为主的游猎禁苑类超大型皇家苑囿。《三辅黄图•卷四》引《汉宫殿疏》载上林苑"方三百四十里。"《汉书•杨雄传》载："武帝广开上林，南至宜春、鼎胡、御宿、昆吾，旁南山而西，至长杨、五柞，北绕黄山，濒渭而东，周袤数百里。"

上述"宜春""鼎胡"等均为"离宫别馆"名称，其中"宜春"为"宜春苑"，即后来唐代的"曲江苑"地区。宋《太平寰宇记•卷二十五•长安县》："曲江池，汉武帝所造，名为'宜春苑'，其水曲折有似广陵之江，故名。"因此这一地区就是以水流屈曲的湖泊为基础，建立楼台亭阁。同时少陵原紧环四周，并借景于秦岭，形成一个独立完整的风景区。

"御宿"为"御宿苑"，即樊川（御宿川）地区，南倚神禾原，北倚少陵原，潏河横贯其间。因刘邦封名将樊哙于此，故名。《三辅黄图•卷四》载："汉武帝为'离宫别馆'，禁御人不得入。往来游观，止宿其中，故曰'御宿'。"苑中有梨园，出产大梨。

"昆吾"地址不详。"鼎湖"位于今陕西蓝田焦岱镇，"长杨""五柞"均位于今陕西周至县境，"黄山"位于今陕西兴平市境。由此可见，汉上林苑北濒渭河、南抵秦岭、东到蓝田、西至周至，范围十分广阔。

上林苑的总体布局手法是依据地形、地貌、水源、植物等，设置众多不同风格或主题的景区，构成"苑中苑"形式。《长安志》引《关中记》说上林苑中有门十二、苑三十六、宫十二、观三十五。因记载上林苑的文献内容都过于简单，我们只能以区域和园林要素内容分类梳理：

苑中苑：《三辅黄图•卷四》："三十六苑，《汉仪》注：'太仆牧师诸苑三十六所，分布北边西边，以郎为苑监，宦官奴婢三万人，养马三十万匹。'养鸟兽者通名为'苑'，故渭之牧马处为苑。"但这一条内容记载之事发生在汉景帝时期，且汉景帝时期"始造苑马以广用"的基地多集中在太原郡、北地郡、河西郡（内蒙古伊盟东胜）、辽东郡（辽东）。因此上林苑中的"苑"并不是以牧马为主，如"乐游苑"，即今大雁塔东北的乐游原，突兀高起，宛似馒头，又"自生玫瑰树，树下多苜蓿"而成为上林苑中的一个特殊区域。另有为太子设置招宾客的"思贤苑"（文帝建）"博望苑"（武帝建）等，还有前述"宜春苑""鼎胡苑"等，均与牧马无关。

宫：《长安志》引《关中记》载十二宫有"建章宫""承光宫""储元宫""包阳宫""尸阳宫""望远宫""犬台宫""宣曲宫""昭台宫""蒲陶（葡萄）宫""扶荔宫""黄山宫"。但苑内实际的宫要多于"十二"，如"长门宫"等。其中有大型宫城"建章宫"、太子居住的"储元宫"、引种西域葡萄的"葡萄宫"、养南方奇花异木的"扶荔宫"、演奏音乐和唱曲的"宣曲宫"等，皆金铺玉户、豪华壮丽。实际上这些"宫"的形式就是"宫苑"，因此在上林苑中也是属于"苑中苑"。

观：综合《三辅黄图·卷四》和《长安志》引《关中记》的记载，上林苑中的"观"中有"昆明观（豫章观）""茧观""平乐观""远望观（博望观）""燕升观""观象观""便门观""白鹿观（众鹿观）""三爵观""阳禄观""阴德观（阳德观）""鼎郊观""樛木观""椒唐观""鱼鸟观""元华观（华光观）""走马观""柘观""上兰观""郎池观""当路观""益乐观""则阳观""虎圈观""昆池观"。"观"，即为"高台加建筑"的一种形式，因其高，便于瞭望，故曰"观"，后来发展的类型或名称有"楼观""台观""观宇"等。除了"观"以外，上林苑中还有其他类型的重要建筑，如"渐台""神明台""望鹄台""门阙""井干楼"和各"宫"内的其他建筑等。

豢养各种动物等：位于上林苑内的"建章宫"西南就有狮子圈。东汉卫宏《汉旧仪·卷下》载："昆明池、镐池、牟首诸池，取鱼鳖，给祠祀。用鱼鳖千枚以上，余给太官。""苑中养百兽，禽鹿尝祭祠祀，宾客用鹿千枚，麏兔无数。伏飞具缯缴，天子遇秋冬射猎，取禽兽无数实其中。"

有些私人豢养的动物和栽种的植物等，也因人获罪后被收入上林苑（详见第三章案例2）。

另外，前述"茧观""观象观""白鹿观（众鹿观）""鱼鸟观""走马观""虎圈观"等，显然都与豢养动物有关。

栽种植物：《三辅黄图·卷四》载："帝初修上林苑，群臣远方，各献名果异卉三千余种植其中，亦有制其美名，以标奇异。"《三辅黄图·卷三》载："扶荔宫，在上林苑中。汉武帝元鼎六年，破南越起扶荔宫。宫以荔枝得名，以植所得奇草异木：菖蒲百本、山姜十本、甘蕉十二本、留求子十本、桂百本、蜜香、指甲花百本、龙眼、荔枝、槟榔、橄榄、千岁子、甘橘皆百余本。上木，南北异宜，岁时多枯瘁。荔枝自交趾移植百株于庭，无一生者，连年犹移植不息。后数岁，偶一株稍茂，终无华实，帝亦珍惜之。一旦萎死，守吏坐诛者数十人，遂不复莳矣。其实则岁贡焉，邮传者疲毙于道，极为生民之患。至后汉安帝时，交趾郡守唐羌极陈其弊，遂罢其贡。”

《西京杂记·卷一》载：“初修上林苑，群臣远方，各献名果异树，亦有制为美名，以标奇丽者。梨十：紫梨、青梨（实大）、芳梨（实小）、大谷梨、细叶梨、缥叶梨、金叶梨（出琅玡王野家，太守王唐所献）、瀚海梨（出瀚海北，耐寒不枯）、东王梨（出海中）、紫条梨。枣七：弱枝枣、玉门枣、棠枣、青华枣、梬枣、赤心枣、西王母枣（出昆仑山）。栗四：侯栗、榛栗、瑰栗、峄阳栗（峄阳都尉曹龙所献，大如拳）。桃十：秦桃、楄桃、缃核桃、金城桃、绮叶桃、紫文桃、霜桃（霜下可食）、胡桃（出西域）、樱桃、含桃。李十五：紫李、绿李、朱李、黄李、青绮李、青房李、同心李、车下李、含枝李、金枝李、颜渊李（出鲁）、羌李、燕李、蛮李、侯李。奈三：白奈、紫奈（花紫色）、绿奈（花绿色）。查三：蛮查、羌查、猴查。椑三：青椑、赤叶椑、乌椑。棠四：赤棠、白棠、青棠、沙棠。梅七：朱梅、紫叶梅、紫华梅、同心梅、丽枝梅、燕梅、猴梅。杏二：文杏（材有文采）、蓬莱杏（东郡都尉于吉所献。一株花杂五色，六出，云是仙人所食）。桐三：椅桐、梧桐、荆桐。林檎十株、枇杷十株、橙十株。安石榴十株、楟十株、白银树十株、黄银树十株、槐六百四十株、千年长生树十株、万年长生树十株、扶老木十株、守宫槐十株、金明树二十株、摇风树十株、鸣风树十株、琉璃树七株、池离树十株、离娄树十株。白俞、梣杜、梣桂、蜀漆树十株。楠四株、枞七株、栝十株、楔四株、枫四株。余就上林令虞渊得朝臣所上草木名二千余种。邻人石琼就余求借，一皆遗弃。今以所记忆，列于篇右。”

水系：上林苑地区水系丰富，除了“三川”“八水”提供的水源外，据《西京杂记》和《三辅黄图》记载，上林苑区域以往池沼和新挖掘的人工湖多达三十余个。目前已考证出13个，有西周“灵沼”“镐池”“滮池”，秦时“曲江池”“樊川池”，汉在周代镐池旧址上挖掘了“昆明池”，建章宫内有“太液池”“影娥池”“唐中池”，建章宫西侧有“琳池”“百子池”，沣河河畔有“牛首池”“西陂池”。其中在秦朝上林苑中，“曲江池”就是一片天然池沼，称为“隑（qí，同“碕”，曲岸）洲”，其岸边建有著名的“宜春宫”。汉武帝时因其水波浩渺、池岸曲折，“形似广陵之江”，取名“曲江”。

《三辅黄图·卷四》载：“汉昆明池，武帝元狩三年穿（凿），在长安西南，周回四十里。引《汉书·西南夷传》曰：'天子遣使求身毒国市竹，而为昆明所闭。天子欲伐之，越巂昆明国有滇池，方三百里，故作昆明池以像之，以习水战，因名曰'昆明池'。"

《汉书·武帝纪》载："元狩三年，减陇西、北地、上郡戍卒之半，发谪吏穿昆明池。"

《三辅黄图·卷四》引《三辅旧事》曰："昆明池儿三百三十二顷，中有戈船各数十，楼船百艘，船上建戈矛，四角悉垂幡旄葆麾，盖照烛涯涘。"引《三辅故事》曰："（昆明）池中有龙首船，常令宫女泛舟池中，张凤盖绣凤为饰，建华旗，作棹（zhào，划船）歌，棹歌，棹发酸也。又曰'棹歌讴'，舟人歌也。杂以鼓吹，帝御豫章观临观焉。"引《庙记》曰："（昆明）池中后作豫章大船，可载万人，上起宫室，因欲游戏，养鱼以给诸陵祭祀，余付长安厨。"

《汉书·食货志》载："是时粤欲与汉用船战逐，乃大修昆明池，列馆环之。治楼船，高十余丈，旗织加其上，甚壮。于是天子感之，乃作柏梁台，高数十丈。宫室之修，繇（yóu，通"由"）此日丽。"

开凿"昆明池"仅人力就要用"陇西、北地、上郡戍卒之半"，可见规模之大。也许演练水军只是个美丽的借口，因为在渭水之中也可以演练水军，且不需要这么高的成本，"治楼船，高十余丈，旗织加其上，甚壮"，更不像是战船。或许"豫章大船，可载万人，上起宫室，因欲游戏"才是昆明池常态的主要功能。

《三辅黄图·卷四》引《关辅古语》曰："昆明池中有二石人，立牵牛、织女于池之东西，以像天河。"引《三秦记》曰："昆明池中有灵沼，名'神池'，云尧时治水，尝停船于此地。通白鹿原，原人钓鱼，纶绝而去。梦于武帝，求去其钩：三日戏于池上，见大鱼衔索，帝曰：岂不谷昨所梦耶！乃取钩放之。间三日，帝复游池，池滨得明珠一双。帝曰：'岂昔鱼之报耶？'"

《三辅黄图·卷四》载："琳池，昭帝始元元年，穿琳池，广千步，池南起桂台以望远，东引太液之水。池中植分枝荷，一茎四叶，状如骈盖，日照则叶低荫根茎，若葵之为足，名曰'低光荷'。实如玄珠，可以饰佩。花叶难萎，芬馥之气，彻十余里。食之令人口气常香，益脉饰佩。宫人贵之，每游宴出入，必皆含嚼。或剪以为衣，或折以蔽日，以为戏弄。"

上林苑中的这些池沼可谓丰富多样，即便是规模小的，也都因不同的特点而构成独特的景区。如《三辅黄图·卷四》载："积草池中有珊瑚树，高一丈二尺，一本三柯，上有四百六十二条，南越王赵佗所献，号为烽火树，至夜光景常焕然。""伙

（cì，依次排列）具缯（zēng，丝织物总称）缴以射凫雁，故以名（伙飞）池。""武帝凿池以玩月，其旁起望鹄台以眺月，影入池中，使宫入乘舟弄月影，名'影娥池'。"等。

6. 甘泉苑

西汉在关中地区的"宫苑园林"除上述内容外，最重要的当属位于长安西北、当时的云阳县甘泉山南麓的"甘泉苑"，亦称"甘泉宫"。《三辅黄图》曰："甘泉苑，武帝置。缘山谷行，至云阳三百八十一里，西入扶风，凡周回五百四十里。苑中起宫殿台阁百余所，有仙人观、石阙观、封峦观、鳷（zhī）鹊观。"秦二世曾在这里建"林光宫"。在这一地区有汉武帝时期建造的最著名的礼制建筑群"甘泉泰畤"，可以说甘泉泰畤是西汉礼制建筑及原始宗教改革的见证之地（图5-11）。（参见拙作《礼制建筑体系文化艺术史论》）

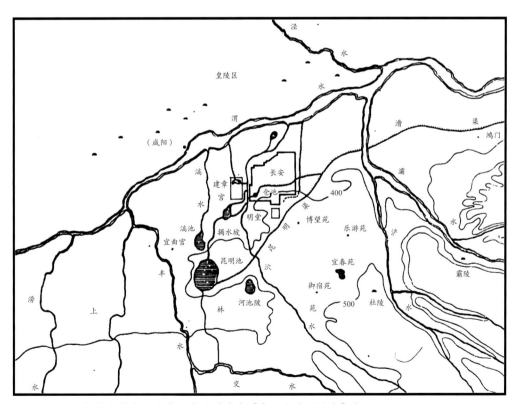

图5-11　西汉长安主要宫苑分布示意图（采自《中国古典园林史》）

第五节　西汉长安皇家园林建筑体系形态的
文化与空间艺术

从本章前面介绍的内容来看，西汉长安地区与秦咸阳地区原本就有很多重叠，且秦始皇已经把秦咸阳的"宫苑园林"建筑体系从浓缩地模拟"神仙境地"，直接推向了模拟"宇宙天地"的境界。而西汉长安"宫苑园林"建筑体系，必会对此有所继承，总体来讲有如下几个方面的特点：

（1）与秦咸阳"宫苑园林"建筑体系在位置和基本内容方面有很多继承关系。如西汉早期建设的"未央宫"是以秦"章台宫"为基础修建，"长乐宫"是以秦"兴乐宫"为基础修建，"桂宫"是以秦"甘泉宫"为基础修建等。《三辅黄图·卷三》说："汉畿内千里，并京兆治之，内外宫馆一百四十五所。班固《西都赋》云：'前乘秦岭，后越九嵕，东薄河华，西涉岐雍，宫馆所历，百有余区。'秦离宫三百，汉武帝往往修治之。"

（2）与秦咸阳"宫苑园林"建筑体系在基本形式方面有很多继承关系。如基本的园林要素内容依然是高台建筑等，以水系和动植物为主，也有一些人工堆叠的山。在几乎相同的地区，大范围内的地势虽有台地式高差，但相对都比较平坦，那么以高台建筑等和部分人工堆叠的山（并不多）作为"高视点园林要素内容"就显得非常重要。另外，在利用相对高的地势方面，秦咸阳宫苑园林利用的是渭水北岸的"北阪"，西汉长安宫苑园林主要利用的是渭水南岸的"龙首原"（秦"兴乐宫"的规模无法与西汉"未央宫"相比），这两块高地是这两个宫苑园林建筑体系的制高点，作用同样非常重要。

（3）与秦咸阳宫苑园林建筑体系在基本思想方面也有很多的继承关系。秦咸阳是以整个区域浓缩地模拟"宇宙天地"，又以高台建筑等或象征或作为通天并与神沟通的"天梯"。西汉高台建筑等在历史文献记录中的功能虽然多种多样，但这类思想并没有改变。

例如，《史记·孝武本纪》载："作建章宫，度为千门万户。前殿度高未央。其东则凤阙，高二十余丈。其西则唐中，数十里虎圈。其北治大池，渐台高二十余丈，名曰'太液池'。中有蓬莱、方丈、瀛洲、壶梁，象海中神山龟鱼之属。其南有玉堂、璧门、大鸟之属。乃立神明台、井干楼，度五十余丈，辇道相属焉。"

《汉书·王莽传》载，在新莽末年，农民起义军在长安城追杀王莽，他逃往建章宫渐台做最后的挣扎："晨旦明，群臣扶掖莽，自前殿南下椒除，西出白虎门，和新公王揖奉车待门外，莽就车，之渐台，欲阻池水，犹抱持符命、威斗，公、卿、大夫、侍中、黄门郎从官尚千余人随之……"王莽最后被斩于渐台上的"室中西北陬（zōu）间"。可知前述"渐台"的高大绝非妄言。

而"渐台"本是星宿名，在织女星旁，也是在银河边缘。《隋书·天文志》曰："东足四星曰'渐台'，临水之台也。"因此"渐台"与水结合就有浓缩地模拟天上神仙居住的天堂之意。所以建章宫的这一地区，"太液池"一泓荡漾犹如"沧海之荡荡"，池中的"渐台"既是通天的高台也是瞭望的高台。另有象征意义和功能相同的"神明台"和"井干楼"。而"四神山"则象征东海中的"神仙境地"，并以金石雕凿陆海空奇珍异兽，使整个区域笼罩在神秘的气氛之中，奇妙无穷、幻觉丛生。这些内容也是汉武帝追求的"神仙境地"的缩影（图5-12）。

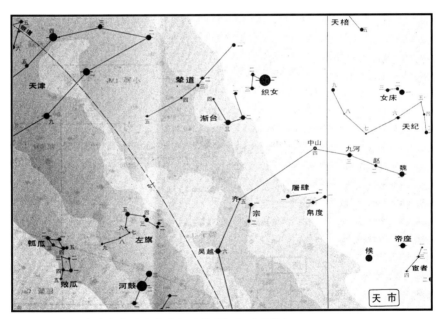

图 5-12　银河中的渐台（采自《全天星图》伊世同绘）

另据《史记·孝武本纪》载，汉武帝未见仙人，不悦，公孙卿曰："仙人可见，而上往常遽（jù，匆忙），以故不见。今陛下可为观，如缑氏城，置脯枣，神人宜可致。且仙人好楼居。"于是"上令长安则作'蜚廉桂观'，甘泉（宫）则作'益延寿观'，使卿持节设具而候神人。乃作'通天台'，置祠具其下，将招来神仙之属。于是甘泉（宫）更置前殿，始广诸宫室。夏，有芝生殿防内中（即生芝草九茎于殿房中）。天子为塞河，兴'通天台'，若有光云。乃下诏曰：'甘泉防生芝九茎，赦天下，毋有复作。'"

又据《三辅黄图·卷三》载："集灵宫、集仙宫、存仙殿、存神殿、望仙台、望仙观，俱在华阴县界，皆武帝宫观名也。……《神仙传》曰：'中山卫叔卿，常乘云车，驾白鹿，见汉武帝将臣之，叔卿不言而去。武帝悔，求得其子度（世），令迫其父。登华岳，见父与数人坐于石上，敕度（世）令还。'又《华山记》：'弘农邓绍，八月晓入华山，见童子执五彩囊，盛柏叶露食之。武帝即其地造宫殿，岁时祈祷焉。'《汉书》云：'华阴县有集灵宫。又有望仙观，在华阴县。'"

以浓缩地模拟"神仙境地"的方式，作为皇帝践行"天人之际"的内容之一，在整个西汉时期并不罕见。如《汉书·王莽传》载："莽篡位二年，兴神仙事，以方士苏乐言，起'八风台'于宫中。台成万金，作乐其上，顺风作液汤。"

（4）后世皇家园林建筑体系所使用的那些关键性的技术与艺术手法，如叠山理水等，至晚在西汉时期就已经成熟。正如皇甫谧《三都赋序》所云："大者罩天地之表，细者入毫纤之内。"

早在汉景帝后期，淮南王刘安主持撰写《淮南子》一书，并在武帝刘彻即位之初的建元二年（公元前 139 年）进献于朝廷。请注意，此时汉武帝还未"广开上林苑"。《淮南子·卷八·本经训》中有一段文字是杂以"五行"的观点，论述国家的祸乱源于帝王的淫奢，其中较详细描述了"宫苑园林"的基本场景，为了便于理解，现把其中与园林建筑体系直接相关的三个方面内容直接译为白话文如下：

"大兴土木，兴建宫室亭阁，群楼并起，栈道相通；层层如鸡栖，方正如井栏；斗拱株连，相互支撑；木头上雕有奇巧的装饰，有弯曲的盘龙，以及浮首虎头之类；雕绘精巧，文饰奇特；有像水纹波涛，荡漾起伏；菱花芊草，互相纠缠在一起；着色细密巧妙，可以扰乱真正的色泽；构思奇巧，互相牵持，而交错成一个整体。这就是在'木'方面的淫逸。

挖掘深深的沟池……这就是淫逸在'水'的方面。（详见第三章案例 1）

筑起高高的城郭……这就是淫逸在'土'的方面。（详见第三章案例 1）

依据上文的描述，可以想象出秦汉之际的造园手法，即对以建筑（主要为高台建筑）、山、水、植物为代表的基本园林要素内容的应用，以及它们相互之间的配合的运用等方面，均已达到了娴熟的程度。例如，文中的"积土为山""积礫旋石"和文献中记载的袁广汉私家园林中的"构石为山"，已经代表了以"山"为特征之一的中国传统园林建筑体系中人工造山的全部内容，"积土为山"和"构石为山"是对人工造山的文学表达，在实际的运用中往往是用"土"和"石"两种材料互相配合。例如山的某些边缘、关键位置、台阶部分等用石材，隐蔽的内核和需要种植植物的位置等使用土。而"积磲旋石"正是以石造山以及塑造小型"假山"和部分"置石"的"叠石"技术。再如文中所描述的"理水"和植物配置等，也与后世园林中的并无不同。

以往大多数研究者认为，中国传统园林建筑体系的造园技术与艺术手法和美学思想等，至隋唐时期已经走向成熟，又以唐宋至明清时期的私家园林达到顶峰（以江南遗留至今的私家园林为代表）。而秦汉时期的皇家园林等，在各个方面尚属于园林建筑体系的初级阶段。但笔者以为，秦汉时期的皇家园林与唐宋至明清的私家园林之间（甚至是皇家园林之间），根本就没有多少可比性，理由如下：

其一，在造园手法等最基本的技术方面，如上面所阐释的，并无秦汉时期皇家园林"初级"甚至是"粗陋"的任何证据。并且遗留至今的中国古代社会的传统园林，其最终的内容与形态等，都是来自清代。那么秦汉以后至明朝时期的园林，无论研究者如何评价，同样没有"原封"地遗留至今的实例可以佐证。

其二，从思想及艺术的层面考虑，如果我们承认园林建筑体系的内容与形态等也属于或包含了"观念"的表现与表达，那么这种"表现"与"表达"，与书法和绘画等有着根本的不同。园林需要营造与维护的成本，而园林的大小又主要取决于拥有者的经济能力，特别是那些大型的，还要取决于拥有者的政治与行政控制能力和占有资源的能力等最关键的因素。因此以具体的园林实物为媒介的观念的"表现"与"表达"，甚至具体的营造技艺的应用等，都必须与上述各种能力相匹配。以私家园林为例，历史上那些小型私家园林的内容与形态，甚至是营造技艺等，所"表现"与"表达"的拥有者的思想，包括情趣和审美等，主要是因为园林规模的"小"才"发展"出来的。并且与这种"发展"有关或根本就无直接关系的思想，包括情趣与审美等，又在社会语言、语境中被积累与放大，形成一种超越了私家园林本身的固定的语言和语境的虚幻，这种"虚幻"与私家园林的"成熟"并无本质的关联。或者说私家园林主人能力的客观，限制与左右了创造者的主观，而适宜的主观，又慢慢地成为了主观经验，进而不断地强化着后来者的主观。也就是貌似整体与历史的"主观"，变成了个体的客观，后人又把这种"客观"最终放大为"历史的主观"，也就是所谓的"成熟"。

另外，秦汉时期的皇家园林与那些小型私家园林，在基本的使用目的方面并无本质上的不同，而皇帝自身却有着至高无上的权力与地位，其思想观念等可以"标榜"得更直接，以具体的空间内容和空间形态等表现与表达得更彻底。因此秦汉时期甚至是整个历史时期的那些大型的古帝王与皇家园林，与那些小型的私家园林等，完全是处于两种地位，尽管两者都互有借鉴甚至是模仿，也必然始终是表现为两种形态，即无横向的可比性，更无纵向的可比性。

　　总之，以汉武帝为代表的西汉时期的皇帝与秦始皇一样，一边在追慕神仙、寻求长生不老之方法，一边又在尽其所能地享受着神仙般的生活，以至于以所经营的"上林苑"等为代表的"宫苑园林"的奢华程度，"此岸"已经超越了"彼岸"，不是"天国"，已经胜过了"天国"。其中以高台建筑等为代表的"高视点园林要素内容"，既作为表达空间意向即"神仙境界"的最重要的内容，又作为控制园林空间形态的最重要的内容，还作为欣赏园林空间内容的最重要的支点。另外，如果说秦咸阳"宫苑园林"建筑体系更倾向于对宏观的"宇宙天地"的浓缩模拟，那么西汉长安的"宫苑园林"建筑体系则更倾向于对"神仙境地"的浓缩模拟。如果说我们之前对商周时期建造园林的目的和其空间意向的这类评价和结论，还是依据对相关文字资料进行的逻辑推理，那么对秦与西汉皇家园林来讲，已经不是单纯地依靠对相关文字资料进行的逻辑推理，前面列举的作为"信史"的历史故事与对话等，都直接地证明了相关结论。

第六章 东汉至魏晋南北朝时期皇家园林建筑体系

第一节 东汉至魏晋南北朝时期史略

王莽的新朝末年，海内分崩，天下大乱，身为一介布衣却有着汉家血统的刘秀兄弟和南阳宗室子弟在南阳郡的春陵乡（今湖北枣阳）乘势起兵，并与绿林军联合。公元23年，刘玄被绿林军在淯水（今南阳白河）之滨拥立为皇帝，年号"更始"。同年新朝灭亡，刘玄入主长安。公元25年，刘秀与更始政权公开决裂，于河北鄗南千秋亭登基称帝。更始政权在刘秀大军和赤眉军的两路夹击之下土崩瓦解。随后经过长达12年之久的统一战争，刘秀先后平灭了关东、陇右、西蜀等地的割据政权，结束了自新莽末年以来长达近二十年的军阀混战与割据局面。此时天下人口已经是"十有二存"。

为了使饱经战乱的中原之地及全国尽快地得以恢复和发展，刘秀在政治、军事、经济、文化、教育等方面采取了一系列的政策。

在政权建设方面：鉴于西汉时期三公（司马、司徒、司空）权重，权柄下移，虽设三公之位，而把一切行政大权归之于由皇帝直接指挥的尚书台（也就是"内阁"）。尚书台设尚书令一人、尚书仆射一人、六曹尚书各一人，分掌各项政务；以下设有丞、郎、令史等官；在地方上，下诏令司隶州牧各实所部，省减吏员，县国不足置长吏可合并。于是"条奏并有四百余县，吏职省减，十置其一"。

在经济方面：最根本的是息战，"知天下疲耗，思乐息肩。自陇、蜀平后，非儆（同"警"）急，未尝复言军旅。"（注1）同时，连续下达了六道释放奴婢的命令，使得自西汉末年以来大量失去土地的农民沦为奴婢的问题得到了极大的改善，也使得战乱之后大量土地荒芜而人口又不足的问题得到了解决。

东汉政权本是在豪强势力支持下建立起来的，但豪强势力的发展，使得土地兼并逐渐严重，既威胁皇权，也影响百姓生活。为了加强朝廷对全国垦田和劳动人口的控制，平均赋税徭役负担，刘秀于建武十五年（公元39年）下诏："州郡检核垦田顷亩及户口年纪，又考察二千石长吏阿枉不平者。"（注2）这两项政策遇到豪强势力的抵制，光武下令将"度田"不实的河南尹张伋和其他诸郡太守十余人处死。结果引起各地豪强的反抗，"青、徐、幽、冀四州尤甚""郡国大姓及兵长群盗，处处并起"。（注3）面对两种不同性质的反抗，刘秀采取镇压与安抚并用的手段，一方面"遣使者下郡国，听群盗自相纠拖，五人共斩一人者，除其罪"。（注4）很快，贼盗便解散了。另一方面，把捕到的作乱首领人物迁往他郡，"赋田授廪"，切断他们与原所在郡的联系。经过"度田"事件后，郡国大姓的抗衡平静下来，出现了"牛马放牧，邑门不闭"的局面。"度田"也成为东汉朝廷的定制。因各项政策措施的实行，为恢复发展社会生产创造了有利的条件，使得垦田、人口都有大幅度的增加，从而为东汉前期八十年间国家强盛的"明章之治"奠定了物质基础。

在文化方面：刘秀继承了西汉时期独尊儒术的传统，即兴建太学，设置五经博士，恢复西汉时期的十四博士之学。在他的提倡下，许多郡县都兴办学校，民间也出现很多私学。刘秀也曾于泰山封禅。在巡幸鲁地时，曾遣大司空祭祀孔子，后来又封孔子后裔孔志为褒成侯，用以表示尊孔崇儒，对儒家今文学派制造的谶纬迷信更是崇拜备至。王莽末年，典籍被焚，西汉官府藏书散佚，而民间藏书颇多，刘秀下旨广为收集。每至一地，未及下车，而先访儒雅，采求阙文，补缀遗漏。自此以后，鸿生巨儒，莫不抱负典策图籍，芸汇京师。数十年间，朝廷各藏书阁，旧典新籍，叠积盈宇，汗牛充栋。如"石室""兰台""仁寿阁""东观"等多处，藏书的规模和数量超过了西汉。

在军事方面：刘秀以优待功臣贵戚为名，赐以爵位田宅、高官厚禄，而摘除其军政大权。同时，废除西汉时的地方兵制，撤销内地各郡的地方兵，裁撤郡都尉之职，也取消了郡内每年征兵训练时的都试（军事演习），地方防务改由招募而来的职业军队担任。

但在东汉中后期，有权势的大臣多加"录尚书事"职衔，从而权柄下移，尚书台又蜕变为权臣专政的工具。而"三公"中武官大司马代表着皇室，多由外戚掌握，这也导致东汉中后期外戚擅权成为家常便饭。特别是到了东汉末期，中央政府政治黑暗，形成了弱帝必须依靠的宦官和外戚家族为代表的两股对立的、此消彼长的政治势力。

同时，中央政府对地方的控制越加衰弱，也使地方豪强有了崛起的机会。地方州牧刺史逐渐权重，兼有军政财大权，地方武装又逐渐兴起。州牧刺史等一开始还是依靠自己的财力组织武装保卫家园，后来就逐渐演变成拥有私人武装的军阀，并造成土地兼并问题日益恶化。对于这样的情况，中央政府不仅无能为力，反而需要他们维持地方乃至国家稳定。地方豪强发展的结果又必然是染指中央政权，又逐渐分化为士族与"寒门"两个阵营。其中，士族在土地与权势方面占有优势，进而又拥有了垄断政府高层的实力，形成了后来三国两晋时期特殊的士族政治。

在东汉初平元年（公元190年），董卓挟汉献帝刘协西迁，洛阳宫苑、庙宇、官府、民宅等均被烧毁。建安元年（公元196年），曹操奉立东行的汉献帝于许昌后，开始"奉天子以令不臣"（袁绍、刘备等认为是"挟天子以令诸侯"）来讨伐各地诸侯。建安五年（公元200年），曹操与袁绍与在官渡展开决战，大败袁绍，之后用七年时间平定河北，收抚南匈奴，攻灭乌桓，统一北方。建安十三年（公元208年），曹操在试图统一南方的赤壁之战中败于孙权与刘备方的联军，曹、孙、刘三大势力成鼎足之势。其后汉献帝封曹操为魏王。

在曹操晚年，曹丕在司马懿、吴质等大臣帮助下，在继承权的争夺中战胜了曹植，被立为世子，待曹操去世，继位为魏王。曹丕接受陈群的建议，设立选拔政府人才的"九品中正制"，又相继平定了酒泉、张掖、武威北方等地少数民族的叛乱，收回上庸三郡（现湖北省十堰市下辖的房县、竹山县、保康县，以及陕西的安康市一带）。曹丕于延康元年（公元220年）逼刘协禅让，改国号为"魏"，定都洛阳。从这一年开始，中国进入了三国时期。

从光武帝刘秀建武元年（公元25年）至延康元年（公元220年），东汉政权共经14帝，历195年。

魏元帝曹奂景元四年（公元263年），实际掌握魏朝军政大权的司马昭派遣钟会、邓艾、诸葛绪等攻伐蜀汉，蜀后主刘禅出降，蜀汉亡国。

咸熙二年（公元265年），司马炎逼曹奂"禅让"，改国号为"晋"，史称"西晋"。咸宁六年（公元280年）灭东吴，使得西晋成为魏晋南北朝时期唯一处于国家统一的时期。

晋武帝司马炎凭借其威望，先后分封宗室郡国并都督诸州，实行依官品可占有田亩、佃户、衣食客数量的制度，稍微限制了世家大族的无限扩张。但当晋武帝一死，有"八王之乱"，中国再一次进入分裂状态。另外，自东汉以来，有大量北方游牧民族以各种方式被迁入内地，到西晋时期，关中和凉州一带的游牧民族已占当地人口的一半。这些游牧民族原本是被世家大族收作奴婢，但由于迁入人口日多，又有内乱，为西晋亡国和北方形成"五胡十六国"埋下了伏笔。

永嘉元年（公元307年），晋怀帝司马炽即位，其后琅琊王司马睿被封为安东将军、都督扬州诸军事。后来在王导的建议下南渡建康（今南京），并且极力结交江东大族。

建兴四年（公元316年），西晋灭亡。建武元年（公元317年），司马睿在建康称帝，建立东晋政权。从此中国又进入了更加动荡的分裂局面。

首先是出现了东晋和十六国并立时期。从公元 304 年匈奴贵族刘渊建立汉国（后改为赵，泛称"前赵"），公元 316 年灭掉西晋，到公元 420 年鲜卑拓跋部建立北魏，直至公元 439 年统一北方期间，北方各民族相互争战，先后建立了前赵（匈奴）、后赵（羯）、前燕（鲜卑）、前凉（汉）、前秦（氐）、后秦（羌）、后燕（鲜卑）、西秦（鲜卑）、后凉（氐）、南凉（鲜卑）、西凉（汉）、北凉（卢水胡）、南燕（鲜卑）、北燕（汉）、夏（匈奴）、成汉（巴氐）政权，总称"十六国"。

之后又是南北朝时期。从公元 420 年刘裕篡东晋建立宋开始，至公元 589 年隋朝再次统一中国为止，江南历宋、齐、梁、陈四朝（又与之前的三国孙吴政权和东晋合称"江南六朝"）。江北则历北魏、东魏、西魏、北齐和北周五朝。

从东汉末年至魏晋南北朝时期，中国整体上陷于长期的政治动荡，政权迭起，特别是皇权与豪强（士族门阀）势力长期处于并存状态，因此皇家园林的规模和气魄等，再也没有达到过秦和西汉帝国时期那样的辉煌程度。但很多豪强却因政治和庄园经济实力作为后盾，修建了大量的私家园林。

注 1～注 4：《后汉书·光武帝纪》。

第二节　洛阳皇家园林建筑体系

一、诸皇帝与洛阳的皇家园林建筑体系

东汉开国皇帝刘秀在位三十三年，大兴儒学，推崇气节，东汉一朝也被后世史家推崇为中国历史上"风化最美、儒学最盛"的时代。至于东汉为何以洛阳为都，张衡的《东京赋》解释得最有意思，为了便于理解，直接译为白话文：

"昔日周成王经营洛邑，巡视九州，无地不去查看……神女宓妃居住于此，因此神灵可护佑。龙马负图送伏羲，神龟背书交夏禹。召公相看建城地，只有洛阳最吉祥……汉初未曾此为都，宗庙法统几中断。

奸臣王莽乘隙而入，窃取天权。前后经历十八载，苟安于天位。百姓不敢有反抗之心，因为他窃取的权威太大。世祖光武愤然而起，正是神龙穿过陕西，凤凰飞跃四川（白水流经陕西省铜川市、白水县、蒲城县，入北洛河；"参宿"的分野益州即四川。此两句是指平定天下后期阶段主要的征讨区域）。将斧钺授予二十八将，共工之类的凶顽才被铲除。灾星妖气都被扫荡，群凶全被剪灭。天下太平，阴阳协调，天子应在居中位置。经过明哲深邃的观察，决定建都于洛阳。在吉祥的城中建

都，王朝定会有光明而长久的前途。既然平定各地叛乱，又可使仁义道德四海流动。登泰山，封禅刻碑，可与黄帝的伟绩比高低。"

具体是在洛阳还是丰镐及之后的咸阳、长安建都是各有利弊。一般来讲，洛阳地区更接近于统治疆域中心且便于与南方交通，利于经济保障。而关中地区与东方之间有函谷关之天险，更利于"天下有变"时的安全保障。

东汉洛阳城北依邙山，洛水和瀍水支渠汇流横贯城中。在城市的纵轴线上，依西汉旧宫经营南北二宫，相距七里，并以三条天桥"复道"相连。洛水横穿两宫。"北宫"为朝宫（正宫），规模比南宫大，平面长方形，四面筑宫墙，辟三门，在南门外立阙。宫内有多座建筑，其中最高大的是"德阳殿"，居全宫西侧，台基高二丈，东西近百米。其他建筑还有"崇德殿""宣明殿""含德殿""章德殿"等。以后又在北宫以北陆续兴建园林等，直抵城的北垣。"南宫"的平面接近长方形，四面筑宫墙，辟四门。宫内有多座建筑，其中最高大的是"前殿"，居全宫正中，其他建筑还有"乐成殿""灵台殿""嘉德殿""和欢殿""玉堂殿""宣室殿"和"云台"等。与西汉长安城比较，这样的布局发展了历史上出现过的以宫城为主体的规划思想，形成了一条城市中轴线，并形成了"正宫"与"离宫别馆"在规划上的明显区别。

光武帝刘秀不喜浮华，克勤克俭，登基多年依然身穿"大练"（粗糙厚实的丝织物），色无重彩。耳不听郑卫之音，手不持珠玉之玩。但他也深谙礼制文化对于政权的重要意义，前有群臣屡次提出到泰山封禅，他都认为是劳民伤财之举，只在建武三十二年（公元56年）正月初，因图箓而以"受命中兴"的理由主动提出封禅泰山。二月，率领诸王、百官登泰山举行封禅仪式（之后泰山寂寞冷清了五百年）。在其驾崩的前一年（建武中元元年，公元56年）"初起明堂、灵台、辟雍，及北郊兆域。宣布图谶于天下……二年春正月辛未，初立北郊，祀后土。"（注1）但刘秀相对于秦始皇与汉武帝等来讲，并不真心相信有什么鬼神灵异，算是一位心智健全的好皇帝，对于"吉礼"中的那些祭祀与封禅等，也是出于政治的需要。如："（建武中元元年）是夏，京师醴泉涌出，饮之者固疾皆愈，惟眇（miǎo，盲人）、蹇（jiǎn，跛脚）者不瘳（即"治愈"）。又有赤草生于水崖。郡国频上甘露。群臣奏言：'地祇灵应而朱草萌生。（西汉）孝宣帝每有嘉瑞，辄以改元、神爵、五凤、甘露、黄龙，列为年纪，盖以感致神祇，表彰德信。是以化致升平，称为中兴。今天下清宁，灵物仍降。陛下情存损挹（谦虚退让），推而不居（即"不受"），岂可使祥符显庆，没而无闻？宜令太史撰集，以传来世。'帝不纳。常自谦无德，每郡国所上（祥瑞之事），辄抑而不当（压住而不宣扬），故史官罕得记焉。"（注2）

东汉洛阳"宫苑园林"较大规模的营建是从刘秀的儿子汉明帝刘庄开始的，张衡《东京赋》说（直接译成白话文）：

"待到君位传到明帝，天下四方更加兴旺，从此走上鼎盛时期。于是翻修崇德殿，新建德阳宫。打开南端的正门，新立的正门堂堂正正。天子的仁惠昭示在东端的崇贤门，君王的德义充盈于西端的金商门。云龙门飞架在通往东方的道路上，神虎门把守在西方。宫前巍然立起双阙，将六章法典悬示在两观上。宫墙之内宫殿林立，有含德、章台、天禄、宣明、温饰、迎春、寿安、永宁八座宫殿。阁道架设半空中，君王往来如神行，谁也难见他身影。

濯龙池在'芳林苑'，九谷八溪、芙蓉复水、秋兰被涯。小溪里鱼儿翻跳，深渊中漫游着鳌龟。'永安'是座秀美的离宫，修长的竹林冬季里显得更清脆。泉水汩流，清幽洁净。秋天鹎鶋（bēi jū）栖居，春日鹘鸼（gú zhōu）合鸣。鹍鸠丽黄，发出关关嘤嘤的叫声；坐落在南面的（南宫）有前殿、灵台，以及合欢宫、安福殿；侧门内设有冰室。曲折回环的水榭环绕四周的城池。奇珍异果，全由宦官钩盾（内宫机构）管理。

西有'少华山'，凉亭候楼已经翻修整饬。打开庄严的九龙门，迎面有嘉德殿巍然屹立。西南的门户不雕不刻，正体现古朴的礼制。我朝明帝崇尚节俭，就在这里安居止息。

城东'鸿池禁苑'，渌水澹澹，清澈见底。水禽在园内繁衍，芦荻长得非常茂盛。出产龟、虾、鱼、鳖、蛤蚌、鸡头、菱芡。西边有宽阔的平乐台，展示出来自远方的奇观。神鸟好像要飞翔，铜马似乎在奔驰。奇光异彩，绚烂辉煌……"

《东京赋》中提到了洛阳城的园林建筑体系有"方林苑（内有濯龙池）""永安离宫""少华山""鸿池禁苑"。"方林苑"在城内北部，有模仿西汉长安上林苑的痕迹，同样是以水域广阔、森林茂密、竹林青青、楼台亭阁壮丽为基本形态。"永安离宫"在北宫东侧，"鸿池禁苑"在城外东南。"少华山"在今陕西省华县，距离洛阳城很远。

历史地讲，明帝刘庄与其父光武帝刘秀一样也属于贤德勤俭的皇帝，两帝在位期间，曾多次发生日食天象，每次都发出罪己诏，"永思厥咎，在予一人"。虽然这类表白也是很多皇帝每遇此天象都会做出的程式化的表演，但真正遇到天灾，两位皇帝也都是下诏实施较大规模的救助，这与汉武帝刘彻为建上林苑而大规模侵占民居民田形成了鲜明的对比。或许这与光武帝、明帝的个人品性与心智有关，或许是接受了秦和西汉（含新莽）的前车之鉴，东汉初年的"宫苑"更着眼于现实的目的。

对于上述两方面的原因，也可以从两帝对待死后陵寝的安排上找到佐证。《后汉书•光武帝纪》载："……初作寿陵。将作大匠窦融上言：'园陵广袤，无虑所用。'帝曰：'古者帝王之葬，皆陶人瓦器，木车茅马，使后世之人不知其处。太宗（西汉孝文皇帝）识终始之义，景帝能述遵孝道，遭天下反覆，而霸陵独完受其福，岂不美哉！令所制地不过二三顷，无为山陵，陂池裁令流水而已。'"这是讲在西汉和新莽覆灭后的动乱中，无论是神灵还是堪舆，都没能护佑住那些威严显赫的帝陵免遭盗掘，当初那些以期在另一个世界得到永生的梦想，也都随之化为了泡影，而孝文皇帝的霸陵"因山为陵，不复起坟"，无封土可寻却得以保留。既然上天确实不会对天子更加眷顾，所以刘秀对自己的今生来世都采取了更加现实主义的态度。汉明帝刘庄在晚年也有类似的嘱托，只可惜他在埋葬汉光武帝刘秀的时候，画蛇添足地增加了"封树"，以致帝陵在以后的动乱中也同样遭到了盗掘。

至汉灵帝时期，国家政治极度腐败，皇帝残暴荒淫，外戚与宦官等擅权，统治阶级攀比富贵，对民脂民膏巧取豪夺。在这样的政治背景下，汉灵帝刘宏却不忘大规模修复或新营"宫苑"，从而加速了政权瓦解的进程。例如，据《后汉书•卷七十八•宦者列传》记载，汉灵帝时，南宫发生火灾。宦官张让、赵忠（均封列侯）劝灵帝在全国征收田税，每亩十钱，以便修建宫室。朝廷征调太原、河东、狄道各郡的木材和有纹理的石头，每当州郡押送到京城时，黄门（负责皇宫事物的官署）常侍（太监）就呵责那些不合格的州郡，并且强迫折价贱买，售价只给十分之一，再卖给宦官。宦官又不马上接受，终至木材积压腐烂，连年也建不成宫室。另外，凡是诏书征用官员，灵帝都让西园侍从（城内西园的太监）暗中索贿，号称"中使"。升迁除授刺史、二千石以及茂才、孝廉时，都责成升迁的人交纳"助军钱"和"修宫钱"，升迁大郡官职的，强迫交纳的多达二三千万钱。有清廉自守的人因此拒绝去赴任的，就一律强迫他们前往。有些人交不足钱，甚至被迫自杀。例如，巨鹿太守河内人司马直受任新职，由于他有清廉的名声，便让他应交的钱减少至三百万钱。司马直接到诏书，惆怅地说："身为民父母官，反而要剥削百姓，来满足时下的索求，我不忍心。"便托称有病，要求辞官，朝廷没有答应。他上书极力陈述当世的失误和古今祸乱亡国的教训，随即吞药自杀。奏书呈送上去后，灵帝才暂时停止收取修宫钱。汉灵帝又建万金堂于"西园"，取司农的金钱缯帛满积其中。又回到老家河间府买田地，建造宅第楼观。灵帝原本是侯爵出身，素来贫穷，常常叹息其伯父汉桓帝刘志不能置家业，所以偏爱聚敛金钱财物作为私产，又收存了小黄门常侍的钱各数千万。

汉灵帝常说："张常侍是我公，赵常侍是我母。"因此宦官得志，无所畏惧，大家仿照宫室营造私人住宅。汉灵帝常登"永安侯台"，宦官们怕他看见自己住宅的僭越，就让大臣尚但劝汉灵帝说天子不应当登高，登高，老百姓就要虚散。汉灵帝从此不再登高大的亭台楼阁。

虽然政权已风雨飘摇，汉灵帝为建苑囿仍不惜大量侵占民田，其宫苑园林等也堕落为纯粹供其行荒淫、荒唐、享乐生活之场所，在其观念中，这种生活就是"上仙"的生活。这也充分暴露了帝王营造宫苑园林最根本的目的。

《后汉书·卷五十四·杨震传》载："（公元173年）帝欲造罼圭灵琨苑，赐（司徒杨震之子）复上疏谏曰：'窃闻使者并出，规度城南人田，欲以为苑。昔先王造囿，裁足以修三驱之礼，薪莱刍牧，皆悉往焉。先帝之制，左开鸿池，右作上林，不奢不约，以合礼中。今猥规郊城之地，以为苑囿，坏沃衍（肥美平坦的土地），废田园，驱居人，畜禽兽，殆非所谓'若保赤子'之义。今城外之苑已有五六，可以逞情意，顺四节也，宜惟夏禹卑宫，太宗露台之意，以尉下民之劳。'

书奏，帝欲止，以问侍中任芝、中常侍乐松。松等曰：'昔文王之囿百里，人以为小；齐宣五里，人以为大。今与百姓共之，无害于政也。'帝悦，遂令筑苑。"

《后汉书·孝灵帝纪》载："是岁（公元181年），帝作列肆于后宫，使诸采女贩卖，更相盗窃争斗。帝著商估服，饮宴为乐。又于西园弄狗，著进贤冠，带绶。又驾四驴，帝躬自操辔，驱驰周旋，京师转相放效。"其中，"列肆于后宫"可能是皇家园林中"买卖街"主题与景区之滥觞。

《拾遗记·卷六·后汉》载："灵帝……游于'西园'，起裸游馆千间，采绿苔而被阶，引渠水以绕砌，周流澄澈。乘船以游漾，使宫人乘之，选玉色轻体者，以执篙楫，摇漾于渠中。其水清澄，以盛暑之时，使舟覆没，视宫人玉色。又奏《招商》之歌，以来凉气也。歌曰：'凉风起兮日照渠，青荷昼偃叶夜舒，惟日不足乐有余；清丝流管歌玉凫，千年万岁喜难逾。'渠中植莲，大如盖，长一丈，南国所献。其叶夜舒昼卷，一茎有四莲丛生，名曰'夜舒荷'。亦云月出则舒也，故曰'望舒荷'。帝盛夏避暑于裸游馆，长夜饮宴。帝嗟曰：'使万岁如此，则上仙也。'宫人年二七已上，三六以下，皆靓妆，解其上衣，惟着内服，或共裸浴。西域所献茵墀香，煮以为汤，宫人以之浴浣毕，使以余汁入渠，名曰'流香渠'。又使内竖为驴鸣。于馆北又作鸡鸣堂，多畜鸡，每醉迷于天晓，内侍竞作鸡鸣，以乱真声也。乃以炬烛投于殿前，帝乃惊悟。及董卓破京师，散其美人，焚其宫馆。至魏咸熙中，

先所投烛处，夕夕有光如星。后人以为神光，于此地立小屋，名曰'余光祠'，以祈福。至魏明末，稍扫除矣。"

中平三年（公元186年），汉灵帝派钩盾令宋典修缮南宫玉堂，又派掖廷令毕岚铸造四个铜人排列在苍龙、玄武宫前。又铸了四座钟，可容二千斛粮食，悬挂于玉堂及云台殿前。又铸天禄、虾蟆，吐水于平门外桥东，转水流入宫内。又造翻车、渴乌，安放桥西，用来喷洒南北郊道路，以节省百姓洒道路的费用。又铸四出文钱，钱上都有四道和边轮相连的花纹。有人私下议论说："奢侈暴虐已经到了极点，形象征兆出现，这种钱铸成，一定要四方流散。"

中平六年（公元189年），汉灵帝驾崩，中军校尉袁绍劝大将军何进下令杀宦官以得民心。谋划泄露，宦官张让、赵忠等人乘何进入宫之际，共同杀了何进。后有袁绍率兵杀了赵忠，搜捕宦官，无论老小，统统杀掉。宦官张让等几十人劫持汉少帝作为人质逃到黄河边上，由于追兵追赶得急迫，张让等人悲痛地哭着向天子告辞说："我等灭绝，天下大乱啊！希望陛下自己爱惜自己！"说完，都投河自杀。

综合各类文献记载来看，东汉洛阳城外的园林有"广成苑""平乐苑""上林苑""光风园""灵昆苑""鸿池""东罩（bì）圭灵苑"和"西罩圭灵苑"等（图6-1）。

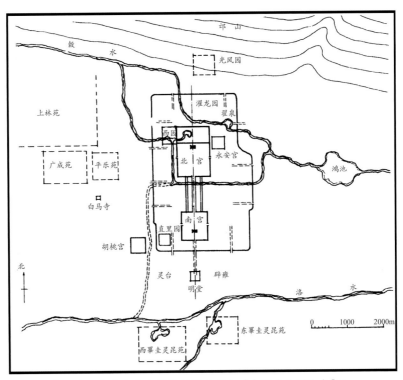

图6-1　东汉洛阳主要宫苑分布设想图（采自《中国古典园林史》）

二、北魏时期洛阳皇家园林建筑体系的最终形态

从东汉末年开始，洛阳的城市历史可谓命运多舛。初平元年（公元190年），董卓挟汉献帝刘协西迁，洛阳宫苑、庙宇、官府、民宅等均被烧毁。

曹魏黄初元年（公元220年），曹丕建都于洛阳，对旧城进行重建。其中只是重修了东汉时期的"北宫"，大殿名"建始殿"。北宫以外较大的园林工程还有"凌云台""灵芝池""天渊池""九华台"。从魏明帝曹叡开始，又大规模修建宫殿，在北宫北面建"芳林园"。我们在第四章第三节中引用过《三国志·魏书·辛毗、杨阜、高堂隆传》载曹叡在洛阳大修宫室的情景。

《三国志·魏书·明帝纪》也载："是时，大治洛阳宫，起昭阳、太极殿，筑总章观。百姓失农时，直臣杨阜、高堂隆等各数切谏，虽不能听，常优容之。《魏略》曰：是年起太极诸殿，筑总章观，高十余丈，建翔凤于其上；又于芳林园中起陂池，楫棹越歌；又于列殿之北，立八坊，诸才人以次序处其中，贵人夫人以上，转南附焉，其秩名拟百官之数……通引谷水过九龙殿前，为玉井绮栏，蟾蜍含受，神龙吐出。使博士马均做司南车，水转百戏。岁首建巨兽，鱼龙曼延，弄马倒骑，备如汉西京之制，筑阊阖诸门阙外罘罳（fú sī，连阙曲阁）……"

随后齐王曹芳为避"芳"字之讳，又改"华芳园"为"华林园"。至此，"华林园"成为洛阳城内最大最奢华的皇家园林。

西晋亦都于洛阳，对华林园等也进行了建设。此外，这一时期的皇家园林还有规模较小的"春王园""洪德苑""灵昆苑""平乐苑""舍利池""天泉池""濛汜池""东宫池"等。"永嘉之乱"（公元307年—公元313年）期间，洛阳再度毁于兵燹。

北魏是南北朝时期鲜卑族在北方建立的第一个北朝政权。北魏实行"子贵母死"制度，第七位皇帝孝文帝拓跋宏早在被立为太子时，生母即被赐死，由祖母冯太后抚养成人。在冯太后执政时期，对北魏进行了一系列中央集权化的改革。太和十四年（公元490年），孝文帝正式亲政，进一步推行改革。先整顿吏治，又在基层社会组织方面设立邻、里、党"三长制"，并实行均田制。太和十八年（公元494年），他以"南伐"为名迁都洛阳，全面改革鲜卑旧俗：规定以汉服代替鲜卑服，以汉语代替鲜卑语，迁洛鲜卑人以洛阳为籍贯，改鲜卑姓为汉姓，自己也改姓"元"。并鼓励鲜卑贵族与汉士族联姻，又参照南朝典章，修改北魏政治制度。这一系列改革，使北魏在经济、文化、社会、政治、军事等方面大大地发展，缓解了民族隔阂，史称"孝文帝改革"。

孝文帝迁都洛阳后，又对洛阳城进行了大规模重建与扩建，至宣武帝时建成规模宏伟的北魏洛阳城。北魏洛阳城的功能分区很明确，有明确的南北中轴线，城内南半部的南北中轴线为铜驼大街，北端为衙署区，再北为宫城，最北为"华林园"。

东魏天平元年（公元534年），孝静帝元善迁都邺城，拆毁洛阳宫殿。元象元年（公元538年），在东、西魏邙山之役中，北魏洛阳城再次化为废墟。因此历史文献较详细记载的洛阳城的各类建筑体系等，多为北魏时期的。

1. 华林园

北魏杨炫之《洛阳伽蓝记·卷一》载："泉西有华林园，高祖（拓跋宏）以泉在园东，因名'苍龙海'。华林园中有大海，即魏天渊池，池中犹有（魏）文帝（曹丕）九华台。高祖于台上造清凉殿。世宗（拓跋恪）在海内作蓬莱山，山上有仙人馆。上有钓台殿，并作虹霓阁，乘虚来往。至于三月禊日（笔者按：在水边清除不祥的祭祀日），季秋巳辰，皇帝驾龙舟鹢首，游于其上。海西有藏冰室，六月出冰以给百官。海西南有景山殿（笔者按：应该是在景阳山上）。（景阳）山东有羲和岭，岭上有温风室；（景阳）山西有姮娥峰，峰上有露寒馆，并飞阁相通，凌山跨谷。（景阳）山北有玄武池，（景阳）山南有清暑殿。殿东有临涧亭，殿西有临危台。

景阳山南有百果园，果列作林，林各有堂……

奈林南有石碑一所，魏明帝所立也，……高祖于碑北作苗茨堂。……

奈林西有都堂，有流觞池，堂东有扶桑海。凡此诸海，皆有石窦流于地下，西通谷水，东连阳渠，亦与翟泉相连。若旱魃为害，谷水注之不竭；离毕滂润，阳谷泄之不盈。至于鳞甲异品，羽毛殊类，濯波浮浪，如似自然也。"

依据上文，华林园中有山、海（池）、岛、高台建筑、井干建筑（可能）、普通建筑和植物等。其中以"苍龙海"（"天渊池"）为依托的"一池三岛"或"两岛"形式很有意思，其一为高台建筑"九华台"，上有"清凉殿"；其二为"蓬莱山"，上有"仙人馆"；"钓台殿"的位置交代得不清晰，从殿名并参考"西游园"来看，应该是在水上，可能为井干式建筑，并有带阁的虹桥（复道）可以直通岸边等。另外，在平地上的山，比曹魏时期的（景阳山）多出两座或是多出两座山峰（羲和岭、姮娥峰）。

2. 西游园

《洛阳伽蓝记·卷一》载："千秋门内道北有西游园，园中有凌云台，即是魏文帝（曹丕）所筑者。台上有八角井，高祖（拓跋宏）于井北造凉风观，登之远望，目极洛川；台下有碧海曲池；台东有宣慈观，去地十丈。观东有灵芝钓台，累木为之，出于海中，去地二十丈。风生户牖，云起梁栋，丹楹刻桷，图写列仙。刻石为鲸鱼，背负钓台，既如从地踊出，又似空中飞下。钓台南有宣光殿，北有嘉福殿，西有九龙殿，殿前九龙吐水成一海。凡四殿，皆有飞阁向灵芝（钓台）往来。三伏之月，皇帝在灵芝（钓）台以避暑。"

依据上文，西游园中有海（池）、高台建筑、井干式建筑、普通建筑等。最重要的是"灵芝池"中的"灵芝钓台"（井干式建筑），其下面是以石刻的鲸鱼背负，四面的岸边都有"殿"（文中少了东边的殿名），用架空的"阁道"与其相连。这组建筑的形式一定非常壮观。再有，园中本有"凌云台"，又在其上北部建"凉风观"，因此总体上非常高，所以"登之远望，目极洛川"。

3. 翟泉

在华林园东还有一景区，称"南池"或"翟泉"。《水经注·卷十六》载："其水自天渊池东出华林园，径听讼观南，故平望观也……池水又东流入洛阳县之南池，池，即故翟泉也，南北百一十步，东西七十步。"（图6-2）

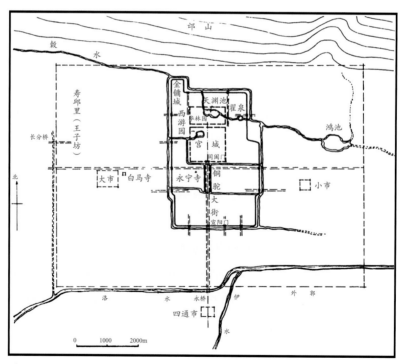

图6-2 北魏洛阳平面示意图（采自《中国古典园林史》）

注1、注2：《后汉书·光武帝纪》。

第三节　洛阳皇家园林建筑体系形态的
文化与空间艺术

　　笔者在前面章节中多次总结过，就古帝王与皇家园林建造的基本目的来讲，可以通过对"神仙境地"甚至是"宇宙天地"的浓缩模拟，用以满足作为享受奢靡与奢华生活的空间载体和对"天人之际"特殊地位的宣示等来概括。关于"天人之际"，之前也简单地阐释过，历史上曾经历过这一理论的发展过程：从绝对的"绝地天通"到周公提出的"敬德"，即"天人之际"并不是单项选择，上帝也会倾听和观看黎民百姓的选择而做出朝代更迭的决定（人在做，天在看）。且在礼制文化中又有因天之"五帝"轮流执政而决定朝代更迭的理论。问题的关键是，那些古帝王和皇帝们是否真地相信有上帝和其他神灵的存在，从前面章节重点介绍的秦始皇和汉武帝个人的行为经历来看，他们肯定是相信的。我们再看看古代一些思想家是怎么看待上帝与神灵等问题的。

　　在中国古代哲学史中，至晚在春秋时期就已经形成了"天道自然"和"天命神学"两种主要且对立的命题。前者的代表人物老子在《道德经》中提出了"人法地、地法天、天法道、道法自然"的观点。但在先秦哲学的语境中，"道""天道"本身也有上帝或上帝的警示等意思，如《左传·襄公九年》："宋灾，于是乎知天道。"《左传·昭公九年》："蔡复、楚凶，天之道也。"虽然《道德经》的内容主要是关于社会与政治的学说，中心思想为"无为之治"是社会消弭战乱，实现大同的根本法则。其中对"道"也有多种解释，但也提出"道冲，……似万物之宗。……象（上）帝之先。……谷神不死，是谓玄牝。玄牝之门，是谓天地之根。……昔之得一者：天得一以清；地得一以宁；神得一以灵……治大国，若烹小鲜，以道莅天下，其鬼不神。非其鬼不神，其神不伤人。非其神不伤人，圣人亦不伤人。夫两不相伤，故德交归焉。……天之道，不争而善胜，不应而善应，不召而自来，繟然而善谋。天网恢恢，疏而不失。"。因此老子并不否定上帝和其他鬼神的存在，甚至也不否认天有罚恶赏善的功能。另一个代表人物是庄子，在《庄子·大宗师》中提到："夫道，有情有信，无为无形；可传而不可受，可得而不可见；自本自根，未有天地，自古以固存；神鬼神帝，生天生地；在太极之先而不为高，在六极之下而不为深，先天地生而不为久，长于上古而不为老。"道虽然高于鬼神甚至是上帝，但上帝和鬼神也依然是存在的。荀子也是"天道自然"观点的代表者，《荀子·天伦》："天行有常，不为尧存，不为桀亡。……列星随旋，日月递照，四时代御，阴阳大化，风雨博施。万物各得其和以生，各得其养以成，不见其事而见其功,夫是之谓神。皆知其所以成,莫知其无形,夫是之谓天。"但在《荀子·礼论》中又说:"礼有三本:天地者,生之本也……故礼、上事天,下事地,尊先祖,而隆君师。……郊止乎天子,而社止于诸侯……故葬埋,敬藏其形也;祭祀,敬事其神也……故社,祭社也;稷,祭稷也;郊者,并百王于上天而祭祀之也。"因此从总体来讲,荀子认为从自然现象到君王的更迭等都是自然而然发生的,而不是由上帝和鬼神来决定的,但也不否认上帝和鬼神是存在的。总之,在老子、庄子和荀子的学说中,"天道自然"的意义只是缩小了上帝鬼神的管辖范围而已,并且老子、庄子和荀子本身也并不需要统治者那样的"道德虚构"。

"天命神学"的观点古已有之,这种理论发展到西汉时期,董仲舒成为集大成者,他的观点等到下卷中再做阐释。我们再看看东汉及魏晋时期的皇帝和以儒学立命的大臣们信不信有上帝和鬼神的存在。《三国志·魏书·辛毗、杨阜、高堂隆传》载魏明帝曹睿与高堂隆的几次对话:

"青龙中(笔者按:'青龙'为魏明帝曹睿的年号),大治殿舍……(高堂隆)迁侍中,犹领太史令。崇华殿灾。"曹睿诏问高堂隆:"此何咎?于礼,宁有祈禳之义乎?"高堂隆对曰:"夫灾变之发,皆所以明教诫也……易传曰:'上不俭,下不节,孽火烧其室。'又曰:'君高其台,天火为灾。'此人君苟饰宫室,不知百姓空竭,故天应之以旱,火从高殿起也。上天降鉴,故谴告陛下……今案旧占,灾火之发,皆以台榭宫室为诫。然今宫室之所以充广者,实由宫人猥多之故。宜简择留其淑懿……"曹睿诏问高堂隆:"吾闻汉武帝时,柏梁灾,而大起宫殿以厌之,其义云何?"高堂隆对曰:"臣闻西京柏梁既灾,越巫陈方,建章是经,以厌火祥。乃夷越之巫所为,非圣贤之明训也。《五行志》曰:'柏梁灾,其后有江充巫蛊卫太子事。'如志之言,越巫建章无所厌也……"

但魏明帝曹睿并没有听进高堂隆的观点,"遂复崇华殿,时郡国有九龙见,故改曰'九龙殿'。陵霄阙始构,有鹊巢其上。"曹睿又问高堂隆原因,高堂隆回答说:"诗云'维鹊有巢,维鸠居之'。今兴宫室,起陵霄阙,而鹊巢之,此宫室未成身不得居之象也……"曹睿听完后"改容动色"。

"是岁,有星孛于大辰。"高堂隆上疏曰:"凡帝王徙都立邑,皆先定天地社稷之位,敬恭以奉之。将营宫室,则宗庙为先,厩库为次,居室为后。今圜丘、方泽、南北郊、明堂、社稷,神位未定,宗庙之制又未如礼,而崇饰居室,士民失业。外人咸云宫人之用,与兴戎军国之费,所尽略齐……今之宫室,实违礼度,乃更建立九龙,华饰过前。天彗章灼,始起于房心,犯帝坐而干紫微,此乃皇天子爱陛下,是以发教戒之象，始卒皆于尊位，殷勤郑重，欲必觉寤陛下；斯乃慈父恳切之训，宜崇孝子祇耸之礼，以率先先下，以昭示后昆，不宜有忽，以重天怒。"

从崇华殿火灾、鹊巢陵霄阙、彗星出现于心宿这几个偶发事件引起的君臣对话和奏疏的内容中，我们可以略知曹魏洛阳宫殿的规模，之后又有了"帝乃躬自掘土以率之"大造"芳林园"的故事。对于上述偶发事件，高堂隆的观点可以用他后来上疏切谏中所书概括："天人之际，未有不应也。是以古先哲王，畏上天之明命，循阴阳之逆顺，矜矜业业，惟恐有违。然后治道用兴，德与神符，灾异既发，惧而修政，未有不延期流祚者也。"即核心思想是应以"德政"顺应"天命"，也就是承认上帝和鬼神是存在的。那么从曹睿对高堂隆的诏问和当面询问来看，曹睿也相信上帝和鬼神是存在的，最初还询问过祈祷以求福除灾的方法，只是他控制不了自己的欲望，而选择萧何大崇未央宫的观点和汉武帝时期越巫消除"柏梁灾"的方法。更有甚者，前面讲过东汉大臣尚但谎称天子不应当登高，不然百姓就要虚散，结果是汉灵帝从此不再登"永安候台"等高台建筑，也就是相信上帝和鬼神是存在的，但又认为他的荒淫无度就是"上仙"的生活。

总结以上内容，上帝和鬼神的存在，在魏晋之前依然是社会较普遍的认知，而那些"大治宫室"的皇帝们，在相信上帝和鬼神存在，以及应施"德政"以顺应"天命"观点的同时，也无法经受住"天人之际"的身份所带来的各种诱惑。

在东汉洛阳正宫和"宫苑"中，除了一些"殿"还保留了"高台建筑"的特征或遗韵外（一直延续到隋唐），其余的"高台建筑"非常明显地减少了，并出现了真正的"楼"，但"楼"的体量无法与"高台建筑"相比。洛阳城内较高大的高台建筑可能是"永安候台"（位置不详）。东汉洛阳的"殿"以及"宫苑"（正宫）和"离宫别馆"等园林的规模，整体上不能与西汉长安的相比，但也更加凸显了"高台建筑"等在视觉方面的意义。因为西汉长安虽然也属于平原地区，但地势高差很大，例如，"未央宫"的"殿"的基座，不用增筑就已经高于内城墙，而东汉洛阳城内地势平缓，所以人工建造的"高视点园林要素"内容的作用就更加重要。

东汉以后洛阳"宫苑"园林之中高大的建筑和堆叠的"真山"计有："崇华殿（九龙殿）""陵霄阙"，"凿太行之石英、采谷城之文石"堆叠的"景阳山"，"昭阳殿""陵云台""九华台（其上有"清凉殿"）"，"天渊池"中的"蓬莱山（其上有"仙人馆""钓台殿"）"，"羲和岭（其上有"温风室"）""姮娥峰（其上有"露寒馆"）""临危台""虹霓阁""凉风观""宣慈观"，"灵芝池"中"累木为之，出于海中，去地二十丈"，以"连楼飞观"、四出"阁道"相连的"灵芝钓台"，等等。这些内容都属于"离宫别馆"性质的宫苑园林中的"高视点园林要素"内容，且很多可依靠飞阁复道相连。并与水池、植物和一些其他建筑等共同构成了空间视觉效果立体且丰富多样的"神仙境地"。但与西汉长安特别是秦咸阳"宫苑"园林建筑体系相比，不特别在意那些"模拟天地"的象征性，而是更加单纯注重"神仙境地"的现实享受的目的。另外，以堆叠的"真山"作为"高视点园林要素"内容的重要性更加受到重视。

第四节　邺城皇家园林建筑体系

邺城位于今河北省临漳县西。三国时期，曹操击败袁绍后开始重新营建邺城，曹魏政权继东汉而立后以洛阳为都城，又因亳州是曹氏祖先的本国，许昌是东汉末代都城，长安是西京遗迹，邺城是曹魏帝王事业的根本，所以当时号称有"五都"。邺城自三国曹魏起到隋四百余年间，又经后赵、冉魏、前魏、东魏、北齐，成为六个大小王朝的都城。

北魏郦道元的《水经注·卷十》记载："魏武（笔者按：曹丕称帝后，追尊曹操为魏武帝）之攻邺也，引漳水以围之。《献帝春秋》曰：'司空（曹操）邺城围周四十里，初浅而狭，如或可越（笔者按：指曹操开凿壕沟包围邺城），审配（笔者按：袁绍帐下谋士）不出争利，望而笑之。司空一夜增修，广深二丈，引漳水以注之，遂拔邺（笔者按：完全断绝了邺城内外的联系，三个月城内饿死的人超过一半）。'（邺城）本齐桓公所置也，故《管子》曰：'筑五鹿、中牟、邺，以卫诸夏也。'后属晋。魏文侯（笔者按：春秋末年"三家分晋"者之一）七年，始封此地，故曰'魏'也。汉高帝（即汉高祖刘邦）十二年，置魏郡，治邺县，王莽更名'魏城'。后分魏郡，置东、西部都尉，故曰'三魏'。"

曹军破邺是建安九年（公元204年），从这一年起，曹操便把自己的行政中心北迁到了邺城，此后政令军令皆从此出，而汉献帝的都城许昌则只留些许官吏。曹操以旧城为基础新修建的邺城东西七里、南北五里，七座城门，城墙表面包砖。全城的东西干道把城区分为南、北两部分，南区主要布置里坊和衙署，南城正中的南北干道又为全城的南北中轴线。北区为"宫苑"和权贵府邸。北宫城位于正北偏东，宫中主要建筑为"文昌殿"。北宫西侧为"铜雀园"，邺城西北角城墙也就是铜雀园的西面和北边园墙。园内除一般宫殿建筑外，主要建筑为后来建造的"三台"。据《水经注·卷十》记载，在邺城的全盛之时，城墙上百步一楼，其他宫城建筑等也喜高大，包括城门和台榭等，因此离邺城六七十里，远远就看得见凌霄的亭、台、观、阁高耸有如仙宫。邺城周围水源丰富，春秋时期西门豹等就曾兴修水利。曹操命人挖渠引漳水从城西向东流入，流经西北的铜雀台旁，暗流入城往东称"长明沟"。沟水南北夹道，导引支流可供灌溉，东出石窦堰之下，注入护城河。渠水又南流经止车门下。

建安十五年（公元 210 年），曹操在城西城墙北端上筑"铜雀""金虎""冰井"三台，这些高台首先考虑的是具有防御的功能。《水经注•卷十》讲述了一个当时以为美谈的故事：严才与其部属曾攻打掖门，大司农郎中令王修听到有变故，就率领官属步行到宫门，曹操在铜雀台上望见说："那个来的人一定是王修。"相国钟繇后来对王修说："按惯例，京城有变故，九卿应各守在自己的官府，你为什么到这里来呢？"王修回答："享用人家的俸禄，有祸时怎能逃避哪？守在官府中虽是惯例，但不是赴国之难的大义。"后来在西晋建兴元年（公元 313 年）四月，石勒派石虎攻打邺城，邺城溃败，刘演逃奔廪丘，城内最后投降的民众也都是聚集在"三台"。邺城的名声远播也与铜雀园"三台"相关的文学作品有关，如唐朝杜牧有"折戟沉沙铁未销，自将磨洗认前朝。东风不与周郎便，铜雀春深锁二乔"的千古绝唱；传说曹操用重金从匈奴赎回了汉末著名女诗人蔡文姬后，在铜雀台上接见并宴请了她，蔡文姬还在其上演唱了"胡笳十八拍"等。另外，在邺城北，曹操兴建了一座"玄武苑"，内有较大的玄武池。另建一座更大的"芳林园"，后改名"华林园"。

1. 铜雀园

"三台"在邺城西城墙北端，"三台"之下城之内外皆为园林区。左思《魏都赋》说：

"（北宫）右（即铜雀园内）则疏圃曲池，下畹（笔者按：30 亩为一畹）高堂。兰渚莓莓，石濑（lài，激流）汤汤。弱葼（zōng，细树枝）系实，轻叶振芳。奔龟跃鱼，有隙（qī，瞭望）吕梁。驰道周屈于果下，延阁胤宇以经营（笔者按：直行为经，周行为营）。飞陛方辇而径西，三台列峙以峥嵘。

亢阳台于阴基，拟华山之削成。上累栋而重溜（重檐），下冰室而沍冥（hù míng，阴晦寒冷）。周轩中天，丹墀临焱（biāo，怪兽）。增构峨峨，清尘影影。云雀蹏（dì，踏）甍（méng，屋脊）而矫首，壮翼摛（chī，舒展）镂于青霄。雷雨窈冥（极远处）而未半，皦日笼光于绮寮（雕刻得很精美的窗户）。习步顿以升降，御春服而逍遥。八极可围于寸眸，万物可齐于一朝。长涂牟（牛）首，豪徼（道路）互经。晷漏肃唱，明宵有程。

附以兰锜（兵器架），宿以禁兵……于是崇墉浚洫（城高河疏），婴堞带涘（sì，水边）。四门巘巘（niè，高大的样子），隆厦重起……菀以玄武，陪以幽林。

缭垣开圃，观宇相临。硕果灌丛，围木竦（sǒng，伸长）寻。篁筱怀风，蒲陶结阴。回渊灙（cuǐ，深），积水深。兼葭（jiānjiā，小芦苇）赟（xuàn，分别），萑蒻（guàn ruò，泛指水草）森。丹藕凌波而的皪（de lì，光鲜貌），绿芰（jì，荷）泛涛而浸潭。羽翮颉颃（xié háng，上下翻飞），鳞介浮沈。栖者择木，雊（gòu，野鸡）者择音。若咆渤澥（bó xiè，东海一部分）与姑馀（gū yú，东海一部分），常鸣鹤而在阴……

（城墙外）西门（笔者按：西门豹，战国魏文侯时任邺令）溉其前，史起（西门豹的后任）灌其后。磴（dèng，排水道）流十二，同源异口。蓄为屯云，泄为行雨。水澍（zhù，灌）稉稌，陆莳稷黍。黝黝桑柘，油油麻纻。均田画畴，蕃庐错列。姜芋充茂，桃李荫翳，家安其所，而服美自悦。邑屋相望，而隔逾奕世（累世）。"

《水经注·卷十》载铜雀园"三台"中间的为"铜雀台"，高十丈，上有房屋101间。若果真如此，那么铜雀台在城墙之上部位应该是以夯土为心的高台建筑形式。建成后，曹操曾叫儿子们登台作赋，曹植的《高台赋》曰：

"从明后而嬉游兮，聊登台以娱情；见太府之广开兮，观圣德之所营；建高殿之嵯峨兮，浮双阙乎太清；立冲天之华观兮，连飞阁乎西城；临漳川之长流兮，望园果之滋荣；立双台于左右兮，有玉龙与金凤；连二桥于东西兮，若长空之蝃蛛（dì dòng，彩虹）；俯皇都之宏丽兮，瞰云霞之浮动；欣群才之来萃兮，协飞熊之吉梦；仰春风之和穆兮，听百鸟之悲鸣；天功恒其既立兮，家愿得而获逞；扬仁化于宇内兮，尽肃恭于上京；虽桓文之为盛兮，岂足方乎圣明；休矣美矣！惠泽远扬；翼佐我皇家兮，宁彼四方；同天地之矩量兮，齐日月之辉光；永贵尊而无极兮，等年寿于东王；御龙旗以遨游兮，回鸾驾而周章；恩化及乎四海兮，嘉物阜而民康；愿斯台之永固兮，乐终古而未央。"

从赋中词语可知，铜雀台有"虹桥"连接南北二台。铜雀台南边为"金虎台"，高八丈，有房屋109间；北边有"冰井台"，也高八丈，有房屋145间，上有冰室，每室中有几口井，每口井深十五丈，井中藏冰及石墨。石墨可以写字，可以作为燃料，也称为石炭。还有粮食窖及盐窖等以备不测之需。

北朝十六国时期，公元319年，匈奴族刘汉及前赵朝的刘曜自立为帝，迁都长安。羯族石勒脱离前赵，自称大单于、赵王，定都襄国（位于今邢台市桥东区，建有太极殿），建立后赵。后赵石虎（石季龙）于公元335年迁都邺城，并在长安和洛阳修建东、西二宫。在曹魏邺城之南又筑新城称"南邺城"，原城称为"北邺城"，在内建有东、西二宫。《水经注·卷十》载，后赵武帝石虎把"铜雀台"增高二丈，其上造了一座大房屋，连栋接椽，曲折盘回，把台顶全都盖住了。又在屋上建造五层楼，高十五丈，离地二十七丈。再于楼顶上造了一只铜雀，展开翅膀，像是在飞翔的样子。晋陆翙《邺中记》载石虎重修的铜雀台周围有 120 间房间（图 6-3）。

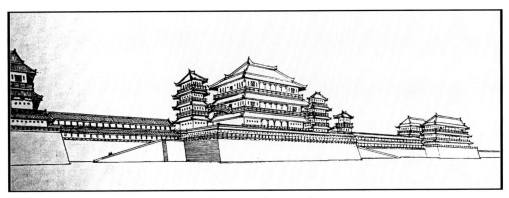

图 6-3　邺城铜雀台复原透视图（采自《中国宫殿考古通论》

2. 华林园等

《邺中记》记载后赵石虎时期："邺城西三里桑梓苑有宫，临漳水。凡此诸宫，皆有夫人侍婢，又并有苑囿，养獐鹿雉兔。虎数游宴于其中。"

自襄国至邺，二百里中，四十里辄一宫。有一夫人侍婢，数十黄门宿卫。石虎下辇，即止。凡所起内外大小殿台行宫四十四所（笔者按：《晋书·石季龙载记》称："兼盛兴宫室于邺，起台观四十余所"）……

石虎以五月发五百里内民万人，筑华林苑垣，在宫西（笔者按："宫西"表述不详，《晋书·石季龙载记》称："于邺北"），周环数十里（笔者按，据《晋书·石季龙载记》载，其范围应该包括了曹魏时期的"玄武苑"）。群臣或谏，虎不从。到八月，天暴雨雪，深三尺，做者冻死数千人（笔者按：《晋书·石季龙载记》称："暴风大雨，死者数万人。"）。太史奏：'作役非时，天降此变。'（石）虎诛（杀）起部尚书（即工部尚书）朱轨以塞天灾。

华林苑，在邺城东（笔者按：应为北）二里，石虎使尚书张群发近郡男女十六万人，车万乘，运土筑华林苑，周回数十里。又筑长墙，数十里，张群以烛夜做，起三观、四门。又凿北城，引漳水于华林园（笔者按：《晋书·石季龙载记》称："城崩，压死者百余人"）。（石）虎于园中种众果，民间有名果，（石）虎作虾蟆车箱，阔一丈，深一丈，四搏掘根，面去一丈，合土载之，植之无不生。

华林苑中千金堤上，作两铜龙，相向吐水，以注'天泉池'，通御沟中。三月三日，石季龙（即石虎）及皇后、百官，临水宴赏。又二铜驼如马形，长一丈，高一丈，足如牛，尾长三尺，脊如马鞍，在中阳门外，夹道相向……

华林园（苑）有春李，冬华春熟。石虎园中有西王母枣，冬夏有叶，九月生花，二月乃熟，三子一尺。又有羊角枣，亦三子一尺。石虎苑中有勾鼻桃，重二斤。石虎苑中有安石榴，子大如碗盏，其味不酸。"

另外，《晋书•石季龙载记》中具体地记载了石虎的残暴与荒淫："季龙荒游废政，多所营缮，……观雀台崩，杀典匠少府任汪。复使修之，倍于常度。……兼盛兴宫室于邺，起台、观四十余所，营长安、洛阳二宫，作者四十余万人。……增置女官二十四等，东宫十有二等，诸公侯七十余国皆为置女官九等。先是，大发百姓女二十以下十三以上三万余人，为三等之第以分配之。郡县要媚其旨，务于美淑，夺人妇者九千余人。百姓妻有美色，豪势因而胁之，率多自杀。石宣（笔者按：石虎次子，也是第二个被封的皇太子）及诸公又私令采发者，亦垂一万。总会邺宫。季龙临轩简第诸女，大悦，封使者十二人皆为列侯。自初发至邺，诸杀其夫及夺而遣之缢死者三千余人。……季龙常以女骑一千为卤簿，皆着紫纶巾、熟锦裤、金银镂带、五文织成靴，游于戏马观。观上安诏书五色纸，在木凤之口，鹿卢回转，状若飞翔焉。……时沙门（笔者按：僧人）吴进言于季龙曰：'胡运将衰，晋当复兴，宜若役晋人以厌（笔者按：压制）其气。'季龙于是使尚书张群发近郡男女十六万，车十万乘，运土筑华林苑及长墙于邺北，广长数十里。赵揽、申钟、石璞等上疏陈天文错乱（笔者按：即上帝的警示），苍生凋弊，及因引见，又面谏，辞旨甚切。季龙大怒曰：'墙朝戌夕没，吾无恨矣。'"

第五节　邺城皇家园林建筑体系形态的文化与空间艺术

曹操雄才大略，是三国时期最杰出的政治家和军事家，前有惩治东汉末年政治腐败，后有统一中国之大志。曹操还善诗歌，抒发自己的政治抱负，气魄雄伟，慷慨悲凉。其散文亦清峻整洁，开启并繁荣了建安文学，史称"建安风骨"。同时曹操也擅长书法，尤工章草，唐朝张怀瓘在《书断》中评其为"妙品"。由他主导的以"三台"为最重要特征的"宫苑"园林体系，明显地带有强烈的主观意愿，其中包含了由个人特质、修养、情趣等在主导、审视、建造园林建筑体系中必定会带有的明显倾向。尽管曹魏邺城园林体系的构成和规模远不及秦及西汉关中园林，但"铜雀园"仍有"八极可围于寸眸，万物可齐于一朝"的豪迈气魄，也是前无古人后无来者的创举，其特点如下：

（1）巧借城墙于上筑"三台"，并及城楼（城墙上百步一楼）、城墙等城防设施等，共同构成了园林建筑体系的控制性"高视点园林要素"内容。"三台"间有虹桥相连，并且城墙内外整体的园林要素内容及其所构成的视觉空间丰富多样。

（2）"三台"又是可登临的全城制高点，可以以城内园林、宫殿楼宇和城外广阔的河流、道路、苑囿等为借景，扩大了园林的视觉范围，充分发挥了"高视点园林要素"内容的作用。

（3）以"三台"所在城墙内外景色有别。"三台"下城墙内有精制的"铜雀园"，园内"驰道周屈于果下，延阁胤宇以经营"，又有人工造成的激流与"轻叶振芳""奔龟跃鱼"等结合，情趣盎然。而城墙外"缭垣开囿，观宇相临"，又"蒹葭簨（xuàn，分别），菫蒻森。丹藕凌波而的皪，绿芰泛涛而浸潭"，野趣丛生。《嘉靖彰德府志•卷八•邺都宫室志》转引《图经》载《魏志》云："太祖受封于邺，东置芳林园，西置灵芝园。"

（4）历史上延至当时的水利设施等（西门豹修建的排水道），也构成了以"三台"为核心的园林要素内容的重要组成部分。

在"三台"建成之初，曹操还曾有"将诸子登楼，使各为赋"，当然也有类似于"铜雀春深锁二乔"的功能。而"三台"到了赵虎手中，就已经沦为单纯满足他现实享受的淫窟。《邺中记》载："于铜爵台（赵虎改铜雀台名）上起五层楼阁，去地三百七十尺，周围殿屋一百二十房。房中有女监、女伎。三台相面各有正殿，上安御床，施蜀锦流苏斗帐，四角置金龙，头衔五色流苏，又安金钮屈戍屏风床，床上细直女三十人，床下立三十人。凡此众妓，皆宴日所设。"

第六节　建康皇家园林建筑体系综述

从三国时期始至隋朝初,盘踞于长江以南的政权有孙吴（或称"东吴""三国吴"）、东晋、南朝宋（或称"刘宋"）、南朝齐（或称"萧齐"）、南朝梁、南朝陈，史称"六朝"。公元229年，孙权于武昌登基为皇帝，建国号"大吴"。唐朝许嵩撰《建康实录•吴中太子下》说："时童谣云：'宁饮建业水，不食武昌鱼。宁就建业死，不就武昌居。'秋九月，帝迁都于建业……冬十月至，自武昌城建业太初宫居之。宫即长沙桓王故府也，因以不改。今在县东北三里，晋建康宫城西南，今运渎东曲折内池，即太初宫西门外。池，吴宣明太子（孙权的儿子孙登）所创，为西苑。初，吴以建康宫地为苑,其建业都城周二十里一十九步。"

东晋时期,达官贵族云集于此,谈玄论道。南齐竟陵王萧子良在鸡笼山开"西邸",广延名士高僧,研讨文化异同。钟嵘的《诗品》、萧统的《文选》、沈约的《四声》(已佚)、刘勰的《文心雕龙》以及范缜的《神灭论》等都于此地完成。

建康城处于江南水网地带,造园的地理条件十分优越。在六朝期间修造了许多精美的园林,主要有"西苑""华林园""乐游苑""上林苑""南苑""芳林苑"等。因存殁更迭频繁,且大部分资料缺乏,只能简单介绍如下:

1. 西苑

孙吴赤乌十一年(公元 248 年),改建太初宫,其西侧有西苑,内多池沼湖塘,其他情况不详。位于今南京大学南园一带。

2. 华林园

始于孙吴太初宫东部园林,位于南京东北角,范围包括今中国科学研究院古生物研究所、市政府大院、公教一村及东南大学一部分。初时园内殿堂间叠石造山,点缀名花异卉奇石。孙皓时期,此地建"昭明宫"和"宫苑"园林,后者有殿堂几十座。山上建楼阁,饰以珠宝,规模超过太初宫。开凿"城北渠",引后湖水入园内"天渊池",终年碧波荡漾,不断流。

东晋定都建业时,建业改称"建康",并按照魏晋洛阳城模式改造都城。把宫城东移,南对吴时的御街,又把御街南延,跨过秦淮河上的"朱雀航"浮桥(六朝建康秦淮河共有二十四航),直抵南面祭天的南郊,形成正对宫城正门、正殿的全城南北轴线。御街左右建官署,南端临秦淮河左右分建太庙、太社。经此改建,建康城内形成宫室在北,宫前有南北主街、左右建官署、外侧建里坊的格局,城门也增为十二个,并沿用洛阳旧名。建康南迁人口甚多,加上本地士族,遂不得不在城东沿青溪外侧开辟新的居住区。建康有长江和诸水网航运之便,舟船经秦淮河可以东西两方面抵达建康诸市,沿河及水网遂出现一些聚落。为保卫建康,在其四周又建了若干小城镇军垒;为安置南迁士民,又建了一些"侨寄"郡县,仍沿用北方郡县名。

晋成帝司马衍修缮孙吴"宫苑",改用汉魏洛阳"华林园"之名。此时华林园南至宫墙,东、西、北三面皆筑有苑城,实际上相当于与宫城连成一气。又因当时以尚书台为主体的中央政府位于宫城之内,因此宫城又被称作"台城"。华林园主要景区为"天渊池",内有"被禊(fú xì)堂""流杯渠"。这也从侧面反映出华林园自然景观之丰富,所以南朝宋刘义庆《世说新语·言语》记载东晋简文帝司马昱入华林园,谓左右曰:"会心处不必在远,翳然林木,便有濠濮间想,觉鸟、兽、禽、鱼自来亲人。"《庄子》记有庄子与惠子同游濠梁之上和庄子垂钓濮水的故事，后以"濠濮间想"谓逍遥闲居、清淡无为的思绪。

永初元年（公元 420 年），刘裕代东晋立宋，史称"刘宋"，建康从此进入了南朝时期。随后齐、梁代兴，建康的经济更为繁荣。有石头城、东府、西州、冶城、越城、白下、新林、丹阳郡、南琅琊郡等环建康的城镇聚落，它们的周围也陆续发展出居民区和商业区，并逐渐与建康城连成一片。史载在梁朝全盛期，建康已发展为人兴物阜的大城市，它西起石头城，东至倪塘，北过紫金山，南至雨花台，东西南北各四十里的巨大区域，人口约二百万。建康未建外郭城墙，只以篱为外界，设有五十六个篱门，成为了当时中国规模最大、经济最繁荣的城市。

景平元年（公元 423 年），刘宋的第二个皇帝，也是少帝刘义符不顾父皇驾崩不久就开始大修"华林园"。《宋书·少帝本纪》载："兴造千计，费用万端，币藏空虚，人力殚尽……穿池筑观，朝成暮毁，征发工匠，疲及兆民。"并"开列市肆，亲自酤卖（笔者按：这可能是中国皇家园林中第二个"买卖街"主题景区）……开渎聚土，以象'破冈埭'（笔者按：湖名，孙吴时期开凿，故址西起句容县东南，通赤山湖及秦淮河，东至丹阳市西南延陵镇西，沟通了建康与太湖地区的水运交通），与左右引船唱呼以为欢乐。"因居丧无礼，好为游狝之事等，刘义符先被废，随后又被杀。

元嘉二十二年（公元 445 年），刘宋文帝刘义隆大规模扩建、增建华林园，由造园大师张永任统监，所有内容皆由其裁定。张永保留了原东吴"仪贤堂（中堂）""天渊池""被禊堂"和"流杯渠"等景区，新建"景阳楼""芳春琴堂""清暑殿""华光殿（宴殿）""华林阁""竹林堂（歌舞娱乐处）""含芳堂（讲学处）"等楼阁殿堂。

大明元年（公元 457 年），刘宋孝武帝刘骏改"景阳楼"为"庆云楼"、"清暑殿"为"嘉禾殿"、"芳春琴堂"为"连理堂"，广植花木，多有梅树。孝武帝女寿阳公主一日卧含章殿下，梅瓣洒落额上，呈五出花，拂之不去，称"梅花妆"，宫内一时风行，民间亦效仿之。

至萧齐时，因园中殿宇栉比错落、花木繁茂，致深宫后苑之宫人听不见建康宫报晨鼓声，故在景阳楼添置景阳钟，一称"催妆钟"。又添建"层城观"，武帝萧赜每于农历七月初七召集所有宫女在此观穿针以为"乞巧"（向织女星乞求智巧），故亦称"穿针楼"。园中所植贡花中以益州刺史刘悛献蜀柳数株为奇，枝条甚长，状若丝缕。

至梁时，华林园掠集更多异花奇石。据《梁书·武帝本纪》记载，梁武帝萧衍与到溉（吏部尚书）赌棋，到溉以其书斋前一块长一丈六尺之"奇礓石"与一部《礼记》为注，武帝赢棋后即将"奇礓石"掠至华林园华光殿前，是日，纵都下人士至华林园观之。这是皇家园林中以立独石的置石为重要园林要素内容较早的实例。

梁武帝晚年笃信佛教，在鸡笼山麓兴造"同泰寺"，并纳入华林园中（详见下一节），又在景阳山建"通天观"。大同元年（公元 535 年），同泰寺毁于天火，武帝欲重建十二层宝塔，时值侯景作乱攻入建康，掘后湖堤水淹台城。至此，耗资巨大、华丽无比的华林园横遭"十不遗一"之破坏。

陈初，华林园得以重建，至陈后主陈叔宝时，为爱妃张丽华、孔贵嫔建造以"临春""结绮""望仙"三阁为主体的三组建筑群。《陈书•卷七•张贵妃传》云："后主初即位，以始兴王叔陵之乱，被伤卧于承香阁下，时诸姬并不得进，唯张贵妃侍焉。……至德二年（公元 584 年），乃于光照殿前起临春、结绮、望仙三阁，高数十丈，并数十间，其窗棂、壁带、悬楣、栏槛之类，皆以沈檀（笔者按：沉香木和檀木）为之，又饰以金玉，间以珠翠，外施珠帘，内有宝床、宝帐，其服玩之属，瑰丽皆近古未有。每微风暂至，香闻数里，晓日初照，光映后庭。其下，积石为山，引水为池，植以奇树，杂以花药。"

陈后主曾于此吟唱《玉树后庭花》《临春乐》等著名的南朝艳曲。前者诗曰："丽宇芳林对高阁，新装艳质本倾城。映户凝娇乍不进，出帷含态笑相迎。妖姬脸似花含露，玉树流光照后庭。花开花落不长久，落红满地归寂中。"

祯明三年（公元 589 年），隋军攻入台城，陈后主携张、孔二妃藏于枯井中（后人称"辱井"，传即今胭脂井），终被俘。

3. 乐游苑

位于南京东北隅，源于东吴乐游池，宣明太子孙登所创，故又名"太子湖"。其范围包括今九华山公园、南京军区司令部、中科院地理所及空军司令部的一部分。在东晋时为皇家药圃，刘裕与卢循交战时，曾于此筑工事，称"药园垒"。东晋明帝司马绍为太子时，多养武士于此，筑土为台，亦称"太子西池"。

刘宋时整修，建"真武观"于覆舟山（春秋战国时，因山形如覆舟而得名）。唐朝许嵩撰《建康实录》称："（刘）宋文帝元嘉中，以其地为'北苑'，遂更兴造。"元嘉十一年（公元 434 年）三月，文帝禊饮于此苑，与会者赋诗，颜延之为序。后改名"乐游苑"，主要景区为"覆舟山"与"西池"。覆舟山位于乐游苑之北，山后临玄武湖，因湖中见黑龙，元嘉中改"玄武山"，山多岩矶，临湖陡峻。孝武帝大明年间，又在乐游苑兴建"正阳殿""林光殿""藏冰库"（凌室）。

至梁"侯景之乱"时，乐游苑毁坏严重，"正阳殿""林光殿"等主要建筑悉被焚尽。陈文帝天嘉六年（公元565年），重修乐游苑。太建十年（公元578年）八月，有10万步骑、500楼舰于玄武湖与上林苑大壮观山。宣帝登玄武门亲宴群臣以观之，因幸乐游苑设丝竹会。陈祯明三年（公元589年），隋兵入建康，一把火将乐游苑化为乌有。

4. 上林苑

宋孝武大明三年（公元459年）建"西苑"，梁时改名"上林苑"。其位于玄武湖北岸，范围包括今红山公园、黑墨营、樱驼村，为南京历史上皇家园林面积最大者。宋孝武帝初建时，臣远方各献名果异卉3000余种植其中，孝武帝常率宫人至此巡狩游乐。苑内有古池，俗呼"饮马塘"。其西，建有"望宫台"。太建十年（公元578年）八月，为检验水陆军，宣帝刘顼于上林苑中建"大壮观"（山亦因之名"大壮观山"，今红山），并以此及乐游苑、台城之玄武门城楼三处为中心，命都督任忠领步骑10万、都督陈景领500楼舰出瓜步江上，阵于玄武湖（当时湖与江通航）。

5. 南苑

建于刘宋时期，位于南京西南凤台山瓦官寺之东北。宋明帝刘彧末年，大臣张永乞借南苑，明帝允其300年。北宋杨修之诗云："张永移家入洞天，绿篁红藕旧林泉。人间满百人应少，明帝恩深三百年。"同为北宋诗人马野亭亦赞曰："当时南苑最新奇，胜似其他东复西。多少园亭行不到，纵横石径动成迷。香风十里荷花荡，翠影千行柳树堤。伊被何人曾借住，端知误入武陵溪。"梁时，改名建兴苑。"侯景之乱"时毁。

6. 芳林苑

为齐高帝萧道成旧居，其称帝后，改旧居为青溪宫，筑山凿池，设芳林苑，饮宴游乐其中。芳林苑位于古湘宫寺前，近青溪中桥。民国时期陈诒绂撰《钟南淮北区域志》称，湘宫寺位置在青溪菰首桥南（菰首桥即竺桥）。齐武帝于永明五年（公元487年）曾禊饮于此，南朝齐王融《三月三曲水诗序》载："载怀平浦，乃眷芳林。"梁天监二年（公元503年），武帝萧衍将芳林苑赐予南平元襄王萧伟为宅第。萧伟更造，"穷极雕靡，有侔造化"，藩邸之盛，诸王侯皆望尘莫及。

另外，六朝时期，建康地区还有"齐娄湖苑""齐玄圃""齐东田小苑""齐博望苑""齐芳乐苑""梁建兴苑""梁江潭苑"等（图6-4）。

总结以上内容，建康地区无论是自然地貌条件还是自然气候条件都适宜建造园林，但从以上内容的简介来看，也需要挖土为湖、堆土造山，并且在这一时期也建

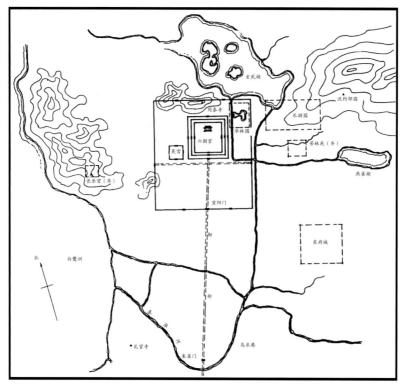

图 6-4　东晋、南朝建康平面示意图（采自《中国古典园林史》）

造了一些高大的高台建筑。只因如华林园地区的地形高差等已经有了明显的优势，且水网密布、降雨充沛、气候湿润、植物茂盛，因此依靠高台建筑作为丰富园林空间视觉艺术效果，并作为重要观赏位置的需求明显地减少了，高台建筑的数量比北方平原地区皇家"宫苑园林"明显地减少了，同时虹桥与飞阁复道等也必然相应地减少，显现出更接近于自然状态的园林空间艺术效果。

第七节　亦寺亦园的同泰寺

同泰寺是梁武帝建造的一座特殊的园林，因其内容、形式及所相关联的文化等与前面介绍和阐释的均有不同，故单独介绍更为清晰。

一、泛宗教"宇宙模型"与园林建筑体系

在中国传统园林建筑体系中，有一类属于"泛宗教园林建筑体系"（将在下卷中详细介绍），其中包括佛寺园林建筑体系、道观园林建筑体系、礼制建筑园林建

筑体系等。中国传统的"显性宗教"中的佛教和道教，或传自或形成于东汉时期，其园林建筑体系大致有两种类型：

（1）在宗教大发展时期，宗教建筑本身就来源于皇亲国戚和门阀士族等或主动或被动的"舍宅为寺"，而"宅"中可能原本就附带有园林，也就自然而然地转换成为宗教建筑附属园林。

（2）在宗教大发展时期，于城市内外或名山中特意建设了很多宗教建筑，有的也建有附属的园林。

笔者在第一章中已经阐述过，那些因自然条件等原因使得宗教建筑本身很像"园林"的，算不上真正的园林。但上述"泛宗教园林建筑体系"的形态，一般与私家园林并无多少不同，而"同泰寺"的形态却与这类园林完全不同，也属于"前无古人"的创制，即直接模拟佛教的"宇宙模型"。

无论是"隐性宗教"还是"显性宗教"，都绕不开或首先要回答一个"宇宙模型"的问题（只有清晰与模糊的区别）。例如，"天人之际"就包含中国原始宗教"宇宙模型"的内容，在这一"宇宙模型"中，"天"就是"昊天上帝"，而"昊天上帝"和其所在的空间，都是这个"宇宙模型"中的重要内容。也就是泛宗教"宇宙模型"的内容既包括宇宙天地的结构形态，也包括神与人以及他们之间关系的形态等。又如，笔者在本卷中介绍的"天官图"，即是这个"宇宙模型"顶端空间形态的主要内容。再如，《庄子•天运篇》说："天其运乎？其地处何？日月其争于所乎？孰主张是？孰维纲是？孰居无事推而行是？意者其有机缄而不得已乎？意者其运转而不能自止邪？"庄子之问可翻译为："天在自然运行吧？地在无心静处吧？日月交替出没是在争夺居所吧？谁在主宰张罗这些现象呢？谁在维系统领这些现象呢？是谁闲暇无事推动运行而形成这些现象呢？揣测它们有什么主宰的机关而出于不得已呢？还是揣测它们运转而不能自己停下来呢？"庄子主要是问天穹围绕大地旋转的本源是什么，推测（怀疑）是否有一部机械带动着整个天穹运转，本质上就是对"宇宙模型"运转"机制"的发问。庄子之问也说明泛宗教"宇宙模型"与人类初级的科学意义上的"宇宙模型"密不可分。例如，欧洲于16世纪与17世纪之交的"地心说"与"日心说"之争，在天主教层面来讲就属于泛宗教"宇宙模型"之争。

我们在之前章节中阐释的古帝王与皇家"宫苑"建筑体系的形态，大多明显地属于对泛宗教"宇宙模型"中处于"天人之际"的"神仙境地"，也就是天神的"下都"的模拟。只有秦咸阳"宫苑"建筑体系明显地属于对天上的"神仙境地"或天神"上都"的模仿。大约在战国时期之前，人们观念中的"神仙境地"是位于高不可攀的"昆仑山"（如《山海经》中的描述）。从战国时期开始，这类"神仙境地"又逐渐转移或曰分化至了世人可及的东海。但因在两汉之前，中国人对宇宙的认识还处于"数学模型"之前的阶段，即对"宇宙模型"的认识还处于较模糊、较初级的阶段，因此无论是对宗教"宇宙模型"的描述还是模拟，形式都是比较散漫的，也就是那些浓缩模仿"神仙境地"的古帝王与皇帝园林的形态，也并没有严格的形式，其中与某些泛宗教建筑体系本身就是合二为一的。但传统园林建筑体系的主要功能，毕竟是要作为享受奢华甚至奢靡生活的空间载体，这类模仿散漫的"宇宙模型"中的"神仙境地"的园林形式，又非常适宜这一主要的功能需求，因此特别是皇家园林等，这类形式一直延续到明清时期。例如，圆明园整体地势是西北高、东南低，雍正在建园前邀请的张钟子（山东德平县知县，深谙堪舆理论）等人认为，西北区域可象征西北的昆仑山，东南区域可象征东南的海洋（详见第三章第二节特征一）。

在中国传统的园林建筑体系中，还有直接模仿更清晰的以"数学模型"表达的泛宗教"宇宙模型"的，或在部分景区中模仿这类内容的实例。前者就是以梁武帝萧衍主导建造的"同泰寺"为代表，后者有颐和园万寿山北部的"四大部洲"景区。同泰寺是一座非常奇特的佛寺，不但是早期传统园林建筑体系与泛宗教建筑体系合二为一形式的回归，还是全园模仿佛教"宇宙模型"的亦寺亦园形式的唯一实例。这一奇特的建筑形式并且是唯一性的出现，与梁武帝萧衍独特的经历和个人的偏好有关。

二、迷恋佛教"宇宙模型"的梁武帝萧衍

萧衍原来是南齐的官员，在南齐中兴二年（公元502年），齐和帝萧宝融被迫"禅位"于他，从而建立了南梁。萧衍在位共48年，绝大部分时间可算是国泰民安。南梁虽然是偏安江左王朝，但在中国历史中仍能在相当程度上以中国文化正统的继承者自居，其中萧衍就是一位善于总结中国传统文化的皇帝。例如，若通读我国"二十五史"中有关"吉礼"部分的内容，就会发现在萧衍统治的南梁时期，对中国传统泛宗教文化的讨论和总结，形成了自两汉以来的又一座里程碑，并对其后历史中相关文化问题的研究和实践等，都产生过很大的影响。特别是在隋唐、北宋和明朝等时期的相关问题的讨论中，都有朝廷大臣引述南梁时期总结的泛宗教观点的很多实例。

萧衍在中国历史上还是一位精通天文学（当时主要内容为历法和占星术等）的皇帝，"阴阳纬候，卜筮占决，并悉称善"。（注1）萧衍早年酒后曾向张弘策透露自己有夺取南齐政权的野心，他先是讲了一通有关占星学的言论，结果张弘策当场

向他表示效忠，后来果然也成为梁朝开国元勋（注2）。在南齐末年，梁武帝萧衍乘乱而起，在几次兴兵动员中都是仿照商末周武王伐纣时以"天意""天命"为托辞。如在齐永元二年（公元500年），萧衍之长兄萧懿见害于齐东昏侯，萧衍便召集长史王茂等谋曰："昔武王会孟津，皆曰：'纣可伐'。今昏主恶稔（笔者按：恶贯满盈），穷虐极暴，诛戮朝贤，罕有遗育，生民涂炭，天命殛之。卿等同心疾恶，共兴义举。公侯将相，良在兹日。各尽勋效，我不食言。"（注3）萧衍在此就是以周武王自比，而比东昏侯为商纣王，故明示讨伐东昏侯与伐纣一样是"以顺伐逆""替天行道"之举。但欲与萧衍一起举兵的荆州行事萧颖胄以"时月未利"为由，要求等到来年二月用兵，而萧衍便依星象反驳说："今太白出西方，仗义而动，天时人谋，有何不利？处分已定，安可中息？昔王伐纣，行逆太岁，复须待年月乎？"（注4）

在中国古代历史上，以天运转换为借口进行讨伐的例子并不罕见，甚至有人描述过武王伐纣时的天象："昔武王克商，岁在鹑火，月在天驷，日在析木之津，辰在斗柄，星在天鼋。星与日辰之位皆在北维……"（注5）这些内容可翻译为："周武王克商的时候，木星在柳、星、张三宿之间（大约在长蛇座），月亮与房宿的天驷星（天蝎座π星重合），太阳运行在箕、斗两宿间的银河中（大约在人马座），日月汇合的交点在南斗的斗柄处（人马座），水星在虚、女、危三宿间（大概位于飞马和宝瓶座之间）。日月交汇点和水星运行在女、虚、危诸宿间，这些星宿皆属于北方七宿……"这段文字是出现在公元前522年（春秋末期），乐官伶州鸠向周景王做的一次关于占星的汇报中。这个描述无论与武王伐纣时的天象是否相符，但就现今来讲，部分非天文专业人员理解这些知识，也需要经过长期的这类知识与观测实践的积累。而萧衍若是不精通这类天文学知识，在用兵起事的关键时刻也绝不敢用占星内容为借口。

大约在梁武帝萧衍登位后的南梁普通六年（公元525年）前后，他突发奇想，在"长春殿"召集群臣开了个"学术成果发布会"，主题是"佛教宇宙模型"，这在历代帝王中也可算罕见之事（可与之相比的只有大清康熙皇帝）。"逮梁武帝于长春殿讲义，别拟天体，全同《周髀（算经）》之文。盖立新意，以排浑天之论而已。"（注6）梁武帝从一开始就用一大段夸张的铺陈将其他"宇宙模型"学说全然否定："自古以来谈天者多矣，皆是不识天象，各随意造。家执所说，人著异见，非直毫厘之差，盖实千里之谬。"（注7）这番发言的记录也保存在唐代印度天学家瞿昙悉达所辑《大唐开元占经·卷一》之中。而此时"浑天说"早已在中国被绝大多数天文学家所接受，梁武帝并无任何证据就断然将"浑天说"全盘否定，若非挟帝王之尊，实在难以服人。

而梁武帝所主张的"宇宙模型"为:

"四大海之外,有金刚山,一名'铁围山'。金刚山北又有黑山,日月循山而转,周回四面,一昼一夜,围绕环匝。于南则现,在北则隐;冬则阳降而下,夏则阳升而高;高则日长,下则日短。寒暑昏明,皆由此作。"(注8)

对于梁武帝萧衍组织的这一活动,陈寅恪认为:"(梁武帝之说)是明为天竺之说……隋志既言其全同盖天,即是新盖天说。然则新盖天说乃天竺所输入者。寇谦之、殷绍从成公兴、昙影、法穆等受周髀算术,即从佛教受天竺输入之新盖天说,此谦之所以用其旧法累年算七曜周髀不合,而有待于佛教徒新输入之天竺天算之学以改进其家世之旧传者也。"(注9)

陈寅恪此说并非空穴来风,因为南北朝时期确已有若干印度天文学著作传入中土,如《婆罗门天文经》二十一卷(原注:婆罗门舍仙人所说)、《婆罗门竭伽仙人天文说》三十卷、《婆罗门天文》一卷、《摩登伽经说星图》一卷、《婆罗门算法》三卷、《婆罗门阴阳算历》一卷、《婆罗门算经》三卷(注10)。其中至今存世的有《摩登伽经说星图》,即今佛藏中《摩登伽经》之"说星图品第五"。

萧衍宣讲的"宇宙模型"还可从其他文献中找到相似的描述:"按索诃世界铁轮山内所摄国土,则万亿也。何以知之?如今所住,即是一国,国别一苏迷卢山,即经所谓须弥山也,在大海中,据金轮表,半出海上八万由旬,日月回簿于其腰也。外有金山七重围之,中各海水,具八功德。"(注11)

江晓原认为,这类佛经中的"宇宙模型"来源于一些印度的《往世书》(Puranas)。《往世书》是印度教的圣典,同时又是古代史籍,带有百科全书性质。它们的确切成书年代难以判定,但其中关于"宇宙模型"的一套概念,现在的学者们相信可以追溯到吠陀时代——约公元前1000年之前。

《往世书》中的"宇宙模型"可以概述如下:大地像平底的圆盘,在大地中央耸立着巍峨的高山,名为"迷卢"(Meru,也即汉译佛经中的"须弥山",或作Sumeru,译成"苏迷卢");迷卢山外围绕着环形陆地,此陆地又为环形大海所围绕……如此递相环绕向外延展,共有七圈大陆和七圈海洋。印度在迷卢山的南方;与大地平行的天上有着一系列天轮,这些天轮的共同轴心就是迷卢山;迷卢山的顶端就是北极星所在之处,诸天轮携带着各种天体绕之旋转,这些天体包括日、月、恒星以及五大行星……利用迷卢山可以解释黑夜与白昼的交替。携带太阳的天轮上有180条轨道(笔者按:可以解释一年大约365天的不同天象),太阳每天迁移一轨,半年后反向重复,以此来描述日出方位角的周年变化……(注12)

与此相近的观点存在于《周髀算经》中。从名称上来看，《周髀算经》是出于西周时期，但从内容上来看，有西周、战国和西汉时期对数学（勾股定理）特别是天文和历法知识不同认识阶段内容的集合（编辑），并以"盖天说"解释日月星辰的运行规律，包括四季更替、气候变化、南北有极、昼夜交替等的原理。江晓原总结《周髀算经》中的"宇宙模型"概括如下：

大地与天为相距 80000 里的平行圆形平面；大地中央有高大柱形物（高 60000 里的"璇玑"，其底面直径为 23000 里）；该"宇宙模型"的构造者在圆形大地上为自己的居息之处确定了位置，并且这位置不在中央而是偏南；大地中央的柱形物延伸至天处为北极；日月星辰在天上环绕北极作平面圆周运动；太阳在这种圆周运动中有着多重同心轨道，并且以半年为周期作规律性的轨道迁移（一年往返一遍）；太阳的上述运行模式可以在相当程度上说明昼夜成因和太阳周年视运动中的一些天象（笔者按：如不同季节太阳位置和温度的变化规律等）（注 13）。

至于《周髀算经》中的内容，虽然在今天看来也属于无稽之谈，但从人类科技史的角度来讲，却属于用"数学模型"解释"宇宙模型"的有益尝试。对于《周髀算经》和佛经中"宇宙模型"的相似性，有学者推论在《周髀算经》中可能隐藏着一个早于东汉的至今无法厘清的中印文化交流的史实。梁武帝的殿前宣讲，说明他不仅精通当时的天文学知识，更是沉迷于佛教的精神世界之中。而为此仅仅召开一个御前"学术观点发布会"肯定是远远不够，他的第二个重要举措便是依照这个"宇宙模型"，在尘世中建造一个象征性浓缩的建筑群。

注 1：《梁书·武帝纪》。

注 2：《梁书·张弘策传》。

注 3、注 4：《梁书·武帝纪》。

注 5：《国语·周语》。

注 6：《隋书·天文志》。

注 7：《隋书·天文志》。

注 8：《大唐开元占经·卷一》。

注 9：《崔浩与寇谦之》，《金明馆丛稿初编》，上海古籍出版社 1980 年出版。

注 10：《隋书·经籍志》。

注 11：《释迦方志》，中华书局 1983 年出版，第 6 页。

注 12：江晓原：《天学外史》上海人民出版社 1999 年出版，第 146、147 页。

注 13：江晓原：《天学外史》上海人民出版社 1999 年出版，第 145 页。

第八节　同泰寺内容形态的文化与空间艺术

唐朝许嵩撰《建康实录·卷十七》载："大通元年（公元 527 年）辛未……（梁武）帝创同泰寺，寺在宫后，别开一门，名'大通门'，对寺之南门，取反语以协'同泰'为名。帝晨夕讲义，多游此门。寺在县东六里。帝初幸寺，舍身，改普通八年为大通元年。"这个同泰寺的具体情况，南梁顾野王所撰《舆地志·卷十五·扬州》载："（同泰寺）在北掖门外路西，寺南与台隔，抵广莫门内路西。梁武普通中起，是吴之后苑，晋廷尉之地，迁于六门外，以其地为寺。兼开左右营，置四周池堑，浮图九层，大殿六所，小殿及堂十余所，宫各像日月之形。禅窟禅房，山林之内，东西般若台各三层。筑山构陇，亘在西北，柏殿在其中。东南有璇玑殿，殿外积石种树为山，有盖天仪，激水随滴而转。起寺十余年，一旦震火焚寺，唯余瑞仪、柏殿，其余略尽。即更构造，而作十二层塔，未就而侯景作乱，帝为贼幽馁而崩。"（注 1）

粗读上文，我们马上便会发现这座佛寺的内容与形式与我们熟知的所有佛寺完全不同，其更如同一座传统园林。

从东汉至南北朝时期，社会剧烈动荡，既有皇族、外戚、宦官、门阀士族间的明争暗斗，又有不同民族政权的攻伐交替，任何人都难有安全感。这导致了社会知识阶层的社会行为和思想观念等呈现出了严重分裂现象：一方面，与社会动荡等相伴随的是各个朝廷的上下聚敛财富，荒淫奢靡成风，对待底层人民又极其冷漠甚至是残酷；另一方面，他们借助老庄的任性、放诞思想为自己放荡不羁的纵欲享乐生活找到合理的解释，又从老庄超然物外的思想中寻求苟安现状的闲适心境，同时还以清淡高妙的玄理来显示才华，以林泉野墅的志趣来显示清高。梁武帝萧衍也同样表明过这类志趣："独夫（笔者按：指齐东昏侯萧宝卷）既除，苍生苏息。便欲归志园林（注意，此时"园林"的含义是以植物为主的自然环境），任情草泽。（但）下逼民心，上畏天命，事不获已，遂膺大宝。"（注 2）但梁武帝"归志园林"的方式，就是把同泰寺建成了一座将佛教建筑体系、园林建筑体系和"佛教宇宙模型"完全融合在一起的佛教主题园林，作为自己的"舍身"之地。其基本内容和形态可以总结为：

建筑群的四周有堑池，除防护作用外，可象征"宇宙模型"之四周环海的景象；内有九层的高塔，在佛教文化中，塔本身的内涵就是模拟印度的"宇宙模型"中的须弥山；又有大殿六所、小殿和堂十余所。原文中"宫各像日月之形"，或可解释为这类建筑形象模拟日月等天体（不太容易实现），或可解释为以布局模拟日月等天体（很容易实现）；在某处"山林之内"的东西两侧，各有三层的般若台，还置禅窟禅房；又在西北"筑山构陇"，上有"柏殿"。汉武帝曾建高大的柏梁台，因此"柏殿"可能是高台建筑或井干式建筑，可用于登高"望气"；在东南有"璇玑殿"，象征天体的"拱极"天文现象。殿外又"积石种树为山"，上面有"盖天仪"，可"激水随滴而转"。在中国古代用于观测的天文仪器中，没有"盖天仪"的记载，可见此"盖天仪"可能是创造性地模拟印度"宇宙模型"的主题性的园林要素内容装置。

若从基本的园林要素内容和形式来审视，同泰寺的建设地点在原"吴之后苑"，具备建造园林的自然条件；其外部环水，内部"有盖天仪，激水随滴而转"，因此园内也具有一定规模和形式的水系；内部既有自然地形，又"筑山构陇""积石种树为山"。有可容纳禅窟的山林，无论是原有的还是新筑的，体量不小；最特别的是其中建筑物的形象（或许还有分布），有模拟天体的，有象征天文现象的，还有模拟"宇宙模型"的景观装置。

分析至此，可以肯定地说，同泰寺的总体形态是亦寺亦园，园林的特征更为突出，很多内容具有强烈、明确和独特的象征性。当时的人对它的描述既有"楼阁台殿拟则宸宫，九级浮图回张云表"，又有"山树园池沃荡烦积"（注3）。若用现在的眼光欣赏，犹如一座设计构思奇特精妙的中国传统园林形式的"佛教主题公园"。

另外，在此之前梁武帝还建过两座大型寺院："于钟山北涧建'大爱敬寺'，纠纷协日，临眺百丈，翠微峻极，流泉灌注，……创塔包岩壑之奇，宴坐尽林泉之邃。结构伽蓝同尊园寝，经营雕丽奄若天宫。中院之去大门，延袤七里，廊庑相架，檐雷临属。旁置三十六院，皆设池台周宇环绕，千有余僧四事供给。中院正殿有海檀像，举高丈八，……帝又于寺中龙渊别殿，造金铜像举高丈八。躬伸供养每入顶礼，歔欷哽噎不能自胜。预从左右无不下泣。""又为献太后于青溪西岸建阳城门路东起'大智度寺'。……殿堂宏壮宝塔七层，房廊周接华果间发。正殿亦造丈八金像。……五百诸尼四时讲诵。"（注4）可见其"大爱敬寺"也具有皇家园林的很多特点，且梁武帝并不屑于"苦修"，而是"宴坐尽林泉之邃"。

注1：《舆地志辑注》，顾恒一等辑注，上海古籍出版社2011年12月出版。

注2：《净业赋（并序）》，《历代诗词赋骈曲杂集·赋篇二》。

注3、注4：《续高僧传·卷一·释宝唱》。

第七章　隋唐时期皇家园林建筑体系

第一节　隋唐时期史略

北周于建德六年（公元 577 年）灭掉北齐，统一北方。但是北周宣帝宇文赟（yūn）奢侈浮华、沉湎酒色、政治腐败，外戚杨坚趁机将北周重臣外遣，遂逐渐掌握朝政。大象二年（公元 580 年）北周宣帝病死，杨坚扶持年幼的北周静帝宇文阐，以大丞相身份辅政。大定元年（公元 581 年），杨坚"受禅"于宇文阐，建国隋。隋开皇九年（公元 589 年），隋军攻入建康城，俘陈后主。不久，各地陈军或奉陈后主号令投降，或抵抗隋军而被消灭，只有岭南地区冼夫人保境据守。开皇十年，隋派使臣韦洸等人安抚岭南，高凉太守冯宝的夫人冼珍（族属壮族先民分支）率众迎接隋使，岭南诸州悉为隋地。至此，隋朝结束了中国自西晋"永嘉之乱"以来二百八十余年南北分裂的局面，再次完成中国的统一大业，并融合关陇士族、关东士族及江南士族，形成一个强有力的统治集团。

从隋朝初期开始，隋文帝杨坚便着手进行一系列的改革，在很多方面成就显著，并对中国以后的社会各个方面都产生了极其深远的影响。

在政府架构和政治举措等方面：确立中央三省六部制，即中书省负责决策，门下省负责审议，尚书省负责统领礼部、吏部、户部（度支）、工部、兵部、刑部（都官）执行；在地方上实行州县两级制；没收天下武器。这些举措都削弱了地方势力，巩固了以皇帝为核心的中央集权政治体制。为了进一步抑制士族势力，在官吏选拔上废除魏晋以来的"九品中正制"，设立"科举制度"，较公平地选拔人才，给予天下"寒士"进阶仕途的希望和机会，使得他们改变避世隐退、消极无为的态度，积极追求功名，参与社会变革与治理。这对中国古代社会政治、经济、文化的发展有着不可估量的影响；迁移关东与江南世族到大兴城，以加强控管；重新编订户籍，以五家为保，五保为闾，四闾为族。开皇初年有户 360 余万，平陈得 50 万，后增至 870 万。提倡生活节俭，宫中的妃妾不作美饰，不用金玉。一般士人多用布帛，饰带只用铜铁骨角，也使人民的负担相应得到减轻；宽简刑法，删减前代的酷刑，制定隋律，使刑律简要，"以轻代重，化死为生"。

在经济政策与建设等方面：仿北魏的均田制，把奴婢、部曲（介于奴婢与自由人之间的"贱口"）和佃客解放为自耕农民。特别是设置了"永业田"，限制农民的人身依附关系；减免赋役，轻徭薄赋，与民休息；为积谷防饥，广设仓库；致力建设，在原长安城东南营建新都大兴城，并开凿广通渠，自大兴城引渭水至潼关，以利关东漕运。

在文化和学术方面：大力提倡文教，广求图书，凡献一书奖励缣（细绢）一匹。凡得三万余卷；以分科考试的方式选拔官吏制度也促进了教育、文学的发展；重新制订礼乐，远承两汉。

在军事方面：向北用兵进攻突厥，后来采用离间分化策略使突厥分为东西两部，彼此交战不已，得以消除北顾之忧；在朔方、灵武等地修筑长城。

由于上述措施的推行，隋在文帝统治的最初二十多年间，政治相对清明，人口增加，府库充实，外患不生，社会呈现了一片繁荣，史称为"开皇之治"。

但隋文帝在晚年改变了开皇前期"无为而治"的政策，不肯关怀百姓，又以法家思想治国（和秦始皇时期相似），对刑法提倡严苛重刑。随之趋于刚愎自用，对功臣故旧也心怀猜忌，与大臣关系也越来越疏远，甚至是滥杀开国功臣与将领。这些都成为了隋朝末年天下大乱的远因。仁寿四年（公元604年），隋文帝次子杨广发动仁寿宫变，隋文帝突然去世，杨广继位，即隋炀帝。

隋炀帝继位初期便励精图治，在政治制度方面：继续改革官制并开始设"进士科"等。以前的"明经科"主要考儒家经典（可以死记硬背），"进士科"增加了诗赋和政论内容，以选拔政府所需高级人才。后来唐人有谚云："三十老明经，五十少进士。"

在经济政策与建设方面：改革租调制度（与均田制配套的税收法令）。由于长安位处偏西，粮食供应困难，仁寿四年（公元604年），隋炀帝派杨素、宇文恺于洛阳兴建东都，并在第二年迁都洛阳，以掌控关东与江南经济。隋炀帝同时也注重宫城及离宫和行宫御苑的完善与奢华；在洛口、回洛等地兴建大粮仓以备荒年时所使用；为了沟通江南经济地区、关中政治地区与燕、赵、辽东等军事地区的运输与经济发展，推动了著名的隋唐大运河的挖掘（通济渠、邗沟、永济渠、江南运河），将中国重要水系连接起来形成运输网络，带动沿岸城市的发展，兴起许多商业城市，其中江都（今扬州）更成为隋朝的经济中心，同时也促进了南北经济、文化发展与民族融合；又经太行山开凿驰道达并州（今山西至河北西部地区），同样是带动了关中地区与南北各地区经济与贸易发展。

在军事方面：大业四年（公元608年），隋炀帝出巡榆林时动员壮丁百余万人，于榆林至紫河（今内蒙古、山西西北长城外的浑河）开筑长城以保护突厥启民可汗；

对四周国家展开征讨威服，扩张隋朝版图。

然而，由于隋炀帝本身急功近利并且生性暴虐，短时期内过度消耗了国力（以对高句丽的战争最剧），使得以上这些作为对社会也造成了巨大的负面影响，使隋朝走向了衰亡。

大业十二年（公元 616 年），隋炀帝命越王杨侗留守东都洛阳，自己率众前往江都（今扬州）。北方有变，他下令筑丹阳宫，准备迁都丹阳（今南京）。跟随他的大臣、兵将等大多是关陇人，不愿意脱离家族而长居江南，加上江都粮尽，大批北逃关陇。大业十四年，宇文化及、司马德戡与裴虔通等人发动兵变，弑隋炀帝，拥立杨浩为帝。同年，李渊攻入大业城先立杨侑为帝（杨坚是李渊的姨父），后逼迫其禅位，正式称帝，建立唐朝，为唐高祖。隋朝享国仅 37 年（公元 589 年—公元 618 年）。

与隋朝的短祚不同，唐朝是中国历史上一个重要的朝代，也是中国最强盛的时代之一，与西汉齐名，前后历 24 帝（含武则天），享国 289 年（公元 618 年—公元 907 年）。唐朝在政治、经济、文化、制度等方面几乎全部承袭隋朝（中央机构有三省、六部、一台、五监、九寺），总体上对外来的文化、宗教等也采取更加开放的态度。学术、科技、建筑、诗歌、绘画、雕塑、舞蹈、音乐等都达到了新的高度，可谓绚烂至极。在最强盛的"开元盛世"时期，全国有户 820 万。唐朝也是秦、汉、隋朝以来，第一个不筑长城的统一王朝。当时受唐朝支配的区域，其最大范围南至罗伏州（今越南义静省海云南）、北括玄阙州（今俄罗斯安加拉河流域）、西及安息州（今乌兹别克斯坦布哈拉）、东临哥勿州（今吉林通化）的辽阔疆域。新罗、高句丽、百济、渤海国和日本等周边国家在其政治、经济体制与文化等方面都受到唐朝的很大影响。

唐朝在建国初期，继承隋大业都城，改称长安，唐高宗李治显庆六年（公元 661 年）后设东都洛阳，武则天光宅元年（公元 684 年）改东都为神都，并设北都太原。唐中宗李显神龙元年（公元 705 年）恢复旧制。

佛教和道教经历了从东汉以来的发展至隋唐时期达到了新的高潮。唐太宗李世民继承唐高祖李渊制定的"尊祖崇道"国策，并进一步将其发扬光大，运用道家思想治国平天下。他知人善用、广开言路、虚心纳谏，并采取了以农为本、厉行节约、休养生息、文教复兴、完善科举制度等政策，使得社会出现了安定的局面。他大力平定外患、尊重边族风俗、稳固边疆，最终取得天下大治的局面，史称"贞观之治"。紧接着又有唐高宗李治的"永徽之治"。

唐李氏王朝前半叶也曾有 21 年的中断时期，即唐高宗李治的皇后武则天自立为皇帝，建立"武周王朝"。在武则天主政时期，积极的一面是打击门阀、重用寒门、发展科举、劝农桑、薄赋役。例如，把以长孙无忌和褚遂良等为代表的关陇集团和他们的依附者赶出政治舞台，标志着关陇集团从北周以来长达一个多世纪统治的终结，也为社会进步和经济发展创造了一个良好的条件；改革科举，进一步提高进士科的地位并举行殿试（到宋朝才成为制度），又开创武举、自举、试官等多种制度，让大批寒门出身的子弟有了更多的进阶仕途、一展才华的机会。消极的一面是任用酷吏，并在西北、正北和东北方向险些丧失了唐朝的部分疆域。武则天主政时期也被称为"治宏贞观，政启开元"。

唐朝在玄宗李隆基开元年间（公元 713 年—公元 741 年）进入全盛时期，是唐朝的第二高峰与转折点。唐玄宗革除前朝弊端、政治开明、经济发展、威服四周国家，史称"开元盛世"。但在经济发展的同时也加速了土地兼并，均田制遭到破坏，一些农民失去土地成为流民，以致百姓多迁徙流亡。在开创了盛世之后，李隆基逐渐开始沉溺于享乐，宠幸杨贵妃姐妹、重用佞臣。先是任命"口蜜腹剑"的李林甫为宰相，其任内凭着玄宗的信任专权用事达 19 年，杜绝言路，排斥忠良。后有杨国忠因其妹杨贵妃等得到宠幸而继李林甫为宰相，其只知搜刮民财，以致群小当道、国事日非、朝政腐败，让军事实力远超中央的身兼三镇节度使的安禄山有可乘之机。杨国忠与安禄山的矛盾直接引发了长达 7 年多的"安史之乱"。唐朝由此从盛转衰，进入藩镇割据的局面。

在唐朝的后半叶，漠北、西域的领地相继失去，但仍然保有河套地区。同时藩镇割据势力的壮大，"既有其土地，又有其人民，又有其兵甲，又有其财赋"（注1），与周边诸民族国家的形成，对此后近千年的中国历史产生了深远的影响。

天祐四年（公元 907 年），朱全忠逼唐哀帝李柷禅位，降为济阴王，改国号为"梁"，唐朝灭亡。

注 1：《新唐书·兵志》。

第二节 追慕并践行"上仙"生活的隋唐皇帝

隋唐时期的皇家园林建筑体系主要集中在长安、洛阳、扬州（隋炀帝时期）等地区，其中各类历史文献对前两者的记载比较清晰。隋唐时期的皇家园林的形式，既有宫苑结合较紧密的，又有园林建筑体系更加独立的，这些内容将在本节之后详加介绍。

从商周至隋唐，历史是一遍一遍地循环重复着，但绝大多数皇帝如东汉灵帝所说的追慕"上仙"的生活却没有丝毫的改变，因此皇家园林作为这一生活载体的基本性质也丝毫没有改变，也因此隋炀帝《望江南》八阕中才会有"湖上月，偏照列仙家"之句。

追求并践行"上仙"的生活，隋朝的皇帝是以隋炀帝为代表。在其西苑中，既有象征性的"五湖四海"和"三神山"等，又有颇为现实的"十六院"。只可惜他的帝祚不长，被杀时只有50岁，在位只有15年，且其间还做了很多惊天动地的事业。《隋书·炀帝》评价说："自高祖大渐，暨谅闇（笔者按：皇帝居丧）之中，烝淫无度，山陵始就，即事巡游。以天下承平日久，士马全盛，慨然慕秦皇、汉武之事，乃盛治宫室，穷极侈靡，召募行人，分使绝域。……帝性多诡谲，所幸之处，不欲人知。每之一所，辄数道置顿（笔者按：安顿的处所），四海珍馐殊味，水陆必备焉，求市者无远不至。……所至唯与后宫流连耽湎，惟日不足，招迎姥媪，朝夕共肆丑言，又引少年，令与宫人秽乱，不轨不逊，以为娱乐。"

追求并践行"上仙"的生活，唐朝的皇帝是以唐玄宗李隆基为代表。他享年78岁，在位达45年，也是唐朝时期在位时间最长的皇帝。他在即位之初也是励精图治，开创的"开元盛世"使唐朝达到了最盛期，而于在位的后期专心地沉湎于"上仙"的生活，包括在长安城兴庆宫内的日常生活、出巡华清宫更加放松的生活等。

《旧唐书·玄宗本纪》载："天宝元年……九月辛卯，上御花萼楼，出宫女宴毗伽可汗妻可登及男女等，赏赐不可胜纪……四载春三月甲申，宴群臣于勤政楼……十三载……壬戌，御勤政楼大酺（笔者按：开怀畅饮）。北庭都护程千里生擒阿布思献于楼下，斩之于朱雀街……秋八月丁亥……上御勤政楼试四科制举人，策外加诗赋各一首。制举加诗赋，自此始也……十四载春三月丙寅，宴群臣于勤政楼，奏《九部乐》，上赋诗敩（xiào，效法）柏梁体（笔者按：汉武帝筑柏梁台，与群臣联句赋诗，句句用韵，成为七言诗的先河）。"

《南部新书·第十卷·癸》载："明皇御勤政楼，下设百戏，坐安禄山于东间观看。"

从这些记载可知，兴庆宫"勤政务本楼"等地也成为了玄宗行乐之处。《旧唐书·礼乐志》又载：

"三代既亡，礼乐失其本，至其声器、有司之守，亦以散亡。自汉以来，历代莫不有乐，作者各因其所学，虽清浊高下时有不同，然不能出于法数。至其所以用于郊庙、朝廷，以接人神之欢，其金石之响、歌舞之容，则各因其功业治乱之所起，而本其风俗之所由……

唐之盛时，凡乐人、音声人、太常杂户子弟隶太常及鼓吹署，皆番上，总号音声人，至数万人。

玄宗又尝以马百匹，盛饰分左右，施三重榻，舞《倾杯》数十曲，壮士举榻，马不动。乐工少年姿秀者十数人，衣黄衫、文玉带，立左右。每千秋节，舞于勤政楼下，后赐宴设酺，亦会勤政楼。其日未明，金吾引驾骑，北衙四军陈仗，列旗帜，被金甲、短后绣袍。太常卿引雅乐，每部数十人，间以胡夷之技。内闲厩使引戏马，五坊使引象、犀，入场拜舞。宫人数百衣锦绣衣，出帷中，击雷鼓，奏《小破阵乐》，岁以为常。

千秋节者，玄宗以八月五日生，因以其日名节，而君臣共为荒乐，当时流俗多传其事以为盛。"

所谓"荒乐"即"耽于逸乐"。白居易《八骏图》诗："《白云》《黄竹》歌声动，一人荒乐万人愁。"

唐玄宗在长安城的宫内尚且如此，他与杨贵妃出行华清宫游乐宴饮，成为了轰动京城之事。并且要百官府署偕行，等于把唐朝的中央政府完全搬到了骊山。韦应物的《骊山行》描写说："访道灵山降圣祖，沐浴华池集百祥。千乘万骑被原野，云霞草木相辉光。禁仗围山晓霜切，离宫积翠夜漏长。玉阶寂历朝无事，碧树萋萋寒更芳。三清小鸟传仙语，九华真人奉琼浆。"

白居易的《骊宫高》说："一人出兮不容易，六宫从兮百司备。八十一车千万骑，朝有宴饫暮有赐。"

"杨氏五宅"（杨玉环的堂兄杨铦、杨锜，三个姐姐虢国夫人、韩国夫人、秦国夫人）的随驾出行更是威风与豪华无比，《新唐书·杨贵妃传》载："国忠既遥领剑南，每十月，帝幸华清宫，五宅车骑皆从，家别为队，队一色，俄五家队合，烂若万花，川谷成锦绣，国忠导以剑南旗节。遗钿堕儿，瑟瑟玑珥，狼藉于道，香闻数十里。"

当然，这种"上仙"的生活，绝不仅限于铺张的"宣示"，而是以唐玄宗与杨贵妃等细微的生活内容为主。白居易的《长恨歌》中写道："春寒赐浴华清池，温泉水滑洗凝脂。侍儿扶起娇无力，始是新承恩泽时。云鬓花颜金步摇，芙蓉帐暖度春宵。春宵苦短日高起，从此君王不早朝。承欢侍宴无闲暇，春从春游夜专夜。后宫佳丽三千人，三千宠爱在一身。金屋妆成娇侍夜，玉楼宴罢醉和春。……骊宫高处入青云，仙乐风飘处处闻。缓歌慢舞凝丝竹，尽日君王看不足。……七月七日长生殿，夜半无人私语时。在天愿作比翼鸟，在地愿为连理枝。"在杨贵妃生日时，也曾在长生殿"张乐"演奏,以唱新曲。《新唐书·礼乐志》称:"帝幸骊山,贵妃生日,命小部张乐长生殿,奏新曲,未有名,会南方进荔枝,因名《荔枝香》"。杜牧的《过华清宫绝句》说:"长安回望绣成堆,山顶千门次第开。一骑红尘妃子笑,无人知是荔枝来。"

第三节 长安地区皇家园林建筑体系

隋唐实行东、西两京制,长安和洛阳城的规划和建设也达到了新的高度。皇家园林建筑体系之大内御苑与离宫御苑或行宫御苑的安排和区别也更加明显。隋文帝在汉长安城东南营建的新都大兴城坐北朝南,是当时世界上最为宏大繁荣的都市。在大兴城基础上营建的唐长安平面呈横长矩形,东西宽 9.721 公里、南北长 8.652 公里,总面积达 84.1 平方公里,其规模在中国城市史上是空前的。

外郭城南北各有 3 个城门(含北宫门即重武门),东西各有 2 个城门。主要城门都有 3 个门洞,中间为皇帝专用,左右供臣民出入。相应的干道上也是中间为御道,两侧是臣民用的上下行道路,道路两侧植槐为行道树,最外侧为排水明沟。长安官员乘马出行有很大的马队,因此道路都较宽,最宽的是宫城与皇城间的东西街,达 220 米。南北中轴线上主街宽 155 米,其余主干道宽也在 100 米以上。里坊间的街也宽 40 米至 60 米。在坊间形成 9 条南北向街和 12 条东西向街,另外,沿外郭城内四面还各有顺城街,共同组成全城以棋盘状的街道网。

于外郭城内北部正中建内城,东西宽 2.82 公里、南北深 3.35 公里(也就是明清西安城位置),分为南北二部。南部纵深 1.84 公里,为"皇城",城内为皇帝临朝、办公和中央官署所在地。北部纵深 1.49 公里,为"宫城",内为"皇宫"、太子"东宫"以及供应服役部门的"掖庭宫"。宫城始建于隋文帝开皇二年(公元 582 年),隋称"大兴宫",唐睿宗李旦景云元年(公元 710 年)改称"太极宫"。因其为唐帝国的正宫,故又称"京大内"。唐高宗时期修"大明宫"后改称太极宫为"西内"。宫城北倚外郭北墙,墙外为"西内苑"和"禁苑";西内苑东部为"大明宫"和"东内苑"。在外郭内东侧与皇城相平行的位置有"兴庆宫",跨越外郭城东南角位置还有"芙蓉园";外郭城内其余位置除了东、西市外,全部是矩形的"里坊"。在内城以南,与内城同宽部分东西划分为 4 行,每行南北划分为 9 行,共有 36 坊,每坊南北长 500 米至 590 米,东西宽 550 米至 700 米;在内城东西两侧各划分为东西 3 行,每行南北直至外郭划分为 13 行,减去兴庆宫、芙蓉园和东西市后再加上个别的小坊共有 76 坊。

城内东西两市各占两坊之地（西市主外贸，东市主内贸），面积都在 1 平方公里以上，每面开两个门，道路网呈井字形，内开横巷，安排店铺。

唐长安城内还建有大量寺观，8 世纪初时有佛寺 91 座、道观 16 座。国家及大贵族建的寺观规划可占二分之一坊或全坊，如"慈恩寺""兴善寺"。长安有大量西域中亚商人，还为他们建有波斯寺、袄（xian）教祠和基督教支派景教的教堂（图 7-1）。

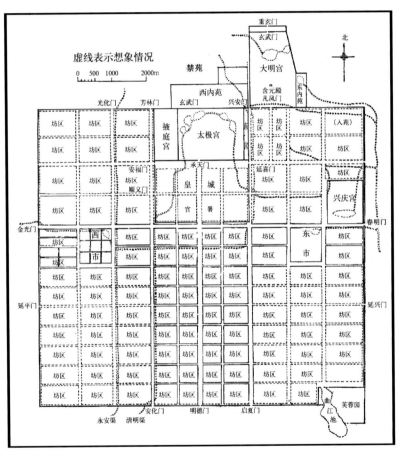

图 7-1　隋唐长安城平面

总之，唐长安城内的皇家御苑有"禁苑""西内苑""大明宫""东内苑""兴庆宫"和"芙蓉园"。因相关历史文献资料有限，下面做简单介绍。

1. 禁苑

一般皇家御苑也可以泛称"禁苑"，但长安的"禁苑"特指继承于隋朝的"大兴苑"，位于长安城北，与"西内苑"和"东内苑"总称"三苑"。清朝徐松《唐两京城坊考》表禁苑范围："东界浐（水），北枕渭（河），西包汉长安城，南接都城，东西二十七里，南北二十三里，周一百二十里。"《旧唐书·地理志》则称东西三十里。苑周有高大的围墙环绕，因此对于长安城北部中央的宫城等来讲，禁苑还起着外郭城的作用，有利于宫城的安全。禁苑南墙也是长安城北郭墙，有三门，北苑墙也设三门，东西苑墙各设两门。苑中地势较低，也没有高大起统领作用的高视点园林要素内容，因此采用的是"集锦式"布局，共有二十四组建筑景区，宫亭相望、楼阁相属、各有特色（图7-2）。如：

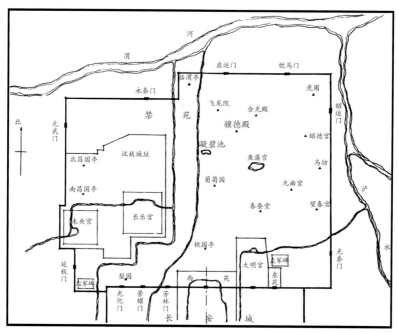

图7-2　唐长安禁苑平面示意图（采自《中国古典园林史》）

鱼藻宫：位于禁苑中部偏东，大明宫之北。贞元十二年（公元796年）引灞水开凿鱼藻池，池中筑岛，岛上建鱼藻宫。鱼藻宫因临鱼藻池而得名。

九曲宫：位于鱼藻宫东南，建筑组群内有殿、舍、山、池。以曲折多变，犹如九曲回肠而得名。

望春宫：位置靠近东苑墙偏南，建筑组群内有升阳殿、放鸭亭、南北望春亭。天宝二年（公元743年），陕郡太韦坚引浐水抵苑东望春楼下为潭，名"广运潭"。指令东南漕船云集广运潭中，货物繁多，船形各异，成为一时的奇观。

蚕坛亭： "在苑之东，皇后祈先蚕之亭。" （注 1）在中国古代社会，"皇后祈先蚕"为皇家重要的祭祀类活动之一，与"皇帝祀先农"共同构成了"男耕女织"的象征。

此外还有"元沼宫""昭德宫""光启宫""含光殿""骥德殿""白华殿""会昌殿""飞龙院""虎圈""马坊"和汉未央宫遗址建筑（修葺了部分建筑）等，以及亭十一座、桥五座。骥德殿就在飞龙院东南，因观走马而得名，含光、光启则显然是取义光明的意思。

禁苑中林木葱郁，有"柳园""桃园""梨园"和"葡萄园"等。林木之中又有"鱼藻池""碧池""清明渠""永安渠""龙首渠""漕河"等水系景观贯穿与点缀其间，亭阁倒影，水光明媚。"梨园"旁设院，召集有许多美貌多姿的少女等，专门攻习研究音乐舞蹈。这也是"梨园行"的由来。

禁苑的功能类似于西汉上林苑，除供皇帝游憩和一般娱乐外，可养兽、驯兽、放鹰狩猎。苑内还住有大量禁军，利于宫城防卫。以上资料来源都比较零碎，少有细节描写。

2. 西、东内苑

西苑和东苑从空间上来看，是被隋禁苑包围在内。西内苑南北长一里，东西略小于宫城宽，苑内有殿宇十余处，还有"冰井台"和"樱桃园"。东内苑更小，苑内有"龙首池""龙首殿"和其他若干殿宇及"教坊""马坊""马球场"等。龙首池东有"灵符应圣场"。

3. 大明宫

唐大明宫位于隋朝皇宫大兴宫（唐太极宫）之东，又叫"东内"，从空间上来看，是被隋禁苑包围在内。大明宫始建于唐太宗贞观九年（公元 635 年），建造初衷是给太上皇李渊"清暑"居住，替代在麟游县西三十里处为李渊避暑建造的"永安宫"，但两宫在李渊驾崩前均未建完，于是停止。唐高宗李世民于龙朔二年（公元 662 年）复建并扩建大明宫，次年迁入执政，大明宫便成了大唐帝国新的政治中心。自唐高宗起，先后有 17 位皇帝在此处理朝政，历时达二百余年。唐昭宗李晔乾宁三年（公元 896 年），大明宫毁于兵乱，这一年距唐朝灭亡仅十一年。

大明宫分南北两大部分，南部宫廷区呈长方形，北部园林区呈南宽北窄的梯形。总周长约 7 公里，面积约 3.42 平方公里，是明清北京紫禁城的 4.5 倍。宫城墙南段与长安城的北郭墙东段相重合，所有墙体均以夯土板筑，底宽 10.5 米左右，城角、城门处包砖并向外加宽，上筑城楼、角楼等。

大明宫城共有九座城门，南面中间为"丹凤门"，东西分别为"望仙门"和"建福门"；北面中间为"玄武门"，东西分别为"银汉门"和"青霄门"；东面为"左银台门"；西面南北分别为"右银台门"和"九仙门"。除正门丹凤门有五个门道外，其余各门均为三个门道。在大明宫的正门丹凤门以南有176米宽的丹凤门大街。大明宫的东西北三面筑有与城墙平行的夹城，在北面中间设"重玄门"，正对着玄武门。宫城外的东西两侧分别驻有禁军，北门夹城内设立了禁军的指挥机关——北衙。

大明宫的宫廷区雄踞龙首原最高处，苑林区则地势低洼。丹凤门以北中轴线上有"含元殿""宣政殿"，这两个属于外朝殿。北为"紫宸殿"，属于内廷正殿。再北为"蓬莱殿""太液池"，内有"蓬莱山"和亭。这条中轴线往南延伸正对着慈恩寺内的大雁塔。在南面的宫廷区内，轴线的东西两侧还各有一条纵街。另外，沿着太液池有"环廊"四百余间，池西有著名的"麟德殿"，池北有"三清殿""玄武殿"。其余尚有若干殿宇。

北宋钱易的《南部新书·第七卷·庚》载："含元殿侧龙尾道，自平阶至，凡诘屈七转。由丹凤门北望，宛如龙尾下垂于地。两垠栏槛，悉以青石为之，至今五柱犹有存者。"

在皇家"宫苑园林"内布设显性宗教建筑和沿湖的长廊，大明宫是有记载的较早的实例之一（另见东都洛阳西苑）。隋朝实行佛道并重政策，隋文帝使用道教名词"开皇"作为开国年号。此际道教在理论上也有所发展，苏元朗开启了"内丹"学说（把人体比作烧炼用的炉鼎，人体内的精、气、神作为原料，这些原料若在人体内部被烧炼成"丹"，人就能成仙，具体功法也就是某类气功）。唐朝时期，道与佛的地位因不同皇帝的好恶此消彼长、各领风骚。唐初，李氏皇家尊老子为祖先，奉道教为国教，采取措施大力推崇道教，提高道士地位。唐高祖李渊曾规定"道大佛小，先老后释"，唐太宗李世民重申"朕之本系，起自柱下"（笔者按：史载老子曾为周柱下史，后以"柱下"为老子）。唐高宗李治尊奉老子为"太上玄元皇帝"。在武则天主政时期，出现了一位著名的道士司马承祯，与陈子昂、宋之问、李白、孟浩然、王维、贺知章等为"仙宗十友"。武则天虽然更注重佛教，但也闻其名，召至京都，亲降手敕，赞美他道行高操。唐睿宗李旦于景云二年（公元711年）召其入宫中，询问阴阳术数与理国之事。唐玄宗于开元九年（公元721年）迎司马承祯入宫中，玄宗受法篆，成为道士皇帝（也有标榜与武氏政权彻底决裂的因素），这也推动道教发展到全盛，社会上的崇道之风发展到极致。中晚唐时期也延续尊本崇道政策，其中以唐武宗尊道最为突出，同时也采取了废除佛教的政策，即"武宗灭佛"（《南部新书·第六卷·己》）载："会昌末，颇好神仙。有道士赵归真，出入禁中，自言数百岁，上敬之如神。与道士刘玄静，力排释氏。武宗既惑其说，终行沙汰之事。及宣宗即位，流归真于南海，玄静戮于市。"）。皇家有这样几乎是一贯的尊崇道教的政策，在大明宫内出现道教建筑就不足为奇了。除三清宫外，还有"大角观""玄元皇帝庙""清思殿""大福殿"等（图7-3）。

4. 兴庆宫

兴庆宫位于长安外郭城东门春明门内的"兴庆坊"（隆庆坊），原系唐玄宗登基前的藩邸。先天元年（公元712年），李隆基登基，为避其名讳而将隆庆坊改名兴庆坊。开元二年（公元714年），将其同父异母的四位兄弟的府邸迁往兴庆坊以西、以北的邻坊，便将兴庆坊全坊改为兴庆宫。开元八年，在兴庆宫西南部建成"花萼相辉楼"和"勤政务本楼"。开元十四年，在兴庆宫建造"朝堂"并扩大范围，将北侧"永嘉坊"的南半部和西侧"胜业坊"的东半部并入。开元十六年，经扩建，正式成为玄宗听政之所，号称"南内"。因此兴庆宫是唐玄宗

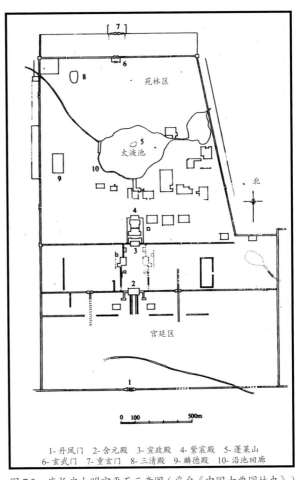

1- 丹凤门　2- 含元殿　3- 宣政殿　4- 紫宸殿　5- 蓬莱山
6- 玄武门　7- 重玄门　8- 三清殿　9- 麟德殿　10- 沿池回廊

图7-3　唐长安大明宫平面示意图（采自《中国古典园林史》）

时代的政治中心所在，也是他与爱妃杨玉环长期居住的地方。李白那首脍炙人口的《清平调》便是作于兴庆宫的"沉香亭"："云想衣裳花想容，春风拂槛露华浓。若非群玉山头见，会向瑶台月下逢。""名花倾国两相欢，长得君王带笑看。解释春风无限恨，沉香亭北倚栏干。"开元二十年，在外郭城东垣增筑了一道夹城，使得兴庆宫直接与大明宫、曲江池相通。后来在兴庆宫南侧又增筑了一道夹城。开元

二十年至开元二十四年，向西扩建花萼相辉楼。天宝十年（公元 751 年），在兴庆殿后增建"交泰殿"。天宝十二年，再次维修宫垣。

因玄宗即位之初标榜廉洁、勤俭，所以这一时期他在兴庆宫建造的几座宫殿与大明宫内的相比规模并不大。兴庆宫历经扩建后，宫城占地东西 1.08 公里、南北 1.25 公里，总占地 1.35 平方公里。兴庆宫由一道东西墙分隔成北部的宫殿区和南部的园林区，将朝宫与御苑的位置颠倒过来。兴庆宫外墙上共设有七座宫门，正门"兴庆门"在西墙偏北处，其南为"金明门"；东墙与兴庆门相对为"金花门"，偏南为"初阳门"；北宫墙居中为"濯龙门"；南墙居中为"通阳门"，偏东为"明义门"。

朝会正殿"兴庆殿"建筑群位于兴庆宫西北隅一组院落内，建筑群坐北朝南，大概分三进院落。第一进院落最南是大同门，门内左右为钟、鼓楼，其后为"大同殿"（供奉老子）。再后为一个小院落，四面有门，西门即为兴庆门。第三进院落正殿为兴庆殿，最后为交泰殿。

在北门跃龙门内中轴线上也应该是一组院落，正殿为"南薰殿"。宫城东北隅有"新射殿""金花落"等建筑。

兴庆宫南部的御苑区以"九龙池"为中心，池东西长约 915 米、南北宽约 214 米，由龙首渠引浐水入池。《南部新书·第七卷·庚》载："兴庆宫九龙池，在大同殿古墓之南，西对瀛州门。周环数顷，水极深广，北望之渺然，东西微狭，中有龙潭，泉源不竭，虽历冬夏，未尝减耗。池四岸植嘉木，垂柳先之，槐次之，榆又次之。……"相传九龙池中曾大量种植荷花、菱角和各种藻类植物，池南岸还种有可解酒性的醒醉草。池东北岸有"堆山""沉香亭"和"百花园"，南岸有"五龙坛""龙堂"。目前在池西南考古发掘出 17 处建筑遗址，文献所记花萼相辉楼、勤政务本楼等大概就分布在这一带。池东南有"翰林院""长庆殿"和"常青楼"等建筑（图 7-4）。

由于长安禁苑和"三内"一带地形平衍、低洼，无法利用山川之胜，同时这一时期也已经弃用了工程量巨大的高台建筑。因此，后来御苑区的发展主要是在长安城东南一带。这里有终南山耸峙，河流密布，既有高大雄伟的山原，又有突然凹陷的低地，取其自然之美再加以人工的雕凿，是建设各类园林的理想之地。"曲江池""骊山华"和"樊川"三大风景区就是自然之美大放异彩的典型代表。骊山的华清宫为离长安城比较近的离宫御苑，曲江池既有皇家的离宫御苑又有公共游览区，樊川则为当时著名的私园和别墅区。

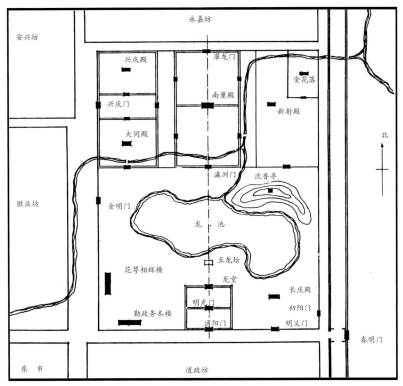

图 7-4　唐长安兴庆宫平面设想图（采自《中国古典园林史》）

5.华清宫

骊山位于唐长安城东，是秦岭山脉向西伸出的一个支阜，东西 10 公里、南北 6 公里，最高处海拔 1300 米。其中西绣岭和东绣岭古柏苍翠之色弥漫山谷，奇花异卉处处飘香，是骊山的主要风景区。骊山西绣岭北麓有天然温泉，远在秦始皇时代就被利用过，修建了温泉宫室，名"骊山汤"。隋开皇三年（公元 583 年），又修屋宇，列树松柏千余株。唐太宗贞观十八年（公元 644 年），在此地修建"汤泉宫"，唐高宗咸亨二年（公元 671 年）改名"温泉宫"，唐玄宗天宝六年（747 年）才正式定名"华清宫"，取左思《魏都赋》"温泉毖（bì，假借"泌"，泉水涌流的样子）涌而自浪，华清荡邪而难老"之义。

华清宫尽有河山之胜，成为一座几乎占据整座骊山的庞大宫殿建筑群，比起长安的三大宫有过之而无不及。山上的主要建筑物集中在"西绣岭"的第一高峰，上有"翠云亭""羯鼓楼"等；稍西为第二峰，上有"老母殿"（笔者按：骊山老母，即传说中用黄土造人的女娲氏）、"望京楼"；再下为第三峰，上有"朝元阁""长生殿"。整个华清宫殿阁林立，高低错落，豪华壮丽无比，是唐玄宗和杨贵妃每年住宿、游乐的地方。

在山前的冲积平原地带，以温泉为中心的主要建筑物有"御汤九龙殿"（亦称"莲花汤"）、"御寝飞霜殿"、赐浴杨贵妃的"芙蓉汤"（亦称"海棠汤"）"太子汤""少阳汤"和"长汤"十六所等。汤池繁多，莹彻如玉，地上石面还隐起鱼龙花鸟之状浮雕，随水波游移，千姿百态，栩栩如生。

安史之乱以后，由于政局动荡，皇帝已很少出游华清宫，这座皇家禁苑便遭到人为的拆毁。华清宫到了宋代已经破烂不堪，北宋钱易的《南部新书·第八卷·辛》载："玄皇于骊山置华清宫，每年十月舆驾自京而出，至春乃还。百官羽卫，并诸方朝集，商贾繁会，里闾阗咽焉。山上起朝元阁，上常登眺，命群臣赋诗，正字刘飞诗最清拔，蒙赏之。……丧乱以来，汤所馆殿，鞠为茂草。"《南部新书·第六卷·己》载：骊山华清宫，毁废已久，今所存者唯缭垣耳。天宝所植松柏，遍满岩谷，望之郁然，虽屡经兵寇，而不被斫伐。朝元阁在山岭之上，基最为崭绝，柱础尚有存者。山腹即长生殿，殿东西盘石道，自山麓而上，道侧有饮酒亭子。明皇吹笛楼、宫人走马楼故基犹存。缭垣之内，汤泉凡八九所。有御汤，周环数丈，悉砌以白石，莹彻如玉，石面皆隐起鱼龙花鸟之状，千名万品，不可殚记。四面石座，皆级而上。中有双白石瓮，腹异口，瓮中涌出，盘注白莲之上。御汤西北角，则妃子汤，面稍狭。汤侧红白石盆四，所刻作菡萏之状，陷于白石面，余汤逦迤相属而下，凿石作暗渠走水。西北数十步，复立一石表，水自石表涌出，灌注一石盆中。此亦后置也。"（图7-5）

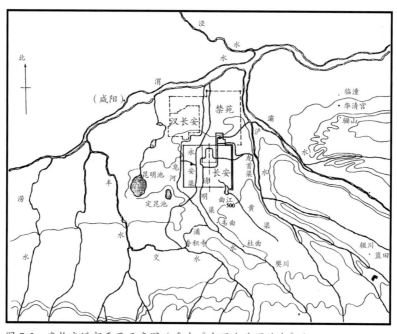

图7-5　唐长安近郊平面示意图（采自《中国古典园林史》）

6. 九成宫

隋唐时期，比较典型的离宫还有九成宫，即隋"仁寿宫"（杨坚取"尧舜行德，而民长寿"之美意命名），位于长安西北 320 里的麟游县境内。隋文帝杨坚为避大兴酷暑，曾诏令天下绘山川图以献，广造离宫。开皇十三年（公元 593 年），杨坚至岐州（今宝鸡凤翔），下诏在麟游县镇头营造避暑离宫，命右仆射杨素为总监、宇文恺为将作大匠、封德彝为土木监，崔善为督工。建造仁寿宫是督调几万人投入的浩大工程，以"天台山"为中心，在东至庙沟口、西至北马坊河东岸、北至碧城山腰、南临杜水北岸修筑了周长一千八百步的内城垣，另有外城。九成宫营造从开皇十三年二月施工至开皇十五年四月竣工，历时两年零三个月。《隋书·杨素传》载："寻令素监营仁寿宫，素遂夷山堙谷，督役严急，做者多死，宫侧时闻鬼哭之声。及宫成，上令高颍前视，奏称：'颇伤绮丽，大损人丁。'高祖不悦。素尤惧，计无所出，即于北门启独孤皇后曰：'帝王法有离宫别馆，今天下太平，造此一宫，何足损费！'后以此理谕上，上意乃解。于是赐钱百万、锦绢三千段。"

贞观五年（公元 631 年），唐太宗李世民下诏改仁寿宫为九成宫，置九成宫总监管理宫室。唐魏徵《九成宫醴泉铭》（欧阳询书写）介绍了此宫的基本情况，为便于理解，直译为白话文如下：

"贞观六年夏历四月，皇帝在九成宫避暑。这里原是隋朝的仁寿宫。覆盖着山野而兴建宫殿，截堵山谷以形成池沼和护城河。跨水立柱以架桥，辟险峻之地建起耸立的双阙，周围建起高阁，四边环绕长廊，房舍纵横错杂，台榭参差交错；仰望高远可达百寻，俯看峻峭亦达千仞，辉煌如珠玉相映，金色和碧色交辉，其光彩能灼云霞，其高峻能达日月……至于当热度可以熔化金属的酷热暑天，这里却无闷湿蒸热的气温。微风徐徐吹来，带来清凉的舒适，确是居住的好场所，实为调养精神的胜地，汉代的甘泉宫是不能超过它的。

……（太宗皇帝）舍身以利天下黎民，风里来雨里去，一心为百姓着想，忧国忧民积劳成疾，皮肤和尧帝一样变成了干肉的形态，手脚上结的茧（jiǎn）子超过了大禹，虽经针刺石砭治疗，而血脉仍不通畅。住在京都，炎热的暑天往往使人疲困不堪，群臣请求另建避暑行宫，庶几可以疗养从而心旷神怡。圣天子爱护每一个黎民的劳力，痛惜民间户籍编制中最小单位的财货，坚决拒绝，不肯听从群臣的请求。提出隋朝建筑的旧宫殿，是过去建造的，舍弃它感到可惜，毁掉它又会重新劳民伤财，应当沿袭既成的事实，又何必重新改做呢！于是去掉隋代旧宫的纹饰而使之变得质朴，一再节俭，把原来过多奢华的部分去掉，把已经损坏的部分加以修正，使原来殿前红色的石阶夹杂着沙砾，原来白色的墙壁夹杂着新涂的泥土。土阶与原有的玉砌相接，茅屋连着原有的琼室。仰看原有宫殿的壮丽，可吸取过去隋朝由于奢侈而败亡的教训，俯察今天修葺的求卑求俭，足以作为后嗣子孙的楷模，正体现了'至人无为，大圣不作'的精神，他们竭尽全力（大兴土木），其成果却使我安享了。

然而过去的池沼，水都从涧谷引来，宫城里面本来就缺乏水源，想求得水源结果又没有，（要解决这一问题）不是人力所能办到的，太宗皇帝心里对此一直念念不忘。贞观六年四月十六日，太宗皇帝与长孙皇后在九成宫散步，沿途观赏楼台亭榭，信步走到西城的背面，在高耸的楼阁下徘徊，往下看到这里的土地略显湿润，用手杖掘地并加以导引，结果泉水随之流涌出来，于是在泉水下边砌上石槛，引来水流入石砌的沟渠。泉水清澈如镜，水味甘甜如醴酒。（泉水经过石渠）往南灌注往丹霄宫的右边，往东流淌于双阙之下；流泉贯穿于镂刻图纹的宫门，萦绕着紫房宫；泉水激扬起的清波，能将浊秽的渣滓荡涤；它可以使人养成纯正的禀性，可以使人的心神玲珑透剔。泉水如镜能照映出各种形态，由于它的滋润可以使万物生长就如同皇帝的深恩永无休止，天子的恩泽永远流布人间，它不仅是天象的精华也是地神的环宝……"

另据《隋书》《唐书》零星记载，九成宫主要建筑有"大宝殿""丹霄殿""咸亨殿""御容殿""排云殿（九龙殿）""梳妆楼"等。屏山下聚杜水成湖（时称"西海"）。因山上宫内水源困乏，因此从北马坊河谷"以轮汲水上山（碧城山），列水磨以供宫内"。宫城内由西向东筑有地下水道，用十分规则的石料衬砌，直通城外。

另外，贞观八年（公元634年），又在九成宫南25里（今下永安村）修建"永安宫"，乾封二年增建"太子宫"，从此以后再未修葺，九成宫日渐败落。开成元年（公元836年），一场暴雨冲毁了九成宫正殿，从开始营造至水毁经历了二百四十余年。今九成宫遗址地面上仅存《醴泉铭》《万年宫铭》两尊记事石碑和考古工作者发掘出的殿、阁、廊基、柱石、水井等遗迹。李思训、李昭道父子曾画过《九成宫执扇图》《九成宫图》传世。

注1：（宋）宋敏求《长安志》。

第四节　洛阳地区皇家园林建筑体系

洛阳是隋唐时期仅次于长安的全国政治中心，规模也仅次于长安城。大业元年（公元605年），隋炀帝即位后遂营建东京，因建于汉晋的洛阳城早已颓毁，于旧城西十八里另择新址：北倚邙山，南对伊阙，跨洛水南北、瀍水东西。大业二年移都于此，长安虽仍居京师之名，但朝廷百司常驻东京，成为实际上的首都。大业五年，东京改称东都。大业十四年，隋炀帝被杀于江都，东都官员奉越王杨侗（炀帝孙）即帝位。次年，王世充废杨侗自立，建号郑，改洛州为司州。唐高宗李治显庆二年（公元 657 年），置东都于此，官司准长安。此后高宗李治常往来于长安、洛阳间。武则天主政时期，光宅元年（公元 684 年）改东都为神都，遂定为首都。神龙元年（公元 705 年），中宗李显即位，复称东都，次年才迁回长安。玄宗在开元二十四年（公元 736 年）前的十年间曾五次居洛阳，此后乃定居长安。天宝元年（公元 742 年），改东都为东京。安史之乱时，安禄山父子、史思明父子建国号为"燕"，都曾以洛阳为都城。天佑元年（公元 904 年），朱温迫昭宗迁都洛阳，但其时中原的实际政治中心已在宣武军节度使梁王朱温的驻所汴州（今河南开封），洛阳只作了三年名义上的首都。

营建东京时，宇文恺揣测炀帝心存宏侈，故洛阳城阙宫室的壮丽有过于长安。为了充实这个新都，炀帝下令移来了"豫州郭下"（即旧洛阳城）居民和天下富商大贾数万家，又征集天下乐师万余人，魏、齐、周、陈各朝的乐人等毕集于此。又以此为中心，开凿、疏通了一个东南经河淮、江淮间平原通向太湖、浙江，东北经河北平原达于涿郡，西通关中的巨大运河系统。因而洛阳作为隋的首都历时虽短暂，却曾极一时之盛。但洛阳"宫苑"和洛阳城却是命运多舛：隋唐之际，经大业十三年李密攻东都和唐武德四年李世民攻王世充两次兵燹，宫殿于城破时多被焚毁，居民于围城中多饿死，都市繁荣受到了巨大摧残。唐朝自贞观至开元天宝间，城郭宫阙经太宗、高宗、武则天的修缮增筑而日益壮丽。由于武则天"徙关内雍、同等七州户数十万以实洛阳"（多数应被安插在洛阳郊区，移入城内的不多），又因仕宦或从事工商业而陆续自动移来的人口很多，居民迅速大量增加，其中还杂有为数可观的外国商人，所以延载元年（公元 694 年），蕃客商胡竟能"聚钱百万亿"为武则天铸铜铁"天枢"铭记功德。后来盛唐洛阳的繁盛遭到安史之乱的毁灭性破坏，特别在至德二载（公元 757 年）、宝应元年（公元 762 年）两次收复洛阳时，军士大肆焚掠。后一次，回纥军队入东京，"肆行杀略，死者万计，火累旬不灭，所过房掠，三月乃已。比屋荡尽，士民皆衣纸。"（注 1）"宫室焚烧，十不存一。百曹荒废，曾无尺椽，中间畿内，不满千户，井邑榛荆，豺狼所号。既乏军储，又鲜人力。东至郑、汴，达于徐方，北自覃、怀经于相土，为人烟断绝，千里萧条。"（注 2）安史之乱之后虽然经历了百多年的承平，洛阳终未能再现盛唐的景况。到了唐末，又遭到一次极大破坏。光启元年（公元 885 年），秦宗权部将孙儒攻入洛阳，大烧大掠，至"城中寂无鸡犬""四野俱无耕者"。后经河南尹张全义招怀流散，逐渐有所恢复。天佑元年（公元 904 年），朱全忠命张全义修缮宫室，迫昭宗迁都于此，这些宫室的规模甚至还不如全盛时的公卿第舍。后唐同光（公元 923 年—公元 926 年）中乃别有营建。

洛阳城平面近于方形，南北最长处 7.312 公里、东西最宽处 7.290 公里，面积约 45.3 平方公里。洛水自西南向东北穿城而过，分全城为洛北、洛南两部分。洛北区西宽东窄，故只能把占地大的皇城、宫城建在西端，恰好西部向南 20 里左右可以遥望两山夹水的伊阙作为对景。这样，也只好把坊市建在洛南区和洛北区的东部，形成内城位于全城西北角、东北角和南半部为坊市区的布局。洛阳外郭城共有八座城门，南三门有：东为"长厦门"，中为"定鼎门"（隋建国门），西为"厚载门"（隋白虎门）；东三门有：北为"上东门"，中为"建春门"，南为"永通门"；北二门有：西为"徽安门"，东为"安喜门"（另有龙光门为泛皇城范围的北门，即宫城之北又有曜仪城、圆壁城）；西面无外郭城门（有宫城西面的阊阖门、西门）。

唐洛阳宫城居西北，东西 2 公里有余，南北 1 公里有余，四周 6.5 公里有余，城墙高 4 丈 8 尺。皇城从东、南、西三面环绕宫城，东西 2.5 公里有余，南北 1.5 公里有余，三面共长 6.5 公里有余，城墙高 3 丈 7 尺。另有"东城"在宫城皇城之东，东墙长 2 公里有余，南北各 0.5 公里有余，城墙高 3 丈 5 尺。宫城正门为"应天门"，正殿为"含元殿"，另有殿、台、堂、院数十处和中书省、门下省、宏文馆、史馆等公署。皇城和东城内列置社、庙及省、寺、监、府、卫、坊、局等百司。宫城之北又建"曜仪城""圆壁城"以居妃嫔。在宫城、皇城中轴线上从南至北依次为："伊阙""定鼎门（隋建国门）""天津桥""天枢（"大周万国颂德天枢"）""端门（皇城南门）""应天门（宫城南门）""乾天门""乾元殿""明堂""天堂（武则天命薛怀义主持建造的用以供奉佛像的建筑）""贞观殿""徽猷殿""玄武门""曜仪门""圆壁门"。宫城之东的"东城"北面是积贮粮食的"含嘉仓城"。圆壁城、含嘉城的北墙亦即外郭城北墙的西段。含嘉仓城经发掘实测，东西长 612 米、南北长 752 米，面积 0.46 平方公里。仓窖超过 400 座。据记载，天宝中贮粮超过 580 万石，将近全国主要粮仓贮粮总数的一半。外郭城的南墙、东墙和含嘉城以东的北墙、皇城以南的西墙，隋时仅有短垣，武周长寿二年（公元 693 年）筑城，长约 25 公里，城墙高 1 丈 8 尺，又号称"金城"。城内纵、横各十街。自皇城的正门向南过洛水上的天津桥，抵都城的定鼎门的定鼎街（又称天门街、天街），宽 100 步，长

7里137步，是全城的主干大街。东西向干道是洛水北自"东城"宣仁门抵都城上东门和洛水南都城建春门内的大街，各宽75步。此外各街或宽82步，或宽35步。每两条直街和两条横街之间一般就是一个坊，也有分割成为二坊的。全城共113坊，大坊纵、横各300步，内开十字街，四面开门出入。小坊则只设一街两门。坊内皆第宅、寺观、祠庙、园亭，杂以公署。又有南、北、西三市，市内店肆骈列，货物山积。除洛水、伊水、瀍水外，城内又有通济、通津、运、漕等渠，故给水便利，航运通畅。漕渠东连汴河，为天下舟船所集，常万余艘，填满河路，商旅贸易，车马填塞。洛阳皇家园林主要是位于城外，以"西苑"为代表（图7-6）。

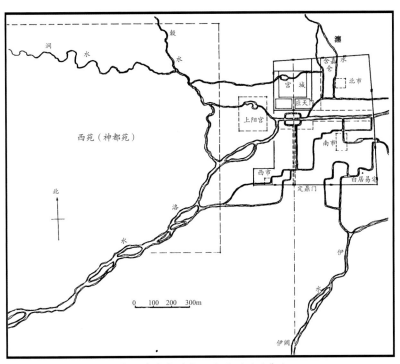

图7-6　唐洛阳平面示意图（采自《中国古典园林史》）

西苑

洛阳都城之西为禁苑，故称"西苑"（又称"会通苑""显仁宫"，因内有隋最早营建的"显仁宫"）。苑东还有唐高宗李治时期建造的"上阳宫"（公元674年—公元676年），东接皇城、南临洛水、西距瀍水，唐高宗晚年常居此听政。上阳宫之西隔瀍水还有"西上阳宫"。两宫间水上架虹桥以通往来。

西苑于大业元年与洛阳城同时兴建。《隋书·地理志》载："西苑周二百里"。

这可能是历史上面积仅次于西汉上林苑的大型皇家园林。唐改名为"神都苑"，面积缩小约一半，西至孝水，北背邙山，南距非山，有洛水、瀍水、涧水贯穿其中。关于西苑的总体布局和内容等，唐杜宝所撰《大业杂记》中记载得比较详细：

"（大业）元年夏五月，筑西苑，周二百里。其内造十六院，屈曲绕龙鳞渠，其第一延光院、第二明彩院、第三合香院、第四承华院、第五凝晖院、第六丽景院、第七飞英院、第八流芳院、第九耀仪院、第十结绮院、第十一百福院、第十二万善院、第十三长春院、第十四永乐院、第十五清署院、第十六明德院。置四品夫人十六人，各主一院。庭植名花，秋冬即剪杂彩为之，色渝则改著新者。其池沼之内，冬月亦剪采为芰荷。每院开东西南三门，门并临龙鳞渠。渠面阔二十步，上跨飞桥。过桥百步，即种杨柳、修竹，四面郁茂，名花美草，隐映轩陛。其中有逍遥亭，八面合成，鲜华之丽，冠绝今古。其十六院，例相仿教。每院各置一屯，屯即用院名名之。屯别置正一人、副二人，并用宫人为之。其屯内备养彘豢，穿池养鱼为园，种蔬植瓜果，四时肴膳，水陆之产靡所不有。其外游观之处，复有数十。或泛轻舟画舸，习采菱之歌；或升飞桥阁道，奏春游之曲。"

"苑内造山为海，周十余里，水深数丈，其中有方丈、蓬莱、瀛州诸山，相去各三百步。山高出水百余尺，上有道真观、集灵台、总仙宫，分在诸山。风亭月观，皆以机成。或起或灭，若有神变。海北有龙鳞渠，屈曲周绕十六院入海。海东有曲水池，其间有曲水殿，上巳禊饮之所。每秋八月，月明之夜，帝引宫人三五十骑，人定之后，开闾阖门入西苑，歌管。诸府寺因乃置清夜游之曲数十首。"

从以上描述来看，西苑是以人工湖即"海"和其内的"三神山"为核心。与秦汉时期的"三神山"相比，已经有了更明确的指向性，即"三神山"上的建筑主要为道教建筑，与这一时期皇家崇尚道教有很大的关联性，且秦汉之际的"三神山"中"居住"或供奉的还是比较模糊的诸神，至此已经演化为道教中的诸神。"海"的东面还有"曲水池"和"曲水殿"。三月上旬的第一个巳日为"上巳"节日，旧俗以此日在水边洗濯污垢，祭祀祖先（祓禊、修禊）。魏晋以后把上巳节固定为三月三日，成为了在水边饮宴、郊外游春的节日。故曲水池和曲水殿区域为"上巳禊饮之所"。"海"的北面是"屈曲周绕"的龙鳞渠，在龙鳞渠两岸有十六组离宫性质的"院"。因临近龙鳞渠，院内还有小的"池沼"，并种植观赏性的花木，因此"院"也就构成了独立的小型园林建筑体系景区。每"院"还有依附的经济生产性质的"屯"，主要种植瓜果蔬菜、凿池养鱼。另外还有数十个其他主题区域。

另有宋朝传奇笔记《隋炀帝海山记》说："（隋炀）帝自（杨）素死，益无惮，乃辟地周二百里为西苑，役民力常百万。苑内为十六院，聚巧石为山，凿池为五湖四海。诏天下境内所有鸟兽草木，驿至京师。

天下贡进花木鸟兽鱼虫莫知其数，此不俱载。诏定西苑十六院名：景明一、迎晖二、栖鸾三、晨光四、明霞五、翠华六、文安七、积珍八、影纹九、仪凤十、仁智十一、清修十二、宝林十三、和明十四、绮阴十五、绛阳十六，皆帝自制名。

院有二十人，皆择宫中佳丽谨厚有容色美人实之。每一院，选帝常幸御者为之首。每院有宦者，主出入易市。又凿五湖，每湖方四十里。东曰'翠光湖'，南曰'迎阳湖'，西曰'寒光湖'，北曰'洁水湖'，中曰'广明湖'。湖中积土石为山，构亭殿，曲屈环绕澄碧，皆穷极人间华丽。又凿北海，周环四十里。中有三山，效蓬莱、方丈、瀛洲，上皆台榭回廊。水深数丈，开沟通五湖四海。沟尽通行龙凤舸；帝多泛东湖。因制湖上曲《望江南》八阕云：'湖上月，偏照列仙家。水浸寒光铺枕簟，浪摇晴影走金蛇。偏称泛灵槎。光景好，轻彩望中斜。清露冷侵银兔影，西风吹落桂枝花。开宴思无涯……'

大业六年，后苑草木鸟兽繁息茂盛。桃蹊柳径，翠荫交合；金猿青鹿，动辄成群。自大内开为御道，直通西苑，夹道植长松高柳……"

《隋炀帝海山记》与《大业杂记》所记不同之处，主要是《隋炀帝海山记》说西苑内较大的水面有"五湖四海"，并具体讲了"五湖""北海"和相连通的"沟"，且每湖"方四十里"，比北海"周环四十里"还大。因为在文言文中，"方四十里"的意思是每边长40里。而《大业杂记》中较大的水面有"海""曲水池""龙鳞渠"，且"海"较小，"周十余里"。两者相同之处除了都有"十六院"外，"三神山"都是在"海"中。

所有园林无论设计之初和建造过程如何，只从完成的作品来分析，都可以依其特点认为或以道路、或以水网、或以山体、或以建筑等为总体布局的脉络或起点。因此从以上有关洛阳西苑诸文的记述来讲，可以认为其特点为：首先以"五湖四海"或"北海""曲水池""院"内"池沼""龙鳞渠""沟"等布局成统领全园的主要水景观网络体系。湖中又"积土石为山"（仙岛），山上或"构亭殿，曲屈环绕澄碧"，或有大量的道教建筑；又以龙鳞渠两岸有十二座相对独立的"院"为园中园；以其他建筑景观内容和大量的（动）植物景观内容，或作为全园的有机填充，或作为与水景观体系紧密相连的全园的联系体系，并各自可构成独立的景观节点；还有附属的经济园区等。换一种角度分析，在全园整体布局构架中，既有以曲折的线形布局内容，如"其内造十六院，屈曲绕龙鳞渠"，又有以"海"为主的大型面状布局内容，还有以大如"海"中岛、小如八面"逍遥亭"为代表的点状布局内容等。

除了"西苑"外，在洛阳城外还有很多其他"宫苑"。

《隋书·食货志》载："始建东都……又于皂涧营显仁宫，苑囿连接，北至新安，南及飞山，西至渑池，周围数百里。课天下诸州，各贡草木花果、奇禽异兽于其中，开渠，引谷、洛水，自苑西入，而东注于洛。又自板渚引河，达于淮海，谓之御河。河畔筑御道，树以柳。"

《大业杂记》："建国门（皇城中轴线上南面的外郭城门）西南十二里，有景华宫。宫内有含景殿及射堂、楼观、池隍。十余里有甘泉宫，一名'名润宫'。周十余里，宫北通西苑，其内多山阜、崇峰、曲涧，秀丽标奇。其中有阆风亭、丽日亭、栖霞观、行雨台、清暑殿，南有通仙飞桥、百尺碉、青莲峰，峰上有翠微亭。游赏之美，于斯为最。"

由此可知，西苑并不是孤立的，在洛阳城西南还有"景华宫"和"名润宫"等，后者北面可以通西苑，可见洛阳城西面和西南方向很大一片地界主要为皇家禁苑区。

另外，《大业杂记》中记载的隋炀帝时期建造于其他地区的离宫别苑还有亭子宫、江都宫、临江宫、藻涧宫、平乐园、汾阳宫、天经宫、仙都宫、泷川宫、榆林宫、昆陵郡东南"宫苑"（周十二里，其中有离宫十六所，其流觞曲水，别有凉殿四所，环以清流）、丹阳宫等。

注1：《资治通鉴·肃宗宝应元年》。

注2：《旧唐书·郭子仪传》。

第五节　隋唐皇家园林建筑体系形态的文化与空间艺术

以往有学者以"历史发展的眼光"认为：隋唐时期的皇家园林上承秦汉、魏晋南北朝，下启宋、元、明、清，在中国传统园林发展的历史上占有突出地位。秦汉"宫苑"那种在广袤山野上，以池沼、宫室形成众多质密的景观核心的"点布局"方式，从此变为一种舒展宛致、富于自然韵律和节奏变化的"线、点结合布局"方式。由于这一重要转变的实现，园林艺术中的向背、开阖、对比、映衬、争避、穿插、显隐、因借等一系列手法可能得到巨大发展。这显然是因为在秦汉"宫苑"基础上，大量吸收东晋、南北朝以来士人园林艺术趣味和艺术手法的结果。

但笔者以为，在得出上述结论之前，首先需要对不同时代皇家园林的内容、规模、形式等相近的园林建筑体系做些较专业的比较。

先以西汉长安"未央宫"与唐长安"大明宫"进行比较：

（1）西汉未央宫周长"二十一里"（汉代1里约为现在415.8米），约8.6公里，占地约4.6平方公里。唐大明宫周长约7公里，占地面积约3.42平方公里。

（2）西汉未央宫位于龙首原上，其"前殿"相当于"外朝"，几乎位于整个区域的中央，其后有相当于"后宫"的"椒房殿"等，这条南北中轴线还比较清晰。西晋潘岳的《关中记》说未央宫有"台三十二，池十二，土山四，宫殿门八十一，掖门十四"，其中最大的"沧池"位于东南，内有高大的"渐台"等。

唐大明宫因地形分南、北两部分，有明确的中轴线，南部为外朝区，位于龙首原上。中轴线上的南门为"丹凤门"，门内为宫廷区，再北于中轴线上依次为"含元殿""宣政殿""紫宸殿"，其中"宣政殿"位于南北两区的交界处。北区为园林区，地势变低，中轴线上有"太液池"，池中有蓬莱山。其他如"麟德殿"位于太液池西侧，"三清殿"位于园林区西北，长廊沿着太液池的西南，园林区还有一些其他的建筑等。

（3）两者平面布局相比较，大明宫有明确的中轴线，特别是前面的外朝区与后面的园林区有明显的高差，功能分区非常明确，使用也更方便。而未央宫虽然也有明确的中轴线，但功能分区不明朗，在整体上更凸显东汉以前"宫苑园林"的普遍特点。

（4）未央宫以高台建筑为主，且数量和形式众多。隋唐时期，一些重要的建筑依然延续了高台建筑形式，但"高台"基本仅剩是作为建筑的基座。如"含元殿"面阔11间，进深4间，有副阶，坐落于三层大台之上。殿前方左右分峙"翔鸾""栖凤"二阁，殿两侧为钟鼓二楼，殿、阁、楼之间有飞廊相连，呈"凹"字形，是自周以来"阙"形式的发展。两侧翔鸾、栖凤二阁之下有倚靠台壁盘旋而上的"龙尾道"。含元殿在"凹"形平面上组合大殿高阁，相互呼应，轮廓起伏，体量巨大，气势伟丽。正殿的夯土台基至今仍有15米以上。类似的还有"麟德殿"，本身便位于太液池西隆起的高地上，殿下有二层台基，殿本身由前、中、后三殿聚合而成，三殿均面阔11间（室内9间），总进深17间。中后殿的二层又为相通的阁。在中殿左右有两方亭，亭北在后殿左右有两楼，称"郁仪楼"和"结邻楼"，都建在高7米以上的砖台上。自楼向南有架空的"飞阁"通向两亭，自两亭向内侧又各架"飞阁"通向中殿之上层，共同形成一组巨大的建筑群。唐"含元殿""麟德殿"这类高台建筑遗韵的形象比较完美，但与西汉时期的高台建筑相比，形式已经比较单一了（参见插图 2-11～2-16）。

（5）鉴于大明宫南北两区分工和形式已经完全不同，而未央宫在整体上还属于"宫苑"的形式，所以可以用大明宫北部的园林区与整座未央宫比较。那么很显然，汉未央宫的形象远比唐大明宫北区丰富得多，空间立体感更强。

再以园林要素内容更丰富的隋洛阳"西苑"与西汉长安"上林苑"比较：

（1）从历史文献的描述来看，上林苑周长 340 里，西苑周长 200 里，前者面积大于后者。但地形比较接近，都是位于都城外的平原地区。

（2）历史文献对西汉长安上林苑布局的描述并不清晰，《长安志》引《关中记》说上林苑中有门十二、苑三十六、宫十二、观三十五。另外，在前面章节中介绍过，西汉上林苑中较大的水面有三十多个，最大的是昆明湖。但《海山记》与《大业杂记》所记载的隋西苑并不相同，前者说西苑内较大的水面有"五湖四海"，并具体讲了"五湖""北海"和相连通的"沟"；而后者中较大的水面有"海""曲水池""龙鳞渠"。两者描述的西苑的相同之处除了都有"十六院"外，"三神山"（"蓬莱""方丈""瀛洲"）都是在"海"中，且《大业杂记》介绍的西苑的布局更明确些。

（3）《三辅黄图·卷四》引《关辅古语》曰："（上林苑）昆明池中有二石人，立牵牛、织女于池之东西，以像天河。"上林苑的"建章宫"内有较大的水面"太液池"，池中有"四神山"等（"蓬莱""方丈""瀛洲""壶梁"）。隋西苑"三神山"中的建筑介绍得比较清晰，基本上是以道教建筑为主，如"道真观""集灵台""总仙宫"等，可以说"神山"的指向性是吸收了道教的内容，而这些道教中的神仙，也是从中国古老的原始宗教的神仙中发展而来的。

（4）从历史文献的介绍来看，上林苑和西苑有较明显差异的当属建筑形式与整体的空间形态，如在上林苑中，高台建筑的数量和类型较多，以至"高视点园林要素"内容更加丰富，多视点欣赏园林内外景色的落脚点也更多。而在"苑中苑"中，西苑内的"十六院"与上林苑内的"苑三十六""宫十二"中的相同内容等并无根本上的不同（如"御宿苑""宜春院"），并且上林苑中的"苑中苑"的类型和形象等更加丰富多样。再有，参见第四章中所引《淮南子·本经训》中的相关内容可知，基本的造园手法，至晚在秦汉时期就已经成熟了。

若再细究隋唐皇家园林建筑体系与秦汉的不同，秦咸阳的"宫苑"园林建筑体系，是包含在以咸阳为核心的全区域整体规划中，这个规划以席卷宇内的气魄"法天象地"，表达了对天上的"神像境界"（"上都"）的模拟，这一点在中国历史上属于仅有的特例，与"千古一帝"秦始皇个人的成就感、个人的抱负和个人的欲望等诸方面的膨胀有着直接的关系。然这一穷天下之力的创举（高台建筑成本巨大），并没有给大秦帝国带来好运，反而成为了秦帝国快速灭亡最重要的诱因之一。这在后来的历史中成为了一个反面的教材，以致在国力远超大秦帝国的西汉盛期，"雄才大略"的汉武帝在"宫苑"园林的建设方面，相对于秦始皇来讲都有所收敛。以后的皇家，已经很少出现以这样的"气魄"，耗尽全国之力建造以高台建筑为标志的园林。

并且自西汉开始，"宣示"皇帝"天人之际"特殊地位的"礼制建筑体系"和相关制度已经逐渐成熟，皇家园林的"宣示"意义已经有所减弱，以享乐为最主要目的，已经成为皇家园林发展的必然。同时在空间形象上也必然是趋于简单化、自然化，作为重要的园林要素内容的建筑的尺度特别是高度等，也因此逐渐趋向于不突破人的体能极限。如《晏子春秋·景公登路寝台不终不悦晏子谏》载："景公登路寝之台，不能终，而息乎陛，忿然而作色，不悦，曰：'孰为高台，病人之甚也！'"说明了高台建筑有不方便性的缺点。但无论如何，隋唐之前的平原地区的皇家园林，以高台建筑为代表的"高视点园林要素"内容，以及依附于它们的天桥复道、飞阁复道、飞虹复道等，实际上是共同构成了园林建筑体系的一层或多层形态丰富、立体多样的"上层空间"（可以在高空中水平连接）。这也就使得隋唐以前的很多典型的皇家园林建筑体系，不但空间内容和空间形态更加丰富多样，也更能体现对神仙境地甚至是宇宙天地的浓缩模仿；且所谓"神仙境地"等原本就是非客观非自然的，因此隋唐之前的典型的皇家园林的空间视觉效果和艺术构思等，远非隋唐及以后时期那些"简化"了的平原地带的皇家园林建筑体系可以类比。因此说，隋唐及以后时期的皇家园林比秦汉时期的更加成熟的结论，纯属无稽之谈。

另外，在东汉以前，中国的宗教是以礼制建筑体系所承载的"隐性宗教"，是由"原始宗教"缓慢地继承和发展而来的（这种"发展"至晚到了明朝时期也没有停止过）。随着从东汉时期佛教和道教的出现，"隐性宗教"和"显性宗教"成为两种并行发展的宗教，并互有"交叉感染"。例如，唐朝出现了一位著名的道士司马承祯。其自少笃学好道，无心仕宦之途。师从嵩山道士潘师正，得受上清经法及符箓、导引、服饵诸术。后来遍游天下名山，隐居在天台山玉霄峰，自号"天台白云子"。在开元九年（公元721年），他为唐玄宗亲受法箓，使玄宗成为道士皇帝。据唐杜佑的《通典·卷四十六·吉礼五》记载，这一年司马承祯言："今五岳神祠，是山林之神也，非正真之神也。五岳皆有洞府（笔者按：指神仙居住的地方），有上清真人降任其职，山川风雨阴阳气序，是所理焉。冠冕服章，佐从神仙，皆有名数。请别立斋祠之所。"唐玄宗对这一说法的反应是"奇其说"。之所以会"奇其说"，乃因山川祭祀本源于原始宗教，以后才发展为古帝王和皇家等垄断的"隐性宗教"的祭祀内容。但此时山川类等神祇已被道教所吸纳，而道教本身也是一种多神教，沿袭了中国古代把日月星辰、河海山岳以及祖先亡魂都奉为神灵的信仰习惯，形成了一个包括天神、地祇和人鬼复杂的神灵体系。这个体系与当下以吉礼为代表的"隐性宗教"中的神祇体系同根同源，内容也是相重叠的。当道教在唐朝时期欲染指五岳等内容时，已经完成了道教旧有理论的整合与新的理论的创建。司马承祯言所谓"正真之神"，就是把原来复杂的神系完全"人格"化了（可能始于武则天时期），难怪玄宗要"奇其说"了。隋唐皇家原本就尊崇道教，后者还认同老子（李耳）为所谓"道教创始人"，所以就追封老子为"圣祖""大圣祖玄元皇帝"。开元十三年，唐玄宗封泰山神为"天齐王"；开元十九年，令五岳各置"真君祠"；开元二十一年，玄宗亲注《道德真经》，又令士庶家藏《老子》一本，并把《老子》列入科举考试范围；开元二十五年，令道士、女冠隶属宗正寺，将道士当作皇族看待；开元二十九年，诏两京（长安、洛阳）及诸州各置崇玄学，规定生徒学习《老子》《庄子》《列子》《文子》；天宝元年（公元 742 年），玄宗赠封庄子为南华真人、文子为通玄真人、列子为冲虚真人、更桑子为洞虚真人，其四子所著之书改名为《真经》；天宝八年追赠玄元皇帝老子为"圣祖大道玄元皇帝"，后又升为"大圣祖高上大道金阙玄元天皇大帝"。至此，道教理论与行动正式渗透到部分属于以吉礼为代表的"隐性宗教"的神祇中。由于在东汉以后出现了"显性"和"隐性"两类宗教的并行发展与交叉，那么在皇家园林中逐渐出现"显性宗教"建筑就不足为奇了。

在唐"华清宫"中，"老母殿""朝元阁"（供奉老子）等属于道教建筑。据说唐玄宗曾经在一天夜里梦见太上老君降临朝元阁，所以把"朝元阁"改名为"降圣观"，并制作了一尊太上老君汉白玉像放置在内。华清宫的"长生殿"属于隐性宗教建筑，又名"集灵台"，是通女神的殿堂，相当于汉朝甘泉宫内的"益寿馆"，可能源于在远古时期把长女献于神庙为神巫、神妓的习俗，因此在长生殿内应供奉爱神、春神、生殖女神等。此圣殿可能常被唐玄宗用来观赏明月、与杨贵妃行情长意绵之事，因此后来又成为追思杨贵妃之地。

从历史文献记载的情况来看，古帝王与皇家园林记录最多和相对详细的，主要集中在都城内外的"宫苑园林"。在隋唐之前的北方地区，这类位于都城内外平原地带的"宫苑"园林，也是古帝王和皇家园林最主要的内容与形式。从隋唐时期开始，记载皇家在自然山地建造园林的内容也逐渐增多且相对详细了，如前面介绍的"华清宫"和"九阳宫"。在自然山地建造的大型皇家园林与平原地带的相比，主要有两个方面的优势：

（1）因所选择建造园林的地区山水相依，山体也有一定的高度，能满足避暑需求的气候的条件更好。

（2）中国皇家园林最重要的目的是模拟"神仙境界"，以作为享受神仙般生活的空间载体。其中具象或抽象的"山"以及水面和植物等，是园林中不可或缺的要素内容。因所选择建造园林的地区自然条件优越，减少了山、水、植物等园林要素内容的营造成本。

只是这类建在潜山地区的皇家园林因依附于自然，空间内容与空间形象也必定更加自然，且更有接近于同时期那些无法建造以高台建筑等为代表的"高视点园林要素"内容的私家园林形态的明显趋势（以西汉袁广汉的私家园林为代表）。以至到了北宋时期，汴梁城内出现华阳宫以"艮岳"为统领性园林要素内容之形态的皇家园林便不足为奇了。

第八章 两宋时期皇家园林建筑体系

第一节 两宋时期史略

唐朝灭亡后，朱全忠在开封建梁国，嗣后，北方中原地区相继出现唐、晋、汉、周 5 个朝代（国家），史称"五代"。因为这些朝代（国家）的名称之前已经出现过，为了与之前的相区别，史学中为它们都加了一个"后"字，即后梁（公元 907 年—公元 927 年）、后唐（公元 923 年—公元 936 年）、后晋（公元 936 年—公元 946 年）、后汉（公元 947 年—公元 950 年）、后周（公元 951 年—公元 960 年）。

约与五代同时，还相继出现了 10 个政权，史称"十国"（约公元 919 年—公元 979 年）：吴、南唐、吴越、闽、南汉、楚、荆南、前蜀、后蜀和北汉。其中只有北汉政权在北方，都太原，其余皆在江南地区。

后周的首都在开封，统治地区包括今河南、山东、山西南部、河北中南部、陕西中部、甘肃东部、湖北北部，以及安徽、江苏的长江以北地区。后周恭帝柴宗训显德七年（公元 960 年）正月初一，殿前都点检、归德军节度使赵匡胤让镇州（今河北正定县）和定州（今河北定州市）谎报北汉和契丹的军队联合南下来犯，请求朝廷派兵增援。符太后和宰相范质、王溥等执政大臣不辨真假，慌忙令澶州节度使慕容延钊率兵抵御，又命赵匡胤率兵北上御敌，赐予他金带、银器、鞍马、铠甲、器仗数十万。初三，赵匡胤领军出汴梁爱景门，宣徽南院使昝居润安排筵席，朝廷众大臣饯送于郊外。傍晚时，军队行至陈桥驿（今河南新乡市封丘县东南陈桥镇），赵匡胤在其弟赵光义、亲信赵普等策划下，鼓动士兵发动兵变，授意为赵匡胤"黄袍加身"，改拥他为皇帝。而后，赵匡胤率兵回师开封，并约束将士，与众誓约不得惊扰都人等。还京时，禁军将领石守信、王审琦打开城门，只有侍卫亲军马步军副都指挥使韩通仓促间试图抵抗，但随即就被军校王彦升所杀。《宋史•太祖本纪》载："太祖进登明德门，令甲士归营，乃退居公署。有顷，诸将拥宰相范质等至，太祖见之，呜咽流涕曰：'违负天地，今至于此！'质等未及对，列校罗彦环按剑厉声谓质等曰：'我辈无主，今日须得天子。'质等相顾，计无从出，乃降阶列拜。召文武百僚，至晡（笔者按：至申时），班定。翰林承旨陶谷出周恭帝禅位制书于袖中，宣徽使引太祖就庭，北面拜受已，乃掖太祖升崇元殿，服衮冕，即皇帝位。"赵匡胤登位后，初五日改国号为"宋"，改显德七年为建隆元年，定都开封。

宋朝建立后，用兵策略是先征服富庶但弱小的南方割据政权（荆南、武平、后蜀、南汉、南唐、吴越），然后北上灭北汉，收复燕云十六州地区（今北京至山西大同等地区）。宋太祖建隆元年（公元 960 年）消灭北汉，基本完成了统一事业，结束了长期分立割据的局面。但宋朝始终并不是一个国力强大、地域广阔的国家，其周围先后还有辽、金、西夏、大理，最后又有蒙古等独立的国家。

辽为契丹族人所建。契丹是鲜卑的分支，早在公元 4 世纪前期已现于记载。在公元 916 年，耶律阿保机统一各部称帝建国，国号"契丹"，定都上京临潢府（今内蒙古赤峰市林东镇），耶律德光时期改名为"辽"。宋太祖赵匡胤建隆元年，为夺回五代时后晋石敬瑭割让给契丹的燕云十六州，于 5 月平北汉后，未经休整和准备，即转兵攻辽，企图乘其不备一举夺取幽州（今北京，辽称"南京"），与辽展开了高粱河之战。另有宋太宗赵炅（赵光义）雍熙三年（公元 986 年），宋军北伐攻取燕蓟故地。此两战均以宋军失败告终。宋真宗赵恒景德元年（公元 1004 年），宋与辽订立"澶渊之盟"，从此宋、辽基本消除了战争。

西夏由党项族人所建。党项为羌族的一支，唐末，党项平夏部酋长拓跋思恭因镇压黄巢起义有功，受封为定难军节度使、夏国公，赐姓李。宋太祖时，党项曾入贡宋。以后，党项酋长李继迁时叛时降，死后其子德明与宋议和，李德明死后其子李元昊即位。宋仁宗赵祯宝元年（公元 1038 年），李元昊正式称帝，国号"大夏"，都兴庆府（今银川市），史称"西夏"。从宋仁宗康定元年（公元 1040 年）起，西夏与北宋不断发生战争，多以北宋战败告终。后由于西夏灾荒不断、物资缺乏、人民厌战等原因，西夏与宋妥协，订立了"庆历和议"。

大理由白族人所建。早在公元 937 年，白族起义首领段思平推翻大义宁政权，建立"大理"政权。之后大理与北宋保持密切的商业交往。

金由女真族人所建。女真在 10 世纪初大多依附契丹，11 世纪中期，完颜部壮大并逐渐统一女真各部。宋徽宗赵佶政和三年（公元 1113 年），完颜阿骨打成为部落联盟酋长，并开始反抗辽的统治。两年后（公元 1115 年）称帝，国号"大金"，定都会宁府（今黑龙江阿城南）。

在宋徽宗赵佶执政时期，派使者渡海到金，相约夹攻辽，史称"海上之盟"。宣和四年（公元 1122 年）初，金太祖完颜阿骨打派金兵攻下辽中京（今内蒙古赤峰市宁城县天义镇以西约 15 公里的铁匠营子乡和大明镇之间的老哈河北岸）、西京（今山西大同）等地，辽天祚帝耶律延禧西逃。宣和七年（公元 1125 年）二月，天祚帝被俘，辽亡。十月，金兵分两路南下攻宋，徽宗传位给赵恒（钦宗），随后南逃。

宋钦宗靖康元年（公元 1126 年）秋，金兵再次南下攻陷开封，次年四月初撤兵，掳走徽、钦二帝，史称"靖康之难"。金立张邦昌为"大楚"皇帝，宋亡。同年五月，康王赵构从今河北南下到陪都南京应天府即位为宋高宗，改元建炎，史称"南宋"，因此之前的宋称为"北宋"。直到宋高宗赵构绍兴二年（公元 1132 年）正月，南宋朝廷才在临安府（今杭州）安顿下来。以后南宋决定与金议和，正式定都临安，名为"行在"（陪都）。

蒙古族是先秦时东胡的一部分，由鲜卑演化而来，12 世纪末虽然形成了如蒙古、塔塔尔、克烈等强大部落，但仍受到金国的统治。之后铁木真征服各部后统一了蒙古高原，"蒙古"成为大漠南北地区的统称。公元 1206 年，在斡南河畔召开了"忽里勒台"大会，推铁木真为蒙古大汗，即"成吉思汗"。从宋宁宗赵扩嘉定四年（公元 1211 年）春开始，蒙古不断进兵金朝。宋理宗赵昀宝庆二年（公元 1226 年）秋，蒙古发动对西夏的战争，次年西夏灭亡。成吉思汗死后窝阔台为大汗，联合南宋灭金。宋理宗瑞平元年（公元 1234 年），蒙宋联军合攻陷蔡州（今汝南），金哀宗自杀，金亡。

灭金之后，蒙古又着手进攻南宋。宋恭宗赵㬎德祐二年（公元 1276 年）二月，蒙古军攻陷临安。南宋小朝廷最后的落脚地为崖山（今广东新会），宋赵昺祥兴二年（公元 1279 年）二月，蒙古军舟师在南宋叛将张弘范率领下对崖山发动总攻。崖山海战，南宋军全线溃败，大臣陆秀夫最后背幼帝赵昺跳海自尽，随后杨太后与朝臣、后宫女眷、柴氏家族和百姓约十万人跳海殉国，至此，南宋亡。两宋共历 18 帝，享国 319 年。

宋朝是中国古代社会发展的成熟时期，在政权（政治）、经济、科技、文化等方面都占有重要的历史地位，又以后者成就最为突出。

政权（政治）和军事方面：宋朝的政治相对比较清明，赵匡胤曾给子孙留有遗训，历任皇帝即位时都必须拜读这份遗训，其记载的内容有三点：其一，柴氏子孙有罪，不得加刑，纵犯谋逆，止于狱中赐尽，不得市曹刑戮，亦不得连坐支属（因宋"承禅"于柴氏）；其二，不得杀士大夫及上书言事人；其三，子孙有渝此誓者，天必殛之。从柴家一族与南宋共存亡，以及在新旧党争当中失势的官员未有被杀的这两点来看，宋朝皇帝基本遵守了这份遗训。自隋唐至宋，科举取士制度才最终达到完善，宋太祖时正式建立殿试制度，即礼部考试后由皇帝在殿廷主持最高一级考试，考生在殿廷及第后，可直接授官。科举录取名额也比唐朝时期大幅度增加，使寒门士子有更多机会走入仕途、跻身文坛。特别是政府还对贫寒士子应试在经济上给予补贴，异地参加考试由政府负担费用等。

　　早在北宋建立之初，赵匡胤就吸取了唐中后期藩镇割据导致灭国和赵匡胤自己导演的"黄袍加身"的教训，削去了"都点检"这个重要的禁军职位，并采取了"杯酒释兵权"。禁军的领导机构改为殿前司和侍卫司，分别由殿前都指挥使、步军都指挥使和马军都指挥使即三帅统领，但是三帅无调兵之权。又在中央设立枢密院来负责军务，直接对皇帝负责，而枢密院虽能调兵，但也不能直接统军，即让统兵权与调兵权分离。同时，还经常更换统兵将领，以防止军队中出现个人势力。因此宋朝在军事上是"强干弱枝""守内虚外"。赵匡胤又将地方上的行政权、财政权收归中央，并削弱了宰相的权力。这些措施的实施，基本上结束了中国以往历史上多次出现的地方割据局面。但重文轻武的结果也导致宋朝军事力量不强，与外族的战争多以失败告终。实际上，两宋对金与对蒙古战争的失败，也有战略失误的原因，即联金攻辽和联蒙攻金，都属于急切复仇、无视"唇亡齿寒"的道理。

　　经济与城市建设等方面：宋朝的经济繁荣程度可谓前所未有，农业、矿业、造纸和印刷业、丝织业、制瓷业、造船业、金融业等均有重大成就。

　　宋朝的赋税和徭役制度大致延续唐末的"两税法"。为了维持政府巨大的开支，增加了人丁税，因此王安石变法时期有"免役法"的推行。宋太祖登基后就实行政府在面向社会征调劳动力承担劳役时，除负责其口粮之外，还要支付工钱。另外，与以往王朝政府主要依靠向民间征收粮食、布匹等实物并进行分配不同，宋朝政府在向官员、军队等国家机构提供消费品时，大多采用财政拨款进行政府购买的方式，政府消费需求的各种物品也无一不是购买的。这就促使政府的财政分配活动更多地与商品货币经济相结合，促进了整个社会的市场发展。同时，政府提供的大量货币依靠这一过程进入民间，对商业的发展、货币化的推进起到了重要的作用。政府向民间采购物品的数量之巨、规模之大、影响面之广、参与者之众、引起的商业关系之复杂等，都是以往任何时代所不能比拟的，因此促进了半农半商的工商地主和市民阶层崛起。具体在金融业方面，宋朝通行的货币有铜钱、白银，由于商品进口，导致宋朝大量铜钱、白银外流。真宗赵恒时期，成都十六家富户主持印造一种纸币，代替金属币和白银在四川使用，称为"交子"，这也是世界上最早的纸币。仁宗后改归官办，并定期限额发行。徽宗时期，改交子名为"钱引"，并扩大流通领域。南宋于高宗绍兴三十年（公元1160年）改为"会子"（后来发生过"会子危机"）。

　　由于西夏阻隔了西北的丝绸之路，加上经济中心南移，所以从宋朝开始，东南沿海的港口城市便成为新的贸易中心。北宋曾与南太平洋、中东、非洲、欧洲等地区五十多个国家通商。南宋时期对南方的进一步开发，也促进了江南地区成为经济文化中心。例如在农业方面，大兴水利，大面积开荒，又注重农具改进。许多新型田地在宋朝开始普遍出现，包括梯田、淤田（利用河水冲刷形成的淤泥所利用的田地）、沙田（海边的沙淤地）、架田（在湖上做木排，上面铺泥成地）等，大幅增加了南宋的耕地面积。

在矿业方面，主要矿产品包括金、银、铜、铁、铅、锡、煤等。发现的金属矿藏达到 270 余处，较唐朝增加 100 余处。仁宗时期，每年得金 15000 多两、银 219000 多两、铜 500 多万斤、铁 724 万斤，铅 9 万多斤、锡 33 万斤。

制瓷业方面，官窑与民窑遍布全国，著名的有河北曲阳"定窑"、河南汝州"汝窑"、禹州"钧窑"、开封"官窑"、浙江龙泉"哥弟窑"、江西景德镇"景德窑"、福建建阳"建窑"七大名瓷窑，所产宋瓷通过海上丝绸之路远销海外。

造纸与印刷业方面，四川、安徽、浙江是主要的造纸产地。四川的布头笺、冷金笺、麻纸、竹纸，安徽的凝霜、澄心纸、粟纸，浙江的藤纸等都闻名于世。甚至还有纸被、纸衣、纸甲等。纸张的大量生产与活字印刷术的发明为印刷业的繁荣提供了基础。宋朝的印刷业分三大系统，官刻系统的国子监所刻的书被称为"监本"，民间书坊所刻的书被称为"坊本"，士绅家庭自己刻印的书籍属于私刻系统。东京汴梁（今开封市附近）、临安（今杭州）、眉山、广都（今成都双流）、建阳（今福建南平）等地都是当时的印刷业中心。宋朝的刻书纸墨精良、版式疏朗、字体圆润、做工考究。

造船业方面，造船技术快速发展，技术水平是当时世界之冠，虔州（今江西赣州）、吉州（今江西吉安）、温州、明州（今浙江宁波）等都是重要的造船基地。宋太宗赵光义（赵炅）时期，全国每年造船达到 3300 余艘。宋神宗赵顼元丰元年（公元 1078 年），明州造出两艘万料（约 600 吨）神舟。南宋时期，由于南方多水加上海上贸易日益发达，造船业发展更快。临安府、建康府（江宁府，今南京）、平江府（今苏州）、扬州、湖州、泉州、广州、潭州、衡州等成为新的造船中心。广州制造的大型海舶木兰舟可"浮南海而南，舟如巨室，帆若垂天之云，舵长数丈，一舟数百人，中积一年粮"。南宋时代还出现了车船、飞虎战船等新式战舰。

由于经济的发展，北宋末期有 46 个十万以上人口的城市，包括东京汴梁（今开封市附近）、洛阳（"西京"）、临安（今杭州）、大名（"北京"，今河北大名县）、应天（"南京"，今商丘）、镇江、平江（今苏州）、江陵（今荆州）、广州、成都、福州、潭州（今长沙）、泉州等。其中北宋东京汴梁人口达到百万以上。

纵观中国古代都城规划的历史，都城布局有四次重大发展变化：其一是从西周到西汉时期，都城由一个"城"发展为"城"（内城）和"郭"（外城）连接的围合布局（西汉长安城至今没有找到"郭"的痕迹）。其二是从西汉到东汉时期，都城从坐西朝东（主要建筑朝向依然是坐北朝南）转变为坐北朝南布局（以主要的城门、宫门的方向为依据）。其三是从魏晋南北朝到隋唐时期，都城从坐北朝南发展为以南北中轴线东西对称布局。这三个时期内，城市居民都被安排在封闭的"闾里"或"里坊"空间内，交易的市场也是封闭的，按时启闭（至迟始于战国时期），整个城市严格地执行夜晚宵禁制度。其四是唐以前封闭的"市制"和"坊制"逐步瓦解，代之以水上交通要道边上新的"行""市"和繁华的"街市"以及以大街小巷为交通网络的结构布局。

在隋唐长安、洛阳城规划中，都是以皇城、宫城之长宽为模数，划全城为若干大的区块，其内再分封闭的里坊和市等。以往由于在宫殿和官署之间布置里坊和市等，道路及街区都不甚规整，至隋唐长安把里坊布置在外郭内后，才形成中国历史上最巨大、规整、中轴对称的里坊制城市，也方便了里坊标准面积大小的划分。但里坊制的城市街景都很呆板，除宫殿、衙署、坛庙、皇亲国戚和大官吏府邸，以及寺庙等建筑群可直接在大街上开门外，其余街道可见的只能是单调的坊墙和坊门，即便是本应热闹非凡的商业区，也是封闭在高高的市墙内。一到晚间闭市闭坊后，整个城市就如同一座死城。《南部新书·第一卷·甲》载："长安中秋望夜，有人闻鬼吟曰：'六街鼓歇行人绝，九衢茫茫空有月。'"只是到了晚唐时期，"市"内按所卖物品种类分"行"集中售卖及管理（带有行业协会的性质）。"行"内一般设供"行头"驻地和方便交流交易的酒楼，附近的里坊内也出现了行商和供客商存货、居住及交易的"邸店"。

北宋东京城又称"汴京"，是中国城市形态转型最重要的代表，遗址位于现河南省开封市的附近。到了宋朝，位于中原都城的经济必须更多地依赖南方物产的供应，即依赖于漕运，并且面对北方少数民族入侵的压力，全国的政治中心不得不向东、向北移动。因此北宋的都城没有选择隋唐时期的长安和洛阳。另外，由于黄河改道，我们对东京城历史格局的认识更依赖于历史文献。

在北宋之前的后周时期的汴梁，由于人口膨胀迅速，百姓不得不在坊墙外搭建了很多建筑。"民侵街衢为舍"，导致城内街道大车难行，夏季炎热，雨季排水不畅，并有火灾隐患。后周世宗柴荣主张改善城市拥挤不堪的环境，命令在扩建四倍于内城的外城的同时，扩展和拉直原被侵占的坊墙外的道路，并把坟茔、窑造、草市等迁移到新外城的七里之外。在新外城的规划中，在确定街巷、公署、军营、仓厂位置外，其余任由百姓营造住宅。并规定在宽五十步、三十步、二十五步的街道两侧，允许百姓各于十分之一宽度内种树、掘井、修盖凉棚。在浚通了汴口之后，准许百姓环汴河栽榆柳、起台榭等方式建设都市环境，也允许沿街开户门。

宋承后周制，可以推测出，上述后周允许街道两边的住户各自沿街开门与街后面的坊应该是并存的，街道两侧的巷可以作为出入坊门的通道。可靠的证据是《宋会要辑稿·方域一》中记载，宋太宗曾于乾德三年（公元 965 年）十一月，因为城内外 121 个坊名"多涉俚俗之言"，便"命张洎（ji）制坊名，列牌于楼上"。同年，宋太宗还废除了街巷的夜禁制度。

宋仁宗在位时，为消除街巷和里坊两种制度并存的不平等和不方便性，下令拆除了坊墙。另外，《宋会要辑稿·舆服》记载，宋仁宗曾于景佑三年（公元 1036 年）八月三日下诏："天下士庶之家，凡屋宇非邸店楼阁临街市之处，毋得为四铺作、闹八斗（注 1）；非官品，毋得起门屋；非宫室寺庙，毋得彩绘栋宇及间朱黑漆梁柱窗牖，雕镂柱基。"那么反过来讲，"凡邸店楼阁临街市之处"，可以"四铺作、闹八斗"，也就是沿街的商业性建筑等可以安装斗拱等。这一诏书的颁布，为城市街道建筑形象的进一步丰富多样起到了极大的促进作用。

汴梁城形态的变化，也可以从《清明上河图》中略见一斑。所谓"上河"，就是前往汴河游览的意思。当时东京的风俗，清明节出城上坟祭扫，同时也是群众性郊游的日子。《东京梦华录·卷七·清明节》记载，这一天"四野如市，往往就芳树之下，或园囿之间，罗列杯盘，互相劝酬。都城之歌儿舞女，遍满园亭，抵暮而归"（图 8-1～图 8-5）。

图 8-1 北宋·张择端《清明上河图》1

图 8-2　北宋·张择端《清明上河图》2

图 8-3　北宋·张择端《清明上河图》3

图 8-4　北宋·张择端《清明上河图》4

图 8-5　北宋·张择端《清明上河图》5

画卷先描绘东水门外虹桥以东的田园景色，有些是墙身很矮的草屋，有些是由草屋与瓦屋相结合而构成的一组房屋。接着描绘的是汴河上的"桥市"及周围的"街市"。再进一步描绘到城门口的"街市"以及十字街头的"街市"的情景。其中还用三分之一篇幅描绘了这一段汴河的航运。画有各色人物 770 多个，各种牧畜 90 多头，房屋楼阁 100 多间，大小船舶 20 多艘。

画中虹桥上两侧都搭有临时性的摊位，摊位顶盖作方形或圆形不一，这就是所谓的"桥市"。因为桥本身就是交通要道的重要节点，往来人员众多，利于商品交易。宋仁宗赵祯于天圣三年（公元 1025 年）正月，因巡护惠民河田成说的奏请，曾下诏规定百姓不得在京诸河桥上摆摊经商，有碍车马过往。事实上这种禁令没有能够贯彻，到北宋末年这种"桥市"还非常流行。桥附近的南岸有一家"十千脚店"，这家酒楼自称"脚店"，规模自然要比"正店"小，但门前也有"彩楼欢门"（注 2），在四周平房中间建了二层楼，临街的门面上已是酒客满座，门前停歇有马驴等，幌子上有"天之美禄""新酒"等。

画中十字街头的"街市"，是在一座华丽而高大的城门以内。城门是唐宋以来流行的过梁式木结构门洞，城门上有高大木结构的华丽楼阁，这座城门应该是东水门北岸的通津门。越过几家酒店，西边不远处有一座富丽堂皇的三层高大建筑，门前挂着"孙家正店"的大字招牌，门前设有"彩楼欢门"，西侧用长杆子挂有旗子，这正是东京"七十二家正店"之一。东京大酒楼往往设在城门口，文献上只说东华门外的白矾楼是三层楼。据此画可知，到北宋末年，三层酒楼已经不止白矾楼一家了。三层的大酒楼以及"彩楼""绣旆"（pèi，古代旗末端状如燕尾的垂旒、幌子），都可以从这里看到描绘的形象。从其他店铺的幌子中还可以看到"王家罗锦匹帛铺""刘家上色沉檀楝（liàn）香""刘三叔精装字画""孙羊店"。另有"久住王员外家"，既自称为"员外"，又称"久住"，当是一家豪富开设的接待客商的"邸店"。在十字街头的西南角上有一个棚子，坐着一群人正听人说唱。还有挂着"神课""看命""决疑"幌子的占卜者。

在十字街横街的西边，有一家挂着"赵大丞家"四个大字的药铺，幌子上写着"七劳五伤……""治酒所伤真方集香丸""大理中丸……"等。店堂内有长凳作座位，内有柜台，坐医正热忱地招待顾客。概因为这一带往来的货船、车辆和轿子很多，撑篙、推车、抬轿以及搬运货物容易发生"七劳五伤"，而沉湎于酒楼又容易被"酒所伤"。

《东京梦华录》是宋朝孟元老的笔记体散记文，是一本追述北宋都城东京开封府城市风貌的著作，所记大多是宋徽宗崇宁到宣和（公元 1102 年—公元 1125 年）时期的情况。其中对繁华的商业街市的描绘有：

"凡京师酒店，门首皆缚彩楼欢门，唯任店入其门，一直主廊约百余步，南北天井两廊皆小阁子，向晚灯烛荧煌，上下相照……"

"北去杨楼，以北穿马行街，东西两巷，谓之大小货行，皆工作伎巧所居。小货行通鸡儿巷妓馆，大货行通茶纸店、白矾楼，后改为丰乐楼，宣和间，更修三层相高。五楼相向，各有飞桥栏槛，明暗相通，珠帘绣额，灯烛晃耀。初开数日，每先到者赏金旗，过一两夜，则已元夜，则每一瓦陇中皆置莲灯一盏……大抵诸酒肆瓦市，不以风雨寒暑，白昼通夜，骈阗（pian tian，聚集一起）如此。州东宋门外仁和店、姜店，州西宜城楼、药张四店、班楼、金梁桥下刘楼、曹门蛮王家、乳酪张家，州北八仙楼，戴楼门张八家园宅正店，郑门河王家，李七家正店，景灵宫东墙长庆楼。在京正店七十二户，此外不能遍数，其余皆谓之'脚店'。卖贵细下酒，迎接中贵饮食，则第一白厨，州西安州巷张秀，以次保康门李庆家，东鸡儿巷郭厨，郑皇后宅后宋厨，曹门砖筒李家，寺东骰子李家，黄胖家。九桥门街市酒店，彩楼相对，绣旆相招，掩翳天日。政和后来，景灵宫东墙下长庆楼尤盛。"

东京城内除酒楼、茶坊等聚集的集市外，还有瓦子（词话、杂居等表演场所）集市与相国寺的庙市等。

从以上的叙述可以看出，从后周时起，从首都到地方各大城市，封闭的里坊制和市制陆续退出了历史舞台，一种城市聚居生活的新方式——街巷式应运而生。里坊制与市制解体以后的城市，其内部格局已发生了彻底变化。这种变化，也彻底改变了城市居民生活的方式，特别是对商品经济的发展和世俗文化的发展都起到了前所未有的推动作用。

南宋时期，"行在"临安府人口曾达到一百二十五余万，时人称为"东南第一州"。南宋灭亡后，马可•波罗依然称临安为"天城"。

科技、文学、哲学、艺术等方面：宋朝重文轻武、大兴儒学，赵普有"半部《论语》治天下"之说。与之前其他朝代相比，因国家内部相对安定和公平，文学、艺术、哲学、科技、教育等也都比较发达。两宋的科技成就是中国古代科学技术史上的一个高峰，在中国古代的四大发明中，"活字印刷术""火药""指南针"都是在两宋时期完成或开始应用的。贾宪、秦九韶、杨辉等堪称中国数学发展史上的杰出代表人物。高次方程的数值解法比西方早了近 800 年，多元高次方程组解法和一次同余式的解法要比西方早 500 余年，高次有限差分法要比西方早 400 余年，等等。天象观测、星图绘制和天文仪器制作水平都有所提高。北宋苏颂、韩公廉等人制造的水运仪象台，是同时期世界上最先进的天文仪器。沈括的《梦溪笔谈》、喻皓的《木经》、李诫的《营造法式》影响深远。

宋词是两宋文学的辉煌代表，被称为一代文学之最。诗词体兴于唐，到两宋方始臻于成熟鼎盛，并取得与诗并行而为后世无可企及的地位。宋词数量虽远不逮宋诗，但宋词作为新兴的合乐诗体，既可传诵于文士案头，又能流播于乐人歌喉，强化了它的娱乐性，拓展了它的传播途径。宋初词坛在承传晚唐五代基础上酝酿新变，晏殊、欧阳修为开山初祖。柳永、张先发展慢声，提高韵味。晏几道、秦少游展衍婉丽风韵而加以提高。贺铸笔势气舞、气宇豪侠，苏轼开拓堂庑、清雄超拔。北宋末还出现了集婉约大成的周邦彦、咏唱伤乱的闺秀高手李易安。继南渡抗金将领写作慷慨悲愤的时事词之后，辛弃疾拓展东坡蹊径，挥写爱国词章，形成豪放派。姜夔则创变婉约词艺，抒发隐沦风情，人称"骚雅派"。史达祖、吴文英承其余绪，用笔幽邃、寄意深远，词艺精粹。蜚声文坛的"唐宋八大家"，宋居其六。唐韩愈、柳宗元宗经明道、重散反骈旨趣，首倡文风改革，继而宋欧阳修主盟文坛，曾巩、王安石、苏洵、苏轼、苏辙相继崛起，散文运动形成高潮，创作大量时政论文和文艺散文名篇，确立了平易自然的文章风格，朱熹称"文风一变，时人竞为模范"。官方和私人都重视修纂史书，如欧阳修、宋祁、范镇等受命纂成《新唐书》，欧阳修改编官修前代史籍，自撰《新五代史》，陆游编撰《南唐书》。由司马光领衔在官方史局纂成的《资治通鉴》，是我国第一部贯通古今的编年体通史，由南宋李焘编撰的《续资治通鉴长编》，则是编年体当代通史的一部巨著。后两者以面向过去为主的史学还承担了"资治"的重任，从文学上说，其中的一些篇章也堪称上乘。

由周敦颐、邵雍、张载、程颢、程颐、朱熹等开创的理学，可以说是中国古代哲学史中最后的一个哲学学派，社会影响巨大，讨论的问题也十分广泛（详见下卷第十二章中的相关内容）。另外还发端了新学、蜀学、心学等。

宋朝的绘画在中国古代绘画史上有着特殊的地位。中国的绘画产生于何时无从考证，除岩画、画像砖、画像石、器物上的装饰画外，较早典型完整的绘画作品是长沙战国楚墓和马王堆汉墓出土的帛画。两汉和魏晋南北朝时期的各类绘画是以宗教内容为主的，描绘本土历史人物、取材文学作品亦占一定比例。山水画、花鸟画亦在此时萌芽。这一时期的画家在理论上也有很高的建树，影响最深远的绘画理论著作当数南朝齐梁间谢赫的《古画品录》，记载的著名画家有曹不兴、卫协、张墨、顾恺之、戴逵、夏侯瞻等，其中还提出了著名的"谢赫六法"。山水画的开创者至迟可追踪到南朝刘宋画家宗炳与王徽。隋唐时期绘画呈现出全面繁荣的局面，山水画、花鸟画达到了较成熟的阶段，宗教绘画也达到了顶峰，并出现了题材世俗化倾向。人物画以表现贵族生活为主，出现了具有时代特征的人物造型。著名的作品有阎立本的《历代帝王图卷》《步辇图》，吴道子的《天王送子图》，张萱的《虢国夫人游春图》，周昉的《簪花仕女图》，曹霸的《奚马试马图》，韩干的《牧马图》《夜照白图》，韩滉的《五牛图》《文苑图》，孙位的《高逸图》，展子虔的《游春图》，李思训的《"宫苑"图》《春山图》《江山渔乐》（存疑的《江帆楼阁图》）等。另外唐朝时期的画家们还创作了大量的壁画。张彦远著有《历代名画记》。到了五代、两宋时期，宗教画渐趋衰退，人物画已转入描绘世俗生活，山水画、花鸟画跃居成为画坛主流（图8-6）。

宋徽宗于崇宁三年（公元1104年）设立了画学，正式纳入科举考试之中，以招揽天下画家。画学分为"佛道""人物""山水""鸟兽""花竹""屋木"六科，摘古人诗句作为考题。考入后按身份分为"士流"和"杂流"，分别居住在不同的地方加以培养，并不断进行考核。入画院者，授予"画学正""待诏""供奉""艺学""画学生"等名目。当时，画家的地位显著提高，在服饰和俸禄方面都高于其他艺人。有如此优厚的待遇，加上作为书画家的徽宗对画院创作的指导和关怀，使得这一时期的画院创作最为繁荣。在他的指示下，皇家的收藏也得到了极大的丰富，并且将宫内书画收藏编纂为《宣和书谱》和《宣和画谱》。北宋初期，山水画承袭五代荆浩、关仝、董源、巨然等人，把中国山水画推向了高峰（图8-7～图8-10）。著名的作品有李成的《读碑窠石图》（存疑的还有《茂林远岫图》《小寒林图》《寒林钓艇图》《乔松平远图》《晴峦萧寺图》），范宽的《溪山行旅图》（存疑的还有《雪山萧寺图》《雪景寒林图》），许道宁的《秋江渔艇图》，郭熙的《树色平远图》《早春图》《关山春雪图》《幽谷图》《山村图》《秋山行旅图》《窠石平远图》，燕文贵的《溪山楼观图》《溪风图》（存疑的有《溪山图》），王诜的《渔村小雪图》《烟江叠嶂图》，米友仁的

图8-6 唐·李思训《江帆楼阁图》（传）

图 8-7　五代·荆浩《匡庐图》

图 8-8　五代·关仝
《秋山晚翠图》

《潇湘奇观图》《云山墨戏图》《云山图》，郭忠恕的《雪霁江行图》，王希孟的《千里江山图》，李唐的《万壑松风图》《清溪渔隐图》《烟寺松风》《采薇图》，刘松年的《秋山行派图》《渊明还庄图》《西湖图》《阳关图》《出塞图》《罗汉图》《溪亭客话图》，马远的《踏歌图》《水图》《梅石溪凫图》《西园雅集图》《溪山清远图》《西湖柳艇图》《雪堂客话图》等（图 8-11 ～图 8-23）。

图 8-9　五代·董源《龙宿郊民图》

图 8-10　五代·巨然
《层岩丛树图》

图 8-11 北宋·李成《晴峦萧寺图》（传）　图 8-12 北宋·范宽《溪山行旅图》

图 8-13 北宋·范宽《雪景寒林图》　　图 8-14 北宋·郭熙《秋山行旅图》

图 8-15　北宋·郭熙《早春图》

图 8-16　北宋·米友仁《潇湘奇观图》（局部）

图 8-17　北宋·王希孟《千里江山图》（局部）

图 8-18　南宋·李唐《万壑松风图》

图 8-19　南宋·刘松年《四景山水图·冬景》

图 8-20 南宋•马远《对月图》 图 8-21 南宋•马远《踏歌图》 图 8-22 南宋•夏圭《西湖柳艇图》
（传）

图 8-23 南宋•赵伯驹《江山秋色图》

　　北宋的米芾、米友仁父子成功地将文人画与山水画风格相融合。范宽的《溪山行旅图》以中峰鼎立的构图方式，表现出山的气势雄伟，且质感突出。前景作一巨石与主峰取得平衡，并以山腰的一线飞瀑连贯上下气势。郭熙的山水画早年风格较工巧，晚年转为雄壮，常于巨幛高壁作长松乔木、曲溪断崖，峰峦秀拔，境界雄阔而又灵动飘渺。

　　南渡以后，山水画风大变，更崇尚水墨。"南宋四家"中，李唐、刘松年的绘画笔法细润、色彩富丽、精丽巧整，世称"院体"。后来的马远、夏圭的山水画秉承李唐，构图简练概括，多一角半边之景，笔墨粗犷豪放，以"拖泥带水皴"和大笔横扫的"斧劈皴"为特色。以建筑物为构图主景的"界画"在宋朝勃兴，郭忠恕和张择端是其代表。

宋朝人物画的宗师是李公麟，他绘画题材广泛，无所不工、无所不能。代表性画家还有苏汉臣等。道释人物画在宋朝并不甚盛行，不过也有一些画家选择这类题材，包括武宗元、李公麟、梁楷等人。其中以《八十七神仙卷》（佚名）最为著名，众多仙人仙女飘然列队而行，行如流水，极为生动。

五代时期的花鸟画以黄筌和徐熙为代表，在风格上有"黄家富贵、徐熙野逸"之说。到了宋朝，崔白和宋徽宗赵佶都擅长花鸟画。

隋唐五代的书法注重在"工"的体现，而宋朝书法主张尚意抒情，需具有"学识"即"书卷气"。苏轼提出了"我书意造"的口号，他的笔法内紧外松、险峻多变。苏（轼）、黄（庭坚）、米（芾）、蔡（京）为北宋书法四大家。他们一改唐楷面貌，直接晋帖行书遗风。天资极高的蔡京、自出新意的苏东坡、高视古人的黄庭坚和萧散奇险的米芾，都力图在表现自己书法风貌的同时，凸显出一种标新立异的姿态，使学问之气郁郁芊芊发于笔墨之间，并给人以一种新的审美意境。徽宗还独创瘦金体书法，高宗赵构也是杰出的书法家。南宋的书法家有吴说、陆游、范成大、朱熹、文天祥等。

就中国传统文化整体而言，可以说在两宋时期既完成了基本构建，同时也达到了顶峰，之后元、明、清时期的传统文化，除部分地继续吸收一些外来文化要素外，其他基本上难脱两宋时期及以往文化传统的影响。但从另一方面讲，宋朝社会繁荣、奢华的背后却少有了秦汉和隋唐时期积极拓展疆土、威服四海的雄风。正如《东京梦华录·序》所言："太平日久，人物繁阜，垂髫之童，但习鼓舞，班白之老，不识干戈，时节相次，各有观赏。灯宵月夕，雪际花时，乞巧登高，教池游苑。举目则青楼画阁，绣户珠帘，雕车竞驻于天街，宝马争驰于御路，金翠耀目，罗绮飘香。新声巧笑于柳陌花衢，按管调弦于茶坊酒肆。八荒争凑，万国咸通。集四海之珍奇，皆归市易，会寰区之异味，悉在疱厨。花光满路，何限春游，箫鼓喧空，几家夜宴。伎巧则惊人耳目，侈奢则长人精神。瞻天表则元夕教池，拜郊孟亭。频观公主下降，皇子纳妃。修造则创建明堂，冶铸则立成鼎鼐。观妓籍则府曹衙罢，内省宴回；看变化则举子唱名，武人换授。"甚至在北宋时期的"澶渊之盟"后不久，参知政事王钦若在征得宋真宗赵恒同意后，会同宰相王旦假造"祥瑞"，以便于宋真宗有理由封禅泰山以达到威震四海的假象。南渡以后，除以李刚、刘锜、岳飞、韩世忠、张浚、胡铨、文天祥、王坚、张钰、陆秀夫、张世杰等为代表的抗金、抗元志士外，举国上下更是纸醉金迷。

两宋绵延 316 年，在自秦统一之后的大王朝中，仅次于两汉排在第二。在由隋唐鼎盛转为衰落之后，北方和西北少数民族相继崛起，宋朝在战争中立国，先后经历了与辽、西夏、金、蒙古的对峙和战争直至灭亡，但在对外战争从来没有长时间间断过的历史期间，举国上下仍图安逸自乐，基本上也创了中国历史之最。

注1：面阔轴线上某组斗拱前后各出挑一次，构件中共有4个拱、8个斗。

注2：为以后历史时期商业店面"冲天牌楼"的滥觞。

第二节　北宋开封地区皇家园林建筑体系

中国古代"理想都城"形制是以皇家宫廷建筑、国家与皇家的祭祀建筑和交易的市场为核心展开的，即"前朝后市、左祖右社"，再安排其他建筑和居民区等（见《考工记·匠人营国》）。出于防卫的需要，最理想的形制又是从内至外有宫城、皇城、内城、外郭城，层层护卫，居民区安排在内城和外郭城内。前者只在明清北京城具体实现了，后者只在北宋汴梁城和明清北京大概实现了。汴梁城可能有宫城而没有皇城，而明清时期的北京城只在南部建有外郭城（图8-24）。

汴梁都城由外城（新城）、内城（旧城）、宫城相套组成。外城（新城）周50里165步，略近方形，周显德三年筑，为民居和市肆等所在。城门十一座，南三门：中南薰、东宣化、西安上；东二门：南朝阳、北含辉（寅宾）；西二门：南顺天、北金耀；北四门：中通天（宁德）、东长景、次东永泰、西安肃（卫州）。另有水门七座。内城（旧城）周20里155步，除部分民居市肆外，主要为衙署和王府、寺观等所在。设城门十座，东二门：北望春、南丽景；南面三门：中朱雀、东保康、西崇明；西二门：南宜秋、北阊阖；北三门：中景龙、东安远、西天波。皇城周5里，为宫廷和部分衙署所在。设城门六座，南正中为乾元门（"丹凤""正阳""宣德"），左右为掖门；东为东华门，西为西华门，北为拱宸门（旧曰"玄武"）。有五丈河、金水河、汴河、蔡河贯穿内外城，与城墙交汇处还有水门。

从宫城正门"丹凤门"至内城正门"朱雀门"再到外城正门"南薰门"，是城市中轴线上的主干道"天街"，宽二百余步，当中的御道与两边的行道间有"御沟"相隔，沟内尽植莲荷，近岸植桃、梨、杏、杂花相间。又有若干东西和南北方向的干道贯穿内城和外城。这种由外城、内城、皇城、宫城（可能有）四重城墙构成的都城规划布局形式，对后世的城市规划布局形式影响很大，为明清都城所仿效。

北宋前期，皇家大抵还沿用后周的宫城旧苑，直到宋徽宗时期才建成两处新的大内御苑，即"延福宫"和"华阳宫（艮岳）"。另有"东京四苑"即"宜春苑""琼林苑（含金明池）""玉津园""含芳园"，为北宋初年建成，分别位于外城之外的东、西、南、北四方（图8-24）。

据《宋史·地理志》记载："宋因周之旧为都，建隆三年，广（扩）宫城（外）东北隅，命有司画洛阳宫殿，按图修之，皇居始壮丽矣。"东华门和西华门之间的东西横街把皇城分为南、北两部分。南部正中有以"大庆殿"为中心的一组院落，正对宫城正中南门，宫院本身四周有廊庑围合。大庆殿为"工字殿"形式，主要作为冬至和夏至大朝会和策尊号场所。大庆殿院之西有"文德殿"庭，文德殿亦为"工字殿"形式，用途与大庆殿相近，殿前为衙署。另外，南部还有其他殿院；在宫城北部，大庆殿庭之北有"紫宸殿"院，紫宸殿为皇帝日常视朝之前殿。西有"垂拱殿"院，垂拱殿亦为日常视朝之所。次西有"皇仪殿"院，又次西有"集英殿"院，集

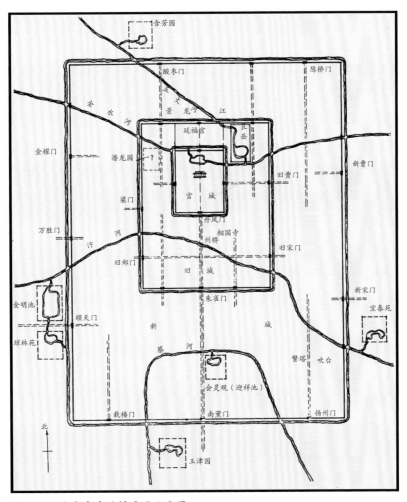

图8-24　北宋东京汴梁平面示意图

英殿为宴殿，殿后有"需云殿"。紫宸殿庭东有"升平楼"，为宫中观宴之所。有"崇政殿"，阅事之所……"凡殿有门者，皆随殿名"。北部还有其他很多殿院或宫院。西北角为后苑区，"苑内有崇圣殿、太清楼，其西又有宜圣、化成（即玉宸殿）……金华、西凉、清心等殿，翔鸾、仪凤二阁，华景、翠芳、瑶津三亭。"

下面着重介绍汴梁城的几座著名的皇家园林。

1. 延福宫

原位于宫城之北部后苑之西南位置。《宋史·地理志》载："有穆清殿……宫北有广圣宫……内有太清、玉清、冲和、集福、会祥五殿。……"太宗时，因中央机构日益增多，曾想再扩建皇城，"诏殿前指挥使刘延翰等经度之，以居民多不欲徙，遂罢"。直到北宋政和三年（公元1113年），徽宗赵佶觉得皇宫太小，再次暗示扩建的意图，蔡京等很快领会了宋徽宗的意图，于是将宫城以北一直到内城北墙一段全部圈起来，迁走这里的兵营、作坊、仓库和寺院等，在此处建起了一座新宫殿区，沿用"延福宫"旧名。当时召内侍童贯、杨戬、贾详、何诉、蓝从熙五位大太监按不同位置分别规划、监造，因此号称"延福五位"。其后又跨内城北墙之护城河扩建一区，即"延福第六位"。宋徽宗曾为此写下《延福宫记》，由画学弟子王希孟刻石竖碑。

扩建的延福宫，《宋史·地理志》记载得比较详细："延福宫，政和三年春，新作于大内（宫城）北拱辰门外。旧宫在后苑之西南，今其地乃百司供应之所，凡内酒坊、裁造院、油醋柴炭鞍辔等库，悉移它处。又迁两僧寺、两军营，而作新宫焉。始南向，殿因宫名曰'延福'，次曰'蕊珠'，有亭曰'碧琅玕'。其东门曰'晨晖'，其西门曰'丽泽'。宫左复列二位。其殿则有穆清、成平、会宁、睿谟、凝和、昆玉、群玉，其东阁则有蕙馥、报琼、蟠桃、春锦、叠琼、芬芳、丽玉、寒香、拂云、偃盖、翠葆、铅英、云锦、兰薰、摘金，其西阁有繁英、雪香、披芳、铅华、琼华、文绮、绛萼、秾华、绿绮、瑶碧、清阴、秋香、丛玉、扶玉、绛云。会宁之北，叠石为山，山上有殿曰'翠微'，旁为二亭：曰'云岿'，曰'层巘'。凝和之次阁曰'明春'，其高逾一百一十尺。阁之侧为殿二：曰'玉英'，曰'玉涧'。其背附城，筑土植杏，名'杏冈'，覆茅为亭，修竹万竿，引流其下。宫之右为佐二阁，曰'宴春'，广十有二丈，舞台四列，山亭三峙。凿圆池为海，跨海为二亭，架石梁（笔者按：石桥）以升山，亭曰'飞华'，横度之四百尺有奇，纵数之二百六十有七尺。又疏泉为湖，湖中作堤以接亭，堤中作梁（笔者按：即桥）以通湖，梁之上又为茅亭、鹤庄、鹿砦、孔翠诸栅。蹄尾动物数千，嘉花名木，类聚区别，幽胜宛若生成，西抵丽泽，不类尘境。初，蔡京命童贯、杨戬、贾详、蓝从熙、何䜣等分任宫役，五人者因各为制度，不务沿袭，故号'延福五位'。东西配大内，南北稍劣。其东直（通）景龙门，西（直）抵天波门。宫东西二横门，皆视禁门法，所谓晨晖、丽泽者也，而晨晖门出入最多。其后又跨旧城修筑，号'延福第六位'"。

至此，延福宫的工程并没有完全结束："跨城之外浚壕，深者水三尺，东景龙门桥，西天波门桥，二桥之下叠石为固，引舟相通，而桥上人物外自通行不觉也，名曰'景龙江'。其后又辟之，东过景龙门至封丘门。景龙江北有龙德宫。初，元符三年，以懿亲宅潜邸为之，及作景龙江，江夹岸皆奇花珍木，殿宇比比对峙，中途曰'壶春堂'，绝岸至龙德宫。其地岁时次第展拓，后尽都城一隅焉，名曰'撷芳园'，山水美秀，林麓畅茂，楼观参差，犹艮岳、延福也。宫在旧城，因附见此。"

注意：《宋史·地理志》对延福宫整体空间内容与空间形式的评价是"不类尘境"。

2. 华阳宫（艮岳）

徽宗因信奉道教，托称"天神下降"而兴之，并以教主自居，使得道教几成国教，先后修建过"长生宫""玉清""阳宫""葆真观"。政和五年（公元1115年），又于宫城外东北建"上清宝箓宫"。后听信道士之言，谓在京城内筑山则皇帝必多子嗣，乃于政和七年在上清宝箓宫之东筑山，象余杭之"凤凰山"，号"万岁山"。因此山总体上位于城的东北，根据后天八卦方位理论，更名为"艮岳"。鉴于艮岳在宋朝及以后古代园林史中的地位极其重要，我们先把重要的历史记述罗列如下，待下一节再加以解读和评价。

《宋史·地理志》载："万岁山艮岳。政和七年，始于上清宝箓宫之东作万岁山。山周十余里，其最高一峰九十步，上有亭曰'介'。分东、西二岭，直接南山。山之东有萼绿华堂，有书馆、八仙馆、紫石岩、栖真磴、览秀轩、龙吟堂。山之南则寿山两峰并峙，有雁池、噰噰亭，北直绛霄楼。山之西有药寮，有西庄，有巢云亭，有白龙沜、濯龙峡、蟠秀、练光、跨云亭，罗汉岩。又西有万松岭，半岭有楼曰'倚翠'，上下设两关，关下有平地，凿大方沼，中作两洲：东为芦渚，亭曰'浮阳'，西为梅渚，亭曰'雪浪'。西流为凤池，东出为雁池，中分二馆，东曰'流碧'，西曰'环山'，有阁曰'巢凤'，堂曰'三秀'，东池后有挥雪厅。复由磴道上至介亭，亭左复有亭曰'极目'，曰'萧森'，右复有亭曰'丽云'（曰）'半山'。北俯景龙江，引江之上流注山间。西行为漱琼轩，又行石间为炼丹、凝观、圆山亭，下视江际，见高阳酒肆及清澌阁。北岸有胜筠庵、蹑云台、萧闲馆、飞岑亭。支流别为山庄，为回溪。又于南山之外为小山，横亘二里，曰'芙蓉城'，穷极巧妙。

而景龙江外，则诸馆舍尤精。其北又因瑶华宫火，取其地作大池，名曰‘曲江’，池中有堂曰‘蓬壶’，东尽封丘门而止。其西则自天波门桥引水直西，殆半里，江乃折南，又折北。折南者过阊阖门，为复道，通茂德帝姬宅。折北者四五里，属之龙德宫。宣和四年，徽宗自为《艮岳记》，以为山在国之艮，故名‘艮岳’。蔡绦谓初名‘凤凰山’，后神降，其诗有‘艮岳排空霄’，因改名‘艮岳’。宣和六年，诏以金芝产于艮岳之万寿峰，又改名‘寿岳’……岳之正门名曰‘阳华’，故亦号‘阳华宫’。自政和讫靖康，积累十余年，四方花竹奇石，悉聚于斯，楼台亭馆，虽略如前所记，而月增日益，殆不可以数计。宣和五年，朱勔于太湖取石，高广数丈，载以大舟，挽以千夫，凿河断桥，毁堰拆闸，数月乃至，赐号‘昭功敷庆神运石’。是年，初得燕地故也，勔缘此授节度使，大抵群阉兴筑不肯已。徽宗晚岁，患苑囿之众，国力不能支，数有厌恶语，由是得稍止。及金人再至，围城日久，钦宗命取山禽水鸟十余万。尽投之汴河，听其所之。拆屋为薪，凿石为炮，伐竹为笓篱。又取大鹿数百千头杀之，以啖卫士云。”

宋徽宗《御制艮岳记》曰：“……于是太尉梁师成董其事。师成博雅忠荩，思精志巧，多才可属，乃分官列职，曰‘雍’，曰‘琮’，曰‘琳’，各任其事，遂以图材付之。按图度地，庀徒（pǐ tú，聚集工匠）僝工（笔者按：指挖水池），累土积石，设洞庭、湖口、丝溪、仇池之深渊，与泗滨、林虑、灵壁、芙蓉之诸山，最瑰奇特异瑶琨之石。即姑苏、武林、明越之壤，荆楚、江湘、南粤之野，移枇杷、橙柚、橘柑、榔栝、荔枝之木，金峨、玉羞、虎耳、凤尾、素馨、渠那、茉莉、含笑之草，不以土地之殊、风气之异，悉生成长养于雕阑曲槛。而穿石出罅（xià，缝隙），冈连阜属，东西相望，前后相续，左山而右水，沿溪而傍陇，连绵而弥满，吞山怀谷。

其东则高峰峙立，其下植梅以万数，禄萼承趺，芬芳馥郁，结构山根，号‘绿萼华堂’。又旁有承岚、昆云之亭，有屋内方外圆如半月，是名‘书馆’。又有八仙馆，屋圆如规。又有紫石之岩、祈真之磴、揽秀之轩、龙吟之堂。

其南则寿山嵯峨，两峰并峙，列嶂如屏，瀑布下入雁池，池水清泚涟漪，凫雁浮泳水面，栖息石间，不可胜计。其上亭曰‘噰噰’（yōng yǒng，形容声音和谐），北直绛霄楼，峰峦崛起，千叠万复，不知其几千里，而方广兼数十里。

其西则参、术、杞、菊、黄精、芎䓖（xiōng qióng），被山弥坞，中号‘药寮’，又禾、麻、菽、麦、黍、豆、粳、秫，筑室若农家，故名‘西庄’。上有亭曰‘巢云’，高出峰岫，下视群岭，若在掌上。

自南徂北，行冈脊两石间，绵亘数里，与东山相望，水出石口，喷薄飞注如兽面，名之曰'由龙渊''濯龙峡''蟠秀''练光''跨云亭''罗汉岩'。又西半山间楼曰'倚翠'，青松藏密，布于前后，号'万松岭'。上下设两关，出关下平地，有大方沼，中有两洲，东为芦渚亭曰'浮阳'，西为梅渚亭曰'云浪'。沼水西流为凤池，东出为燕池，中分二馆，东曰'流碧'，西曰'环山'，馆有阁曰'巢凤'，堂曰'三秀'，以奉九华玉真安妃圣像。东池后结栋山下曰'挥云厅'。复由嶝道盘行萦曲，扪石而上，既而山绝路隔，继之以木栈，倚石排空，周环曲折，有蜀道之难。

跻攀至介亭，此最高于诸山，前列巨石，凡三丈许，号'排衙'，巧怪巉（chán，山势高峻）岩，藤萝蔓衍，若龙若凤，不可殚穷。麓云半山居右，极目萧森居左，北俯景龙江，长波远岸，弥十余里，其上流注山间，西行潺湲为漱玉轩。又行石间为炼丹亭、凝观图山亭，下视水际，见高阳酒肆。清斯阁北岸，万竹苍翠蓊郁，仰不见天，有胜云庵、蹑云台、消闲馆、飞岑亭，无杂花异木，四面皆竹也。又支流为山庄，为回溪，自山蹊石罅搴（qiān）条下平陆。中立而四顾，则岩峡洞穴，亭阁楼观，乔木茂草，或高或下，或远或近，一出一入，一荣一凋，四面周匝。徘徊而仰顾，若在重山大壑，深谷幽岩之底，不知京邑空旷，坦荡而平夷也；又不知郛郭寰会，纷萃而填委也。真天造地设，神谋化力，非人所能为者，此举其梗概焉。

及夫时序之景物，朝昏之变态也。若夫土膏起脉，农祥晨正，万类胥动，和风在条，宿冻分沾。泳渌水之新波，被石际之宿草，红苞翠萼，争笑并开于烟暝。新莺归燕，呢喃百转于木末。攀柯弄蕊，藉石临流，使人情舒体堕，而忘料峭之味；及云峰四起，列日照耀，红桃绿李，半垂间出于密叶。芙蕖菡萏，菖蒲芳苓，摇茎弄芳。倚靡于川湄，蒲菰荇藻，荄菱苇芦。沿岸而沂流青苔绿藓，落英坠实，飘岩而浮砌。披清风之广莫，荫繁木之余阴，清虚爽垲，使人有物外之兴，而忘扇箑之劳；及一叶初惊，蓐收调辛，燕翩翩而辞巢，蝉寂寞而无声；白露既下，草木摇落，天高气清，霞散云薄，逍遥徜徉，坐堂伏槛，旷然自怡，无萧瑟沉寥之悲；及朔风凛冽，寒云暗幕，万物调疏，禽鸟缩凓。层冰峨峨，飞舞雪飘，而青松独秀于高巅，香梅含华于冷雾。离榭拥幕，体道复命，无岁律云暮之叹。此四时朝昏之景殊，而所乐之趣无穷也。

朕万机之余，徐步一到，不知崇高富贵之荣。而腾山赴壑，穷深探险，绿叶朱苞，华阁飞升，玩心惬志，与神合契。遂忘尘俗之缤纷，而飘然有凌云之志，终可乐也。及陈清夜之醮，奏梵呗之音，而烟云起于岩窦，火炬焕于半空。环珮杂逻，下临于修塗狭径，迅雷掣电，震动于庭轩户牖。既而车舆冠冕，往来交错，尝甘味酸，览香酌醴，而遗沥坠核纷积床下。俄顷挥霍，腾飞乘云，沉然无声。夫天不人不因，人不天不成，信矣。朕履万乘之尊，居九重之奥，而有山间林下之逸。澡瀹肺腑，发明耳目，恍然如见玉京、广爱之旧。而东南万里，天台、雁荡、凤凰、庐阜之奇伟，二川、三峡、云梦之旷荡，四方之远且异，徒各擅其一美。未若此山并包罗列，又兼其绝胜，飒爽溟滓，参差造化，若开辟之素有，虽人为之山，顾敢小哉。山在国之艮，故名曰'艮岳'，则是山与泰、华、嵩、衡等同，固作配无极。壬寅岁正月朔日记。"

宋张淏《艮岳记》曰："徽宗登极之初，皇嗣未广，有方士言：'京城东北隅，地协堪舆，但形势稍下，傥少增高之，则皇嗣繁衍矣。'上遂命土培其冈阜，使稍加于旧矣，而果有多男之应。自后海内乂安，朝廷无事，上颇留意苑囿，政和间，遂即其地，大兴工役筑山，号'寿山艮岳'，命宦者梁师成专董其事。时有朱勔者，取浙中珍异花木竹石以进，号曰'花石纲'。专置'应奉局'于平江（今苏州），所费动以亿万计，调民搜岩剔薮，幽隐不置，一花一木，曾经黄封，护视稍不谨，则加之以罪。斫山辇石，虽江湖不测之渊，力不可致者，百计以出之至，名曰'神运'。舟楫相继，日夜不绝，广济四指挥，尽以充挽士，犹不给。时东南监司郡守，二广市舶，率有应奉。又有不待旨，但进物至都，计会宦者以献者。大率灵璧、太湖诸石，二浙奇竹异花，登莱文石，湖湘文竹，四川佳果异木之属，皆越海度江，凿城郭而至。后上亦知其扰，稍加禁戢，独许朱勔及蔡攸入贡。竭府库之积聚，萃天下之伎艺，凡六载而始成，亦呼为'万岁山'。奇花美木，珍禽异兽，莫不毕集，飞楼杰观，雄伟瑰丽，极于此矣。越十年，金人犯阙，大雪盈尺，诏令民任便斫伐为薪。是日百姓奔往，无虑十万人，台榭宫室，悉皆拆毁，官不能禁也。予顷读国史及诸传记，得其始末如此，每恨其他不得而详。后得徽宗御制记文及蜀僧祖秀所作《华阳宫记》读之，所谓寿山艮岳者，森然在目也，因各摭其略以备遗忘云。"

宋释祖秀《华阳宫记》云："政和初，天子命作'寿山艮岳'于京城之东陬，诏阉人董其役。舟以载石，舆以辇土，驱散军万人，筑冈阜，高十余仞，增以太湖、灵璧之石，雄拔峭峙，功夺天造。石皆激怒触觚，若踶（dì，用蹄子踢踏）若啮（niè，咬），牙角口鼻，首尾爪距，千态万状，殚奇尽怪。辅以蟠木、瘿藤，杂以黄杨，对青荫其上。又随其斡旋之势，斩石开径，凭险则设磴道，飞空则架栈阁，仍于绝顶，增高树以冠之。搜远方珍材，尽天下蠹工绝伎而经始焉。

山之上下，致四方珍禽奇兽，动以亿计，犹以为未也。凿地为溪涧，垒石为堤捍，任其石之怪，不加斧凿，因其余土，积而为山。山骨暴露，峰棱如削，飘然有云姿鹤态，曰'飞来峰'。高于雉堞，翻若长鲸，腰径百尺，植梅万本，曰'梅岭'。接其余冈，种丹杏鸭脚，曰'杏岫'。又增土叠石，间留隙穴，以栽黄杨，曰'黄杨巘'（yǎn，大山上的小山）。筑修冈以植丁香，积石其间，从而设险，曰'丁嶂'。又得赪（chēng，红色）石，任其自然，增而成山，以椒兰杂植于其下，曰"椒崖"。接水之末，增土为大陂，徙东南侧柏，枝干柔密，揉之不断，华华结结，为幢盖、鸾鹤、蛟龙之状，动以万数，曰'龙柏陂'。

循寿山而西，移竹成林，复开小径，至百数步。竹有同本而异干者，不可纪极，皆四方珍贡。又杂以对青竹，十居八九，曰'斑竹麓'。又得紫石，滑净如削，面径数仞，因而为山，贴山卓立。山阴置木柜（jǔ，木制通行拦阻器），绝顶开深池，车驾临幸，则驱水工登其顶，开闸注水，而为瀑布，曰'紫石壁'，又名'瀑布屏'。从艮岳之麓，琢石为梯，石皆温润净滑，曰'朝真磴'。又于洲上植芳木，以海棠冠之，曰'海棠川'。寿山之西，别治园圃，曰'药寮'。

其宫室台榭，卓然著闻者曰'琼津殿''绛霄楼''绿萼华堂'。筑台高千仞，周览都城，近若指顾。造碧虚洞天，万山环之，开三洞，为品字门，以通前后苑。建八角亭于其中央，榱椽窗楹，皆以玛瑙石间之。其地琢为龙础，导景龙江东出安远门，以备龙舟行幸。东、西撷景二园，西则溯舟造景龙门，以幸曲江池亭。复自潇湘江亭，开闸通金波门，北幸撷芳苑。堤外筑垒卫之，滨水莳绛桃、海棠、芙蓉、垂杨，略无隙地。又于旧地作野店，麓治农圃。开东、西二关，夹悬岩，磴道隘迫，石多峰棱，过者胆战股栗。凡自苑中登群峰所出入者，此二关而已。

又为胜游六、七，曰'濯龙涧''漾春陂''桃花闸''雁池''迷真洞'，其余胜迹，不可殚纪。工已落成，上名之曰'华阳宫'。然华阳大抵众山环列，于其中得平芜数十顷，以治园圃，以辟宫门。于西入径，广于驰道，左右大石皆林立，仅百余株，以'神运''昭功''敷庆''万寿峰'而名之。独'神运峰'广百围，高六仞，赐爵'盘固侯'，居道之中，束石为小亭以庇之，高五十尺，御制记文，亲书，建三丈碑，附于石之东南陬。其余石若群臣入侍帷幄，正容凛若不可犯，或战栗若敬天威，或奋然而趋，又若伛偻（yǔ lǚ，腰背弯曲）趋进，布危言以示庭净之姿，其怪状余态，娱人者多矣。上既悦之，悉与赐号，守吏以奎章（杰出的书法）书列于石之阳。其他轩榭庭径，各有巨石，棋列星布，并与赐名，惟'神运峰'前群石，以金饰其字，余皆青黛而已，此所以第其甲乙者也。

乃命群峰，其略曰'朝日升龙''望云坐龙''矫首玉龙''万寿老松''栖霞扪参''衔日吐月''排云冲斗''雷门月窟''蹲螭坐狮''堆青凝碧''金鳌玉龟''叠翠独秀''栖烟弹云''风门雷穴''玉秀''玉窦''锐云巢凤''雕琢浑成''登封日观''蓬瀛须弥''老人寿星''卿云瑞霭''溜玉''喷玉''蕴玉''琢玉''积玉''叠玉'。丛秀而在于渚者，曰'翔鳞'；立于溪者，曰'舞仙'；独居洲中者，曰'玉麒麟'；冠于寿山者，曰'南屏小峰'；而附于池上者，曰'伏犀''怒猊''仪凤''乌龙'；立于沃泉者，曰'留云''宿露'，又为'藏烟谷''滴翠岩''搏云屏''积雪岭'；其间黄石仆于亭际者，曰'抱犊天门'。又有大石二枚，配'神运峰'，异其居以压众石，作亭庇之。置于'寰春堂'者，曰'玉京独秀太平岩'；置于'绿萼华堂'者，曰'卿云万态奇峰'。括天下之美，藏古今之胜，于斯尽矣。

靖康元年闰十一月，大梁陷，都人相与排墙，避虏于'寿山艮岳'之巅，时大雪新霁，丘壑林塘，粲若画本，凡天下之美、古今之胜在焉。祖秀周览累日，咨嗟惊叹，信天下之杰观，而天造有所未尽也。明年春，复游'华阳宫'，而民废之矣。"（图8-25）

3. 琼林苑、金明池

在汴梁城外的四座较大的皇家园林中，以城西琼林苑最为突出。据《东京梦华录·卷七》记载，其在顺天门大街，面北，与金晚池相对。始建于乾德二年（公

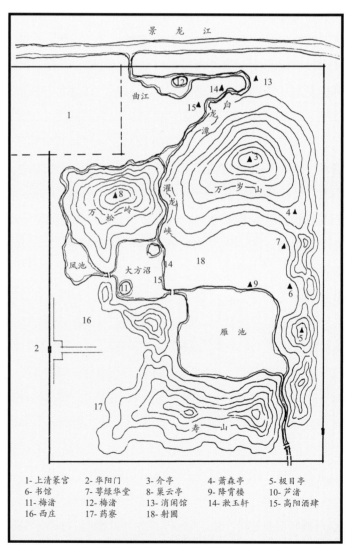

图8-25 北宋东京汴梁艮岳平面设想图（采自《中国古典园林史》）

1-上清宝宫　　2-华阳门　　　3-介亭　　　4-萧森亭　　　5-极目亭
6-书馆　　　　7-萼绿华堂　　8-巢云亭　　9-降霄楼　　　10-芦渚
11-梅渚　　　 12-梅渚　　　 13-消闲馆　 14-漱玉轩　　 15-高阳酒肆
16-西庄　　　 17-药寮　　　 18-射圃

元 964 年），以植物茂盛著称。苑大门牙道，古松怪柏成行，两旁还有石榴园、樱桃园，各有亭榭。苑东南隅，筑有"华咀（ju）冈"，高数十丈，上有横观层楼，金碧相射。下有锦石缠道，宝砌池塘，柳锁虹桥，花萦凤舸。其花皆素馨、茉莉、山丹、瑞香、含笑、射香，从闽、广、二浙移植。苑中还有月池、梅亭，牡丹茂盛。

金明池始建于五代后周显德四年（公元 957 年），原供演习水军之用。太平兴国七年，宋太宗幸其池，阅习水战。金明池虽是皇家园林，但也定时向百姓开放。《东京梦华录·卷七》载："三月一日，州西顺天门外，开金明池琼林苑，每日教习车驾上池仪范。虽禁从、士庶许纵赏，御史台有榜不得弹劾。

池在顺天门街北，周围约九里三十步，池西直径七里许。入池门内南岸，西去百余步，有西北临水殿，车驾临幸，观争标赐宴于此。往日旋以彩幄，政和间用土木工造成矣。又西去数百步，乃仙桥，南北约数百步，桥面三虹，朱漆栏楯，下排雁柱，中央隆起，谓之'骆驼虹'，若飞虹之状。桥尽处，五殿正在池之中心，四岸石甃，向背大殿，中坐各设御幄，朱漆明金龙牀，河间云水，戏龙屏风，不禁游人。殿上下回廊皆关扑（以商品为诱饵赌掷财物的博戏）钱物、饮食。伎艺人作场勾肆（伎人俳优的卖艺场所），罗列左右。桥上两边用瓦盆，内掷头钱，关扑钱物、衣服、动使。游人还往，荷盖相望。桥之南立棂星门，门里对立彩楼。每争标作乐，列妓女于其上。门相对街南有砖石甃砌高台，上有楼观，广百丈许，日宝津楼，前至池门，阔百余丈，下瞰仙桥、水殿。

车驾临幸，观骑射百戏于此池之东岸。临水近墙皆垂杨，两边皆彩棚幕次，临水假赁，观看争标。街东皆酒食店舍、博易场户、艺人勾肆、质库，不以几日解下，只至闭池，便典没出卖。北去直至池后门，乃汴河西水门也。

其池之西岸，亦无屋宇，但垂杨蘸水，烟草铺堤，游人稀少，多垂钓之士。必于池苑所买牌子，方许捕鱼，游人得鱼，倍其价买之，临水砟脍，以荐芳樽，乃一时佳味也。习水教罢，系小龙船于此。

池岸正北对五殿，起大屋，盛大龙船，谓之奥屋。车驾临幸，往往取二十日。诸禁卫班直，簪花、披锦绣、捻金线衫袍，金带勒帛之类结束，竞逞鲜新。出内府金枪，宝装弓剑，龙凤绣旗，红缨锦毦，万骑争驰，铎声震地。"

张择端曾绘《金明池夺标图》，描述当时在此赛船夺标的情景。北宋诗人梅尧臣、王安石和司马光等均有咏赞金明池的诗篇。金明池园林风光一直延续到明末时期，是"开封八景"之一，称为"金池夜雨"。明崇祯十五年（公元 1642 年）九月，开封城被李自成大军围困半年，巡抚高名衡等议决朱家寨口黄河灌李自成军。

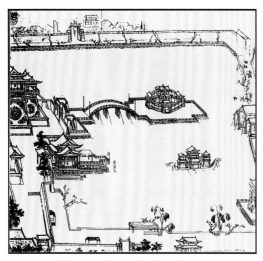

李自成知之便移营高地，亦驱难民数万决黄河，河水自北门入贯东南门出，水声奔腾如雷。城中百万户皆被淹。惟周王妃、世子及巡按以下不及二万人得以逃脱。李自成军也被淹死万余人，遂拔营而走。开封城初被围时有百万户，后饥疫死者十之二三，至是尽没于水。大水后，池园湮没（图8-26）。

图8-26　《金明池夺标图》中的景观环境（采自《中国古典园林史》）

第三节　北宋开封皇家园林建筑体系形态的文化与空间艺术

从上节和以往的内容比较来看，北宋皇家园林相对于以往又有了新的变化：

（1）秦及以前时期的皇家园林建筑体系且无论，西汉时期主要的皇家园林与宫廷建筑是混合在一起的，所以可称为"宫苑园林"，如"未央宫"等。其中"上林苑"的园林属性（"离宫别馆"）更突出，因规模巨大，苑内布局是以"苑中苑"集锦的形式为主。"上林苑"中虽然有人造的山，但是以各类高台建筑等为最重要的"高视点园林要素"内容，很多高台建筑间以天桥复道、飞阁复道、飞虹复道、周阁复道等相连（第一种"复道"为桥梁型，名称为笔者所起，后三种"复道"均见于历史文献记载），空间立体感强，也更似"神仙境界"。

（2）东汉时期洛阳城已经有了"正宫"与"离宫别馆"的区分，后者如"芳林苑"等，但规模都远不如西汉长安地区的"宫苑"。曹魏时期曾非常重视在"芳林苑"中造山，但总体上依然是以高台建筑为最重要的"高视点园林要素"内容。三国和魏晋南北朝时期的北方皇家园林，基本上是继承或延续了东汉时期的传统，同时也缓慢地向隋唐时期的北方皇家园林的风格转移。

（3）隋唐时期长安城的皇家园林是以城外北面的"禁苑"和突出于北城墙的"大

明宫"为代表。"禁苑"建于隋朝（名"大兴苑"），规模较大。但因隋炀帝执政后更关注洛阳和扬州（首府在"丹阳"，即今南京），所以"禁苑"的特点可能并不突出，相关历史文献的记录也较少。

唐朝"大明宫"南部地势高，为宫廷区，北部地势低，为园林区。在"大明宫"中还有些高台建筑的遗韵，如南部的"含元殿"和西北部的"麟德殿"等。且由于北部园林区地势低洼，也没有刻意人工造山，主要有"太液池"中的"蓬莱山"，是借助于挖掘"太液池"的土聚集而成的。

隋唐洛阳城的皇家园林以城外的"西苑"为代表，周长二百里，规模巨大，仅次于西汉"上林苑"（唐改名为"神都苑"，面积缩小约一半），因此也采用了"苑中苑"集锦的布局形式。隋唐时期的建筑形态与两汉时期比较已经有了明显的不同，成本巨大的高台建筑基本退出了历史舞台，因此"西苑"中的高视点园林要素内容明显地是以人工造山为主，并且这些山也主要是位于湖内的岛屿。这一形式可以追溯到秦咸阳"宫苑"园林建筑体系。隋唐另有以"华清宫"和"九成宫"为代表的山地园林。

（4）北宋汴梁的园林规模更小。如"华阳宫"，位于皇城和内城之间的东北隅，艮岳"山郭十余里"，因此华阳宫总占地面积也不会太大。

从整体而论，北宋汴梁皇家园林有如下几个特点：

其一，主题仍以模拟"神仙境地"为主。如《宋史·地理志》对"延寿宫"效果的评价是"不类尘境"。宋徽宗在其《御制艮岳记》中称自己登临"艮岳"的感觉是"与神契合"。且"山在国之艮，故名曰'艮岳'，则是山与泰、华、嵩、衡等同，固作配无极"。而泰、华、嵩、衡等为"五岳"，也正是皇家"封禅"而"与神契合"的地方。

早在唐玄宗时期，道教已经正式染指以吉礼为代表的"隐性宗教"。宋徽宗尊信道教，大建宫观，自称"教主道君皇帝"，并经常请道士看相算命。他的生日原本是5月5日，道士认为不吉利，他就改称10月10日；他多次下诏搜访道书，并设立经局整理校勘，政和年间编成的《政和万寿道藏》是中国第一部全部刊行的道藏。他下令编写的《道史》和《仙史》也是中国历史上规模最大的道教史和道教神化人物传记。宋徽宗还亲自作《御注道德经》《御注冲虚至德真经》和《南华真经逍遥游指归》等书。他建造"艮岳"最初的原因也是听信道士之言，谓在京城内筑山则皇帝必多子嗣。说明在现实生活中，他是把"天命"的发令者从"昊天上帝"和"天之五帝"等较抽象的神转移到了道教神君身上。

其二，在北宋汴梁皇家园林建筑体系中，已经把人造的山作为重要的"高视点园林要素"内容，并且是听信了道士之言。其中华阳宫的艮岳，属于前无古人、后无来者之作。笔者以为，在中国传统园林建筑体系中，可以称为"前无古人、后无来者之作"的仅有四例，即秦帝国以咸阳城为核心模拟"天界"的"宫苑"园林建筑体系、南梁模拟佛教"宇宙模型"亦寺亦园的同泰寺、北宋汴梁华阳宫艮岳和清圆明园西洋楼景区。

至此，我们可以详细地阐释华阳宫艮岳的空间艺术特征：

（a）因华阳宫的规模无法与秦汉和隋唐时期大型皇家园林相比，也就"迫使"园林中的空间内容和形象要由多种园林要素内容较密集地集合构成。宋徽宗自己对艮岳的评价是："天台、雁荡、凤凰、庐阜之奇伟，二川、三峡、云梦之旷荡，……徒各擅其一美。未若此山并包罗列，又兼其绝胜，飒爽溟滓，参差造化，若开辟之素有，虽人为之山，顾敢小哉。"

如果按照以往研究者的观点，其整体的造园手法已经达到了极其"成熟"的阶段。实际上是达到了中国古代中后期我们所熟悉的、有样本可参照的北方皇家园林主要类型的成熟阶段。而这个"成熟"的皇家园林建筑体系，与隋唐之前主流的皇家园林建筑体系在空间内容与空间形态上根本就不属于同一种类型。

（b）华阳宫整体控制性的地貌形象，有在平地上凿出的"凤池""大方池"（内有"芦渚""梅渚"二岛）、"雁池"，有利用这些土堆出位于东北方的"万岁山"（第一高）、西边的"万松岭"（第二高）、南面的"寿山"（含两小峰）和"万岁山"南面的余脉（"芙蓉城"）等为主的山体，名义上是模仿杭州凤凰山，所以地貌形象以大体量的山水为主。不仅如此，在山体的表面，或用局部突出的奇石相垒覆盖，或结合大量的植物覆盖，浓缩了自然界中不同山体形象的特征。如"又增土叠石，间留隙穴，以栽黄杨，曰'黄杨𪩘'。"同时，"然'华阳'大抵众山环列，于其中得平芜数十顷，以治园圃，以辟宫门。"因此，在山中间的平地还有大片的园圃。另外，在"万岁山"和"万松岭"的北面还有"曲江"湖（其中有"蓬壶"岛）和"景龙江"及两岸空间。可以说，整个地形地貌有山、水和平地，并在整体布局方面有高低、大小、疏密、开阖、揖让等空间处理手法，不同园林要素内容搭配等手法可能都已非常娴熟。

（c）全园颇具特色的当属依靠各类奇石为置石手法构成的空间内容，既有结合山峰、山体、山脚、瀑布、各类平面水体、堤岸、建筑、植物等垒叠成模仿和概括各种自然奇观的，如"碧虚洞天，万山环之，开三洞，为品字门，以通前后苑""筑修冈以植丁香，积石其间，从而设险""开东、西二关，夹悬岩，磴道隘迫，石多峰棱，过者胆战股栗"等，又有众多主要以奇石或独立或与其他园林要素内容相结合构成的空间内容与形象。重要的奇石还覆盖亭子加以保护，又或立石碑或在奇石阳面上直接题名。前者如"独'神运峰'广百围，高六仞，赐爵'盘固侯'，居道之中，束石为小亭以庇之，高五十尺，御制记文，亲书，建三丈碑，附于石之东南陬。"后者如"丛秀而在于渚者，曰'翔鳞'；立于溪者，曰'舞仙'；独居洲中者，曰'玉麒麟'；冠于寿山者，曰'南屏小峰'；而附于池上者，曰'伏犀''怒猊''仪凤''乌龙'；立于沃泉者，曰'留云''宿露'，又为'藏烟谷''滴翠岩''搏云屏''积雪岭'；其间黄石仆于亭际者，曰'抱犊天门'……置于'寰春堂'者，曰'玉京独秀太平岩'；置于'绿萼华堂'者，曰'卿云万态奇峰'。"可以说，华阳宫是有史以来集奇石为置石造园组景手法最多、最突出的皇家园林。

在魏晋以来的小型私家园林中，以奇石为置石造园组景手法的运用非常普遍，但在艮岳中的运用与前者略有不同：因小型私家园林的面积有限，以独立的奇石为置石造园手法兼有拟形欣赏与象征山岳的双重功能。而艮岳并不缺乏真实尺度的山，因此独立的奇石更偏重于拟形欣赏。如"石皆激怒觝觚，若踶若啮，牙角口鼻，首尾爪距，千态万状，殚奇尽怪"。当然，无论给这些独立的奇石冠以什么名称，对视觉形象的解读，还是与欣赏者的内心修养有关。

(d) 以水组成的空间内容与形象除主要的"三池""曲江""景龙江"外，还有溪、潭、洲、涧、瀑、河、沼、泮（pàn，同"畔"）、渚、闸等，这些与水相关的空间内容与形象全部模仿于自然又加以概括。如"累土积石，设洞庭、湖口、丝溪、仇池之深渊"。其中的瀑布要靠人工往山上的蓄水池中注水（是否有隐蔽设计，诸文中无表述）。

(e) 园中建筑多以点景为主，集中的约有40处，同时建筑形式是集北宋时期各类建筑技术和风格之大成，"其宫室台榭，卓然著闻者曰'琼津殿''绛霄楼''绿萼华堂'。筑台高千仞，周览都城，近若指顾。"造型特殊的如"承岚、昆云之亭，有屋内方外圆如半月，是名'书馆'。又有八仙馆，屋圆如规"。建筑材料特殊的如"建八角亭于其中央，榱椽窗楹，皆以玛瑙石间之"。药寮景区建筑还有仿农舍的"野店"。从建筑的题名来看，建筑与局部园林环境结合紧密，且均无朝堂之用，因此艮岳完全是一座供宋徽宗生活享受的园林。

(f) 园中引植奇花异木，豢养名禽异兽不计其数。植物除松、竹、梅等，种类还有枇杷、橙柚、橘柑、椰栝（kuò）、荔枝，以及金蛾、玉羞、虎耳、凤尾、素馨、渠那、茉莉、含羞草等。植物既有散点状种植，又因大面积的集中种植而构成的植物主景观。在金人围城时，从华阳宫顺汴河放走的山禽水鸟多达十余万只。"又取大鹿数百千头杀之，以啖卫士云"。

（g）华阳宫是以山水等构成主体空间内容与形象，但其中亦有适度的园中园或主题园等构成不同的景区景点，如"药寮""西庄""芙蓉城"等，其中"西庄"是仿农耕田园景区。秉承以往皇家园林特点，其中更少不了泛宗教建筑景区等，如"东出为燕池，中分二馆，东曰'流碧'，西曰'环山'，馆有阁曰'巢凤'，堂曰'三秀'，以奉九华玉真安妃圣像"。"曲江"中的"蓬壶"等。还有如"濯龙涧""漾春陂""桃花闸""雁池""迷真洞"等以空间内容与形象命名的景点，"其余胜迹，不可殚纪"。这些不同的景区景点不仅位于"三山"和所围合的空间内，也延伸至最北面的"曲江"和"景龙江"的两岸。

（h）华阳宫艮岳集中地体现着主导者宋徽宗的思想意识。宋朝经历着北方少数民族的不断侵扰，但经济繁荣、文化发达，导致了人们较普遍地沉湎享乐、苟且偷安的心理，皇帝的宫廷生活更是浮荡、奢靡，以致政治上麻木。宋徽宗治国无志、无方，但身为画坛领袖，艺术造诣颇深。他生于元丰五年（公元1082年）五月五日，宋赵溍《养疴漫笔》称："神宗幸秘书省，阅李后主像，见其人物俨雅，再三叹讶，而徽宗生。生时梦李主来谒，所以文采风流，过李主百倍。"清徐轨《词苑丛谈•卷六•纪事》称："（宋徽宗）哀情哽咽，仿佛南唐李主，令人不忍多听。"这种以赵佶为南唐后主李煜托生的传说固然不足为信，但也算是后人对他作出的基本评价，即如《宋史•徽宗传》所评价的"诸事皆能，独不能为君耳！"神宗死后，当时的宰相章惇也指出赵佶"轻佻不可以君天下"。《宋史•徽宗传》最后也说"宋不立徽宗，不纳张觉，金虽强，何衅以伐宋哉？"其中提到的张觉原为辽将领，金攻辽时，张觉以平州投降金，后又以平州叛入北宋。1123年11月，金完颜宗望向北宋燕山府王安中索要张觉，导致张觉被杀。1125年8月，完颜宗望以张觉事变为由奏请攻宋。10月，金出兵伐宋。

徽宗自幼爱好笔墨、丹青、骑马、射箭、蹴鞠、茶艺，对奇花异石、飞禽走兽等都有着浓厚的兴趣，尤其在书法绘画方面更是表现出非凡的天赋。他于崇宁三年（公元1104年）设立了画学，并正式纳入科举考试之中，以招揽天下画家。在他的领导下，皇家的收藏也得到了极大的丰富，并且将宫内书画收藏编纂为《宣和书谱》《宣和画谱》《宣和博古图》。徽宗本人的艺术主张是强调神形兼备，提倡诗、书、画、印结合，并常以诗词作为绘画科举考试的考题。他是花鸟、山水、人物、楼阁无所不画，传世的作品可靠的有《四禽图》卷、《柳鸦图》卷、《池塘秋晚图》，存疑的有《祥龙石图》《芙蓉锦鸡图》《听琴图》《雪江归棹图》《瑞鹤图》《翠竹双雀图》等。前者都是水墨纸本，笔法简朴，不尚铅华而得自然之趣。

宋徽宗建造华阳宫艮岳的目的有希望"必多子嗣"之说，更有作为皇帝以模拟的"神仙境地"作为自己享受奢华生活的空间载体的本能与特权。同时，建造华阳宫艮岳也是劳民伤财、耗费国力、导致腐败、加速亡国之作。例如，为了搜刮奇石异木，专门在苏州设置了"应奉局"。建设周期长达十余年，其中因"宣和五年，朱勔于太湖取石，高广数丈，载以大舟，挽以千夫，凿河断桥，毁堰拆闸，数月乃至，赐号'昭功敷庆神运石'。是年，初得燕地故也，勔缘此授节度使"，还引发了太监们的竞相效仿，"大抵群阉兴筑不肯已"。又，"时东南监司郡守，二广市舶，率有应奉。又有不待旨，但进物至都，计会宦者以献者。"直到宋徽宗晚年，因"患苑囿之众，国力不能支，数有厌恶语，由是得稍止。"东南各省深受朱勔"花石纲"（河运每十船组成一"纲"）之害还曾引发了方腊起义。尽管是如此耗费国力建造这座大型的皇家园林，但宋徽宗在《御制艮岳记》中的表白，又如一般文人士大夫的内心寄托，缺少了作为皇帝哪怕仅仅是出于自大的豪迈。例如，"朕万机之余，徐步一到，不知崇高富贵之荣。而腾山赴壑，穷深探险，绿叶朱苞，华阁飞升，玩心惬志，与神合契。遂忘尘俗之缤纷，而飘然有凌云之志，终可乐也。"宋徽宗表白的"与神合契""凌云之志"与"玩心惬志"等本身就充满了矛盾。进而又表白"朕履万乘之尊，居九重之奥，而有山间林下之逸"。可知华阳宫艮岳作为北宋规模最大最重要的皇家园林，在意向和灵魂上还是更多地倾向于世俗化的目的。华阳宫中收集的众多的形态各异的置石，也能反映出宋徽宗的个人世俗化的品位，在这一点上与同时期的文人士大夫们并无不同。

（i）以往很多研究者认为中国的传统园林建筑体系在空间组织和文化意向等方面深受中国绘画的影响。而华阳宫的主导者宋徽宗为当时的画坛领袖，绘画艺术的各个方面都造诣颇深，那么其艮岳又会受到绘画及其理论等的哪些具体影响呢？我们不妨借此深入探讨一下这方面的内容。

中国的绘画理论最早出现在南齐谢赫的著作《古品画录》中。"谢赫六法"提出了一个初步完备的绘画理论体系框架，概括了从表现对象的内在精神、表达画家对客体的情感和评价，到用笔刻画对象的外形、结构和色彩，以及构图和对现实的摹写等。

在山水画创作方面，南朝刘宋的王微在《叙画》中提出："夫言绘画者，竟求容势而已。且古人之作画也，非以案城域、辨方州、标镇阜、划浸流。本乎形者，融灵而变动者心也。灵无所见，故所托不动；目有所极，故所见不周。于是乎以一管之笔，拟太虚之体……孤岩郁秀，若吐云兮……望秋云，神飞扬，临春风，思浩荡……披图按牒，效异山海，绿林扬风，白水激涧。呼呼！岂独运诸指掌，亦以明神降之。此画之情也。"

王微认为，画山水画，既不是画"图示"，也不是面对实景画出视野中的内容，而是"以一管之笔，拟太虚之体"。即那无穷的空间和充塞其中的生命，才是绘画的对象和境界。因此要以内在的"神明"去捕捉和表现山水之美。

更进一步的理论是同时期宗炳的《画山水序》："圣人含道暎物，贤者澄怀味像（笔者按：意思为'道内含于圣人生命体中而映于物，贤者澄清其怀抱，使胸无杂念以品味由道所显现之物象'）。至于山水质有而灵趣，是以轩辕、尧、孔（子）、广成（笔者按：南朝梁道士）、大隗（笔者按：传说中的神名）、许由（笔者按：传说为尧舜时代贤人）、孤竹（笔者按：借指伯夷、叔齐）之流，必有崆峒、具茨、藐姑、箕首、大蒙之游焉。又称仁智之乐焉。夫圣人以神法道，而贤者通；山水以形媚道，而仁者乐。……

夫理绝于中古之上者，可意求于千载之下。旨微于言象之外者，可心取于书策之内。况乎身所盘桓，目所绸缭。以形写形，以色貌色也。

且夫昆仑山之大，瞳子之小，迫目以寸，则其形莫睹，迥以数里，则可围于寸眸。诚由去之稍阔，则其见弥小。今张绢素以远暎，则昆、阆之形，可围于方寸之内。竖划三寸，当千仞之高；横墨数尺，体百里之迥。是以观画图者，徒患类之不巧，不以制小而累其似，此自然之势。如是，则嵩、华之秀，玄牝之灵，皆可得之于一图矣。

夫以应目会心为理者，类之成巧，则目亦同应，心亦俱会。应会感神，神超理得。虽复虚求幽岩，城能妙写，亦城尽矣。

于是闲居理气，拂觞鸣琴，披图幽对，坐究四荒，不违天励之藂，独应无人之野。峰岫峣嶷，云林森眇。

圣贤暎于绝代，万趣融其神思。余复何为哉，畅神而已。神之所畅，孰有先焉。"

宗炳文中先是结合古代圣贤热爱山水的"仁智之乐"和山水是"道"的体现，总言山水之美，继而表明创作山水的缘由，接着又阐明山水画之能成立及其意义。又论证了用透视法以"存形"的原理，及更进一层的"栖形感类，理入影迹"。最后以"畅神而已"言山水画的功能、价值，表明其所具有的精神解脱意义。最重要的是，宗炳是从佛学眼光提出"山水质有而趣灵""山水以形媚道"的观点，且由于"圣人以神法道"，自然之山水既为"道"之表现，亦必是"神"的表现，因而"以形写形"还要得其"神"。进一步地以"澄怀味象""神超理得""闲居理气"言及山水画欣赏及其心态，是一种超功利的审美愉悦、幽闲平和的虚静情怀。这也是顾恺之用于人物画的"以形写神"论的发展。

唐书法家张怀瓘在其《书断》中提出了书法用笔和艺术境界有"三品（格）"的理论，即"神品""妙品""能品"。后有朱景玄在其《唐代名画录》中又补充了"逸品（格）"（"逸品"，最早见《梁书·武帝纪》："六艺备闲，棋登逸品。"）。宋初黄休复在其《益州名画记》中重新排出"逸格""神格""妙格""能格"的高下次序，作为评判绘画的依据："逸格：画之逸格，最难其俦。拙规矩于方圆，鄙精研于彩绘，笔简形具，得之自然，莫可楷模，出于意表，故目之曰逸格尔。神格：大凡画艺，应物象形，其天机迥高，思与神合。创意立体，妙合化权，非谓开厨已走、拔壁而飞，故目之曰神格尔。妙格：画之于人，各有本性，笔精墨妙，不知所然。若向投刃于解牛，类运斤于斫鼻。自心付手，曲尽玄微，故目之曰妙格尔。能格：画有性周动植，学侔天功，乃至结岳融川，潜鳞翔羽，形象生动者，故目之曰能格尔。"

宋御用画家郭熙的《林泉高致集》是山水画理论的继续，其中提出了观察与构图的"三远法"："山有三远，自山下而仰山巅谓之高远；自山前而窥山后谓之深远；自近山而望远山谓之平远。"

观察山水的方法和景物变化："真山水之川谷，远望之以取其势，近看之以取其质。""山行步步移""山行面面看""真山水之烟岚，四时不同，春山淡冶而如笑，夏山苍翠而如清，秋山明净而如妆，冬山惨淡而如睡。"

画家与造化的关系："其要妙欲夺其造化，则莫神于好，莫精于勤，莫大于饱游饫看，历历罗列于胸中，而目不见绢素，手不知笔墨，磊磊落落，杳杳漠漠，莫非吾画。此怀素夜闻嘉陵江水声而草圣益佳，张颠见公孙大娘舞剑器而笔势益俊者也。"

山的形势与人的关系："世之笃论，谓山水有可行者，有可望者，有可游者，有可居者。画凡至此，皆入妙品。但可行可望不如可居可游之为得，何者？观今山川，地占数百里，可游可居之处十无三四，而必取可居可游之品。君子之所以渴慕林泉者，正谓此佳处故也。"

另外，唐宋时期也出现了一些文人阐述的关于文人画的见解，如欧阳修《盘车图》："古画画意不画形，梅诗咏物无隐情。忘形得意知者寡，不若见诗如见画。"

苏轼《书鄢陵王主簿所画折枝二首》："论画与形似，见与儿童邻（笔者按：以像不像作为绘画高下的标准，是儿童的认知水平）。赋诗必此诗，定非知诗人。诗画本一律，天工与清新。边鸾雀写生，赵昌花传神。何如此两幅，疏淡含精匀！

谁言一点红，解寄无边春！瘦竹如幽人，幽花如处女。低昂枝上雀，摇荡花间雨。双翎决将起，众叶纷自举。可怜采花蜂，清蜜寄两股。若人富天巧，春色入毫楮。悬知君能诗，寄声求妙语。"

最简单通俗的绘画理论是唐代张彦远在其《历代名画记》中所说的"外师造化，中得心源"。前述谢赫在《画品》中提出了中国画审美标准的"六法"，排在第一位的是"气韵生动"。关于"气韵"，清唐岱在其《绘事发微》中说："画山水贵乎气韵，气韵者非云烟雾霭也，是天地间之真气。凡物无气不生。"在中国传统文化观念中，特别是道家，以"虚空"作为生发万事万物的根源，并以"气"作为可感知的媒介，天地、日月、星辰、四时、五行、阴阳、风雨、山川、动物、植物、五色、五声、五味、勇怯、喜怒等都有"气"，或是"气"的表现。勇怯喜怒之"气"和四时五行、山川风雨之"气"没有什么本质的不同，它们不过是"气"在不同领域里的表现。所以山水画的"气韵生动"就是表达自然生命的涌动。宗炳在《画山水序》中进一步提出了"山水以形媚道""圣人以神法道"的观点。如果参照老子的观点，在"气"中又蕴含了"道"，而"道"的含义是万物运行的规律和轨迹，那么"圣人"的精神境界会与"道"相契合，因此画山水画者首先要能感受到"道"，然后通过绘画手段表达出自身的感知、感悟与"道"的契合。王微在《叙画》中直接提出画山水画不是面对实景画出目之所及的内容，绘画的对象和境界是要表达无尽的空间和充塞其中的生命，即要以内在"神明"的感悟去"拟太虚之体"，也就是去捕捉和表现山水之美。而郭熙关于山水画"可居可游"的观点，与谢赫、王辉、宗炳、张彦远等的观点并不属于同一境界。

论及中国传统园林受山水绘画影响者，往往较多的是引用郭熙的这类观点，还有一些如"三远"和其他构图的方法等。很显然，这种论及两者在"器"的层面相关联的结论非常牵强，至少是并不真懂中国山水画所蕴含的哲学和美学思想，以及创作时"目不见绢素，手不知笔墨"的精神状态。

若站在古人的角度总结以上绘画美学思想并参照绘画本身，可以说宋朝山水画就已经达到了难以逾越的高峰，所表现的精神境界，是内心深沉静默地与宇宙天地浑然融合，动中有静，以静蕴动。顺应自然法则（道）运行的宇宙是虽动而静，而画家内心默契自然，所以在画幅中也必须潜存着一层深深的静寂，所描写的山川景物都充满着静寂的气韵。进一步讲，在道家和佛家的哲学境界中，宇宙深处是无形无色的"虚空"，以"气"作为可感知的媒介，而这虚空却是万物的本源，万象皆从虚空中来，向虚空中去。因此山水画创作是以脱离小我主观地位的远近法则，去描绘大自然的千里江山，或是登高远眺云山烟景、茫茫的大气，整个无边的宇宙是这一片云山的背景，空白便是宇宙灵气之往来，生命流动之处，"虚实相生，无画处皆成妙境"。这就要求画家的心灵特性早已全部融化在笔墨之中，导致山水画的形象往往是一片荒寒，恍如原始天地，不见人迹，浑然为自然本体，亦为自然生命。有时抑或寄托于一二人物，浑然坐忘于山水间，如石如水如云，是大自然的一体。即便间或有楼台，也如缥缈于太虚之境，如梦如幻。所以宋朝时期的山水画虽是最写实的作品，同时又是最灵空的精神表现，心灵与自然完全合一。当然绘画并不简单地等同于思想，最终是要以笔墨技法传达，因此作品的最终形态既有必然性，也有偶然性的特点。

　　宋徽宗是造诣深厚的画家，也排列过"神""逸""妙""能"的高下次序。但艮岳毕竟不是绘画，又是以契合"天人合一"（至少是为了"多子嗣"）与实实在在的现实享受为第一目的，其大量的奇石异木、宫室台榭的奢华与功能等，本不可能与山水画的"神""逸"之意境有过多的交集。因此艮岳在建造时可以借鉴的，至多仅限于平面与竖向构图上的排列和各处具体的细节处理等"能品"方面。更有可能的是对于造诣深厚的宋徽宗来讲，园林山水内容的构图安排等，远比绘画的空间表达要容易得多（笔者在这两个方面都有具体的实践），因为园林本身便是立体的，其营造无须从绘画中得到更多的借鉴，且园林与绘画在很多方面都是"师法自然"。

　　因艮岳体量庞大、人造的山峦景象又是大自然景象的高度浓缩，或者说其大尺度、大体量的"意向"与大自然本身就有着很完美的契合度，那么在特定的时间和气候条件下，如早晚或烟雨之际，或许会显现出如山水画中呈现的"神""逸""妙"之画境，这也是如华阳宫艮岳等大型皇家园林建筑体系与中小型私家园林建筑体系在处理手法和视觉感受方面最大的区别之处。但这些与绘画本身并无关系。

　　在个体的欣赏层面，宋徽宗游艮岳就有："北直绛霄楼，峰峦崛起，千叠万复，不知其几千里，而方广兼数十里。""徘徊而仰顾，若在重山大壑，深谷幽岩之底，不知京邑空旷，坦荡而平夷也，又不知郛郭寰会，纷萃而填委也。""朕万机之余，徐步一到，不知崇高富贵之荣，而腾山赴壑，穷深探险，绿叶朱苞，华阁飞升，玩心惬志，与神合契，遂忘尘俗之缤纷，而飘然有凌云之志，终可乐也。""而东南万里，天台、雁荡、凤凰、庐阜之奇伟，二川、三峡、云梦之旷荡，四方之远且异，徒各擅其一美,未若此山并包罗列,又兼其绝胜,飒爽溟涬,参差造化,若开辟之素有,虽人为之山,顾敢小哉。"

宋徽宗所书,可谓对此园林意境个人所悟之精确表达。

最后,宋徽宗本人是不好游猎而浸淫书画,这也是造成其艮岳与汉武帝的上林苑形成各种差别的原因之一。但为建造艮岳,"专置'应奉局'于平江(苏州),所费动以亿万计,调民搜岩剔薮,幽隐不置,一花一木,曾经黄封,护视稍不谨,则加之以罪,斫山輋石,虽江湖不测之渊,力不可致者,百计以出之至,名曰'神运',舟楫相继,日夜不绝,广济四指挥(宋朝军队以500人为一"指挥"编制),尽以充挽士(纤夫),犹不给",与汉武帝广开上林苑而侵占百姓良田和劳民伤财之举等并无本质上的不同。

第四节　南宋临安地区皇家园林建筑体系综述

北宋时期,临安(今杭州)为"两浙路"(宋时的"路",相当于明清时期的省)治所,早因西湖风景区而著名。西湖自古为钱塘江入海口的"潟湖",秦汉时称为"武林水",唐朝时改称为"钱塘湖",又因在城之西,统称"西湖"。因西湖景美,自东晋至隋唐以来,湖岸边陆续建有不少佛寺、道观和礼制类建筑。唐朝时期,杭州刺史李泌曾兴修水利,开凿六井。《旧唐书·卷一百七十·白居易传》载其任刺史期间"始筑堤捍钱塘湖,钟泄其水,溉田千顷;复浚李泌六井,民赖其汲"。唐末五代,中原战乱频繁,偏安江左的吴越政权建都于此,维持了百余年的安定太平局面,对西湖又进行了大规模的风景建设,并与南运河连接起来。北宋历任地方官员也对西湖不断地进行整治,如《宋史·卷三百三十八·苏轼传》载,元祐四年(公元 1089 年),苏轼任龙图阁学士知杭州时期,由于"葑台平湖久芜漫,人经丰岁尚洞疏",即西湖淤塞过半,长满了野草,湖水逐渐干涸。苏轼来杭州的第二年便动用民工二十余万治理钱塘江和疏浚西湖,后者主要为恢复六井,开除葑田(笔者按:以木作架、上铺泥土作为种植水生植物的农田),并在湖水最深处建立三塔(今"三潭印月")作为水平面标志。把挖出的淤泥集中起来筑成一条纵贯西湖南北的长堤(记载长三十里),堤上有六座桥相接,后人名之曰"苏公堤",简称"苏堤"。

五代时期,吴越王钱镠曾在杭州大兴城垣、"宫苑"。《旧五代史·卷一百三十三·世袭列传二》载:"(钱)镠在杭州垂四十年,穷奢极贵。钱塘江旧日海潮逼州城,(钱)镠大庀工徒,凿石填江,平江中罗刹石,悉起台榭。广郡郭三十里，邑屋之繁会，江山之雕丽，实江南之胜概也。"

宋室南迁，于绍兴八年（公元 1138 年）定"行在"于杭州，改称"临安"，城垣也因而扩展，主要是增筑内城和外城的东南部。内城，即"皇宋高宗城"，位于外城南部，周长九里，环绕着凤凰山，包含宫廷区和"宫苑"区。外城南跨吴山、北截武林门、西连西湖、东靠钱塘江，设城门 13 座、水门 5 座，城外有护城河。政府公署集中在外城的南仓大街附近。由于北方大量人口随朝廷南迁，使临安地区人口激增，到咸淳年间（公元 1265 年—公元 1274 年），包括所属钱塘、仁和、临安、余杭、于潜、昌化、富阳、新城、盐官九县，增至 124 万余人。

关于南宋临安城很多方面的具体情况，除《宋史》外，还有南宋周密撰《武林旧事》、吴自牧撰《梦梁录》、李心传撰《建炎以来朝野杂事》等文献作为参考。

《梦梁录·卷七·杭州》载："杭城号'武林'，又曰'钱塘'，次称'胥山'。隋朝特创立此郡城，仅三十六里九十步，后武肃钱王发民丁与十三寨军卒增筑罗城，周围七十里许，有南城山，称为龙山……旱门仅十有三，水门者五。城南门者一，曰'嘉会'，城楼绚彩，为诸门冠，盖此门为御道，遇南郊，五辂从此幸郊台路。城东南门者七：（自南往东北）曰'北水门'；曰'南水门'，盖禁中水从此流出，注铁沙河及横河桥下，其门有铁窗栅锁闭，不曾辄开；曰'便门'；曰'候潮门'；曰'保安水门'，河通跨浦桥，与江相隔耳。曰'保安门'，俗呼小堰门是也；曰'新开门'。城东门者三：（自南往北）曰'崇新门，俗呼'荐桥门'；曰'东青门'，俗呼'菜市'；曰'艮山门'。城北门者三：（自东往西）曰'天宗水门'；曰'余杭水门'；曰'余杭门'，旧名'北关'是也，盖北门浙西、苏、湖、常、秀，直到江、淮诸道，水陆俱通。城西门者四：（自北往南）曰'钱塘门'；曰'丰豫门'，即'涌金'；曰'清波'，即俗呼'袋门'也；曰'钱湖门'。"

《梦梁录·卷八·大内》："大内正门曰'丽正'，其门有三，皆金钉朱户，画栋雕甍，覆以铜瓦，镌镂龙凤飞骧之状，巍峨壮丽，光耀溢目。左右列阙，待百官侍班阁子。登闻鼓院、检院相对，悉皆红杈子，排列森然，门禁严甚……丽正门内正衙，即'大庆殿'，遇明堂大礼、正朔大朝会，俱御之。如六参起居，百官听麻（笔者按：拜相命将，用白麻纸写诏书公布于朝），改殿牌为'文德殿'；圣节上寿，改名'紫宸'；进士唱名，易牌'集英'；明为'明堂殿'。次曰'垂拱殿'，常朝四参起居之地。

内后门名'和宁'，在孝仁登平坊巷之中，亦列三门，金碧辉映，与丽正同，把守卫士严谨，如人出入，守人高唱头帽号，门外列百僚侍班，子左右排红杈子，左设门，右立待漏院、客省四方馆，入登平坊。沿内城有内门，曰'东华'，守禁尤严。沿内城向南，皆殿司，中军将卒立寨卫护，名之中军圣下寨。寨门外左右俱置护龙水池。沿寨向南，有便门，谓之'东便门'。禁庭诸殿更有者十：曰'延和'，曰'崇政'，曰'福宁'，曰'复右'，曰'缉熙'，曰'勤政'，曰'嘉明'，曰'射殿'，曰'选德'，曰'奉神'。御殿名'钦先孝思之殿'。更有天章诸阁，奉艺祖、至理、庙神、御书、图制之籍。宝瑞之阁，建于六部山后，供进御膳，即'嘉明殿'，在'勤政殿'之前。勤政即木帷寝殿也。嘉明殿相对东廊门楼，乃殿中省六尚局御厨，

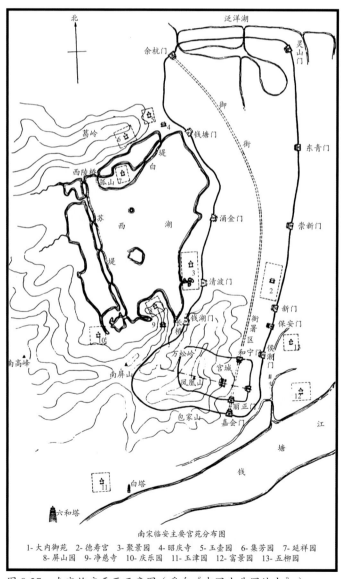

祇应内侍人员，俱集于此……皇太后殿名曰'坤宁'，皇后殿名曰'和宁'……和宁门外红杈子，早市买卖，市井最盛。盖禁中诸阁分等位，宫娥早晚令黄院子收买食品下饭于此……"（图8-27）

《武林旧事·卷四·故都宫殿》记载内城有正殿（正朝）五："垂拱（常朝四参）、文德（六参宣布）、大庆（明堂朝贺）、紫宸（生寿）、集英（策士）"；后殿二十五："延和（宿斋避殿）、崇政（祥曦）、福宁（寝殿）、复古（高宗建）、选德（孝宗建，御屏有监司郡守姓名）、缉

南宋临安主要宫苑分布图

1-大内御苑 2-德寿宫 3-聚景园 4-昭庆寺 5-玉壶园 6-集芳园 7-延祥园
8-屏山园 9-净慈寺 10-庆乐园 11-玉津园 12-富景园 13-五柳园

图8-27 南宋临安平面示意图（采自《中国古典园林史》）

熙（理宗建）、熙明（修政，度宗建）、明华、清燕、膺福、庆瑞（顺庆，理宗建）、射殿、需云（大燕）、符宝（贮恭膺天命之宝）、嘉明（度宗以绎己堂改）、明堂（文德合祭改）、坤宁（吴皇后住）、秾华（吴皇后住）、慈明（杨太后住，累朝母后皆旋更名）、慈元（谢太后住）、仁明（全太后住）、进食（勤政）、钦先（神御）、孝思（神御）、清华"；另有堂二十三、阁十二、斋四、楼七、台六、亭九十、轩一、观一、庵一、祠一、桥四、坡二、泉一；还有园六：小桃源（观桃）、杏坞、梅冈、瑶圃、村庄、桐木园。

但据《宋史·地理志》载："行在所。建炎三年闰八月，高宗自建康如临安，以州治为行宫。宫室制度皆从简省，不尚华饰。垂拱、大庆、文德、紫宸、祥曦、集英六殿，随事易名，实一殿。重华、慈福、寿慈、寿康四宫，重寿、宁福二殿，随时异额，实德寿一宫。延和、崇政、复古、选德四殿，本射殿也。慈宁殿，绍兴九年，以太后有归期建。钦先孝思殿，十五年建，在崇政殿东。翠寒堂，孝宗作。损斋，绍兴末建，贮经史书，为燕坐之所。东宫，在丽正门内，孝宗、庄文、景献、光宗皆常居之。讲筵所，资善堂，在行宫门内，因书院而作。天章、龙图、宝文、显猷、徽猷、敷文、焕章、华文、宝谟九阁，实天章一阁。"与《梦梁录·卷八·大内》的记载相近。

《武林旧事·卷四·故都宫殿》接着说："禁中及德寿宫（位于外城望仙桥之东）皆有'大龙池'、'万岁山'，拟西湖冷泉、飞来峰。若亭榭之盛、御舟之华，则非外间可拟。春时竞渡及买卖诸色小舟，并如西湖，驾幸宣唤，锡赉（xī lài，赏赐）巨万。大意不欲数跸劳民，故以此为奉亲之娱耳。"

《武林旧事·卷三·禁中纳凉》载："禁中避暑，多御'复古''选德'等殿，及'翠寒堂'纳凉。长松修竹，浓翠蔽日，层峦奇草，静窈萦深，寒瀑飞空，下注大池可十亩。池中红白菡萏万柄，盖园丁以瓦盎别种，分列水底，时易新者，庶几美观。又置茉莉、素馨、建兰、麝香藤、朱槿、玉桂、红蕉、阇婆、蒼葡等南花数百盆于广庭，鼓以风轮，清芬满殿。御筓（hàng，衣架）两旁，各设金盆数十架，积雪如山。纱厨后先皆悬挂伽兰木、真腊龙涎等香珠百斛。蔗浆金碗、珍果玉壶，初不知人间有尘暑也。闻洪景卢学士尝赐对于翠寒堂，三伏中体粟战栗，不可久立，上问故，笑遣中贵人以北绫半臂赐之，则境界可想见矣。"

1. 大内后苑

综合前面文献记载来看，临安内城（皇城）因地处凤凰山西北部，地势高，自然环境极佳，所以皇宫大内采用了"宫苑园林"的形式。北面有"后苑"。这座"宫苑"的具体布局现已难考，但可以肯定的是整座"宫苑"的建筑并不多。其中主要建筑常随其用途而多次改名，如《武林旧事·卷三·禁中纳凉》中所说的纳凉的"复古"殿和"选德"殿就是《宋史·地理志》所载的"射殿"。因此主要的大型建筑可能只有"大庆殿""德寿宫""射殿""慈宁殿""钦先孝思殿""翠寒堂""天章阁"等，另有仿"西湖冷泉"的"大龙池"、仿"飞来峰"的"万岁山"，还有"小桃源""杏坞""梅冈""瑶圃""村庄""桐木园"等。其中又以"大龙池"为园林内容的最佳区域，"大龙池"的面积足以满足后宫嫔妃竞渡戏水，内外还汇集了各种奇花异木。且此地"寒瀑飞空""初不知人间有尘暑也"。

临安其他离宫御园较多，可参考《武林旧事》等记载。

2. 聚景园

位于清波门外西湖之滨，孝宗赵昚休养之地，堂匾皆孝宗御书。淳熙中，屡经临幸。嘉泰间，宁宗赵扩奉成肃太后临幸。其后并皆荒芜不修。高疏寮诗曰："翠华不向苑中来，可是年年惜露台。水际春风寒漠漠，宫梅却作野梅开。"聚景园内有会芳殿，瀛春堂，镜远堂（宋刻"揽远"），芳华堂，花光亭（八角），瑶津、翠光、桂景、滟碧、凉观、琼芳、彩霞、寒碧亭，柳浪、学士桥。

3. 富景园

位于新门外，孝宗赵昚奉太后临幸不一，俗称"东花园"。

4. 屏山园

位于钱湖门外，以对南屏山，故名。理宗赵昀朝改名"翠芳园"。

5. 玉壶园

位于钱塘门外。本刘王园，有明秀堂。附近还有琼华园、小隐园。

6. 集芳园

位于葛岭，原系张婉仪园，后归太后。殿内有古梅老松甚多。理宗赐贾平章。旧有清胜堂、望江亭、雪香亭等。

7. 延祥园

西依孤山，为林和靖故居。花寒水洁，气象幽古。三朝临幸。

8. 瀛屿

位孤山之椒，旧名"凉堂"。四壁萧照画山水，理宗赵昀易此名，亦为西太乙宫黄庭殿。内有"挹翠堂（旧名"黑漆堂"，理宗御书）、香远（旧名'舣莲亭'）、香月（倚里湖，旧名'水堂'，理宗御书）、清新（旧名'六橡堂'）、白莲堂、六一泉堂、桧亭、梅亭、上船亭、东西车马门、西村水、御舟港、林逋墓、陈朝桧（有御书诗）、金沙井、玛瑙坡、六一泉。高疏寮诗云："水明一色抱神州，雨压轻尘不敢浮。山北山南人唤酒，春前春后客凭眸。射熊馆暗花扶宸，下鹄池深柳拂舟。白发邦人能道旧，君王曾奉上皇游。"

9. 东宫

位置不详，内有资善堂、凤山楼、荣观堂、玉渊堂、清赏斋（宋刻"堂"）、新益堂、绎已堂、射圃。

10. 德寿宫

《梦梁录·卷八·德寿宫》记载得比较清楚："德寿宫在望仙桥东，元系秦太师赐第，于绍兴三十二年（公元1162年）六月戊辰，高庙（笔者按：指高宗赵构）倦勤，不治国事，别创宫庭御之，遂命工建宫，殿扁'德寿'为名。后生金芝于左栋，改殿扁曰'康寿'。其宫中有森然楼阁，扁曰'聚远'，屏风大书苏东坡诗'赖有高楼能聚远，一时收拾付闲人'之句。其宫四面游玩庭馆，皆有名扁。东有梅堂，扁曰'香远'。栽菊，间芙蕖、修竹处有榭，扁曰'梅坡''松菊三径'。酴亭扁曰'新妍'。木香堂扁曰'清新'。芙蕖冈南御宴大堂，扁曰'载忻'。荷花亭扁曰'射厅''临赋'。金林檎亭扁曰'灿锦'。池上扁曰'至乐'。郁李花亭扁曰'半绽红'。木樨堂扁曰'清旷'。金鱼池扁曰'泻碧'；西有古梅，扁曰'冷香'。牡丹馆扁曰'文杏'，又名'静乐'。海棠大楼子，扁曰'浣溪'；北有椤木亭，扁曰'绛叶'。清香亭前，栽春桃，扁曰'倚翠'。又有一亭，扁曰'盘松'。高庙雅爱湖山之胜，于宫中凿一池沼，引水注入，叠石为山，以像飞来峰之景，有堂扁曰'冷泉'。孝庙（指孝宗赵睿）观其景，曾赋长篇咏曰：'山中秀色何佳哉，一峰独立名'飞来'。参差翠麓俨如画，石骨苍润神所开。忽闻彷像来宫囿，指顾已惊成列岫。规模绝似灵隐前，面势恍疑天竺后。孰云人力非自然，千岩万壑藏云烟。上有峥嵘倚空之翠壁，下有潺漱玉之飞泉。一堂虚敞临清沼，密荫交加森羽葆。山头草木四时春，阅尽岁寒人不老。圣心仁智情幽闲，壶中天地非人间。蓬莱方丈渺空阔，岂若坐对三神山。日长雅趣超尘俗，散步逍遥快心目。山光水色无尽时，长将挹向杯中绿。'高庙览之，欣然曰：'老眼为之增明。'……继后宫室空闲，因而遂废。咸淳年间，度庙临政，以地一半营建道宫，扁曰'宗阳'，以祀'感生帝'。其时重建，殿庑雄丽，圣真威严，宫囿花木，靡不荣茂，装点景界，又一新耳目；一半改为民居，圃地改路，自清河坊一直筑桥，号为'宗阳宫桥'，每遇孟享，车驾临幸，行烧香典行，桥之左右，设帅漕二司，起居亭存焉。"

　　从以上内容来看，临安有水网、地形、气候之优势，皇家园林的布局更自由，风格更秀丽，数量虽多但规模普遍较小。孝宗赵睿曾意图收复北宋失地，派主将张浚与李显忠、邵弘渊率军北伐，宋军陆续收复淮北各地，但于符离之战被金将纥石烈志宁击溃而止。而后南宋主和派抬头，于 1164 年金军再度南征之际求和，两国于年底签订合约，双方平等对待，金朝获得岁币。不知孝宗的"圣心仁智情幽闲，壶中天地非人间。蓬莱方丈渺空阔，岂若坐对三神山。日长雅趣超尘俗，散步逍遥快心目"是否作于此后，而高宗赵构竟赞为"老眼为之增明"。受国力、环境，特别是偏国偷安等因素的影响，南宋的皇家园林已经完全世俗化，似乎仅以散步逍遥、快乐苟安为唯一目的。相关的问题将在下卷介绍南宋私家园林时继续阐释。

第九章 辽金元明清时期的皇家园林建筑体系

第一节 辽金元明清时期史略

一、辽史略

公元916年，辽太祖耶律阿保机开始立国建元，国号"契丹"，定都"上京临潢府"（位于今内蒙古赤峰市巴林左旗东镇）。公元947年，辽太宗耶律德光率军南下中原，攻占后晋的"汴京"（今河南开封），并登基称帝，改国号为"大辽"。公元983年更名"大契丹"。公元1066年辽道宗耶律洪基复国号"大辽"。辽朝全盛时期的疆域，东北至今俄罗斯库页岛，北至今蒙古国中部的色楞格河、石勒喀河一带，西到阿尔泰山，南至今天津市的海河、河北省霸州、涿州（白沟河）、山西省雁门关一线，与当时统治中原的宋朝相对峙，形成南北对峙之势。

公元982年，年仅12岁的辽圣宗耶律隆绪继位，并由萧绰萧太后摄政，历约27年。萧太后在摄政期间进行改革，励精图治、注重农桑、兴修水利、减少赋税、整顿吏治、训练军队，并参考唐朝制度开科取士（进士出身能为官者十之二三），使辽朝百姓富裕、国势强盛。北宋立国之初即有意收复燕云十六州，先后于公元979年、986年两度北伐，皆为辽军所败，其中在986年辽俘获了号称"杨无敌"的宋朝名将杨继业。辽圣宗为了防止高丽与北宋结盟进而威胁辽朝东部，于公元993年发动对高丽的战争以降服高丽。公元1004年，萧太后与辽圣宗亲率大军深入宋境。宋真宗赵恒（赵德昌）畏敌欲迁都南逃，因宰相寇准坚持且亲至澶州（今濮阳）督战。宋军士气大振，击败辽军前锋，辽将萧挞凛战死。辽军恐腹背受敌，提出和约。主和的宋真宗于次年初与辽订立"澶渊之盟"，协定宋每年赠辽岁币银十万两、绢二十万匹，双方各守疆界，互不骚扰，从此两朝休战达120年之久（其间，从1042年开始又增岁币银十万两、绢十万匹）。公元1007年辽迁都"中京大定府"（今内蒙古赤峰市宁城县）。公元1009年辽圣宗亲政后，辽国已进入鼎盛时期，基本上延续萧太后执政时的风貌，反对严刑峻法，并且防止官员贪污。实行科举，编修佛经，佛教极为盛行。同年辽军东征高丽，最远攻入高丽开城。

公元1031年辽圣宗去世，辽兴宗耶律宗真即位，辽国逐渐走向衰落。至公元1125年，辽天祚帝耶律延在应州（今山西应县）被金人完颜娄室等所俘，辽灭亡，享国210年，历经9帝。此后余部在内蒙古和新疆东部建立"西辽"，一度扩张至西亚，最后于公元1218年被蒙古军队所灭。另一部在东北吉林一带先后建立"东辽""后辽"。公元1216年秋蒙古军队东下，耶律乞奴率九万契丹族人越过鸭绿江进入高丽境内。不久，契丹诸贵族自相残杀，"后辽"于1220年灭亡。

辽朝政治制度在太宗耶律德光时期实行"南面官"和"北面官"制，即以"本族之制治契丹，以汉制待汉人"，适应于游牧和农耕两种社会形态。辽世宗耶律阮时期进行一系列改革，成立南北枢密院，废南、北大王。后来南北枢密院合并成一个枢密院，实行汉制的中央集权制。但同时并行的还有"捺钵制度"，契丹语"捺钵"即"行营""行在""营盘"的意思。因为辽朝虽先后以辽"上京"和辽"中京"作为首都，但游牧民族毕竟有转徙不定、车马为家的特性，这就决定了要在皇帝四时巡狩时，随皇帝在不同的"捺钵"决定国家重大事务。

由于辽朝地域辽阔，因此在区划上实行"五京制"，即"上京临潢府"（今内蒙古巴林左旗林东镇）、"中京大定府"（今内蒙古赤峰市宁城县）、"东京辽阳府"（今辽宁省辽阳市）、"南京析津府"（今北京市，城市规模最大）、"西京大同府"（今山西大同市），所以辽阳、大同、北京等地至今都遗留有一些辽代的建筑。

辽在畜牧业、农业、手工业、科技、文化、艺术、宗教等方面都颇有建树。辽的鎏金、鎏银、染织、造马具、制瓷以及造纸等手工业门类齐全，工艺精湛。因冶铁业发达，铁制的农业工具、炊具、马具、手工工具可与中原的产品相媲美。契丹鞍与端砚、蜀锦、定瓷被当时的宋人评比为"天下第一"；辽瓷在中国陶瓷发展史上占有重要地位，其中仿造本族习惯使用的皮制、木制等容器样式烧造的瓶、壶、盘、碟，造型独具一格，颇具"马背上的民族"特色。出土的珍品中有双猴绿釉鸡冠壶、龙首绿釉鸡冠壶等，还有高达两米的大罗汉瓷像。瓷器釉色有白釉、单釉和三彩釉；因与北宋长期对峙，所以辽的文化艺术等在很多方面反而是受晚唐的影响最深，例如辽的木构建筑技术有所发展，但风格更接近于晚唐，成为研究唐代建筑的重要参考。遗留至今著名的木构建筑有锦州市义县的"奉国寺大雄宝殿"，山西朔州市应县的"佛宫寺释伽塔（应县木塔）"，大同市的"下华严寺薄伽教藏殿""善化寺大雄宝殿"，天津市蓟州区的"独乐寺山门"和"观音阁"，保定市高碑店的"开善寺大雄宝殿"，保定市涞源县的"阁院寺文殊殿"等。另外，辽著名的密檐式砖塔有山西灵丘县"觉山寺塔"、北京"天宁寺塔"、辽阳"白塔"和"北镇塔"、海城析木城"金塔"等。始建于辽的北京城位于元大都的西南，一直沿用至元朝末年。辽的医药久负盛名，直鲁古撰有《脉诀》与《针灸书》，其中的治疗方法至今仍应用在临床实践中。在河北省宣化两座辽墓顶发现了两组彩绘星图，标示有二十八星宿和黄道十二宫等，说明辽代的历法在继承中原传统的基础上，吸纳西方的天文历法知识，精准度在当时甚至优于北宋《纪元历》。

二、金史略

公元 1114 年，金太祖完颜阿骨打统一女真诸部后起兵反辽，并于次年在上京会宁府（今哈尔滨市阿城区）立国建元，国号"大金"。金太祖建国后以辽"五京"为目标兵分两路展开灭辽之战。1116 年 5 月东路军占领辽"东京辽阳府"，1120 年西路军攻陷辽"上京临潢府"，使辽失去一半的土地。战事期间，北宋陆续派使者马政、赵良嗣与金朝定下"海上之盟"，联合攻打辽国。公元 1122 年金东路军攻下辽"中京大定府"，同时西路军也攻下辽"西京大同府"，辽"南京析津府"投降。宋金双方经过协商后，金给予宋幽云十六州部分城市，金获得宋的岁币。

金在灭辽后即有意南下灭宋，金太宗完颜吴乞买以宋收留"平州之变"中的辽将张觉违反宋金双方协议为由，于公元 1125 年发动灭宋之战。他派勃极烈、完颜斜也为都元帅，分兵两路从山西、河北南下，最后会师北宋首都开封。在宋将李纲死守开封的情况下，双方宣布议和。1126 年金太宗再以宋廷毁约为由，派完颜宗望、完颜宗翰兵分二路攻破开封，于隔年俘虏宋徽宗、宋钦宗等宋朝皇室北归，北宋灭亡。1137 年金熙宗完颜亶听从主和派完颜挞懒的建议与南宋主和派高宗赵构与秦桧议和。由于金割让河南、陕西之地让主战派完颜宗弼（金兀术）不满，1140 年完颜宗弼率军攻下河南、陕西。隔年完颜宗弼再度南征，但被岳飞与刘锜击败。岳飞于郾城（今河南省漯河市郾城区）之战后再度北伐至朱仙镇，逼近汴京。最后完颜宗弼与南宋主和派和谈，并且在岳飞被杀后签订《绍兴和议》，至此金宋边界完全确定。金朝灭辽与北宋后，其疆域东到混同江下游（今松花江及黑龙江下游），直抵日本海，北到蒲与路（今黑龙江克东县）以北三千多里火鲁火疃谋克（今俄罗斯外兴安岭南博罗达河上游一带），西北到河套地区，与蒙古部、塔塔儿部、汪古部等大漠诸部落为邻，西沿泰州附近界壕与西夏毗邻。南部与南宋以秦岭淮河为界，西以大散关与南宋为界。

金熙宗完颜亶于公元 1150 年被右丞相海陵王完颜亮所杀，完颜亮称帝并把首都迁至"中都"（今北京）。完颜亮全力推进金政权的汉化，取得了显著进展，为金对中国北部的牢固统治奠定了基础，开辟了道路。但由于他急功近利，在连续大兴土木之后，又动员全国人力、物力大举南征。结果前方受阻于长江，后方遭到农牧民的反抗，东京辽阳府又发生了宗室的政变，在进退失据的情况下被杀身亡。在其后的金世宗完颜雍和金章宗完颜璟统治时期，先后有"大定之治"和"明昌之治"。

蒙古国成吉思汗于公元 1210 年与金朝断交，隔年便发动对金战争，战争期间多次联合南宋军队共同攻金。至 1234 年正月，蒙将史天泽约宋将孟拱、江海率军联合围攻逃至蔡州的金哀宗完颜守绪。因金哀宗不愿当亡国之君，将皇位传给统帅完颜承麟，是为金末帝。蔡州城陷时，金哀宗自杀，末帝死于乱军中，金朝覆亡。至此，金朝享国 119 年，历 10 帝。

金朝初期全面采用辽朝的南北面官制，但自熙宗完颜亶改制以后，就逐步全盘采用汉制的中央集权制。金朝在区划上也采用五京制，有"中都大兴府"（今北京，与辽同）、"上京会宁府"（今哈尔滨市阿城区）、"南京开封府""北京大定府"（今内蒙古赤峰市宁城县）、"东京辽阳府"（与辽同）和"西京大同府"（与辽同）。由于金朝统治的地区与辽和北宋统治地区有很多重叠，因此金很好地继承了唐、辽和北宋在畜牧业、农业、手工业、科技、文化、艺术、宗教等方面的成绩并超过了辽，与南宋平行，构成当时中国文化发展的南北两大支，在中国传统文化发展史中起着"上掩辽而下轶元"的作用。如，在金太宗时期便开始了科举制度。再如，金熙宗时，原来的陕西耀州窑、河南均窑、河北定州窑与磁州窑等陆续恢复生产，还出现了临汝（今河南省汝州市）等新兴窑址。又如，政府于 1137 年颁布了杨级编写的《大明历》（与祖冲之的《大明历》不同），而后赵知微于 1180 年修编成较精确的《重修大明历》，其精确度超过宋朝的《纪元历》。其余不赘述。

三、元史略

公元 1206 年（金章宗泰和六年），蒙古贵族在斡难河源（黑龙江上游之一，蒙古小肯特山东麓）奉铁木真为"大汗"，尊号"成吉思汗"，蒙古汗国建立。随后灭西夏和金，招降吐蕃，再灭大理。公元 1259 年蒙哥汗去世后，蒙古汗国分裂为"大汗国"和"四大汗国"（"金帐汗国""窝阔台汗国""伊利汗国""察合台汗国"），四大汗国名义上服从蒙古大汗宗主权。窝阔台在位期间，任用契丹人耶律楚材为中书令，采用汉法，并且开科取士，重用中原文人，奠定元朝的基础。窝阔台死后，由其弟弟托雷的长子蒙哥继位。公元 1259 年，蒙哥汗在进攻南宋战争中死于合州钓鱼山城下（位于今重庆市合川区，从 1259 年战争开始直到 1279 年南宋灭亡后，忽必烈又答应绝不伤害城中百姓，知州王立才弃城投降。弃城后，32 名军官全部拔剑自刎）。之后其四弟忽必烈继位。公元 1263 年，元世祖忽必烈定都上都，公元 1271 年建立"大元"帝国，次年定都燕京，称为"大都"。公元 1279 年灭南宋政权。

元帝国统一后的疆域北到北冰洋沿岸（包括西伯利亚大部），南到南海诸岛，西南包括今西藏、云南，西北至今中亚，东北至外兴安岭（包括库页岛）、鄂霍次克海。

在政治和政权建设方面：元帝国在中央政府一级设中书省、枢密院、御史台分掌政、军、监察三权。中书省下设六部。全国划分为由中书省所直接管辖的首都附近的"腹里"地区（即今河北、山东、山西及内蒙古部分地区）、由宣政院（初名"总制院"）所管辖的吐蕃地区、由澎湖巡检司管辖的澎湖和琉球群岛地区。其余地区设 10 个"行中书省"，分别为陕西、辽阳、甘肃、河南、四川、云南、湖广、江浙、江西、岭北行中书省，归中书省直接管理。这也是我国"省级行政区"制度的开端。

元朝帝国的建立，虽然彻底结束了自唐末起中国广阔地域内的分裂局面（以唐朝盛期的疆域为参照），但由于元帝国是由蒙古族建立的，因此在民族政策、文化政策和社会管理等方面有许多矛盾与落后之处。如，把国人分为四等：一等蒙古人，二等色目人，三等汉人，四等南人。这一政策维护了蒙古贵族的特权，并在政权上大量使用色目人，使儒者的地位下降。实行"匠籍制"，把全国人口划分为民户、军户、站户、匠户、盐户、儒户、医户、乐户等，职业一经划定，即不许更易，世代相承，并且将全国工匠编入匠籍，强制他们以无偿服役的方式到官营手工厂劳动，并承担相应的赋役。只有"儒户"这种户籍起到了保护和优待文人学士的作用。实行"籍没制"，将罪犯的家属、奴婢、财产没收入官。实行"路引制"，出远门者必须先向官方申请通行证等。恢复了许多在宋朝或以前就已消失的落后的制度，如实行"宵禁"制，入夜禁鼓响起后，不准居民出行、饮宴、点灯。实行"驱口制"，使战争中的俘虏成为奴隶。

在经济方面：大致上以农业为主，其整体生产力虽然不如宋朝，但在生产技术、垦田面积、粮食产量、水利兴修以及棉花广泛种植等方面都得到了较大发展。政府集中控制了大量的手工业工匠，经营日用品与工艺品的生产，官营手工业特别发达，但对民间手工业则有一定的限制。提倡商业活动，使得商品经济十分繁荣，成为当时世界上相当富庶的国家，元大都也成为当时闻名世界的商业中心。为了适应商品交换，建立起世界上最早的完全的纸币流通制度，然而因滥发纸币也造成通货膨胀。商品交流促进了交通业的发展，改善了陆路、漕运、内河与海路的交通。

在文化方面：主张维护蒙古族文化，兼顾采用西亚文化与汉文化，并且提倡蒙古至上主义，以防止国家被汉化。例如提倡藏传佛教高过于中原的佛教与道教，禁止汉族人集会和集体拜神等。后来，又恢复了科举制度（名额很有限，也有反复），尊崇孔子，并将"程朱理学"定为大元的官方思想。

由于汉族的土文化始终受到压制，所以元朝在文化方面的发展主要是以大众的娱乐文化为主，突出的内容是"元曲"和"平话小说"。元曲分"散曲"和"杂剧"两类，前者是元朝的新体诗，也是一种新的韵文形式，以抒情为主，内容主要是舞台上清唱的流行歌曲，可以单独唱也可以融入歌剧内。后者是元朝的歌剧，产生于金末元初，发展和兴盛于至元年间。元朝后期，杂剧创作中心逐步南移，加强了与温州的"南戏"（"温州杂剧"）的交流，在明清时期发展出"昆剧"和"粤剧"。著名的杂剧家有关汉卿、马致远、张可久、乔吉、白朴、王实甫和郑光祖等，代表性作品有《南吕·一枝花》（《不伏老》）《恁闌人》（《江夜》）《水仙子》（《重观瀑布》）《天净沙》（《秋思》）《窦娥冤》《拜月亭》《汉宫秋》《梧桐雨》《西厢记》《倩女离魂》等。平话小说由于大多在明朝经过了修改，以致很难确定它们所属的年代。保存至今的有元朝至正年间新安虞氏刊印的《全相平话五种》15 卷，其中《武王伐纣书》3 卷、《乐毅图齐七国春秋后集》3 卷、《秦并六国平话》3 卷、《全汉书续集》3 卷、《三国志平话》3 卷。元朝著名的画家有钱选、赵孟頫、赵雍、黄公望、吴镇、王蒙、倪瓒等，后四者被称为山水画的"元四家"。黄公望的作品有《九峰雪霁图》《天池石壁图》《山居图》《富春大岭图》《秋山幽寂图》《富春山居图》《为张伯雨画仙山图》《丹崖玉树图》等；吴镇的作品有《渔父图》《双桧平远图》《秋江渔隐图》《秋山图》《清影图》等；王蒙的作品有《青卞隐居图》《春山读书图》《葛稚川移居图》《秋山草堂图》；倪瓒的作品有《江岸望山图》《竹树野石图》《溪山图》《六君子图》《水竹居图》《松林亭子图》《狮子林图（卷）》《西林禅室图》《幽寒松图》《秋林山色图》《春雨新篁图》《小山竹树图》《容膝斋图》《修竹图》《紫兰山房图》《梧竹秀石图》《新雁题诗图》《渔庄秋霁图》《虞山林壑图》《幽涧寒松图》《秋亭嘉树图》《怪石丛篁图》《竹枝图》等。

元朝在历法方面成就突出。元世祖忽必烈曾邀请阿拉伯的天文学家来华，吸收了阿拉伯天文学的成就，并且先后在上都、大都、登封等处兴建天文台与司天台。全国设立了 27 处天文观测站，在测定黄道和恒星观测方面取得了远超前代的突出成就。元朝著名的天文学家有郭守敬、王恂、耶律楚材、扎马鲁丁等人。由郭守敬等人主持编订的《授时历》沿用了 400 多年。扎马鲁丁与后来的郭守敬研制出了"简仪""仰仪""圭表""景符""窥几""正方案""候极仪""立运仪""证理仪""定时仪""日月食仪"等十几种天文仪器。

在军事方面：元朝蒙古统治者善于运动战，而攻城略地的痛苦记忆使得他们痛恨敌国的城防，因此在战争后拆除了很多宋朝时期建立的州县城墙，但在大都城市建设方面却有着突出的辉煌成就。

元朝蒙古统治者对汉族的长期剥削与压迫导致民族矛盾加剧，而蒙古统治阶级内部又常为争权夺利而互相征战，加速了元朝的衰落。至正二十七年（公元1367年），以朱元璋为首领的起义军在扫灭南方各势力后开始北伐，次年徐达率军攻陷元大都，元惠宗妥欢贴睦尔仓惶北逃，元朝政府在中国主要地区的统治结束。同年，朱元璋在建康（今南京）称帝，建立了大明国。元惠宗北遁至上都后，隔年又至应昌，他继续使用大元国号，史称"北元"。直到明建文四年（公元1402年）元朝才完全灭亡。

从至元八年（公元1271年）忽必烈建国到至正二十八年（公元1368年）妥欢贴睦尔北遁，元朝享国97年，历11帝。其后北元又残延了34年。

四、明史略

明朝是中国古代历史上从1368年开始，最后一个由汉族建立的大一统中原王朝。疆域东北抵日本海、外兴安岭，后缩为辽河流域；北达戈壁沙漠一带，后撤至明长城；西北至新疆哈密，后退守嘉峪关；西南临孟加拉湾，后折回约今云南境；在青藏地区设有羁縻卫所，还曾收复安南（今越南地区）。

明太祖朱元璋登基后便采取轻徭薄赋，恢复社会生产，确立"里甲制"，配合"赋役黄册""户籍登记簿册"和"鱼鳞图册"的施行，落实赋税劳役的征收及地方治安的维持。整顿吏治，惩治贪官污吏，促使社会经济得到恢复和发展，史称"洪武之治"。

在政权建设方面：明朝最初的中央政府机构设置为"中书省"领导下的"六部"制。另有三公：太师、太傅、太保，正一品，佐天子，掌国家政事。三孤：少师、少傅、少保，从一品。设"御史台"（后改为"督查院"）负责监督；设"大理寺"与刑部和"督察院"合为"三法司"，大理寺卿为九卿之一；设"太常寺"负责祭祀礼乐，隶属于礼部；"太仆寺"负责管理马匹，隶属于兵部；"光禄寺"负责寿宴、进贡等，隶属于礼部；"鸿胪寺"负责朝会、宾客（外吏朝觐、诸蕃入贡）、吉凶仪礼，直接归尚书省领导。"大理寺"与"太常寺""太仆寺""光禄寺""鸿胪寺"合称为"五寺"。又设"厂卫"情报机构，直接对皇帝负责。下一级政府延续元朝的行省制度，改为"承宣布政使司"，但习惯上仍称"省"；刑名、军事则分别由"提刑按察使司"与"都指挥使司"管辖；合称为"三司"。

在洪武十三年（公元1380年），因胡惟庸案，朱元璋罢中书省，废丞相，自己亲理政务。胡惟庸案对中国历史影响重大（胡惟庸案、蓝玉案连坐被诛族的达四万五千余人），丞相废除后，其事由六部分理，皇帝拥有至高无上的权力，中央集权得到进一步加强。例如，在朱元璋罢中书省、废丞相一年后，仿宋制，置中极殿、建极殿、文华殿、武英殿、文渊阁、东阁诸大学士（正五品），组成"内阁"，实为皇帝的秘书处（文华殿大学士负责辅导太子）。嘉靖以后，"内阁"朝位班次俱列六部之上，成为中央最高的决策机构。

在军事方面：设立前、后、中、左、右"五军都督府"，作为最高军事机构，分掌天下军籍，统领"都指挥使司"及其下属的"卫所"，以中军都督府"断事官"为五军断事官。明朝的军事力量在中后期主要用在守疆方面。

在经济方面：明朝的经济依然是以农业为主，但工商业比较发达，冶金、造船、纺织、瓷器、印刷等方面，产量占全世界的三分之二以上。至明朝后期，除了盐业等少数几个行业实行以商人为主体的"盐引制"外，一些手工业都摆脱了官府的控制，成为民间手工业。不少地主缙绅也逐步将资金投向工商业，"富者缩资而趋末"，以徽商、晋商、闽商、粤商等为名号的商帮亦逐渐形成，并在一定地区和行业中有着举足轻重的地位，农业人口转为工商业者的数量激增。从明成祖朱棣永乐三年（公元 1405 年）至明宣宗朱瞻基宣德八年（公元 1433 年），郑和率领庞大的船队七次远航西太平洋和印度洋，访问了 30 多个国家和地区，"且欲耀兵异域，示中国富强"，同时加深了中国同东南亚、东非的贸易关系。明朝在城市建设等方面亦有突出的成就。

在文化方面：文学、戏曲、书法、绘画等方面成绩斐然。中国古典小说四大名著中的三部，《西游记》《水浒传》《三国演义》和另一部小说《金瓶梅》都出自明朝。短篇小说集有冯梦龙加工编辑的《喻世明言》《警世通言》《醒世恒言》，主要是描写青年爱情故事以及平民市井生活。还有凌濛初编著的《初刻拍案惊奇》《二刻拍案惊奇》、陆人龙编著的《型世言》等。明朝时期创作的诗文数量也浩如烟海。明初，宫廷画家居画坛主流。十五世纪中叶，江南沈周、文徵明、唐寅、仇英"吴门四家"崛起，他们广泛吸取了隋唐、五代、宋、元诸派之长，形成了各具特殊风格的绘画艺术，又被后世称为山水画的"明四家"。沈周传世的作品有《庐山高图》《魏园雅集图》《游西山图》《西山云霭图》《东庄图（册）》《虞山三桧图（卷）》《西山纪游图（卷）》《仿倪山水图（卷）》《千人石夜游图（卷）》《京口送行图（卷）》；文徵明传世的作品有《惠山茶会图》《设色山水图》《古木苍烟图》《霜柯竹石图》《石湖清胜图》《绿荫清话图》《古木寒泉图》《雨晴纪事图》《雨余春树图》《影翠轩图》《洞庭西山图》《绿荫草堂图》《松壑飞泉图》《石湖诗图》《江南春图》

《塞村锺馗图》《松声一榻图》《好雨听泉图》《梨花白燕图》《水亭诗思图》《仿王蒙山水》《东园图》等；唐寅传世的作品有《春游女几山图》《骑驴归思图》《落霞孤鹜图》《山路松声图》《春山伴侣图》《虚亭听竹图》《垂虹别意图》《王蜀宫妓图》《秋风纨扇图》《饮中八仙图》《枯槎鹦鹆图》《看泉听风图》《高山奇树图》；仇英传世的作品有《林亭佳趣图（卷）》《松溪横笛图》《园居图（卷）》《秋江待渡图》《仙山楼阁图》《剑阁图》《摹倪瓒小像图（卷）》《蕉荫结夏图》《桐荫清话图》《捣衣图》《修竹仕女图》《云溪仙馆图》《赤壁图》《玉洞仙源图》《桃村草堂图》《松溪论画图》《莲溪渔隐图》《桃源仙境图》《临宋人画册》《临萧照高宗中兴瑞应图》《沧州趣图》等。嘉靖时，徐渭自辟蹊径，创泼墨花卉。万历年，吴门画家张宏开启实景山水写生之先河，在继承吴门画派风格和特色的基础上加以创新，画面清新典雅，意境空灵清旷。明末还有人物画家吴彬、丁云鹏、陈洪绶、崔子忠、曾鲸，花鸟画家陈淳等。

明朝在天文、地理、气象、医学、物理、数学、化学、冶炼、化工等科学和技术方面亦有成就，又以徐光启的科学思想最为突出。明武宗朱厚照正德六年（公元1511 年），葡萄牙人占领了马六甲。两年后，葡萄牙国王派出一支使团前往中国，并在广州登陆，希望与明政府建交。后来经过几次海战，葡萄牙战败，明武宗同意葡萄牙人在澳门开设洋行、修建洋房，并允许他们每年来广州"越冬"。这是西方国家第一次正式登陆并接触中国。明万历年间，欧洲耶稣会传教士东来从澳门登陆中国，在传播天主教教义的同时也大量传授科学技术知识。如，利玛窦（意大利人）与徐光启合译欧几里得的《几何原本》，为欧洲数学传入中国之始；他们还合作编译《测量法义》《对数表》《测量异同》和《勾股义》等。利玛窦还与李之藻合作编译《同文算指》《圜容较义》等。利玛窦绘制《坤舆万国全图》，介绍五大洲的概念和寒温热五带的划分及地圆学说。汤若望（德国人）撰《割圆八线表》，介绍平面三角学；著《远镜说》，介绍了西方的光学知识；协助徐光启、李天经编成《崇祯历书》并制作天文仪器。邓玉函（德国人）撰《大测》，介绍弧三角学；与王征合译《远西奇器图说》三卷，介绍了西方物理学中的重心、比重、杠杆、滑轮等原理及简单的机械制造法，并第一个把天文望远镜带进中国。熊三拔（意大利人）与徐光启合作编译《泰西水法》《简平仪说》等。

徐光启受西方科学的影响，重视演绎推理的科学思想与方法，提出"格物穷理之学"，并认为数学是其他一切自然科学和工程学的基础，在给崇祯帝上奏的《条议历法修正岁差疏》中说："盖凡物有形有质，莫不资与度数故耳。"提出"度数旁通十事"：治历、测量、音律、军事、理财、营建、机械、舆地、医药、计时。还提出"分曹"料理，即分学科研究的思想。在他掌管的"历局"内开展以数学为根本，兼及气象学、水利工程、军事工程技术、建筑工程、机械力学、大地测量、医学、算学及音乐等学科的研究工作。崇祯帝对此积极给予支持，下旨批示"度数旁通，有关庶绩，一并分曹料理，该衙知道"。徐光启还著有《徐氏庖言》《诗经六帖》《农政全书》等。只可惜由于中国礼制文化根深蒂固，徐光启的科学思想一直到清末才部分地得以发扬。

明神宗朱翊钧万历二十年至二十八年（公元 1592 年—公元 1600 年）间，在西北、东北、西南边疆接连展开三次大规模军事征讨，分别为平定哱拜叛乱的宁夏之役、平定日本丰臣秀吉入侵的朝鲜之役、平定杨应龙叛乱的播州之役。三战皆胜，但明朝的国力也损耗巨大。在东北，深受神宗信任的辽东总兵李成梁后期腐化堕落，大肆谎报军情，骗取军功封赏，在对后金进行军事打击上偏袒努尔哈赤势力，致使明末边患严重。万历四十五年（公元 1617 年），努尔哈赤以"七大恨"反明，两年后在萨尔浒之战中大败明军，明朝对后金从此转为战略防御。

明朝末年政治混乱，皇帝懈政、朝臣贪腐、党争激烈、内耗不断，行政效率极其低下。明毅宗朱由校（崇祯）登基后虽也想励精图治，但大厦将倾，回天乏术。崇祯二年（公元 1629 年），后金皇太极绕道长城以入侵北京，袁崇焕紧急从辽东回军与皇太极对峙于北京广渠门。皇太极利用反间计促使崇祯皇帝和"经六部九卿会审"冤杀袁崇焕而自毁长城。其后皇太极多番远征蒙古，在六年后彻底击败林丹汗，次年在盛京（今沈阳）称帝，国号改"后金"为"大清"。而大明与大清的战争带来大量军饷的需求，又有清兵的掠夺，以及因为小冰期气候变冷，农业减产带来全国性饥荒，这些都加重了百姓的负担，农民起义不断。崇祯十七年（公元 1644 年），起义军领袖李自成建国大顺，三月，率军北伐攻陷大同、宣府、居庸关，最后攻克北京。毅宗崇祯皇帝在紫禁城北面的煤山自缢，明朝作为统一国家的历史结束。

明朝从洪武元年（公元 1368 年）开始至崇祯十七年（1644 年）灭亡，享国 276 年，历 17 帝。之后南明各种势力又苟延了 39 年。

五、清史略

清朝的历史纪年一般从公元 1644 年算起，这一年明降将吴三桂于清世祖福临元年引清军入关，顺治帝定都北京，并较顺利地统一了中国。清朝在政治体制上仿明朝制度设立"六部"与"内阁"（南书房），以削弱后金时期确立的"议政王大臣会议"的权力，同时将外朝内阁的某些职能移归内廷，实施高度集权。雍正帝为了西征准噶尔设置军需处，后改称"军机处"。其机构精简，行政效率高，能迅速处理军国大事，进一步加强了君主专制的中央集权。鸦片战争之后，为推行自强运动，先后于清文宗奕詝咸丰十一年（公元1861年）和清穆宗载淳同治九年（公元1870年）成立"总理各国事务衙门"与北洋通商大臣，负责对外关系与自强运动的策划与推行，前者成为这一时期的最高行政机关。与八国联军之役之后的宣统三年（公元1911年），清廷宣布废除军机处，仿西方国家与日本实行的"内阁制"，内阁总理大臣和诸大臣组成的内阁成为最高行政机关。

清朝在中国古代历史上是一个最特殊的历史时期，在这一时期，中国综合国力在世界范围内由盛至衰，国门洞开，传统文化也随之发生重大转变，成为被迫接受西方近现代科技文明真正的开端。

清圣祖玄烨于康熙二十一年（公元1682年）平定了"三藩之乱"，次年收复了被郑氏盘踞已久的台湾，后来打败了入侵黑龙江流域的沙俄军队，于康熙二十八年（公元1689年）与沙俄签订《尼布楚条约》，从此确立了中国与沙俄在东北的疆界。然后三征噶尔丹并且创立了"多伦会盟"，巩固了蒙古的稳定，使蒙古成为中国北方的长城，奠定了中国版图。在西南方向，协助达赖七世入藏，加强了对藏区的管理。康熙时期，还停止了满族"圈地"运动，鼓励开荒，减少农民赋税，实行"永不加赋"政策，并推广外来农作物种植（玉米、红薯、马铃薯）。这些政策都促进了农业的发展和人口的增长。

康熙帝对汉族文人学士采取怀柔政策，重视对汉族士大夫的优遇，他多次举办"博学鸿儒科"，创建"南书房"制度，但在他当政期间也有二十余起"文字狱"。康熙还特别重视向来华传教士学习西方科学技术，但禁止一切与火器有关的事项，认为火器会导致满族人骑射能力下降。康熙还大规模推行"迁界禁海"，对当时中国沿海经济等造成了恶劣影响。

清世宗胤禛（雍正帝）在位时期，平定了青海罗卜藏丹津叛乱并设立了"军机处"。雍正五年（公元1727年）设置驻藏大臣以管辖西藏事务；推行"改土归流"，废除西南少数民族地区的土司制度；将喀尔喀蒙古并入大清国，与沙俄签订《恰克图条约》。

雍正即位之初，借"朋党"的罪名屡兴大狱，整治那些曾争夺皇位的宿敌，如皇八子和皇九子等、跋扈的权臣如年羹尧和隆科多等，以及结成科甲朋党的汉族官员。另有"文字狱"近二十起。

清高宗弘历（乾隆帝）时期，平定了大小和卓叛乱。乾隆三十六年（公元1771年）蒙古土尔扈特部回归，中国统一多民族国家得到巩固。但乾隆为维护统治却严厉控制思想，在编纂《四库全书》《古今图书集成》时，借机割裂焚毁大量不符其思想的书籍。此外更大兴"文字狱"，先后有一百三十余起，使如戴名世（文学家，"桐城派"奠基人）等人被株连杀害或者流放。乾隆六下江南，并广修园林，劳民伤财。

康、雍、乾时期，中国经济在总体上迅速发展，并且满蒙、满回、满藏联系得到加强，大清帝国达到了全盛时期，也是中国古代历史上的全盛时期，国土陆地总面积达1310万平方公里，史称"康乾盛世"。但因此时中国传统文化在政治制度，特别是科学思想、科学精神与科学技术等方面已经远远落后于西方世界，颓势不可避免。

清宣宗旻宁（道光）时期，吏治腐败，海关走私严重，鸦片猖獗。道光十九年（公元1839年），为解决鸦片的弊端，道光皇帝派林则徐到对外贸易中心广州宣布禁烟。英国为了再度打开清朝市场，在道光二十年（公元1840年）发动了第一次鸦片战争。次年清朝战败，被迫求和，再年，被迫同英国签订了中国近代史上第一个不平等条约——《南京条约》。之后内外交困不断，先后有华北捻乱、华中与华南太平天国之乱、云南回变、英法联军入侵的第二次鸦片战争、陕甘回变、新疆回乱、安南（今越南地区）中法之役、中日甲午之战、义和团之乱、八国联军入侵等。清政府对外签订的不平等条约有《天津条约》《北京条约》《瑷珲条约》《勘分西北界约记》《中英缅甸条约》《马关条约》《中俄密约》《辛丑条约》等。

其间为了挽救大清帝国的颓势，清政府发起了自救运动。同治帝时期，恭亲王奕䜣与曾国藩、李鸿章、左宗棠、张之洞等部分汉臣在消灭太平军和两次鸦片战争中认识到了西方的"船坚炮利"，制定并实施"师夷长技以制夷""中学为体，西学为用"为方针的"洋务运动"。先后引入国外科学技术，建立现代银行体系和现代邮政体系，铺设铁路，架设电报网，开设矿业，建立轮船招商局、江南制造总局和汉阳兵工厂等，建立翻译机构同文馆和新式教育体系（新学）以培训技术人才，还派遣留学生到欧、美、日等西方先进工业国家学习，同时也建立新式陆军与北洋舰队等海军。洋务运动虽取得了很大的成果，但是由于中国传统文化负面影响的根深蒂固，且时人多数未明当代的国际形势，无法改变多数官僚的旧思维，致使清政府实施的这次维新运动最终未达到如日本明治维新的成效。对日甲午战争的战败标志着洋务运动的失败。

洋务运动失败后，又有末期的"百日维新"运动，最终也是以失败告终。其实在清朝的后期，清政府就已经不能进行有效的统治，如在义和团之乱和八国联军入侵时，李鸿章、张之洞、刘坤一、袁世凯等东南各行省之总督巡抚为保护华中、华南，自行宣布中立，不服从朝廷对外一律宣战的敕命。为了彻底推翻清朝政府，在南方不断爆发由孙中山等领导的武装起义。清溥仪宣统三年（公元 1911 年）五月，四川等地爆发"保路运动"，清廷急派新军入川镇压。十月，革命党人于湖北发起"武昌起义"，南方各省随后纷纷宣布独立。清廷任命北洋新军统帅袁世凯为内阁总理大臣，成立内阁并统领清军。袁世凯一方面于阳夏战争压迫革命军，另一方面却暗中与革命党人谈判，形成南北议和局面。1912 年 1 月 1 日，中华民国于南京宣布立国，孙中山在南京就任中华民国临时大总统。2 月 12 日，袁世凯迫使隆裕皇太后同意颁布《宣统帝退位诏》，将权力交给袁世凯政府，清朝灭亡。从顺治元年（公元 1644 年）到宣统三年（公元 1911 年），大清帝国享年 267 年，历 10 帝。

清朝时期的学术思想可以概括为两大基本体系：

其一为中国传统文化的延续与改革。清朝在入主中国后基本上接受了传统的汉文化，但鉴于晚明政治腐败、内忧外患不断，宋明理学流于空泛，致使清初学者多留心"经世致用"的学问，推究各朝代治乱兴衰的轨迹，提出种种改造政治与振兴社会的方案，使清初学术思想呈现出实用主义的风气，发展出实事求是的"考据学"。考据学又称为"朴学"，强调客观实践，有疑问时求证，具有科学精神。考据学专研"训诂""音韵"和"校勘"等，而其治学远宗两汉的"经师"，有异于"宋明理学"，故又称为"汉学"。以顾炎武、黄宗羲、王夫之并为"明末清初三大儒"，与方以智、朱舜水并称"清初五大师"，另外颜元也是这一时期的大师。顾炎武提出以"实学"代替宋明理学，要学者直接研习"六经"（《诗》《书》《礼》《易》《乐》《春秋》），提倡天下兴亡、匹夫有责，著有《日知录》《音学五书》等，其学说发展成"乾嘉学派"；黄宗羲有"中国思想启蒙之父"之誉称，著有《明儒学案》《宋元学案》，是中国学术史之祖，他维护王阳明理学，排斥宋明理学，力主"诚意慎独"之说，发展为"浙东学派"；王夫之强调实际行动是知识的基础，认为历史发展具有规律性，是"理势相成"，其思想发展为"成船山学"，后人编为《船山遗书》。民主思想于清初也开始萌芽，黄宗羲、顾炎武和王夫之提倡民权，在《明夷待访录》论文集中攻击君主专制体制，提倡天下为主、君为客的观点，备受清末革命党的推崇。清初思想家唐甄在《潜书》中提出："清兴五十年来，四海之内，日益困穷，农空、工空、市空、仕空。""自秦以来，凡帝王者皆贼也。"

清朝中期的考据学崇尚研究历史典籍，对中国历史从天文地理到金石铭文无一不反复考证。当时分成"吴""皖"两派。吴派以惠栋父子、段玉裁、王引之与王念孙为主，以"博学好古"为宗旨，恪守儒家法则；皖派以戴震为首，以"实事求是""无征不信"为宗旨。他们"毕注于名物训诂之考订，所成就亦超出前儒之上"。又有姚鼐为"桐城派"领军者，提倡"义理、考据、词章，三者不可偏废"。道光与咸丰年间，曾国藩又把经济与义理、考据、词章并列；章学诚提出"六经皆史"，注重六经蕴含的义理。

其二为有选择性地接受西方文化。一方面，既有明末来华的耶稣会传教士转而服务于清廷，如汤若望等。又有连续东来的传教士继续"西学东渐"，不断服务于清廷。如南怀仁（比利时人）是清初最有影响的来华传教士之一，他是康熙皇帝的科学启蒙老师，精通天文历法，擅长铸炮，是当时"钦天监"（皇家天文台）业务上的最高负责人，官至工部侍郎，著有《康熙永年历法》《坤舆图说》《西方要记》。另一方面，中国人自鸦片战争以来看到了西方列强的"船坚炮利"，使部分文人学士认识到了吸收西方科学技术与科学思想的重要性。如，龚自珍讲求经世之务，志存改革，追求"更法"；魏源的《海国图志》主张"师夷长技以制夷"；冯桂芬的《校邠庐抗议》主张"以中国之伦常名教为原本，辅以诸国富强之术"；张之洞的《劝学篇》提出"中学为体，西学为用"；康有为与梁启超主张君主立宪，先后推动自强运动与维新运动，这一波改革风潮最后引发清末新政与辛亥革命。如果说这些主张多少还有些迂腐，未深刻认识到中国传统文化中的负面性，更有大批青年学子或被派或自行到西方工业先进国家学习，直接接受西方科学技术、科学和民主思想的洗礼。

在文学方面，以多元发展、兼容并蓄。明朝以前的文学发展多表现在声韵、格律、句法、结构的因袭或创变；清朝承接各代文学成果，先后形成许多学派，复兴各种在明朝以前已式微的文体，并继明末进一步发展各类小说、戏曲；再有，因不同地区、民族互动而呈现出语言风格多样化之文学面貌，古体诗、近体诗、骈体文、散文、赋、词、曲、小说、戏曲皆然。由于语言转变较微妙，往往被人忽视，造成清朝文学缺乏明显特征与创造力的一般印象。整体而言，清代文学相当复杂多样，质量上也良莠不齐。

因为清朝距今不远，绘画作品相对有大量存留，因此清朝时期的绘画作品在数量和风格方面明显多于以往。初期有以王时敏、王鉴、王翚（huī）、王原祁"四王"为代表的江南反正统的画家，有髡（kūn）残、石涛、朱耷、弘仁"四僧"，有龚贤、樊圻、吴宏、邹喆、谢荪、叶欣、高岑、胡慥"金陵八家"，有渐江、汪之瑞、孙逸、查士标、程邃、汪家珍、戴本孝、郑旼、程正揆等为代表的"新安派"；中期出现了以汪士慎、黄慎、金农、高翔、李鱓、郑燮、李方膺、罗聘、边寿民、高凤翰、杨法、李葂、闵贞、华喦、陈撰等为代表的"扬州画派"；后期有以任熊、任颐、任薰、任预"四任"和赵之谦、虚谷、吴昌硕为代表的"海派"，有广东居廉、居巢、高剑父、高奇峰为代表的"岭南画派"。其中以文人画的成就最为突出。另有西洋传教士中的画家服务于宫廷，又有受西方绘画影响对中国绘画进行部分改良的画家，他们也都留有不少作品。这一时期的绘画著述也明显多于以往。

第二节　后来居上的古都北京

从西周至清朝，中国的政治中心总体趋势是从陕西关内逐渐向东、向北移动，除了最早因周和秦崛起于西部地区以外，主要原因有二：其一是为抵抗应对先后崛起的北方少数民族的不断侵扰；其二是因人口的日益增加和中央机构的日益庞大，都城的经济越来越依赖于南方货物的输入，即越来越依赖于漕运和海运。后者又与人为和自然环境的变迁有关，例如，中国传统建筑最主要的材料之一是木材，树木等在元朝以前还是主要的能源原料。因历代不断砍伐，从宋、元开始，北方黄河流域等地区大型树木越来越少，所以宋末元初便加快推广了官式建筑构架的"减柱法"，至清朝时期，很多宫廷建筑的柱子都靠拼接做成。这也间接地证明从陕西关内至河南一线的自然环境是逐渐变得恶劣，不得不断地寻找适合建都之地，其中也包括便利的漕运条件等。历史最终选中了北京，因此元、明、清时期的皇家园林主要集中在北京地区，其次为河北承德和今南京地区。

北京位于华北平原北端，处于通向东北平原的要冲地带。商代时期已有燕国，周武王灭商后，封宗室召公奭（shì）于燕国，封尧或"黄帝之后"于蓟；春秋战国时期，燕国打败蓟国，迁都于蓟，称为燕都或燕京；秦设蓟县，为广阳郡守驻地，西汉初期被划为燕国辖地，后复为广阳郡蓟县，属幽州，再后更为广阳国首府；东汉时期置幽州刺史部于蓟县，永元八年（公元96年）复为广阳郡驻所；西晋时改广阳郡为燕国，而幽州迁治范阳；十六国后赵时幽州驻所迁回蓟县，燕国改设为燕郡，历经前燕、前秦、后燕和北魏的统治而不变；隋开皇三年废除燕郡，但很快在大业三年改幽州为涿郡；唐初武德年间涿郡复称为幽州。贞观元年幽州划归河北道管辖，后成为范阳节度史的驻地。安史之乱期间，安禄山曾经在这里称帝，建国号为"大燕"。平乱后复置幽州，属卢龙节度使节制。五代初期军阀刘仁恭在这里建立割据政权，自称"燕王"，后被后唐消灭。后晋的石敬瑭为了打败后唐，投降契丹人，将"幽云十六州"（即"燕云十六州"）割让给契丹，十六州为：幽州（今北京市）、顺州（今北京顺义）、儒州（今北京延庆）、檀州（今北京密云）、蓟州（今天津蓟州）、涿州（今河北涿州）、瀛州（今河北河间）、莫州（今河北任丘北）、新州（今河北涿鹿）、妫州（今河北怀来）、武州（今河北宣化）、蔚州（今河北蔚县）、应州（今山西应县）、寰州（今山西朔州东）、朔州（今山西朔州）、云州（今山西大同）。北宋初年，宋太宗在高梁河（今北京西直门外）与辽战斗，意图收复幽云十六州，未果。辽于会同元年（公元938年）起在北京地区建立陪都，号"南京幽都府"，开泰元年改号"南京析津府"，后又改号"燕京"。北宋末年，宋联金灭辽，短暂收复幽云十六州，并设置了燕山府路和云中府路，北京属于燕山府路。后金国以张觉事件大举伐宋，再次侵略今北京地区。贞元元年（公元1153年），金朝皇帝完颜亮正式建都于北京，称为"中都"。

辽燕京城的位置在原北京市宣武区西部，今广安门外的"天宁寺砖塔"就是辽代天王寺的建筑；金依辽城向东、西、南扩建数里，周长约35.6里，外城、皇城、宫城三层相套，外城东南城角在原永定门火车站西南的四通路，东北城角在原宣武门内翠花街，西北城角在今军事博物馆南皇亭子，西南角在今丰台区凤凰嘴村。据记载，金中都的宫殿是仿汴京建造的，但豪华的程度超过汴京，许多门窗的构件等是攻破汴京后拆运而来的。元灭金后至元世祖忽必烈时期，以金中都东北郊"万宁宫"琼岛一带水面（今北海、中海）的东侧建造新的宫殿，随后又建成了"大都城"，并靠近"海子"（今北海、中海）建造皇城。元弃金旧城而将都城向东北移后，迁官员及富户于新城，旧城成了一般平民的居住区，这种南北二城并存的格局一直保持到元末（图9-1）。

元大都城的平面布局是刘秉忠依据《周礼·考工记·匠人营国》的理想制度设计的整齐划一的都城，而且正宫与"三宫"鼎立并与风景区相结合，充分利用了一切有利的地理条件。今天北京的长安街和现北土城遗址公园是元大都南、北界线，今东西二环及往北的延长线是其东、西界线。平面为南北向的长方形，当时称周长六十里，今实测周长28.6公里，面积近50平方公里。其总体布局基本上属于"前朝后市，左祖右社"。出于堪舆学说方面的考虑（晚于《考工记》出现的时间），大都城北墙只开两门，其他三面均开三门，也大体上符合都城十二门的规定。元大都城墙虽是夯土筑成，在夯土中使用"永定柱"（竖木）和"纤木"（横木）作为骨架，使城墙坚固异常。

在元大都规划设计中，最重要的步骤就是首先选择一个几何"中心点"和一条

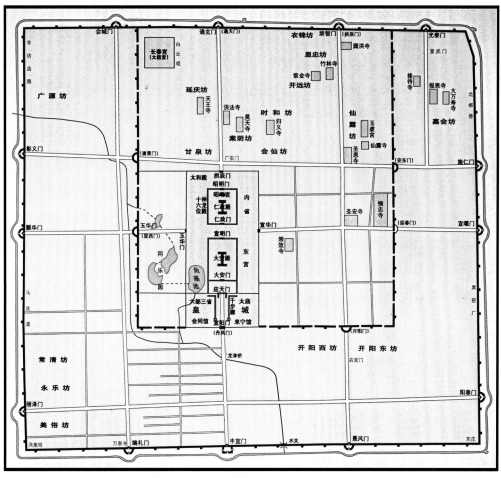

图 9-1　金中都平面图 (采自《北京历史地图集》)

穿越宫城的南北中轴线，再以这两者为依据向外扩展。据《析津志》记载，刘秉忠先是以城南的一株大树作为宫城中轴线的南基点（位于后来的丽正门外第三座桥南侧），并以积水潭最东端的万宁桥（今"后门桥"）为北基准点，划出南北方向的城市中轴线，然后向西以包括积水潭（今什刹海，面积比元朝时萎缩了很多）边缘在内的距离作为半径，来确定东西两边城墙的位置。之前在位于今内蒙古蓝旗营的元上都，于轴线上营造了一座方形的大安阁。在开始营造大都城时，就延续了元上都的传统，在规划的中轴线上也营造了一座大阁，即万宁寺"中心阁"，位置在今鼓楼和钟楼之间，这也是元大都的第一个"中心点"。由于规划中的东城墙位置及往东区域遇到了低洼地带和许多大小不同的水泡子，所以东城墙只得向西稍做收缩。这样一来，在以万宁桥为基准的"规划中轴线"之西约 153 米处，又出现了一条全城的"几何中轴线"（今旧鼓楼大街）。由于"几何中轴线"穿越了积水潭，又西距太液池（今北海、中海）太近，如果将其作为宫城实际的中轴线，则宫城会变得狭窄，且后面的路不能笔直，因此仍旧将宫城建在"规划中轴线"上，并在实际的"几何中轴线"上建了一座名为"齐政楼"的鼓楼（位于今鼓楼西侧、旧鼓楼大街南口位置），在其正北建了一座钟楼（今旧鼓楼大街北口位置），齐政楼也就成为了元大都的第二个"中心点"。因此元大都是以丽正门为"规划中轴线"（南部中轴线）实际的南端起点，向北依次经过皇城正门"棂星门"、宫城正门"崇天门"、处理朝政的"大明殿"、正寝"延春阁"、宫城北门"厚载门"，直达北端终点万宁寺"中心阁"。而全城"几何中轴线"（北部中轴线）位于"齐政楼"和"钟楼"之间的连线，并一直向北延伸至"北城墙"。因此，元大都城南半部是以"规划中轴线"为基准，北半部是以全城"几何中轴线"为基准，规划出与之平行或垂直的街道等。并且在北部中轴线与城墙交汇的位置不建城门，在视觉上也是有一定的考虑的（图 9-2、图 9-3）。

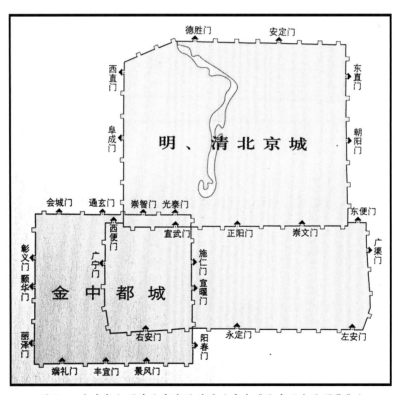

图 9-2　金中都与明清北京城的关系（采自《北京历史地图集》）

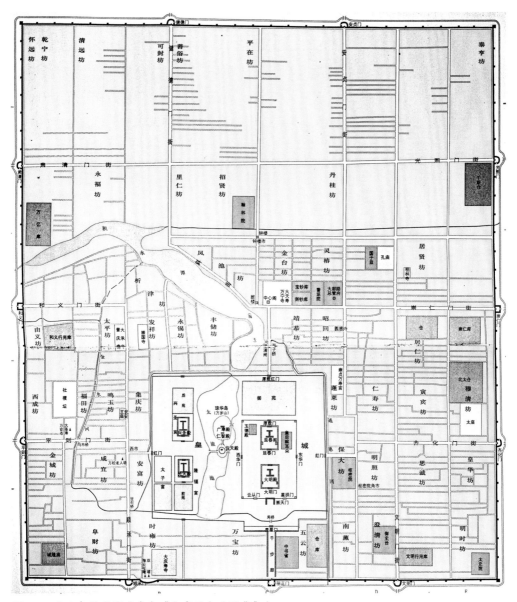

图 9-3　元大都平面图（采自《北京历史地图集》）

正宫的宫城位于全城中部偏南，元陶宗仪撰《南村辍耕录·卷二十一·宫阙制度》说："周回九里三十步，东西四百八十步，南北六百十五步，高三十五尺，砖甃（zhòu）。"今实测面积为 0.57 平方公里，略小于今天的明清北京故宫的 0.72 平方公里。

宫城有宫墙但无护城河，以西有"西御苑"及金时开挖的"太液池"（今天北京的"北海"和"中海"），太液池中有"琼华岛"，元改名"万寿山"，亦名"万岁山"。池西有"兴圣宫（北）""隆福宫（南）"和"太子宫"，即"三宫"，都与宫城隔池相望。宫城和三宫之外就是萧墙。明萧洵的《元故宫遗录》称："南丽正门内，曰'千步廊'，可七百步，建灵星门，门建萧墙，周回可二十里，俗呼'红门阑马墙'。门内数二十步许有河，河上建白石桥三座，名'周桥'，皆琢龙凤祥云，明莹如玉。桥下有四白石龙，擎戴水中甚壮。绕桥尽高柳，郁郁万株，远与内城西宫海子相望。度桥可二百步，为崇天门，门分为五，总建阙楼其上。翼为回廊，低连两观。观傍出为十字角楼，高下三级，两傍各去午门百余步，有掖门，皆崇高阁。内城广可六七里，方布四隅，隅上皆建十字角楼。"其中"周回可二十里，俗呼红门阑马墙"的范围也就是后来明清北京城皇城的范围。

元大都城的街道排列整齐，依《周礼》之制，按经、纬设置，每座城门都有通向内城的笔直街道，两座城门之间多数加辟一条街道，即南北9街，东西9街。大都中部因有积水潭，南部因有萧墙和宫城，因此街道有些曲折和中断，积水潭东北等地有斜街。街道的整齐划分，是为了有计划地安排小巷和居民居住的坊。清英廉等编《日下旧闻考·卷三十八·京城总纪》引元熊梦祥撰《析津志》说："街制，自南以至于北谓之经，自东至西谓之纬。大街二十四步阔（今实测25米以上），小街十二步阔，三百八十四火巷，二十九衖（xiàng）通……"其中长街有千步廊街、丁字街、十字街、钟楼街、半边街、棋盘街，在南城有五门街和三叉街。

大都城内萧墙以外的居民区仍称作"坊"，以街道为分界而排列，最初划分有50坊，后来增加到60余坊。坊有坊门和坊名但无坊墙，坊以内就是东西向的胡同。《钦定日下旧闻考·卷三十八·京城总纪》载："至元二十五年，省部照依大都总管府讲究，分定街道坊门，翰林院拟定名号。坊门五十，以大衍之数成之，各名皆切近，乃翰林院侍书学士虞集伯生所立。外有数坊为大都路教授时所立……万宝坊，大内前右千步廊，坊门在西属秋，取万宝秋成之意以名……五云坊，大内左千步廊，坊门在东，与万宝对立，取唐诗'五云多处是三台'之意。"侯仁之先生主编的《北京历史地图集》标出的有46坊。

"胡同"一名起于元代大都，经考证，即蒙语"水井"的意思，也就是《析津志》中的"衖通"。胡同的宽度仅有5米至6米。今北京东四北的若干条胡同仍为元朝规模。据今实测，元朝平行胡同间距平均60余米。胡同中的居民点，大体上是四合院式的庭院。

元大都城内各大街两旁虽皆有商店，但最繁荣的为斜街市（积水潭北侧，即今什刹海及以北地区）、羊角市（今西四牌楼附近）、旧枢密院角市（今东四牌楼西南）三处。积水潭为漕运码头，斜街市繁华自不待言，而羊角市、旧枢密院角市也因位置适中，成为货物集散的中心。羊角市一带共有七处市场，即米市、面市、羊市、马市、牛市、骆驼市、驴骡市等，实际上是重要的牲畜交易市场。旧枢密院角市则主要为柴炭集市。除上述市场外，还有菜市、珠子市、鹅鸭市、穷汉市、鱼市、车市等专门市场 30 多处，仅每天进入大都的丝车（人力车）就有"千车"。

大都之盛，元末黄仲文《大都赋》写道：

"维昔之燕，城南废邿；维今之燕，天下大都。……恢皇基于亿载，隆畿制于九有，因内海以为池，即琼岛而为囿。近则东有潞河之饶，西有香山之阜，南有柳林之区，北有居庸之口。远则易河、滹水带其前，龙门、狐岭屏其后，灾、鸭绿浮其左，五台、常山阻其右，……辟门十一，四达憧憧。盖体元而立象，允合乎五六天地之中。前则五门，骈启双阙对耸，灵兽翔题而若飞，怒猊负柱而欲动。东华西华翼其旁，左掖右掖夹而拱。开厚载以北巡，迤乎行在之供奉。内则宫殿，突兀楼阁、扶拥如峰如攒、如涛之涌。……下引西山之沦漪，蟠御沟而溶。经白玉之虹桥，出宫墙而南逝。以佃以渔，以舟以楫，普为万民之利，圣人之心，可谓至矣。……于是东立大庙，昭孝敬焉；西建储宫，衍鸿庆焉；中书帝前，六官禀焉；枢府帝旁，六师听焉；百僚分职，一台正焉；国学崇化，四方景焉；王邸侯第，藩以屏焉。……乃辟东渠，登我漕运，凿潞河之垠塄，注天海之清润，延六十里潴以九堰。自汴以北者，挽河而输；自淮以南者，帆海而进。国不知匮，民不知困，使天下之旅，重可轻而远可近。扬波之橹，多于东溟之鱼；驰风之樯，繁于南山之。……

论其市廛，则通衢交错，列巷纷纭，大可以并百蹄，小可以方八轮。街东之望街西，仿而见，佛而闻。城南之走城北，出而晨，归而昏。华区锦市，聚四海之珍异；歌舞楼榭，造九州之秾芬。招提拟乎宸居，廛肆主于宫门，酤户何烨烨哉！扁斗大之金字，富民何振振哉！服龙盘之绣文，奴隶杂处而无辨，王侯并驱而不分。屠千首以终朝，酿万石而一旬。复有降蛇搏虎之技，援禽藏马之戏，驱鬼役神之术，谈天论地之艺，皆能以蛊人之心而荡人之魂。是故猛火烈山，车之轰也；怒风搏潮，市之声也；长云很道，马之尘也；股雷动地，鼓之鸣也。繁庶之极，莫得而名也。

若乃城阊之外，则文明为舳舻之津，丽正为衣冠之海，顺城为南商之薮，平则为西贾之派。天生地产，鬼宝神爱，人造物化，山奇海怪，不求而自至，不集而自萃。是以我都之人，室无白丁，巷无浪辈。累赢于毫毛，运意于菹倍，一日之间，一夜之内，重谷数百、交凑阛阓，初不计乎。人之肩与驴之背，虽川流云合，无鞅而来，而随消随散，不知其何在。至其货殖之家，如王如孔，张筵列宴，招亲会朋，夸耀都人，而几千万贯者，其视钟鼎，岂不若土芥也哉。若夫歌馆吹台，侯国相苑，长袖轻裙，危弦急管，结春柳以牵愁，伫秋月而流盼，临翠池而暑消，褰绣幌而云暖。一笑金千，一食钱万，此则他方巨贾，远土谒宦，乐以消忧，流连忘返，吾都人往往面谀而背讪之也。

言其郊原，则春晚冰融，雨霁土沃，平平绵绵，天接四目。万犁散漫兮，点点……来辎去毂，如乱蚁之溃垤。千囷万庾，若急雨之沤长河。爰涤我场，其乐孔多，有门外之黄鸡玄凫，与沙际之绿凫白鹅。收霜荣以为，酿雪米以为醴。社长不见呼，县官不见科，喜丰年之无价，感圣化而讴歌。……每岁孟春，御六飞，南临漫衍，大猎乎漷水之湄。万骑分驰，霆奋飚发，弦鸣禽落，网动兽蹶，百鹜举、层云裂，群麋奔，草绝，飞者委毛，走者僵血，虞衡奏功，天子乃悦。匪耽意于游畋，将讲武以搜阅。毕献禽而行赏，回翠华而北辙。……"

明朝最早定都于今南京，明成祖朱棣永乐元年（公元1403年）改北平为北京。永乐四年（公元1406年）开始筹建北京宫殿城池，永乐十九年（公元1421年）正月"告成"，历时15年，正式定都北京。明北京城是由元大都城改建，北墙南缩约5里（今北二环一线），南墙南展出不到2里（今正阳门东西一线），成为东西向的长方形。重建了宫城和皇城。嘉靖三十二年（公元1553年），又修筑外城，仅筑城南侧一面。至此，北京城的基本轮廓已经完成，即由宫城、皇城、内城和部分外城构成。清朝是完全继承了明北京城（图9-4）。

明清时期北京中轴线全长15里，前段自外城永定门起，经内城正阳门向北伸展。中段由大明门（正阳门）经天安门，穿过宫城至全城制高点景山，此段布局

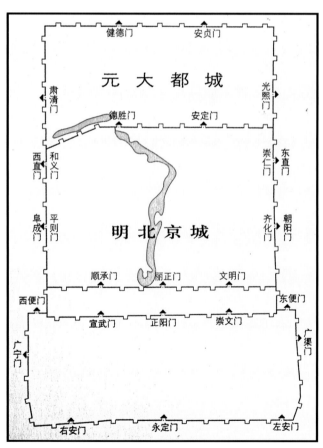

图9-4 元大都与明清北京城关系图（采自《北京历史地图集》）

紧凑，高潮迭起，空间变化极为丰富。再由景山经皇城北门地安门至鼓楼、钟楼（与元代的位置不同），是高潮后的收束，钟楼、鼓楼体量高大，显出轴线结尾的气度。

内城即元大都城改建而成，9 门，东西长 6.65 公里、南北宽 5.35 公里，面积 35.57 平方公里。正南为大明门（正阳门），左崇文门，右宣武门；东之南为朝阳门，北为东直门；西之南为阜成门，北为西直门；北之东为安定门，西为德胜门。在城外四面布置有天、地、日、月四坛及先农坛等，与城中轴线上的建筑构成有力的呼应。内城还有以金元时期修建的太液池和琼华岛基础上扩建的三海（北海、中海、南海）、"宫苑"和什刹海等园林湖泊，其自然风景式的园林景观与严谨的建筑布局形成对比和补充。

明北京内外城的街道格局，也以通向各个城门的街道最宽，大多呈东西、南北向，斜街较少。通向各个城门的大街，也多以城门命名，如崇文门大街、宣武门大街、东西长安街、阜成门街、安定门大街、德胜门街，等等。被各条大街分割的区域又有许多街巷。但明北京城内居民区仍以坊相称，居民住宅就是典型的四合院。坊行政区划的变化较多，直到嘉靖三十七年南外城建成以后，北京的地方行政划分为中、东、南、西、北五城，共计有 36 坊。

嘉靖时之所以筑南边的外城，实际上是先形成市区，后筑城墙。城内部街巷密集，许多街道都不端直。外城最南边东西有角楼。门 7，正南曰"永定"，南之东为"左安"，南之西为"右安"；东曰"广渠"，东之北曰"东便"；西曰"广宁"（清称"广安"），西之北曰"西便"（今实测外城东西长 7.95 公里，南北宽 3.1 公里，面积 24.49 平方公里）。

内、外城面积合计约为 60.20 平方公里，大于明初的南京城，在中国历史上的都城中，仅次于唐长安城和北魏洛阳城，为第三大城（图 9-5）。

另外，北京的水系是城市最重要的基础设施之一，除供生活饮用、园林使用外，曾经也是最主要的交通命脉（漕运）。北京地域性的文化生活内容也与这个水系有着不可分割的关系，如从辽金到清乾隆十六年总结出的燕京八景"太液秋风、琼岛春荫、道陵（金台）夕照、蓟门飞雨（烟树）、西山积雪（晴雪）、玉泉垂虹（趵突）、卢沟晓月、居庸叠翠"中，就有五景与这个水系有关。

北京地区的水系，东、北两面为"温榆河"（近）与"潮白河"（远，东接"北运河"）水系，西、南两面为"永定河"水系（东南接"北运河"，曾被称为"治水""湿水""漯水""桑乾河""清泉河""卢沟河""浑河""小黄河""无定河"等，直至清康熙三十七年才被钦定为"永定河"）。再细分，则东、北为"温榆河"，

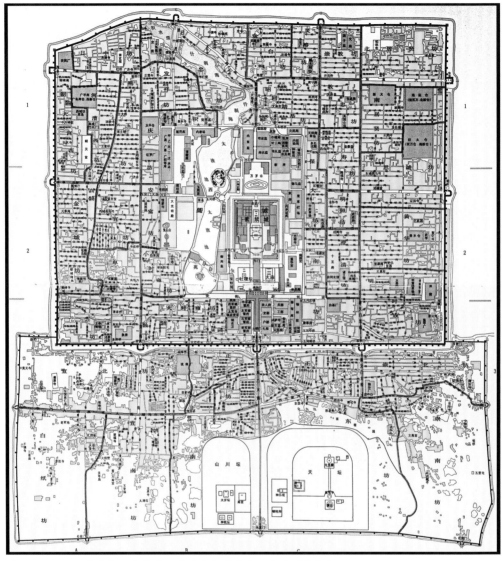

图9-5 万历至崇祯年间北京平面图（采自《北京历史地图集》）

南为"凉水河"，横贯其中的为古"高梁河"与"通惠河"（金时开挖）水系。因此从历史上看，最早"永定河"水系之"凉水河""高梁河"为北京古都主要河流。

三国时期（公元250年），刘靖于桑干河（永定河上游）上筑戾陵堰，开"车箱渠"，为最早见于记载的北京水利工程；北魏时期（公元519年），裴延俊又重修该渠堰；北齐时期（公元565年），斛律羡扩大灌区，引高梁水北合易荆水，向东汇入潞水（今潮白河通州段），沟通高梁河及温榆河；唐朝早期（公元650年），裴行方重修永定河灌区，下至五代、辽初，高梁河仍存在。

　　辽燕京和金中都城位于今北京市西南广安门一带，辽城市供水主要利用西南"洗马沟"水系（元时称"细水"）。明《大明一统志•卷一•京师》称：西湖"广袤十余亩，旁有泉涌出，冬不冻，东流为洗马沟"。金在扩建中都城时，有计划地把城西一片天然湖泊（今莲花池）中的一条小河圈入城内解决城市供水问题，同时开凿护城河引入"宫苑"。为了漕运，又自金口引"浑河"（今永定河）水至中都"北护城河"，转向东至通州之北入"白河"（"潮白河"下游、大运河北故道，亦称"潞河"）。上游渠口在今西麻峪村（金名"孟家山"），设闸控制。渠道首段循"浑河"（"永定河"）东南流，由今石景山北转东流，经今老山、八宝山北，东至今"玉渊潭"附近，折向南流入中部"北护城河"，再东流穿"高梁河"南支旧道，自今前三门之北、长安街之南之间向东流至"闸河"（忽必烈命名为"通惠河"），再至通州城北入"白河"。开通这条运河的目的是解决漕运和为中都提供丰富的水源，但由于"浑河"河床高，汛期洪水凶猛，最终又不得不闭塞金口河口另找水源。金章宗继位后（公元1190年），又浚引玉泉山等水汇于翁山（今圆明园万寿山）下，称"瓮山泊"（今颐和园"昆明湖"的前身），由"高梁河"南支自"积水潭"（亦称"白莲潭"）以下疏浚设闸，自今人民大会堂西位置偏入"金口河"旧道，向东南流入"白河"。

　　元大都城址转移到金中都的东北，元初郭守敬曾经重开"金口河"（在上游预开溢洪道分洪），元末也曾开"金口新河"，结果都是重蹈金时期的覆辙，以堵闭告终（1949年以后在上游修建了官厅水库）。郭守敬为了解决大都的漕运问题，经实地勘查，又由昌平"白浮村"引山泉先西行后南转，在大都西北修了长约三十公里的"白浮堰"，流经青龙桥再绕过瓮山而汇聚于"瓮山泊"（沿途汇聚双塔、榆河、一亩、玉泉诸水），于"瓮山泊"往南开凿"长河"，经"高梁河"（即"通惠河"上游段）从和义门（今西直门）北之水门入城，汇为"积水潭"，然后从"积水潭"循"通惠河"下游段（"闸河"）东至通州入"白河"。这样，南方的粮船可以直达大都城内的"积水潭"。元朝"通惠河"下游河道，主要是自今"什刹海"（积水潭东南末段）东引，横穿今地安门外大街，过金锭桥、万宁桥（亦称"后门桥"），大约由帽儿胡同转东不压桥胡同、北河胡同，南折沿东安门大街南下，经望恩桥、御河桥、正义路，向东经台基厂二条、船板胡同，最终是在文明门外（今崇文门以北）汇入金代修的"闸河"，在今天的朝阳区杨闸村向东南折，至通州高丽庄（今张家湾村）入"白河"。今东单北大街还有一条古沟，自北而南，也可能是自潭引水入"通惠河"的渠道（今有"北新桥"地名，笔者猜测应该与这条古沟有关）。又自帽儿胡同向东北分一支，曲折东北行，直至今明清内城东北角附近汇入明清"北护城河"，再往北、往东通"坝河",最终也汇入"白河"。这可能是金时期的灌渠。

为了保障宫廷与园林用水的纯净,也为砌筑皇城北面萧墙,在今平安大街方向,地安门西大街段修建了一条东西堤坝,使今"什刹海"(积水潭东段)之"前海"与"北海""中海"之间基本隔绝。同时开凿了一条"金水河"渠道,直接从"玉泉山"引水入城后注入"北海"与"中海"(水位高于"什刹海")。因此"金水河"中上游也是归皇家专用的水道,"金水河濯手有禁"曾经悬为明令。为保持洁净,在"金水河"与其他水道相遇时,都用"跨河跳槽"的方式跨越其上。"金水河"导玉泉水东南流,上游河道大致位于今"玉河"(玉泉山诸水汇入瓮山泊的河道)之南并与之平行。从和义门(今西直门)南面入城,经今半壁街、柳巷、白塔寺东街、太平桥街,至前泥洼胡同分两支:一支是自前泥洼胡同西口顺太平桥街继续南行,至闹市口街北口转向东,再向南。再东经旧佟麟阁路至察院胡同东口,南折入民族宫南路,至受水河胡同("受水河"旧名"臭水河")。再南于头发胡同西口附近和金中部"北护城河"交叉。再向东入后来的明、清内城"南护城河"。另外一支是自前泥洼胡同东转,经西斜街(河道流向)、宏庙胡同至甘石桥东再分两支:北支经东斜街(河道流向)、西黄城根街至毛家湾分两支向东通"北海"及"什刹海";南支经灵境胡同东入"中海"。"金水河"的下游向东流出"中海"与"北海",经宫城的正门崇天门外向东,汇入"通惠河"("闸河"),向东流入"白河"。其中也有一部分水是沿着金时期就有的故道继续往东南流行,即"古高梁河"横穿"通惠河"("闸河"),更东南过今前门箭楼、打磨厂、鲜鱼口长巷头三条,穿芦草园、北桥湾、南桥、金鱼池北、红桥街、体育馆西路稍西、跳伞塔、龙潭湖西部,更东南流,在今南苑的东南入"桑干河"(又称"洗马沟""莲花河""凉水河")。金"建春宫"可能就在末端的"南苑海子"一带。今"龙潭湖""金鱼池"附近可能留有湖泊,金朝称为"东湖"。另外,还有自中海东引,沿西华门大街,横穿故宫,经东华门大街北,至东安门街入"通惠河"("闸河")。以及从"北海"北面的堤岸至"北海"东北角,南折沿"北海"北夹道至景山西北角,稍曲,沿景山西墙南行至"菖蒲河",或向西分水,经过一段石渡槽至"琼华岛",成为供岛上的宫殿用水等的"金水河"东路之系。元朝时期已经有了"转运机"提升水位的装置。

明初北京城扩大了皇城,供水渠道也有了新的变化。这时的"白浮泉"已经断流,主要靠汇集玉泉山诸泉的"瓮山泊"供水。因把元大都的北城墙向南收进了五华里,从元大都和义门(今西直门)以北斜向东北,在"积水潭"上游最窄的地方转向正东,把其中的一部分割到了城外,成为后来的"太平湖"。又修建了"德胜门水关",

作为京城引水入城的唯一通道。为了保证皇家苑囿以及宫廷的用水，在"什刹海"的南端重新开通了向南沟通"北海""中海"的渠道，水从西不压桥下面直接进入，以下出皇城，经南城墙水关，汇护城河东注。

此时"金水河"的上游彻底断流，一部分旧河道逐渐湮没了，另外一部分演变成了以城市排水为主要功能的"大明濠"，在今天的赵登禹路、太平桥大街和佟麟阁路一带。

清初北京城的供水格局依如明代，直到乾隆时才发生了变化。乾隆十六年（公元1751年），为增加"什刹海"及"太平湖"上游"运河"水量，把西山碧云寺、卧佛寺的泉水经玉泉山麓也导引入"瓮山泊"内，建成了北京西北最大的人工蓄水库，这就是今天的"昆明湖"。从瓮山泊到昆明湖，使北京城的水源发生了巨大变化，为北京城提供了丰富的水源。"昆明湖"为乾隆皇帝赐名，周30余里，"置桥闸，以时节宣，……万世永赖之利也。"（图9-6）

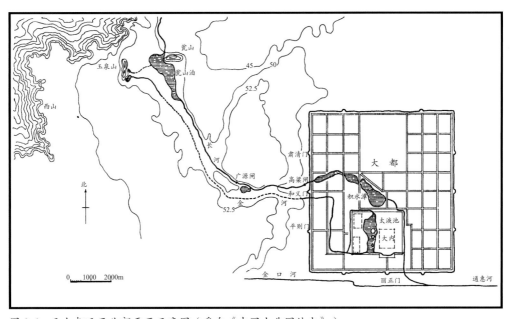

图9-6　元大都及西北郊平面示意图（采自《中国古典园林史》）

第三节　以北京地区为核心的皇家园林建筑体系

元、明、清北京地区的皇家园林可以分为"大内御苑"类和"离宫别馆"类（包括离宫和行宫），历史还可以追溯到辽金时期。但因从秦至宋，北京地区远离中国政治与经济中心，因此元以前记载有关北京地区皇家园林的文献（包括文学作品）很少。

辽太宗耶律德光于会同元年（公元 938 年）在北京建陪都后，就在城东北郊"白莲潭"（即今"北海"和"中海"）建"瑶屿行宫"。这里原是"高粱河"水所聚的一片沼泽，经疏浚成湖后在内堆岛。《辽史·地理志》载："西城巅有凉殿，东北隅有燕角楼。坊市、廨舍、寺观，盖不胜书。其外，有居庸、松亭、榆林之关，古北之口，桑干河、高粱河、石子河、大安山、燕山，中有瑶屿。"《洪武北平图经》记"琼华岛辽时为瑶屿"。辽的皇家行宫见于记载的还有"长春宫"（今南苑一代）、"内果园""华林庄""天柱庄"等，多位置不详。

金在中都城内建有规模不大的离宫，外城东北有"兴德宫"，内城西面偏北有"北苑"，皇城西面有"同乐园""西华潭（西苑）""太液晴波""鱼藻池"，皇城东面有"东明园（东苑）"，外城南面偏西有"广乐园（南苑）"。金废帝完颜亮迁都燕京后便开始在西山营建行宫。直到正隆六年（公元 1161 年）起兵攻打南宋，大败，完颜亮先被宫廷政变废弃，后在瓜洲渡江作战时被完颜元宜等所杀，工程遂停。金中都城外东北有"万宁宫"。西北郊有"清水院"（今北安河乡大觉寺）、"香水院"（北安河乡妙峰山东七王坟。西郊山区风景优美，多佛寺梵宫，也成为金章宗的游幸处，共有"西山八院"）、"栖云台""金章宗看花台""香山寺行宫""玉泉山行宫""金山行宫"。临西城墙有"西湖"。西南还有"大房山"（房山区西北部，也是金皇陵之地）。金中都郊区游猎处也甚多，均建有行宫。重要的有西北近郊有"西钓鱼台"和"钓鱼台"。明朝公鼐《西郊有钓鱼台金主游幸处》："花石遗京入战图，燕门衰草钓台孤。不知艮岳宫前叟，得见南兵入蔡无？"南郊的"建春宫"，元代称"飞放泊"，明清称"南海子"。在东郊延芸淀有"长春宫"，故址在今通州区张家湾一带。

金中都近郊最重要的行宫是"万宁宫"，其故址即今北海公园的南部。大定十九年（公元 1179 年），重新疏浚北海和中海，挖湖之泥重新增堆湖中岛屿，在岛屿和湖滨修建了"万宁宫"，有"紫宸殿""薰风殿"等许多宫殿，其中紫宸殿是皇帝处理政务的朝殿。

事实上，很多元、明、清时期北京地区的皇家离宫别苑均以辽金时期的地点为基础。因北京地区元、明、清皇家园林传承有序，以下统一单独描述。

明清紫禁城其南北长 960 米、东西宽 760 米，面积 0.72 平方公里，为南北向的长方形。宫城设置 8 门，即承天门（清改为天安门）、端门、午门、左掖门、右掖门，东为东华门，西为西华门，北为玄武门（清改为神武门）。紫禁城轴线清晰，前朝后寝，为中国历史上布局最规整的大型宫城，其中也布置了"御花园""建福宫花园""慈宁宫花园（咸若馆花园）""宁寿宫花园（乾隆花园）"。与范围及建筑布局基本可考的从西汉至北宋时期的大型"宫苑"相比，这4座小型"花园"面积更小。这种规划格局既与规划思想和地形有关，又因在宫城西侧就相邻大型的园林区——太液池和西苑。

1. 北京紫禁城内四座花园

（1）御花园

位于北京紫禁城中轴线上北端、坤宁宫后方，始建于明永乐十五年（公元1417年），称为"宫后苑"，以后略有增修，现仍保留初建时的基本格局。清朝改称"御花园"。园墙内东西宽135米、南北深89米，占地12015平方米。园内花树多为永乐年间时载，其间古柏老藤、佳木葱郁，又亭阁满布、奇石罗列。

花园中轴线正南是"坤宁门"，与其南面的"坤宁宫"相邻。正南左右靠院墙又分设"琼苑东门""琼苑西门"，可通"东西六宫"；坤宁门北面中轴线上有"天一门"，建于明代嘉靖年间，是紫禁城中少见的青砖建筑，与花园清雅苍翠的环境相协调；再北是正殿"钦安殿"，用于礼祀"玄天上帝"（真武大帝，位北、色黑、属水），五开间重檐盝顶，安有鎏金宝瓶，具有元朝建筑风格，清乾隆年间又在殿前添接"抱厦"。殿基为汉白玉须弥座，望柱和栏板上的龙凤图案是形态优美的明朝时期雕刻。每年立春、立夏、立秋、立冬等节令，皇帝到此拈香行礼，祈祷"水神"保佑皇宫、消灭火灾。殿前还有左右两"方亭"。

以钦安殿为中心，左右为格局与内容基本相同、对称的两路园林建筑。

东路：北倚宫墙，叠石为崇山，正中有石洞，洞门上口题"堆秀"，左侧刻有乾隆御笔"云根"二字。山顶有"御景亭"，万历十一年（公元1583年）建。石山东南为"樀藻堂"，乾隆年间建，藏《四库全书荟要》。堂东是"凝香亭"，堂南有一水池，跨池之上有"浮碧亭"，池西有花木一圃。池南自成一院，有"万春亭"，重檐，上圆下方，四面抱厦，十字折角形，周围绕以石栏，阶陛四出，嘉靖十五年（公元1536年）改建，为全园最有特色的建筑之一。其东南是向西的"绛雪轩"，轩前植海棠，白色海棠花在春天飞花似雪。轩南为"琼苑东门"。

西路：北倚宫墙，为"延晖阁"，明代名为"清望阁"，三间南向，两层，乾隆御题匾额"凝清室"。阁南对"四神庙"。阁西是"位育斋"，与东路樀藻堂相对称。斋西有"玉翠亭"，斋前有一水池，跨池之上有"澄瑞亭"。亭南为"千秋亭"，与东路万春亭同年改建，两者平面及木作相同，唯顶稍异。千秋亭西南为东向七开间的"养性斋",南北相接的各三间,皆有楼。其前山石错落、花木扶疏。斋南即"琼苑西门"。

钦安殿之北是"承光门",左有"延和门",右有"集福门",东西相对,都做成双柱不出头的牌楼形式,琉璃瓦庑殿顶。两侧有琉璃照壁。承光门北为"顺贞门",正对着紫禁城最北界的"神武门"(图9-7～图9-9)。

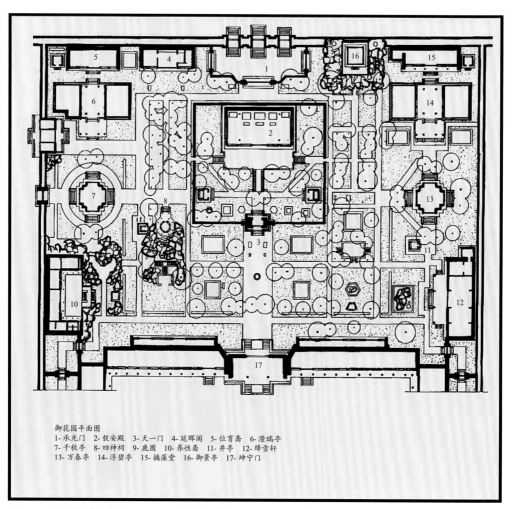

御花园平面图
1- 承光门 2- 钦安殿 3- 天一门 4- 延晖阁 5- 位育斋 6- 澄瑞亭
7- 千秋亭 8- 四神祠 9- 鹿囿 10- 养性斋 11- 井亭 12- 绛雪轩
13- 万春亭 14- 浮碧亭 15- 撷藻堂 16- 御景亭 17- 坤宁门

图9-7 北京紫禁城御花园平面图(采自《中国古典园林史》)

图9-8　北京紫禁城御花园万寿亭

图9-9　北京紫禁城御花园延和门

（2）建福宫花园

紫禁城西北部有始建于明初的"乾西五所"，是内廷"西六宫"以北五座院落的统称。与东路的"乾东五所"相对称，由东向西分别称为头所、二所、三所、四所和五所，每所均为南北三进院，原为皇子所居。乾隆皇帝即位后，将乾西二所升为"重华宫"，头所改为"漱芳斋"并建戏台，三所改为重华宫厨房，而后拆四所、五所改建为"建福宫"及"花园"，从而彻底改变了乾西五所原有的规整格局。建福宫及其花园深得乾隆喜爱，其去世后，嘉庆皇帝曾下令将此处收藏的古玩珍宝全部封存。至清末，其中的"敬胜斋"基本为堆放珍宝所用。不仅如此，一些楼阁平时还供奉不少金佛、金塔及各种金质的法器和藏文经版，以及清代9位皇帝的画像、行乐图和名人字画、古玩等，溥仪结婚时的全部礼品也都存放于此。1922年，已退位但仍住在紫禁城的溥仪想知道这里共存放有多少珍宝，决定来一次彻底的清点。在清点工作刚刚开始，6月27日夜，敬胜斋突然失火，大火致使整座花园仅剩"惠风亭"和一片山石。传说此为太监为掩盖监守自盗而故意纵火。现建福宫及其现花园为2004年复建（不对外开放）。

清《国朝宫史汇编·内廷三》载："建福宫后，为惠风亭。又北，为静怡轩。联曰：'雨润湘帘，院外青峦飞秀；风披锦幕，阶前红药翻香。'轩后，为慧曜楼。楼西，为吉云楼。吉云楼西，为敬胜斋，斋南有亭，匾曰'风残存'。其庭中垣门内，曰'朝日晖'。西为碧琳馆。馆南，为妙莲华室。室南，为凝晖堂，南有匾曰'三友轩'。凝晖堂之前，为延春阁，阁前叠石为山，岩洞磴道，幽邃曲折，间以古木丛篁，绕以林岚佳致，山上结亭，曰'积翠'，山左右有奇石，西曰'飞来'，东曰'玲珑'；西为石洞，曰'鹫峰'，南有静室，东向，曰'玉壶冰'，其上有楼，供大士像，正中楼上匾曰'澹望'。"（图9-10）

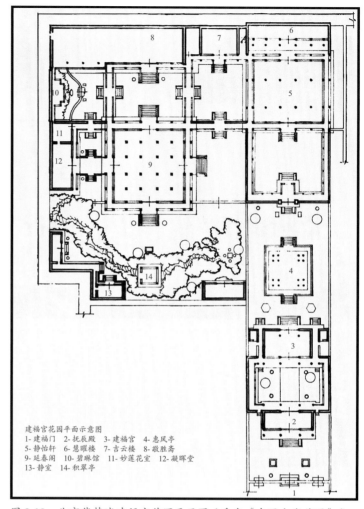

建福宫花园平面示意图
1-建福门 2-抚辰殿 3-建福宫 4-惠风亭
5-静怡轩 6-慧曜楼 7-吉云楼 8-敬胜斋
9-延春阁 10-碧琳馆 11-妙莲花室 12-凝晖堂
13-静室 14-积翠亭

图9-10 北京紫禁城建福宫花园平面图（采自《中国古代苑囿》）

（3）慈宁宫花园

慈宁宫在前三殿西北部的"隆宗门"之西，与"寿康宫""寿安宫""英华殿""咸若馆"等处一直是太后起居之所，都设置了佛堂供奉佛像，同时还在宫中经营山石花木。如在寿安宫内，"殿后，庭中叠石为山，植竹其间"。又如英华殿，"庭前有菩提树"。而纯系佛堂又称"花园"的即为"咸若馆"建筑组群，其在慈宁宫西南，自成一院。中部为咸若馆，坐北朝南，正殿五间，黄琉璃瓦歇山顶，前出抱厦三间，黄琉璃瓦卷棚顶。馆的东、西、北三面皆有重楼，北为"慈荫楼"，面阔五间；东、西分别为"宝相楼""吉云楼"，都面阔七间，东西相向，在它们的南面都有一个小院，其中曲室幽邃、装修精致。馆的南面有水池，池上有"临溪亭"。亭的东南是"含清斋"，西南为"延寿堂"，各面阔五间，围成一院，古柏交柯，荫翳满地（图9-11）。

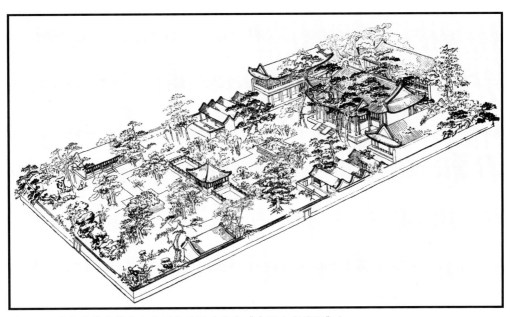

图9-11　北京紫禁城慈宁宫花园鸟瞰图（采自《中国古代苑囿》）

（4）宁寿宫花园（乾隆花园）

宁寿宫在紫禁城内之外东路，为东北部一长方形的院落。全区也分前朝、后寝南北两部分。原为明朝"仁寿宫"旧址，康熙二十七年（公元1688年）开始建设，又从乾隆三十六年（公元1771年）开始大规模修缮，六年后完工。宁寿宫南北垣墙长约400米、东西约120米。中路有殿宇九重，是"归政"后受贺之处。自"养性门"以北增设东、西两路建筑，是退居时燕憩之所。其东路的南部是"畅音阁"一组建筑，北部有"景福宫"，仿照"建福宫"西花园中"静怡轩"形式建造，宫院内有山石"小有洞天"。中路的北端是"景祺阁"，阁前有山石"文峰阁"。山的东部顶上有亭，亭下有石洞。

西路正门是"衍祺门"，在养性门西面，门内即为宁寿宫西路花园，俗称"乾隆花园"。花园南北长约160米、东西宽约37米，建筑布局精巧、组合得体，是宫廷花园的经典之作。花园分为四进院落，结构紧凑、灵活，空间转换，曲直相间，气氛各异。

南入"衍祺门",眼前一片山石,绕过后豁然开朗,正中为三开间的敞厅"古华轩",黄琉璃瓦绿剪边卷棚歇山顶。其西南是坐西朝东之"禊赏亭",面阔与进深均为三开间,两侧黄琉璃瓦绿剪边卷棚歇山顶,中间重檐四角攒尖顶,前出"抱厦"一间,黄琉璃瓦绿剪边卷棚歇山顶,檐下饰以苏式彩画。明间后设黑漆云龙屏门,内有"流杯渠",仿王羲之兰亭曲水流觞。禊赏亭西北有石山,上建"旭辉庭",面阔三间,进深一间,黄琉璃瓦绿剪边卷棚歇山顶,檐下为苏式彩画,有蹬道可以上下。在"古华轩"的东南还有一个很小的别园,园西绕"曲廊",曲廊中部突出为"矩亭",曲廊北端东转为"抑斋",二间南向,前后出廊同曲廊相接。斋外,在园的东南角山石顶上有"撷芳亭",黄琉璃瓦绿剪边四角攒尖顶。斋北山石上有一个露台,供登高、纳凉用。

"古华轩"后,进"垂花门"后是一个封闭、左右对称的三合院,北为五开间的"遂初堂",绿琉璃瓦黄剪边卷棚歇山顶,东西"配殿"亦各五间。遂初堂前后出廊,步入后廊北望,又为满园山石所屏,山石上有"耸秀亭"。延廊西转北,即为二层之"延趣楼",面阔五间,进深三间,绿琉璃瓦黄剪边卷棚歇山顶,檐下梁枋饰以苏式彩画。楼的前廊之北有亦曲廊,接正北的二层之"萃赏楼",面阔五间,进深三间,黄琉璃瓦绿剪边歇山顶。从萃赏楼的北面上下廊可通靠近西侧并排的"四壁图书"二层之"云光楼",为康熙阅读和藏书处。院东有南北向的二层三开间之"三友轩"插入院中,其西面是歇山顶,东面为悬山顶。

赏翠楼北,檐廊上有飞桥直达北面山石顶上的"碧螺亭",此亭平面为梅花状,五柱,上绿下蓝琉璃瓦紫剪边重檐攒尖顶,精细雅致。

二层之"符望阁"是第四进的中心建筑,体量高大,也是整个西路的高潮。它同其南面的"碧螺亭""翠尚阁"都在同一条轴线上。阁的一层纵横均为五间,带长廊,二层为三间,平座四绕,上为攒尖顶。在符望阁的西面,有廊直通"玉翠轩"。阁东的曲廊,实际上是中路"景祺阁"的回廊。阁的北面是面阔五间的"倦勤斋",斋前左右都有回廊与阁相连。西回廊之西的石山上有二层东向的"竹香馆",有八角门相通。竹香馆上层南北都有斜廊可下,南至玉翠轩,北接倦勤斋西端接出至屋,倦勤斋绿琉璃瓦黄剪边卷棚硬山顶,为康熙寝室。回廊之东,即北出"贞顺门",有"珍妃井"。

乾隆花园作为乾隆晚年居住之所是经过了精心设计的。各进空间时闭时畅,曲直相间;各处建筑参差错落、大小相衬、虚实相对、形式各异。整组建筑群虽所处地块狭小,然变化甚多。在相对严谨、呆板的宫廷建筑群中尤其显得幽趣、活泼。园中又以山石亭景为主,选石叠山多有江南手法,蹬道曲邃,洞壑幽深,亭台耸立,

趣味盎然。（图 9-12、图 9-13）

2. 景山

景山区域在元朝为皇宫"后苑"，占地比明清时期的略大。在明朝时期，用挖紫禁城护城河的土堆积为山，名"青山""万岁山"，也曾堆积冬季取暖烧过后的煤渣，因此又称"煤山"。山上有植物和少量建筑。乾隆十五年（公元 1750 年）始在景山修五峰并筑五亭。中峰最高，建有方形"万春亭"，黄琉璃瓦绿剪边三重檐四角攒尖顶。东西两侧对称布置两亭为绿琉璃瓦黄剪边重檐八角攒尖顶。两侧对称布置两亭为蓝琉璃瓦黄剪边重檐圆形攒尖顶。

景山"南门"，山边"绮望楼"、万春亭，山后"寿皇殿"的一组中轴线与紫禁城及北京城中轴线重合。

寿皇殿建筑群垣墙呈方形，坐北朝南，门三，前左、中、右有宝坊三座。垣墙内有"正殿"、左右"山殿"、东西"配殿"，以及"神厨""神库""碑亭""井亭"等附属建筑。这组建筑使用性质同"太庙"，供奉皇家祖先画像。寿皇殿后又有"集祥""兴庆"二阁，下如方形城堡，上为畅厅。寿皇殿东原为"永思门""永思殿"，再东还有"观德殿"和"宗义庙"等。

3. 西苑北海

西苑位于皇城之内、紫禁城之西，最早为辽南京（析津府）和金中都城

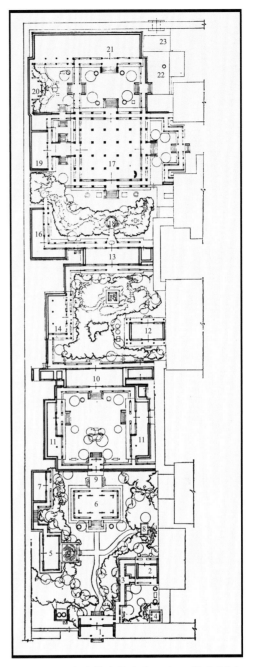

图 9-12 北京紫禁城乾隆花园平面图（采自《中国古代苑囿》）

（1—衍祺门；2—抑斋；3—矩亭；4—撷芳亭；5—禊赏亭；6—古华轩；7—旭辉庭；8—露台；9—垂花门；10—遂初堂；11—配房；12—三友轩；13—萃赏楼；14—延趣楼；15—耸秀亭；16—养和精舍；17—符望阁；18—碧螺亭；19—玉翠轩；20—竹香馆；21—倦勤斋；22—珍妃井；23—贞顺门）

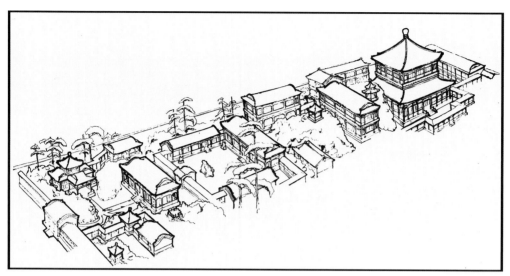

图 9-13　北京紫禁城乾隆花园鸟瞰图（采自《中国古代苑囿》）

外东北方向的离宫区，以太液池（北海和中海）和琼华岛（瑶屿）为园林核心。太液池在辽时期只是高粱河水所聚的一片沼泽，经疏浚成湖。在元大都时期，直接引玉泉山水从现西直门南入城，经太液池、皇城东南，注入通惠河(忽必烈赐名)。明朝时期，玉泉山水系经瓮山泊从今西直门北入城，到今积水潭（今什刹海"后三海"）后分两支，一支东南流入通惠河，一支南注太液池，东贯大内金水河，绕皇城东入通惠河。琼华岛在元大都时改称"万岁山"（"万寿山""渎山"），在太液池西岸还建有"太子宫""隆福宫"和皇太后的"兴圣宫"等。明朝时期又开挖南海，故后来的太液池又称为"三海"。从太液池总体势态来看，秉承了"一池三岛"的传统主题。

清初，琼华岛上原有建筑多已无存，除顺治年间修建的白塔之外，其余三面再无建筑，只有松柏相伴，今天北海的整体面貌基本上形成于乾隆时期。现存西苑北海区域按照位置可分为以下五个区域：北海团城区、北海琼岛南至西山坡区、北海琼岛北至东山坡区、北海东堤岸区、北海北堤岸区（图9-14）。

（1）北海团城区

北海是"三海"中面积最大的水域，面积达80多亩。在北海和南海之间有一座东西向石桥，初建于明弘治年间，清乾隆年间改建。桥体用白色大理石砌筑，弧形桥面同桥下九孔跨度不等、高矮不同的拱券一起构成优美的曲线，桥上栏杆、栏板有精美雕刻。在桥的东西原来各有一座桥坊，东曰"玉蝀"，西曰"金鳌"。1949年以后重建此桥，加宽加长，并拆除东西两座桥坊。桥北即为北海区域。

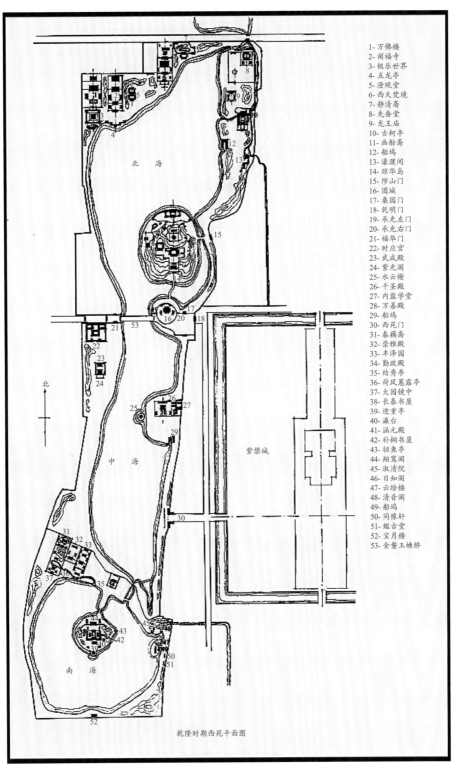

1- 万佛楼
2- 阐福寺
3- 极乐世界
4- 五龙亭
5- 澄观堂
6- 西天梵境
7- 静清斋
8- 先蚕堂
9- 龙王庙
10- 古柯亭
11- 画舫斋
12- 船坞
13- 濠濮间
14- 琼华岛
15- 陟山门
16- 团城
17- 桑园门
18- 乾明门
19- 承光左门
20- 承光右门
21- 福华门
22- 时应宫
23- 武成殿
24- 紫光阁
25- 水云榭
26- 千圣殿
27- 内监学堂
28- 万善殿
29- 船坞
30- 西苑门
31- 春藕斋
32- 崇雅殿
33- 丰泽园
34- 勤政殿
35- 结秀亭
36- 荷风蕙露亭
37- 大圆镜中
38- 长春书屋
39- 迎重亭
40- 瀛台
41- 涵元殿
42- 补桐书屋
43- 牣鱼亭
44- 翔鸾阁
45- 淑清院
46- 日知阁
47- 云绘楼
48- 清音阁
49- 船坞
50- 同豫轩
51- 鑑古堂
52- 宝月楼
53- 金鳌玉蝀桥

乾隆时期西苑平面图

图 9-14 乾隆时期北京西苑总平面图（采自《中国古典园林史》）

在北海大桥东面有一高起的圆形城垣，在元朝时期为一小岛屿名"圆坻"，上有"仪天殿"（金为"瑶光台"）、"瀛洲元殿"。明朝开挖南海时，亦使这个小岛屿与东岸连接起来。明清时期称此圆形城垣为"团城"，东南两侧有"昭景门"和"衍祥门"。进门踏登而上，团城中央有主体建筑"承光殿"和左右"配殿"，建于康熙年间。承光殿核心为正方形，黄琉璃瓦绿剪边重檐歇山顶，四面有抱厦，黄琉璃瓦绿剪边卷棚歇山顶。南面有正方形月台。

在承光殿南面有"石亭"，内放元朝墨玉酒翁。承光殿北有十五开间的"敬跻堂"。堂的东西两侧还对称地布置着"古籁堂""朵云亭"和"余清斋""沁香亭"。在团城的西北角，为了饱览北海琼岛的湖光山色，垒石为山，顶上有"镜澜亭"（图9-15～图9-17）。

（2）北海琼岛南至西山坡区

琼岛本是北海南部用挖湖泥土堆成，外包金时从汴梁艮岳移来的大量太湖石等。岛的平面近似圆形，周长973米，中间山高32.8米。从南面团城两侧的"承光左门""承光右门"往北，有一座"石拱桥"通达琼岛，有南北桥坊分别称"积翠""堆云"。坊北正对山边的永安寺门。这一区域的建筑群主要有"永安寺""悦心殿""庆霄楼""琳

图9-15　团城外观

图 9-16　团城承光殿

图 9-17　从太液池西岸东南望团城承光殿

光殿""甘露殿"等。

过永安寺门后为"法轮殿",殿后拾级而上,过"龙光、紫照"坊,有东西相向二亭,名"引胜"和"涤霭",亭内有石幢。两亭后均有石"假山",东"昆仑",西"岳云"。再从山间道拾级而上,山上东西又分列"云依""意远"二亭,正中为"正觉殿"，同其北的"普安殿"、东"宗境殿"、西"圣果殿"围合成一个封闭的四合院。院后亦有山道，登阶而上至"善因殿"，亦称"琉璃佛殿"，殿后即藏式白塔。此塔为清顺治时期建，原为元朝"广寒宫"旧址，是皇帝赐宴群臣的场所之一。白塔及南面的"普安殿"等地方在元朝曾建有广寒仁智殿和玉虹金露亭。正觉殿东，有振芸亭、慧日亭。

"悦心殿"在正觉殿西，缘山而登，经"蓬壶挹胜亭"折北，和东侧书屋"静憩轩""庆霄楼"等围成一院。这一组建筑占据了琼岛观赏景色最佳的位置：向南仰望，高耸的白塔近在咫尺；北望，湖光、寺庙、五龙亭等历历在目；东望，大内宫宇重重；西望，西山峰峦叠起。

庆霄楼后有一片太湖秀石，建有"撷秀""妙鬘云峰""挹山"等凉亭，并有延廊环抱山石。择道而下，经"镜一山房""蟠青室"等屋，便到了岸边的"琳光殿""甘露殿"等小型庭园建筑组群（图 9-18 ～图 9-33）。

（3）北海琼岛北至东山坡区

在琼岛正北岸边有"漪澜堂"和"道宁斋"，分别对有"碧照楼"和"远帆阁"，并以长达 300 米、六十开间的"长廊"左右环围，临水绕以汉白玉栏杆，东西尽端

图 9-18　北望琼华岛

图 9-19　北海永安寺法轮殿

图 9-21　永安寺善因殿（琉璃佛殿）

图 9-20　从永安寺内北望永安寺白塔

图 9-22　琼华岛西部撷秀亭内西望

图 9-23　琼华岛西部琳光殿

图 9-24　琼华岛西北部阅古楼

图 9-26　琼华岛西北部长廊内景

分别有"倚晴楼""分凉阁"。漪澜堂东面建有"晴兰花韵堂""紫翠房（顺山房）"和"莲花室"等。这组建筑成为琼岛北部堤岸的屏障，若从北岸望之，这一部分与白塔相呼应，甚为壮观。

道宁斋之西有"酣古堂"，再西是"阅古楼"，因藏有《三希堂法帖》而得名。前有二十五开间的"延楼"作半圆形围抱，楼后有山池、水溪、方溏、石桥，还有"宙鉴室"和"烟云尽态亭"等。再东而北，酣古堂后则或是峭壁，或是茂林。再北忽得石洞而出，豁然开朗，有"盘岚精舍"。

漪澜堂后也是一片山石，穿洞

图 9-25　琼华岛西北部分凉阁

图 9-27　琼华岛西部小石拱桥景观

图 9-28　琼华岛东北部倚晴楼

图 9-29　琼华岛北部漪澜堂

图 9-30　漪澜堂烫样

图 9-31　东南望琼华岛

图 9-32　东望琼华岛

图 9-33　东南望北海琼华岛局部

上坡，有一个"扇子亭"。再往南坡上看，有"看画廊""交翠亭"。顺回廊而下，山经细路，石洞蹬道，随处布有亭台楼室，如"一壶天地亭""环碧楼""邀山亭""小昆邱亭""仙人承露台""德胜楼""延佳精舍""抱冲室""写妙石室""古遗堂""峦影亭""见春亭"等，极为曲折变换。近东侧岸边即为燕京八景之一的"琼岛春阴"碑。琼岛东侧又有"半月城"，从左右石阶而上为"智珠殿"。殿、城正对着"陟山桥"，过桥即为北海东堤岸区（图 9-34 ～图 9-39）。

　　另外值得一提的是，金世宗完颜雍在修建北海万宁宫的时候，从北宋东京汴梁艮岳拆运来大量的黄太湖石等用于琼华岛堆山叠石。后来康熙修建南海瀛台，曾从琼华岛山顶拆运走部分太湖石等。乾隆钦题的"琼岛春阴"碑有阴刻七律一首："艮岳移来石崚峨，千秋遗迹感怀多。倚岩松翠龙鳞蔚，入牖篁新凤尾娑。乐志讵因逢胜赏，悦心端为得嘉禾。当春最是耕犁急，每较阴晴发浩歌。"《钦定日下旧闻考·卷八·形胜》记有乾隆此诗的小序："承光殿之北，孤屿瞰临北海，相传为辽之琼华岛，山多奇石，宋艮岳之遗，金人辇至于此……"《钦定日下旧闻考·卷二十六·西苑》中也有相似记载。清人高士奇《金鳌退食笔记》亦记载："广寒之殿绝顶巍峙，高入云汉，山麓为台为殿，山下为堆云积翠之坊。余历观前人记载，兹山实辽、金、元游宴之地，明时殿亭皆因元旧名，其所叠石巉岩森耸，金之故物也。或云本宋艮岳之石，金人载此石自汴京至燕，每石一准粮若干，俗称'折粮石'。"这类来自艮岳的太湖石质地坚硬，呈黑褐色，表面如粗象皮状，今人称"象皮纹石"或"象皮青"。在乾隆年间和

图 9-34　琼华岛北部道宁斋鸟瞰

图 9-36　琼华岛东部智珠殿院牌楼　　　图 9-35　琼华岛北部道宁斋

图 9-37　琼华岛"琼岛春阴"碑

图 9-38　琼华岛"琼岛春阴"碑叠石

图 9-39　仙人承露台

1949 年以后，琼华岛上又增补过黄太湖石和青山石等。在遗留至今的皇家园林中，琼华岛是堆山叠石以及与建筑和植物等完美结合的大体量"高视点园林要素"内容综合应用的典范（图 9-40 ～图 9-50）。

（4）北海东堤岸区

在北海东堤岸区，自南往北布置了三组主要建筑群，即"濠濮涧""画舫斋"和"先蚕坛"。过陟山桥迎面为"承光东门"，沿路往北不远的岸边有"船坞"，其东即为"濠濮涧"区。

"濠濮涧"区由位居高坡上的"云岫厅""崇书室"和北向临池

图 9-40　琼岛叠石 1

图 9-41　琼岛叠石 2

图 9-42　琼岛叠石 5

的"濠濮涧轩"组成，相互以爬山廊高下联系。濠濮涧轩内匾额书"云石壶中"。轩前有一"水池"，上有多折"石桥"通达彼岸，对有"石坊"。环湖三面湖石堆山，树木成荫，与西面太液池相隔，东北和东南角又置水口，湖水与北面画舫斋、先蚕坛水面相通。这一区域，一池静谧，环岸玲珑，幽邃莫测，真如"壶中天地"，与西面太液池区域的开阔舒朗形成对比，也是整座园林最精致的区域之一。

再北为"画舫斋"区域。以画舫斋为主，东、南、西配有"镜香室""春雨林塘轩"和"观妙室"，

图 9-43　琼岛叠石 3

图 9-44　琼岛叠石 4

并以回廊相连，围成一院方池。"方池"为屋、廊临瞰观赏的中心，似"花港观鱼"。画舫斋的东面，围绕一株古槐建廊筑屋，有"古柯庭""绿意廊""得性轩""奥旷室"等自成一院。西面又有"曲廊桥"过池，达"小玲珑室"。

北海濠濮涧、画舫斋和北岸的静心斋，都是乾隆皇帝因江南"园林之乐，不能忘怀"而把江南私家园林小巧精致的手法引入皇家园林中。

从画舫斋再北为"先蚕坛"，其北界一直到北海的东北隅。先蚕坛建于清乾隆年间，原内有"蚕坛""观蚕台""亲蚕殿""浴蚕池"

图 9-45　琼岛叠石 6

图 9-46　琼岛叠石 7

图 9-47　琼岛叠石 8

图 9-48　琼岛叠石 9

图 9-49　琼岛叠石 10

图 9-50 琼岛叠石 11

"先蚕神殿""蚕所"等,为后妃饲蚕和"亲蚕"之所。其功能与南城外先农坛相对应,表"男耕女织"之率(1949 年以后被某幼儿园占用,遭到了严重破坏)(图 9-51 ~图 9-54)。

图 9-51 北海濠濮间石牌坊　　图 9-52 北海濠濮间石桥与石牌坊

图 9-53　北海濠濮间石桥与濠濮间轩　　　　　　　　图 9-54　北海濠濮间轩内外匾额

（5）北海北堤岸区

太液池北岸自西向东有"小西天""万佛楼""五龙亭""阐福寺""快雪堂""大圆镜智宝殿""西天梵境""静心斋""西苑北门"等区域。

太液池西北角岸边隔路为"小西天"，于乾隆三十三年（公元 1768 年）开始兴建，历时四年完成，是一座七开间的方殿，为曼荼罗形式的藏传佛寺坛城，殿内设置有象征"须弥山"（宇宙的轴心）的假山，单层重檐黄琉璃瓦四角攒尖顶。殿外有池环抱，在四面围垣居中置琉璃坊门，坊门与方殿之间通过石桥相连，围垣四隅有亭。朝南的垣墙外有半圆形"水池"，中间设"桥"通"坊门"（图 9-55 ～图 9-58）。

"万佛楼"在小西天北面，清乾隆三十五年（公元 1770 年）建，三层七开间，黄琉璃瓦绿剪边歇山顶，一、二层四周也有围檐。东、西分别有二层五开间的"宝积楼"和"鬘辉楼"，南面有"普庆门"。院中还有"池""桥""亭""幡杆""石幢"等。

"阐福寺"在万佛楼东，始建于乾隆十一年（公元 1746 年）。山门前曾有四柱九楼牌坊一座，绿琉璃瓦顶。"山门"三开间，黄琉璃瓦绿剪边歇山顶。山门北为"天王殿"，也是黄琉璃瓦绿剪边歇山顶，东、西有"钟楼""鼓楼"。寺内主殿为"大佛殿"，三层七开间（"两明一暗"），黄琉璃瓦绿剪边歇山顶，据说是仿河北正定隆兴寺大悲阁。

在阐福寺南面湖边有"五龙亭"。此处原是明朝"泰素殿"的旧址，清顺治八年（公元 1651 年）拆除泰素殿，改建为五座亭子。由于它们曲折排列于太液池北岸略深入湖面位置，宛如一条水中游龙，故称"五龙亭"。五亭中以中间的形制最高，称"龙泽亭"，顶部为绿琉璃瓦黄剪边的上圆下方重檐攒尖顶。此亭深入湖面最前凸，四周

图 9-55　北海小西天方殿

图 9-56　北海小西天方亭

图 9-57　北海小西天南面牌坊与石桥

图 9-58　北海小西天内的西方极乐世界

台基前后均有长方形月台，北面与岸边通过"石桥"相连。以此亭为中心，东、西又各对称错列两方亭，东为"澄祥亭"，再东为"滋香亭"；西为"涌瑞亭"，再西为"浮翠亭"。其中"澄祥亭"和"涌瑞亭"为绿琉璃瓦黄剪边重檐四角攒尖顶，另两座为绿琉璃瓦黄剪边四角攒尖顶。五亭由石桥相连（图 9-59 ～图 9-63）。

在阐福寺的东面，有"澄观堂""浴兰轩""快雪堂"同周围"廊屋"围成两个封闭的院落，快雪堂因廊屋嵌有清冯铨摹集、刘光旸刻《快雪堂》石板而著名。

快雪堂南有"铁影壁"一座，东北又有乾隆二十一年（公元 1756 年）建琉璃"九

图 9-59　北海阐福寺山门

图 9-60　北海澄祥亭与内侧水面

图 9-61　从北海龙泽亭望澄祥亭

图 9-62　从北海澄祥亭南望琼岛

图 9-63　从太液池西岸远眺五龙亭

龙壁"一座。其北为五开间的"真谛门"，绿琉璃瓦黄剪边歇山顶，门两侧墙上开小门。真谛门内为七开间的"大圆镜智宝殿"，黄琉璃瓦绿剪边重檐歇山顶。殿东西各有"配殿"五间，绿琉璃瓦黄剪边歇山顶。殿后有重檐方形"宝纲云"亭，清嘉庆初年改为二层五开间的黄琉璃瓦歇山顶的楼，前出抱厦。亭北有"后楼"七间，以及左右"屋宇"共四十三间，皆为绿琉璃瓦顶，为储大藏经版之用（图 9-64）。

　　再往东的"西天梵境"是一座形制标准的佛寺。明朝时为"大西天经厂"（翻译印制《大藏经》），又为西天禅林喇嘛庙。乾隆二十四年（公元 1759 年）扩建后，改名"西天梵境"（又称"大西天"）。"山门"为三开间的黑琉璃瓦黄剪边歇山顶仿木结构券门，门之间有琉璃墙，中间门额为"西天梵境"。门内东、西为"钟楼""鼓楼"，均灰筒瓦绿琉璃瓦剪边重檐歇山顶。北为五开间"天王殿"，绿琉璃瓦黄剪边歇山顶，殿内左右立四大金刚。殿外东、西各有一座石幢，东边的刻金刚经，西边的刻药师经。

　　天王殿北为"大慈真如殿"，建于明万历年间，前出月台，五开间，单层重檐黑琉璃瓦黄剪边庑殿顶，大小木作构件均为楠木。殿内供奉铜佛，佛前有铜塔二、木塔二。木塔即为铜塔之模型。殿东、西各有"配殿"五间，绿琉璃瓦歇山顶（图9-65）。

　　殿后拾级而登，又有三开间的"华严清界门"，单层重檐黄琉璃瓦绿剪边歇山顶。殿后为"七佛塔八角亭"，重檐绿琉璃瓦顶、黄琉璃脊，内有八角石塔一座，塔上刻七世佛和乾隆所书《七佛塔碑记》。

　　最北有二层的"大琉璃宝殿"（琉璃阁），绿琉璃瓦重檐歇山顶。四面有"回廊"六十七间，四隅各有"四角攒尖"亭相接。琉璃阁所在之处于乾隆二十年（公元1755年）曾建有一座九层琉璃塔，该塔于乾隆二十三年（公元 1758 年）二月遭火焚而毁，同时烧毁其他殿宇楼阁十七座。乾隆二十四年（公元1759年），此地改建为琉璃阁。

西天梵境之东，有北海中著名的园中园"静心斋"。原名"静清斋"，东西宽110多米、南北深约70米，相传最早出自明末清初江南造园家张南垣父子（张涟与张然，尤以叠石见长）之手。乾隆二十二年（公元1757年）扩建。光绪十一年（公元1885年），慈禧挪用海军经费重修颐和园和西苑三海，在静心斋增建了"叠翠楼"，并由中南海到北海沿湖西岸铺设铁轨，直通静心斋门前小火车站。

静心斋"正门"与琼华岛隔水相望，四周以短墙围绕，南面为透空花墙，使内外景色

图 9-64　北海九龙壁

图 9-65　北海大慈真如殿

交融。"碧鲜亭"紧贴花墙外，起点景之妙。从正门而进为一小院，四周有廊，北有名"静心斋正殿"五间，殿前有一"方池"，池中立一太湖石。院之东、西又各有小院，院中有池。东院有"抱素书屋"，西院有"画峰室"，是当年乾隆读书、习画的地方。沿抱素书屋东廊而下，坐东朝西又有"韵琴斋"。

静心斋后院是核心园林区，空间突然增大，平面不规则，周围有廊，东、西和北为"爬山廊"，通往西北角制高点的"叠翠楼"。院中有不规则的"大池"，池内外有峰峦岩洞。山池之中架有"沁泉廊"，廊西有一用太湖石堆砌的主峰，峰上有"枕峦亭"。沁泉廊的东端有一精美汉白玉拱桥名"小玉带桥"。桥之东南，也是后院的东南角有"焙茶坞"，沿焙茶坞长廊往北而上又有"罨画轩"。静心斋的特色在于尺度小、布设自由，特别是山池等皆有江南小园的韵味（图9-66～图9-72）。

琼岛北岸东北隅先蚕坛之西为北海北门。

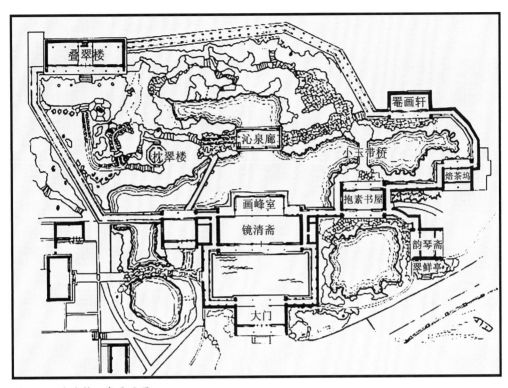

图 9-66 北海静心斋平面图

图 9-67 北海静心斋石拱桥

图 9-68　北海静心斋石拱桥与爬山廊

图 9-69　北海静心斋东南望游廊

图 9-70　北海静心斋东望石拱桥

图 9-71　北海静心斋东望沁泉廊

图 9-72　北海静心斋东望游廊

4. 西苑中南海

玉蛛金鳌桥以南的湖面即称"中南海"。"中海"有小岛托"水云榭"出湖面，此岛在元朝称"犀山台"，与北海"团城岛""琼华岛"构成"三神山"。明朝时期挖"南海"后，团城之岛与东岸相连，但在南海中又堆岛曰"瀛台"，与水云榭岛、琼华岛构成新的"三神山"体系。

"水云榭"中心为四柱方形歇山顶凉亭，但四面又带抱厦，整体造型独特。大约初建于明朝，以后有修缮。榭中有燕京八景之一的"太液秋风"碑。在水云榭东面的半岛上有康熙年间为皇太后祈雨而建的一组佛殿，主要有"万善殿""千圣殿""迎祥楼""朗心楼""大悲坛""悦心楼"等建筑。西岸有"紫光阁""武成殿"，康熙年间，皇帝校射于此，后来又在此冬试武举。康熙四十一年加建"前庑"，以"赐宴外藩"。紫光阁北有"时应宫"，各殿均祀神龙。

在中海循池东岸南折，临池面北为"勤政殿"，再往西依次为"丰泽园""崇雅斋""春藕斋"三组建筑群。

勤政殿南面即为"南海"，中心有岛，初建于明朝，名"南台"，又名"趯（ti）台陟"，原为南临一片"村舍"的稻田，明朝帝王常到这里观赏稻波金浪的田园风光。

清顺治年间，雷廷昌重新设计了台上的建筑群，经修葺扩建后，于顺治十二年（公元1655年）改名为"瀛台"。此后，康熙和乾隆曾多次在此听政、赐宴。瀛台岛北有石桥与岸上相连，桥南为"仁曜门"，门南为七开间的"翔鸾阁"，是中南海的最高点，左右有"延楼"。其南为"涵元门"，门内东、西有配殿两座，东为"庆云殿"，西为"景星殿"。南为瀛台主体建筑"涵元殿"，殿南之东、西亦有配楼，东为"藻韵楼"，西为"绮思楼"。藻韵楼之东有"补桐书屋"和"随安室"，乾隆时为书房，东北为"待月轩"和"镜光亭"。绮思楼向西为"长春书屋"和"漱芳润"，周围有"长廊""八音克谐"及"怀抱爽亭"。涵元殿南为"香扆殿"，由于岛上地面有坡度，该殿北立面为单层建筑，南立面则为两层楼阁，亦称"蓬莱阁"。瀛台岛最南为"迎薰亭"，正对"宝月楼"，即今新华门。

整座瀛台，山石花草，水天一色，楼阁亭台，金碧辉煌，"郁葱玉树映朱楼，太液芳波净不流"。

南海的东北和东岸还有"淑清院""日知阁""云绘楼""清音阁""船坞""同豫轩""鉴古堂"等多组建筑。

元、明、清三代王朝在北京的都城建设中各有偏重。元朝全力建造大都新城，其中仅外城城墙一项就工程浩大，夯城墙的土芯共用了十八年，并且直至灭亡时也没能在土芯外侧包砌砖墙；明朝最初定都南京，洪武二年（公元1369年），朱元璋又诏以家乡临濠（现安徽凤阳）为中都，动用近百万人经六年时间筑城，在接近完成时因"劳费"而罢（城分三重，外城周长五十里又四百四十三步）。永乐四年（公元1406年）改都北京后正式改建北京城墙及建造紫禁城等共用了15年时间。嘉靖三十二年（公元1553年）开始筑外城，最终仅完成了南城部分。另外明朝皇帝还侧重构筑陵寝和各类礼制建筑等。清朝皇帝入主北京后是全面接手了一座已经相当完备的都城，同时清朝前期国力强盛，"海晏河清"，女真民族又原本生长在白山黑水之间，对自然山水本也有着偏爱，因此清朝则更注重营建山水园林。

康熙中叶，全国统一，财力富足，康熙皇帝受江南园林的启发，着手大规模地建造皇家园林，除京城内的皇家园林外，他还把目光投向了京郊西山以及河北承德一带。至乾隆十五年（公元1750年），共完成了京郊"三山五园"建设。这是清朝在北京西郊建成的规模宏大的园林区，其景色之壮丽，比之杭州西湖有过之而无不及。"三山"即"香山""玉泉山""万寿山"。这一带本就风景优美，泉源汹涌，建园历史可以追溯到金完颜亮迁都燕京时期。与"三山"对应的园林是"香山静宜园""玉泉山静明园"和"万寿山清漪园"，"五园"是指除了上述三大园林外，还有"畅春园"和"圆明园"。附近还有十几座皇家子弟和大臣的赐园（图 9-73）。

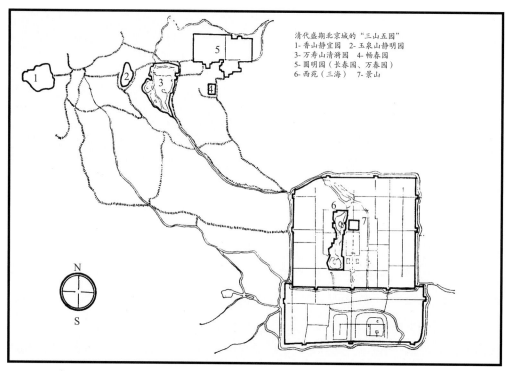

清代盛期北京城的"三山五园"
1- 香山静宜园　2- 玉泉山静明园
3- 万寿山清漪园　4- 畅春园
5- 圆明园（长春园、万春园）
6- 西苑（三海）　7- 景山

图 9-73　清盛期北京皇家园林分布示意图（采自《中国古代苑囿》）

5. 畅春园

位于海淀镇北，丹棱沜一带。本已是富有天然山水风貌、宛若江南的佳境——地处玉泉山和万泉庄水源下游，地上地下水源极为丰富，地势也较为平坦，有着造园的最佳地理条件。西山层峦如黛、遥相呼应，又是造园理想的借景素材。早在明朝时期，这里就有武清侯李伟（神宗朱翊钧的外祖父）的"清华园"和画家米万钟的"勺园"等私家园林。康熙二十九年（公元 1690 年），在清华园旧址上建成的畅春园为清朝第一座郊外离宫御苑。当时由宫廷画师叶洮负责总体设计，聘请江南造园名匠张然叠山理水，同时整修万泉河水系，将河水引入园中。为防止水患，还在园西面修建了西堤（今颐和园东堤）。

畅春园南北长约一千米，东西宽约六百米。由于该园内水源丰富，地形高低相间，可"依高为阜，即卑成池"，依据自然形态，修筑成园。

畅春园有园门五座："大宫门""大东门""小东门""大西门""西北门"。主要建筑或游览路线分三路：

自"大宫门"至"绮榭"为畅春园中路，主要建筑物有"春晖堂""寿萱春永（皇太后寝殿）""照殿""倒座殿"。循山而北，有"河池"，立"玉涧"（南）、"金流"（北）二坊，并有"瑞景轩""延爽楼""鸢飞鱼跃亭""观莲所""式古斋"和"绮榭"。河池、山峰与殿、轩、坊、楼、榭呈现在翠绿的海洋之中，有"湖映千林绿，山围一苑青"之称。

从倒座殿"云涯馆"东南的"剑山"到园东垣内的"恩佑寺"，为畅春园东路。主要建筑物有剑山上的"苍然亭"，山下的"清远亭"，大东门土山北、循河西上的"渊鉴斋""佩文斋""葆光斋""兰藻斋""清籁亭"临湖的"太朴轩"，苑东垣内的"恩佑寺"。东路湖山壮丽，河渠纵横，建筑物精巧秀丽，被誉为"白日光中云五色，明波濯处锦千端"的地方。

自"玩芳斋"至苑西垣内的"紫云堂"为畅春园西路。主要建筑物有"玩芳斋""凝春堂""迎旭堂""乐善堂""红蕊亭""流文亭""集凤轩""天馥斋""雅玩斋""紫云堂"。西路松柏苍翠，河渠清流，堂斋别致，令人神往，有"几年成翠幕，一径转苍垠"之称。

园内筑东、西二堤，长各数百步，东曰"丁香"，西曰"兰芝"。西堤外别筑一堤，曰"桃花"。东、西堤之外，大小河流数道，环流苑内，出西北门五空闸，东转西流，注入圆明园。畅春园之西有"西花园"，前有荷池，为皇子居住地。

随着清末国势转衰，清廷逐渐放弃了对园内建筑的修缮，至道光年间，畅春园已趋破败，迫使道光帝将恭慈皇太后（孝和睿皇后）接往圆明园绮春园居住。咸丰十年（公元 1860 年），英法联军攻入北京焚烧圆明园时也将其一并烧毁。此后畅春园废址失于保护，园内残存建筑在同治年间被拆用于圆明园复建工程。光绪二十六年（公元 1900 年）八国联军占领北京期间，畅春园遭到附近居民及八旗驻军的洗劫，园内树木山石均被私分殆尽。至民国时期，畅春园遗址已成荒野，仅有恩佑寺及恩慕寺两座琉璃山门残存。畅春园旧址大致在今北京大学西墙外，蔚秀园和承泽园以南、西至万泉河路西侧、南至双桥东路一线。北京大学二附中校舍和北大教工宿舍区在其旧址的西北部。

6. 圆明园

狭义的圆明园位于海淀挂甲屯之北，南距畅春园一里左右，始建于康熙四十八年（公元 1709 年）。它本是康熙给四子胤禛的一座赐园。雍正继位后，将此园改建为离宫御苑，充分利用其优越的自然条件大加扩展，平地挖湖凿渠、堆山叠石、构筑亭台楼阁，建成了三十多处园中园或建筑群。乾隆继位后，在发展经济、国家统一方面也有着很大的成就，但他又是有名的奢侈皇帝，不像康熙那样"躬行节俭"。他游山玩水成性，嗜园林成癖，附庸风雅，好大喜功。在圆明园的扩建上更是铺张无度。他通过改建和增添完善了圆明园"四十景"，还命如意馆画师冷枚、唐岱、沈源、周鲲等人绘制了"圆明园四十景图"，每幅图分别附有工部尚书汪由敦所书乾隆《乾隆御制四十景题诗》（附带"题跋"）。另外，乾隆还修建了"长春园"（圆明园东墙外）和"绮春园"（圆明园和长春园局部的南墙外），三园又统称为广义的"圆明园"。圆明园经三代"盛世"皇帝及后来嘉庆等皇帝的建设，时间前后跨度达一百五十余年。再有，学界也有"圆明五园"一说，这个"五园"中还包括东南侧"熙春园"（最早为康熙皇三子、诚亲王胤祉的赐园，今清华大学内）、西北侧"春熙院"（《钦定大清会典事例》记载，在乾隆二十八年时已经存在了，名"淑春园"），因为这"五园"同为圆明园管理大臣管理。

圆明园人工开凿的水面占全园面积的一半以上，堆土叠石而成的假山、丘岗、洲岛、河堤等占全园面积的三分之一，但所谓的"山"都不高。全园采取总体分散、局部集中的集锦布局方式，回环萦绕的河道又把大小水面串联成一个完整的河湖水系，构成全园的脉络和纽带。山、岗、岛、堤等与水系结合，构成上百处山复水转的自然空间，点缀其中的大部分建筑形式也一改宫殿建筑的严谨、对称、雍容的传统风格，千变万化，各有特色，如基本的建筑平面形式有如"月牙"形、"卍"字形、"工"字形、"书卷"形、"口"字形、"田"字形等，建筑的组合也极尽变化之能，百余组建筑群无一雷同（图9-74）。

狭义的"圆明园"正门为坐北朝南的"大宫门"，五开间卷棚歇山顶。门前有广场，再前和左右皆有"湖面"。大宫门前东、西还有"朝房"各五间，外侧为东、西转角"朝房"各三十四间。大宫门内的二宫门名"出入贤良门"，五开间卷棚歇山顶。在大宫门与二宫门之间亦有东、西"朝房"和转角"朝房"，二宫门左右有顺山"值房"各五间，东、西设两"罩门"。二宫门内北为"正大光明殿"，七开间灰瓦卷棚歇山顶，进深三间，四面有围廊，雍正三年（公元1725年）建成。从南起大宫门前的大影壁，北至正大光明殿后之寿山，长370米，东西以如意门为界宽310米，这个范围可以看作一个连续完整的建筑区域，即"四十景"之一的"正大光明"。

这个区域内的朝房就是中央政府各部院的办公之处，如东罩门为各部院等凌晨呈递奏折之处，二宫门内左右值房为部院臣工值班候旨之所，而正大光明殿是皇帝举行庆典、寿诞朝贺，会见筵宴贵胄权臣、各族首领和外国使节，举行朝考等之处。《乾隆御制圆明园四十景诗·正大光明·题跋》："园南出入贤良门内为正衙，不雕不绘，得松轩茅殿意。屋后峭石壁立，玉笋嶙峋。前庭虚敞，四望墙外，林木阴湛。花时霏红叠紫，层映无际。""长春园"和"绮春园"（也包括西郊其他大型皇家园林）的正门建筑组群，与圆明园正门的形式和功能类似。圆明园内南部水面称"前湖"，北部水面称"后湖"，东部更大的水面称"福海"（图 9-75）。

广义的圆明园规模宏大（取"三园"说），共有 150 余景，占地面积约3467000 平方米，总建筑面积约 16 万平方米（紫禁城占地面积约 667000 平方米，建筑面积约 155000 平方米）。这些建筑若按使用功能等分类，主要可归为七大类：其一为"前朝后寝"类，其二为"文化书院"类，其三为"观演建筑"类，其四为"泛宗教建筑"类，其五为"模仿市井"类，其六为"附属功能"类，其七为模仿"西洋建筑"类。在第一类中包含了"三园"正门附近区域内的建筑，如前面介绍的"正大光明"和"勤政亲贤""九州清宴"区域内的建筑；第二类的有"碧桐书院""汇芳书院""武陵春色"内的建筑，另有"文渊阁藏书楼"，还有其他的"书屋""书堂"等二十几处。乾隆曾经标榜"愿为君子儒，不做逍遥游"。第三类的共有七座独立的"戏台"，著名的如同乐园"清音阁"大戏台，共三层。还有诸多室内小戏台，如"坦坦荡荡"半亩园室内小戏台。其余四种类型详见后面介绍。

"勤政亲贤"，建于雍正时期，位于圆明园正大光明殿东。包括"勤政""怀清芬""芳碧丛""保合""太和"等殿宇，是皇帝召见大臣、会见来使、批阅奏章、引见官员、处理日常政务的地方，兼有故宫乾清宫与养心殿的功能。《乾隆御制圆明园四十景诗·勤政亲贤》："秀石名葩，庭轩明敞，观阁相交，林径四达。"（图 9-76）

"九州清宴"，建于康熙时期，位于正大光明殿之北、前湖与后湖之间的岛上。雍正初年增建为帝后寝宫区。中路有前殿悬康熙御书"圆明园"匾，中殿悬"奉三无私"匾，是家宴宗亲之处，后殿挂雍正御书"九州清宴"匾，为寝宫。雍正、道光二帝皆病逝于此，嘉庆、咸丰二帝则出生于此。从名称来看，"九州"就是中国版图，"清宴"就是清平安宁。《乾隆御制圆明园四十景诗·九州清宴》："正大光明直北为几馀游息之所。梦寮纷接，鳞瓦参差。前临巨湖，淳泓演漾。周围支汊，纵横旁达，诸胜仿佛浔阳九派，驵衍谓裨海周环为九州者，九大瀛海环其外，兹境信若造物施设耶！"（图 9-77）

"碧桐书院"，建于康熙时期，旧称"梧桐院"，位于圆明园"后湖"东北，略仿元末名画家倪云林别墅意境。《乾隆御制圆明园四十景诗·碧桐书院》："前接平桥，环以带水。庭左右修梧数本，绿阴张盖，如置身清凉国土。每遇雨声疏滴，尤足动我诗情。"（图 9-78）

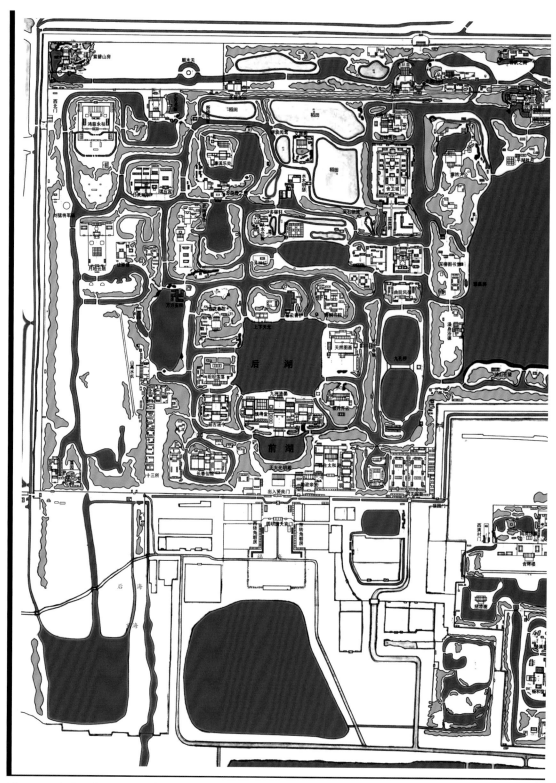

图 9-74　圆明园盛期平面图（圆明园管理处提供）

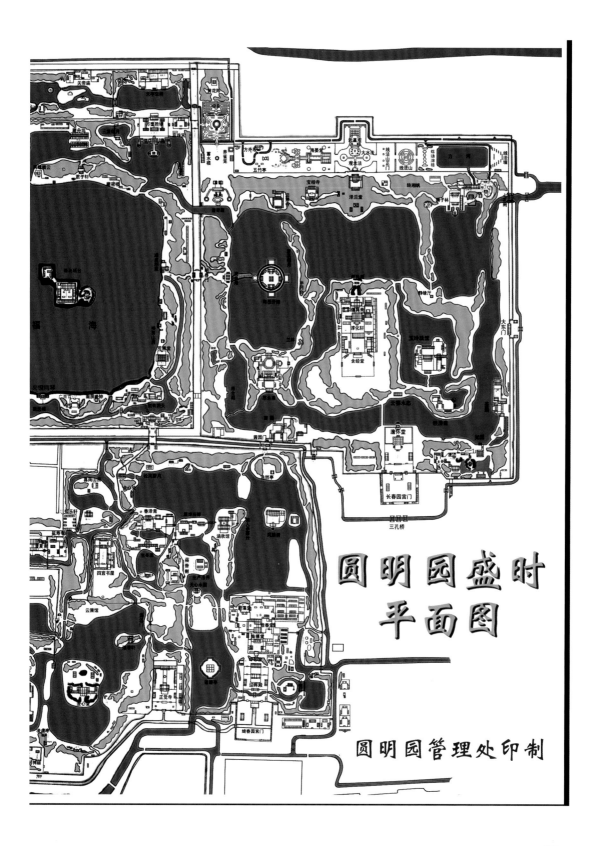

圆明园盛时平面图

圆明园管理处印制

图 9-75　圆明园"正大光明"图

图 9-76　圆明园"勤政亲贤"图

图 9-77　圆明园"九州清晏"图

图 9-78　圆明园"碧桐书院"图

　　"汇芳书院"，建于乾隆时期，北邻圆明园内垣，东、西、南三面临池，这组建筑东侧为月牙形九间平台殿"眉月轩"。再东南，奇石负土争出，洞穴深邃，沿级而上可登高台殿"问津"。又东，有"跨溪桥"，桥头有石坊额曰"断桥残雪"，略仿杭州西湖景致。其西为"安佑宫"建筑组群。《乾隆御制圆明园四十景诗·汇芳书院》："阶除闲敞，草卉丛秀，东偏学月牙形，构小斋数椽，旁列虚亭，奇石负土争出，穴洞谽谺，翠蔓蒙络，可攀扪而上问津石室，何必灵鹫峰前？"（图 9-79）

　　"武陵春色"，建于康熙时期，总称"桃花坞"，位于圆明园"后湖"西北角"杏花春馆"之北。为摹自陶渊明《桃花源记》意境的一处园中园。乾隆为皇子时曾在此地居住读书。东南部叠石成洞，乘舟沿溪而上，即可进入"世外桃源"。《乾隆御制圆明园四十景诗·武陵春色》："循溪流而北，复谷环抱。山桃万株，参错林麓间。落英缤纷，浮出水面。或朝曦夕阳，光炫绮树，酣雪烘霞，莫可名状。"（图 9-80）

　　然而圆明园毕竟为超大型皇家园林，仅以建筑的使用功能分类叙述，还难以概括其风貌。若我们从园林内容、功能、形式等角度综合分析，园林造景的主题内容、方式与功能等（其中也包括建筑）至少可归纳为十大类。当然，这十大类主题、方式与功能等又多互为交叉，这也正反映了该园林的丰富性和复杂性，体现出极高的

图 9-79　圆明园"汇芳书院"图

图 9-80　圆明园"武陵春色"图

设计水平。下面主要以狭义的圆明园中的部分景区景点和长春园西洋楼景区等说明此类内容。

（1）模仿江南自然风景（园林）区

此类内容最多，如在北宫墙沿溪的景区，整体上借用了扬州瘦西湖线性卷轴画式景观组织方式。又如前面已介绍的"汇芳书院"之东有模仿杭州"西湖十景"之一的"断桥残雪"的内容。再如：

"坦坦荡荡"，建于康熙时期，位于圆明园"后湖"西岸，四周环水。分南、北两部分，南面为一组建筑，中间为"素心堂"正殿，东边有"半亩园"殿等。北部中心有"光风霁月"榭，其南一、北二共有三个正方形观鱼池。位于西北的水池中还建有一座四方亭。《乾隆御制圆明园四十景诗·坦坦荡荡》："凿池为鱼乐园，池周舍下，锦鳞千头，喁唼（yúshà）拨刺于荇风藻雨间，回环游泳，悠然自得。"这一景区显然是仿自杭州"西湖十景"之一的"花港观鱼"（另见"西峰秀色"）（图 9-81）。

"平湖秋月"，建于雍正年间，位于圆明园"福海"北岸边。主要建筑有"平湖秋月"，正殿为三间，殿前有临水"敞厅"三间，殿北有"花屿兰皋敞厅"三间，西北角有游廊与"流水音亭"相连接。在平湖秋月殿东面有一座石木结合的"五孔

图 9-81 圆明园"坦坦荡荡"图

吊桥","福海"内的大型游船等都是从此口进入北面的"大船坞"停靠。桥的东端高台之上建有一座重檐攒尖顶的"两峰插云亭"。在嘉庆时期还增建了"镜远洲殿"。此处景区仿自杭州西湖十景之中的"平湖秋月"和"两峰插云"（图 9-82）。

"涵虚朗鉴"，建于乾隆时期，位于圆明园"福海"东北岸。分南、北两个景区，在北部有一组建筑坐东朝西，最北是一座重檐四角攒尖顶"贻兰庭亭"，亭南有较大的平台，平台西设有栏杆，东面建有月亮门可供进出，墙上还有各式什锦窗，平台南有"会心不远殿"与其相连接。南部湖面上有带抱厦的"雷峰夕照殿"三间。此处仿自杭州西湖十景之一的"雷峰夕照"（图 9-83）。

"曲院风荷"，建于乾隆时期，位于圆明园"福海"西岸同乐园南面。分南、北两部分，北部是一个小院，有"曲院风荷殿"五间。其西建有一座两层小楼，名"洛伽胜境"，内供有佛像。曲院风荷殿前有一座桥亭，因桥内铺棕，俗称"棕亭桥"。过棕亭桥为南北长 240 米、东西宽 80 米的荷花池，中央有一座"九孔石桥"，东、西各立有牌楼一座，西边牌楼题匾"金鳌"，东边牌楼题匾"玉蝀"（与北海和南海之间的石桥类似），此桥也是圆明园内最大的一座石桥，在桥东还建有一座上圆下方重檐顶的"饮练长虹亭"（与北海五龙亭中间的龙泽亭类似）。在湖南岸建有

图 9-82　圆明园"平湖秋月"图

图 9-83　圆明园"涵虚朗鉴"图

"船坞"一座，供帝后游览福海的大小船只停靠，是圆明园内较大的几处船坞之一。此处为模仿西湖十景之一的"苏堤春晓"（图9-84）。

"三潭印月"，建于乾隆年间，为圆明园"福海"东北"方壶胜境"西河池中竖立的三座高2.4米的"砖塔"。在三塔西为青石叠成的两个"仙洞"，洞口上有活水滴落形成两个小水帘洞。在三塔东有跨河的"三潭印月敞榭"，再东有单孔石

图9-84　圆明园"曲院风荷"图

拱桥，名"涌金桥"。仿西湖十景之一的"三潭印月"。

"南屏晚钟"，位于圆明园"福海"南岸边，为一座"十字亭"，悬乾隆御书"南屏晚钟"匾额。仿西湖十景之一的"南屏晚钟"。

"柳浪闻莺"，在圆明园"后湖"以北"文源阁"西北的溪滨柳荫间，竖立一座汉白玉石坊，名"柳浪闻莺"。此区域仿西湖十景之一的"柳浪闻莺"。

"上下天光"，建于雍正时期，位于圆明园"后湖"北岸临水，主体建筑为"涵月楼"，是一座两层"敞阁"，外檐又悬挂乾隆御笔"上下天光"匾。涵月楼前半部分延伸入水中，左右两侧各有一组"水亭"和"水榭"，用"九曲桥"连接在一起。道光年间，九曲桥、水亭和水榭被拆除，主体建筑涵月楼也被改建为模仿嘉兴烟雨

楼的"烟雨楼"。《乾隆御制圆明园四十景诗·上下天光》："垂虹驾湖，婉蜒百尺，修栏夹翼，中为广亭。縠纹倒影，滉漾楣槛间。凌空俯瞰，一碧万顷，不啻胸吞云梦。"显然其初期是取法云梦之泽（图9-85）。

　　"坐石临流"，建于雍正时期，位于圆明园"后湖"东北。由西北部的"兰亭"、西南部的"抱朴草堂"、北部的"舍卫城"、东南部的"同乐园"和中部的"买卖街"五部分组成。《乾隆御制圆明园四十景诗·坐石临流》："仄涧中潀泉奔汇，奇石峭列，为坻为碕，为屿为奥。激波分注，潺潺鸣濑，可以漱齿，可以泛觞。作亭据胜，泠然山水清音。东为同乐园。""白石清泉带碧萝，曲流贴贴泛金荷。年年上巳寻欢处，便是当时晋永和。"显然，其中重要的景观"兰亭"区域，在意向上是仿自绍兴市西南兰渚山麓的古兰亭（图9-86）。

　　"水木明瑟"，建于雍正时期，初名"耕织轩"，位于圆明园"后湖"中部水道中段。临溪建有"丰乐轩"，其北为"知耕织"和"濯鳞沼"殿。丰乐轩东北为"水木明瑟"殿，俗称"风扇房"。《乾隆御制圆明园四十景诗·水木明瑟》："用泰西水法引入室中，以转风扇。泠泠瑟瑟，非丝非竹，天籁遥闻，林光逾生净绿。郦道元云：'竹柏之怀，与神心妙达；智仁之性，共山水效深。'兹境有焉。"此

图9-85　圆明园"上下天光"图

图 9-86　圆明园"坐石临流"图

处借鉴了扬州瘦西湖的"水竹居"（图 9-87）。

"北远山村"，建于雍正时期，位于圆明园最北，嘉庆时期增建"课农轩"殿。《乾隆御制圆明园四十景诗·北远山村》："循苑墙度北关，村落鳞次，竹篱茅舍，巷陌交通，平畴远风，有牧笛渔歌与春杵应答。读王储田家诗，时遇此境。""矮屋几楹渔舍，疏篱一带农家。独速畦边秧马，更番岸上水车。牧童牛背村笛，馌妇钗梁野花。辋川图昔曾见，摩诘信不我遐。"此处借鉴了扬州瘦西湖"杏花春舍"景区（图 9-88）。

包含此类造景方式的还有"西峰秀色"等（详见后）。

（2）直接仿自江南的私家园林

"四宜书屋"，位于圆明园"福海"之北，又名"安澜园"。浙江海宁盐官镇西北隅有陈氏"隅园"（遂初园），乾隆六次南巡，曾四次驻跸此园，御赐园名"安澜园"，并把此园仿建于圆明园内。"四宜书屋"正殿名"安澜园"，南为"采芳洲"和"无边风月阁"，西南为"涵秋堂"和"远秀山房"，北为"烟月清真楼"。《乾隆御制圆明园四十景诗·四宜书屋》："春宜花，夏宜风，秋宜月，冬宜雪，居处之适也。冬有突夏，夏室寒些，骚人所艳，允矣兹室，君子攸宁。"（图 9-89）

"廓然大公"，最早建于康熙时期，后来亦称"双鹤斋"，是位于圆明园"福海"

图 9-87　圆明园"水木明瑟"图

图 9-88　圆明园"北远山村"图

图 9-89　圆明园"四宜书屋"图

西北的园中园。乾隆时期,在园北部曾仿照盘山"静寄山庄"的"云林石室"叠石。《乾隆御制圆明园四十景诗·廓然大公》:"平冈回合,山禽渚鸟远近相呼。后凿曲池,有蒲菡萏。长夏高启北窗,水香拂拂,真足开豁襟颜。"嘉庆又有诗赞曰:"结构年深仿惠山,名园寄畅境幽闲。曲蹊峭茜松尤茂,小洞崎岖石不顽。" (图 9-90)

"茹园",位于长春园东南隅,仿南京的"瞻园"。

"小有天园",位于长春园思永斋内,仿自杭州的"汪氏园"。

"文源阁",位于圆明园北部稻田间,仿宁波范氏"天一阁"。

(3)模仿前人的诗画意境

"夹镜鸣琴",为圆明园"福海"南岸边的一座横跨水上的重檐四角攒尖顶的"桥亭"。"夹镜"是指桥北面的福海与桥南的内湖用桥相"夹",而"鸣琴"则是指桥东面山坡上小瀑布跃落,冲激石罅的自鸣。《乾隆御制圆明园四十景诗·夹镜鸣琴》:"取李青莲(李白)'两水夹明镜'诗意,架虹桥一道,上构杰阁,俯瞰澄泓,画栏倒影,旁崖悬瀑,水冲激石罅,玲琮自鸣,犹识成连遗响。"李白的《秋登宣城谢朓北楼》原诗为:"江城如画里,山晚望晴空。两水夹明镜,双桥落彩虹。 人烟寒橘柚,秋色老梧桐。 谁念北楼上,临风怀谢公。" (图 9-91)

图 9-90　圆明园"廓然大公"图

图 9-91　圆明园"夹镜鸣琴"图

属于此类造景方式的还有"武陵春色""蓬岛瑶台"（详见后）。

（4）整体和局部具体地模仿神仙境界

圆明园整体地势是西北高、东南低。雍正在建园前邀请的张钟子（山东德平县知县，深谙堪舆理论）等人相地，他们认为前者区域可象征西北的昆仑山，后者区域可象征东南的海洋（详见第三章第二节特征一）。

"方壶胜境"，建于乾隆时期，位于圆明园"福海"东北岸水湾内，为圆明园中最为宏伟的建筑群。南部有三座重檐大"亭"呈"品"字形伸入湖中，有临水"楼阁"，又取扬州瘦西湖"春台祝寿"的形态。前、中、后共有九座"楼阁"中供奉着两千多尊佛像、三十余座佛塔。内容虽然为一座佛寺，但《乾隆御制圆明园四十景诗·方壶胜境》："海上三神山，舟到辄风引去，徒妄语耳。要知金银为宫阙，亦何异人寰？即境即仙，自在我室，何事远求？此'方壶'所为寓名也。东为'蕊珠宫'，西则'三潭映月'，净渌空明，又辟一胜境矣。""飞观图云镜水涵，挐空松柏与天参。高冈翔羽鸣应六，曲渚寒蟾印有三。鲁匠营心非美事，齐人扼擘只虚谈。争如茅土仙人宅，十二金堂比不惭。"（图9-92）

"蓬岛瑶台"，建于雍正时期，时称"蓬莱洲"（乾隆初年定此名），位于圆明园"福海"中央相连的"方丈""蓬莱""瀛洲"三岛。在福海西岸还有"望瀛洲亭"。《乾隆御制圆明园四十景诗·蓬岛瑶台》："福海中作大小三岛，仿李思训（《千里江山图》中的）画意，为仙山楼阁之状。岩岩亭亭，望之若金堂五所、玉楼十二也。真妄一如，小大一如，能知此是三壶方丈，便可半升铛内煮江山。"（图9-93）

"海岳开襟"，建于乾隆时期，为位于"长春园"西侧湖面内的一组建筑，台基为圆形，分上、下两层，底层直径近百米。主体建筑为四出轩式的三层"楼阁"，顶部屋面为重檐歇山顶。下层名"海岳开襟"，南檐匾题"青瑶屿"；中层为"得金阁"，南檐匾题"天心水面"；最上层南檐匾题"乘六龙"。台的四面各设牌楼一座，在外侧对称布置配殿、牌坊、方亭和圆廊等。"瑶屿"为传说中的神仙居住地。神话传说日神乘车，驾以六龙。

（5）"泛宗教建筑"景区

宗教和礼制（祭祀）类建筑是皇家园林中不可或缺的内容，并且从视觉方面讲也有着非常重要的意义，即在以"素面"建筑为主的皇家园林中，某些"泛宗教建筑"屋面会使用彩色琉璃瓦，外墙颜色和彩画等也相对鲜艳、丰富，这会在全园中起到明显的"点景"与调和色彩等作用。

广义的圆明园宗教类建筑有汉传佛教寺、藏传喇嘛寺、道教观、清真寺。如位

图 9-92　圆明园 "方壶胜境" 图

图 9-93　圆明园 "蓬岛瑶台" 图

于"福海"东北的"舍卫城"（综合供奉城隍、关帝、三世佛、弥勒佛等，有佛像十万尊），"福海"南岸"夹镜鸣琴"附近的"广育宫"（供奉道教碧霞元君），"后湖"之北的"慈云普护"，最西部的"月地云居"，还有位于长春园的"保相寺""法慧寺""庄严法界""正觉寺（藏传佛教）""延寿寺"，位于长春园西洋楼景区的"方外观"清真寺，位于绮春园的"烟月清真楼"，以及前面介绍过的"海岳开襟"等。

"慈云普护"，建于康熙时期，初名"涧阁"，位于圆明园"后湖"北岸。实为一组供奉多神的寺庙建筑，"前殿"供密宗欢喜佛场，"北楼"上、下分别供观音大士和关圣帝君，偏东的"龙王殿"供圆明园昭福龙王；西北为六边三层塔式"钟楼"，中层镶嵌一架西洋大自鸣钟；还有供道士居住的建筑等。《乾隆御制圆明园四十景诗•慈云普护》："殿供观音大士，其旁为道士庐，宛然天台石桥幽致。"此景又为天台山寺庙群的缩写（图9-94）。

"月地云居"，位于圆明园西部，亦总称"清净地"。前院中间有方殿，前后院交接处有带三间抱厦的正殿五间，后院有楼七间。正殿稍前左右有八边形的楼，后院两侧还有带抱厦的五开间的殿。各殿分别供奉释迦佛、三世佛、弥勒佛、长寿佛、无量寿佛、开花献佛等。《乾隆御制圆明园四十景诗•月地云居》："琳宫一区，

图9-94　圆明园"慈云普护"图

背山临流，松色翠密，与红墙相映。结楞严坛、大悲坛其中。鱼鲸齐喝，风幡交动，才过补特迦山，又入室罗筏城。永明寿所谓宴坐水月道场大作梦中佛事也。"（图9-95）

礼制类建筑还有"四十景"之内的"鸿慈永祜"（即"安佑宫"）、"日天琳宇"，"濂溪乐处"（"慎修思永"）内的"花神庙""映水兰香"（"贵织山堂"）内的"蚕神庙""西峰秀色"之"小匡庐"内的"龙王庙""杏花春馆"内的"春雨轩"（"土地祠"）"廓然大公"内的"吕祖亭"，还有"刘猛将军庙""雷神殿""天神台""河神庙""惠济祠"等。

"鸿慈永祜"，建于乾隆时期，位于圆明园西北部，为皇家祖祠，功能相当于景山寿皇殿。宫门南端有一大型"彩色琉璃牌楼"，前后各竖一对汉白玉华表。正殿"安佑宫"九开间，黄琉璃瓦重檐歇山顶，是园内规格最高、体量最大的一座建筑。《乾隆御制圆明园四十景诗·鸿慈永祜》："苑西北地最爽垲，爰建殿寝，敬奉皇祖、皇考神御，以申罔极之怀。堂庑崇闳，中唐有恤，朔望展礼，僾忾见闻。周垣乔松偃盖，郁翠干霄，望之起敬起爱。"（图9-96）

"日天琳宇"，建于雍正时期，位于圆明园"后湖"西北、"武陵春色"之东。此组建筑较多，有仿雍和宫后佛楼形式的"佛楼"，中前楼上奉关帝，西前楼上奉

图9-95　圆明园"月地云居"图

图 9-96　圆明园"鸿慈永祜"图

玉皇大帝，其余楼宇上下皆供佛像神位和经卷等。东院为"瑞应宫"，供龙王、雷神、雨师等。《乾隆御制圆明园四十景诗·日天琳宇》："紫微丹地中，立一化城截断红尘，觉同此山光水色，一时尽演圆音矣。修修释子，渺渺禅栖。踏着门庭，即此是普贤愿海。"（图 9-97）

"濂溪乐处"，最早建于雍正时期，位于圆明园西北、"武陵春色"之北，也是其中面积最大的园中园。中心是一个水面环绕的大岛，水域广阔，外围是人工堆砌的山脉。岛内主体建筑为一座带前后抱厦的九间卷棚歇山顶"大殿"，外檐悬"慎修思永"匾，内檐悬"濂溪乐处"匾，殿内有小型西洋式戏台。后面抱厦内有暖阁，又建有"仙楼"，楼上建有"佛堂"。大殿北为"知过堂"，大殿东南河池上有一组方形水上三十间"回廊"，北回廊中架"敞轩"三间，回廊折东有"荷香亭"，回廊南有"敞轩"五间，名"支荷深处"，可以在此从多个方向和角度观赏荷花池景色。岛南有乾隆时期仿杭州西湖花神庙而建的"汇万总春之庙"。乾隆时期还添建"宝莲航石航"一座（图 9-98）。

"映水兰香"，最早建于雍正时期，初名"多稼轩"，位于圆明园"后湖"之北、"澹泊宁静"之西，主题也与其相同。有坐东朝西的"映水兰香"正殿五间，东南有"钓

图 9-97　圆明园"日天琳宇"图

图 9-98　圆明园"濂溪乐处"图

鱼矶",北有"印月池",再北有"知耕织""濯鳞沼"等建筑。在主殿的西南有祭祀蚕神的"贵织山堂"(图9-99)。

"西峰秀色",建于雍正时期,位于圆明园北区中部、"鱼跃鸢飞"以南。景区是一个四周环水的小岛,正殿为"寝宫",五开间三联卷棚悬山顶,外檐悬挂雍正御书"含韵斋"匾。殿四周有"回廊",回廊四周种植有大量玉兰,这里是圆明园欣赏玉兰花最佳的地方。殿西是一座临河"敞厅",外檐悬雍正御笔"西峰秀色"匾。从敞厅西望,隔水是一座由巨石叠成的带瀑布的"假山",名"小匡庐",仿自庐山瀑布。山体的中部还有一个巨大的洞府,名"三仙洞",汉白玉的石洞门朝西,洞内可以容下二百人。殿东有多座建筑,其中有"龙王庙"。在岛的北面有一座跨河敞厅,名"花港观鱼",也是仿自杭州西湖十景之一的"花港观鱼"(图9-100)。

(6)"观稼验农"类景区

这类附有较大面积的农田类景观,主要位于圆明园中部和北部。如"澹泊宁静"和"杏花春馆""水木明瑟"等。这类景区形象的"野趣",亦可对调节园林整体氛围起到相当大的作用。

"澹泊宁静",建于雍正初年,位于圆明园"后湖"之北。主殿为"田"字形,

图9-99　圆明园"映水兰香"图

图 9-100　圆明园 "西峰秀色" 图

四面各为七开间，中为十字廊，共三十三间。殿西和殿北有稻田，是清帝观稼验农之所。《乾隆御制圆明园四十景诗·澹泊宁静》："仿'田'字为房，密室周遮，尘氛不到。其外槐阴花蔓，延青缀紫，风水沦涟，蒹葭苍瑟，澹泊相遭。洵矣视之既静，其听始远。"（图 9-101）

　　"杏花春馆"，最早建于康熙时期，旧称"菜圃"，位于圆明园"后湖"西北山水间。雍正四年正式命名为"杏花春馆"，乾隆中叶又有多处改建和添建，叠石尤丰，此后亦总称"春雨轩"。《乾隆御制圆明园四十景诗·杏花春馆》："由山亭逦迤而入，矮屋疏篱，东西参错。环植文杏，春深花发，烂然如霞。前辟小圃，杂莳蔬果，识野田村落气象。"（图 9-102）

　　"水木明瑟"，建于雍正时期，位于圆明园"后湖"以北小园集聚区中央、水道中段，在"映水兰香"东北。本景区为仿扬州徐氏别墅"水竹居"。"水木明瑟殿"临溪而建，室内用西洋式水力机构驱动风扇，是中国皇家园林中"用泰西水法"水声造景的先例。《乾隆御制圆明园四十景诗·水木明瑟》："林瑟瑟，水泠泠，溪风群籁动，山鸟一声鸣。斯时斯景谁图得，非色非空吟不成。"

　　可归为此类的还有"映水兰香""多稼如云"（详见后）等。

图 9-101　圆明园"澹泊宁静"图

图 9-102　圆明园"杏花春馆"图

（7）集中种植观赏植物景区

集中成片地种植某种观赏性植物，与杂种并突出单株或多株某种观赏性植物显然在视觉效果上有着明显的不同。而集中成片地种植某种观赏性植物，在中国皇家园林中有着悠久的历史。

"镂月开云"，建于康熙时期，旧称"牡丹台"，位于圆明园"后湖"东岸南部，西邻"九洲清晏"，是一处山环水抱的园中园，园内种植大量的牡丹。《乾隆御制圆明园四十景诗·镂月开云》："殿以香楠为材，覆二色瓦，焕若金碧。前植牡丹数百本。后列古松青青，环以杂花名葩，当暮春婉娩，首夏清和，最宜啸咏。"（图9-103）

"天然图画"，建于康熙时期，旧称"竹子院"，位于圆明园"后湖"东岸，院内种植了大片竹子。《乾隆御制圆明园四十景诗·天然图画》："庭前修篁万竿，与双桐相映，风枝露梢，绿满襟袖。西为高楼，折而南，翼以重树。远近胜概历历奔赴，殆非荆关笔墨能到。"（图9-104）

"多稼如云"，建于雍正年间，旧称"观稼轩"，位于圆明园北面，周围为稻田。景区分南、北两部分，南面是荷花池，种有大量荷花。北面为一组两进院落，三间"前殿"为观荷处，名"支荷香"。五间"后殿"为正殿，名"多稼如云"，为帝后欣赏荷花时休息的场所。《乾隆御制圆明园四十景诗·多稼如云》："坡有桃，沼有莲，月地花天，虹梁云栋，巍若仙居矣。隔垣一方，鳞塍参差，野风习习，袯襫蓑笠往来，又田家风味也。盖古有弄田，用知稼穑之候云。"嘉庆也曾留有"十亩池塘万柄莲"的诗句（图9-105）。

属于此类造景方式的景区景点还有"武陵春色"（观桃花）、"曲院风荷"（观荷花）、"濂溪乐处"（观荷花）、"西峰秀色"（观玉兰）、"杏花春馆"（观杏花）等。

（8）模仿市井的"买卖街"

在圆明园中有两处"买卖街"，一处是在圆明园西部"坐石临流"景区的舍卫城之南、同乐园之西的呈"T"字形水旱交叉的"买卖街"，另一处是在长春园含经堂东侧，为单面长排的"买卖街"，雍正时期建。从复建的位于颐和园万寿山之北的"苏州街"实例来看，这类由较灵活自由的小型建筑组成的带状建筑群，调节园林氛围的作用非常明显。

（9）其他居住、享受、观赏、象征等方面功能的建筑景区

如圆明园"四十景"中的"茹古涵今""长春仙馆""万方安和""山高水长""别有洞天""洞天深处""接秀山房""鱼跃鸢飞""澡身浴德"等。

"茹古涵今"，建于乾隆时期，亦总称"韶景轩"，位于圆明园"后湖"西南角。

图 9-103　圆明园"镂月开云"图

图 9-104　圆明园"天然图画"图

图 9-105　圆明园"多稼如云"图

主体建筑"韶景轩"为方形重檐四角攒尖顶殿，四面外楣所悬匾额为"景丽东皇""翠生西岭""喜接南熏""清风北户"。此景区为皇帝冬季读书之地，也是与大臣谈古论今、吟诗作画的地方。《乾隆御制圆明园四十景诗·茹古涵今》："长春仙馆之北，嘉树丛卉，生香蓊葧，缭以曲垣，缀以周廊，邃馆明窗，牙签万轴，漱芳润，撷菁华。'不薄今人爱古人'，少陵斯言，实获我心。"（图 9-106）

"长春仙馆"，建于雍正初期，旧称"莲花馆"，位于圆明园"前朝"区正大光明殿之西。自雍正七年（公元 1729 年）起是皇太子弘历的赐居之处。《乾隆御制圆明园四十景诗·长春仙馆》："循寿山口西入，屋宇深邃，重廊曲槛，逶迤相接。庭径有梧有石，堪供小憩。予旧时赐居也。今略加修饰，遇佳辰令节，迎奉皇太后为膳寝之所。"（图 9-107）

"万方安和"，建于雍正时期，位于圆明园"后湖"西北侧。主体建筑于湖中，共三十三间，平面呈"卍"字形，寓意"四海承平"。其造型奇巧，四时皆宜择优居住。雍正特喜居此，后乾隆每于端午节在这里侍奉皇太后进宴。《乾隆御制圆明园四十景诗·万方安和》："水心架构，形作'卍'字。略彴相通，遥望彼岸，奇花缬若绮绣。每高秋月夜，沆瀣澄空，圆灵在镜。此百尺地宁非佛胸涌出宝光耶。"（图 9-108）

图 9-106　圆明园"茹古涵今"图

图 9-107　圆明园"长春仙馆"图

图 9-108 圆明园"万方安和"图

"山高水长",建于雍正年间,旧称"引见楼",位于居圆明园西南旷地。主体建筑朝西,上、下层各九间。近前可设武帐(蒙古包),筵宴外藩王公和各国来使。每于灯节前后在此举办大型皇家焰火盛会,从正月十三至十九日连办七宵,称作"元宵火戏"。《乾隆御制圆明园四十景诗·山高水长》:"在园之西南隅,地势平衍,构重楼数楹。每一临瞰,远岫堆鬟,近郊错绣,旷如也。为外藩朝正锡宴,陈鱼龙角抵之所。平时宿卫士于此较射。"(图 9-109)

"别有洞天",建于雍正时期,初名"秀清村",位于圆明园"福海"东南角。景区四周被山围抱,两山之间形成一个狭长的湖面,湖西建有"城关",主要建筑则分布在湖的南北两侧,"别有洞天殿"坐落在湖北岸,南岸建筑多以"书斋"为主。雍正信奉道教,这里曾经一度成为道士炼丹之处。《乾隆御制圆明园四十景诗·别有洞天》:"苑墙东出水关曰'秀清村'。长薄疏林,映带庄墅,自有尘外致。正不必倾岑峻碉,阻绝恒蹊,罕得津逮也。"(图 9-110)

"洞天深处",位于圆明园宫门区东南隅福园门内,是一处以皇子住所和书房为主的建筑群。《乾隆御制圆明园四十景诗·洞天深处》:"缘溪而东,径曲折如蚁盘。

图 9-109　圆明园"山高水长"图

图 9-110　圆明园"别有洞天"图

短椽狭室，于奥为宜。杂植卉木，纷红骇绿，幽岩石厂，别有天地非人间。少南即前垂天贶，皇考御题，予兄弟旧时读书舍也。"（图 9-111）

"接秀山房"，建于雍正年间，位于圆明园"福海"东岸南部。主体建筑"接秀山房"为西向三间大殿，建筑形式与"涵虚朗鉴"相似，都是沿岸布置，南北遥相呼应。殿两端伸出"游廊"，将南面"揽翠亭"与北面的"澄练楼"连接起来。在殿南原有一组独立的建筑名"观鱼跃"，在嘉庆年间拆除改建成南向三卷五间大殿的"观澜堂"，与"九洲清晏"的"慎德堂"相似，是福海沿岸最大的建筑。观澜堂东为佛堂，西设有宝座床可供皇帝休息居住。《乾隆御制圆明园四十景诗·接秀山房》："平冈萦回，碧汜停蓄，虚馆闲闲，境独夷旷。隔岸数峰逞秀，朝岚霏青，返照添紫，气象万千，真目不给赏，情不周玩也。""烟霞供润泡，朝暮看遥兴。户接西山秀，窗临北渚澄。琴书吾所好，松竹古之朋。仿佛云林衲，携筇共我登。"（图 9-112）

"鱼跃鸢飞"，建于雍正时期，位于圆明园北区中部，北面不远处就是圆明园大北门。主体建筑"鱼跃鸢飞"为二层楼阁，在圆明园北部属于较大建筑，向北可望圆明园墙外民情，向西可望西山风景，向南或向东望可欣赏到圆明园秀美的风光。《乾隆御制圆明园四十景诗·鱼跃鸢飞》："榱桷翼翼，户牖四达，曲水周遭，俨如萦带。两岸村舍鳞次，晨烟暮霭，蓊郁平林。眼前物色，活泼泼地。"（图 9-113）

"澡身浴德"，建于乾隆年间，位于圆明园"福海"西岸。主要建筑"澄虚榭"在福海西南隅，东向"正殿"三间。其北有临岸四方亭"望瀛洲"。此组建筑为皇帝观看龙舟竞渡活动之所（图 9-114）。

其余以及长春园和绮春园内景区景点介绍从略。

（10）仿西洋古典园林景区

在圆明园之前，中国的传统园林建筑体系还从未出现过效仿欧洲园林内容的情况，而在圆明园之长春园中建造"西洋楼"建筑群，则是出于乾隆皇帝的猎奇心理，以及显示国力和气魄等，当然，更深层的原因则是与中国古代社会末期西方文化的渗入有着直接的关联。

从明朝末期开始，西方的科学、技术、文化就伴随着天主教在中国的传播而输入。曾由汤若望（德国人）协助徐光启、李天经主持编译的《崇祯历书》，未能正式颁行清军便入关了，后来汤若望将该书简编为《西洋新法历书》（《时宪历》），迎合了新朝的需要，得以颁行天下。顺治十五年（公元 1658 年），汤若望受封一品（历任过太常寺少卿、太仆寺卿、太常寺卿、通政使司通政使、钦天监监正等），耶稣

图 9-111　圆明园"洞天深处"图

图 9-112　圆明园"接秀山房"图

图 9-113　圆明园"鱼跃鸢飞"图

图 9-114　圆明园"澡身浴德"图

会传教士影响因而扩大，一时各地教徒增至十万人，终于引起各类冲突，主要为"礼仪之争"。在康熙继位初期，发生了由鳌拜支持的盲目排外的"布衣"杨光先和吴明炫，与以汤若望为首的传教士在历法制订上的争讼案（在钦天监工作的传教士有五十余人）。康熙三年（公元 1664 年），杨光先复上《请诛邪教状》，言汤若望等传教士罪有三条：潜谋造反、邪说惑众、历法荒谬。至年冬，朝廷逮捕了已经中风瘫痪的汤若望，《西洋新法历书》亦遭废止。杨光先乃出任钦天监监正，吴明炫为监副，复用过时了的《大统历》。朝廷会审汤若望以及原钦天监其他官员，翌年 3 月 16 日，廷议判原"钦天监监正"汤若望处死，"刻漏科"杜如预、"五官挈壶正"杨弘量、"历科"李祖白、"春官正"宋可成、"秋官正"宋发、"冬官正"朱光显、"中官正"刘有泰等皆凌迟，已故"监官"刘有庆之子刘必远、贾良琦之子贾文郁、宋可成之子宋哲、李祖白之子李实、汤若望义子潘尽孝俱斩立决（钦天监内工作多为子承父业）。

汤若望得罪下狱时，因中风身体瘫痪，说话困难，且身系桎梏，无法跪地受审，也无力为自己申辩。时南怀仁（比利时人，早在顺治十五年来华）寸步不离，不辞艰险地为这位难友在大堂上代为辩护。当时在京的四位神父，除汤若望、南怀仁之外，另有利类思（意大利人）和安文思（葡萄牙人）被投入大牢达六个月之久。此时康熙帝年幼，才十一岁。在此期间，曾进行了一次由中国和西洋等观测法同时预测日食时间的实际检验活动。结果南怀仁等人据西洋历法预测的日食时间与事实相符，最为正确。

后因天上出现彗星且京师发生地震等不祥之兆，汤若望获得孝庄太皇太后特旨释放，只杀了李祖白等 5 名钦天监中国官员。

但是华洋历法之争并未停息。重拾《大统历》之后的康熙七年（公元 1668 年）有"闰月"（加在某月后的"闰月"称为"闰某月"），钦天监欲"又闰"，因而众议纷纷，人心不服，皆谓自古有历以来未闻一岁中"再闰"，旧历法的巨大漏洞暴露了出来（注 1）。南怀仁撰《历法不得已辨》，指出了此历法之错误，即该年十二月应该是第二年正月。如此事关重大，诸王九卿也争议不下。于是十五岁的康熙帝决定于当年十一月二十四日至二十六日三天内，让南怀仁与杨光先两派人马一起到午门"预测正午日影所止之处，测验合与不合"。十二月二十六日，又传 20 名重要阁臣共赴观象台，看双方实测立春，雨水，以及月球、火星、木星等各项结果。南怀仁逐款皆符，杨光先等人所用《大统历》和《回回历》推算的结果逐款皆误。康熙八年（公元 1669 年）一月二十六日，康熙帝将杨光先革职，开释被关押的南怀仁等，给流放广东的传教士恢复职位，并启用南怀仁为"钦天监监正"。可叹当时汤若望已于三年前去世。康熙十年（公元 1671 年）汤若望被公开昭雪，恢复荣衔，朝廷又拨巨款为其修墓。

这一历法之争的结果也导致了康熙皇帝与西方传教士"蜜月"关系的开始：康熙帝令南怀仁改造观象台，又于康熙十七年（公元 1678 年）编成《康熙永年历法》三十二卷；康熙本人先后向南怀仁等学习天文学（"专志于天文历法一十余载"）、数学（特别是几何学）、物理、化学、药学（曾在宫中推行可治疗疟疾的金鸡纳霜）、医学（曾在自己的子女身上种牛痘，以预防天花）等知识。康熙帝对科学的兴趣曾惊动了法国国王路易十四，下令向中国派遣精通科学的传教士。康熙二十六年（公元 1687 年），有"皇家数学家"之称的法国传教士洪若翰、张诚、白晋、李明、刘应，携带浑天仪、千里镜、量天器、天文钟和天文书籍等三十箱从浙江登陆。康熙二十七年（公元 1688 年），南怀仁去世，同年，在他的感召下，洪若翰、张诚、白晋等五位传教士于二月进入北京，于三月二十五日在乾清宫荣幸地受到了康熙皇帝的召见。随后两架行星观测仪放置在太和殿御座两侧，供康熙帝随时取用。精通科技的神父们很快当上了康熙帝的 "日讲官"。从康熙二十七年起，先后在康熙身边的法国传教士有白晋、张诚、雷孝思、巴多明、安多和杜德美等。康熙曾向安多、张诚等学习几何学、代数学和天文学，向白晋、巴多明等学习解剖学。为此，传教士们还编译了满文《几何原本》《借根方》《钦定骼体全录》等书。仅在整个康熙时期，先后来华的传教士就多达三百余人。

康熙二十九年（公元 1690 年）二月二十八日正午，大清京城的观象台危台高耸，气氛庄严。37 岁的康熙帝率领诸王九卿和内阁大臣，羽葆华盖，浩浩荡荡、兴致勃勃，同往观看日食。走在圣驾边上的是五位金发碧眼、胸前佩戴十字架的西洋神父。观象台在元朝时已经建成，明清沿用。登临台上，神父们用满语低声与皇帝说笑着并穿梭在天文仪器间，而肃立两旁、惶惶然的满朝文武，暗叹自己笨拙，生疏天文意味着在皇上面前插不上话。皇太子胤礽尾随父皇走动，不时小心地摸摸前襟，那是揣在锦囊中的计算表，以备父皇随时考问。这一次的康熙君臣同观日食盛况，被法国传教士白晋写入法文版《康熙帝传》。并且这次观看日食，与之前历代皇帝遇见日食时的举国惊恐大不相同，因为这次日食是从十五岁起便跟南怀仁等学习西洋天文学的康熙帝自己计算预测到的。

康熙五十年（公元 1711 年），康熙帝发现用西洋历法推算的夏至仍有细微的九分之差，年深日久，误差恐怕还会增加。这一犀利洞察实际上等于揭示了西方第谷体系在理论上的先天不足。因为当时提倡哥白尼"日心说"的布鲁诺被罗马教廷认为是"亵渎上帝"而在"鲜花教堂"的广场被活活烧死，"日心说"也遭到禁止。为了不与上帝冲突，传教士们委曲求全，他们传授给康熙帝的是介于"地心说"和"日心说"之间的丹麦第谷的宇宙体系。这一体系导致的九分误差，让康熙帝心中放不下，于是传唤钦天监监正，要求重修《西洋新法历书》。从康熙五十二年（公元1713年）至康熙六十年（公元1721年），康熙从全国调集了汉族、满族等族的一批专门人才，以何国宗、梅毂成任"汇编"，让皇三子胤祉负责"纂修"，集中于畅春园蒙养斋编纂了《律历渊源》，包括《历象考成》《律吕正义》和《数理精蕴》三部书，共一百卷。这是一套包括天文历法、音律学和数学等知识的著作，在四十二卷《历象考成》中，传教士们引进了最新的资料与方法，如履薄冰，唯恐有失。康熙帝过人的天资和刻苦，令朝夕相处的白晋等人铭感于心。

康熙五十七年（公元1718年），由白晋、雷孝思、杜德美等主持完成《皇舆全览图》共41幅。这是在天文观测基础上，使用三角测量法测量，以伪圆柱投影、经纬度制图法绘制。使得中国的地图从根本上提高了质量，且第一次实测并精确绘制了台湾岛地图。

但随着天主教传教的深入，从明末就发生过的"礼仪之争"，不断地在天主教教会（意大利耶稣会、西班牙多明我会和方济各会）和中国传统文化之间发生冲突。如中国的"天"即"昊天上帝"与天主教中的"上帝"的意义不同，是否应该禁止传教士和教众使用"上帝"一词？祭祖、祭孔这类活动，天主教徒能否参加？在其他中国风俗中，如通过放债获利与天主教戒律相冲突，是严格禁止还是应该采取一定的宽容态度？康熙四十三年（公元1704年），教皇克勒门十一世发布严厉的祭祖祭孔禁约，康熙六十年（公元1721年）才翻译为中文呈康熙帝御览。康熙大怒，决定以后不准西洋人在中国传教，免得多事。并提出教皇等指孔子思想为异端殊属悖理，且中国称"天"为上帝，与西洋呼"天主"为上帝不同。这类冲突的不断加剧，致使康熙对一些传教士产生了不同程度的反感（部分传教士还参与过帮助皇八子胤禩的帝位之争），或是爱恨交加。其实对传教士"爱恨交加"的本质体现为两个方面：其一为西方传教士本来就是以科技为"先导"，最终达到传播宗教的目的，而这种宗教在早期传播过程中，必然会不可避免地与中国根深蒂固的本土宗教发生冲突；其二为即便是当时能最贴近地感受到西方科技先进性的中国皇帝，在思想认识上也不可能清醒地剥离西方宗教与科学思想，并"超越"中国固有的传统文化。例如，就连更早地崇尚西方科技的徐光启，在编译《崇祯历书》时，也提出了"与中历会通为一"的目标，甚至说过"熔彼方之材质，入大统之型模"的话。即便这样，徐光启的编译工作还被指摘为"尽堕成宪""专用西法"。因此，历史上最重视西方科技的康熙皇帝，也不可能超越"崇儒重道"这类中国传统文化的桎梏。例如，在康熙四十三年（公元 1704 年），康熙帝亲撰《三角形推算法论》，宣扬"历原出自中国，传及于极西"这种"西学中源"论调。康熙四十四年，他在南巡回銮途中专门召见数学大家梅文鼎，向他宣讲西历源自中国，促使梅文鼎出面大力论证此说。在《律历渊源》编书之初，康熙曾告诫皇三子胤祉等今修历书，宜依古之规模、用今之数目为善。于是，康熙御用的历算专家就将河图、洛书附会为"数理本原"，以所谓周公制作的《周髀算经》为"西学中源"说的张本。后来乾隆朝四库馆臣在《四库全书•总目》中说："欧罗巴人天文推算之密、工匠制作之巧，实愈前古，其议论夸诈迂怪，亦为异端之尤。国朝节取其技能而禁传其学术，具存深意矣。"四库馆臣对清朝官方的西学政策总结得十分精辟，即所谓"节取其技能而禁传其学术"。

至雍正登基后，实行全面禁教政策。雍正二年（公元 1724 年），雍正批准礼部发布禁教令通谕各省：着国人信教者应弃教，否则处极刑；各省西教士限半年内离境，前往澳门。全国教堂 300 座均被没收，改为谷仓、关帝庙、天后宫或书院。雍正之后的乾隆帝对科学没有多大兴趣，只知把西方的科学仪器等当作"奇器"加以玩赏，浑然不觉西方科学日新月异的发展。乾隆二十四年（公元 1759 年），乾隆帝下令闭关自守，再次禁绝天主教在中国传播。因此这一时期的一些传教士也只能以韬光养晦之计，留在清宫内做些修理钟表、制作自动机器、弹奏西洋乐曲、绘画和园林设计等工作，如郎世宁（意大利人）和蒋友仁（法国人）等帮皇帝或朝廷绘画、编制地图、设计园林等。圆明园西洋楼建筑群正是在这种复杂的历史背景下产生的。

乾隆十二年（公元 1747 年），乾隆帝偶见西洋画中的喷泉，并对此很感兴趣，问郎世宁谁可仿制，郎世宁即推荐蒋友仁。乾隆帝遂命蒋友仁在长春园督造"水法"（喷泉），建筑设计则由郎世宁、王致诚（法国人）、艾启蒙（波西米亚即今捷克人）等负责，并由汤执中（法国人）主持绿化。

喷泉在欧洲始见于希腊和罗马，文艺复兴时期开始发展，到 17 世纪达最盛阶段，以法国、意大利的品类为多而美。在 18 世纪的中国，来自法、意等国家的传教士夙昔对喷泉耳濡目染，遇有仿造机会，既可以供中国皇帝赏玩，博其欢心，又可以借以夸耀西方文化，是求之不得的。于是作为传教或安身皇廷的辅助手段，宣扬异国风光的西洋楼建筑群与水法（园林要素）等就在圆明园出现了。

西洋楼建筑群园林的设计风格主要源于法国"勒•诺特尔式"古典园林风格。

从 16 世纪后半叶以来，大约历时整整一个世纪，法国的造园既接受了意大利造园的影响，又经历了不断发展的过程，到 17 世纪后半叶左右，勒•诺特尔（公元 1613 年—公元 1700 年）的出现，标志着单纯模仿意大利造园样式时代的结束。勒•诺特尔是法国王路易十四时期的宫廷造园家，他曾主持设计建造过凡尔赛宫主轴线建筑群和园林，后者为法国文艺复兴时代西方古典园林的代表作。

勒氏造园的主要特点是一改以前法国园林严格的对称布局、整体与局部未能统一的缺陷，而将庭园与建筑物看成一个整体。庭园配置的露台、台阶、坡道、栏杆、池泉、植物等，都发挥了不但重要而且是令人心旷神怡的作用。庭园淋漓尽致地展现了纪念性建筑的真正个性，它不仅自身结构华美无比，而且与主体的石造宫殿相映成辉，形成一座硕大无朋的绿色宫殿；勒氏造园又可称为"平面图案式"，总体上有平面的铺展感。园林主要位于风景优美的场地，甚至造于沼泽性低湿地带。园林的主轴线均从一建筑物开始，沿一直线延伸，以该直线为中轴对称或稍有灵活地布置园林要素，使整体统一起来；在手法上和要素方面极为重视喷泉与阶梯式瀑布，在园林中大量利用水，这从凡尔赛宫中可见一斑。在凡尔赛宫中，从"水花坛"开始，有"金字塔喷泉""拉托那喷泉""萨索利喷泉""阿波罗喷泉""尼普顿喷泉""水剧场"等，不胜枚举；设置"水渠"（简单几何形状的大水池）也是勒氏造园的最重要的要素之一。凡尔赛宫中的水渠呈十字形，它使庭园看起来更加宽阔。不仅如此，水渠还为贵族们提供了游乐场所。他们在其中一边乘船游玩，一边在船上演奏音乐，在游园会上时常燃放焰火，五彩缤纷的色彩映在水面上，使庭园更加绚烂多姿。在庭园中放置雕塑作品可称为勒氏造园艺术对意大利、罗马时期造园手法的吸收。树篱常常作为花坛与丛林的分界线，厚度常为 0.5 米至 0.6 米，高度从 1 米的矮树篱到 10 米左右的高树篱，应有尽有。树篱一般种得很密，使人不得随意出入，另外再设出入口。勒氏造园还有个重要特点，就是一扫同期意大利造园中愈演愈烈的巴洛克式倾向，给造园带来一种优美高雅的形式（图 9-115、图 9-116）。

圆明园西洋楼建筑群的建造时期，正是勒氏造园风格风靡全欧洲之时，同时，又是欧洲流行巴洛克及洛可可建筑风格的混乱时期。

巴洛克建筑是 17 世纪至 18 世纪在意大利文艺复兴建筑基础上发展起来的一种建筑和装饰风格。其特点是外形自由，追求动态，喜好富丽的装饰和雕刻、强烈的色彩，常用穿插的曲面和椭圆形空间。这种风格在反对僵化的"古典主义"形式、追求自由奔放的格调和表达世俗情趣等方面起到了重要作用，对城市广场、园林艺术以至全部的文学艺术都产生了影响，一度在欧洲广泛流行。意大利文艺复兴晚期

图 9-115　法国凡尔赛宫花园局部

图 9-116　法国凡尔赛宫花园局部

著名建筑师和建筑理论家维尼奥拉（G.B.da）设计的罗马耶稣会教堂是由"矫饰主义"向巴洛克风格过渡的代表作。该教堂立面借鉴早期文艺复兴建筑大师阿尔伯蒂（L.B.）设计的佛罗伦萨圣玛丽亚小教堂的处理手法，正门上面分层"檐部"和"山花"（注2）做成重叠的弧形和三角形，大门两侧采用了倚柱和扁壁柱。立面上部两侧做了两对大涡卷。这些处理手法别开生面，后来被广泛仿效。中后期巴洛克建筑立面形式的特点还有偏爱不规则地"跳动"，如，爱用双柱、三柱为一组，开间的宽窄变化也很大；为突出垂直联系，惯用叠柱式，并把基座、檐口、山花做成折断的；追求强烈的光影变化，用倚柱代替薄壁柱、3/4 柱（露出柱径的 3/4）。墙面上做出深深的壁龛；有意制造反常出奇的形式，如在山花处去掉顶部，嵌入徽章、匾额或其他雕饰，或把两至三个山花套叠在一起。圆明园西洋楼建筑群部分建筑立面很多是效仿这种典型的巴洛克风格（图 9-117、图 9-118）。

洛可可建筑风格于 18 世纪 20 年代产生于法国，是在巴洛克建筑基础上发展起来的。洛可可风格也曾受中国文化款式丝绸、陶瓷花纹装饰的影响。洛可可风格的特点是：室内应用明快的色彩和纤巧的装饰，家具也非常精致而偏于烦琐，不像巴洛克风格那样色彩强烈、装饰浓艳；洛可可风格细腻柔媚，常常采用不对称手法，喜欢用弧线和"S"形线，尤其爱用贝壳、旋涡、山石作为装饰题材，卷草舒花，缠绵盘曲，连成一体。天花和墙面有时以弧面相连，转角处布置壁画。为了模仿自然形态，室内建筑部件也往往做成不对称形状，变化万千。室内护壁板有时用木板，有时做成精致的框格，框内四周有一圈花边，中间常衬以浅色东方织锦。圆明园西洋楼建筑群建筑的室内形态已无法考证，但其外立面和装饰部件部分还是有非常明显的洛可可风格。

虽然西洋楼建筑群园林总体设计手法受勒氏造园影响最大，但限于设计者的修

图 9-117　意大利罗马圣维桑和圣阿纳斯塔斯教堂门头

图 9-118　法国巴黎某建筑的巴洛克风格窗头

养，加之设计者又想结合中国本土建筑之特点，故而其建筑主体设计风格也是非常杂乱的，很难以一种风格而概括其全貌。

西洋楼建筑群位于"圆明三园"之一的长春园东北角一个东西长的"丁字尺"形地带。在位于最西端的南北短轴线上，从南到北的主要建筑及景观有"谐奇趣"（含其南侧水池）"蓄水楼"和"养鸟笼"（处于两轴线交叉处，前者位西，后者位东，之间还有个小水池）、"黄花阵"（含其北侧花园）；在东西向长轴线上从西到东排列的主要建筑，除"蓄水楼"和"养鸟笼"外，依次为"方外观"和"五竹亭"（前者位北，后者位南）、"海晏堂""大水法"（其北为"远瀛观"，其南为"观水法"）、"线法山西门""线法山""螺丝牌楼"（线法山东门）、"方河""线法墙"（图9-119）。

"谐奇趣"为园中最早的西洋水法大殿，建于乾隆十六年（公元1751年）。坐北朝南，楼高三层，南面从左右两侧有弧形曲廊伸出，连接位于西南和东南的二层八角楼厅（演奏中西音乐之处）。其南面弧形石阶前有海棠式水池及喷泉，北面双跑石阶前亦有水池与喷泉。"谐奇趣"有意大利巴洛克建筑特点，只是主楼屋面似中国传统建筑的"庑殿顶"。八角楼厅的屋面又似中国传统建筑中的"八角攒尖顶"，只是在顶的上部削平后再加些装饰。两种屋顶都采用鱼鳞琉璃瓦。它的西北（也就是东西长轴线的最西端）建有"蓄水楼"，高两层，专供"谐奇趣"南北两面喷泉用水。其立面除门窗装饰边框外，其余部分借鉴中国传统建筑立面形式，屋面采用中国传统的"盝顶"形式，上覆琉璃筒瓦（图9-120、图9-121）。

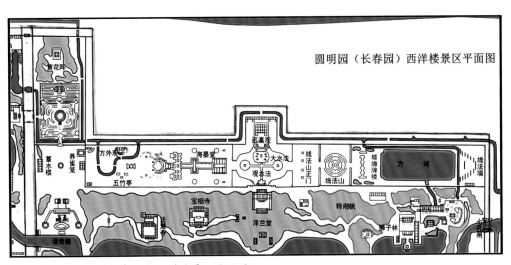

图9-119　圆明园（长春园）西洋楼景区平面图

图 9-120　谐奇趣铜版画（南立面透视）

图 9-121　谐奇趣残迹

　　蓄水楼东面同轴线上对应为"养鸟笼"。其主要建筑西立面似中国式五开间"单檐牌坊"，而东立面却如西洋纪念性建筑类的"门"（如凯旋门）的立面形式。"牌坊"与"门"的北面紧邻建有一组小型单层建筑。

　　与"谐奇趣"正对的亦是"短轴线"北面的"黄花阵"。其南面一入园小门的立面为较典型的巴洛克风格立面。园内青砖刻花矮墙（1.5 米）布出"迷阵"，墙垣迷阵的手法似直接取于"勒氏园林"中的矮树篱。迷阵中心高台上置一似文艺复兴式"八角圆顶亭"。亭的北面建有一中式"台榭式"硬山两坡顶的小建筑，亦是黄花阵矮围墙北尽端的标志性建筑。在黄花阵矮围墙的北面有一片中式自由布局的小园林。园内中心部分建有一中式"四角攒尖亭"。正是从此亭往南一直到谐奇趣南面的水池，形成了西洋楼建筑群的南北短轴线。黄花阵已于 1989 年在原址按原样复建（图 9-122）。

养鸟笼东面长轴线上有一小巧的中西合璧式的"重檐八角攒尖亭"。此亭以东的北侧为一坐北朝南的两层建筑——"方外观"。该建筑立面用大理石贴面，加刻回纹装饰，地道的法国柱式，其窗套又是法国巴洛克式装饰。其屋面采用中国传统的"重檐庑殿"式，屋面用琉璃筒瓦。传说方外观是乾隆皇帝划归来自新疆的"香妃"作礼拜用，因此有清真寺的功能。完工于乾隆二十五年（公元 1760 年）。

方外观正南为一组"倒座"的更近中式风格的名"竹亭"的小建筑群，与方外观构成了与长轴线相垂直的一条次轴线。方外观建成后，继建"海晏堂""远瀛观"（含"大水法"和"观水法"）。精巧的喷泉水法都集中于此区域，可以说是集全园水法之精华。

"海晏堂"是西洋楼景区中最大的建筑，位于长轴线中部，建于乾隆二十四年（公元 1759 年）。正楼（西楼）坐东朝西，二层，面阔十一间，中间设门。正门位于第二层月台上，门前月台下有侧门通一层室内。正楼两层立面装饰多为巴洛克风格，

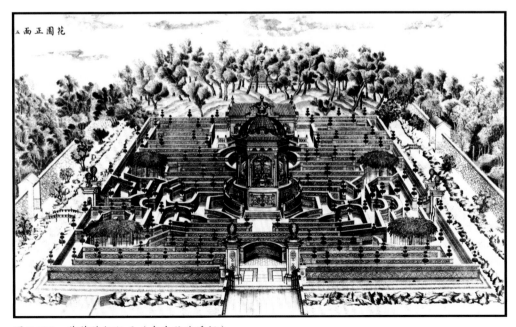

图 9-122　黄花阵铜版画（自南往北透视）

而南北山墙上所刻图案为中式，顶部为中国传统的琉璃瓦"硬山顶"和"四角攒尖顶"；月台前左右对称布置弧形石阶，石阶向前环抱主水池，在两侧还有副水池，可沿石阶下达室外地面及主水池；石阶两侧均有叠梯形式的扶手墙（也就是阶梯扶手），上部带水槽，扶手墙上的叠水可最终流入主水池和两侧的副水池；主水池内两侧有呈"八"字形向外放射状小平台，靠近小平台前的正中为一"山"形珊瑚纹底座托起的巨型似海贝（蚌壳）的石雕（可使人联想到波提切利的《维纳斯的诞生》画中的海贝），为主水池内一重要雕塑，与"水"的主题非常协调；主水池内两侧"八"字形放射状小平台上每侧各置六只铜铸喷水动物，组成地支"十二属"，代表十二个时辰，每隔一个时辰依次按时喷水。到正午时，12只动物同时喷水。"勒氏园林"喷水池中的雕塑多为西方神话中的人物，而移至中国则改为十二生肖，这是为了尊重中国的习惯，且与"十二支"相联系，可见西洋传教士研究异域"国学"之精。传教士本身大多通晓天文学，将中国"天文学"内容置于园林建筑之中，可谓用心之良苦，也颇有新意。艾儒略（意大利传教士，明末来华）在所著《职方外纪》书中载有罗马一名苑，铜铸禽鸟，遇机一发，自能鼓翼而鸣，又有编箫，但置水中，机动则鸣。蒋友仁或习闻或目睹过这些奇迹，从中得到灵感，参照有关水法诸书，运其匠心，成此杰作；主水池内西尽处中轴线上有一立体花盆状跌水雕塑，主水池外沿上部有一圈盘旋的动物雕塑；外侧扶手墙边西侧有太湖石点缀，西尽端之前另各有一组带基座的造型复杂的雕塑（似香炉状）。

在海晏堂正楼之后，接一座东西面阔十一开间的"工字楼"（东楼），是为安放水车水库而建。"工字楼"中段内部有夯土高台，上置水池，可盛水180吨，池周包满锡板以防止渗漏。池中又养游鱼，故称为"锡海"。"工字楼"两翼是东、西两水车房，地面有下冲流水石槽，借以激动机轮，带动龙尾车，抽水旋转上升，达到锡海，再利用重力作用经过铜管流向喷泉。海晏堂的地势是东高西低，有利于水的流动。"工字楼"东翼门前有四折石阶下达地面，通向东面的大水法。"工字楼"的立面亦为西式，两翼楼顶各建有一中国传统的"庑殿顶"小建筑，但立面墙饰亦为西式。"工字楼"东面有折梯，装饰亦为西式，但东立面非常像中国传统的台榭建筑，亦中亦西之感觉非常奇妙（图9-123～图9-125）。

海晏堂往东长轴线上即为"大水法"，是一处以喷泉为主体的园林景观。建成于乾隆二十四年前后。东、西向上各置一"塔式"喷水装置，此两装置的北面为"石龛"式背景，是非常典型的巴洛克风格建筑，其前下方亦有喷水池，内有"猎狗逐鹿"喷泉。

在大水法正北，位于高台上的建筑便是"远瀛观"，于乾隆四十八年（公元

图 9-123　海晏堂铜版画（西立面透视）

图 9-124　海晏堂残迹鸟瞰

图 9-125　海晏堂残迹

1783 年）添建而成，明殿及东西侧廊共十七间。内陈设有英王乔治三世送与乾隆皇帝的寿礼——"天文地理大表"（即天体运行仪）。远瀛观立面墙饰仍为巴洛克式风格，屋面采用了中国传统的琉璃瓦屋面，正中的为"重檐庑殿顶"，四角略有起翘，但屋面前部有一大型巴洛克式门头。据说远瀛观大平台下面建有水库，供大水法喷泉水源。

大水法正南为一石屏风式"观水法"，坐南朝北，平台上设宝座，是清帝观赏大水法喷泉之处。宝座后面为五件"石雕屏风"，分别雕刻西洋军旗、刀剑、枪炮图案。观水法在整体上是典型的洛可可建筑风格。从远瀛观到观水法，又构成了一条与东西向长轴线相垂直的南北次轴线（图 9-126 ～图 9-130）。

大水法区域东面为"线法山"区域。自西往东依次排列的有"线法山西门""线法山""线法山东门"。线法山的东西两门皆为西式，比较接近于洛可可风格。线法山为一小山，上置一中西合璧的"八角琉璃亭"。亭的每两根柱的上楣皆有一个三角形山花，山花上即为琉璃瓦"八角攒尖顶"。线法山为清帝环山跑马之所。

线法山东为"方河"，即西洋楼建筑群内最大的长方形水池，借鉴了"勒氏园林"中设置"水渠"的手法。再往东为"线法墙"，亦称"线法画"，是在长轴线的南北两边呈"八"字形分砌平行砖墙七列，"八"字形开口内还有一面单独的墙。在这些墙面上可张挂油画，绘香妃故乡阿克苏伊斯兰教建筑十景，随时变换。最后以远山轮廓、孤山萧寺作为远借景，意境无穷。西面方河的倒影既提供衬托，又增加透视距离。

图 9-126 大水法铜版画（南立面透视）

图 9-127 大水法残迹

图 9-128　远瀛观铜版画（南立面透视）

图 9-129　大水法与远瀛观残迹

图 9-130　观水法铜版画（北立面）

长春园西洋楼建筑群大部分内容的完工阶段为乾隆二十五年（公元 1760 年），后来由满族画家伊兰泰作画、中国工匠雕刻，送法国制作铜版画二十幅。铜版画于乾隆五十一年（公元 1786 年）二月制成，曾先后两次压印图画，每次一百份（海晏堂铜版画现收藏于挪威实用艺术博物馆，其余下落不详）。

从"谐奇趣"西北的"蓄水楼"到"线法画"这一东西长轴线近八百米长，长轴线两侧区域南北宽约七十米；从"谐奇趣"前水池到"黄花阵"花园北围墙的短轴线长三百多米。短轴线两侧区域的东西方向宽一百多米。在这样一"丁字尺"形狭长地带布置一组园林建筑实属不易，而西洋楼建筑群的布局是非常成功的。由于占地面积及地形的限制，园内小区域的分割未使用勒氏园林惯用的"树篱"，而代之以中式园林常用的墙体分割方法，这自然使园内小区域形成一个个院落。这样的分割避免了"一览无余"，而使人在游览时常有"别有洞天"之感，非常符合中国人的审美习惯。

在中国传统园林中，水也可谓园林之魂，或可以调节区域小气候，增添凉意；或为空间的主导，或为划分和组织空间的媒介，增添情趣；最普遍的视觉作用又为"以虚衬实""计白当墨"，调节观者的视觉感受。"虚"不是无，其本身又包含使人产生联想的内容与空间，所以中式园林中的水是以静态的为主。而西洋楼园区域内的水主要是以动态为主，以增加欢快气氛，使人兴奋。中、西式园林中水的运用，各有特色，而本质相异。

乾隆三十九年（公元 1774 年），蒋友仁病殁，因无人能操纵龙尾车，每逢乾隆帝游园，就只能由人工提桶上楼灌水供应喷泉，帝去水息。乾隆五十八年（公元 1793 年），英使马戛尔尼应邀来京，奉旨观圆明园等处水法。乾隆本意以期借此夸耀外邦，显示园林之华美。但英使全未在意，在他的日记中只描述了圆明园中式的宫室亭馆之胜，对长春园内西洋楼及水法只字未提。因为"勒氏造园法"于 17 世纪下半叶的欧洲是极盛时期，仅英国境内经其亲手改造的园林就有不下七座。勒氏在法国的同行佩罗及勒氏的外甥都曾受雇于英宫廷，英国方面也积极派遣造园家去法国学习，在这些赴法的造园家中，约翰·罗斯最为著名，他后来为查尔斯二世供职，成为英国的法国式造园领袖，在他的影响下也建造了许多庭园。所以长春园中的"西洋景"对这位英使来讲并不是什么新鲜玩意儿。另外，到了 18 世纪，中国传统的园林风格已影响到英国的造园，英国已流行"自然风景园"，而人造的"水法"已显得过时而不被重视，英使所垂意的倒是桥亭山石、花木台榭的曲折入画、胜境天成，因此他对"西洋水法"的漠然置之不足为怪。再者，西洋楼建筑群在狭小地带能容纳如此多的内容虽实属不易，但它比起真正的西洋古典园林来却显得异常拥挤了，加之各类装饰极尽烦琐，中西合璧未必能真正协调。这也是英使对之不屑的原因之一。然"小空间、大容量"倒是合乎中国明清园林，特别是私家园林的造园特点。

西洋楼建筑群中单体建筑物的形式是丰富多样的，立面中有典型的希腊和罗马的古典柱式，有法国柱式，亦有巴洛克和洛可可风格立面装饰。但有的又很难分得清应归属哪类，总的来说是极尽烦琐之能事。中西合璧也是其主要特征，平面布置，立面柱式、檐板、门头、门套、窗套、玻璃门窗以及栏杆扶手等都是西洋做法；屋面有硬山、庑殿、卷棚、盝顶、攒尖，各类中式做法特点较为明显，只是部分屋面才有微微的起翘；屋面之上有花屋脊及鱼与宝瓶装饰，花屋脊花饰多为西式，而所用筒瓦为中式，鱼鳞瓦为西式（在中国只用于金属瓦）；喷水塔、喷泉与水池以西洋式为主，但亦夹杂中式装饰。一般还在西式几何形水池的外侧加叠湖石；海晏堂西面水池内避免用西方裸体雕像，而代以铜铸十二生肖；园内绿化，有中式布置的花木，也有当时修剪成几何状的西式花木做法；总体布局也亦中亦西。这些结合中国艺术习惯的处理手法有些很成功，但也有些较为生硬，且是以"繁"对"繁"。

乾隆皇帝先是看中了西洋画中的喷泉，继而命建西洋楼，其中的"西洋水法"占有相当重要的地位。早在明末徐光启所著《农政全书》中便有一段引述熊三拔（意大利人）于明万历四十年（公元 1612 年）所译关于泰西水法的文字，明天启七年（公元 1627 年）邓玉函（德国人）著《远西奇器图说》，两部书中都印有龙尾车由低向高输水的插画。18 世纪初期，法国也有专著详述喷泉类别与制造方法。蒋友仁等传教士投帝王之所好，尽管有些大臣出于对远方新奇事物的疑惧加以阻挠，但蒋氏还是抓住了机会，利用他的技术知识，取得了成功。

中国古代社会的建筑形式一直受到礼制文化的约束，即使是园林建筑也毫不例外。在清王朝以前的建筑历史中，中国建筑虽然也曾吸收过一些外邦的建筑形式与内容，但一般都是慢慢地消化与吸收，并逐渐地加以改造使之"汉化"。在皇家禁苑内如此"突然"大规模地移植异域的，特别是西洋的建筑形式与内容等，圆明园西洋楼建筑群还是孤例。这足以说明西方文化对当时的清王朝统治者的震撼程度，同时也说明乾隆皇帝同其祖父康熙皇帝一样，都曾有过超越大多数古代帝王较开明的一面。但也由于整个社会对西方科技，特别是科学思想在社会进步方面的重大意义认识的严重不足，最终导致圆明园与中央帝国的幻梦在不久后便迅速破灭了。先是 1860 年的英法联军大肆劫掠后的焚烧，随后是 1900 年的八国联军进攻北京、逼迫慈禧西行后，土匪流氓、败兵游勇和周围居民等对残存木构建筑与树木的大肆劫掠，石质建筑构件等也不能幸免。

7. 玉泉山静明园

玉泉山位于今颐和园（原清漪园）西侧，相距 5 里余。静明园占地约 75 万平方米，其中水面约 13 万平方米。从颐和园中便可见玉泉山东侧及峰顶景观，因此两地园林可以相互因借。这座六峰连缀、逶迤南北的玉泉山，是西山东麓的支脉，明初进士王英诗《玉泉》形容："山下泉流似玉虹，清泠不与众泉同。"历史上，金章宗曾在玉泉山建有行宫，主殿为"芙蓉殿"；元世祖忽必烈曾在这里建成"昭化寺"；明英宗年间建有上下"华严寺"等；清顺治年间建行宫"澄心园"；康熙十九年（公元 1680 年），将原有行宫、寺庙翻修扩建；康熙三十一年，将澄心园改名为"静明园"。其全盛时期，山上有"玉峰塔""华藏寺塔""多宝琉璃塔""妙高寺塔"等五座不同形式的佛塔，其中的华藏寺塔为八角七级密檐式汉白玉石塔。位于主峰的香岩寺玉峰塔为八角七级仿木构楼阁式砖石塔（仿镇江金山寺慈寿塔），高 47.7 米，亦为现圆明园最重要的借景内容。

山之南有"廓然大公""涵万象"等庭院，前面的"玉泉湖"中有"三岛"，湖岸有"玉泉趵突"，泉侧有"天下第一泉"御碑；山之东有"影镜湖"（高水湖），湖东岸临水有"延绿厅"水榭，西岸为"影镜涵虚"一景，南岸有"分鉴曲""写琴廊"

等；山之西有一组园内最大的建筑群，坐东朝西，中有"东岳庙"，院落四进，分别供有东岳大帝、昊天至尊、玉皇大帝等。东岳庙之南有"圣缘寺"，也为四进院落，其中第四进院落有"多宝琉璃塔"一座，别具姿态。东岳庙之北为"清凉蝉窟"，是一座小园林，正殿坐北朝南，中有亭台楼榭，曲廊相接，错落于假山叠石之间。这是一组佛道并立的建筑。

乾隆对园内不同景观亲自归纳为"十六景"并各题诗一首。这十六景为"廓然大公""芙蓉晴照""玉泉趵突"（"燕京八景"之一）"竹垆山房""圣因综绘""绣壁综绘""溪田课耕""清凉蝉窟""采香云径""峡雪琴音""玉峰塔影"（"燕京八景"之一）"风篁清听""镜影涵虚""裂帛湖光""云处钟声""翠云嘉荫"（图 9-131）。

8. 香山静宜园

从玉泉山再往西十余里便是香山，占地约 158 万平方米。金大定二十六年（公元 1186 年），在这里建有"永安寺"（又名"香山寺"），元时名"甘露寺"，明时名"永安禅寺"；元、明时期，在这一带也建有离宫别院；清康熙年间，就香山寺及其附近建成"香山行宫"；乾隆十年（公元 1745 年）加以扩建，翌年竣工，改名"静宜园"。

全园结构沿山坡而建，是一座完全的山地园林，分为三部分，即内垣、外垣、别垣。内垣在东南部的半山坡的山麓地段，是主要建筑与自然景观荟萃之地，包括"宫廷区"和古刹"香山寺""洪光寺"两座大型寺院，其间散布着璎珞岩等。这一区域的东宫门外设"城关"二座，入"宫门"迎面为倚山而筑五开间的"勤政殿"，殿前有"月河"，南北设"配殿"。宫门区西南不远，有"虚朗斋"，现改建为香山饭店。内垣的西北区黄栌成片，每至深秋，层林尽染，为静宜园的重要景观内容。内垣最高处有"雨香馆"；外垣是香山的高山区，面积广阔，散布着十五处景点，大多为欣赏自然风光之最佳处和因景而构的小型园林建筑。最高峰名"香炉峰"，海拔 575 米；别垣是在静宜园北部的一区，包括"昭庙"和"正凝堂"[1]两组建筑。

乾隆对园内不同景观亲自归纳为"二十八景"，有"勤政殿""丽瞩楼""绿云舫""虚朗斋""璎珞岩""翠微亭""青未了""驯鹿坡""蟾蜍峰""栖云楼""知乐濠""香山寺""听法松""来青轩""唳霜皋""香嵓室""霞标蹬""玉孔泉""绚秋林""雨香馆""胎阳阿""芙蓉坪""香雾窟""栖月崖""重翠庵""玉华岫""森玉笏""隔云钟"。

静明园和静宜园惨遭劫掠的历史与圆明园相同。

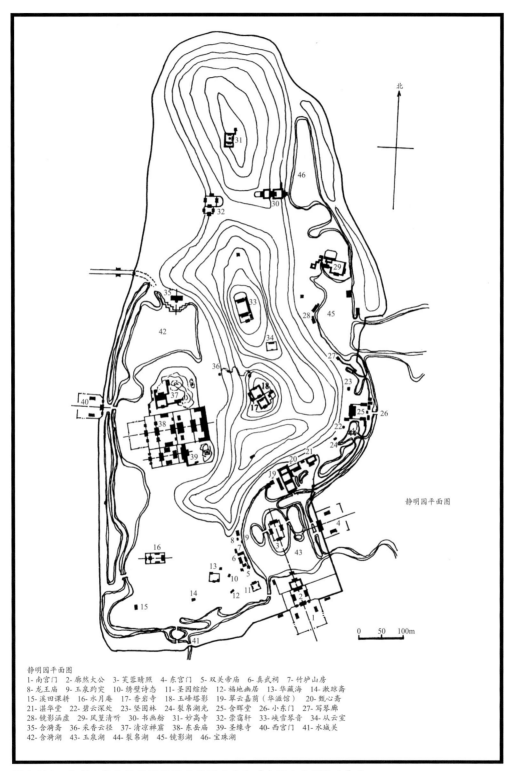

北

静明园平面图

静明园平面图
1- 南宫门　2- 廓然大公　3- 芙蓉晴照　4- 东宫门　5- 双关帝庙　6- 真武祠　7- 竹炉山房
8- 龙王庙　9- 玉泉趵突　10- 绣壁诗态　11- 圣因综绘　12- 福地幽居　13- 华藏海　14- 漱琼斋
15- 溪田课耕　16- 水月庵　17- 香岩寺　18- 玉峰塔影　19- 翠云嘉荫（华滋馆）　20- 甄心斋
21- 湛华堂　22- 碧云深处　23- 竖固林　24- 裂帛湖光　25- 含晖堂　26- 小东门　27- 写琴廊
28- 镜影涵虚　29- 风篁清听　30- 书画舫　31- 妙高寺　32- 崇霭轩　33- 峡雪琴音　34- 从云室
35- 含漱斋　36- 采香云径　37- 清凉禅窟　38- 东岳庙　39- 圣缘寺　40- 西宫门　41- 水城关
42- 含漪湖　43- 玉泉湖　44- 裂帛湖　45- 镜影湖　46- 宝珠湖

图 9-131　北京玉泉山静明园平面示意图（采自《中国古典园林史》）

9. 万寿山清漪园（颐和园）

位于万寿山麓、圆明园西二里许。现万寿山在元、明时期称"瓮山"，瓮山泊北岸有"大承天护圣寺"，寺前的湖中"水阁"两座，寺后为"园林"，元皇帝到瓮山泊游览时经常驻跸于此。在瓮山东南有元中书令耶律楚材的墓园。明孝宗弘治七年（公元1494年），孝宗的乳母助圣夫人罗氏出资在翁山南坡建"圆净寺"。乾隆十五年（公元1750年），为祝皇太后六十大寿，在圆净寺原址修建"大报恩延寿寺"，翁山改名为"万寿山"，重新疏浚瓮山泊并改名为"昆明湖"。又环山筑城，历经十五年完成，统名"清漪园"。

咸丰十年（公元1860年），清漪园几乎被英法联军焚毁。光绪十四年（公元1888年），慈禧太后动用海军经费重修，历经七年完成，改名"颐和园"。光绪二十六年（公元1900年），再遭八国联军劫掠，第二年又继续重修，历经四年完成。现全园总面积二百九十余万平方米，水面占百分之八十左右，有水旱十三座"门"。与圆明园的平地集锦组景不同，圆明园可清晰地分为平地区、山区和湖区三大部分。为了表述方便，我们把全园分为"东宫门一带""万寿山东麓谐趣园""万寿山北坡和后湖一带""万寿山南坡排云殿东侧""万寿山南坡排云殿西侧""昆明湖南湖岛屿堤岸""昆明湖西湖""万寿山南坡排云殿、佛香阁"八个区域，并把"万寿山南坡排云殿与佛香阁"放在最后表述（图9-132）。

（1）东宫门一带区域

"东宫门"为颐和园正门，坐西朝东，位于万寿山之东南。这一区域大部分地势平整，主要为集中地布置各种"宫廷建筑"功能的建筑群，它们相互联系，平面关系也甚为曲折。

东宫门外由南北"朝房"和"影壁""牌坊"围成一院。往西进宫门后即为一东西向的狭长"院落"，东为"仁寿门"，西为"仁寿殿"，南北各有一组"配殿"。仁寿殿原名"勤政殿"，九开间（包括左右回廊），黑色黏土瓦卷棚歇山顶。仁寿殿后有"山石"屏蔽，建有"亭阁"。这一区域的功能相当于圆明园的"正大光明"。在仁寿殿院的东北、东南、南、西南、西、西北、北面处均有其他功能的"院落"，如在西南有"耶律楚材墓园"（图9-133）。

在"仁寿殿"院之西，有一组南北向的狭长"院落"，由"玉澜堂"（正房位南）、"霞芳室"（东配房）、"藕香榭"（西配房）、"宜芸馆"（正房位北）、"道存斋"（东配房）、"近西轩"（西配房）和西面临湖二层的"夕佳楼"等建筑组成，幽雅清静。这一区域的功能相当于圆明园的"九洲清宴"。

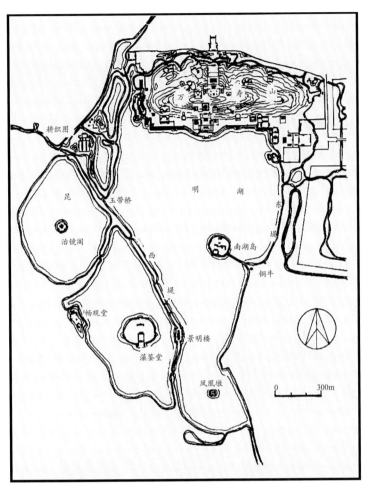

图 9-132　颐和园总平面示意图（采自《中国古典园林史》）

图 9-133　颐和园仁寿门

在"仁寿殿"院西北、"玉澜堂院"东北，有一组南北向的"院落"（紧贴着"玉澜堂院"），名"德和园"，是一组由"德和园戏楼"（位南）、"颐乐殿"（位北）等组成的宴乐区。"德和园戏楼"为现存传统戏楼中最大者（与紫禁城里的"畅音阁"、承德避暑山庄的"清音阁"并称清宫三大戏楼），坐南朝北，从东、西、南看为两层建筑，但北面有三层戏台，总高 21 米，位于一层的戏台宽 17 米，三层戏台间有"天井""地井"相通，可以按照剧情需要，演员或由天井下降，或由地井钻出。戏台二层设有绞车架，为机关布景使用。底层戏台下面还有水井，演出需要时，台上可喷出泉水（图 9-134）。

在"玉澜堂院"西北，临湖又有一南北向"院落"，由"乐寿堂""东西配殿""水

图 9-134　颐和园德和园戏楼

木自亲殿""游廊"等围成。"乐寿堂院"为慈禧太后的专用居住区。乐寿堂面阔七开间，黑色黏土瓦卷棚歇山顶，其前面有以"勾连搭"方式连接的五开间"抱厦"，同为黑色黏土瓦卷棚歇山顶，所以建筑外部造型丰富，内部空间宽敞。前院有海棠、玉兰，取"玉堂富贵"之意。有铜鹤、铜鹿、铜瓶，取"六合太平"之意。又有著名的"石岫"，传为明朝米万钟遗物。院南廊墙上有各种图形的"什锦灯窗"，正中是南北可相通的"水木自亲殿"，殿南有石平台，可由此直接登船游昆明湖（图 9-135、图 9-136）。

"乐寿堂院"北又有一组"小园"，名"扬仁风"。该园平面规整、对称，"月

图 9-135　颐和园乐寿堂院内景

图 9-136　颐和园乐寿堂院内置石

亮门""水池"和北面"扇面殿"排列在一条中轴线上，但地势起伏，山石相互遮掩参错，上下道路曲折，周围树木环抱，既宁静又活泼。

从"德和园"后门向北上坡至山脊东部为"景福阁"（亦可从乐寿堂、玉澜堂上山至此）。此阁原为一座平面为六瓣莲花形的三层楼阁，名"昙花阁"，咸丰十年（公元 1860 年）被英法联军烧毁，光绪十八年改建，改名"景福阁"。此阁坐北朝南，面阔五间歇山顶，前出"轩"三间，后出"抱厦"三间，为一宽大的"敞厅"，此处为慈禧太后赏月观雨之处，亦常在此接见外国使节。

临近东宫门区域的"昆明湖"东岸近北有一小"岛"，其上有"知春亭"一座。此处亦为东北区域最佳观景点之一，向北可望万寿山"排云殿"和"佛香阁"等，向西可望广阔的湖面和"玉泉山静明园"的"多宝琉璃塔"（最明显的借景），向南可望"十七孔拱桥"和"南堤"等处。同时知春亭小岛区域还有小尺度的堤岸叠石、木桥和水面等，与广阔的昆明湖、长长的十七拱桥、高大的万寿山及排云殿、佛香阁等形成了很好的对比关系（图9-137、图9-138）。

顺着湖岸稍南有"文昌阁关楼"，稍东南又有"文昌院"。颐和园内共有六座"城关"，文昌阁关楼便是其中最大者（其余为"紫气东来""宿云檐""寅辉""通云""千峰彩翠"）（图9-139）。

（2）万寿山东麓谐趣园区域

"谐趣园"位于万寿山东麓，从东宫门建筑群北面寻山径往东北，过"紫气东来城关"（亦名"赤城霞起"）后不远便达。谐趣园为颐和园中知名的"园中园"，初名"惠山园"，因仿无锡惠山"寄畅园"而得名。乾隆帝第一次南巡时，就命画师把寄畅园绘成蓝图，要在"清漪园"（颐和园前名）中加以仿造，"略师其意，就其天然之势，而不舍己之所长"。谐趣园于乾隆十九年（公元1754年）建成后，

图9-137 颐和园从知春亭小岛西北望万寿山

图 9-138　颐和园从知春亭小岛西望玉泉山

图 9-139　颐和园文昌阁关楼

乾隆赋诗曰:"寄畅名园爱惠山,亭台位置异同间。屋临流水吟澄照,雅似九龙片刻闲。"

　　园中有"荷池"数亩,太湖石垒岸和北面叠石颇具特色,环湖有十几座高低错落的"楼""堂""亭""斋""轩"等建筑,大部分用"曲廊"连接。建筑分布井然有序,对应关系也非常讲究,如,西门的东西轴线正对着湖面中部偏南位置的"洗秋轩",洗秋轩的北面又与调转了九十度的"饮绿轩"以廊相连,而饮绿轩的南北轴线又几乎正对着湖北岸的主体建筑"涵远堂"。园中还有"斜桥"和"石牌坊"等，且叠山种竹、遍植垂柳。园中湖池之水是从涵远堂之后、园之西侧引入，此处叠石最密，仿无锡寄畅园"八音涧"的"玉琴峡"。从整体的实际效果来看，因谐趣园中的建筑采用北方的建筑形式且髹漆彩绘比较鲜艳，荷池与湖石等叠山均较小，与无锡"寄畅园"的空间形象等差别较大（图9-140～图9-147）。

（3）万寿山北坡和后湖区域

此区域靠近北围墙，湖面狭窄，与万寿山南坡相比就显得空间逼仄、山势陡峭，但松柏森森、古木参天、灌木野花，自然野逸浓郁。在北坡脚下，乾隆曾在后湖两岸仿苏州"七里山塘街"修建一条"买卖街"，有茶楼、酒肆、书店、古玩铺之类的小型建筑，如"步云斋""近光斋""三祝号""吐云号"等，还有"三孔石桥""木吊桥""码头"等建筑，因此又名"苏州街"。在乾隆游幸逛街时，由宫女、太监等扮成商家和各色人等，让街市好生热闹。另外，在颐和园昆明湖西北"荇桥"周围原来还有一处"西所买卖街"，这类内容在我们介绍过的其他皇家园林里多次出现过，如圆明园的两处"买卖街"，雍正时期建；在香山静宜园香山寺前也有一条"买卖街"。这些清皇家园林中的"买卖街"基本上都毁于咸丰十年，光绪年间重修颐和园时没有原样恢复西所买卖街，而是改建成园林建筑，但保留了江南水乡的风貌。现万寿山北坡脚下的苏州街复建于1986年（图9-148～图9-150）。

万寿山北坡还有几处重要的建筑群，以正对着北宫门往南山坡上的"须弥灵境殿""香岩宗印阁"和"四大部洲"等建筑为代表的藏传佛寺最为壮观，这组建筑区又名"四大部洲"区。在其东侧还有一座"花承阁寺"，以其"多宝琉璃塔"为特色，塔高16米，七层八角形，全用琉璃建造，墙面上有佛像浮雕，由下向上每三层有竖向矩形窗。各层均有檐，因此呈楼阁和密檐互用的形式；在其西部有"赅春园"，以山地小园林为特色。

"四大部洲"区的藏传佛寺与承德普

图9-140　颐和园紫气东来城关楼

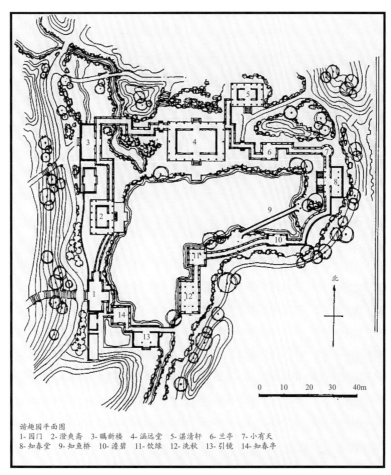

谐趣园平面图
1-园门　2-澄爽斋　3-瞩新楼　4-涵远堂　5-湛清轩　6-兰亭　7-小有天
8-知春堂　9-知鱼桥　10-澹碧　11-饮绿　12-洗秋　13-引镜　14-知春亭

图 9-141　颐和园谐趣园平面图 (采自《中国古典园林史》)

图 9-142　颐和园谐趣园洗秋轩内景

图 9-143　颐和园谐趣园饮绿轩处景观

图 9-144　颐和园谐趣园湖岸置石

图 9-145　颐和园谐趣园知鱼桥

图 9-146 颐和园谐趣园核心区全景

图 9-147 颐和园谐趣园知春亭等附近景观

图 9-148 颐和园苏州街 1

图 9-149　颐和园苏州街 2

图 9-150　颐和园苏州街 3

宁寺建造的时间几乎相同（乾隆时期），二者的格局也很相似。这组建筑群由于建在万寿山北麓，因此坐南朝北，但其南北中轴线并不与南坡佛香阁建筑组群的重合，而是偏东。所在的地形由北向南依次升高，由逐次升高的台地组成，总长约五百米。最北入口处为一座名"慈福"的牌楼，往南即为由三个牌楼围成的一个广场；南边第二层台地上有两座面阔五间的二层"配殿"和"宝华楼""法藏楼"；再南第三层台地即为九开间的"须弥灵境殿"。此殿与配殿等为纯汉式建筑。

在须弥灵境殿南面的"金刚墙"以上，为仿西藏"桑耶寺"的建筑群，以"香岩宗印之阁"（汉式建筑）为中心，东、西、南绕汉藏混合式建筑和喇嘛塔，沿着陡峭的山体交错排列。香岩宗印之阁原是一座三层的巨型楼阁，象征着"须弥山"，即佛教"宇宙模型"中的宇宙中心，也就是"宇宙天地之轴"；在围绕在香岩宗印之阁两侧偏后及背后的台地上，有四座稍大的藏汉合璧式建筑（下部为藏式"碉房"基座，上部为汉式庑殿顶建筑），名"四大部洲"，分别象征"东胜神洲""西牛贺洲""南赡部洲""北俱卢洲"（象征围绕须弥山的四座大岛）；在"四大部洲"周围，有八个体量小些的"碉房"式建筑，名"八小部洲"（象征着夹在四座大岛之间的八座小岛）；在香岩宗印之阁的东南侧和西南侧，各有一座"碉房"式建筑，名"日殿"和"月殿"（象征着出没回旋于须弥山两侧的太阳和月亮）；在香岩宗印之阁西南、西北、正南、东北各有一座造型不同、颜色各异的佛塔，黑色的"天洁塔"代表"大圆镜智"，白色的"吉祥塔"代表"平等性智"，绿色的"地灵塔"代表"成所作智"，红色的"皆莲塔"代表"妙观察智"，它们与香岩宗印之阁代表的"法界体性智"组成佛教密宗的"五智"；建筑群的南端是一段半圆形的围墙，象征着世界的终极"铁围山"。这个区域似乎有梁武帝"同泰寺"园林的"影子"，但远没有其那么丰富多样（图9-151～图9-153）。

万寿山北坡的这些建筑可惜也在咸丰十年大部分被毁，仅存花承阁的多宝琉璃塔等。光绪年间重建了其中的一部分，如香岩宗印之阁，但三层的高阁改成了一层的殿堂。截至2012年，恢复了"四大部洲"等建筑。

（4）万寿山南坡排云殿东侧区域

从东宫门区乐寿堂、扬仁风以西至"排云殿"东侧的"杨云轩"以东，湖岸有"长廊"，山坡或山脚下从西至东有"介寿堂""写秋轩""意迟云在亭""无尽意轩""含新亭""养云轩"等小型建筑群。它们稀疏散落布置，各不相属，林木掩映，为游

图9-151 颐和园香岩宗印之阁等

图 9-152　颐和园四大部洲区域 1

图 9-153　颐和园四大部洲区域 2

玩纳凉之所。

山南湖岸环路之北为长廊的东段,此长廊始建于清代乾隆十五年(公元1750年),咸丰十年被英法联军焚毁后又于光绪十四年重建。长廊东起"邀月门",中段为弧形,西至"石丈亭",全长728米,共二百七十三开间,中间穿过"排云门",两侧对称点缀着"留佳""寄澜""秋水""清遥"四座八角重檐攒尖亭,象征春、夏、秋、冬四季。长廊以其精美的建筑、曲折多变和极丰富的彩画而负盛名,彩画共一万四千余幅,内容多为山水、花鸟图以及中国古典四大名著《红楼梦》《西游记》《三国演义》《水浒传》中的情节。长廊可以视为万寿山南坡各组建筑群、景点连接的纽带。无论烈日炎炎,或暴雨倾盆,或阴雨绵绵,或落雪漫漫,都可以在此长廊中或漫步或倚栏观赏、远望。若从南湖堤和诸岛北望,长廊又如一条彩带,以它中间的四座八角亭和用短廊往南连接的"对鸥舫""鱼藻轩"为结,飘忽在万寿山之脚,可衬托出万寿山及"排云殿""佛香阁"等纵向排列的主体建筑的高大雄伟(图9-154、图9-155)。

(5)万寿山南坡排云殿西侧区域

这一区域西南临湖,东北依山,岸边有环路和长廊东西相连,主要亦为游宴、听戏、居住区域。山坡或山脚下自西向东分布着"清晏舫""听鹂馆""画中游""云松巢""清华轩"等小型建筑或群组。

其中"清华轩"是紧邻"排云门"西侧的二进四合院,背靠万寿山,面临昆明湖。大门左右的白墙上镶有形态各异的什锦漏窗。垂花门内前后两进院落,共有四十多间房子。乾隆年间,这里是"大报恩延寿寺"的一组附属建筑,名为"罗汉堂"。

图9-154　颐和园长廊　　　　　　　　　　　图9-155　颐和园山色湖光共一楼

堂内供奉着五百罗汉。当年的五百罗汉是由香面彩塑而成，仿照的是"杭州西湖净慈寺"内罗汉的形象。咸丰十年英法联军焚毁了"佛香阁""大报恩延寿寺"时，罗汉堂也被烧毁。光绪十二年慈禧在修复佛香阁时，大报恩延寿寺被改建成了今天人们所见到的"排云殿"，罗汉堂旧址上建起了今日的清华轩。罗汉堂前中轴线上的"八角莲池"和池上的"单孔石桥"也被保留在清华轩院内。石桥为汉白玉的桥体，拱顶有蚣蝮、云头望柱，瓶（平）安如意雕空心栏板，水池周围均有与桥栏相同质地的护栏，从南往北从桥上穿过，即到达"清华轩"正殿。从小院内可以佛香阁等为样式的借景，幽静素雅的小院与高大多彩的佛香阁等形成对比，整体环境的视觉效果非常特别。

其中的"画中游"是一组以远眺湖光山色为目的的游宴性建筑，园址高度落差较大，顺山势分为四层台地，建筑对称布置，以八边形两层重檐攒尖顶的画中游为主，立于其中观望，楼台金碧，水木清华，有置身画中之感。又同"偕秋""爱山"二楼和"湖山真意轩"，以及山石上两个"八角亭"和正中的"澄辉阁"相互因借，构成景观完美的一组建筑。

"清晏舫"原为明朝"圆净寺放生台"旧址，乾隆十五年在此建石舫，通长36米的船身用汉白玉制成。光绪十四年修葺时，在舫上增加一层楼，上覆两个硬山顶，屋檐位置以下用西洋券柱式结构与装饰等，颇具异域情调。在长廊的西段，还有一段短廊往北，与靠山的"山色湖光共一楼"相连（图9-156～图9-158）。

（6）昆明湖南湖区域

昆明湖水面除万寿山之北的后湖外，大部分聚集在万寿山之南，水面广阔，又由一条总长四里半的"长堤"将湖面分成南湖与西湖两区。昆明湖在整体布局上取"一池三山（岛）"的手法，湖面上有三岛，名"南湖岛""藻鉴堂岛""治镜阁岛"；

图9-156　从清华轩院望佛香阁

图 9-157 颐和园画中游

图 9-158 颐和园清晏舫

湖面上又以"长堤"分割的形式仿"杭州西湖"之景,在划分湖面的长堤上从西北
往东南,依次有"界湖桥"(三方孔石桥,原来上有重檐歇山顶桥轩)、"豳(bīn)
风桥"(三方孔石桥,上有重檐庑殿顶桥轩)、"玉带桥"(单高拱石桥)、"镜桥"
(单方孔石桥,上有八角重檐攒尖顶桥亭)、"练桥"(单方孔石桥,上有四角重
檐攒尖顶桥亭)、"柳桥"("四拱一方"五孔石桥,上有重檐卷棚歇山顶桥轩),

共为"长堤六桥",亦即为"苏堤六桥"。豳风为《诗经》十五国"风"之一,多描写农家生活、辛勤力作的情景。豳风桥临近最西的"耕织图"区域(详见后面介绍)。乾隆时期的万寿山"大报恩延寿寺"中有塔,也是仿自西湖雷峰塔。长堤上有"景明楼"和东西配楼(1992年复建)。另外,靠近"南如意门"内还有一座"绣漪桥"(单高拱石桥,与"玉带桥"造型相似),位于昆明湖和高粱河的连接点,从乾隆时期至清末,凡是从城内至颐和园往返的船只,都要从此桥下通过。

在南湖靠近东岸一区,湖中有"南湖岛",岛上有"龙王庙""涵虚堂""鉴远堂""月波楼"等建筑。最东由全园最大的"十七孔拱桥"与岸相连,桥东南有"八角廓如亭",亭北有"镇水铜牛"(已署湖之东岸),此镇水铜牛与西湖区的"耕织图"区域隔湖相望,有牛郎、织女隔银河相望之意,有西汉上林苑中的昆明湖的"影子"(图9-159~图9-165)。

(7)昆明湖西湖区域

西湖区域的水面虽然与南湖是一体,但又有细小的划分,周围景色也各异。在玉带桥南,有南北向横堤,可到南岸的"畅观堂",此堤又将西湖区域一分为二,每部分湖面各布一岛,相互呼应。

最西偏北岸边有"耕织图"景区,始建于乾隆时期,借鉴于扬州瘦西湖的"邗(hán)上农桑",还特意把内务府织染局迁入此区。另外有"延赏斋""蚕神庙""水村居",以及田园式水乡环境等,以此来象征"男耕女织"。此区域的主要建筑均毁于咸丰

图9-159 颐和园长堤界湖桥

图 9-160　颐和园长堤玉带桥

图 9-161　颐和园绣漪桥

图 9-162　颐和园十七孔桥

图 9-163　颐和园长堤上景明楼等建筑

图 9-164　颐和园镇水铜牛

图 9-165　颐和园耕织图东小石桥

十年。光绪十四年，慈禧以恢复昆明湖水操的名义，在耕织图景区的废墟上兴建了"水操学堂"，此处又成为专门培养海军人才的高等学府。光绪二十六年又毁。现景区建筑为 2004 年重建。

在昆明湖西北有"北如意门"（位于北宫门之西），这一带沿湖区域河汊较多，有"半壁桥""双林桥"（1969 年为方便行车而建）、"荇桥"（出自《诗经·关雎》："参差荇菜，左右流之。窈窕淑女，寤寐求之。"）和"柳桥"等。其河湖与建筑景观等，参照了"扬州瘦西湖趣园"的"四桥烟雨"。另有"宿云檐"城关。

从整体上来讲，西湖区域，包括与之相连接的西如意门内靠近湖岸区域，河湖分割的各类环境尺度小，建筑形体及建筑密度小（鲜艳跳跃的色彩少），又多河湖野趣（图 9-166 ～图 9-169）。

（8）万寿山南坡排云殿、佛香阁区域

排云殿、佛香阁区域位于万寿山南坡的中央，南北轴线始于昆明湖边，从南至北中轴线上依次有凸进于湖面平地之上的"云辉玉宇牌楼"，经"排云门""二宫门""排云殿""德辉殿""佛香阁围廊前门""佛香阁""佛香阁围廊后门"，直至山顶的"众香界琉璃牌楼"和"智慧海无梁殿"。这些建筑依山坡分级筑台而建，体量高耸宏大，金碧辉煌，气势磅礴，左右对称，中轴线效果十分明确（图 9-170）。

"云辉玉宇牌楼"为四柱七楼，黄色琉璃瓦，绘金龙和玺彩画。

牌楼北面穿过环湖路即为"排云门"，进排云门东侧有"玉华殿"，原为清漪

图 9-166　织耕图景区局部

图 9-167　颐和园半壁桥（左）和双林桥（右）

图 9-168　"宿云檐"城关

图 9-169　颐和园荇桥

图 9-170　颐和园佛香阁区域鸟瞰图

园时期"大报恩延寿寺"的"钟楼"，光绪十二年改建为排云殿第一进院落的东配殿。面阔五间，黄琉璃瓦歇山顶，曾是慈禧太后举行万寿庆典时皇上临时休息的地方。

　　西侧有"云锦殿"，原为清漪园时期"大报恩延寿寺"的"鼓楼"，光绪十二年改建为排云殿第一进院落的西配殿。面阔五间，单檐正脊黄琉璃瓦歇山顶，曾是慈禧太后举行万寿庆典时二品以上王公大臣临时休息的地方。

　　再北的"二宫门"面阔三间，单檐黄琉璃瓦卷棚歇山顶。檐下悬"万寿无疆"金字匾，在慈禧太后万寿庆典中，曾在这里宣读过贺寿表文（图 9-171）。

　　进二宫门东侧有"芳辉殿"，原为清漪园大报恩延寿寺"妙觉殿"，咸丰十年毁于英法联军的大火，光绪十二年改建为排云殿第二进院落的东配殿，面阔五间，单檐正脊黄琉璃瓦歇山顶。

　　西侧有"紫霄殿"，原为清漪园时期大报恩延寿寺"真如殿"，咸丰十年毁于英法联军的大火，光绪十二年改建为排云殿第二进院落的西配殿，面阔五间，单檐正脊黄琉璃瓦歇山顶。

　　正北的"排云殿"建于原大报恩延寿寺"大雄宝殿"基址之上，面阔七开间，重檐正脊黄琉璃瓦歇山顶，专供慈禧庆寿使用。殿名源于晋代诗人郭璞"神仙排云出，

图 9-171　颐和园佛香阁"二宫门"

但见金银台"的诗句，寓意此处为仙人居所、长生不老之地。

　　排云殿后面为"德辉殿"，原为清漪园时期大报恩延寿寺"多宝殿"，面阔五间，单檐正脊黄琉璃瓦歇山顶，前出廊，两翼有爬山廊与前面的排云殿相连，是帝后到佛香阁礼佛时更衣休息的场所。

　　北面的"佛香阁"建在约二十米高的石砌高台上，始建于乾隆二十四年（公元1759 年），为八边形的三层楼阁，阁内有八根巨大铁梨木擎天柱，下两层皆带黄琉璃瓦绿剪边围檐，顶部为黄琉璃瓦绿剪边重檐攒尖顶，总高 41 米。气势宏伟，中正庄严，是全园的标志性建筑。咸丰十年被英法联军焚毁，光绪十二年按原样重建。现阁内供奉明代铜胎千手观音佛像一尊。

　　佛香阁平台四周的围廊形成一小型院落，前后都有门。出北门上坡后有"众香界琉璃牌坊"一座，相当于最北的"智慧海"的前门。智慧海是一座外观二层的"无梁殿"，外表全部用精美的黄、绿两色琉璃砖、瓦装饰，歇山顶。整体上色彩鲜艳、富丽堂皇，尤以嵌于殿外壁面上的千余尊琉璃佛更富特色（图 9-172）。

　　在中轴线两翼还有其他附属性建筑，在排云殿及以下区域，西有"清华轩"，东有"介寿堂"两座两进的四合院；在佛香阁左右有陪衬性的两"亭"，稍远偏南，

图 9-172　颐和园智慧海

西有"五方阁"，东有"转轮藏"两组集中的建筑群。

　　西侧的"五方阁"建筑群也是始建于乾隆时期，"五方"表示空间的东、西、南、北、中。此建筑群采用佛教密宗的"曼荼罗"布局形式，以"宝云阁铜殿"为中心，由"主殿""配殿""角亭""游廊"等围合成方形院落，意喻"万德圆满"、众神聚集。在印度文化中，"曼荼罗"形式为佛教的"宇宙模型"，中心建筑（一般为塔）由"须弥山"这一宇宙天地中心（又为旋转轴）转化而来。这种"宇宙模型"亦为中国的"盖天说"接纳。五方阁建筑群在咸丰十年被焚毁，光绪十二年重建（图 9-173）。

　　东侧的"转轮藏"建筑群建于乾隆时期，是帝后储藏经书、佛像和念经祈祷的地方。此建筑群仿杭州"法云寺藏经阁"，由"正殿"、两座安放"转轮"的"彩亭"和"万寿山昆明湖碑"组成。"转轮藏"正殿两层三开间，进深一间，两层外有"游廊"，顶部结构奇特，为三个重檐的四角攒尖勾连搭顶，三个攒尖上分别有琉璃的福、禄、寿三星。东、西"转经亭"外观亦为两层，第二层有"飞廊"和转轮藏二层相连接，上到二层需要从山洞爬上飞廊。转经亭外观虽为两层，实际地下还有一层，转经亭内有上下贯通的四层木塔，木塔上放置经书和佛像。太监在地下室转动木塔，木塔上经书、佛像转动，象征诵经和谒拜。咸丰十年，英法联军焚掠清漪园时幸免于火患，但遭洗劫，光绪十二年对整组建筑进行了大修（图 9-174）。

图 9-173　颐和园五方阁

图 9-174　颐和园转轮藏

10. 北京南苑

辽、金、元、明（中期前）、清（中期前）五个朝代的皇帝都有在春秋季节狩猎的习惯，而离京城最近且范围较大的狩猎区是位于北京南部近郊的今"南苑"地区。邻近的还有潞县（现通州区东南部）、台湖（现通州区台湖镇）等处的湿地，再往东可以直至盘山等地区。为使皇帝在狩猎时猎物充盈，还规定了上至亲王勋戚，下至黎民百姓，在京城附近的禁猎范围。如明朝永乐时期制定的禁猎范围：北至居庸关、南至武清、东至白河、西至西山、西南至浑河（永定河）。

南苑地区属于永定河水系的下游冲积扇前缘地区，地势低洼，多古河道，泉源密布，或潴以为湖，或流注成河，草木茂盛，野生禽兽多栖居其间，又为候鸟禽类过境栖居之地。这一地区在辽之前还属于"荒甸"。在辽、金、元时期，这一地区较大的水面分别被称为"延芳淀""春水""放飞泊"，为了狩猎等方便，三朝在这一地区分别建有"长春宫""建春宫""柳林宫"等。

在元朝时期，"放飞泊"外围可能已经有垣墙。从明永乐时期开始，在这一地区改建"南海子"离"宫苑"围，永乐十二年（公元 1414 年）扩建，垣墙周长有120 里（今估计大概位置东西长约 34 里、南北长约 24 里），先后修建衙署、寺庙、居住和观赏类建筑、桥梁、堤坝、御道等。内设二十四园，有七十余桥，甚至把"南海子"称为"上林苑"。今"东红门""南红门""西红门""北红门"（"大红门"）地名就是来源于这座皇家御苑的四座正门。在明朝时期有"燕京十景"之说，大学士李东阳赞誉这里为"南囿秋风"（其余为"金台夕照""太液秋风""琼岛春阴""蓟门烟树""玉泉趵突""居庸叠翠""西山晴雪""卢沟晓月""东郊时雨"）。在皇家的围猎活动中，其中重要的一项是用猎鹰捕捉飞禽类猎物。但因南苑地区地势低洼，所以需要建有高大的"按鹰台"（元）或"晾鹰台"（明）等，明朝所建的"晾鹰台"高六丈、直径十九丈。

在清康熙中期修建"畅春园"以前，重修并正式命名这座离宫御苑为"南苑"，并且成为清廷在京城近郊唯一的一座离宫御苑性质的苑围，在此曾经接见并招待过五世达赖喇嘛。清康熙时期，南苑垣墙外面还包砌了砖墙，正式的苑门有九座：南面的"南红门""回城门"（偏东）、"黄村门"（偏西）；北面的"大红门""小红门"（偏东）；东面的"东红门""双桥门"（偏北）；西面的"西红门""镇国寺门"（偏北）。另建有十四个"角门"。

从清顺治至乾隆时期，先后在南苑内修建了有四座苑中苑性质的小型行宫："旧衙门行宫"，俗称"旧宫"，位于今大兴区旧宫镇；"新衙门行宫"，位于今丰台区南苑乡新宫村;"南红门行宫",俗称"南宫",位于今大兴区瀛海镇南宫村路西;"团河行宫",位于今大兴区西红门镇团河北村。其中以"团河行宫"最大,建于乾隆四十二年(公元 1777 年),周围垣墙四里有余,分为"东湖"和"西湖"两大景区,内有"璇源堂""涵道斋""归云岫""珠源寺""镜虹亭""狎鸥舫""漪鉴轩"等主要建筑类景点和"清怀堂八景"等。另外又建"德寿寺"等寺庙数处。注意,皇家对"离宫别馆"的命名并无我们那么在意区分"离宫"或"行宫"。

南苑在明朝中至末期和清朝中至末期都有衰落的情况发生,并成为盗贼偏爱藏匿的地点,这一现象一直延续至民国时期。南苑在清朝的衰落时期发生在乾隆时期之后,咸丰十一年(公元 1861 年),在"旧宫"之北建神机营,建营盘数十座、房屋数千间,有垣墙和壕沟围绕。南苑"苑中苑"小型行宫基本上毁于光绪二十六年(公元 1900 年)八国联军入侵北京时期。光绪二十八年,面对南苑衰败等情况,开始准许佃户在苑内开垦土地,大批新村落在此出现。在卢沟桥抗战时期,南苑地区还遭受过日军的轰炸,"团河行宫"等尽毁(图 9-175、图 9-176)。

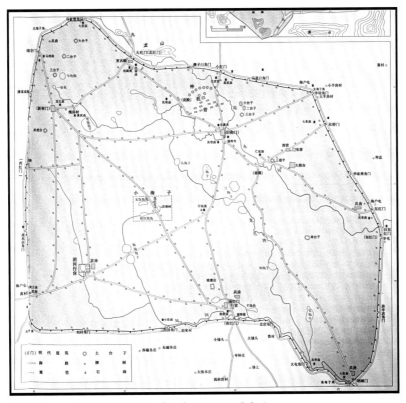

图 9-175　南苑平面图(采自《北京历史地图集》)

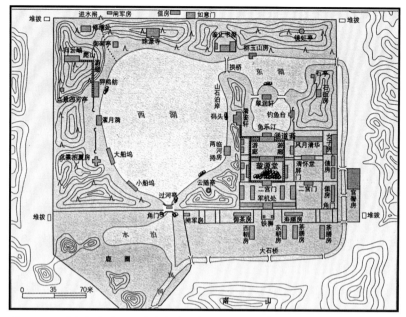

图 9-176　团城行宫平面图（采自《北京历史地图集》）

11. 热河行宫（承德避暑山庄）

位于北京以北偏东方向的热河一带，在辽初期就介于"上京"和"中京"之间，辽、金、元在这一带的活动均比较多。至明朝时期，这里成为了朝廷同东北和北部满、蒙少数民族接触的通道，地理位置极为重要，曾设有"兴州卫"。清康熙十六年（公元1677年）和康熙二十年（公元1681年），康熙帝两次出塞途经热河，见这一带山川优美、暑夏清凉，且距京城不甚远，是北巡狩猎理想的驻地和目的地。于是出于方便联系蒙古各领主、巩固北部边疆、避暑行猎等多方面的需要与目的，在距北京700余里的热河北部建"木兰围场"，沿途兴建了二十余座行宫和一些保护"皇道"安全的军营。康熙四十二年（公元1703年）开始营建其中规模最大的行宫"避暑山庄"，位置相当于京城与木兰围场距离一半之处（约350里）。同年又在位于北京密云县城东北约6里、相当于京城与避暑山庄距离一半之处创建"檀营"（坐北凭倚冶山，面南潮、白两河），以保护从京城至避暑山庄之间的"皇道"。当时由满、蒙、回、汉各八旗派兵驻守。

承德避暑山庄最初的建设历经五年完成。在康熙总结避暑山庄三十六景题诗中，有一篇为仿西湖苏堤之景的"芝径云堤"所题的诗，道出了建设避暑山庄的背景和原则等："万机少暇出丹阙，乐水乐山好难歇。避暑漠北土脉肥，访问村老寻石碣。众云蒙古牧马场，并乏人家无枯骨。草木茂，绝蚊蝎，泉水佳，人少疾。因而乘骑阅河限，弯弯曲曲满林樾。测量荒野阅水平，庄田勿动树勿发（即"伐"）。自然天成地就势，不待人力假虚设。……游豫（即"出巡"）常思伤民力，又恐偏劳土木工。命匠先开芝径堤，随山依水揉辐齐。司农莫动帑金费，宁拙舍巧洽群黎。……虽无峻宇有云楼，登临不解几重愁。……"这里表达的建设原则是"自然天成地就势，不待人力假虚设"。康熙总结的避暑山庄有三十六景为："烟波致爽""芝径云堤""无暑清凉""延薰山馆""水芳岩秀""万壑松风""松鹤清樾""云山胜地""四面云山""北枕双峰""西岭晨霞""锤峰落照""南山积雪""梨花伴月""曲水荷香""风泉清听""濠濮间想""天宇咸畅""暖流暄波""泉源石壁""青枫绿屿""莺啭乔木""香远益清""金莲映日""远近泉声""云帆月舫""芳渚临流""云容水态""澄泉绕石""澄波叠翠""石矶观鱼""镜水云岑""双湖夹镜""长虹饮练""甫田丛樾""水流云在"。

避暑山庄自建成后又经不断改造、增添。乾隆于十六年（公元1751年）又亲题三十六景："丽正门""勤政殿""松鹤斋""如意湖""青雀舫""绮望楼""驯鹿坡""水沁榭""颐志堂""畅远台""静好堂""冷香亭""采菱渡""观莲所""清晖亭""般若相""沧浪屿""一片云""萍香泮""万树园""试马埭""嘉树轩""乐成阁""宿去檐""澄观斋""翠云岩""罨画窗""凌太虚""千尺雪""宁静斋""玉琴轩""临芳墅""知鱼矶""涌翠岩""素尚斋""永恬居"。

除避暑山庄外，在外围山麓还大兴寺庙，有康熙时期的"溥仁寺""溥善寺"，乾隆时期的"普宁寺""普乐寺""安远庙"（为内迁的达什达瓦部众仿"伊犁固尔扎庙"而建）、"普陀宗盛之庙"（曾供达赖喇嘛居住）、"殊像寺""须弥福寿之庙"（曾供班禅额尔德尼居住），俗称"外八庙"。

避暑山庄总占地面积约566万平方米，周环有石墙围合，共有九座城门，以南面正门"丽正门"为起点，向东沿墙环绕依次分布有"城关门""德汇门""流杯亭门""惠迪吉门""西北门""碧峰门""坦坦荡荡门"和"仓门"。避暑山庄总体格局可以分为主要"宫廷区""湖沼苑区""平地苑区"和"山地苑区"四部分。正南为主要宫殿区，稍北即为湖沼苑区，再北为平地苑区，以上三区的西面和最北即为山地苑区。有"武烈河"几乎平行于东围墙外（图9-177）。

（1）宫廷区部分

在山庄内正南偏东，近乎平行地排列着三组建筑，均为坐北朝南。最西一组为"正宫"，是皇帝避暑时处理朝政和寝居之处。前面有三重宫门，最前面的"丽正门"也是山庄全园的正门，与红墙、照壁等构成一院。第二道为"午门"，最后为"阅射门"。

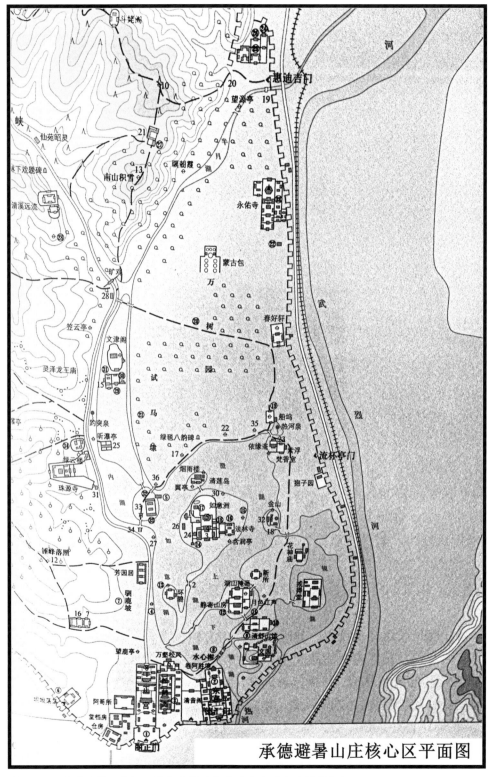

图 9-177　承德避暑山庄核心区平面图（采自《北京历史地图集》）

门内主殿为"澹泊敬诚殿",亦称"楠木殿",面阔七开间,四面带廊,黑黏土瓦卷棚歇山顶。与其后面的"依清旷殿"(四知书屋)和"十九间照房"构成前"三宫"。再北的后寝部分有"烟波致爽殿""云山胜地楼""岫云门",以及一些"配殿""朝房"和"回廊"等。其中的"云山胜地楼"外观两层,面阔五间,黑色黏土瓦卷棚歇山顶。楼内不设楼梯,二层以室外叠山为自然磴道出入。二楼西暖阁为佛堂,楼下有戏台。其踞岗背湖,从楼北出岫云门即达苑内湖区。

东侧与正宫紧挨着的一组为"松鹤斋"建筑群,是乾隆年间为供奉太后而扩建,自南往北主要有"宫门""松鹤斋(含辉堂)""绥成殿(继德堂)""乐寿堂(悦性居)""畅远楼""万壑松风殿"等。

最东一组为"东宫",是为皇帝举行燕飨大典等而建,与前两组建筑相隔一小段距离并轴线稍微向东倾斜。东宫之南也恰好为山庄围墙上的"德汇门",从德汇门向北,依次是"门殿"(左右两座井亭)、"前殿"(十一开间)、"后陪阁""清音阁"(三层高的戏楼,左右有两层九开间的扮戏房)、"福寿阁"(两层五开间,左右有二层群楼)、"勤政殿"(五开间,左右有配殿)、"卷阿胜境殿"等。这组建筑回廊联绕、殿宇错落、松林掩映,灵活生动的布局似江南园林。

东宫可谓命运多舛,在民国时期,被热河省政府占为办公地,德汇门上曾挂有孙中山先生的手书"天下为公"匾;日军占领时期,又改作关东军热河司令部。其中的"勤政殿"和"卷阿胜境殿"在1933年被日军故意烧毁;解放战争期间,又曾为解放军某部指挥部所在地,幸存的建筑在1945年冬季因战士取暖而不慎失火被烧毁。所以这一组建筑除外墙上的德汇门外,目前仅存遗址(基础部分)(图9-178)。

(2)湖沼苑区部分

上述三组建筑之北偏东即为"湖沼苑区"。这一区的湖水以"热河泉"为主,又有山庄内的"松之峡""梨树峪""松林峪"和"西峪"等处山水流入"武烈河"而汇聚成各处湖面,主要有"如意洲湖""上湖""下湖""镜湖""澄湖""银湖""长湖"等,以如意湖面积最大。湖沼区水面顺应各处水流精心安排"桥""闸""堤""岛"等,没有生硬地采用"一池三山"的做法。如开拓长湖,既便于北山坡的泉水汇聚,又可作为蓄水库用来调节下游各湖水量;在"水沁榭"下设闸,控制上湖、下湖水量。各水面之间曲折变化、层次丰富、浑然一体。岛岸配以各种独立的小园区和相关的建筑等。

湖沼苑区的主要景点或建筑内容有"水沁榭""文园狮子林""清舒山馆""月色江声""戒得堂""花神庙""静寄山房""采菱渡""如意洲岛""青莲岛""金山岛""热河泉""东船坞"等一百余组,但幸存者极少。近年修复的湖区建筑群

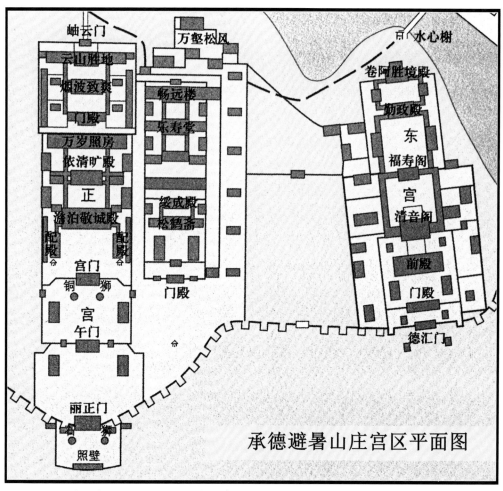

图 9-178　承德避暑山庄宫区平面图（采自《北京历史地图集》）

有水沁榭、月色江声、烟雨楼、金山寺、文园狮子林等。

"水沁榭"为坐落在横跨下湖和银湖交界处的堤桥上，上有一榭、二亭、二牌楼，榭下有八孔水闸。夏秋之际，东面莲叶青翠、芙蓉满池；西边银波涟漪、荡漾一片。亭榭的飞檐彩栋倒映湖中，再有四面的山光水色相衬，秀丽如画（图 9-179）。

"文园狮子林"建在镜湖南部西岸空地上，西、南两面临银湖、上湖、下湖。由三个独立的院落组成，入口一院布置端正，中轴线明确；东、西两院分别是以山石为主的"狮子林"和以水面为主的"文园"。前者在名义上仿苏州狮子林，湖石叠落，蹬道盘曲，山顶建亭，中间建阁；后者建筑中轴线曲直相连，水面上廊桥纵横通达（图 9-180）。

"如意洲岛"是在如意湖中的一座状如"如意"的岛屿，有"芝径云堤"与"正

图 9-179　承德避暑山庄水沁榭

图 9-180　承德避暑山庄文园狮子林

宫"相通。岛上建筑组群有"无暑清凉""延熏山馆""水芳岩秀""沧浪屿""金莲映月""云帆月舫"等，大部分采用四合院形式，联系错综，高低参差。全洲绿树成荫，花香袭人，水面回抱，更有远处山峦、塔寺相借。其中的"沧浪屿"为仿"苏州沧浪亭"意境建造。院内山泉汇湖，澄泓见底。主体建筑"双松书屋"为临水榭。隔池假山叠石，悬崖峭壁，呈千仞之势（图9-181）。

从如意洲岛往北跨桥即为"青莲岛"，上有仿嘉兴"南湖"湖心岛"烟雨楼"的建筑组群。此主体建筑亦名"烟雨楼"，二层居北，似直插湖中；楼东有"青杨书屋""方亭"和"八面亭"；楼南有"对山斋"，斋前叠石为山，下设洞府，上建"翼亭"。每当阴雨连绵，周围一片苍茫（图9-182）。

图9-181　承德避暑山庄沧浪屿双松书屋与湖池叠石

图9-182　承德避暑山庄烟雨楼

　　如意洲隔"澄湖"的东面，有位于临岸的仿"镇江金山"而建的"金山岛"，上有"金山寺"建筑组群，主要建筑有"镜水云岑""天宇咸畅殿"和三层的"上帝阁"，后者为清帝祭祀真武大帝和玉皇大帝之所（图9-183）。

　　另外，在澄湖西，有与烟雨楼隔湖相望、四面带抱厦的"水流云在亭"，西岸的天然石岸上还有"芳诸临流亭"；澄湖北岸有"濠濮间想亭"，南临澄湖有"甫田丛樾亭"，下湖西岸有晴碧亭等（图9-184～图9-186）。

　　"热河泉"是山庄各湖面的主要水源，泉水清澈。严冬之际，其他水面冰冻三尺，唯此湖面仍水流潺潺、碧波荡漾，并伴有雾气升腾，犹如绾岚。"热河"之名即出此景。

图9-183　承德避暑山庄从湖面远望金山寺

图9-184　承德避暑山庄水流云在亭

图 9-185　承德避暑山庄澄湖与芳诸临流亭

图 9-186　承德避暑山庄晴碧亭

（3）平地苑区

平地苑区在湖沼区之北，其东部树木杂生，称为"万亩园"。清时麋鹿成群，一片旷野气氛；其西部青草平铺如毯，颇似草原风光，称"试马埭"。这一区域原盛景亦多，现只剩下"文津阁""永佑寺塔""卧碑"等。

乾隆年间，为了收藏《四库全书》，在全国修建了七座皇家藏书楼，有北京故宫的"文渊阁"、圆明园的"文源阁"、沈阳故宫的"文溯阁"、承德避暑山庄的"文津阁"、扬州的"文汇阁"、镇江的"文宗阁"、杭州的"文澜阁"。"文津阁"建筑群建在平原苑区西、长湖北的土岗北面，有围墙环绕，坐北朝南，三面临水。从南往北为"门殿""假山""水池""文津阁""碑亭"等。文津阁外观二层，内部三层，仿自宁波"天一阁"。在阁的东北部有水门与山庄水系相通，院内池水可清澈见底。水池南岸的假山，怪石嶙峋，气势雄浑，下有洞府（图 9-187）。

"永佑寺塔"建在平原区东北边上，仿自杭州"六和塔"。

图 9-187　承德避暑山庄文津阁

（4）山地苑区

山地苑区在全园西部，占全园面积的百分之八十以上，山之间的峪有"松云峡""梨树峪""松林峪""榛子峪""西峪"等，自西北斜向东南。山间古松葱郁蔽日，峰回路转，随处布置小型的寺庵或眺望、庇护、观览性建筑，主要景观有"南山积雪""垂风落照""珠原寺""秀起堂""梨花伴月""碧峰寺""广元宫"等，目前只剩下残迹。

注 1：地球的一个"回归年"是 365.2422 天。在"阳历"中，1 年 12 个月的每月平均有 30.44 天（365.2422/12）。但 30.44 天不是整天数，那么在现通行的"格里高利"阳历中，可用"大月"31 天、"小月"30 天，及每年 2 月或 28 天或 29 天调和。由 2 月 28 天增加的 1 天叫"闰日"，有"闰日"的年称为"闰年"。没有"闰日"的平年规定为 365 天，"闰年"规定为 366 天，即在 2 月增加 1 天。每 400 年中有 97 个"闰年"（普通闰年：公历年份是 4 的倍数，且不是 100 的倍数；世纪闰年：

公历年份是整百数）。

另外，再有，在"阳历"中，每月的月初与月终等与实际的"月相"并不对应；一个"朔望月"（与"月相"对应）平均只有29.5306天（在29天19小时多至29天6小时4分多之间徘徊），但29.536天不是整数，可以用"大月"30天、"小月"29天调和。以每月29.5306天计算的"阴历"，1年12个月只有354.3672天（29.5306×12），与实际"回归年"相差10.8528天。因此在中国的"阴阳合历"中，以往每19年中就有7年需要置"闰月"，也就是有"闰月"的年要有13个月。1个"闰月"一般为19天，较少为18天，罕见的为20天。到底在哪年的哪个月的后面增加"闰月"合适，从唐代《麟德历》及之后，要看哪年哪月与"二十四节气"（属于阳历部分）差得悬殊而定。如果在一个有"闰月"的年中必须"又闰"，说明此历法有严重的偏差。另外，阳历的闰年与阴历的闰月之间没有必然的联系。

注2：西方古典建筑多以短边作为正立面，所以更加重视山花的造型与装饰。

第四节　北方皇家园林建筑体系形态的
文化与空间艺术

辽和金政权是由北方游牧民族建立的，辽与金均实行"五京制"，北京地区只是辽的"南京"，而作为金的"中都"即统治中心的历史也并非很长，且辽和金的皇帝们的兴趣也更多地放在狩猎活动上。基于这些原因，在辽、金时期，北京地区皇家园林的重要性并不是特别突出，重点建设内容是位于当时城东北近郊的离宫御苑，即以今琼华岛为核心的西苑地区的皇家园林。其中金两次攻破过北宋汴梁城，见识过北宋宫廷与园林建筑的形态，并把拆毁汴梁城华阳宫艮岳的建筑材料和大量的奇石等搬运至"中都"，用于以琼华岛为核心等区域的园林建设。

元朝政权虽然也是由北方游牧民族建立的，但元朝国力强盛、地域广阔、政权汉化程度更高，例如在中国古代政权行政体系中首创了省级政府行政体系。在统一全国后，元朝统治者是一心一意地要把"元大都"建成国家最重要的统治中心的，虽然在元大都的建设中倾注了极大的热情和心血，但直至元朝覆灭，元大都的城墙都没有能够包砌砖墙，也自然没有精力建造皇城以外的其他大型皇家园林了。

如果从元大都的整体规划来看，全城是以"宫城"的中轴线作为实际的中轴线，突出了宫城的特殊地位。但如果以"皇城"范围进行空间分析（面积接近全城的十分之一），整座皇城依然是继承了以往皇家"宫苑园林"的特点，例如在整座皇城中，宫城只是位于这一区域的东侧偏南的位置（皇城正东边界即东皇城根位置），在宫城北侧即是园林区（今景山至平安大道位置），在宫城西侧即为"中海"和"北海"以及琼华岛，再西又有分别供太子和太后居住的"三宫"和其他园林区等（皇城正西边界即西皇城根位置）。宫城和"三宫"与皇城的关系也比较平均，如在宫城外围也没有护城河（图9-188）。

　　明朝的北京城对元大都进行了较多的调整和改造，如城墙北收南推（1403年，明成祖朱棣开始建设），后来还建有南侧的外城墙（公元1553年，明世宗朱厚熜

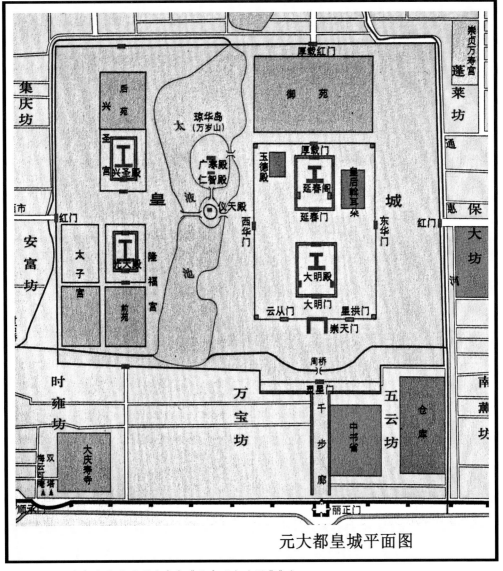

元大都皇城平面图

图9-188　元大都皇城平面图（采自《北京历史地图集》）

开始增筑），且全部用砖包砌城墙等。但宫城与皇城的位置和关系并未有根本的改变，且继续开发出了"中海"之南的"南海"区域，从"北海"至"南海"区域统称"西苑"。不仅如此，在皇城以外的东侧偏南的位置还开发出了"东苑"，称"小南城"。

《明清两代"宫苑"建置沿革图考》载："南门——自东上南门迤南街东，曰'永泰门'，门内街北，则重华宫之前门也。其东有一小台，台有一亭，再东南则崇质宫，俗云'黑瓦厂'，景泰年间英宗自北狩回所居，亦称'小南城'。按'南内'有广狭二意，狭义之南内，仅指崇质宫，即今之缎匹库。《啸亭续录》云：'睿亲王府，旧在明南宫，今为缎匹库。'《日下旧闻考》云：'明英宗北还，居崇质宫，谓之小南城。'今缎匹库神庙，在雍正九年（公元1731年）重修碑云：'缎匹库为户部分司建，在东华门外小南城，名里新库。'则里新库即小南城也。东南为普圣寺，寺前沿河，尚有城墙旧址。广义之'南内'，则并包皇史宬迤西龙德殿一带'宫苑'而言。《明英宗实录》：'初，上在南内，悦其幽静，既复位数幸焉，因增置殿宇，其正殿曰龙德。正殿之后，凿石为桥，桥南北表以牌楼，曰飞虹，曰戴鳌。'吴伯舆《内南城纪略》云：'自东华门进至丽春门，凡里许，经宏庆厂，历皇史宬门，至龙德殿，隙地皆种瓜蔬，注水负瓮，宛若村舍。'兹依据《酌中志》卷十七，叙述如下：'皇史宬之西，过观心殿射箭处，稍南曰龙仓门，其南为昭明门，其西则嘉乐馆，其北曰丹凤门，则列金狮二。内有正殿曰龙德，左殿曰崇仁，右殿曰广智。正殿后为飞虹桥（《春明梦余录》）。桥以白石为之，凿狮、龙、鱼、虾、海兽，水波汹涌，活跃如生，云是三宝太监郑和自西域得之，非中国石工所能造也；桥前右边缺一块，中国补造，屡易屡泐（lè，裂开）云。桥之南北有坊二，曰飞虹、戴鳌，姜立刚（笔者按：明书法家）笔。东西有天光、云影二亭。又北垒石为山，山下有洞，额曰秀岩。以蹬道分而上之，其高高在上者乾运殿也；左右有亭，曰御风、凌云，隔以山石藤萝花卉，若墙壁焉。又后为永明殿，最后为圆殿，引流水绕之，曰环璧。再北曰玉芝馆……其东墙外，则观心殿也。'以上所述宫殿，皆在今南池子迤西太庙迤东之地，今日似有飞虹桥地名也。"

另外，明朝时期建设的其他大规模的"离宫别馆"，当数南郊的"南海子"。（注1）

总之，从规整的元、明两朝皇城范围和内容来看，"宫苑园林"的形式还比较明显，只是"宫城"的界限在明朝更加清晰，如在垣墙外围增加了"筒子河"（图9-189）。

清朝是完整地接收了明北京城，加之"康乾盛世"使中国古代社会在国土、人口、经济等方面均达到稳定的鼎盛时期，同时又没有建设规模宏大都城的经济压力。因此康乾时期开始大规模地另建"三山五园"和"热河行宫"（避暑山庄）等皇家园林建筑体系。同时清朝的皇家园林建筑体系，是中国古代这一建筑体系发展的收官之作，也是我们今天唯一可直观的皇家建筑体系，其中每座都有其不同的特点：

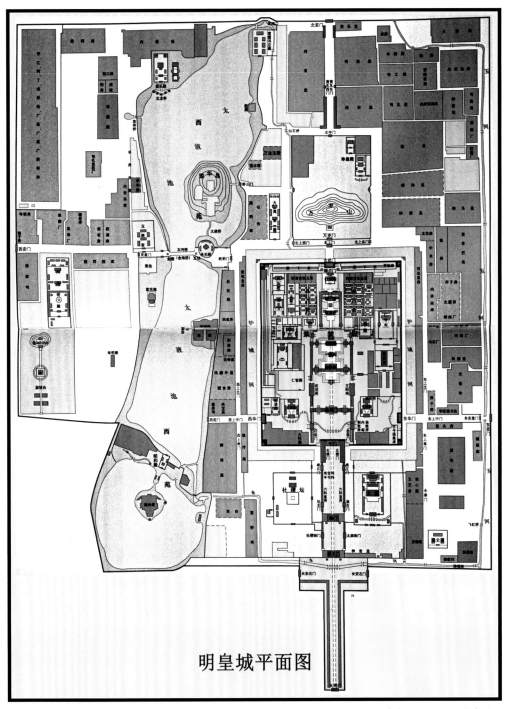

图 9-189　明皇城平面图（采自《中国历史地图集》）

（1）"西苑三海"是北京地区最早的皇家园林建筑体系，从辽金至元，经历了从都城之外的"离宫别馆"演变为"大内御苑"的发展过程，并且在明朝时期还有较大的发展，即开发了"南海"地区等。清顺治年间，在琼华岛上修建了"永安寺"和"白塔"，并使白塔成为这一皇家御苑最终的标志性建筑。从整体来讲，"西苑三海"属于中国古代社会皇家园林发展的终极阶段，基本的"园林要素内容"中的山、水和植物等，是以模仿自然为主，其中的琼华岛，也是在这一阶段人工建造的、唯一的一座巨大的"高视点园林要素内容"。到了清朝时期，由于新建了很多其他大型皇家园林，在元、明时期还有"宫苑园林"特征的皇城范围内增加了许多其他功能的建筑群，可以认为"宫城"与"西苑"完全脱离。

（2）"南苑"真正大规模的建设是从元、明时期开始的，就明朝时期的"南海子"来讲，其中种植奇花异木、豢养动物和狩猎活动等功能来讲，与西汉长安上林苑非常相似，但无论从规模、气势和内容的丰富性来讲，均无法与上林苑同日而语。例如，在上林苑中，为了模拟"神仙境地"，建设了很多"飞阁复道"等和所依附的各种类型的充满了象征性的高大的高台建筑等，共同构成了园林区域内的"上层空间"，使得自然形态的山、水、植物、动物与"上层空间"内容，形成了既磅礴又丰富、立体的视觉空间效果。并且众多的、形态各异的"高视点园林要素内容"（上层空间内容），既是构成视觉空间不可或缺的内容，又是有别于从地面视点观赏这一视觉空间的高视点的落脚点。而在明"南海子"中，虽然占地面积也不算小，但主要以水平展开的内容更接近的是自然之形态，其中勉强可算作是"高视点园林要素内容"的，只有西红门内的"杀虎台"和南红门内的"晾鹰台"，功能和形式都很单一。

（3）"香山静宜园"是较纯粹的大型潜山类皇家园林。虽然它最引人注目的是香山的自然风光，但除此之外的在其垣墙范围内的其他内容的空间组织与建设等，是作为"建筑学"层面的"园林建筑体系"不可或缺的内容。仅就这一点来讲，与在自然山水间加盖几座房子等，就称为"自然风景"的"××园林"有着本质的不同。

（4）"圆明园"是建在近郊平原低洼地带的大型皇家园林。场地的地表形态原本比较单一，绝大部分的设计和建造精力等都放在了理水和建筑组团的布局与形式等方面，虽然其中也有堆山叠石等，但并不以高大的体量取胜，处理手法更如同现代建筑语言中所说的"微地形调整与改造"。就具体的园林形态与手法来讲，与隋唐洛阳的"西苑"比较接近，整体上是以"集锦"的方式，并通过甬道、水道和水面等，将众多平铺的建筑组团和其他类景点等联系在一起，组合成一个庞大有序的、以水面和植物等为本底特色的园林空间体系。并且因为这一带本身就有"三山"，所以在广义的圆明园中，同样并没有特意建造其他类型的"高视点园林要素内容"，即园林中的建筑也并不以高大取胜。也就使得园林空间在整体上更接近于人的视觉尺度，虽亲切自然但缺少视觉的冲击力。可以说，与秦汉时期的大型皇家园林比较，虽然在模拟"神仙境地"表达的视觉形象与气势方面减弱了很多，但优点是水平交通更加便利，使游者在居住和游览的过程中更轻松自如，所以园林的功能更偏重于使用者对现实享受的需要。这也是在众多的京城近郊皇家园林中，雍正、乾隆和咸丰皇帝更偏爱圆明园的基本原因。

另外，圆明园在整体布局方面也采用了"前朝后寝"方式，如狭义的圆明园之"正大光明"（含大宫门及内外朝房）、"勤政亲贤""九洲清宴"这三组建筑，基本上概括了中国古代宫廷建筑的"外朝""治朝""燕朝"的主要功能。因清朝的皇帝在登基后的大部分时间是在如圆明园这类皇家园林中度过的，所以即便是属于皇家园林建筑体系，"前朝"也就成为了不可或缺的重要内容。其余部分均属皇家园林中的典型内容，包括在其中建造了大量的泛宗教类建筑景区等，以满足对精神信仰的寄托。

（5）"清漪园"（颐和园）属于最典型的以"自然山水"为依托的大型皇家园林，虽然其中的"水"在最初是经过人为改造与修建的水利设施（"瓮山泊"本属于京城水库）。清漪园作为中国古代社会最后完成或整修的一座大型皇家园林，汇集了皇家园林建筑体系在古代社会发展后期的大部分功能、内容和特点等，又以万寿山南坡最高点的"智慧海"向下，依次为"佛香阁""德辉殿""排云殿""排云门"，直至湖边的"云辉玉宇坊"的中轴线为最重要的标志。其中又以巨大的佛香阁及基座与万寿山的完美结合最为突出，体量匹配适宜，两者之间又有形象与色彩等方面的强烈对比，并与这条中轴线上的其他建筑一起，共同构成了全园视觉形象的控制中心，同时也体现了大型皇家园林高高在上地模拟"神仙境地"的恢弘气势。

若从万寿山顶举目俯瞰远近、园内外的湖光山色与建筑群等，无论是笼罩在或烟雨蒙蒙，或漫天飞雪，或晨光微露，或阳光普照，或暮色苍茫的任何氛围之中，皆不乏有涤荡胸襟之感。对空间内容的感受，也远比北宋画集郭熙总结的"春山澹冶而如笑，夏山苍翠而如滴，秋山明净而如妆，冬山惨淡而如睡"的自然景色更加丰富多样。其中在特定的时间或气候条件下，也不乏有清净幽雅之感。恐怕也只有站在这类特定的区域俯瞰远近，才能真切地体验到这类大型皇家园林的特殊意境所在。这也是置身于任何"壶中天地"（小型私家园林）中，无论如何也无法从"模拟"和"玩味"中能体验到的真实感受。这就不难理解，为什么清皇家在已有富丽、奢华的如圆明园、畅春园之类的平原型大型皇家园林的同时，乾隆皇帝还要重点经营"三山三园"。早于康熙皇帝两千二百余年的孔子总结出所谓"仁者乐山"，绝不会是因曾经的仰望，而是因曾经站在高山之巅俯瞰感悟的结果，即"登东山而小我，登泰山而小天下"。这也是杜甫总结的"会当凌绝顶，一览众山小"的感受。或许古代真正的高士的归隐山林，不仅仅是为了追求一种生活的态度，还包含能俯瞰大地的视觉满足感。那么若认为能以"壶中天地"中勺池拳石的奇巧，代替林泉高峰的雄浑，能以"芥子纳须弥"式的玩味，代替"烟霞之侣"的真实体验，则更多的是出于精神上的自恋与自慰。前有秦皇汉武之园林，它们是对"天界"或"天人之际"的"神仙境地"的模拟，也是中国古代皇家园林建筑体系之基本目的和美学思想。可以认为，以高山阔水和大体量建筑为重要特征的清漪园，是中国古代皇家园林建筑体系表现"天人之际"精神境界与模拟其物化形态的最后一次"回光返照"（图9-190、图9-191）。

（6）"热河行宫"（承德避暑山庄）面积超过圆明园和颐和园等。其山湖地势复杂多样，松柏老榆交柯，奇花异卉争芳，又广蓄鹿、马、鱼、莺，生机勃勃。并主要取自然山水之本色为园林基底。又因面积广阔，且建筑组团不像圆明园那样密集，因此在视觉上更具疏朗感。同样，因其规模之广阔，地形地貌和各种园林要素及功能之多样、丰富，又使其接近于中国古代早期的皇家园林——苑囿；园林内容的重点在平地和湖水区域，这一点与颐和园不同，因此其整体的气势与空间组织、空间构图等园林建筑体系语言的运用方面，又远逊于颐和园；其引水处理极为成功，山溪萦回，

图9-190　从万寿山顶南眺昆明湖

图 9-191 从昆明湖南岸北望万寿山

湖沼分区，以及楼阁、台榭、寺院等建筑布置皆因地制宜；园林建筑景区组团，既有北方四合院形式自成一组的如"正宫""如意洲"等，又有仿江南园林布局灵活的如"烟雨楼""文园狮子林""芝径云堤""万壑松风"等。整座园林风格在局部上，既有北方山川与园林的雄浑气魄，又有江南水乡与园林的秀丽风姿。可惜的是在清朝以后各个时期破坏较多，其完整性也远不如颐和园（图 9-192 ～图 9-194）。

图 9-192 承德避暑山庄湖区 1

图 9-193　承德避暑山庄湖区 2

图 9-194　承德避暑山庄湖区 3

（7）中国古代社会中后期的皇家园林建筑体系，由于完全弃用了以各类"高台建筑""井干建筑""自然山体""人造山体""飞虹复道""飞阁复道""飞阁辇道"等之间相互结合为依托的立体空间内容、形式等，那么除了某些可以依托或自然或人造山体的园林外，不得不主要依靠以"集锦"的方式，形成"园中园"形式的基本格局与空间形态。所以"圆明园""畅春园"和"热河行宫"的主要部分，都采用的是这种组景形式。优点是尺度亲切、接近自然、行游自如，几乎不会出现"齐景公登路寝台不终不悦"的窘态，且最大的特点是节约造价、管理方便，而各个"园中园"等相互之间也可以形成借景关系，在一定程度上消除空间的单一感；缺点是与秦汉前后的很多皇家园林比较（如曹魏至南北朝时期的洛阳"华林园"），空间形态相对单一，且因缺少了"上层空间"而缺少了立体感，也就缺少了模拟"神仙境地"的气魄及崇高感、神秘感、丰富感和象征性等。在此，可以用一个虽不太恰当但却很形象的比喻，即两种不同空间内容和空间形态的大型皇家园林建筑体系，空间视觉形象之间的区别，就如同现代游乐园中，滑梯、转椅、碰碰车，与摩天轮、过山车之间的区别。再有，因皇家园林的空间范围较大，各类园林要素内容之间形成开合避让、错落有致、巧于因借等的空间关系一定比较困难，主要是由于景点之间的距离较远，因此所需与之相适应的造园手法之难度，实际上是远大于小型私家园林的。处理不当就会显得空旷空洞，重要的各类园林要素之间，包括园中园之间缺少有机的联系与借景关系等。例如，在小型空间中，两个景点或园林要素之间的开合避让关系比较容易实现，互相之间也属于因借关系，更容易形成一个有机的整体。而在大型空间中，两个景点或园林要素之间的关系，往往更突出地表现为一定距离的因借关系，若要形成开合避让与整体等关系，往往就必须加大具体的园林要素的尺度。具体例如在大型皇家园林中的"园中园"，必须是置于某种类型的闭合空间之中，不然在整体视觉上至少会显得尺度失调，控制性的园林要素内容之间无法相互平衡。就如山间中的一个普通村庄，在视觉空间效果上永远无法与颐和园相比。另外，两汉以后逐渐弃用高台建筑等，一是建筑技术进步的结果，部分功能（登高望远）可以用楼来替代（但在视觉感受方面少有了气魄）；二是历史上政府官员等对高台建筑等的评价，除了周文王的灵台，除了萧何的言论外，基本上都是负面的，如耽误农时、扰乱政事、动用过多的资源储备等；三是高台建筑等"宣示"的意义，也逐渐被发展完善的礼制建筑所替代。

在清皇家园林建造盛期，康熙和乾隆都偏爱南巡，目睹过江南小型私家园林的精妙，感受过其中的意境，因此在集锦"园中园"的过程中，较偏爱模仿江南私家园林中的内容等，并且"园中园"的空间尺度，也适合对这类内容的模仿。其中在由清朝皇帝所主导模仿的内容中，还包括相应的哲学与美学思想，以及所谓的"文人情怀"等，并四处标榜。如乾隆的《杏花春馆题诗》："霏香红雪韵空庭，肯让寒梅占胆瓶。最爱花光传艺苑，每乘月令验农经。为梁谩说仙人馆，载酒偏宜小隐亭。夜半一犁春雨足，朝来吟屐树边停。"《天然图画题诗》："征歌命舞非吾事，案头书史闲披对。以永朝夕怡心神，忘筌是处羲皇界。试问支公买山价，可曾悟得须弥芥？"《碧桐书院题诗》："月转风回翠影翻，雨窗尤不厌清喧。即声即色无声色，莫问倪家狮子园。"《坦坦荡荡题诗》："凿池观鱼乐，坦坦复荡荡。泳游同一适，奚必江湖想。却笑蒙庄痴，尔我辨是非。有问如何答，鱼乐鱼自知。"《月地云居题诗》："何分西土东天，倩他装点名园。借使瞿昙重现，未肯参伊死禅。"《日天琳宇题诗》："天外标化城，不许红尘杂。云台宝网中，时有钟鱼答。"《澹泊宁静题诗》："青山本来宁静体，绿水如斯澹泊容。境有会心皆可乐，武侯妙语时相逢。千秋之下对纶羽，溪烟岚雾方重重。"《映水兰香题诗》："园居岂为事游观？早晚农功倚槛看。数顷黄云黍雨润，千畦绿水稻风寒。心田喜色良胜玉，鼻观真香不数兰。日在豳风图画里，敢忘周颂命田官？"《水木明瑟题诗》："林瑟瑟，水泠泠。溪风群籁动，山鸟一声鸣。斯时斯景谁图得？非色非空吟不成。"《濂溪乐处题诗》："水轩俯澄泓，天光涵数顷。烂漫六月春，摇曳玻璃影。香风湖面来，炎夏方秋冷。时披濂溪书，乐处惟自省。君子斯我师，何须求玉井！"《鱼跃鸢飞题诗》："心无尘常惺，境惬赏为美。川泳与云飞，物物含至理。"《北远山村题诗》："矮屋几楹渔舍，疏篱一带农家。独速畦边秧马，更番岸上水车。牧童牛背村笛，馌妇钗梁野花。辋川图昔曾见，摩诘信不我遐。"《西峰秀色题诗》："垲地高轩架木为，朱明飒爽如秋时。不雕不斫（zhuó）太古意，讵惟其丽惟其宜。西窗正对西山启，遥接峣峰等尺咫。霜辰红叶诗思杜，雨夕绿螺画看米。亦有童童盘盖松，重基特立孰与同？三冬百卉凋零尽，依然郁翠惟此翁。山腰兰若云遮半，一声清磬风吹断。疑有苾蒭单上参，不如诗客窗中玩。结构既久苍苔老，花棚药畦相萦抱。凭栏送目无不佳，趺榻怡情良复好。春朝秋夜值几余，把卷时还读我书。斋外水田凡数顷，较晴量雨谙农夫。清词丽句个中得，消几丁丁玉壶刻。但忆趋庭十载前，徊徨无语予心恻。"《四宜书屋题诗》："秀木千章绿阴锁，间间远峤青莲朵。三百六日过隙驹，弃日一篇无不可。墨林义府足优游，不羡长杨与馺娑。风花雪月各殊宜，四时潇洒松竹我。"《澡身浴德题诗》："苓香含石髓，秋水长天色。不竭亦不盈，是惟君子德。我来俯空明，镜已默相识。鱼跃与鸢飞，如如安乐国。"《接秀山房题诗》：“烟霞供润浥，朝暮看遥兴。户接西山秀，窗临北渚澄。琴书吾所好，松竹古之朋。仿佛云林衲，携筇共我登。”《夹镜鸣琴题诗》：“垂丝风里木兰船，拍拍飞凫破渚烟。临渊无意渔人羡，空明水与天。琴心莫说当年。移情远，不在弦，付与成连。”《涵虚朗鉴题诗》“涵虚斯朗鉴，鉴朗在虚涵。即此契元理，悠然对碧潭。云山同妙静，鱼鸟适清酣。天水相忘处，空明共我三。”《坐石临流题诗》：“白石清泉带碧萝，曲流贴贴泛金荷。年年上巳寻欢处，便是当时晋永和。”《洞天深处题诗》）：“幽兰泛重阿，乔柯幕憩樾。牝壑既虚寂，细瀑时淙泻。瑟瑟竹籁秋，亭亭松月夜。对此少淹留，安知岁月流？愿为君子儒，不作逍遥游。”等。

假如我们预先不知以上所列诗句都是出自乾隆皇帝题咏“圆明园的四十景”，一定会恍若这些“景”是来自山野间的各类园林，且这些“诗”是出自魏晋名士、高僧、仙道、不得志或隐退的文人士大夫、理学大师等之笔。这也再一次提醒研究者：仅凭借文学作品而推测与评判中国传统园林建筑体系的真实形态、推测与评判园林拥有者的造园目的与意向等，会出现何等程度的误判。

模仿小型私家园林中的一个区域内容，无法像模仿一座具体的建筑那样容易，因此皇家园林中的这类“模仿”，象征的意义远远大于与“被模仿”内容的相似度，但也在“模仿”中创造了崭新的空间内容与空间形象。如“颐和园”中的“谐趣园”、“圆明园”中的“廓然大公”，在名义上都是模仿无锡惠山的“寄畅园”，虽然实际效果完全不同，但“谐趣园”和“廓然大公”也成为了“园中园”中的精品景区。因“模仿”而创造出了全新的“园中园”景区的空间内容与空间形态，也是清大型皇家园林的重要特征之一。

注1：朱偰：《明清两代“宫苑”建置沿革图考》，北京古籍出版社1990年出版，第55～57页。

第五节　南京皇家园林建筑体系简介

明朝初年定都南京，时间是从洪武元年（公元1368年）至永乐十八年（公元1420年）。因南京皇家园林建筑体系内容较少，并且没有遗存，故在本章本节中只能做些简单介绍。南京城前倚大江，并有宁镇山脉作为凭借，低山丘陵与河渠湖泊相间，建造园林的条件非常优越。但由于朱元璋在执政的前期崇尚节俭，并没有大规模地建造园林，同时也抑制私家园林的建造。

明宫城位于南京城东，呈正方形，宫内建筑分中、东、西三路，中路有“奉天”“华盖""谨身"三大殿，东路有"文华殿""文楼""东六宫"等殿宇，西路有"武英殿""武楼""西六宫"等建筑和"御花园"。御花园亦名"西苑"，规模不甚大，形如今北京紫禁城之御花园。朱元璋晚年亦欲建豪华园林，命名为"上林苑"，并划定了地域，但终因财力不济，未能动工。

另外在清中叶，又有一个特殊的政权太平天国建都南京。洪秀全以改建、扩建原清两江总督署为宫殿，称"天王府"。《同治上江两县志》载："堕明西华门一面城，自西长安门至北安门南北十余里，穷砖石，筑宫垣九重。毁祠庙，坏衙署，夷坛壝（shàn），攫（jué，掠夺）仓库，圮桥梁，斫竹木，堙洼峻高，拆上下数百里宫室陵墓坊表柱础，作伪宫殿苑囿，余建伪王府宫廨大小百余所，如是者十三年，工作弗息。"

扩建后的宫殿约东至黄家塘，西至碑亭巷，北至太平桥与浮桥，南至大行宫长街。周围十余里，墙高数丈，内外两重，外名"太阳城"，内称"金龙城"，苑曰"后林苑"。《天王御制千字诏》中特加描绘道："京都钟阜，殿陛辉鲜，林苑芳菲，兰桂叠妍，宫禁焕灿，楼阁百层，廷阙琼瑶，钟磬锵铿，台凌霄汉。"

《太平天国史稿·卷十七》载："（正殿）金龙殿，尤高广，梁栋俱涂赤金，文以龙凤，光耀射目。四壁画龙虎狮象，禽鸟花草，设色极工。正殿后有长穿廊。穿廊后为后殿。后殿之后，左右各有一池，方广数十丈，池中各置石船二。池后为内宫，分为左右两区，每区大楼五层，高约八九丈，深数丈。大楼之后为花园，称为后林苑，有台、有亭、有桥、有池。过桥为石山，山有洞，中结小屋，须蛇行而进。旁有小树十数行。山后山茶一树，大可合抱，每当冬令，绿叶红花，倍增景致。天王有游后林苑诗道：'乃车对面向路行，有阻回头看兜平。苑内游行真快活，百鸟作乐和车声。'"（注1）

天王府之左右还有东、西花园。曾国藩湘军攻入南京后，宫殿与后林苑、东花园悉数焚毁，仅留西花园。西花园系按洪秀全亲授设计意图改建"煦园"而成，保留原两江总督尹继善所造"不系舟"石舫。现西花园西南角两层方形亭台、西侧凉台上五爪团龙壁及旁接短墙等可能皆为太平天国时遗物。

注1：罗尔纲著《太平天国史》[M]，北京：中华书局，1957年出版，1444页。

园林建筑体系
文化艺术史论（下册）

赵玉春 著

中国艺术研究院『中国传统建筑与中国文化大系』课题

丛书主编◎赵玉春

中国艺术研究院基本科研业务费项目

项目编号：2019-1-4

中国建材工业出版社

目 录

《上 册》

❧ 下　册 ❧

下

卷

私家园林与其他园林建筑体系

园林建筑体系文化艺术史论

第十章 私家园林与泛宗教园林建筑体系的兴起

第一节 早期私家园林建筑体系

在中国传统园林建筑体系中，私家园林的划分有时并不清晰，一般认为相对于皇家园林来讲，王公、贵族、士大夫、地主、富商等私人所拥有的园林都可以称为"私家园林"（相关历史文献中，这类园林有称之为"庄园""庄田""园""园墅""池馆""山池""山庄""别墅""别业"等）。很显然，这种分类是根据园林拥有者的社会角色划分的。但问题是这些园林拥有者的政治、行政、经济角色在不同的时期千差万别，并且还有园林建设资金的来源与园林管理等的差别。例如，皇家园林的建设资金显然绝大多数来源于国库，在理论上都属于公产（但除皇家之外，其他人并没有使用权），最典型的实例是清朝末年慈禧太后重修清漪园（颐和园）的资金是动用了海军经费，而经费无疑是来源于国家税收。相比较，明清时期的江南私家园林都是由官员或富商等用个人资金修建的，属于私产，与皇家园林的差别比较清晰。北京地区的有些园林虽为私人所用，但却属于公产，如非永久性的皇帝赐园，以及皇帝在西郊皇家园林长期居住期间，供主要的内阁大臣使用的园林等。而在周代，周天子理论上对周天下拥有名义上的主权和治权（包括经济权），而实际上只对地域有限的周王国拥有治权，而诸侯和卿大夫们对自己的封国或采邑拥有实际的治权，也就是说诸侯和卿大夫本身就拥有各自的税收体系。且自东周以后，主要诸侯的势力已经远大于天子，主要诸侯国也逐渐成为了实际上的独立王国。那么可以认为，春秋战国时期，至少是诸侯王的园林与古帝王或皇家园林拥有基本相同的属性。因此，我们暂且只把这一时期卿大夫及以下官员的园林看作是"私家园林"。另外，在秦帝国以后的很多历史阶段，也都出现过诸侯王的主要经济收入不仅是依靠官俸和自己经营的产业，而且还依靠独立的税收体系，应该也是具有公产的性质，并且这类"私家园林"与古帝王或皇家园林相比较，在规模、内容和形式上也并无明显的不同。因此"私家园林"仅可粗略地按照园主人的社会角色来划分，至于这类园林的内容与形式等，绝无同一性。

《史记·孔子世家》综合《左传》和《国语》等记载，讲述了孔子"堕（huī）三都"的故事："（鲁）定公十三年（公元前497年）夏，孔子言于定公曰：'臣无藏甲，大夫毋百雉之城（笔者按：城墙每长三丈、高一丈为一雉）。'使仲由为季氏宰，将堕三都。于是叔孙氏先堕郈（hòu）。季氏将堕费（邑），公山不狃、叔孙辄率费人袭鲁。公与三子入于季氏之宫，登武子之台。费人攻之，弗克，入（笔者按："矢"之误）及公侧。"

　　叛乱的费城民众攻入鲁都曲阜，鲁定公等逃跑后选择的避难地却是季氏封邑城内宫殿，最后登上武子台。叛乱者仰攻武子台，箭矢仅射到了鲁庄公的脚下，足见武子台之高，而季氏等的身份仅仅是鲁国的宰相"三桓"之一。历史文献对这座"季氏之宫"的其他内容没有具体的记载，可能属于一座类似于宫苑园林的形式。

　　先秦和西汉时期直接记载私家园林的文献极其有限，一方面原因是历史越往前，文献数量本身就越少；另一方面原因是从传统园林建筑体系的基本属性来讲，主要为满足拥有者的奢侈享受，因此必须以强大的政治和经济实力为前提。至晚从西汉时期开始，私家园林就进入了较大规模的建造时期，因为历史发展到这一阶段，生产力水平和经济水平较之前有了明显的提高，社会财富的积累超过以往。

　　汉朝比以往经济水平的明显提高体现在很多方面：人口大量增长，农业经济规模空前；城市化程度的提高，商业、贸易等都得到了前所未有的发展，两汉的首都长安和洛阳，根据同时期人口和面积比较，都可以位于世界最大城市之列；货币的铸造水平和流通速度都有了显著的提高，从而奠定了稳定的货币体系基础；官方作坊既为皇宫制造家具、器物、服饰等，也为普通百姓生产商品，社会消费水平明显提高；政府监督公路和桥梁等基础设施的建设，也促进了官营和私营商业的发展，实业家和各类商人，无论大小都可以在国家公共领域，甚至是在军事领域经商。

　　中国古代社会每朝的建国之初都要经历社会财富的重新分配，汉朝的社会和经济发展道路也经历了很多曲折的过程。西汉初期，作为社会主体的农民，大部分经济活动是自给自足式的，为了进一步平衡社会财富，朝廷也尽可能地向贫农施以经济援助，同时也不遗余力地通过赋以重税或宏观调控等方式限制地主、权贵势力的发展。从汉武帝在位时期始，社会整体财富增长，以至于出现了如《汉书·东方朔传》中所描述的"时，天下侈靡趋末，百姓多离农亩"。但随着时间的推移，因各种原因，也有许多农民身负重债而被迫成为了地主阶层的长工或佃户。公元前 2 世纪，国家对私有经济的不断干预又严重削弱了商人阶层的利益，如朝廷将盐铁业收归国有（这些国家垄断政策在东汉时期均被废止），这使得大地主阶层的势力不断扩大，同时也保证了农业主导型经济得以继续发展。而这些大地主阶层最终又主导了社会商业活动，同时重新获得了对农民的控制权，使得原本仰仗农民获取税收、靠军力以及公共劳力获取利益的朝廷变得风雨飘摇。当然，所谓的"大地主阶层"，并不是原本或始终是以农业或商业经济的发展而积累财富的，很多是与各类官僚结成同盟，以兼并的方式快速积累财富。至公元1世纪80年代，在经济和政治双重危机的压力之下，中央的权力已经被严重分散、削弱。与此同时，大地主阶层的自由和权力也在他们势力范围内日渐膨胀起来，形成了各类割据势力，也就是门阀士族。随着社会各类矛盾的加剧、政治腐败和朝廷（皇权）的弱小，最终导致了汉朝的覆灭。但从另外一方面讲，社会财富的整体增加和政治实力在少数人中的相对聚集，为这一时期私家园林的发展提供了必要的社会基础。

我们在前面章节中也曾引《西京杂记》中记述的茂陵富人袁广汉园林的情形（详见第三章案例2）。

很显然，汉武帝时期的袁广汉园林更属于西汉早期典型的私家园林。其他历史文献中零星记载的私家园林还有如西汉梁孝王刘武以及其他朝廷重臣的园林，如《汉书·梁孝王刘武传》载："孝文皇帝四男：窦皇后生孝景帝、梁孝王武，诸姬生代孝王参、梁怀王揖……（梁）孝王筑'东苑'，方三百余里，广（扩）睢阳城七十里，大治宫室，为复道，自宫连属于平台三十余里。得赐天子旌旗，从千乘万骑，出称警，入言跸，拟于天子。招延四方豪杰，自山东游士莫不至……以太后故，入则侍帝同辇，出则同车游猎上林中……孝王未死时，财以巨万计，不可胜数。及死，藏府余黄金尚四十余万斤……"

其他有如《后汉书·梁统列传》载："（梁）冀（笔者按：梁统玄孙）乃大起第舍，而寿（笔者按：梁冀妻）亦对街为宅，殚极土木，互相夸竞。堂寝皆有阴阳奥室，连房洞户。柱壁雕镂，加以铜漆，窗牖皆有绮疏青琐，图以云气仙灵。台阁周通，更相临望；飞梁石蹬，陵跨水道。金玉珠玑，异方珍怪，充积臧室。远致汗血名马。又广开园囿，采土筑山，十里九陂，以像二崤，深林绝涧，有若自然，奇禽驯兽，飞走其间。冀、寿共乘辇车，张羽盖，饰以金银，游观第内，多从倡伎，鸣钟吹管，酣讴竟路。或连继日夜，以骋娱恣。客到门不得通，皆请谢门者，门者累千金。又多拓林苑，禁同王家，西至弘农，东界荥阳，南极鲁阳，北达河、淇，包含山薮，远带丘荒，周旋封域，殆将千里。

又起'菟苑'于河南城西（笔者按：菟即虎），经亘数十里，发属县卒徒，缮修楼观，数年乃成。移檄所在，调发生菟，刻其毛以为识，人有犯者，罪至刑死。尝有西域贾胡，不知禁忌，误杀一菟，转相告言，坐死者十余人。冀二弟尝私遣人出猎上党，冀闻而捕其宾客，一时杀三十余人，无生还者。冀又起别第于城西，以纳奸亡。或取良人，悉为奴卑，至数千人，名曰'自卖人'。"

再有如《后汉书·宦官传》载："宦者得志，无所惮畏，并起第宅，拟则宫室。（汉灵）帝常登永安候台，宦官恐其望见居外，乃使中大人尚但谏曰：'天子不当登高，登高则百姓虚散。'自是不敢复升台榭。"

《后汉书·宦官传》中的这段文字虽然没有直接提到园林内容，但"拟则宫室"的"第宅"无疑会包含园林的不少要素内容。

我们再分析一下上述私家园林拥有者的基本情况：

鲁国是周的同姓诸侯国之一。姬姓，侯爵。周武王灭商建立西周后，封其弟周公旦于"少昊之虚"曲阜，是为鲁公。因周公旦辅佐武王和成王未往赴任，故其子伯禽即位为鲁公。鲁国周围有淮夷、徐戎长期作乱，伯禽曾作《肸（xī）誓》，平徐戎，定鲁。鲁国先后传 25 世，经 36 位国君，历 800 余年。公元前 256 年，楚国发兵大破鲁国军，攻入城池，将鲁顷公废掉，鲁国至此亡。鲁国因是周公旦之封国的缘故，与其他诸侯国比较而言，属于最尊崇周礼的诸侯国，这也是鲁国能有孔丘这样的大儒脱颖而出的原因。

春秋时期，鲁桓公有四子，嫡长子鲁庄公继承鲁国国君；庶长子庆父（谥共又称"共仲"），其后代称仲孙氏；庶次子叔牙（谥僖），其后代称叔孙氏；嫡次子季友（谥成），其后代称季孙氏。按封建制度，庆父、叔牙、季友被封官为卿（大夫），后代皆形成了大家族，由于三家皆出自鲁桓公之后，所以被人们称为"三桓"。从鲁宣公时始，以嫡次子季文子为首的三桓家族日益强盛，而鲁国公室（政权的主体）式微。到了鲁定公时期，"季氏之宫"的拥有者季桓子实际掌握着鲁国的军政大权。

秦并天下之后，"徙天下豪富于咸阳十二万户"；汉高祖九年（公元前 198 年），"徙贵族楚昭、屈、景、怀、齐田氏关中"伺奉长陵，并在陵园附近修建长陵邑，供迁徙者居住。以后，汉惠帝刘盈修建安陵、汉景帝修建阳陵、汉武帝修建茂陵、汉昭帝修建平陵之时，也都竞相效仿，相继在陵园附近修造安陵邑、阳陵邑、茂陵邑和平陵邑。后来的皇帝又不断迁贵族于此，"五陵"便成为富豪聚居的地方。茂陵富人袁广汉历史背景不详，但属于被迁入的富豪。

根据《汉书·梁孝王刘武传》记载，梁孝王刘武为汉文帝刘恒与窦皇后次子、汉景帝嫡弟。文帝前元二年（公元前 178 年）受封代王，前元四年改封淮阳王。前元十二年，梁怀王刘揖薨，无嗣，刘武继嗣梁王。文帝后元三年（公元前 161 年）就国，都睢阳（今河南商丘）。在刘氏西汉王朝自家的"七国之乱"期间，刘武曾率兵抵御吴王刘濞，保卫了国都长安，功劳极大。汉景帝中元二年（公元前 148 年）

十一月，"上废栗太子"，因此窦太后（汉文帝已死）有意让梁孝王成为储君。爰盎和其他大臣把窦太后的这一想法透露给了景帝，为此梁孝王对他们怀恨在心，便与羊胜、公孙诡密谋，派人暗杀爰盎和其他大臣十余人。景帝怀疑此案与梁孝王有关，抓捕到的刺客也供认是梁孝王手下指使，于是景帝派使臣到梁国深查此案，欲逮捕羊胜和公孙诡。梁孝王最初把羊胜和公孙诡藏在后宫，最终在梁相轩丘豹及内史韩安国的"泣谏"下，命令羊胜和公孙诡自杀。梁孝王为此先让韩安国通过长公主向太后请罪，并"上书请朝"，要亲自向汉景帝请罪。"既至关"，梁孝王在茅兰的建议下未敢直接露面，先藏匿于"长公主园"。因此时梁孝王突然不知去向，"太后泣曰：'（景）帝杀吾子！'（景）帝忧恐。于是梁王伏斧质，之阙下谢罪。然后太后、（景）帝皆大喜，相与泣，复如故……然（景）帝益疏（梁）王，不与同车辇矣。" 梁孝王三十五年冬，"复入朝。上疏欲留，上（景帝）弗许。归国，意忽忽不乐……六月中，病热，六日薨。""及闻孝王死，窦太后泣极哀，不食，曰：'（景）帝果杀吾子！'"

《后汉书·梁统列传》载：梁统玄孙"冀字伯卓。为人鸢肩豺目，洞精目党盻，口吟舌言，裁能书计。少为贵戚，逸游自恣。性嗜酒，能挽满（强弓）、弹棋、格五、六博、蹴鞠、意钱之戏，又好臂鹰走狗，骋马斗鸡。初为黄门侍郎，转侍中、虎贲中郎将，越骑、步兵校尉，执金吾（笔者按：相当于京师卫戌司令）……及帝（笔者按：东汉顺帝刘保）崩，冲帝（刘炳）始在襁褓，太后临朝，诏冀与太傅赵峻、太尉李固参录尚书事。冀虽辞不肯当，而侈暴滋甚。

冲帝又崩，冀立质帝（刘缵）。帝少而聪慧，知冀骄横，尝朝群臣，目冀曰：'此跋扈将军也。'冀闻，深恶之，遂令左右进鸩加煮饼，帝即日崩。"

季桓子虽为鲁国卿大夫，但实际掌握着鲁国的核心权力，其父季平子，也是鲁国权臣，曾摄行君位将近十年；茂陵富人袁广汉背景不详，但秦和西汉都实施迁旧贵族、富人于京城周围的举措，就是惧怕这些旧贵族、富人因名望和经济实力而聚集政治势力，对皇家政权构成威胁，"后有罪诛"，说明其并非等闲之辈；梁孝王刘武因窦太后的溺爱差点成为汉景帝的继承人；梁冀可以立少帝和毒杀少帝（立三帝，毒杀一帝）。很显然，所举这四位私家园林的拥有者都非是一般的富贵之人。

袁广汉私园中的植物可以被直接用于上林苑，其他三人私园的内容与形式等，与同时期的皇家园林相比，实无多少区别（图10-1）。

图 10-1　汉画像石中的园池

第二节　士文化的兴起与显性宗教源流史略

在中国古代文化史中，从两汉至魏晋南北朝时期，是一段较特殊的历史时期。一方面，是士人的社会角色的普遍转变与特定历史时期的士文化的初步形成。魏晋以降士文化形成过程的本质，即是在思想上对传统礼制文化核心价值体系的怀疑与有限的批判，又是在士人阶层的思想上重构了有别于以往传统礼制文化的价值体系。另一方面，中国开始出现了显性的宗教——道教和佛教。中国的原始宗教最初无疑也是"显性"的，在其发展的过程中主要被儒家所继承，并发展成为"礼制文化"的核心部分（吉礼即祭祀之礼部分），本质上也就是发展成为了相对"隐性"的宗教。在两汉交界时期，出现了更具"显性"的道教与佛教。我们可以把道教、佛教与吉礼合称为"泛宗教"。在两汉至魏晋南北朝时期，显性宗教文化与士文化相互影响与补充，并使得士文化的内容更加丰满。恰在这一漫长的历史时期，私家园林明显地开始增多（至少历史文献记载的情况是如此），士文化和私家园林的内容与形式在某种程度上的互动，便成为了一种社会现象。

为了厘清魏晋时期士文化的主要内涵和在某种程度上受其影响的私家园林的主要内容与形式，有必要首先对士与士文化形成的社会背景以及士文化本身的内容等方面进行简单的梳理和概括，这同样也有助于理解以后历史时期士文化的主要内涵。

早在西周及以前历史时期（大致在阶级出现以后），只有贵族子弟才有接受教育的权利，因此贵族几乎垄断着正统文化的话语权（"绝地天通"即为典型极致的垄断行为的代表）。这类所谓的"正统文化"，也就是上层建筑的重要组成部分即为礼制文化。当然，礼制文化的主要内容并不是西周首创的，它形成与发展的历史，几乎贯穿了中华文明早期发展的全部历史过程，只不过是历史发展到了西周时期，国家初级的大一统得以实现，以周公旦为代表的贵族阶级对其进行了系统的概括和总结，这也是历史发展到这一阶段的必然结果。

西周礼制文化核心价值体系的出发点与本质，就是强化并维护有差别的社会政治和经济秩序，其中也包含了责任与某些义务的对等关系，并以体现差别为主、以责任与某些义务对等为辅。按照这一理念，西周确定的社会等级次序为"天子（王）"、诸侯（公、侯、伯、子、男）和直接服务于天子的卿大夫（也可以称为诸侯）、（卿）大夫（直接服务于诸侯）、士、庶民、奴隶。

在礼制文化基本理论体系的宇宙观中，宇宙天地间的主宰是"天"，也就是"昊天上帝"（简称"上帝"），在不同的历史时期可能有不同的称谓，甚至历史文献中还记载过在东汉及以后时期，有过关于宇宙中到底是有几个上帝的争论。在中国古代话语表述体系中，有时"天"与帝两者作区分，有时不做区分，容易造成理解上的歧义。直到宋朝时期的朱熹才把这一问题总结得非常清晰，但这些也仅仅是原始宗教或曰"隐性宗教"的理念或解读上的差异。因"天"（帝）是神，高高在上（地球之外或地球的外层空间），不能与人杂处，所以"天下"要以"天子"（帝王）"代天而治"。总结礼制文化中"天子"产生的过程，大概有三类：

（1）某人因毕生的功德在死后升天成为了天神，其后代自然也就有了"天"的血统，会得到"天"（祖先神）的护佑。其后代从某一代开始就成为了"代天而治"的"天子"。这种观点与早期的生殖崇拜有关。

（2）"天"（上帝）以某种感应的方式让"有德行"人的妻子或某女性受孕生子，这个孩子及其后代自然也就都有了"天"的血统，会得到"天"（或为祖先神）的护佑。因此其后代从某一代开始就成为了"代天而治"的"天子"，即所谓"奉天承运"。例如《诗经·商颂·玄鸟》："天命玄鸟，降而生商。"《诗经·大雅·生民》："厥初生民，时维姜嫄。生民如何？克禋克祀，以弗无子。履帝武敏歆，攸介攸止，载震载夙。载生载育，时维后稷。"

（3）某位"天子"直接就是"天"（上帝）的儿子，在其母亲受孕或其出生时有明显的预兆。例如《史记·高祖本纪》载汉高祖刘邦："其先刘媪尝息大泽之陂，梦与神遇。是时雷电晦冥，太公往视，则见蛟龙于其上。已而有身，遂产高祖。"这也可以看作第二种类型的"天子"在时间上的错位，直接省略了祖先的"故事"。

所以在礼制文化的理论体系中，"天子"并不是人间可以随意选择的。《论语·颜渊》说："商闻之矣，生死有命，富贵在天。"因此天子对天下的统治也就有着天然的合理性与合法性，即所谓"法天而治"。"天子"虽为人类或半人半神，具有与神沟通的能力和资格，"天子"的执政行为，一般是得到了"天"的暗示，如"天垂象"，并会获得支持和护佑。但如果"天子"逆天而行或有重大失误，同样也会得到"天"的警告与惩戒，即也有"天垂象"，还有各类自然灾害等。因此礼制文化也教育"天子"要行德政。而政权的更迭，既可能是因"天子"的无道，也可能是因"天运"的转移。"五帝"及"五行"的出现，也是这种理论的一部分。在人间，新的"天子"讨伐旧的"天子"就是"惟恭行天之罚"，也就是"替天行道"。在"天子"以下，诸侯与卿大夫等是辅佐"天子"治理天下的助手，因此也应得到相应的权力与利益等，所以位居庶民等之上。需要说明的是，"天子"是有目的地被创造出来的，而"天"却是更早地"自然而然"地被创造出来的，属于原始自然崇拜的产物，但其意义也是在不断地变化之中。

周代社会秩序的等级划分，是以分封制作为基础，分封的内容包括土地、财产和人民。而责任与某些义务的对等关系，可以用春秋时期孔子总结的"君君、臣臣、父父、子子"加以概括。在"以德治天下"的名义下，维护社会秩序的文化手段，就是强调有差别的礼乐制度。关于"礼"，《中庸》有"礼仪三百，威仪三千"之说，《尚书·皋陶谟》有"天秩有礼，自我五礼有庸哉"，《周礼·春官·大宗伯》将五礼坐实为吉礼、凶礼、军礼、宾礼、嘉礼。其中最具心理、文化和行为暗示效应的就是吉礼，即不同等级的各类祭祀活动，所以礼制建筑是中国古代社会最重要的建筑类型之一，并且除去其中的陵墓建筑外，也是唯一不具有使用功能的建筑类型。另外，有关远古历史上"圣者贤君"等"历史事迹"的编纂，也是维护这种核心价值的宣传手段，包括所谓周文王"推衍"《周易》的事迹。"乐"是娱乐、陶冶情操的内容，也是某些礼中的重要组成部分，如：在祭祀活动中要有乐，或独立演奏，或作为"颂"的伴奏等，既创造了或神秘、或威严、或欢快等气氛，又可以"以乐娱神"，所以有"礼乐教化"之说。因与"礼"相伴随，又因属于娱乐、享受的内容，所以"乐"始终要强调等级差别，主要体现在因规模的不同而不同。《论语•八佾》中有："孔子谓季氏，八佾舞于庭，是可忍也，孰不可忍也。"《汉书•艺文志》后来总结儒家经典时说："《乐》以和神，仁之表也；《诗》以正言，义之用也；《礼》以明体，明者著见，故无训也；《书》以广听，知之术也；《春秋》以断事，信之符也。五者，盖五常之道，相须而备，而《易》为之原。故曰'《易》不可见，则乾坤或几乎息矣'，言与天地为终始也。"

受生产力发展水平的限制，实际上在商周时期，无论是哪一种势力都不可能独自征服和强有力地统治中国庞大的疆域，因此西周政权的建立只是实现了国家初级的统一。在国家主权、治权（包括财权）的体系上，"周天子"在名义上拥有对整个国家（天下）的主权，但其治权（包括经济权）基本上仅限于自己的王国内。同样，诸侯也是拥有封国部分的治权，因为在封国内，（卿）大夫还拥有自己采邑的治权。在维持社会运转的行政体系内，诸侯是周天子的臣属，也可以到朝内辅政。大夫是诸侯的臣属，也可以在封国内辅政，而大夫的采邑内还有家臣管理。因此国家主要的政治、行政和经济体系共分为王国、封国、采邑三级（服务于王国的卿大夫也拥有采邑）。每一级的经济收入都主要来源于两部分：一部分是自己完全掌握的"公田"的收入，一部分是下一级纳贡的收入。这对于周天子来讲也不例外，而周天子对诸侯纳贡收入的内容和多寡往往无法实施有效的控制，这与中央集权国家完全不同。

周代等级秩序和礼制文化在政治权利继承关系上的体现就是宗法制度，也就是嫡长子继承制度。在这一制度下，天子、诸侯、大夫等的嫡长子可以继承政治权利和部分财产，嫡次子及以下和庶子们只能继承部分财产。这一制度从观念和法理上限制了在继承问题上可能会出现的纷争，是保持社会政治和经济秩序基本稳定的基础。

周代的制度设计看似完美，但在运行到某个阶段后必然会出现体制性的社会危机：

在社会层面，周公旦等平定叛乱后进行制度设计的时候，王室势力在各路诸侯中无疑是最强大的，在新的分封中，又以本族和亲族诸侯为优先，占据战略要地，拱卫周王室和王国，各路诸侯等也都有着以王室为核心的向心力，因此整个国家体系无疑是稳定的。但因整个国家体制在主权和治权上不统一，对下一层级的控制能力有限，随着时间的推移，当每一层级的力量自然而然地出现此消彼长，人的欲壑难填又得不到有效制约，就必然会出现不同层级的僭越现象。因此到东周时期就开始动乱不止，周王室也完全无法控制，以致到了战国时期，大诸侯国（"战国七雄"）实际上已经完全独立，国家陷于实际上的分裂状态。

在各级贵族家族层面，随着贵族阶层一代一代地往下延续，必然会出现越来越多的既没有政治权力、又没有足以安身立命的财产的"没落贵族"，也就是"士"。这些士与庶民最大的不同就是可能接受过教育，孔子就是其中最典型的代表。士的命运往往有三种情况：

其一是大部分会"沦落"为庶民甚至是贵族的家奴。

其二是只有少部分能依附贵族，充当家臣小吏、食客等。其中的佼佼者还会抓住各种机会，升迁为诸侯国的卿大夫，孔子同样是其中最典型的代表。孔子与少正卯（可能还有其他）都开创了私学，非贵族子弟也有了接受教育的机会，成为"文士"。其中有些也因此跻身于依靠"知识改变命运"者的队伍，如战国时期的苏秦就是其中最典型的代表。因此从春秋之际开始，部分士与诸侯结盟，结果大多是既加剧了社会动荡与政权更替的频率，也加快了社会的变革，并最终促进了国家真正的统一。

以士为主体的知识阶层在其形成过程中还主导了"百家争鸣"，并始终伴随着社会的动荡与变革。所谓"百家"，是个虚数，东汉班固《汉书·艺文志》中也只勉强总结出了 10 家，扩展为 11 家：

（1）"儒家者流，盖出于司徒之官（笔者按：相当于宰相），助人君、顺阴阳、明教化者也。游文于六经（笔者按：孔子晚年整理的《诗》《书》《礼》《易》《乐》《春秋》，其中《乐》已失传）之中，留意于仁义之际，祖述尧、舜，宪章文、武（笔者按：周文王和周武王），宗师仲尼，以重其言，于道最为高。孔子曰：'如有所誉，其有所试。'唐、虞之隆，殷、周之盛，仲尼之业，已试之效者也。然惑者既失精微，而辟者又随时抑扬，违离道本。苟以哗众取宠。后进循之，是以五经乖析，儒学寖衰。此辟儒之患。"（末两句翻译：但是迷惑的人已经失去了儒家经典中精深微妙的道理，而邪僻的人又追随时俗，任意曲解附会经书的道理，违背离开了圣道的根本，只知道以喧哗的言论博取尊崇。后面的学者依循着去做，所以《五经》的道理就乖谬分离，儒学就逐渐地衰微。这就是那些邪僻的儒者所留下的祸患啊。）

（2）"道家者流，盖出于史官，历记成败、存亡、祸福、古今之道，然后知秉要执本，清虚以自守，卑弱以自持，此君人南面之术也。合于尧之克攘，《易》之嗛嗛，一谦而四益，此其所长也。及放者为之，则欲绝去礼学，兼弃仁义，曰独任清虚可以为治。"（末句翻译：等到狂放无守的人实行道家学术，那么就断绝了礼仪，抛弃了仁义，认为只要用清净无为就可以治理好国家。）

（3）“阴阳家者流，盖出于羲和之官，敬顺昊天，历、象、日、月、星、辰，敬授民时，此其所长也。及拘者为之，则牵于禁忌，泥于小数，舍人事而任鬼神。”（末句翻译：等到拘泥固执的人实行阴阳家的学术，就被禁忌所牵制，拘泥于占卜问卦的小技术，舍弃了人事而迷信鬼神。）

（4）“法家者流，盖出于理官（笔者按：指掌管司法的官）。信赏必罚，以辅礼制。《易》曰：‘先王以明罚敕法。’此其所长也。及刻者为之，则无教化，去仁爱，专任刑法而欲以致治，至于残害至亲，伤恩薄厚。”（末句翻译：等到刻薄的人实行法家的学术，那么就不要教化，舍去了仁爱，专门用刑法，而想要达到治理国家的目的。以至于残害了最亲近的人，伤害恩义，刻薄了应该亲厚的人。）

（5）“名家者流，盖出于礼官。古者名位不同，礼亦异数。孔子曰：‘必也正名乎！名不正则言不顺，言不顺则事不成。’此其所长也。及謷（jiào）者为之，则苟钩鈲（gū）鉥（shèn）析乱而已。”（末句翻译：等到善于攻击别人的短处、揭发别人隐私的人实行名家的学术，便只会卖弄一些屈曲破碎、支离错杂的言辞，淆乱名实关系。）

（6）“墨家者流，盖出于清庙之守（笔者按：守护）。茅屋采椽，是以贵俭；养三老、五更，是以兼爱；选士大射，是以上贤；宗祀严父，是以右鬼；顺四时而行，是以非命；以孝视天下，是以上同。此其所长也。及蔽者为之，见俭之利，因以非礼，推兼爱之意，而不知别亲疏。”（末句翻译：等到眼光浅短的人实行墨家学术，只看到节俭的好处，因此就反对礼节，推广兼爱的旨意，却不知道分别亲疏远近。）

（7）“纵横家者流，盖出于行人之官。孔子曰：‘诵《诗》三百，使于四方，不能颛对，虽多亦奚以为？’又曰：‘使乎，使乎！’言其当权事制宜，受命而不受辞。此其所长也。及邪人为之，则上诈谖而弃其信。”（末句翻译：等到邪恶的人实行纵横家的学术，那么就崇尚欺诈，而背弃了应该遵守的诚信。）

（8）“杂家者流，盖出于议官。兼儒、墨，合名、法，知国体之有此，见王治之无不贯，此其所长也。及荡者为之，则漫羡而无所归心。”（末句翻译：等到放荡的人实行杂家的学术，即散漫杂乱而没有中心目标。）

（9）“农家者流，盖出于农稷之官。播百谷，劝耕桑，以足衣食，故八政一曰食，二曰货。孔子曰：‘所重民食。’此其所长也。及鄙者为之，以为无所事圣王，欲使君臣并耕，悖上下之序。”（末句翻译：等到粗俗吝啬之人实行农家学术，以为圣明的君王无所事事，应该与臣民一起耕种，违背了君臣上下的秩序。）

（10）“小说家者流，盖出于稗官（笔者按：小官）。街谈巷语、道听途说者之所造也。孔子曰：“虽小道，必有可观者焉，致远恐泥，是以君子弗为也。”

然亦弗灭也。闾里小知者之所及，亦使缀而不忘。如或一言可采，此亦刍荛（chú
ráo，割草砍柴之人）、狂夫之议也。"（末两句翻译：街巷小智慧者写的东西，也
应编辑起来不要忘记。假如里面有一句值得我们采用，就如同古代樵夫、狂放之人
的言论一样有参考价值。）

（11）"兵家者，盖出古司马之职，王官之武备也。《洪范》八政，八曰师。
孔子曰为国者'足食足兵'，'以不教民战，是谓弃之'，明兵之重也。《易》曰：'古
者弦木为弧（弓），剡木为矢，弧（弓）矢之利，以威天下。'其用上矣。后世燿
金为刃，割革为甲，器械甚备。下及汤、武受命，以师克乱而济百姓，动之以仁义，
行之以礼让，《司马法》是其遗事也。自春秋至于战国，出奇设伏，变诈之兵并作。
汉兴，张良、韩信序次兵法……"（"兵家"属于扩展出来的第11家）

"百家争鸣"绝不只是清谈，而是士人阶层直接参与社会变革活动不可或缺的
组成部分。这部分人虽然失去了身为贵族阶层身份的荫护，但重要的是重新找到了
安身立命的出路，成为了真正的"食禄者"。更重要的是，他们不断地与新的霸主
结盟，开创了一种新型的统治阶级利益共同体。

《汉书·艺文志》总结为："诸子十家，其可观者九家而已。皆起于王道既微，
诸侯力政，时君世主，好恶殊方，是以九家之术蜂出并作，各引一端，崇其所善，
以此驰说，联合诸侯。"

《汉书·东方朔传》中也讲得很明白，特别是总结出了时势造英雄和得天下以
后士人处世的原则：

"客难东方朔曰：'苏秦、张仪一当万乘之主，而都卿相之位，泽及后世。今
子大夫修先王之术，慕圣人之义，讽诵《诗》《书》、百家之言，不可胜数，著于竹帛，
唇腐齿落，服膺而不释，好学乐道之效，明白甚矣；自以智能海内无双，则可谓博
闻辩智矣。然悉力尽忠以事圣帝，旷日持久，官不过侍郎，位不过执戟，意者尚有
遗行邪？同胞之徒无所容居，其故何也？'

东方先生喟然长叹，仰而应之曰：'是固非子之所能备也。彼一时也，此一时
也，岂可同哉？夫苏秦、张仪之时，周室大坏，诸侯不朝，力政争权，相禽以兵，
并为十二国，未有雌雄，得士者强，失士者亡，故谈说行焉。身处尊位，珍宝充内，
外有廪仓，泽及后世，子孙长享。今则不然，圣帝流德，天下震慑，诸侯宾服，连
四海之外以为带，安于覆盂，动犹运之掌，贤不肖何以异哉？遵天之道，顺地之理，
物无不得其所；故绥之则安，动之则苦；尊之则为将，卑之则为虏；抗之则在青云之上，
抑之则在深泉之下；用之则为虎，不用则为鼠；虽欲尽节效情，安知前后？夫天地

之大，士民之众，竭精驰说，并进辐凑者不可胜数，悉力募之，困于衣食，或失门户。使苏秦、张仪与仆并生于今之世，曾不得掌故，安敢望常侍郎乎？故曰时异事异。'"

其三也是其中的少部分，既不甘心为庶民，又或拒绝或没有抓住机遇，最后只好遁入深山等地成为隐者。《汉书·东方朔传》载《非有先生之论》曰："非有先生对曰：'……故养寿命之士莫肯进也，遂居深山之间，积土为室，编蓬为户，弹琴其中，以咏先王之风，亦可以乐而忘死矣。是以伯夷、叔齐避周，饿于首阳之下，后世称其仁……'接舆避世，箕子被发佯狂，此二人者，皆避浊世以全其身者也。'"

自周以来发展起来的士阶层是一支庞大的队伍。例如在《史记·封禅书》中记载汉武帝到泰山封禅期间，"上遂东巡海上，行礼祠八神。齐人之上疏言神怪奇方者以万数，然无验者"。很显然，这些"上疏言神怪奇方者"无疑大多属于这一社会阶层之人。在秦朝时期，他们中的绝大多数人受到朝廷的严厉打压。从汉朝开始，其中的有些人才真正完成了社会角色的转变（详见后面阐释）。

上述三类士的命运之不同也充分地说明，新兴的知识阶层，仅仅是其知识结构有别于社会底层绝大多数没有接受教育机会的庶民，他们自身却不能完全因知识而构成命运共同体，在以后历史时期同样如此。

"百家争鸣"是中国历史上相对于传统礼制文化的第一次思想解放，也是中国传统思想、文化、科技发展的重要阶段，并充分地奠定了今后发展的基础。例如：

道家：老子（春秋时期）认为世界万物的本源是虚空（"无"），名为"道"，"道法自然"（道纯任自然），且世界万物和社会总在不停地运动，是相互依存和不断转化的。因此强调顺应自然（而然），提倡清静无为、知足寡欲，又主张小国寡民。老子还反对推崇圣贤："不尚贤，使民不争；不贵难得之货，使民不为盗；不见可欲，使民心不乱。""绝圣弃智，民利百倍；绝仁弃义，民复孝慈；绝巧弃利，盗贼无有。"（注1）庄子（战国时期）继承和发展老子的学说，认为世界万物等虽然看起来是千差万别的，归根结底却又是"齐一"的，这就是"齐物"。人们的各种看法和观点虽然看起来也是千差万别的，但因世间万物既是齐一的，言论归根结底也应是齐一的，没有所谓"是非"和"不同"，这就是"齐论"。世间万物也都是相对的，放弃一切差别、等级观念，就能获得精神上的自由，安时处顺，逍遥自得。而学"道"的最后归宿，也唯有泯除一切差异，从"有待"进入"无待"。道在万物，万物平等，即"道未始封""道通为一"。著名的言论还有"道之真以修身，其绪余以为国家，其土苴以为天下"（注2）。即大道的真髓、精华用以修身，它的余绪用以治理国家，它的糟粕用以教化天下。"无以人灭天，无以故灭命，无以得殉名。谨守而勿失，是谓友其真。"（注3）即不要为了人工而毁灭天然，不要为了世故去毁灭性命，不要为了贪得去身殉名利。谨守天道而不离失，这就是返璞归真。"天下莫大于秋毫之末，而泰山为小；莫寿乎殇子，而彭祖为夭。天地与我并生，而万物与我为一。"（注4）即天下没有什么比秋毫的末端更大，而泰山算是最小；世上没有什么人比夭折的孩子更长寿，而传说中年寿最长的彭祖却是短命的。天地与我共生，万物与我为一体。庄子也反对推崇圣贤："圣人生而大盗起。""窃钩者诛，窃国者为诸侯，诸侯之门而仁义存焉？""绝圣弃智，大盗乃止。摘玉毁珠，小盗不起；焚符破玺，而民朴鄙。掊斗折衡，而民不争。"（注5）

墨家：墨翟（战国时期）主张人与人之间平等地相爱，即"兼爱"；反对侵略战争，即"非攻"；推崇节约、反对铺张浪费，即"节用"；敬畏鬼神为圣王之道，即"明鬼"；力求掌握自然规律即"天志"。

儒家：礼制文化的维护者。在这一时期也产生出了有别于传统礼制文化的思想：孔子（春秋时期）在维护等级秩序主张的前提下，思想的核心是"仁"，就是要爱人，要求人与人之间要相互爱护、融洽相处。实现"仁"就要做到待人宽容，"己所不欲，勿施于人"，也主张施政要"节用而爱人"。维护等级秩序主张恢复西周礼制文化，"克己复礼"，同时推崇"为政以德"等。孔子（大概是）首创私学，主张"有教无类"。孟子（战国时期）则主张"仁政"，进一步提出"民为贵，社稷次之，君为轻"（注6）。他的伦理观是"性本善"。荀子（战国末年）主张"仁义"和"王道"，"以德服人"，并提出"君者，舟也，庶人者，水也。水则载舟，水则覆舟"（注7）。坚持"天行有常""制天命而用之"（注8）。他的伦理观是"性本恶"与"心善"。

法家：法家实际上来源于儒家。早期法家学术集大成者韩非子（战国时期）是荀子的学生，主张君要以法治国，利用权术驾驭大臣；法家把君的权力提高到极点，迎合了建立大一统专制国家的历史发展趋势。法家思想虽然不是现代意义上的"依法治国"理念，但法家的法律观念在之后中国古代社会的治理中起到了体制性的支撑作用。

在"百家争鸣"中，可以说老子的"道法自然"，庄子的"道未始封"，"墨子的"兼爱"，孔子的"仁"，孟子和荀子的君、社稷和庶民的关系的思想等，一经出现无疑就占据了中国传统思想文化的制高点。

西汉初期实行"无为而治"，兴"黄老之学"（以道家理论为基础，同时又兼采儒、法、墨等各家学说）。至汉武帝执政时期，下诏征求治国方略，董仲舒在著名的《举贤良对策》中系统地提出了"天人感应""大一统""三纲五常"学说和

"诸不在六艺之科、孔子之术者，皆绝其道，勿使并进"。班固总结为"推明孔氏，抑黜百家"。董仲舒的主张为武帝所采纳，班固又总结为"罢黜百家，表章六经"，使儒学再一次成为中国古代社会正统思想，影响长达两千多年。董仲舒学说的本质是以儒家宗法思想为中心，杂以阴阳五行说，把神权、君权、父权、夫权贯穿在一起，形成帝制神学体系。这也使得儒家学说表现出日益严重的"经学"化，也就是"神学"化趋向，形成了两汉的"谶纬宿命论"（谶为图录、隐语；纬是相对于经学而言，即是以神学附会和解释儒家经书的；宿命论即"生死有命，富贵在天"）、"神学目的论"（把社会历史中的一切因果关系归结为天意预先安排的结果）。其实，这些内容原本也是传统礼制文化的本来面目和基本内容，"天人感应"也不应归为董仲舒的创制，而仅仅是总结。

"独尊儒术"的具体举措，既体现在强化礼制文化的继承与创制方面，又体现在政府官吏选拔和社会人才培养等方面。从汉文帝刘恒开始，汉朝选拔官吏的基本制度采用"察举制"（通过观察举荐），汉文帝曾两次召举"贤良方正能直言极谏者"，是为特科察举之始。在汉武帝时期，察举制的具体标准才得以制定。最常见的察举名目是"举孝廉"，即是举荐"孝顺亲长、廉能正直"之人，主要是以儒家的思想和道德标准作为衡量标准。具体的推举办法是：察举由地方长官掌握，被察举之人多为当地的士人舆论、评价最高的。西汉年间每郡国岁举1人，到了东汉时期又改成每20万人岁举1人。除了孝廉以外，汉代的察举还有"贤良""文学""尤异"（指底层官吏政绩优异、卓异者）、"治剧"（指底层官吏能处理繁重、难办事务者）、"兵法"等名目，以满足政府对各种特殊人才的需要。当然，被推举者仍然需要经过考试，儒生的考试科目是考儒家经义，而文吏则试奏章。

在人才的培养方面，汉武帝也是采纳董仲舒的建议，又经公孙弘的推动，于元朔五年(公元前124年)始在京师长安建设校舍，正式确立博士弟子员制度，成立太学，以"五经博士"任教官。最初学生五十名，称"博士弟子"，由"太常择民年十八以上仪状端正者"充当。全国各郡也要保荐学生到博士处受业，待遇同博士弟子，入学后免除本人徭赋。每年考试一次，考试结果为上、中两等的给予官职，为下等的黜令退学。汉武帝还令郡、国皆立学校官，普遍建立地方学校。因此到了西汉末年，"四海之内，学校如林，庠序盈门"（注9）。同时博士弟子名额也在不断地增加，昭帝增为一百人，宣帝增为二百人，元帝增为一千人，成帝增至三千人，东汉顺帝时多至三万余人。

汉朝另外一种选拔官吏制度为"征辟制"，即是一种自上而下的人才选拔制度，为察举制的补充。"征"就是天子亲自选拔官员，如司马相如因《子虚赋》和《上林赋》，直接被汉武帝封为"郎"。"辟"，又叫作"辟除"，即由中央或地方政府的高级官员任用属吏，再向朝廷推荐。被征辟的人虽然也可能是察举的对象，但由于人才需求量大，被征辟的往往要超过察举的数目。征辟制在东汉尤为盛行，公卿以能招致贤才为高，而俊才名士也以有所依凭为重。

社会核心价值体系建设、法律与行政制度建设、政策的运用等，与社会发展的结果具有一定的一致性。作为西汉和东汉前期选拔人才的察举与考试相结合的制度和征辟制度，在政治清明的时期，为社会选拔了许多优秀的人才，在社会发展方面无疑发挥了不可替代的作用。同时这些政策也为"寒门"士人步入仕途打开了一扇大门，无疑也增强了社会核心价值体系的凝聚力。但在西汉和东汉后期，出现地方官员徇私，所荐察举不实的现象，再加上辟除、任子和纳赀（zī，同"资"），很容易形成不同的利益集团，导致社会政治严重腐败。所谓"任子"制度和"纳赀"制度，前者就是官员保举子弟、"门从"（堂房子弟）、宦官子弟和死亡官吏子弟等做官。人数也由一人扩大到二至三人。这便是所谓"任人唯亲""举贤不避亲"。后者就是明码标价，公开卖官。此外还有"上书拜官"，即以财力为官等。在东汉后期，出现了皇族、外戚、宦官和一些世代为官的大士族（门阀士族）四股政治势力（有时又有交叉），严重削弱了皇帝的权力。而上述选拔官员制度上的缺陷和腐败也为东汉后期社会动荡和最终覆灭埋下了伏笔。

魏文帝曹丕时期，陈群创立了"九品中正制"，即由中央特定官员按出身、品德等考核民间人才，分为九品录用。晋、六朝时也沿用此制。九品中正制是察举制的改良，主要分别是将察举之权，由地方官员改由中央任命的官员负责，但这一制度始终还是脱离不了先由地方官员选拔的步骤。因士族门阀等势力强大，常常影响中正官考核人才，后来甚至所凭准则仅限于门第出身。于是造成了"上品无寒门、下品无士族"的现象。不但直接堵塞了"寒门士人"的仕途，还让士族豪强，也就是门阀，得以把持朝廷人事，影响皇帝的权力。

从东汉末年以降，近至魏晋、远至南北朝结束的约四百年间，中国社会陷入了长期动荡，既有皇族、外戚、宦官、门阀士族间的明争暗斗，又有不同民族政权的攻伐交替，与这些动荡相伴随的是各类朝廷的上下聚敛财富，荒淫奢靡成风。可以说，在西汉盛期和东汉前期正统的礼制文化得以强化之后不久，中华大地再一次出现了"礼崩乐坏"的社会信仰危机。

魏晋之际，在残酷的社会现实面前，广义的士人阶层的生活、思想乃至人格出现了截然不同的矛盾现象，以致碰撞出了在这一时期不同于传统礼制文化的士文化：

一方面，在持续动荡或分裂割据的社会状态下，那些才华横溢、满腹经纶的士人得不到实现人生价值的机会，在残酷的政治斗争中，稍不注意可能就会成为牺牲品，如孔融、杨修、祢衡、陆机、张华、潘岳、范晔、阮籍、谢灵运等人都是莫名其妙地卷入政治斗争而惨遭杀害。险恶的政治环境使士人终日如履薄冰，政权的频繁更迭更使传统的儒学思想体系崩溃。于是他们又把眼光投向老庄。

另一方面，特别是从魏晋时期开始，门阀制度森严，一些上层士族享尽荣华富贵，却不敢与不肯正视充满尖锐矛盾和黑暗的社会现实，对待底层人民极其冷漠甚至是残酷。他们依靠门第占据高位，却又要"不以人爵（王物、世利、物务）婴心"（笔者按："婴心"即关心、挂心。整句意思为不因为世俗而改变自己的志向），使清谈玄理之风日盛一日。他们借助老庄的任性、放诞思想为自己放荡不羁的纵欲享乐生活找到合理的解释，又从老庄超然物外的思想中寻求苟安现状的闲适心境，同时还以清淡高妙的玄理来显示才华，以林泉野墅的志趣来显示清高和高人一等。

因此魏晋时期无论是哪个阶层的士人，普遍地由关注社会转向对自我的认识、对自然的企慕，且对宇宙、人生和人的思维都重新进行了纯哲学的思考，以致最终产生了魏晋玄学。所谓"玄学"，即研究幽深玄远问题的学说，指远离现实具体事物，专门讨论"超言绝象"的本体论问题，因此，浮虚、玄虚、玄远之学可通称为"玄学"。"玄"这一概念最早见于《老子·道德经》："玄之又玄，众妙之门。"

魏晋之际的玄学是在汉代儒学（经学）衰落的前提下，为弥补其不足而融合了道家思想和黄老之学演变发展而成的。其中又受西汉末年的杨雄和东汉王充等的思想影响。杨雄模仿《周易》作《太玄》，其思想排斥"人格神"（参见拙作《礼制建筑文化艺术史论》）的地位，是和当时流行的谶纬学说的创世学说根本对立的，也是对汉代官方有神论的宇宙观亦即天命论、天人感应论等的挑战。王充作《论衡》，以道家的自然无为立论宗旨，以自然的"天"为天道观的最高范畴，以"气"为核心范畴，由"元气""精气"等构成了庞大的宇宙生成模式，也与天命论、天人感应论等形成对立之势。在主张生死自然、力倡薄葬，以及反叛神化儒学等方面彰显了道家的特质，并以事实验证言论，弥补了道家空说无着的缺陷，为道家思想的重要传承者与发展者。其思想虽属于道家，却与先秦的老庄思想有严格的区别，并与汉初王朝所标榜的"黄老之学"以及西汉末东汉初民间流行的道教均不同。

魏晋玄学的代表性人物多为门阀名士，有何晏、王弼、郭象、阮籍、嵇康、向秀、夏侯玄等。代表性著作是王弼的《老子注》《周易注》和郭象的《庄子注》等。王弼在《老子指略》中概括《老子》的基本思想为："故其大归也，论太始之原以名自然之性，演幽冥之极以定惑罔之谜。因而不为，损而不施，崇本以息末，守母以存子，贱夫巧求，为在未有，无责于人，必求诸己，此其大要也。"

《老子注·二十五章》中指明天、地、人都要法则自然："法，谓法则也。人不违地，乃得全安，法地也。地不违天，乃得全载，法天也。天不违道，乃得全覆，法道也。道不违自然，乃得其性，法自然者。在方而法方，在圆而法圆，于自然无所违也。自然者，无称之言，穷极之辞也。"因此王弼认为自然乃是万物本性，本性也就是自然。道法自然，乃是因为万物本性如此。王弼哲学的出发点，也正是王充《论衡》的结论。并且自然或本性不是一个感性物，而是看不见、摸不着的，因此"无称之言，穷极之辞也"。（注 10）郭象、阮籍、夏侯玄还以老庄思想为起点，继承了王充提出的"天道自然"的观点，这种观点贯彻于人事就是任其自然，不拘礼法。

甚至佛教传入之初也依附玄学。郗超《奉法要》："夫理本于心，而报彰于事。犹形正则影直，生和而响顺，此自然玄应。"即报应也是一种自然。惠远《三报论》也说："罪福之应，唯其所感。感知而然，故谓之自然。"《涅槃经集解》引竺道生序文："夫真理自然，悟亦冥符。"竺道生主张"顿悟"，乃是对这个真理的符合。

从两汉至魏晋南北朝时期也是中国"显性宗教"——道教和佛教出现与发展的时期。道教本身就是一种多神教，源于并沿袭了中国古代把日月星辰、河海山岳以及祖先亡魂都奉为神灵的原始宗教，形成了一个包括天神、地祇和人鬼复杂的神灵体系。历史文献记载的道教正式产生于东汉顺帝年间。在北方，"太平道"曾组织过黄巾军起义；在南方，张陵于蜀郡鹤鸣山（今四川大邑县境内）创立了"天师道"（俗称"五斗米道"），把儒家的敬天与百姓法祖总结汇集并加入其他诸子的思想。张鲁在汉中就以天师道组织建立了政教合一的政权。

在东晋初期的江南，葛洪对以前的神仙思想做出了总结，确立了"神仙道教"理论体系。东晋中叶以后，江南"天师道"盛行，出现了若干造作的道书，《上清经》和《灵宝经》就是其中的两类。《上清经》是杨羲、许谧所造，以后便发展为"上清派"。《灵宝经》是葛巢甫（葛洪之曾孙）所造，以后发展为"灵宝派"。

南朝初期，陆修静融合天师道与神仙道教，将早期民间道教改革发展为新的官方道教，并完善了道教的斋醮仪范，分类整理了道教典籍。南朝中期的陶弘景，隐居茅山 45 年，广招徒众，弘传上清经法，使茅山成为上清派的核心基地，后世称之为"茅山宗"。陶弘景除弘传上清经法外，还建立了道教的神仙体系，发展了养生修炼理论。其著作主要有《真诰》《登真隐诀》《养生延命录》等。北魏太武帝时，寇谦之对天师道作了改革，原则是以礼度为首，即以礼法制度为准则。经此改革后，天师道完全适合于统治者的需要，成为了统治者所用的官方道教。但是，北魏道教的发展终不如佛教，加之寇谦之之后又没有杰出的弘教者，新天师道便在魏末衰落。北齐甚至不承认道教，北方道教只有北周关中地区兴起的"楼观道"在发展，并成了后世隋唐最兴盛的道派。

历史也始终充满了矛盾，实际上道教与道家思想在很多方面完全是风马牛不相及，例如老庄思想的核心是反对等级，顺其自然，而道教却不断地构建了一套与传统礼制文化并无本质区别的神仙、人间等级体系。其"内丹法"和"外丹法"，特别是后者则为延长生命而实逆自然而行。

关于佛教传入中国的时间，历史上各类文献记载至少有十来种不同的说法，如《三国志·魏书·乌丸鲜卑东夷传》载："《魏略·西戎传》曰：'……凡西域所出，有前史已具详，今故略说。南道西行，且志国、小宛国、精绝国、楼兰国皆并属鄯善也。戎卢国、扞弥国、渠勒国……皆并属于阗。罽（jì）宾国、大夏国、高附国、天竺国皆并属大月氏。临儿国，《浮屠（佛陀）经》云其国王生浮屠。浮屠，太子也。父曰屑头邪，母云莫邪。浮屠身服色黄，发青如青丝，乳青毛，蛉赤如铜。始莫邪梦白象而孕，及生，从母左胁出，生而有结，堕地能行七步。此国在天竺城中。天竺又有神人，名沙律。昔汉哀帝元寿元年（公元前 2 年），博士弟子景卢受大月氏王使伊存口受《浮屠经》曰复立者其人也。《浮屠（经）》所载临蒲塞、桑门、伯闻、疏问、白疏间、比丘、晨门，皆弟子号也。《浮屠（经）》所载与中国老子经相出入，盖以为老子西出关，过西域之天竺、教胡。浮屠属弟子别号，合有二十九，不能详载，故略之如此。'"

以上所载也说明即便是曹魏时期，国人对佛教还不是很了解，因此有人认为《浮屠经》讲的道理与中国的《老子》差不多，甚至有人猜测老子西出函谷关后，经过西域，来到印度，教化当地的人士，而浮屠，不过是老子的学生罢了。这种说法当然是没有任何依据的，之后却也成为后世佛教与道教斗争时争论的焦点之一。而当时国人认为佛教思想是老子所授（有意思的是今《华夏上古神系》中又认为"老子西来"），大概是因为早期佛教经书的翻译为"意译"，必须借助中国本土的语言体系，又以道家的语言体系最为接近。

总之在两汉时期，完成了不少底层士人社会角色的初步转变，即在中国古代社会皇权至上的专制体制之下，主要以"食禄"于朝廷为安身立命或保护既得利益之本。朝廷也为士人提供了这样的机会，且皇家与士人组成了一个统一的利益共同体，因此士人在思想和行为上也自觉地符合传统礼制文化的规范要求。从汉末至南北朝时期，体制性的上下腐败终于酿成了长期的社会动荡和残酷的社会现实，"礼崩乐坏"，又使士人对传统的礼制文化的核心价值体系不断地产生怀疑，以魏晋玄学为代表的文化思潮，主要就是这种怀疑后产生的结果。例如曹魏时期的嵇康甚至有"无君儿庶务定，无臣而万事理。……君立而虐兴，臣设而贼生"（注11）的"大不敬"之语。但在中国古代专制社会，无论什么学说最终都无法撼动"上帝（天）"观的传统礼制文化的绝对地位，例如，这一时期各政权并没有中断以天神、地祇、人鬼为主的祭祀活动就是强有力的证明。在东晋时期，在不放弃基本玄学思想的前提下，还出现了一大批维护传统礼教的论著，如戴逵著《放达为非道论》、孙盛著《老聃非大贤论》等，融贯儒玄。因此在专制制度之下，士人相对独立的人格和行为等，又必须被置于集权制度所允许的限度之内。但玄学的发展、道教与佛教的介入和传统隐逸文化的影响等，对魏晋及南北朝时期士人思想的另一面，即张个性、重神韵、顺自然的美学思潮有着极为深刻的影响。这些美学思潮的特征也恰好适用于这一时期中小型私家园林建筑体系的内容与形式。不可否认的是，中小型私家园林的内容与形式等，主要还是受其规模等的限制，不可能如大型皇家园林那样，而一旦其拥有者的政治地位、权力和财富等可以与皇家抗衡，其私家园林就必然是"模拟"皇家园林，这是这一时期不可否认的历史事实。

注1：《老子·道德经》。

注2：《庄子·杂篇·让王》。

注3：《庄子·外篇·秋水》。

注4：《庄子·内篇·齐物论》。

注5：《庄子·外篇·胠箧》。

注6：《孟子·尽心·下》。

注7：《荀子·哀公》。

注8：《荀子·天论》。

注9：班固《东都赋》。

注10：王弼《老子注·二十五章》。

注11：阮籍《阮籍集·卷上·大人先生传》。

第三节　魏晋南北朝时期私家园林建筑体系

魏晋南北朝时期，在社会残酷政治现实的高压下，命如朝露，士人在思想上把目光投向老庄，在思想和行为上崇尚所谓的"隐逸"和寄情山水等，以此来回避现实成为了一种普遍的社会风气。实际上老子从来也没有隐逸过，而庄子只是在后半生过着半隐逸的生活。玄学思想，甚至从某种意义上讲的道教本身都产生于这种社会风气，前者重清谈，后者有组织构架，再加上早期佛教的介入，都为这种社会风气提供了理论依据和行为示范。

如曹魏时期，有阮籍、嵇康、向秀、山涛、刘伶、王戎、阮咸七人常聚在当时的山阳县（今河南辉县、修武一带）竹林之下肆意酣畅，号称"竹林七贤"。我们可以阮籍（公元 210 年—公元 263 年）的身世为例，说明在这一时期士人及所处社会环境的基本情况。阮籍出生于汉建安十五年（公元 210 年），三岁丧父，家境清苦。其天赋异禀，酷爱研习儒家的诗书，同时也表现为不慕荣华富贵，以道德高尚、乐天安贫的古代贤者为效法榜样的志趣。阮籍在习文的同时还习武，其《咏怀诗》写道："少年学击剑，妙技过曲城。"当时魏明帝曹睿已亡，由曹爽、司马懿夹辅曹芳，二人明争暗斗，政局十分险恶。正始三年（公元 242 年）左右，当时任太尉之职的蒋济听说阮籍"俊而淑悦，为志高"，于是询问掾属（私人助理、秘书）王默予以确认。之后，蒋济准备征辟阮籍作自己的掾属。阮籍听到消息就写了一封《奏记》转呈蒋济。《奏记》中说自己才疏学浅，出生卑微，难堪重任。后来阮籍勉强就任。正始八年（公元 247 年）前后，阮籍与王戎的父亲同时任尚书郎，后称病辞官。不久又受曹爽的征辟，招为参军。正始十年（公元 249 年），曹爽被司马懿所杀，司马氏独专朝政、杀戮异己。阮籍本来在政治上倾向于曹魏皇室，对司马氏集团心怀不满，但同时又感到世事已不可为，于是他采取不涉是非、明哲保身的态度，或者闭门读书、或者登山临水、或者酣醉不醒、或者缄口不言。"竹林七贤"是崇尚隐逸、寄情山水的代表，因为是名士，对社会起到了强烈的示范作用。

晋室南渡之际，士人尚玄之风愈炽，江南秀丽的山川为崇尚隐逸、寄情山水提供了更好的条件。谢灵运为此自制登山木屐乐此不疲；陶渊明辞官归隐，"三宿水滨，乐饮川界""采菊东篱下，悠然见南山"；王羲之、谢安、孙绰等达官骚客 41 人在兰亭聚会宴咏，曲水流觞、儒雅风流。王羲之《兰亭诗》说："虽无丝与竹，玄泉有清声。"

对于大多数处于社会上层的士人来讲，寄情山水可以具体实践，以达心旷神怡、引发冥想。郗昙《兰亭诗》："温风起东谷，和气振柔条。端坐兴远想，薄言游近郊。"袁峤之《兰亭诗》："四眺华林茂，俯仰晴川涣。激水流芳醪，豁尔累心散。遐想逸民轨，遗音良可玩。古人咏舞雩，今也同斯欢。"王彬之《兰亭诗》："鲜葩映林薄，游鳞戏清渠。临川欣投钓，得意岂在鱼。"庾友《兰亭诗》："驰心域表，寥寥远迈。理感则一，冥然元会。"

然而，真正要如张衡《归田赋》所说"谅天道之微昧，追渔父以同嬉。超埃尘以遐逝，与世事乎长辞"，以及曹华《兰亭诗》所说"愿与达人游，解结遨濠梁。狂吟任所适，浪游无何乡"，很可能就要以蓬门荜户、饥不苟食、寒不苟衣为代价。例如，《晋书·隐逸列传》中列隐士 38 人（其中 1 人不知姓名），其中最典型的是"吾不能为五斗米折腰，拳拳事乡里小人邪"的陶潜（陶渊明），其"尝著《五柳先生传》以自况曰：'……闲静少言，不慕荣利。好读书，不求甚解，每有会意，欣然忘食。性嗜酒，而家贫不能恒得。亲旧知其如此，或置酒招之，造饮必尽，期在必醉。既醉而退，曾不吝情。环堵萧然，不蔽风日，短褐穿结，箪瓢屡空，晏如也。常著文章自娱，颇示己志，忘怀得失，以此自终。'其自序如此，时人谓之实录。"其《归去来兮》是向往自由精神的代表作：

"归去来兮，田园将芜胡不归？既自以心为形役，奚惆怅而独悲？悟已往之不谏，知来者之可追。实迷途其未远，觉今是而昨非。舟遥遥以轻飏，风飘飘而吹衣，问征夫以前路，恨晨光之希微。乃瞻衡宇，载欣载奔。僮仆来迎，稚子候门。三径就荒，松菊犹存。携幼入室，有酒盈樽。引壶觞以自酌，眄庭柯以怡颜，倚南窗以寄傲，审容膝之易安。园日涉而成趣，门虽设而常关；策扶老而流憩，时翘首而遐观。云无心而出岫，鸟倦飞而知还；景翳翳其将入，抚孤松而盘桓。

归去来兮，请息交以绝游，世与我而相遗，复驾言兮焉求！悦亲戚之情话，乐琴书以消忧。农人告余以春暮，将有事乎西畴。或命巾车，或棹孤舟，既窈窕以寻壑，亦崎岖而经丘。木欣欣以向荣，泉涓涓而始流，善万物之得时，感吾生之行休。

已矣乎！寓形宇内复几时，曷不委心任去留，胡为乎遑遑欲何之？富贵非吾愿，帝乡不可期。怀良晨以孤往，或植杖而耘耔，登东皋以舒啸，临清流而赋诗；聊乘化而归尽，乐夫天命复奚疑！"

对于绝大多数的士人来讲，具体实践"归去来兮"的心境与向往，必定会与"环堵萧然，不蔽风日，短褐穿结，箪瓢屡空"成为一对不可调和的矛盾，所以崇尚隐逸仅仅可为臆想中的情怀。昔日圣人孔子似乎也有志于此，《论语·公冶长》中说："道不行，乘桴浮于海。"但最终孔子也只是过过嘴瘾罢了，周游列国就完全是为了入世。

陶渊明后来对自己选择的境遇和对家人造成的伤害，也有悔过之语。

历史文献中记载的那些崇尚所谓隐逸并标榜寄情山水的，其实也并没有多少属于真正的"寒士"，即便原本是，也多因才学以及其他原因而脱离了"寒士"的境况，并且又是"进退有据"，如"竹林七贤"中的山涛。据《晋书·山涛传》记载，其父山曜只做到宛句县县令，而且在山涛少年时就已经离世。山涛虽然早年成长于清贫之家，但凭借他个人的努力，很早就获得难得的美誉。在山涛十七岁的时候，一位族人对司马懿说："涛当与景文共纲纪天下者也。"司马懿却作戏言答说："卿小族，那得此快人也！"山涛从正始五年（公元 244 年）四十岁开始入仕，短短两三年内，从本郡河内属佐，连任主簿、功曹、上计掾，被举孝廉，又被司州辟为部河南从事，已是督察京师行政的要职。但此期间也是曹氏与司马氏斗争正酣之际，而山涛关注的，则转为揣测称病卧床的司马懿意欲何为。大约在正始八年（公元 247 年），山涛果断地急流勇退。不过这次退隐，乃是审时度势之举，并非真心要退出政坛，因为他那个"纲纪天下"的理想尚未实现。这一点，他还在早年贫寒的时候就已经向妻子交代得清清楚楚："忍饥寒，我后当作三公，但不知卿堪公夫人不耳！"

直到嘉平三年（公元 251 年）司马懿去世，其长子司马师执政掌握实权后，山涛才重新出山求官。而这几年中，有两件重要事件标志着当时国家形势发生了巨大变化，也对山涛的心理产生了微妙的影响。其一是正始十年（公元 249 年）司马懿发动高平陵事变，从曹爽手中夺得了曹魏军政大权；其二是司马懿去世后不久的嘉平六年（公元 254 年），中书令李丰和光禄大夫张缉图谋废掉时任大将军的司马师，改立夏侯玄。上任三年的司马师将李丰和夏侯玄等人一举擒获杀掉，平定叛乱，并将曹芳废为齐王，拥戴曹髦继位。这两件事情说明，司马氏政权不仅从曹魏手中抢到了军政大权，而且也完成了从司马懿向司马师的权力过渡，司马氏政权的稳固地位已经不可撼动。因此山涛开始求见司马师，司马师开玩笑地说："吕望（笔者按：姜子牙）欲仕邪？"但这句玩笑话却点出了山涛此时出山的实质所在，标志着山涛由一位隐士转变为司马氏政权中的一位职业官员。山涛进入司马氏政权后，首先完成的就是获取司马氏政权的充分信任和依靠，他利用自己家族与司马氏家族的亲戚关系，很快在司马氏政权中打开局面，站稳脚跟。司马师去世之后，司马昭继任，对山涛更为重视，拜赵国相，迁尚书吏部郎。山涛也不负司马氏的厚望，在担任冀州刺史时，冀州风俗鄙薄，无推贤荐才之风。山涛鉴别选拔隐逸之士，查访贤人，表彰或任命三十多人，都显名于当世。另外，在山涛的仕途中还有一段插曲，当时身为皇帝的曹髦，因为不满于司马昭咄咄逼人的问鼎气势，执意亲自带人讨伐司马昭，结果在司马氏姻亲、监诸军事的贾充的授意下，被太子舍人成济杀死。司马昭改立曹奂为帝。在位的皇帝竟然被臣属杀死，属大逆不道。作为与曹魏有姻亲关系的嵇康，显然无法忍受和承受这个巨大的震惊和愤懑，因此写了《与山巨源绝交书》，实际上是借与山涛绝交之名，发泄对司马氏政权残暴行为的不满。因为"（嵇）康后坐事，临诛，谓子绍曰：'巨源（笔者按：山涛）在，汝不孤矣。'"总之，隐与非隐，并非都是出于士人的主观愿望，更多的是与"审时度势"的现实有着很大的关联。

在魏晋时期，大多士族豪门纸醉金迷的生活本不可或缺，但又想与寄情山水乃至隐逸的臆想合而为一，能满足这种生活的空间载体，恐怕也只有属于自己的园林了。姜质《庭山赋》说："不专流荡，又不偏华上；卜居动静之间，不以山水为忘。"（详见后）可随时遐"临泉逍遥"之想。而"吏非吏，隐非隐"的"朝隐"，即"小隐隐陵薮，大隐隐朝市"（注1）便成为了这一时期士人的主要选择，在行为上既"志在轩冕"（现实的追求）又"栖心丘园"（标榜的追求）。因此在现实中便反过来标榜"夫圣人虽在庙堂之上，然其心无异于山林之中"。（注2）"故有志深轩冕而泛咏皋壤，心缠几务而虚述人外。"（注3）"身处朱门，情游江海；形入紫闼，而意在青云。"（注4）那些城市中的园林也就"虽复崇门八袭，高城万雉，莫不蓄壤开泉，仿佛林泽"。（注5）可以说，因文人士大夫等特殊的社会地位，主导了当时除礼制文化之外的社会文化，并对此具有强大的、主体的话语权，导致了隐逸文化和可以作为隐逸行为标榜的私家园林的逻辑关系，成为了影响至深的社会文化的幻影。而隐逸文化和私家园林之间实际的关系，至多属于若即若离，拥有私家园林者，毕竟不会是"真隐"。

历史文献中有关魏晋南北朝私家园林的记载很多，但又多为只言片语。举例如下：

《魏书·茹皓传》："茹皓，字禽奇，旧吴人也……皓性微工巧，多所兴立，为山于天渊池西，采掘北邙及南山佳石，徙竹汝、颍，罗莳其间。经构楼馆，列于上下，树草栽木，颇有野致。世宗心悦之，以时临幸。"

《世说新语·简傲》："王子敬（王献之）自会稽经吴，闻顾辟疆有名园（笔者按：在今苏州），先不识主人，径往其家。值顾方集宾友酣燕，而王游历既毕，指麾好恶，旁若无人。顾勃然不堪曰：'傲主人，非礼也；以贵骄人，非道也。失此二者，不足齿之他耳！'便驱其左右出门。王独在舆上，回转顾望，左右移时不至。然后令送著门外，怡然不屑。"

《晋书·隐逸列传》："王导闻其名（笔者按：指郭文），遣人迎之，（郭）文不肯就船车，荷担徒行。既至，导置之西园，园中果木成林，又有鸟兽麋鹿，因以居文焉。于是朝士咸共观之，（郭）文颓然踑踞，傍若无人。"

《晋书·谢安传》："（谢）安遂命驾出山墅，亲朋毕集，方与（谢）玄围棋赌别墅……又于土山营墅，楼馆林竹甚盛，每携中外子侄往来游集，肴馔亦屡费百金。世颇以此讥焉，而安殊不以屑意。"

《南齐书·高帝纪》："初，（刘）勔高尚其意，托造园宅，名为'东山'，颇忽世务。太祖谓之曰：'将军以顾命之重，任兼内外。主上春秋未几，诸王并幼冲，上流声议，遐迩所闻。此是将军艰难之日，而将军深尚从容，废省羽翼，一朝事至，虽悔何追！'"

《南史·袁粲传》："（袁粲）爱好虚远，虽位任隆重，不以事物经怀，独步园林，诗酒自适……郡南一家颇有竹石，粲率尔步往，亦不通主人，直造竹所，啸咏自得。"

从以上记载中可以发现，那些私家园林的主人没有一位属于"寒士"。他们造园的目的，也绝不会如他们所标榜的那样崇尚于隐逸并寄情于山水，而满足现实的享乐才是第一目的，并且建造和维护这些园林也都需要巨大的经济成本。

杨炫之所撰《洛阳伽蓝记》中较集中地描述了北魏洛阳城内外私园的一些情况，具体内容还算详细。如《洛阳伽蓝记·卷二·城东》载："敬义里南有昭德里。里内有……司农张伦等五宅……惟伦最为奢侈：斋宇光丽，服玩精奇。车马出入，逾于邦君。园林山池之美，诸王莫及！伦造景阳山，有若自然。其中重岩复岭，嶔崟（qīn yín，高山）塞相属。深溪洞壑，逦迤（lǐyǐ）连接。高林巨树，足使日月蔽亏。悬葛垂萝，能令风烟出入。崎岖石路，似瓮而通。峥嵘涧道，盘纡复直。是以山情野兴之士，游以忘归。"

《洛阳伽蓝记·卷二·城东》载同时期的姜质所写《亭山赋》，文学化地描述了这座私园的景象："今偏重者爱昔先民之重由朴由纯。然则纯朴之体，与造化而梁津（相连接的桥梁）。濠上之客，柱下之吏，悟无为以明心，托自然以图志，辄以山水为富，不以章甫（笔者按：官帽）为贵。任性浮沈，若淡兮无味。今司农张氏，实踵（笔者按：跟随）其人。巨量接于物表，夭矫洞达其真。青松未胜其洁，白玉不比其珍。心托空而栖有，情入古以如新。既不专流荡，又不偏华上，卜居动静之间，不以山水为忘。庭起半丘半壑，听以目达心想。进不入声荣，退不为隐放。尔乃决石通泉，拔岭岩前。斜与危云等曲，危与曲栋相连。下天津之高雾，纳沧海之远烟。纤列之状如一古，崩剥之势似千年。若乃绝岭悬坡，蹭蹬蹉跎。泉水纡徐如浪峭，山石高下复危多。五寻百拔，十步千过，则知巫山弗及，未审蓬莱如何。其中烟花露草，或倾或倒。霜干风枝，半耸半垂。玉叶金茎，散满阶墀。燃目之绮，裂鼻之馨，既共阳春等茂，复与白雪齐清。或言神明之骨，阴阳之精，天地未觉生此，异人焉识其名。羽徒纷泊，色杂苍黄。绿头紫颊，好翠连芳。白鹤生於异县，丹足出自他乡。皆远来以臻此，藉水木以翱翔。不忆春於沙漠，遂忘秋於高阳。非斯人之感至，伺候鸟之迷方。……庭为仁智之田，故能种此石山。……孤松既能却老，半石亦可留年。"

《亭山赋》描绘的大司农张伦的园林是在洛阳城外的里坊内，这座园林是以人工山水为重要内容，"重岩复岭，嵁崟塞相属""深溪洞壑，逦迤连接""泉水纡徐如浪峭"等。艺术效果是"有若自然""以山情野兴之士，游以忘归。"等。建造的情怀似乎为"心托空而栖有，情入古以如新。既不专流荡，又不偏华上，卜居动静之间，不以山水为忘。庭起半丘半壑，听以目达心想。进不入声荣，退不为隐放。"这也是姜质高度地概括了这一时期的私家园林对于文人士大夫来讲虚幻的"文化意义"，从中可以看出对大司农张伦及其园林有无限拔高之嫌，因为张伦园林实际的境况毕竟是"斋宇光丽，服玩精奇。车马出入，逾于邦君。园林山池之美，诸王莫及！"

《洛阳伽蓝记·卷四·城西》载："寺北有侍中尚书令临淮王彧宅。彧博通典籍，辨慧清悟，风仪详审，容止可观。……彧性爱林泉，又重宾客。至于春风扇扬，花树如锦，晨食南馆，夜游后园，僚采成群，俊民满席。丝桐发响，羽觞流行，诗赋并陈，清言乍起，莫不饮其玄奥，忘其褊郄（biǎn xì，狭陋）焉。是以入彧室者，谓登仙也。荆州秀才张斐常为五言，有清拔之句云：'异林花共色，别树鸟同声。'……及尔朱兆入京师，彧为乱兵所害，朝野痛惜焉。"

《洛阳伽蓝记·卷四·城西》载："自退酤以西，张方沟以东，南临洛水，北达芒山，其间东西二里，南北十五里，并名为寿丘里，皇宗所居也，民间号为'王子坊'。

当时四海晏清，八荒率职（笔者按：朝贡），缥囊（笔者按：用淡青色的丝绸制成的书囊）纪庆，玉烛调辰，百姓殷阜，年登俗乐。鳏寡不闻犬豕之食，茕独不见牛马之衣。于是帝族王侯、外戚公主，擅山海之富，居川林之饶，争修园宅，互相夸竞。崇门丰室，洞户连房。飞馆生风，重楼起雾。高台芳榭，家家而筑。花林曲池，园园而有。莫不桃李夏绿，竹柏冬青。

而河间王琛最为豪首，常与高阳（王）争衡。造文柏堂，形如徽音殿。置玉井金罐，以金五色绩为绳。妓女三百人，尽皆国色；有婢朝云，善吹箎，能为团扇歌、陇上声……

（王）琛在秦州，多无政绩。遣使向西域求名马，远至波斯国，得千里马，号曰"追风赤骥"。次有七百里者十余匹，皆有名字。以银为槽，金为锁环。诸王服其豪富。（王）琛常语人云：'晋室石崇乃是庶姓，犹能雉头狐腋，画卵雕薪，况我大魏天王，不为华侈？'造迎风馆于后园。牖户之上，列钱青琐，玉凤衔铃，金龙吐佩。素奈朱李，枝条入檐，伎女楼上，坐而摘食。

（王）琛常会宗室，陈诸宝器，金瓶银瓮百余口，瓯、檠、盘、盒称是。自余酒器，有水晶钵、玛瑙杯、琉璃碗、赤玉卮数十枚。作工奇妙，中土所无，皆从西域而来。又陈女乐及诸名马。复引诸王按行府库，锦罽（jì，毡子）珠玑，冰罗雾縠，充积其内。绣、缬、紬、绫、丝、彩、越、葛、钱、绢等，不可数计。（王）琛忽谓章武王融曰：'不恨我不见石崇，恨石崇不见我！'"

文中提到的石崇为西晋大官僚，《世说新语·汰侈》有一条骇人听闻的记载：

"石崇每要（邀）客燕（宴）集，常令美人行酒。客饮酒不尽者，使黄门交斩美人。王丞相（王导）与大将军（王敦）尝共诣（应邀）崇，丞相素不能饮，辄自勉强，至于沉醉。大将军固不饮，以观其变。已斩三人，颜色如故，尚不肯饮。丞相让之，大将军曰：'自杀伊家人，何预卿事？'"

冷血而残忍的石崇在50岁辞官（后遭"夷三族"），在洛阳西北郊金谷涧畔建了一座金谷园，石崇自己所作《思归引》云："……年五十以事去官，晚节更乐放逸，笃好林薮，遂肥遁于河阳别业。其制宅也，却阻长堤，前临清渠，柏木几于万株，江水周于舍下。有观阁池沼，多养鱼鸟。家素习技，颇有秦赵之声。出则以游目弋钓为事，入则有琴书之娱。又好服食咽气，志在不朽。傲然有凌云之操……

思归引，归河阳，假余翼鸿鹤高飞翔；经芒阜（笔者按：阜为土山），济河梁（笔者按：梁为桥），望我旧馆心悦康；清渠激，鱼彷徨，雁惊溯波群相将，终日周览乐无方；登云阁，列姬姜，拊丝竹，叩宫商；宴华池，酌玉觞。"

另有其《金谷诗·序文》说："……有别庐在河南县界金谷涧中，或高或下，有清泉茂林，众果、竹、柏、药草之属，莫不毕备。又有水碓（借水力舂米的工具）、鱼池、土窟，其为娱目欢心之物备矣。时征西大将军祭酒王诩当还长安，余与众贤共送往涧中，昼夜游宴，屡迁其坐，或登高临下，或列坐水滨。时琴、瑟、笙、筑，合载车中，道路并作……"

"帝族王侯、外戚公主，擅山海之富，居川林之饶，争修园宅，互相夸竞"自不必多言；洛阳城西王彧宅、城东王琛别墅和后园都无疑是极尽奢华；石崇的金谷园虽然是以自然山水取胜，也是与晋武帝司马炎的舅舅王恺斗富攀比所为，极尽奢华。因此《洛阳伽蓝记》中记载的这些私家园林绝非"既不专流荡，又不偏华上，卜居动静之间，不以山水为忘。庭起半丘半壑，听以目达心想。进不入声荣，退不为隐放"。帝族王侯、外戚公主，还有如张伦、王琛、石崇这类士大夫，无论如何表白，其私家园林以奢华享受甚至是博得夸耀之目的，是无法掩盖的。

东晋前后，北方士族大量南迁，江南有地理和气候的优势，更适合私家园林的发展，但有关这一时期的江南私家园林具体情景的记载依然有限，也多为只言片语。可能与私家园林有关的略举两例，《世说新语》注引孙绰《遂初赋叙》云："余少慕老庄之道，仰其风流久矣。却感于陵贤妻之言，怅然悟之。乃经始东山，建五亩之宅。带长阜，倚茂林；孰与坐华幕，击钟鼓者同年而语其乐哉！"

《宋书·谢灵运传》载："灵运父、祖并葬始宁县，并有故宅及墅，遂移籍会稽，修营别业（即别墅）。傍山带江，尽幽居之美。"

谢灵运为东晋著名政治家、军事家谢安之后人。谢安多才多艺，善行书，通音乐，性情闲雅温和，处事公允明断，不专权树私，不居功自傲。作为高门士族，他能顾全大局，以谢氏家族利益服从于晋室利益。在著名的淝水之战中，谢安作为东晋军队的总指挥，以八万兵力打败了号称百万的前秦军队，为东晋赢得几十年的安静和平。战后因功名太盛而被孝武帝猜忌，被迫前往广陵避祸。太元十年（公元385年），因病重返回建康（今南京），旋即病逝，享年六十六岁，追赠太傅、庐陵郡公，谥号文靖。谢安年轻时以淡泊名利知名，最初屡辞辟命，隐居会稽郡始宁县西南之东山，即在东山建有谢安别墅。其侄谢玄（淝水之战主将）归隐后，在东山南边也建了别墅。谢玄与其子谢瑍都葬在附近。谢灵运继承了其祖父谢玄的产业，再次大规模整治庄园，凿山开道，围水造湖，疏通水路，使南北有水路相通，或依山傍湖，或背山临江，山川平原相结合，形成了环境优美、自给自足的六朝典型的大庄园。

其《山居赋》说："……若夫巢穴以风露贻患，则大壮以栋宇祛弊；宫室以瑶璇致美，则白贲（意为由绚烂复归于平淡）以丘园殊世。惟上托于岩壑，幸兼善而罔滞。虽非市朝，而寒暑均和；虽是筑构，而饬朴（chì pǔ，华美与质朴）两逝……

仰前哲之遗训，俯性情之所便。奉微驱以宴息，保自事以乘闲。愧班生之夙悟，惭尚子之晚研。年与疾而偕来，志乘拙而俱旋。谢平生于知游，栖清旷于山川。

其居也，左湖右江，往渚还汀。面山背阜，东阻西倾。抱含吸吐，款跨纡萦。绵联邪亘，侧直齐平。

近东则上田、下湖，西溪、南谷，石墝、石滂，闵硎（kēng，低洼地）、黄竹。决飞泉于百仞，森高薄于千麓。写长源于远江，派深毖于近渎。

近南则会以双流，萦以三洲。表里回游，离合山川。崿崩（è bēng，破裂的山崖）飞于东峭，盘傍薄于西阡。拂青林而激波，挥白沙而生涟。

近西则杨、宾接峰，唐皇连纵。室、壁带溪，曾、孤临江。竹缘浦以被绿，石照涧而映红。月隐山而成阴，木鸣柯以起风。

近北则二巫结湖，两智通沼。横、石判尽，休、周分表。引修堤之逶迤，吐泉流之浩漾。山矶下而回泽，濑石上而开道……

尔其旧居，曩（nǎng，过去的）宅今园，枌槿尚援，基井具存。曲术（弯曲的小路）周乎前后，直陌矗其东西。岂伊临溪而傍沼，乃抱阜而带山。考封域之灵异，实兹境之最然。茸骈（连屋）梁于岩麓，栖孤栋于江源。敞南户以对远岭，辟东窗以瞩近田。田连冈而盈畴，岭枕水而通阡……

自园之田，自田之湖。泛滥川上，缅邈水区。浚潭涧而窈窕，除菰洲之纤馀。氉温泉于春流，驰寒波而秋徂。风生浪于兰渚，日倒景於椒途，飞渐榭于中沚，取水月之欢娱。且延阴而物清，夕栖芬而气敷。顾情交之永绝，觊云客之暂如……

若乃南北两居，水通陆阻。观风瞻云，方知厥所。

南山则夹渠二田，周岭三苑。九泉别涧，五谷异巘（yǎn，山峰），群峰参差出其间，连岫复陆成其坂。众流溉灌以环近，诸堤拥抑以接远。远堤兼陌，近流开渱。凌皋泛波，水往步还。还回往匝，枉渚员峦。呈美表趣，胡可胜单。抗北顶以茸馆，瞰南峰以启轩。罗曾崖于户里，列镜澜于窗前……

北山二园，南山三苑。百果备列，乍近乍远。罗行布株，迎早候晚。猗蔚溪涧，森疏崖巘。杏坛、柰园，橘林、栗圃，桃李多品，梨枣殊所。枇杷林檎，带谷映渚。椹梅流芬于回峦，榉柿被实于长浦……"

孙绰的"五亩之宅"的内容和形式的描述过于简单，大概可以属于"建筑学意义的园林"。而谢灵运对其庄园别墅文学性的描述很丰富：先阐明山居的意义，接着描述了近东、南、西、北和远东、南、西、北的大环境，即可借景的环境和这一时期形成的堪舆内容考量等。接下来描述环境中动植物及农田耕作、灌溉等情况，勾画出自然生态和自给自足的经济形态。再后描述南山、北山，即南居和北居的大致情况，以及不同季节景象和与人交往及各种感慨等。但由于整篇都是文学性描写，规划布局等的具体形态还是颇费悬测。显然，如果非要把这座规模巨大的庄园与私家园林挂钩有些勉强，至多也只能是某局部可以划归为"建筑学意义的园林"。如对"北山二园、南山三苑"的描述，虽然环境奇美，但也只是种植了各类果木。

综上所举，魏晋南北朝时期有关私家园林的各类记载明显多于以往，具体又大致分为三类：其一为城市内园林，或为宅园，或是另为独立的园林；其二为城外或山野别墅，前者除建筑之外的园林内容以模仿自然山水为主；其三为庄园等。其中如"王子坊"内皇家宗族的各类园宅、王琛的"后园"、石崇的金谷园、谢安的东山别墅、孙绰的"五亩之宅"等大概都属于"建筑学意义的园林"。而谢灵运的别业，描述的范围较大，内容较复杂多样，更像是一座"田园综合体"。从社会文化的角度来讲，整体上可以归结为"社会学意义的园林"，只可能是其中的某些局部可以划归为"建筑学意义的园林"。另外，这一时期私家园林还有一个特点就是位于城内城外的虽然规模有别，但多属于中小型园林，从常识上来讲，小园甚至是微园一定更多。北周文人庾信为此还写了一篇《小园赋》自娱，为便于理解，直接译为白话文如下：

"一枝之上，巢父（笔者按：传说中尧舜时期的高士）便得栖身之处。一壶之中，壶公有容身之地。何况管宁（笔者按：东汉至三国时期的隐士）有藜木床榻，虽磨损穿破但仍可安坐。嵇康打铁之灶，既能取暖又可睡眠其上。难道一定要有南阳樊重（笔者按：西汉至新莽时期大庄园主）那样门户连属的高堂大厦，西汉王根（笔者按：西汉时期的权臣，大司马王凤的弟弟）那样绿色阶台、青漆门环的官舍？我有几亩小园，一座破旧的小屋，寂寥清静与喧嚣尘世隔绝。姑且能与祭祀伏腊的阔屋相比，姑且能以此避风遮霜。虽像晏婴（笔者按：春秋时期齐国大臣）住宅近市，但不求朝夕之利。虽同潘安（笔者按：西晋著名文学家）面城而居，却可享安然闲居之乐。况且鹤鸣仅为警露，非有意乘华美之车。爱居鸟只是避风，本无心于钟鼓之祭。陆机、陆云兄弟（笔者按：同为西晋著名文学家）也曾共同挤住一处。殷浩（笔者按：东晋大臣、将领，早年隐居）、韩伯（笔者按：东晋玄学家、训诂学家）舅甥相伴居住也不加区别。蜗牛之角、蚊目之睫，都足以容身。

于是徘徊于土筑小屋之中，聊同于颜阖破避而逃的住处（笔者按：颜阖为战国时鲁国的高士，他听说鲁君要聘他为相，便挖墙逃走）。梧桐零落纷落，柳下清风徐来。有珠柱之琴弹奏，有《玉杯》（笔者按：西汉董仲舒著）名篇诵读。棠梨茂郁而无宏奢宫馆，酸枣盛多而无华美台榭。还有不规则的小园八九丈，纵横几十步，榆柳两三行，梨桃百余棵。拨开茂密的枝叶即见窗，走过曲折的幽径可得路。蝉有树荫隐蔽不惊恐，雉无罗网捕捉不惧怕。草树混杂，枝干交叉。一篑土为山，一小洼为水。与藏狸同窟而居，与乳鹊并巢生活。细茵连若贯珠，葫芦绵蔓高挂。在此可以解饿，可以栖居。狭室高低不平，茅屋漏风漏雨。房檐不高能碰到帽子，户门低小直身可触眼眉。帐子简朴，床笫简陋。鸟儿悠闲慢舞，花随四时开落。心如枯木，寂然无绪；发如乱丝，蓬白不堪。不怕炎热的夏日，不悲萧瑟的秋天。

游鱼一寸二寸，翠竹三竿两竿。雾气缭绕着丛生的蓍草，九月的秋菊采为金精。有酸枣酢梨、山桃郁李。积半床落叶，舞满屋香花。可以叫作野人之家，又可称为愚公之谷。在此卧息茂林之下乘荫纳凉，更可体味羡慕已久的散发隐居生活。园虽有门而经常关闭，实在是无水而沉的隐士。暮夏与荷锄者相识，五月受披裘者寻访。求葛洪（笔者按：东晋道学家、医药学家）药性之事，访京房周易之变。忘忧之草不能忘忧，长乐之花无心长乐。鸟何故而不饮鲁酒？鱼何情而出渊听琴？

加之不能适应此地不同的时令，又违背自己的性情品行。如崔骃（笔者按：东汉初期文学家，与班固、傅毅齐名）不乐而损寿，如吴质（笔者按：东汉至三国时期文学家）以长愁而患病。埋石降伏宅神，悬镜威吓山妖。常惹起庄舄（xì，战国时期越国人，为楚国大臣）思乡之情，曾几次如魏子（笔者按：魏子丑，战国时期秦国宣太后的男宠）神志昏聩。每到傍晚，闲室之中，老老少少，相携相依。有首如飞蓬之子，有椎髻布衣之妻。有燋麦两瓮，有寒菜一畦。骚骚风吹树木摇曳，惨惨天色阴云低沉。雀聚空仓聒噪，蝉惊蟋蟀同鸣。

昔日草莽之人曾滥竽充数，承蒙皇恩家有余庆。家祖素性高洁，恩承皇上赐书。有时陪辇同游玄武阙，有时与驾共凤凰殿。如贾谊（笔者按：西汉著名政治家、文学家）观受釐（shòu lí，祭祀后的肉归皇帝，以示受福）于宣室，如杨雄赋《长杨》（笔者按：杨雄为西汉时期著名文学家，此赋以写田猎为构架，实讽汉成帝的荒淫奢丽）于直庐。

继而便崩川竭，冰碎瓦裂。大盗乱国，梁朝的光辉永远熄灭。经历如三危山路直辔摧折，艰险如九折坂上平途断裂。像荆轲寒水悲吟，像苏武秋风诀别，关山风月因思乡凄怆，陇头流水使肝肠断绝。龟诉北方之寒，故国沦丧；鹤叹今年之雪，不寒而栗。百年啊，弹指一挥。华年啊，老之将至。未雪坎坷耻辱的不幸厄运，又念如鸿雁远去滞留不返。不能如雀雉入淮海而变，不能如金丹于鼎中九转。不是暴腮点额于龙门，以身殉节。而是骐骥负车悲鸣马坂，屈辱难言。诚信天道呵，昏昧不仁；慨叹人们啊，不能了解我的苦衷。"

庾信，字子山，南阳新野人，南北朝时期著名诗人、文学家。父亲庾肩吾为梁朝大官僚，亦是著名的文学家。庾信自幼（"幼而俊迈，聪敏绝伦"）随父亲出入于梁简文帝萧纲的宫廷，后来又与徐陵一起任萧纲的东宫学士，成为宫体文学的代表作家。侯景叛乱时，庾信逃往江陵，辅佐之后的梁元帝。后出使西魏，在此期间，梁为西魏所灭。北朝君臣一向倾慕南方文学，庾信又久负盛名，因而他既是被强迫，又是很受器重地留在了北方，官至车骑大将军、开府"仪同三司"（"三司"即"三公"）。北周代魏后，更迁为骠骑大将军、开府"仪同三司"，故世又称之为"庾开府"。时陈朝与北周通好，许流寓人士归还故国，唯有庾信与王褒不得回南方。所以，庾信一方面身居显贵，被尊为文坛宗师，受皇帝礼遇，与诸王结布衣之交；另一方面又深切思念故国乡土，为自己身仕敌国而羞愧，因不得自由而怨愤。《小园赋》即是庾信晚年羁留北周时所作。如此至老，死于隋文帝开皇元年。有《庾子山集》传世。

或许庾信建"小园"，才真为"既不专流荡，又不偏华上，卜居动静之间，不以山水为忘"。

"一壶之中，壶公有容身之地"的典故来源于《后汉书·方术传》："费长房者，汝南人也。曾为市掾。市中有老翁卖药，悬一壶于肆头，及市罢，辄跳入壶中。市人莫之见，唯长房于楼上睹之，异焉，因往再拜奉酒脯。翁知长房之意其神也，谓之曰：'子明日可更来。'长房旦日复诣翁，翁乃与俱入壶中。唯见玉堂严丽，旨酒甘肴，盈衍其中，共饮毕而出。翁约不听与人言之。后乃就楼上候长房曰：'神仙之人，以过见责，今事毕当去，子宁能相随乎？楼下有少酒，与卿与别。'长房使人取之，不能胜，又令十人扛之，犹不举。翁闻，笑而下楼，以一指提之而上。视器如一升许，而二人饮之终日不尽。"

后人多以此比喻在有限的空间内可容纳宇宙万物之意，受此典故影响，日后很多小型园林或园林中的局部空间以"壶"为名，如乾隆年间所建北京北海濠濮间轩内匾额书"壶中云石"。

从以上内容可以看出，魏晋南北朝时期，与私家园林大概有关的各类记载明显多于以往。有三个原因：其一是这一时期能够流传下来的文献资料的数量本来就多于以往；其二是社会文化方面的原因，前面已经做了重点阐述，在此不赘述；其三是这一时期的门阀政治是社会政治的主流，即门阀士族与皇帝可以部分地分享权力与利益，所以这些门阀士族等才有了建造一定规模的私家园林的政治与经济基础（但这一时期的园林很多属于"社会学意义的园林"，特别是以种植各类植物为主）。为此还可以举一反例：

前举谢灵运为东晋名将谢玄之孙，18 岁袭封康乐公，刘氏南宋朝建立后，被降为康乐侯。因其为名公之后，又才华出众，自认为应当参与时政机要，但据《宋书·谢灵运传》载，宋文帝刘义隆对他"唯以文义见接，每侍上宴，谈赏而已"。在朝不得志，曾外任永嘉太守、临川内史等职。谢灵运好营庄园及园林，但在政治失意后，他的这一雅好也受到了抑制："灵运因父祖之资，生业甚厚。奴僮既众，义故门生数百，凿山浚湖，功役无已。寻山陟岭，必造幽峻，岩嶂千重，莫不备尽。登蹑常著木履，上山则去前齿，下山去其后齿。尝自始宁南山伐木开径，直至临海，从者数百人。临海太守王琇惊骇，谓为山贼，徐知是灵运乃安。又要琇更进，琇不肯，灵运赠琇诗曰：'邦君难地险，旅客易山行。'在会稽亦多徒众，惊动县邑。太守孟顗事佛精恳，而为灵运所轻，尝谓顗曰：'得道应须慧业文人，生天当在灵运前，成佛必在灵运后。'颛深恨此言。

会稽东郭有回踵湖,灵运求决(请求解决)以为田,太祖令州郡履行。此湖去郭近,水物所出,百姓惜之,颛坚执不与。灵运既不得回踵,又求始宁岯崲湖为田,颛又固执。灵运谓颛非存利民,正虑决湖多害生命,言论毁伤之,与颛遂构仇隙。"

谢灵运有祖业资产,有奴僮、义故、门生数百跟随,"凿山浚湖""伐木开径"都不在话下。他后来两次看上并想占为己有"为田"的土地都在湖畔,自然景色优美。虽然宋文帝答应把土地划拨给他,但因其曾经得罪过会稽太守,又因其此时在政治上早已失意,无足轻重,所以太守孟颛两次都拒绝了他。此例说明,是否有能力占有适宜的土地,是"为田"或营造私家园林最重要的条件。与谢灵运的故事相反又最极端的例子则是昔日汉武帝"广开上林苑"。

注1:王康琚《文选·卷二十二·反招隐》。

注2:《庄子·逍遥游》郭象注。

注3:《文心雕龙·情采》。

注4:《南史·齐宗室传》。

注5:《宋书·隐逸传论》。

第四节　魏晋南北朝及以前时期私家园林建筑体系形态总结

从本章以上阐释与介绍的内容来看,魏晋南北朝之前所谓私家园林拥有者的身份、地位、权力等情况是非常复杂的,他们拥有的私家园林的空间内容与空间形态等肯定也并不相同,但对其空间形态等也可以概括地总结,因为私家园林的产生毕竟是以模仿皇家园林为主。

商朝后期的都城在今安阳(殷墟)和淇县(朝歌),两周、秦朝、两汉的都城没有离开过关中平原和洛阳地区,这些都城的位置都是位于北方平原地带(即便有台地)。这些时期的古帝王与皇家园林多以宫苑园林形态为主,且因古帝王与皇帝的特殊身份,他们不能长时间地远离政治中心,因此宫苑园林的位置也必须是以位于都城内外为主(在其他地区当然也会有,如汉武帝在当时的云阳县建有著名的甘泉宫)。以中卷中相关章节阐释与介绍的内容来总结,那些主要的宫苑园林的空间内容与空间形态,是以各类高台建筑、井干建筑、飞阁复道(飞虹复道、飞阁辇道,包括双层的桥梁)、带边墙的甬道、自然的台地、人工堆叠的仿自然形态的山、地面建筑、堆叠的假山与置石、各类水系与动植物等园林要素内容为依托，支撑起立体多变的、以浓缩地模拟神仙境地甚至是宇宙天地为目的的、规模庞大的宫苑园林。另外，在秦始皇和汉武帝等的宫苑园林中，还有很多巨大的、具象动物的石刻像等。在秦始皇的宫苑园林中，还开创了具体地模拟海上仙山的"园林母题"，并以渭水象征天上的银河等。在汉武帝上林苑昆明池的东西两岸，分别建有牛郎和织女的巨大石刻像，是以昆明池象征天上的银河等。虽然不是每一座重要的宫苑园林中的园林要素内容都如上面所列那么齐全，但后世的园林要素内容，在记载上述历史时期的相关历史文献中，几乎都已经出现了。如果与我们所熟知的后世的园林要素内容进行比较，首先是主要的建筑形态有很大的不同，再有，记载那一时期的相关历史文献中，似乎没有出现过"不系舟"类的旱船。另外，那些宫苑园林中是否也存在如后世皇家园林中主要的空间组织与处理手法等，我们无法猜测。但可以肯定的是，那些宫苑园林中最具特色的、既有具象又有抽象特点的、立体多变的空间形态等，在隋唐及以后时期的皇家园林中再也没有出现过。

私家园林一经出现至两汉时期，对古帝王与皇家园林的效仿或模仿有两种情况：

第一种情况是当拥有者在地位、权力、经济等方面至少接近古帝王与皇帝时，他们在类似的地貌地带所营造的私家园林的规模和空间内容与空间形态等，就会接近于古帝王与皇家的。实际上周文王的"灵台"就属于这种情况。在东周灭亡之前，春秋战国之际各诸侯王的"大宫室、美台榭"也属于这种情况，并且很多超过了同时期周天子的宫苑园林。在西汉时期，梁孝王刘武的部分园林属于这种情况。在东汉时期，外戚、大将军梁冀的部分园林也属于这种情况。如本章第一节介绍的梁孝王刘武"筑'东苑'，方三百余里，广（扩）睢阳城七十里，大治宫室，为复道，自宫连属于平台三十余里。"其中的"复道"，肯定主要是为依附于高台建筑等。又如本章第一节介绍的大将军梁冀"又起'菟苑'于河南城西，经亘数十里，发属县卒徒，缮修楼观，数年乃成。"其中的"楼观"也属于高台建筑。文中所指的"河南城西"可能是指洛阳城西。《洛阳伽蓝记·卷四·城西》记载："出西阳门外四里御道南，有洛阳大市，周回八里。市南有皇女台，（东）汉大将军梁冀所造，犹高五丈余。景明中比丘道恒立灵仙寺於其上。……市西北有土山鱼池，亦冀之所造。"在"皇女台"遗址之上可建"灵仙寺"，可见原"台"之规模巨大。因此，这类私家园林形态的文化与空间艺术等，可以参考相关皇家园林的。

另外，如大将军梁冀等，从某些方面讲，其人身的自由度要高于皇帝，因此也营造了远离都城而以依托或模仿自然山水为主要特征的大型私家园林，如本章第一节介绍过的"又广开园囿，采土筑山，十里九陂，以像二崤，深林绝涧，有若自然，奇禽驯兽，飞走其间。……又多拓林苑，禁同王家，西至弘农，东界荥阳，南极鲁阳，北达河、淇，包含山薮，远带丘荒，周旋封域，殆将千里。"以这种空间内容与形态为特点的园林，在以前的皇家园林中也出现过，如西汉长安上林苑的局部区域。

第二种情况是其他拥有者的私家园林，因拥有者的个人能力有限，其私家园林的规模等各方面内容也必定受限，不可能完全模仿皇家园林，特别是无法模仿需要各类巨大成本（包括行政权力成本）营造的高台建筑等。那么单纯地以依托或模拟自然山水为主，就几乎成为了这类私家园林唯一的选择。何况在皇家宫苑园林中，也并不缺少依托或模拟自然山水内容的实例。这类私家园林典型的实例是西汉茂陵袁广汉的私家园林，但其相对来讲已经属于平地而起的较大型的私家园林，并且其中已经包含了相近规模的后世私家园林中的绝大部分的园林要素内容等，只是历史文献资料表述的内容有限，其空间处理手法等我们无法过细地妄加揣测。另外，如大将军梁冀，虽然权倾朝野，但他在洛阳城内的宅第却不可能有如皇家正宫或离宫那样的规模，也是"堂寝皆有阴阳奥室，连房洞户。柱壁雕镂，加以铜漆，窗牖皆有绮疏青琐，图以云气仙灵。台阁周通，更相临望；飞梁石蹬，陵跨水道。金玉珠玑，异方珍怪，充积藏室"。属于规模与豪华程度罕见的城市宅第类私家园林。

到了魏晋南北朝时期，各类私家园林在空间内容与空间形态方面再也没有出现如皇家园林那样对高台建筑等的热情，而绝大部分是以依托或模拟自然山水为特征。这与其拥有者对土地资源等的占有能力有着直接的关系。例如，位于洛阳城市内外平原地带的私家园林，相对来讲均属于中小型园林，不可能如东汉大将军梁冀那样建造高大的高台建筑。而如石崇，在被构陷并被杀之前虽然富可敌国，但他从来就没有获得过如梁冀那样的政治势力，且其金谷园虽然规模庞大，但因有自然山水之胜，也无须特意构筑巨大的高台建筑等（小型的不一定没有）。因此，这一时期的私家园林的空间内容与空间形态，虽然是以依托或模仿自然山水为主，但崇尚自然等并非最根本性的原因，园林拥有者的各项能力，毕竟是其园林营造绕不过去的门槛。以往也有学者认为，魏晋南北朝时期私家园林的特点是以利用和模仿自然为主，而从唐宋以来，私家园林是以"象征""写意""意向"地模仿自然为主。实际上这类研究的结论并无坚实的依据，因为比较不同时期园林的特点，必须以园林营造的地点和规模等作为具有"可比较性"的基本条件。仅从相关历史文献资料分析来看，魏晋南北朝时期的中小型私家园林形态的空间内容与空间形态等，也就是空间艺术，与后世并没有根本性的区别，这类内容将在以下章节中详细阐释与总结。

第五节　魏晋南北朝时期泛宗教园林建筑体系

中国较早佛寺的形制多仿自印度或西域，基本上是一座以塔为中心的方形院落，堂阁周回。如东汉洛阳白马寺、徐州浮屠寺等。《洛阳伽蓝记》中也记载了一些佛寺园林的情况，这一时期的佛寺多为达官贵人主动或被动地"舍宅为寺"。这些"宅"的规模肯定都比较大，且大多带有私家园林。佛寺和道观都需要吸引广大信众来参加大量的宗教活动，这些宗教场所也就同时成为了信众社交活动的场所，因此寺观在营建供善男信女们参神拜佛的殿宇之外，往往也会有意配置一定的园林绿地作为室外活动空间的一部分，这些都形成了城市内外的寺观园林。为争取更多的信众，宗教宣传必须注重普及性（"佛理俗讲"），在本不需要庄重的园林场所会尽量地世俗化，更何况很多寺观本就来源于达官贵族"舍宅为寺"的捐献，那么寺观园林部分与私家园林就更难分彼此了。《洛阳伽蓝记》记载了很多城内外的佛寺以及佛寺园林的基本情况。

例如，《洛阳伽蓝记·卷三·城南》载："城南景明寺，宣武皇帝所立也。……其寺东西南北方五百步，前望嵩山少室，却负帝城，青林垂影，绿水为文，形胜之地，爽垲独美。山悬堂光观盛，一千馀间。复殿重房，交疏对霤，青台紫阁，浮道相通。虽外有四时，而内无寒暑。房檐之外，皆是山池。竹松兰芷，垂列堦墀，含风团露，流香吐馥。至正光年中，太后始造七层浮图一所，去地百仞。……寺有三池，萑蒲菱藕，水物生焉。或黄甲紫鳞，出没于繁藻，或青凫白雁，浮沈於绿水。硙（wèi，石磑）舂簸，皆用水功。伽蓝之妙，最得称首。时世好崇福，……至八日，以次入宣阳门，向阊阖宫前受皇帝散花。于时金花映日，宝盖浮云，幡幢若林，香烟似雾。梵乐法音，聒动天地。百戏腾骧，所在骈比。"

《洛阳伽蓝记·卷四·城西》："经河阴之役（注1），诸元歼尽。王侯第宅，多题为寺。寿邱里间，列刹相望。祇垣郁起，宝塔高凌（笔者按：宝塔明显为改造后增添的佛教建筑内容）。四月初八日，京师士女，多至河间寺。观其殿庑绮丽，无不叹息。以为蓬莱仙室，亦不是过。入其后园，见沟渎蹇浐（jiǎn chǎn，曲折、盘复），石磴嶕峣（jiāo yáo，峻峭、高耸），朱荷出池，绿萍浮水；飞梁跨阁，高树出云，咸皆唧唧。虽梁王菟苑，想之不如也。"

这则记录表明，这座可能由王侯在城西宅第改造的河间寺布局的特点是在前面（南面）安排起居类建筑，在其后（北面）安排园林空间。

再如，"宝光寺，在西阳门外御道北。有三层浮图一所，以石为基，形制甚古，画工雕刻。隐士赵逸见而叹曰：'晋朝石塔寺，今为宝光寺也！'人问其故，逸曰：'晋朝三十二寺尽皆湮灭，唯此寺独存。'指园中一处，曰：'此是浴堂，前五步，应有一井。'众僧掘之，果得屋及井焉。……园中有一海，号'咸池'。葭菼被岸，菱荷覆水，青松翠竹，罗生其旁。京邑士子，至於良辰美日，休沐告归，征友命朋，来游此寺。雷车接轸，羽盖成阴。或置酒林泉，题诗花圃，折藕浮瓜，以为兴适。"

又如："大觉寺，广平王怀舍宅立也，在融觉寺西一里许。北瞻芒岭，南眺洛汭，东望宫阙，西顾旗亭，禅皋显敞，实为胜地。是以温子升碑云：'面水背山，左朝右市'是也。怀所居之堂，上置七佛，林池飞阁，比之景明（寺）。至于春风动树，则兰开紫叶，秋霜降草，则菊吐黄花。名僧大德，寂以遣烦。永熙年中，平阳王即位，造砖浮图一所，是土石之工，穷精极丽，诏中书舍人温子升以为文也。"

《魏书·释老志》载："显祖（北魏献文帝拓跋弘）即位，敦信尤深，览诸经论，好老庄。每引诸沙门及能谈玄之士，与论理要……高祖践位（笔者按：拓跋弘是历史上记载的第一个因佛禅位的皇帝），显祖移御北苑崇光宫，览习玄籍。建鹿野佛图于苑中之西山，去崇光右十里，岩房禅堂，禅僧居其中焉。"

最具特色的寺观园林，当是数度舍身佛门的梁武帝萧衍建造的同泰寺，详见中卷第六章中的相关内容。

山野寺观的特点为形制向来比较松散，以因地制宜为主，表现为与自然地貌（山水）相依托等。因此以往学者常把山野寺观直接归类为这一时期的寺观园林加以论述。而笔者以为，很多利用和借助了自然山水环境的山野寺观等，多似与园林无关。因为中国传统园林建筑体系在"建筑学"方面的意义，主要表现为对内部空间体系即内容与形式的经营等，其中的山水等部分无论是借助还是人工营造均可。而在具体的造园手法中，虽然"远借"手法也非常重要，但关键性的重点还是建筑组群内部的空间内容与形式的经营。因此并非凡是建在自然山水环境中的建筑组群都可称为"建筑学意义的园林"。

例如，《魏书·逸士传》载："（冯）亮既雅爱山水，又兼巧思，结架岩林，甚得栖游之适。颇以此闻。世宗给其工力，令与沙门统僧暹、河南尹甄琛等，周视嵩高形胜之处，遂造闲居佛寺。林泉既奇，营制又美，曲尽山居之妙。"

后一句的描述应该是偏重于这座"闲居佛寺"整体的外部环境等，显然依据这样的描述几乎无法判断这座"闲居佛寺"是否可以划归为"建筑学意义的园林"。

又如，《世说新语·栖逸》载："康僧渊在豫章去郭数十里立精舍。旁连岭，带长川。芳林列于轩庭，清流激于堂宇。乃闲居研讲，希心理味。"其中"芳林列于轩庭，清流激于堂宇"具有园林的特质。

《莲社高贤传》载："宗炳，字少文……炳妙善琴书，尤精玄理。殷仲堪，桓玄并以主簿辟，皆不就。刘毅领荆州，复辟为主簿，答曰：'栖丘饮谷，三十年矣。'乃入庐山筑室。依远公莲社……雅好山水，往必忘归。西陟荆巫，南登衡岳；因结宇山中，怀尚平之志。"其中"乃入庐山筑室"的表述过于简单，其他环境的描述也与园林无关。

"雷次宗，字仲伦……入庐山预莲社，立馆东林之东。元嘉十五年，召至京师，立学馆鸡笼山。……复征诣京师，筑室钟山，谓之报隐馆。"其中"立馆东林之东""立学馆鸡笼山""筑室钟山"只是说明了相关建筑所在的位置，其余不详。

这类多为外部环境描写的实例，再如《水经注》载："滱水自倒马关（今河北唐县西北）与大岭水合。水出山西南大岭下，东北流出峡。峡右山侧有祇洹精庐。飞陆陵山，丹盘虹梁，长津泛澜，萦带其下。"

"肥水自黎浆北迳寿春县故城东……西南流迳导公寺西。寺侧因溪建刹五层。屋宇闲敞，崇虚携觉也……肥水西迳寿春县西北，右合北溪水。导北山泉源下注，漱石颓隍。水上长林插天，高柯负日。出于山林精舍右，山渊寺左……溪水沿注西南，迳陆道士解南精庐，临侧川溪。"

"沮水南迳沮县西。……稠木傍生，凌空交合。危楼倾岳，恒有落势。风泉传响于青林之下，岩猿流声于白云之上，游者常若目不周玩，情不给赏。是以林徒栖托，云客宅心。泉侧多结道士精庐焉。"

"阳水东迳故七级寺禅房南。水北则长庑偏驾，迥阁承阿，林之际则绳坐疏班，锡林闲设；所谓修修释子，眇眇禅栖者也。"

东晋慧远在庐山建造了一座在当时很著名的精舍。《高僧传·慧远传》载："（慧）远创造精舍，洞尽山美。却负香炉之峰，傍带瀑布之壑。仍石垒基，即松栽构。清泉环阶，白云满室。复于寺内别置禅林。森树烟凝，石迳苔合。凡在瞻履，皆神清而气肃焉……每欣感交怀，志欲瞻睹。会有西域道士，叙其光相。远乃背山临流，营筑龛室。妙算画工，淡彩陶写。色疑积空，望如烟雾……"

这则记载中对慧远精舍的描述比较清晰，显然它可以归结为"建筑学意义的园林"，特别是其中谈到了"复于寺内别置禅林"。

注1：公元575年7月至9月，北周武帝宇文邕率军于今河南孟津地区与北齐军进行的一次作战，北周军拔北齐30余城，最后焚舟回师。

第十一章　隋唐时期私家、公共与泛宗教园林建筑体系

第一节　"大隐隐于朝"的文化土壤

如果说汉朝文化最重要的贡献与特征是对中国前期历史文化体系的梳理、阐释、总结与发扬，成为之后中国传统文化新的"源头"，那么隋唐时期的文化（主要是在唐朝时期）体系更庞大完整，发展程度更高，更具开放性，有着明显向世俗靠近、重视现实世界、不僵守古制的特征。

在唐朝文化体系中，包括文学、哲学、宗教、史学、艺术、天文历法、地理、数学、医学、百工技艺等方面，基本覆盖了当时世界上社会科学和自然科学的多数组成部分。这样一个庞大而完整的文化体系在当时的世界上是少有的，其发达程度居于当时东方世界的先进地位。

唐初政治开明、军事强盛，奉行"中国既安，四夷自服"的方针，实行一种开放的政策。唐太宗李世民重视文化交流，为唐朝289年统治留下了一个开放的传统。唐朝政府多次派人到西域和天竺进行文化交流活动，对进入中国的外国使节和商人以礼相待，尊重留居中国的外国居民的文化和宗教传统；唐文化以汉族文化为主体，具有保持自己特性的信心和吸收消化异域文化内容的能力，因而有容纳异己的胸怀。部分由于这个原因，佛教、伊斯兰教、祆教、摩尼教、景教（基督教）等异域宗教才能一步一步地进入中国，并且影响力极大的佛教文化最终被中国文化融合而中国化，也成为唐文化的重要组成部分。另一方面，唐文化具有开放性也受到佛教文化的影响。佛教认为万类不分，一切皆空，主张以慈悲为怀，普度众生，这种普世观念也是唐文化具有开放性的一个内在原因。

成熟的唐文化摆脱形式的桎梏，向往自由，靠近世俗，朝着现实世界的方向发展。例如在诗歌方面，李白以他的手笔融道教思想飘逸超脱的内容于古体诗这种自由不羁的形式，抒发自己以及那个时代的喜怒悲欢，在情感上较前代诗歌更接近民众。杜甫的诗歌更是"杜逢禄山之难，流雍陇蜀，毕陈于诗，推见至隐，殆无遗事，故当号为诗史"（注1）。可以说世界万象和世间感悟等，在唐诗中无所不包。韩愈掀起的古文运动，推崇接近口语的古文，其目的主要是为了更广泛地弘扬儒家学说，也间接地为唐朝社会摆脱前期文化思想束缚、自由抒发自我新的思想见解，找到了

一个适合的表达方式。在当时还出现了传奇小说这种市民文学体裁，也是当时文学向世俗靠近的一个表现。

在哲学宗教方面，儒家经学出现空言说经、缘词生训的新风气；佛教出现"毁佛毁祖"、认为"即心是佛，见性成佛"的南禅宗，其秉承"明心见性"论，所谓"一切万法，尽在自身中"（注2），因此，人人皆有佛性，不需向外寻求，人要成佛，只要明心见性。颇似孟子"万物皆备于我，反身而诚""人人皆可为尧舜"的学说。禅宗门内在唐朝还出现了诗僧，如皎然、灵彻、道标、贯休、齐己、可朋，高艺僧，如怀素、贯休、善本，茶酒僧，如降魔师、可朋、法常等。这些僧人与俗世名流往还，把佛理中的"净土"世俗化了，同时在一定程度上"净土化"了当时的世俗社会，也就是在一定程度上诗化了唐朝民众的生活。

唐朝民风也出现更加活泼的气象。歌舞流行，民众生活较为自由，妇女的社会地位也较后来宋明时期更高，从唐代雕塑中便可以看出唐文化有"人化"这一特征。唐代塑匠们多模仿伎女形象来捏塑菩萨，其他诸神也无不以现实生活中的人物为模型。例如在龙门石窟奉先寺雕像中，本尊卢舍那佛似帝王，二菩萨似妃嫔，迦叶、阿难似文臣，金刚、神王似武将。这种佛教塑像不同于魏晋时的佛像缺乏"人气"、面目生硬、程式僵化的特征……

除上述整体的文化特征外，在隋唐的文人士大夫当中同样弥漫着所谓"隐逸文化"的思潮，作为文人士大夫精神世界与集权专制制度的调适与平衡，同时也与科举制度有着密切的关系，但这种隐逸文化也与魏晋南北朝时期的有着很大的不同。从隋朝大业元年（公元605年）开始实行的科举制度，是中国古代社会最具影响力的重大社会政治变革之一，也是上述隋唐主流文化赖以发生与发展重要的政治与社会基础，对之后中国古代的社会结构、政治制度、教育制度、人文思想、文化艺术，以及社会财富周期性地再分配等都产生了深远的影响（到清朝光绪三十一年即公元1905年举行最后一科进士考试为止，经历了一千三百多年）。例如，从宏观方面讲，若无文人学士有目的地努力学习，就不会有大规模的文化普及与发展；从微观方面讲，若无文人学士在社会上大规模地流动，就不会有大量的如诗歌等文艺作品的产生与传播等。同时，这类流动也带动了第三产业经济和世俗文化的快速发展。更重要的是，科举考试以公平、公开、公正的方式从民间提拔人才，让出身于"寒门"的学士有机会通过科举考试向社会上层流动，扩宽了政府选拔人才的基础，对打破官僚世袭、维持社会的整体稳定也都起到了相当大的作用。特别是由于这些读书人学习的都是相同的"圣贤书"，故亦直接或间接地维持了中国各地文化与思想的统一和凝聚力。这一凝聚力又使得社会广大的知识分子、社会主流的价值观等，与专制政治制度更加牢固地捆绑在一起，又以"文人士大夫"成为了实现狭义与广义社会价值的体现与榜样，同时他们也具有了社会价值体系的维护者、改革者和传播者的复杂身份。

但在初唐时期，"士大夫"的含义仍沿袭魏晋北朝时期，多指门阀士族，而后才逐渐开始主要指称官员，特别是"熟诗书、明礼律"的官员，并没有形成一个有固定特色的阶层。例如，《太宗遗诏》曰："昔者乱阶斯永，祸钟隋季，罄宇凝氛，曀昏辰象，绵区作梗，摇荡江河。朕拂衣于舞象之年，抽剑于斩蛇之地。虽复妖千王莽，戮首辒车；凶百蚩尤，衅尸军鼓。垂文畅于炎野，余勇澄于斗极。前王不辟之土，悉请衣冠；前史不载之乡，并为州县。再维地轴，更张乾络。礼义溢于寰瀛，菽粟同于水火。破舟船于灵沼，收干戈于武库。辛（武贤）李（广）卫（青）霍（去病）之将，咸分土宇；缙绅廊庙之材，共垂带绶。至于比屋黎元，关河遗老，或赢金帛，或赍仓储；朕于天下士大夫，可谓无负矣！朕于天下苍生，可谓安养矣！"

在唐太宗眼中，所谓"天下士大夫"，即"辛李卫霍之将"和"缙绅廊庙之材"；而"天下苍生"者，则是指"比屋黎元、关河遗老"。换言之，士大夫泛指涵盖文武朝臣的"公卿大夫"，与"百姓庶人"上下对应。相应地，在唐初时期，进士考试制度也不尽严密，人际关系因素起着相当作用，公开荐举、私相请托、社会声名等都对考试及考官施加着影响，因而举子纷纷通过行卷投谒来显示才华，以求知己赏识。而举进士先达者接受后辈举子行卷诗文，为其延揽名誉，激扬声价，增加金榜题名的机会。这种进士先达者接引后辈举子投谒，已然是"举城士大夫，莫不皆然"的普遍现象。

在唐高宗李治和武则天统治时期，科举制度基本走向完善，并彻底结束了几乎是从西汉末期就开始出现的门阀士族在中央和地方与皇家分权的局面。伴随着唐朝科举制度尤其是"进士科"的日益完善、日趋重要，一方面，士大夫进一步承担"官员"和"文人"的双重角色，兼任的"文化功能和政治功能"更加突出。例如在中唐及之后，以韩愈为典型代表，唐朝文献中出现的"士大夫"更多地指向科举背景的"文人士大夫"，这种变化相比初唐及以往，无疑是全新的变化。士大夫与科举尤其是与进士之间的联系加深，这种中晚唐出现的新现象，使得士大夫具有了更为鲜明的特征，至宋朝更加完善。另一方面，"文人士大夫"阶层也少有了以往门阀士族那种"累世公卿"的可能。例如，韩愈的《送杨少尹序》中的一段话很明确地指出："中世士大夫以官为家，罢则无所于归。杨侯始冠举于其乡，歌《鹿鸣》而来也；今之归，指其树曰：'某树吾先人之所种也，某水某丘吾童子时所钓游也。'乡人莫不加敬，诫子孙以杨侯不去其乡为法。"

"以官为家"，说明了官员身份对于文人士大夫属性的重要性，"罢则无所于归"，更是进一步道出了仕途前程对出身于寒门的士子安身立命的重要性（幸好杨侯罢官后还有原本并不穷困的家乡可归），朝廷俸禄几乎成为了寒门出身的这类文人唯一的安身立命之本。这便使得这类文人士大夫在仕途中无时无刻地存在着危机感，但若又要保持一定的、相对独立的人格，也就更会感同身受"大隐隐于朝、中隐隐于市、小隐隐于野"的道理。白居易还提出了"中隐留司官"的说法，其《中隐》诗曰："大隐住朝市，小隐入丘樊。丘樊太冷落，朝市太嚣喧。不如作中隐，隐在留司官。似出复似处，非忙亦非闲。不劳心与力，又免饥与寒。终岁无公事，随月有俸钱。君若好登临，城南有秋山。君若爱游荡，城东有春园。君若欲一醉，时出赴宾筵。洛中多君子，可以恣欢言。君若欲高卧，但自深掩关。亦无车马客，造次到门前。人生处一世，其道难两全。贱即苦冻馁，贵则多忧患。唯此中隐士，致身吉且安。穷通与丰约，正在四者间。"这种处世哲学，反映了文人士大夫无论当初有什么样的人生理想，最终都不得不对社会现实妥协甚至是低头，并且因为集权政治和社会给予了他们较丰厚的生活待遇，能"当一天和尚撞一天钟"便也心安理得了。"达能兼济天下，穷则独善其身"已经属于文人士大夫少有的最高的精神境界了。

在上一章中笔者也初步阐释过"仕"与"隐"的问题，这实际上是自"士"阶层产生以来便一直困扰他们身心的一大问题。《论语》中记载孔子曾说过"邦有道，则仕；邦无道，则可卷而怀之。""天下有道则见，无道则隐。""用之则行，舍之则藏。"《孟子·公孙丑上》记载孟子曾说过："可以仕则仕，可以止则止，可以久则久，可以速则速。"这类言论看似机变、通达，"无可无不可"，实际上其最终的目的还是"仕"，"隐"不过是一种暂时的退避策略。一旦现实社会为其实现政治抱负提供了必要的政治环境，那么士仍然希望在现实社会中有所作为。这也就是孔子所谓的"隐居以求其志，行义以达其道"。但因孔子与孟子的人生态度毕竟是积极的，因此才会被统治者和整个社会尊为圣人。道家虽也重视平治天下，但更强调治身，以遁隐为尚。《庄子·缮性》中记载庄子曾说过："隐，故不自隐。古之所谓隐士者，非伏其身而弗见也，非闭其言而不出也，非藏其知而不发也，时命大谬也。当时命而大行乎天下，则反一无迹；不当时命而大穷乎天下，则深根宁极而待。此存身之道也。"这与儒家机变、通达的仕隐观有相通之处，但其真实用意则是主张"隐"，而绝意于"仕"。

至隋唐时期，那些隐士的状况与魏晋南北朝时期的相比已经有所不同。在魏晋南北朝时期，因土地高度地集中在门阀士族之手，造成"富强者兼岭而占，贫弱者薪苏无托"的状况。而一般的文士若真想归隐，就要甘心于畎亩之间，忍受极清贫的生活，这又谈何容易！如《晋书·隐逸传》所载的隐士，孙登要挖土窟而居；董京行乞于市；公孙凤冬天只能披着草衣。陶渊明可算是其中的佼佼者，他虽然也乞食，而能守死善道，心态还算从容。像他这样的文人毕竟不多，而且他的内心其实也是充满着矛盾的，并不时时如《归去来兮》中表达得那么潇洒，在《与子俨等疏》中就说过："俯辞世，使汝等幼而饥寒……汝辈稚小家贫，役柴水之劳，何时可免？念念在心，若何可言！"他其实是更向往一个"春蚕收长丝，秋熟靡王税"的"桃花源"！因为只有物质生活得到保障，隐居才会成为一种"诗意的生活"，所以以寄情山水为情怀的真隐者就必然只会是少数人。在隋唐特别是唐朝时期，隐士的状况就丰富多样了，《新唐书·隐逸传》中记载的各色隐士都颇为有趣。如："王绩，字无功，绛州龙门人。性简放，不喜拜揖。兄通，隋末大儒也，聚徒河、汾间，仿古作《六经》，又为《中说》以拟《论语》。不为诸儒称道，故书不显，惟《中说》独传。通知绩诞纵，不婴以家事，乡族庆吊冠婚，不与也。与李播、吕才善。

大业中，举孝悌廉洁，授秘书省正字。不乐在朝，求为六合丞，以嗜酒不任事，时天下亦乱，因劾，遂解去。叹曰：'网罗在天，吾且安之！'乃还乡里。有田十六顷在河渚间。

仲长子光者，亦隐者也，无妻子，结庐北渚，凡三十年，非其力不食。绩爱其真，徙与相近。子光喑，未尝交语，与对酌酒欢甚。绩有奴婢数人，种黍，春秋酿酒，养凫雁，莳药草自供。以《周易》《老子》《庄子》置床头，他书罕读也。欲见兄弟，辄渡河还家。游北山东皋，著书自号东皋子。乘牛经酒肆，留或数日。

高祖武德初，以前官待诏门下省。故事，官给酒日三升，或问：'待诏何乐邪？'答曰：'良酝（yùn，代指酒）可恋耳！'侍中陈叔达闻之，日给一斗，时称'斗酒学士'。贞观初，以疾罢。复调有司，时太乐署史焦革家善酿，绩求为丞，吏部以非流不许，绩固请曰：'有深意。'竟除之。革死，妻送酒不绝，岁余，又死。绩曰：'天不使我酣美酒邪？'弃官去。自是太乐丞为清职。追述革酒法为经，又采杜康、仪狄以来善酒者为谱。李淳风曰：'君，酒家南、董也。'所居东南有盘石，立杜康祠祭之，尊为师，以革配。著《醉乡记》以次刘伶《酒德颂》。其饮至五斗不乱，人有以酒邀者，无贵贱辄往，著《五斗先生传》。刺史崔喜悦之，请相见，答曰：'奈何坐召严君平邪？'卒不诣。杜之松，故人也，为刺史，请绩讲礼，答曰：'吾不能揖让邦君门，谈糟粕，弃醇醪也。'之松岁时赠以酒脯。初，兄凝为隋著作郎，撰《隋书》未成，死，绩续余功，亦不能成。豫知终日，命薄葬，自志其墓。"

我们在上一章中曾经简述过，在东汉末至魏晋南北朝时期，统治阶级内部斗争十分残酷，即便是门阀阶层的文人士大夫也难免罹大难，例如，嵇康、陆机、谢灵运等一大批名士均遭杀戮。嵇康在囚禁中方有"昔惭柳惠（即柳下惠，鲁国大夫，后来隐遁，成为"逸民"），今愧孙登（道教传说中的人物）"之叹，自恨归隐不早。因此那个时代的隐逸主要还有明哲保身的现实考量。陶渊明的《感士不遇赋》称："彼达人之善觉，乃逃禄而归耕。"有"禄"而仍需"逃"，其危可知。当然也有相反者，谢安早年归隐东山，后来入世为官。有一回，有人送药草来。谢安问：这种药草叫"远志"，又叫"小草"，怎么同一种药草会有两种称谓呢？在座的郝隆就讥讽地说：在山里就叫"远志"，出山就得叫"小草"了！弄得大名士谢安很是难堪。

唐朝社会整体的政治环境相对宽松，表面上看隐逸更似与这一政治环境很矛盾，但多数隐者"隐居"的目的不是真隐，而是为了更加便捷地"出仕"。《晋书·隐逸传》的按语表明，隐士是避害的智者，他们为了远离统治阶级内部斗争的漩涡，不得不侧身山林，"藏声江海之上，卷迹嚣氛之表，漱流而激其清，寝巢而韬其耀"。而《新唐书·隐逸传》的按语却表明隐者有三等：上等是自放草野的贤人，"身藏而德不晦"，名声在外，所以"名往从之，虽万乘之贵，犹寻轨而委聘也"。其次是想"济世"而未得志的能人，他们对爵禄持超脱的态度，"泛然受，悠然辞"。这也反而有"使人君常有所慕企"的极佳效果。最后是那些"资槁薄"的平庸者，"内审其才，终不可当世取舍，故逃丘园而不返，使人常高其风而不敢加訾（zī，估量、诋毁）焉"。正因为隐士进可"使人君常有所慕企"，退不失"使人常高其风"，所以"放利之徒，假隐自名，以诡禄仕，肩相摩于道"。

如果说魏晋时期的隐逸还带有悲剧色彩，那么唐朝时期的隐逸就近乎喜剧了。此时的隐逸动机已由"藏声"变为"扬名"。《旧唐书·隐逸传》载："高宗、天后（武则天），访道山林，飞书岩穴，屡造幽人之宅，坚回隐士之车。"这无疑是为了点缀太平盛世，皇帝亲自导演了一出出的喜剧。最有意思的是武攸绪，本是武则天的侄子，却不直接当官，非要先当"隐士"，买了片田，"使家奴杂作，自混于民"。后来中宗皇帝要表示"举逸民，天下之人归焉"，就把他迎入宫中，并设计好"诏见日山帔葛巾（笔者按：隐士不穿官服或华丽的衣服），不名（笔者按：皇帝不直呼其名）不拜（笔者按：隐士不跪拜皇帝）"。没想到武攸绪奴性未除："攸绪至，更冠带。仗入，通事舍人赞就位，趋就常班再拜（笔者按：赶忙站在文武朝臣的队伍里对皇帝行拜见之礼），帝愕然。"很煞风景。当然，能凑趣的也有如隐士田游岩等，"田游岩……初，补太学生，后罢归，游于太白山。每遇林泉会意，辄留连不能去。其母及妻子并有方外之志，与游岩同游山水二十余年。后入箕山，就许由（注3）庙东筑室而居，自称'许由东邻'。调露中（年号），高宗幸嵩山，遣中书侍郎薛元超就问其母。游岩山衣田冠出拜，帝令左右扶止之。谓曰：'先生养道山中，比得佳否？'游岩曰：'臣泉石膏肓，烟霞痼疾（臣喜好山水成癖，如得了不治之症），既逢圣代，幸得逍遥。'帝曰：'朕今得卿，何异汉获四皓乎？'薛元超（当时的宰相）曰：'汉高祖欲废嫡立庶，黄、绮方来，岂如陛下崇重隐沦，亲问岩穴！'帝甚欢，因将游岩就行宫，并家口给传乘赴都，授崇文馆学士，令与太子少傅刘仁轨谈论。帝后将营奉天宫于嵩山，游岩旧宅，先居宫侧。特令不毁，仍亲书题额悬其门，曰'隐士田游岩宅'。文明（年号）中，进授朝散大夫，拜太子洗马，垂拱初（年号），坐与裴炎交结，特放还山。"

田游岩能凑趣，所以得皇帝的欢心，"将家属乘传赴都"去了，属"鸡犬升天"，就连有碍奉天宫观瞻的"游岩旧宅"都没有被强拆，门上还挂上了皇帝亲书的"隐士田游岩宅"匾额。另外，隐士们受到皇帝的礼遇可谓五花八门，有"给全禄终身""四时送禄至其住所"的，有"授朝散大夫，家居给半禄"的，有"敕州县春秋致束帛酒肉"的，有"别起精思观以处之"的，有"宽徭役"的。更重要的是，天子如此重视"举逸民"，达官贵人便都来"爱才若渴"，甚至连酷吏周兴、男宠张易之之流也纷纷推荐起隐士来，如《旧唐书·隐逸传》载："史德义，苏州昆山人也。咸亨初，隐居武丘山，以琴书自适。或骑牛带瓢，出入郊郭廛市，号为逸人。高宗闻其名，征赴洛阳。寻称疾东归。公卿已下，皆赋诗饯别，德义亦以诗留赠，其文甚美。天授初，江南道宣劳使、文昌左丞周兴表荐之，则天征赴都……后周兴伏诛，德义坐为所荐免官。以朝散大夫放归丘壑，自此声誉稍减于隐居之前。"

于是乎，"有识之士"也就毫不犹豫地"结庐泉石，目注市朝""托薜萝（笔者按：薜荔和女萝，两者皆野生植物，后借以指隐者的衣服）以射利，假岩壑以钓名"了，因为这总比十年寒窗考进士要容易得多。如，吴筠，"鲁中之儒士也"，虽然善文通经典，却"举进士不第"，他索性入嵩山隐居作道士。"玄宗闻其名，遣使征之"，一步登了天。难怪当"随驾隐士"卢藏用（注4）装模作样地指着终南山说"此中大有佳处"时，司马承祯（道教上清派第十二代宗师）会酸酸地答道："以仆视之，仕宦之捷径耳。"这就是所谓的"终南捷径"的由来。唐笔记小说《因话录》还载有一则颇具讽刺的故事：德宗时，有人在昭应县逢一书生急如星火地赶往京城。

问他急匆匆地所求何事，答道："将应'不求闻达科'！"在唐五代文史资料《登科记考》中，堂而皇之记载的初、盛唐科举名目就有"销声幽薮科""安心畎亩科""养志邱园科""藏器晦迹科"。

有了这样的社会环境，因此以"隐"求"仕"不但不可笑，还属"常规"手段！著名的边塞诗人岑参在《感旧赋》序中自称"十五隐于嵩阳，二十献书阙下"。就连大诗人李白也不能例外：北宋杨天惠所撰《彰明逸事》载李白青年时代曾"隐居于戴天大匡山，往来旁郡"。在李白的《上安州裴长史书》中也自称曾隐于岷山之南，"养奇禽千计，呼皆就掌取食"。引得广汉太守也跑来看望，并推荐他去应"有道科"。李白还有一篇《代寿山答孟少府移文书》，用拟人手法让寿山向孟少府（县尉）推荐自己，文中自称是"巢（父）、（许）由以来，一人而已"的大隐士，却又仰天长吁，一心要"申管、晏之谈，谋帝王之术"。在唐开元名相张说的《扈从幸韦嗣立山庄应制序》中，还正儿八经提出"衣冠巢许"；王维《暮春太师左右丞相诸公于逍遥谷宴集序》中也以赞叹的口吻提出"冠冕巢由"。因此在唐人眼中，"隐"与"仕"是可以"一体化"的，在他们看来，由"隐"入"仕"的谢安一点儿也不尴尬："闻道谢安掩口笑，知君不免为苍生！"（注5）而且应召由"隐"入"仕"倒是件快活事："仰天大笑出门去，我辈岂是蓬蒿人！"（注6）反之，"寄书寂寂于陵子（齐国人，'穷不苟求，不义之食不食'），蓬蒿没身胡不仕（孔子谓颜回曰："回，来！家贫居卑，胡不仕乎？"）？藜羹被褐环堵中（"褐"是粗布的意思，"环堵"形容狭小、简陋的居室），岁晚将贻故人耻。"（注7）总是贫穷潦倒才是耻辱。所以王维在《与魏居士书》中竟公然嗤笑陶渊明说："近有陶潜，不肯把板屈腰见督邮，解印绶弃官去。后贫，乞食诗云：'叩门拙言辞'。是屡乞而多惭也。尝一见督邮，安食公田数顷，一惭之不忍，而终身惭乎？"

其实由"隐"而"仕"或名"隐"实"仕"的妙处，汉武帝时期的东方朔就是早期的践行者。《史记·滑稽列传》载："朔行殿中，郎谓之曰：'人皆以先生为狂。'朔曰：'如朔等，所谓避世于朝廷闲者也。古之人，乃避世于深山中。'时坐席中，酒酣，据地歌曰：'陆沉于俗，避世金马门。宫殿中可以避世全身，何必深山之中，蒿庐之下。'金马门者，宦（者）署门也，门旁有铜马，故谓之曰'金马门'。"其《戒子》中的表达更露骨："明者处事，无尚无中；悠哉游哉，于道相从。首阳为拙，柳惠为工。饱食安步，以仕代农。依隐玩世，诡时不逢。才尽身危，好名得华。有群累生，孤贵失和。遗余不匮，自尽无多。圣人之道，一龙一蛇。形现神藏，与物变化。随时之宜，无有常家。"《晋书·邓粲传》更为"大隐"行为张目："夫隐之为道，朝亦可隐，市亦可隐，隐初在我，不在于物。"

对于唐朝的文人士大夫来讲，"朝隐"也是一种现实的精神寄托，他们每每以"大隐"许人，如皇甫冉（天宝十五年进士，官终左拾遗、右补阙）"车马长安道，谁知大隐心"。钱起（天宝十年进士，后任司勋员外郎、考功郎中、翰林学士等）"大隐心何远，高风物自疏"。权德舆（德宗闻其才，召为太常博士等，后以检校吏部尚书留守东都。复拜太常卿，徙刑部尚书，出为山南西道节度使）"大隐本吾心，喜君流好音"。但这些诗文中的隐逸情思多有自夸或谀美的色彩。

真隐（隐士）、假隐（隐士）和朝隐（士大夫）等，构成了隋唐时期丰富多样的隐逸文化，其中主要是"朝隐"，又在宣示与标榜的层面上隐藏了文人士大夫等建造私家园林的真实目的。

注1：（晚唐）孟棨《本事诗：•高逸第三》。

注2：慧能《坛经》。

注3：许由为传说中远古的高士，曾做过尧、舜、禹的老师，因此，后人称他为"三代宗师"。

注4：卢藏用曾考中进士，却先去终南山隐居，等待朝廷征召，后来果然以高士被聘，授官左拾遗。

注5：李颀《送刘十》。

注6：李白《南陵别儿童入京》。

注7：李颀《答高三十五留别便呈于十一》。

第二节　长安与洛阳城内外的私家园林建筑体系

一、新的社会角色的私家园林建筑体系

唐初实行均田制，耕者有其田，社会相对安定，生产力迅速发展，物质相当丰富，如杜甫《忆昔》诗所称："稻米流脂粟米白，公私仓廪俱丰实。九州道路无豺虎，远行不劳吉日出。齐纨鲁缟车班班，男耕女桑不相失。"但唐初实行的均田制很快就瓦解了，随之出现了庄园化等普遍现象，也就是社会财富向少数人群中相对集中的具体表现，在这些"少数人"当中，就包含了众多的文人士大夫。如，唐杜佑的《通典•卷二•食货二》记载："开元之季（笔者按：在"开元盛世"之际），天宝以来，法令弛坏，兼并之弊，有逾于汉成哀之间（笔者按：成帝和哀帝在位期间是西汉土地兼并最严重的时期）。"宋真宗时期所编《册府元龟•卷四九五•田制》

也说唐朝时期："王公百官及富豪之家，比置庄田，恣行吞并，莫惧章程。借荒者皆有熟田，因之侵公；置收者唯指山谷，不限多少。爰及口分永业，违法买卖，或改籍书，或云典贴，致令百姓，无处安置。"因此在唐玄宗天宝十一年，《禁官夺百姓口分永业田诏》也表达了相同的内容。

唐朝的政府官员原本就有"职分田"，也就是朝廷俸禄的一种形式，因此百官参与兼并田产也就少有精力与程序上的障碍。《新唐书•卢从愿传》记载唐玄宗时卢从愿（最高官至吏部尚书）"占良田数百顷"，被称为"多田翁"；《旧唐书•李憕传》记载李憕（最高官至礼部尚书）"伊川膏腴，水陆上田，修竹茂树，自城及阙口，别业相望。与吏部侍郎李彭年皆有地癖"。《新唐书•段秀实传》记载泾州大将焦令谌"取人田自占，给与农，约熟归其半"。另外，《太平广记•卷一六五》说相州大地主王叟"庄宅尤广，客二百余户"。因此在唐朝，不兼并田产购置庄园的倒是例外，如《旧唐书•张嘉贞传》记载宰相张嘉贞不置庄园，因为他认为"比见朝士广占良田，及身没后，皆为无赖子弟作酒色之资，甚无谓也"。

"比置庄田，恣行吞并"的主要为两类人，且"王公百官"排在了"富豪之家"之前。或许可以"宽容"地认为，"罢则无所于归"是文人寒士一旦步入士大夫阶层就要极力避免的，一方面是要极力避免被罢，另一方面是万一被罢，一定要"有无所于归"。有了一定的物质基础，在仕途奔竞中才可取得主动，心态上自然就容易超逸从容。反之，无此后盾，便会进退维谷。王昌龄在《上李侍郎书》中说："昌龄岂不解置身青山，俯饮白水，饱于道义，然后谒王公大人，以希大遇哉？每思力养不给，则不觉独坐流涕！"

唐朝社会整体的富有，文人学士或能稳步入仕，或从"隐"到"仕"，再到个人财富在这类相对少数人群中的快速积累等，为这一时期各类私家园林等的建设提供了坚实的社会物质基础。而因权力而获得的坚实的物质基础，与拥有私家园林所标榜的"归隐"的目的，也就成为了中国古代社会典型的文化悖论。这类社会现实，亦可从《全唐诗》所存的某些诗中窥见一斑，如高适《淇上别业》、岑参《送胡象落第归王屋别业》、李白《过汪氏别业》、祖咏《汝坟别业》、李颀《不调归东川别业》、周瑀《潘司马别业》等。各类文献中出现的这类房地产名称除"别业"外，还有"庄园""庄墅""庄田""别墅""池馆""山池""山亭""亭沼""园"等，其中很多带有私家园林内容或本身便为私家园林。如"白首卧松云"的孟浩然，虽然有时"甘脆朝不足，箪瓢夕屡空"，但常态却是"先人留素业""素业唯田园""不种千株桔，唯资五色瓜""卜邻劳三径，植果盈千树""萤傍水轩飞""应闲池上楼""樵唱入南轩""厨人具鸡黍""渐与骨肉远，转于僮仆亲""试垂竹竿钓，果得查头鳊。美人骑金错，纤手脍红鲜"。其中的"池上楼"地区可能更明确地属于园林的内容。

唐朝文人士大夫对园林偏爱的原因，亦可以从文学作品中找到具体的答案，如盛唐时官至礼部员外郎的陶翰有一篇类似石崇《金谷园诗序》的文章——《仲春群公游田司直城东别业序》，其序称："司直雁门田侯，行修器博，心远地偏，于是启郊园之扉；主簿天水姜侯，词才俊秀，雅志坚直，于是传翰林之檄。嗟乎！城池不越，井邑不移，林篁忽深，山郁斗起。出回塘而入苍翠，更指深亭；因曲岸而因扪穹嵌，忽升绝顶。云天极思，河山满目。菡苔春色，苍茫远空。烟间之宫阙九重，砌下之亭皋千里，临眺之壮也！樽酒既醉，舞袖登筵。欢洽在斯，献酬无算。措九州于乐府，移三典于颂章。皆我顺尧之心，除秦之政，所以偶春服之晏也，咸请赋诗。"

文中情调与石崇标榜的并无二致，只是田司直并不是什么富倾朝野的豪门巨子，仅是个"从六品上"的小官。李华（古文运动的先驱之一）也写了一篇《贺遂员外药园小山池记》，所记更是一个小官僚的园林别墅（详见后），其中有"梦寐以青山白云为念"一句，这也是魏晋南北朝之文人士大夫较难实现的"心迹合一"。裴迪《春日与王右丞过新昌访吕逸人不遇》亦说："闻说桃源好迷客，不如高卧眄（miǎn，斜着眼睛看）庭柯。"祖咏的《清明宴司勋刘郎中别业》更直白："田家复近臣，行乐不违亲。霁日园林好，清明烟火新。以文长会友，唯德自成邻。池照窗阴晚，杯香药味春。檐前花覆地，竹外鸟窥人。何必桃源里，深居作隐论。"

在"霁日园林好，清明烟火新"的环境中可以以文会友，志同道合者，还可聚居为左邻右舍。有这等良辰美景赏心乐事俱备的环境，又何必去寻求什么缥缈的桃花源，做什么深山老林的隐士呢？"田家复近臣"，一语道尽了唐代一批文人士大夫追求的生活理想，既有禄位的荣耀又有田园山水之乐，现实的利益与"理想"均看得见、摸得着。他们在此找到了现实生活中的自信，更关心的也是此世而非彼世，入世而非出世。

对于研究者而言较困难的是，唐朝私家园林的基本面貌，我们依然只能从当时的文学作品中管中窥豹，而这类文学作品（非专业说明），必然是带有鲜明的主观情绪和文学性的描述，甚至是夸张和谎言等。而后来的研究者在"窥究"这类园林的面貌时，往往会被这类主观情绪和文学性的描述、夸张等直接"诱导"为"真实"的内容与形式，甚至是"造园美学思想"。因此面对越来越丰富的相关文学作品，我们必须尽量摆脱这类内容的诱导。

描写位于长安城内外私家园林的唐诗如：

李隆基《过大哥山池题石壁》："澄潭皎镜石崔巍，万壑千岩暗绿苔。林亭自有幽贞趣，况复秋深爽气来。"

司空曙《题玉真公主山池院》："香殿留遗影，春朝玉户开。羽衣重素几，珠网俨轻埃。石自蓬山得，泉经太液来。柳丝遮绿浪，花粉落青苔。镜掩鸾空在，霞消凤不回。唯余古桃树，传是上仙栽。"

杜审言《和韦承庆过义阳公主山池（五首）》："野兴城中发，朝英物外求。情悬朱绂望，契动赤泉游。海燕巢书阁，山鸡舞画楼。雨余清晚夏，共坐北岩幽。

径转危峰逼，桥回缺岸妨。玉泉移酒味，石髓换粳香。绾雾青丝弱，牵风紫蔓长。犹言宴乐少，别向后池塘。

携琴绕碧沙，摇笔弄青霞。杜若幽庭草，芙蓉曲沼花。宴游成野客，形胜得山家。往往留仙步，登攀日易斜。

攒石当轩倚，悬泉度牖飞。鹿麇冲妓席，鹤子曳童衣。园果尝难遍，池莲摘未稀。卷帘唯待月，应在醉中归。

赏玩期他日，高深爱此时。池分八水背，峰作九山疑。地静鱼偏逸，人闲鸟欲欺。青溪留别兴，更与白云期。"

李颀《题少府监李丞山池》："能向府亭内，置兹山与林。他人骑骢马，而我薜萝心。雨止禁门肃，莺啼官柳深。长廊闳军器，积水背城阴。窗外王孙草，床头中散琴。清风多仰慕，吾亦尔知音。"

这几首唐诗对相关私家园林内容的具体描述虽然不甚详尽，但从内容和题目来看，是以山石和池塘作为建筑之外的主要内容（当然也不会缺少动植物等），即这些园林非常注重叠山理水，因此很多都叫"山池（院）"。现实中也有以其他内容的偏重而为特色和得名的，如王维所写的《春过贺遂员外药园》："前年槿篱故，新作药栏成。香草为君子，名花是长卿。水穿盘石透，藤系古松生。画畏开厨走，来蒙倒屣迎。蔗浆菰米饭，蒟酱露葵羹。颇识灌园意，于陵不自轻。"

另有吏部员外郎李华所写《贺遂员外药园小山池记》对这座"药园"的描述更具体些："悦名山大川，欲以安身崇德，而独往之士，勤劳千里；豪家之制，殚及百金，君子不为也。贺遂公衣冠之鸿鹄，执宪起草，不尘其心，梦寐以青山白云为念。庭除有砥砺（笔者按：磨刀石）之材、础礩（zhì，柱下石础）之璞，立而像之衡巫。堂下有畚锸（běn chā，前者为盛土器，后者为起土器，借指土建工程）之坳（ào，低洼地）、圩（wéi，土堤）塓（mì，涂刷）之凹，陂（bēi，池塘）而像之江湖。种竹艺药，以佐正性，华实相蔽，百有馀品。凿井引汲，伏源出山，声闻池中，寻窦而发。泉跃波转而盈沼，支流脉散而满畦。一夫蹑（niè，踩踏）轮而三江逼户，十指攒石而群山倚蹊（小路）。智与化侔（móu，相等），至人之用也。其间有书堂琴轩，置酒娱宾。卑痹而敞若云天，寻丈而豁如江汉。以小观大，则天下之理尽矣，心目所自不忘乎！赋情遣辞，取兴兹境。当代文士，目为'诗园'。道在抑末敦元，可以扶教，赵郡李华举其略而记之。"

这篇小文大致描述了这座"药园"的园林要素内容和基本形态，无须赘述。更重要的是道出了作者的观点：贺遂员外身为"衣冠之鸿鹄"，即半官半隐者。或为"安身崇德"而独自隐居名山大川，或为贪图享受而"豪家之制，殚及百金"。这两种极端的生活方式，显然都不属于贺遂公类普通士大夫现实的选择，且后者还是"君子不为也"。然，与"梦寐以青山白云为念"的理想相呼应，庭前普通的石头竖立起来就有衡山和巫山之像；院中挖出并围挡的土坑中注水后就如同江湖；一人踩踏水车轮汲起的水流就有"三江逼户"的气势，十指攒出的石山就如"群山倚蹊"；狭小粗陋的书堂琴轩犹如"敞若云天"，即便不到一丈的尺寸也显得"豁如江汉"。"以小观大"，天下的道理和景象就都在其中了。这是否也是遂员外建园或能体味到的本意，我们无从考证。

二、长安城内外的私家园林建筑体系

据李浩《唐代园林别业考录》的不完全考证统计，唐长安城内外有皇亲国戚和大官僚等的贵族园林 28 处、文人士大夫等私家园林 139 处。如城内有长宁公主亭子（唐中宗李显与韦后长女，崇仁坊）、东阳公主亭子（唐太宗李世民第九女，崇仁坊）、萧瑀西园（唐初宰相，开化坊）、周浩新亭子（光福坊宅内）、萧氏池台（兰陵坊）、英王台（李显，崇义坊）、窦尚书山亭（窦希玠宅内，永嘉坊）、李丞山池（少监府内）、萧家林亭（宰相萧寘宅内，永乐坊）、杨慎交山池（秘书监，大业坊）、永宁园（安禄山，永宁坊）、永达里园林（永达里坊王龟宅内）、郭子仪亭沼（后为唐宪宗李纯第六女岐阳公主别馆，大通坊）、大安山池（郭子仪之孙郭鏦、唐顺宗李诵之女汉阳公主驸马，大安坊）、太平公主亭（汉乐游苑旧址，城中最高处的昇平坊内）、宁王山池（宁王李宪，胜业坊）等（注1）。

关于宁王李宪的这座"山池"，清朝毕沅编撰的历史地理文献《关中胜迹图志》说："九曲池，《雍大记》（载）在长安城内兴庆池宫西。唐宁王山池院引兴庆（宫）水西流，疏凿屈曲，连环为九曲池。上筑土为基，叠石为山，植松柏，有落猿岩，栖龙帕，奇石异木，珍禽怪兽。又有鹤洲仙诸，殿宇相连，左沧浪，右临漪，王与宫人宾客宴饮弋钓其中。"

长安城内私家园林有两大类，或属于起居宅第的一部分，或另建于他处。如《旧唐书·王播传》附《王龟传》载：

"龟，字大年。性简淡萧洒，不乐仕进。少以诗酒琴书自适，不从科试。京城光福里第，起兄弟同居，斯为宏敞。龟意在人外，倦接朋游，乃于永达里园林深僻处创书斋，吟啸其间，目为'半隐亭'。及从父起在河中，于中条山谷中起草堂，与山人道士游，朔望一还府第，后人目为'郎君谷'。及起保厘东周，龟于龙门西谷构松斋，栖息往来，放怀事外。起镇兴元，又于汉阳之龙山立隐舍，每浮舟而往，其闲逸如此。武宗知之，以左拾遗征。久之，方至殿廷一谢，陈情曰：'臣才疏散，无用于时，加以疾病所婴，不任禄仕。臣父年将九十，作镇远籓，喜惧之年，阙于供侍。乞罢今职，以奉晨昏。'上优诏许之。明年，丁父忧。服阕，以右补阙征，迁侍御史、尚书郎。"

王龟本于"光福里第，起兄弟同居"，仅是因为"意在人外，倦接朋游"，才在"永达里园林深僻处创书斋"。显然，永达里的园林本身就明显有别于光福里第宅。王龟在城外其他的地方先后还有"草堂""松斋""隐舍"等居住处。文中最值得玩味的是王龟从"隐"至"仕"的经历和"吟啸其间"的"半隐亭"，也说明王龟确实是把有别于"宏敞"第宅的园林作为"半隐"的栖身处所，遗憾的是我们无从知晓这座可以作为"半隐"处所之园林的具体面貌。

园林与宅第结合在一起的可举如下两则记载。

五代（晋）崔豹撰《封氏见闻录·第宅》载："则天以后，王侯妃主京城第宅日加崇丽。至天宝中，御史大夫王鉷有罪赐死，县官簿录太平坊宅，数日不能遍。宅内有自雨亭，从檐上飞流四注，当夏处之，凛若高秋。又有宝钿井栏，不知其价，他物称是。安禄山初承宠遇，敕营甲第，聚材之美，为京城第一。太真妃诸姊妹第宅，竞为宏壮，曾不十年，皆相次覆灭。

肃宗时，京都第宅屡经残毁。代宗即位，宰辅及朝士当权者争修第舍，颇为烦弊矣。议者以为'土木之妖'。无何，皆易其主矣……"

《旧唐书·马璘传》："璘少学术，而武干绝伦。遭时屯棘，以忠力奋。在泾（州）八年，缮屯壁，为战守具，令肃不残，人乐为用，虏不敢犯，为中兴锐将。初，泾军乏财，帝讽（暗示）李抱玉让郑（州）、颍（州），璘因得裒（póu）积（聚敛），且前后赐赉（lài）无算，家富不赀（无从计量）。治第京师，侈甚，其寝堂无虑费钱二十万缗。方璘在军，守者覆以油幔。及丧归，都人争入观，假称故吏入赴吊者日数百。德宗在东宫闻之，不喜。及即位，乃禁第舍不得逾制，诏毁璘中寝及宦人刘忠翼第。璘家惧，悉籍亭馆入之官。其后（德宗）赐群臣宴，多在璘山池。而子弟无行，财亦寻尽。"

王鉷豪宅在太平坊内的"自雨亭"等区域无疑为园林部分，其亭如何能"自雨""从檐上飞流四注，当夏处之，凛若高秋"，文中没有表述，但绝非仅仅是给这个亭子题了个高雅的名字；位于延康坊内的马璘豪宅附有"璘山池"，其主要建筑"寝堂"因逾制而遭到"诏毁"。豪宅归官后，唐德宗李适多在璘山池赐群臣宴，可见璘山池也一定是极尽奢华的园林区。因此从文中内容来看，可以非常肯定的是这两座士大夫园林是宅园合一，且绝非以"梦寐以青山白云为念"的目的而建造的。再有，唐代宗李豫是唐明皇的孙子，他继位之时，"安史之乱"还没有完全平定，而这时"宰辅及朝士当权者争修第舍，颇为烦弊矣。"以至于"议者以为'土木之妖'"。这些历史记述都郑重地提醒我们，绝不能以单纯而单一的美学思想来简单地框定士大夫私家园林的属性与形态等。

在长安城近郊还有很多私家别墅园林的区域，最集中的在东郊、西郊和南郊一带。因唐长安城对外一般的通勤以东、西边城门为主，因此东、西郊一带本自繁华。东郊又属浐水和灞水的流域，地势较平坦，水源便利，适合建造大型的别墅园林。东、西郊有太平公主（高宗李治小女儿，武则天所生）、长乐公主（唐太宗李世民长女，长孙氏所生）、安乐公主（中宗李显之女，韦氏所生）、宁王李宪、薛王李业、驸马崔惠童和其他达官的山庄别墅，在骊山山麓还有韦嗣立的别墅等。在这些私家山庄别墅中，有的恐怕都不能用奢华来简单地概括了，如西郊的安乐公主园，唐张鷟笔记《朝野佥载·卷三》载："安乐公主改为悖逆庶人（笔者按：指公元 710 年唐中宗李显去世，之后李隆基发动政变，诛杀安乐公主，追废为"悖逆庶人"之事）。夺百姓庄园，造定昆池四十九里，直抵南山，拟昆明池。累石为山，以像华岳（西岳华山为皇帝封禅之山），引水为涧，以像天津（笔者按：银河）。飞阁步檐，斜桥磴道，衣以锦绣，画以丹青，饰以金银，莹以珠玉。又为九曲流杯池，作石莲花台，泉于台中流出，穷天下之壮丽，言之难尽。悖逆之败，（定昆池）配入司农，每日士女游观，车马填噎。奉敕，辄到者官人解见任，凡人决一顿，乃止。"

《新唐书·安乐公主传》中也有类似的记载："与太平等七公主皆开府，而主府官属尤滥，皆出屠贩，纳訾售官，降墨敕斜封（笔者按：非朝廷正命封授）授之，故号"斜封官"……尝请昆明池为私沼，帝（唐中宗李显）曰：'先帝未有以与人者。'（公）主不悦，自凿定昆池，延袤数里（注意，与前文数据不同）。定，言可抗订之也（笔者按：意思为可与昆明池抗衡）。司农卿赵履温为缮治，累石肖华山，隥（笔者按：同"磴"）彴（zhuó，踏脚石）横邪，回渊九折，以石濆（fèn，涌水）水。又为宝炉，镂怪兽神禽，间以璖（qú）贝珊瑚，不可涯计。"

安乐公主的私园简直就如秦汉皇家园林的再现！

太平公主的南庄，韩愈《游太平公主山庄》曰："公主当年欲占春，故将台榭押城闉（yīn，城门）。欲知前面花多少，直到南山（即终南山）不属人。"李乂《奉和初春幸太平公主南庄应制》曰："平阳馆外有仙家，沁水园中好物华。地出东郊回日御，城临南斗度云车。风泉韵绕幽林竹，雨霰光摇杂树花。已庆时来千亿寿，还言日暮九重赊（笔者按：同"奢"）。"

若非皇家亲族的园林，仅言语上以天象相喻，也够灭族之罪了！

《长安志图·卷中·十五》（注2）记载，长安南郊的樊川，本名"后宽川"，"近蜀之饶，固自若也"。因刘邦封樊哙于此，故名"樊川"。这里南望终南山，挺拔秀丽，耸入云霄。北倚少陵原，犹如锦绣屏风，雄伟壮观。青翠起伏的神禾原逶迤在它的西南，宛似银链的滈河横贯其间。"仰终南之云物，俯滈水之清湍，乔林隐天，修竹蔽日，真天下之奇处，关中之绝景也"。早在先秦时期，樊川就是韦、杜诸贵族聚居的地方，"汉唐以来，韦、杜二氏，轩冕相望，园池栉比"。韦安石、杜佑等曾官至唐朝宰相，唐中宗的韦皇后还想效法武则天，夺取唐朝的最高权力，故有"城南韦杜，去天尺五"之说。不仅是韦、杜，宋张舜民《画墁录》载："唐京省入伏，假三日一开印。公卿近郭皆有园池，以至樊杜数十里间，泉石占胜，布满川陆，至今基地尚在。寺省（笔者按："寺""省"均为中央政府机构）皆有山池，曲江各置船舫，以拟岁时游赏。游赏诸司，唯司农寺山池为最，船以户部为最。"

《长安志图·卷中·十五》记载樊川有韦安石别业（在今韦曲）、杜佑瓜洲别业（在今瓜洲村）、杜佑郊居（在今朱坡西）、何将军山林（在今韦曲西塔坡）、驸马郑潜曜之业（在今南樊村与三府衙村之间）、孟郊送子读书处（在今韦曲东韩店）、郑谷庄（在今韦曲东南，郑虔之居）等。另外，在樊川这个大规模的园林别墅群中，分属不同贵族达官等却直接称为"皇城南别墅""城南别墅""城南别业""樊川别墅""樊川别业"的就有十几座。这些园林别墅多以山原川谷为基础，造成山表其外、冈固其里，尽有茂林修竹之胜。其中"杜佑郊居"（后归尚书郎胡拱辰）的林泉佳景为"城南之最"，园中有千回百折的九曲池、别具一格的玉钩亭和七叶树等奇景；"韦安石别业"更是"林石花亭，号为胜地"；"郑驸马之业"位于神禾原边的莲花洞，虽无楼阁之胜，却有"主家阴洞细烟雾，留客夏簟清琅玕"的特色。

"何将军山林"恰好东靠原而西临潏，"出门流水注，回首白云多""名园依绿水，野竹上青霄"。杜甫曾写过《陪郑广文游何将军山林十首》。

另外，从上述《画墁录》的记载来看，长安城近郊不仅有属于私人的别墅园林，还有分属于各个政府部门"寺""省"、供官员休假使用的别墅园林。这也更充分地说明，追求现实中的享乐，才是建造园林最基本的目的。

三、洛阳城内外的私家园林建筑体系

据《唐代园林别业考录》的不完全统计，唐洛阳城内外园林数量比长安城内外的要少，共有 60 处。城内的多位于洛阳旧中桥南、洛阳城东南部和上东门附近，其中皇亲国戚、贵族园林有：魏王池（原属魏王李泰，后归长宁公主，惠训坊）、岐王山池（岐王李范，惠训坊）、太平公主园（程德坊）；士大夫等私家园林有：魏徵山池（劝善坊）、姚开府山池（姚崇，慈惠坊及询善坊）、归仁池馆（牛僧孺，归人坊）、履道池台（白居易，履道坊）、樱桃岛（李仍淑，履信坊）、集贤林亭（裴度，集贤坊）、张嘉贞亭馆（思顺芳）、依仁亭台（崔玄亮，永通坊）、履信池馆（元稹，履信坊）、柳当楼台（履信坊）、韦瓘山池（崇仁坊）、王茂元东亭（崇仁坊）、奉亲园（薛贻简，温柔坊）、李著作园（仁风坊）、苏味道亭子（宣风坊）、袁象先园（睦仁坊）、王守一山亭（思恭坊）等（注3）。

东都洛阳取水条件比长安更为便利，洛阳城内的私家园林更以水景取胜。例如，大诗人白居易也是造园大家，多有描写洛阳士大夫园林情景的文学作品：

《池上小宴问程秀才》："洛下林园好自知，江南景物暗相随。净淘红粒署香饭，薄切紫鳞烹水葵。雨滴篷声青雀舫，浪摇花影白莲池。停杯一问苏州客，何似吴松江上时。"

《题牛相公归仁里宅新成小滩》："平生见流水，见此转留连。况此朱门内，君家新引泉。伊流决一带，洛石砌千拳。与君三伏月，满耳作潺湲。深处碧磷磷，浅处清溅溅。碕岸束鸣咽，沙汀散沦涟。翻浪雪不尽，澄波空共鲜。两岸滟预口，一泊潇湘天。曾作天南客，漂流六七年。何山不倚杖，何水不停船。巴峡声心里，松江色眼前。今朝小滩上，能不思悠然。"

后一首诗中的园主人是唐朝"牛李党争"中牛党的领袖，唐穆宗、文宗时宰相牛僧孺，有藏奇石之癖，因此在其园林中也突出了"洛石砌千拳"。白居易经常与其赏石论道，为了纪念两人的友情和记载牛僧孺的爱石情愫，特于会昌三年（公元843年）五月题写了《太湖石记》。鉴于此文也是间接地表达这一时期及以后时期的文人士大夫等对园林中堆叠的假山与置石观等审美情趣的重要文献，为了便于欣赏和理解，现把原文和关键词句的白话译文一同罗列如下：

"古之达人，皆有所嗜。玄晏先生（皇甫谧）嗜书，嵇中散（嵇康）嗜琴，靖节先生（陶渊明）嗜酒，今丞相奇章公（牛僧孺）嗜石。石无文无声，无臭无味，与三物不同，而公嗜之，何也？众皆怪之，我独知之。昔故友李生约有云：'苟适吾志，其用则多。'（东西如果能够适合我的志趣，它的用处就多了）诚哉是言，适意而已。公之所嗜，可知之矣。

公以司徒保厘（治理百姓，保护扶持使之安定）河洛，治家无珍产，奉身无长物，惟东城置一第，南郭营一墅，精葺宫宇，慎择宾客，性不苟合，居常寡徒，游息之时，与石为伍。石有族聚，太湖为甲，罗浮、天竺之徒次焉。今公之所嗜者甲也。先是，公之僚吏，多镇守江湖，知公之心，惟石是好，乃钩深致远（因而广为搜寻），献瑰纳奇（把奇珍瑰宝一样的石头进献），四五年间，累累而至。公于此物，独不谦让，东第南墅，列而置之，富哉石乎。

厥状非一（这些石头的形状各不相同）：有盘拗秀出如灵丘鲜云者（有的盘曲转折奇秀，像仙山、如轻云），有端俨挺立如真官神人者（有的端正庄重，巍然挺立，像神仙、如高人），有缜润削成如珪瓒者（有的细密润泽，像人工做成的带有玉柄的酒器），有廉棱锐刿（guì）如剑戟者（有的有棱有角、尖锐有刃口，像利剑、如锋戟），又有如虬如凤（又有像龙、像凤的），若踆若动（有像蹲伏、有像欲动的），将翔将踊（有像要飞翔、有像要跳跃的），如鬼如兽，若行若骤（有像在行走、有像在奔跑的），将攫将斗者（有像掠夺、有像争斗的）。风烈雨晦之夕（当风雨晦暗的晚上），洞穴开颏（洞穴张开了大口），若歆（hē）云歕（pēn）雷（像吞纳乌云、喷射雷电），嶷嶷然有可望而畏之者（卓异挺立，令人望而生畏）。烟霏景丽之旦（当雨晴景丽的早晨），岩塄（è）霮（dàn）（岩石结满露珠，云雾轻轻擦过），若拂岚扑黛（如黛色直冲而来），霭霭然有可狎而玩之者（有和善可亲，堪可赏玩的）。昏旦之交，名状不可。撮（cuō）要而言，则三山五岳、百洞千壑，觎（luó）缕簇缩（弯弯曲曲、丛聚集缩），尽在其中。百仞一拳（自然界的百仞高山，一小块石就可以代表），千里一瞬（千里景色，一瞬之间就可以看过来），坐而得之（这些都坐在家里就能享受得到）。此其所以为公适意之用也。

尝与公迫视熟察，相顾而言，岂造物者有意于其间乎？将胚浑凝结，偶然成功乎（是混沌凝结之后，偶然而成为这样的吗）？然而自一成不变以来，不知几千万年，或委海隅，或沦湖底，高者仅数仞（汉制八尺为一仞），重者殆千钧（古代合三十斤为一钩），一旦不鞭而来，无胫而至，争奇骋怪，为公眼中之物，公又待之如宾友，视之如贤哲，重之如宝玉，爱之如儿孙，不知精意有所召耶（不知道是牛公专心专意召唤来的吗）？将尤物有所归耶（是让这些稀罕的东西有所归宿吗）？孰不为而来耶（谁不为此而来呢）？必有以也。

石有大小，其数四等，以甲、乙、丙、丁品之，每品有上、中、下，各刻于石阴。曰'牛氏石甲之上''丙之中''乙之下'。噫！是石也，千百载后散在天壤之内，转徙隐见，谁复知之？欲使将来与我同好者，睹斯石，览斯文，知公嗜石之自。

会昌三年五月丁丑记。"

"撮要而言，则三山五岳、百洞千壑，诇缕簇缩，尽在其中。百仞一拳，千里一瞬，坐而得之"便是"以小观大"，这一评价与绝大多数私家园林的规模、空间内容与空间形态的现实，以及由此产生出的基本美学思想是完全一致的。

白居易在洛阳城内也有一座宅园，位于履道坊西北隅。他的《池上卷并序》较详尽地介绍了此园的情况。我们可以借助对这座园林详细的剖析，进一步理解唐朝文人士大夫园林本身和与之相关的内容（非全部）。

"都城风土水木之胜在东南隅，东南之胜在履道里，里之胜在西北隅。西闬（hàn，坊门）北垣第一第即白氏叟乐天退老之地。地方十七亩，屋室三之一，水五之一，竹九之一，而岛池桥道间之。初乐天既为主，喜且曰：'虽有台池，无粟不能守也'，乃作池东粟廪；又曰：'虽有子弟，无书不能训也'，乃作池北书库；又曰：'虽有宾朋，无琴酒不能娱也'，乃作池西琴亭，加石樽焉。乐天罢杭州刺史时，得天竺石一、华亭鹤二，以归。始作西平桥，开环池路；罢苏州刺史时，得太湖石、白莲、折腰菱、青板舫，以归。又作中高桥，通三岛径；罢刑部侍郎时，有粟千斛、书一车，泊臧获之习筦、磬、弦歌者指百，以归。先是，颍川陈孝山与酿法，酒味甚佳；博陵崔晦叔与琴，韵甚清；蜀客姜发授《秋思》，声甚清；弘农杨贞一与青石三，方长平滑，可以坐卧。

大和三年夏，乐天始得请为太子宾客，分秩于洛下，息躬于池上。凡三任所得，四人所与，泊吾不才身，今率为池中物。每至池风春，池月秋，水香莲开之旦，露清鹤唳之夕，拂杨石，举陈酒，援崔琴，弹《秋思》，颓然自适，不知其他。酒酣琴罢，又命乐童登中岛亭，合奏《霓裳散序》，声随风飘，或凝或散，悠扬于竹烟波月之际者久之。曲未竟，而乐天陶然石上矣。睡起偶咏，非诗非赋，阿龟握笔，因题石间。视其粗成韵章，命为《池上卷》云。

十亩之宅，五亩之园。有水一池，有竹千竿。勿谓土狭，勿谓地偏。足以容膝，足以息肩。有堂有庭，有桥有船。有书有酒，有歌有弦。有叟在中，白须飘然。识分知足，外无求焉。如鸟择木，姑务巢安。如龟居坎，不知海宽。灵鹤怪石、紫菱白莲，皆吾所好，尽在吾前。时饮一杯，或吟一篇。妻孥熙熙，鸡犬闲闲。优哉游哉，吾将终老乎其间。"

这座"履道园池"本是已故散骑常侍杨凭的宅园，白居易从田苏手里买得，曾因钱不足曾用两马抵偿。从长庆四年（公元 824 年）开始至其 74 岁去世为止（会昌六年，公元 846 年），白居易经营履道园池共二十余年。我们可以从白居易创作的相关诗词的年代大致推测出这些经营的内容和次序：

创作《池上卷并序》的大和三年（公元 829 年）夏之前，先修葺了池中旧亭阁，《葺池上旧亭》："池月夜凄凉，池风晓萧飒。欲入池上冬，先葺池中阁。向暖窗户开，迎寒帘幕合。苔封旧瓦木，水照新朱蜡。软火深土炉，香醪小瓷榼（kē）。中有独宿翁，一灯对一榻。"又置太湖石于园中，《太湖石》："远望老嵯峨，近观怪嵚崟（qīn yín，山之高峻）。才高八九尺，势若千万寻。嵌空华阳洞，重叠匡山岑（笔者按：cén，小而高的山）。邈（miǎo，超越）矣仙掌（仙人以手掌擎盘承甘露典故）迥，呀然（张口貌）剑门深。形质冠今古，气色通晴阴。未秋已瑟瑟，欲雨先沉沉。天姿信为异，时用非所在。磨刀不如砺，捣帛不如砧。何乃主人意，重之如万金。岂伊造物者，独能知我心。"

大和五年（公元 831 年），开挖或疏浚了一座水池，堆岛、叠置了石峡，在水边建了水榭，《重葺府西水亭院》："因下疏为沼，随高筑作台。龙门分水入，金谷取花栽。绕岸作初匝，凭栏立未回。园西有池位，留与后人开。"又诗《府西池北新葺水斋，即事招宾偶题十六韵》："缭绕府西面，潺湲池北头。凿开明月峡，决破白蘋洲。清浅漪澜急，夤缘（沿着某物行进）浦屿（pǔ yǔ，小岛）幽。直冲行径断，平入卧斋流。"

大和八年（公元 834 年），《西街渠中，种莲垒石，颇有幽致，偶题小楼》："朱槛低墙上，清流小阁前。雇人栽菡萏，买石造潺湲。影落江心月，声移谷口泉。闲看卷帘坐，醉听掩窗眠。路笑淘（通"掏"，疏浚）官水，家愁费料钱。是非君莫问，一对一翛然。"

开成二年（公元 837 年），"宅西有流水，墙下构小楼，临玩之时，颇有幽趣，因命歌酒，聊以自娱，独醉独吟，偶题五绝句》"。"伊水分来不自由，无人解爱为谁流。家家抛向墙根底，唯我栽莲越小楼。水色波文何所似，麹（qū）尘罗带（曲折的河流）一条斜。莫言罗带春无主，自置楼来属白家。日滟水光摇素壁，风飘树影拂朱栏……"又筑小草亭于岛上，《自题小草亭》："新结一茅茨，规模俭且卑。土阶全垒块，山木半留皮。阴合连藤架，丛香近菊篱。壁宜藜杖倚，门称荻帘垂。窗里风清夜，檐间月好时。留连尝酒客，句引坐禅师。伴宿双栖鹤，扶行一侍儿。绿醅量盏（zhǎn，与爵相似而较大的酒器）饮，红稻约升炊。龌龊豪家笑，酸寒富室欺。陶庐闲自爱，颜巷陋谁知。蝼蚁谋深穴，鹪鹩占小枝。各随其分足，焉用有余为。"

开成三年（公元 838 年），苏州刺史李道枢赠太湖石置于园中，《奉和思黯相公以李苏州所寄太湖石奇状绝伦因》："错落复崔嵬，苍然玉一堆。峰骈仙掌出，罅坼（xiàchè，裂缝）剑门开。峭顶高危矣，盘根下壮哉。精神欺竹树，气色压亭台。隐起磷磷状，凝成瑟瑟胚。廉棱露锋刃，清越扣琼瑰。岌嶪（jíyè，高壮貌）形将动，巍峨势欲摧。奇应潜鬼怪，灵合蓄云雷。黛润沾新雨，斑明点古苔。未曾栖鸟雀，不肯染尘埃。尖削琅玕笋，洼剜玛瑙罍（léi，酒樽）。海神移碣石，画障簇天台。在世为尤物，如人负逸才。渡江一苇载，入洛五丁推。出处虽无意，升沉亦有媒。拔从水府底，置向相庭隈。对称吟诗句，看宜把酒杯。终随金砺用，不学玉山颓。疏傅心偏爱，园公眼屡回。共嗟无此分，虚管太湖来。"

会昌元年（公元 841 年），修新润亭和新小滩，《新小滩》："石浅沙平流水寒，水边斜插一渔竿。江南客见生乡思，道似严陵七里滩。"

白居易的这座私园属于宅第与园林合一的类型，占地 17 亩，规模不算小（现苏州沧浪亭全园占地 14 亩）。其中居住类的建筑所占的比例不到三分之一（总建筑面积约占三分之一），与池、桥、岛、亭、舫、径、假山、置石和竹、鹤等动植物等作为主要的园林要素内容，并且布设精巧，完整无缺。《池上卷并序》中还有一条基本信息很重要："又作中高桥，通三岛径。"表明园林的面积虽有限，水池也更小，但其中仍以"三神山"为象征性的主题。纵览与分析《池上卷并序》及其他诗文内容，逐渐布设、添加完成的这座宅园，是以满足白居易晚年闲散舒适、自娱自乐、终老天伦、与世无争的生活为目的，正如"独醉还须得歌舞，自娱何必要亲宾"。如果再对比诸多诗中的另一类充实而近乎豪迈的感叹，如"则三山五岳、百洞千壑，欻缕簇缩，尽在其中。百仞一拳，千里一瞬，坐而得之。""才高八九尺，势若千万寻。嵌空华阳洞，重叠匡山岑。""凿开明月峡，决破白蘋洲。"颇有此一时而彼一时的感觉。而这两种矛盾的心境，还可以参考白居易在其他诗句中的表达，如《池上作》："西溪风生竹森森，南潭萍开水沈沈。丛翠万竿湘岸色，空碧一泊松江心。浦派萦回误远近，桥岛向背迷窥临。澄澜方丈若万顷，倒影咫尺如千寻。泛然独游邈然坐，坐念行心思古今。菟裘不闻有泉沼，西河亦恐无云林。岂如白翁退老地，树高竹密池塘深。华亭双鹤白矫矫，太湖四石青岑岑。眼前尽日更无客，膝上此时唯有琴。洛阳冠盖自相索，谁肯来此同抽簪。"

《官舍内新凿小池》："帘下开小池，盈盈水方积。中底铺白沙，四隅甃青石。勿言不深广，但取幽人适。泛滟微雨朝，泓澄明月夕。岂无大江水，波浪连天白。未如床席间，方丈深盈尺。清浅可狎弄，昏烦聊漱涤。最爱晓暝时，一片秋天碧。"

《酬吴七见寄》："……闻有送书者，自起出门看。素缄署丹字，中有琼瑶篇。口吟耳自听，当暑忽飖然。似漱寒玉冰，如闻商风弦。首章叹时节，末句思笑言。懒慢不相访，隔街如隔山。尝闻陶潜语，心远地自偏。君住安邑里，左右车徒喧。竹药闭深院，琴尊开小轩。谁知市南地，转作壶中天……"

坐在各类小园中，白居易的心境，既有"澄澜方丈若万顷，倒影咫尺如千寻"的高昂，又有"岂无大江水，波浪连天白。未如床席间，方丈深盈尺"的回落，以及滑向"谁知市南地，转作壶中天"的低谷。这充分说明私家园林建筑体系在文人士大夫的精神世界是随着境遇和心情的变化而变化的，此一时彼一时也。而仅仅依靠文学作品来具体解读，既不十分可靠也不专业。另外，白居易的这座宅园占地已达 17 亩，但他老人家还觉得是"龌龊豪家笑，酸寒富室欺……蝼蚁谋深穴，鹪鹩占小枝。各随其分足，焉用有余为"。

洛阳城近郊也有两处比较集中的别墅区域，《旧唐书·李憕传》说："伊川膏腴，水陆上田，修竹茂树，自城及阙口，别业相望。"城南伊阙一带有阙口别业（李憕）、崔礼部园亭（崔泰之）、龙门北溪庄（韦嗣立）、平泉庄（李德裕）、平泉东庄（令狐楚）、韦楚老别墅（平泉庄东南）、伊川别墅（张诚）、龙头别墅（韦况）、松斋（王龟）等；定鼎门外午桥一带有午桥南别墅（狄仁杰卢氏堂姨）、绿野堂（裴度）等。其他或不明处还有蔡起居郊馆、王明府山亭、李氏林园（李十四）、郑协律山亭、洛城新墅（牛僧孺）、雪堆庄（薛氏）、左氏庄、东溪别业（尹裴氏）等。

平泉庄主李德裕也是一位传奇式的人物，他是"牛李党争"另一方的领袖。《旧唐书·李德裕传》载："李德裕，字文饶，赵郡人。祖栖筠，御史大夫。父吉甫，赵国忠懿公，元和初宰相……德裕以器业自负，特达不群。好著书为文，奖善嫉恶，虽位极台辅，而读书不辍。有刘三复者，长于章奏，尤奇待之，自德裕始镇浙西，迄于淮甸，皆参佐宾筵，军政之余，与之吟咏终日。在长安私第，别构起草院。院有精思亭，每朝廷用兵，诏令制置，而独处亭中，凝然握管，左右侍者无能预焉。东都于伊阙南置平泉别墅，清流翠篠，树石幽奇。初未仕时，讲学其中，及从官藩服，出将入相，三十年不复重游，而题寄歌诗，皆铭之于石。今有《花木记》《歌诗篇录》

二石存焉。有文集二十卷。记述旧事，则有《次柳氏旧闻》《御臣要略》《伐叛志》《献替录》行于世。"

李德裕所作《平泉山居诫子孙记》说："经始平泉，追先志也。吾随侍先太师忠懿公在外十四年，上会稽，探禹穴，历楚泽，登巫山，游沅湘，望衡峤。先公每维舟清眺，意有所感，必凄然遐想，属目伊川。尝赋诗曰：'龙门南岳尽伊原，草树人烟目所存。正是北州梨枣熟，梦魂秋日到郊园。'吾心感是诗，有退居伊洛之志。前守金陵，于龙门之西，得乔处士故居，天宝末避地远游，为荒榛，首阳微岑，尚有薇蕨，山阳旧径，唯馀竹木。吾乃剪荆棘，驱狐狸，始立班生之宅，渐成应叟之地，又得江南珍木奇石，列于庭际，平生素怀，于此足矣。吾尝以为出处者贵得其道，进退者贵不失时，古来贤达，多有遗恨。至于元祖潜身于柱史，柳惠养德于士师，汉代邴曼容官不过六百石，终无辱殆，邈难及矣。越蠡激文牛以肥遁，留侯托黄老以辞世，亦其次焉。范睢感蔡泽一言，超然高谢，邓禹见功臣多败，委远名势，又其次也。矧如吾者，于葵无卫足之智，处雁有不鸣之患，虽有泉石，杳无归期，留此林居，贻厥后代……"（注4）

粗看此文，李德裕似素有林泉之志，愿为烟霞之侣，情真意切。然宋张洎撰《贾氏谭录》载："李德裕平泉庄怪石名品甚众，各为洛阳城有力者取去。唯礼星石（其石纵广一丈，长丈余，有文理，成斗极象）、狮子石（石高三四尺，孔窍千万，递相通贯，其状如狮子，首尾眼鼻皆具）为陶学士徙置梁园别墅。

李德裕平泉庄台榭百余所，天下奇花异草、珍松怪石，靡不毕具。自制《平泉花木记》，今悉以绝矣。唯雁翅桧（叶婆娑如鸿雁之翅）、珠子柏（柏实皆如珠子联生叶上）、莲房玉蕊等犹有存者，怪石为洛阳有力者取去，石上皆刻'有道'二字。"（注5）

李德裕所作《平泉山居草木记》也说："余尝览想石泉公家藏书目有《园庭草木疏》，则知先哲所尚，必有意焉。余二十年间，三守吴门，一莅淮服。嘉树芳草，性之所耽，或致自同人，或得于樵客，始则盈尺，今已丰寻。因感学《诗》者多识草木之名，为《骚》者必尽荪荃之美。乃记所出山泽，庶资博闻。

木之奇者，有天台之金松、琪树，稽山之海棠、榧桧，剡溪之红桂、厚朴，海峤之香柽、木兰，天目之青神、凤集，钟山之月桂、青飔、杨梅，曲房之山桂、温树，金陵之珠柏、栾荆、杜鹃，茆山之山桃、侧柏、南烛，宜春之柳柏、红豆、山樱，蓝田之栗梨、龙柏。

其水物之美者，荷有苹洲之重台莲，芙蓉湖之白莲，茅山东溪之芳荪。

复有日观、震泽、巫岭、罗浮、桂水、严湍、庐阜、漏泽之石在焉。其伊、洛名园所有，今并不载。岂若潘赋《闲居》，称郁棣之藻丽；陶归衡宇，喜松菊之犹存。爰列嘉名，书之于石。

己未岁，又得番禺之山茶，宛陵之紫丁香，会稽之百叶木芙蓉、百叶蔷薇，永嘉之紫桂、蔟蝶，天台之海石楠，桂林之俱郁卫。台岭、八公之怪石，巫山、严湍、琅琊台之水石，布于清渠之侧；仙人迹、鹿迹之石，列于佛榻之前。是岁又得钟陵之同心木芙蓉，剡中之真红桂，稽山之四时杜鹃、相思、紫苑、贞桐、山茗、重台蔷薇、黄槿，东阳之牡桂、紫石楠，九华山药树、天蓼、青枥、黄心柹子、朱杉、龙骨。

庚申岁，复得宜春之笔树、楠稚子、金荆、红笔、密蒙、勾栗木。其草药又得山姜、碧百合焉。"（注6）

《平泉山居诫子孙记》中有"始立班生之宅，渐成应叟之地"。"班生"是指汉朝班嗣（班固的伯父），以信奉老庄、超脱人世著名。汉班固《幽通赋》："终保己而贻则兮，里上仁之所庐。"晋陶潜《始作镇军参军经曲阿》："聊且凭化迁，终返班生庐。"唐丘丹《奉酬重送归山》："猥蒙《招隐》作，岂媿班生庐。"因此"班生之宅"即"班生庐"，指隐者之居。"应叟"是指三国时期魏国应璩，文学家，历官散骑常侍、侍中、大将军长史。南朝（梁）任昉《齐竟陵文宣王行状》载："良田广宅，符仲长之言；邙山洛水，协应叟之志。"李善注："应璩《与程文信书》曰：'故求远田，在关之西，南临洛水，北据邙山，讬崇岫以为宅，因茂林以为荫。'"因此"应叟之地"表理想中的归隐之地。然素有"林泉之志"，愿为"烟霞之侣"的归隐之地、隐者之居，绝不应是"台榭百余所，天下奇花异草、珍松怪石，靡不毕具"。这也再一次提醒我们，绝不能仅以文学作品来解读文人士大夫表述的"林泉之志""烟霞之侣"之情怀，解读私家园林更是如此。

注1：李浩：《唐代园林别业考录》，上海古籍出版社2005年出版。

注2：元人李好文的《长安图记》和宋人宋敏求的《长安志》被后人合刊后改名为《长安志图》。

注3：李浩：《唐代园林别业考录》，上海古籍出版社2005年出版。

注4、注6：《钦定全唐文·卷七百八》。

注5：《钦定四库全书·卷一百四十》。

第三节　其他风景区与庄园中的私家园林建筑体系

隋唐时期有很多文人士大夫在著名的风景区建有别墅，或在郊区建有山庄等。如在长安城东郊的终南山，有玉真公主、储光义、某御史中丞、钱起、田明府、卢纶、薛据等人的别墅。但就目前所掌握的资料来看，这类别墅与山庄等，很多并不属于"建筑学"意义上的园林。

例如，处于盛唐时期的王维亦官亦隐，躬行实践"大隐"。他在经历张九龄罢相、受"伪职"等事件后，宦情日渐淡薄，晚年更是"退朝之后，焚香独坐，以禅诵为事"，以"大隐"为其出处进退的法则。既不愿与当权派同流合污，又不愿忍受去官后的贫穷，于是以圆通混世的人生态度过着"大隐"的生活，对政治不闻不问，对职事敷衍应付，常住别业山庄却又按时上朝应卯，成为游宦隐士的典型。在《与魏居士书》中，他以庄禅为理论依据，提出"适意"与"不适意"的观点以平衡仕宦地位和心性超越的矛盾："我则异于是，无可无不可。可者适意，不可者不适意也。君子以布仁施义、活国济人为适意。纵其道不行，亦无意为不适意也。苟身心相离，理事俱如，则何往而不适。"于世事概莫关心，不为外物所累，不以是非得失萦心，无往而不适。既可"不废大伦"，尽君臣之义，又可获得身心自足的平衡。"虽与人境接，闭门成隐居""晚年唯好静，万事不关心"，与这样的处世态度相对应，王维于辋川山谷（今兰田县西南十余公里处），在宋之问的辋川山庄的基础上营建一座辋川别业。其《辋川别业》称："不到东山向一年，归来才及种春田。雨中草色绿堪染，水上桃花红欲燃。优娄比丘经论学，伛偻丈人乡里贤。披衣倒屣且相见，相欢语笑衡门前。"

关于这座别业的性质，笔者在上卷第三章第二节中有过较详细的阐释，在此不赘述。

白居易一生先后建造或经营过数座私家园林，除了洛阳履道坊宅园外，还有渭水之滨的别墅园、陕西金氏村南园、中州东坡园，另有建在庐山的庐山草堂。我们借此内容再进一步地分析白居易一生的经历和其经营过的私园等，对于理解唐朝时期文人士大夫园林与文化等有着一定的典型意义。

白居易生于新郑（今河南新郑市）。11岁起，因战乱颠沛流离五六年。贞元十六年（公元800年）中进士（28岁），十八年，与元稹同举"书判拔萃科"（判，即"文理优长"），二人结为挚友。贞元十九年春（公元803年），授秘书省校书郎，元和元年（公元806年）罢校书郎。撰《策林》75篇，登"才识兼茂明于体用科"，授县尉。作《观刈麦》《长恨歌》《池上》。元和二年回朝任职，十一月授翰林学士，次年任左拾遗。四年，与元稹、李绅等倡导新乐府运动。五年，改京兆府户曹参军。他此时仍充翰林学士，草拟诏书，参与国政。元和六年（公元811年），因母丧，丁忧退居陕西下邽义津乡金氏村(亦名紫兰村)旧居。作有《新构亭台，示诸弟侄》："平台高数尺，台上结茅茨。东西疏二牖，南北开两扉。芦帘前后卷，竹簟当中施。清泠白石枕，疏凉黄葛衣。开襟向风坐，夏日如秋时。啸傲颇有趣，窥临不知疲。东窗对华山，三峰碧参差。南檐当渭水，卧见云帆飞。仰摘枝上果，俯折畦中葵。足以充饥渴，何必慕甘肥。况有好群从，旦夕相追随。"服满，应诏回京任职。元和十年，率先上疏请急捕刺杀武元衡凶手，因宰相李德裕嫌其越职言事等，被贬江州（今江西九江）司马。次年写下《琵琶行》，并在庐山建草堂。《新唐书·白居易传》说："既失志，能顺适所遇，托浮屠生死说，若忘形骸者。"

白居易所处属中唐时期，"寒士"虽然有进阶士大夫的政治空间，但国政世运日趋腐败，王权的反复无常、阉竖的专擅、朝官激烈的党争使士大夫对现实政治的离心倾向日趋明显，"大隐"（或"中隐"）兼济的追求虽无断绝，但已渐成衰微之势。白居易在《江州司马厅记》中说："为国谋，则尸素之尤蠹者；为身谋，则禄仕之优稳者。"较深地反映出社会现实和文人士大夫主体价值取向的状况。其《寄隐者》中的"由来君臣间，宠辱在朝暮"则揭示出集权制度下文人士大夫朝夕莫测的命运（但不至于殒命）。从表面上来看，中唐政治环境的恶化，使隐逸在承载士人相对独立的人格理想和地位方面的作用日显苍白，所以中唐隐逸已少有初盛唐时那种"仕""隐"两可、身名俱泰的完满自足，《寄隐者》所流露出的也是文人士大夫对集权制的无奈与屈从。更何况对绝大多数的文人士大夫来讲，隐逸原本仅仅是或姿态或标榜，因此文学作品的表达，也仅仅是随着个人的境遇不同而不同，即此一时彼一时也。白居易在写《庐山草堂记》时，正好处于其人生与官运的低谷时期。

"匡庐奇秀，甲天下山。山北峰曰香炉，峰北寺曰遗爱寺，介峰寺间，其境胜绝，又甲庐山。元和十一年秋，太原人白乐天见而爱之，若远行客过故乡，恋恋不能去。因面峰腋寺，作为草堂。

明年春，草堂成。三间两柱，二室四牖，广袤丰杀，一称心力。洞北户，来阴风，防徂暑也；敞南甍（méng，这里指房屋），纳阳日，虞祁寒（御大寒）也。

木斫而已，不加丹；墙圬而已，不加白。砌阶用石，幂窗用纸，竹帘纻帏，率称是焉。堂中设木榻四，素屏二，漆琴一张，儒、道、佛书各两三卷。

乐天既来为主，仰观山，俯听泉，傍睨竹树云石，自辰至酉，应接不暇。俄而物诱气随，外适内和。一宿体宁，再宿心恬，三宿后颓然嗒然，不知其然而然。

自问其故，答曰：'是居也，前有平地，轮广（直径）十丈，中有平台，半平地；台南有方池，倍平台。环池多山竹野卉，池中生白莲、白鱼。又南抵石涧，夹涧有古松老杉，大仅十人围，高不知几百尺。修柯戛云，低枝拂潭，如幢竖，如盖张，如龙蛇走。松下多灌丛，萝茑叶蔓，骈织承翳，日月光不到地。盛夏风气如八九月时。下铺白石，为出入道。堂北五步，据层崖积石，嵌空垤埸（dié nì，积土成堆），杂木异草，盖覆其上。绿阴蒙蒙，朱实离离，不识其名，四时一色。又有飞泉、植茗，就以烹燀（pēng chǎn，烧煮），好事者见，可以销永日。堂东有瀑布，水悬三尺，泻阶隅，落石渠，昏晓如练色，夜中如环佩琴筑声。堂西倚北崖右趾，以剖竹架空，引崖上泉，脉分线悬，自檐注砌，累累如贯珠，霏微如雨露，滴沥飘洒，随风远去。其四傍耳目杖屦可及者，春有锦绣谷花，夏有石门涧云，秋有虎溪月，冬有炉峰雪。阴晴显晦，昏旦含吐，千变万状，不可殚纪。觌缕而言，故云甲庐山者。'

噫！凡人丰一屋，华一箦（zé，竹编床），而起居其间，尚不免有骄矜之态；今我为是物主，物至致知，各以类至，又安得不外适内和，体宁心恬哉？昔永、远、宗、雷辈十八人，同入此山，老死不返；去我千载，我知其心以是哉！

矧（shěn）予自思：从幼迨老，若白屋，若朱门，凡所止，虽一日、二日，辄覆篑（kuì，竹筐）土为台，聚拳石为山，环斗水为池，其喜山水病癖如此！一旦蹇剥（jiǎn bāo，时运不济），来佐江郡，郡守以优容抚我，庐山以灵胜待我，是天与我时，地与我所，卒获所好，又何以求焉？尚以冗员所羁，余累未尽，或往或来，未遑宁处。待予异日弟妹婚嫁毕，司马岁秩满，出处行止，得以自遂，则必左手引妻子，右手抱琴书，终老于斯，以成就我平生之志。清泉白石，实闻此言！时三月二十七日始居新堂；四月九日与河南元集虚、范阳张允中、南阳张深之、东西二林寺长老凑公、朗满、晦、坚等凡二十二人，具斋施茶果以落之，因为《草堂记》。"

从《庐山草堂记》来看，依托庐山广大秀美的山水环境，白君易以草堂为核心也自营了一些园林内容：草堂前（南）有圆形平地，中有平台，台南有方池，池中和环池都有植物，再往南有自然的石涧，夹涧有自然的古松老杉；草堂北地面稍局促，且因石质地表没有植物，因此依岩石堆叠镂空的假山，上面覆土种植花木；草塘东有不高的瀑布，顺台阶状石质地表流向石渠；草堂西临岩下，又用架空剖开的半竹引泉水至屋檐处等。从内容分析来看，如果把草堂及周围环境等看作一种形式的私家园林，这种类型的私家园林在我国并没有遗留至今的具体而清晰的实例，而场景类似的山居并不少见，但很少会有人把这类"山居"定义为"建筑学意义的园林"。

因此庐山草堂的"社会学"意义更大于"建筑学"意义。

另外，白居易并没有在"司马岁秩满，出处行止，得以自遂"时"左手引妻子，右手抱琴书，终老于斯，以成就我平生之志"，而是继续他的"中隐"生活。元和十三年（公元818年），他改任忠州（今重庆忠县）刺史，又营建过"东坡园"。元和十五年还京，累迁中书舍人。因朝中朋党倾轧，于长庆二年（公元822年）请求外放，先后为杭州、苏州刺史。《新唐书·白居易传》表其在杭州"始筑堤捍钱塘湖，钟泄其水，溉田千顷；复浚李泌六井，民赖其汲"。文宗大和元年（公元827年），拜秘书监，第二年转刑部侍郎。大和四年定居洛阳，开始经营他的履道坊宅园，《新池》："数日自穿凿，引泉来近陂。寻渠通咽处，绕岸待清时。深好求鱼养，闲堪与鹤期。幽声听难尽，入夜睡常迟。"后历太子宾客、河南尹、太子少傅等职。会昌二年（公元842年）以刑部尚书职退休领取半俸。在洛阳以诗、酒、禅、琴和园林自娱，常与刘禹锡唱和，时称"刘白"。会昌四年，出资开凿龙门八节石滩以利舟民。75岁病逝，葬于洛阳龙门香山琵琶峰，李商隐为其撰写了墓志铭。

从白居易一生的经历中可以清晰地看出这类文人士大夫的"仕"与"隐"、"隐"与"居（园林）"之间的微妙关系。

我们再看看前引唐诗中涉及的其他别业：

高适《淇上别业》："依依西山下，别业桑林边。庭鸭喜多雨，邻鸡知暮天。野人种秋菜，古老开原田。且向世情远，吾今聊自然。"

岑参《送胡象落第归王屋别业》："看君尚少年，不第莫凄然。可即疲献赋，山村归种田。野花迎短褐，河柳拂长鞭。置酒聊相送，青门一醉眠。"

李白《过汪氏别业二首》："游山谁可游？子明与浮丘。叠岭碍河汉，连峰横斗牛。汪生面北阜，池馆清且幽……"

"畴昔未识君，知君好贤才。随山起馆宇，凿石营池台。星火五月中，景风从南来。数枝石榴发，一丈荷花开。恨不当此时，相过醉金罍……"

祖咏《汝坟别业》："失路农为业，移家到汝坟。独愁常废卷，多病久离群。鸟雀垂窗柳，虹霓出涧云。山中无外事，樵唱有时闻。"

李颀《不调归东川别业》："寸禄言可取，托身将见遗。惭无匹夫志，悔与名山辞。绂冕谢知己，林园多后时。葛巾方濯足，蔬食但垂帷。十室对河岸，渔樵祇在兹。青郊香杜若，白水映茅茨。昼景彻云树，夕阴澄古遂。渚花独开晚，田鹤静飞迟。且复乐生事，前贤为我师。清歌聊鼓楫，永日望佳期。"

周瑀《潘司马别业》："门对青山近，汀牵绿草长。寒深包晚橘，风紧落垂杨。

湖畔闻渔唱，天边数雁行。萧然有高士，清思满书堂。"

从这些诗词的内容，也是很难看出"建筑学意义的园林"内容。

第四节　隋唐时期私家园林建筑体系形态的
文化与空间艺术

在前面的章节中，笔者已经介绍过隋唐之前的私家园林建筑体系的相关内容，因私家园林主要的内容与形态的变化远不如古帝王与皇家园林的那么明显，至隋唐时期已经完全定型，故私家园林的文化与艺术空间等内容在此节集中阐释。

（1）隋唐时期的私家园林大致可分为城市内的私园（或宅园合一，或宅园分置）、风景区别业（含城市近郊）、庄园别业三种主要类型。

城市内的私园，无论从整体的规模、内容和形式方面来讲，与遗留至今的清代私家园林并无本质上的区别。只因拥有者的不同而存在规模和豪华程度的差别，但共同的特点是规模相对有限，并以人工营造的内容为主，包括各类建筑、广场、路径、叠石、理水、岛屿、动植物等具体内容（大概在古代社会后期出现了固定的船舶），并且很明确地是以假山、置石、池水和植物等为重要特征。又因城市内的私家园林必须主要依靠人工营造，且规模相对有限，所以除了上述具体的园林要素内容外，平面和竖向空间组织形式就显得尤为重要，属于造园手法中的重要内容（详见后面阐释）。

风景区别业的共同特点在于有地形地貌及自然山水等内容可以利用，包括不同于城市的气候条件等。这类别业也因拥有者的不同而存在巨大差别，以诸王和公主为代表的贵族阶层拥有的风景区别业，规模巨大，有最好的自然条件可以利用，有各类较大规模的人工营造内容，甚至其中的某些内容极具象征性，不输同时期的皇家园林（如唐安乐公主在长安郊外的定昆池）。而大多文人士大夫的别业规模有限，除了必要的建筑外，人工营造的内容仅限于局部叠石、理水、种植植物等，即"随山起馆宇，凿石营池台"，最寒酸的甚至只有茅舍数间，甚至其中很多都算不上"建筑学意义的园林"。

历史文献中出现的农庄别业的共同特点是拥有不同类型的自然与田园风光，但其他内容与形式等差别巨大，有的是在局部营造园林内容，有的可能除了必要的建筑外，并无刻意营造的园林内容，主要以各类植物种植为主，较大型的更如"农业综合体"，因此并不属于"建筑学意义的园林"，但这类内容也多与所谓的"隐逸文化"相关，属于"社会学意义的园林"。在风景区和农庄等别业中重视种植经济植物（包括药材），也是与中国农耕社会的习惯相适应。

（2）虽然私家园林因建造的地点不同，而表现出不同的空间内容与空间形态等，但园林具体的规模却是决定其空间内容与空间形态的最重要的因素。例如，对于如唐安乐公主之流，在其园林内可以"造定昆池四十九里，直抵南山，拟昆明池。累石为山，以像华岳，引水为涧，以像天津"。这是因其身份而连带的各种欲望与能力的结果（安乐公主曾自请封为"皇太女"，并开府置官而势倾朝野）。而对于如遂员外、牛僧孺和白居易等这类的文人士大夫来讲，在其园林中可有"立而像之衡巫""陂而像之江湖""百仞一拳，千里一瞬"之联想，和慨"谁知市南地，转作壶中天"之叹，也是身份的使然，其中必然也包含着很多的无奈，就如白居易《自题小草厅》中所言的"蝼蚁谋深穴，鹪鹩占小枝。各随其分足，焉用有余为。"当然，文人士大夫上述两种截然不同的心境对他们的园林来讲，也并无什么具体影响，况且如白居易这样的文人士大夫的内心也非常清楚"虽有台池，无粟不能守也"的道理。在唐朝稍微例外的是宰相李德裕的平泉庄，"台榭百余所，天下奇花异草、珍松怪石，靡不毕具。"但若与东汉外戚大将军梁冀的菟苑相比，恐怕就属于小巫见大巫了。这些都属于权力、地位和经济实力决定其私家园林规模的活生生的实例。

笔者在前面引用过的唐代封演编撰的《封氏闻见记·第宅》中，后一段记述的内容很有意思："中书令郭子仪勋伐盖代，所居宅内诸院（位于长安城内），往来乘车马，僮客于大门出入，各不相识……郭令曾将出，见修宅者谓曰：'好筑此墙，勿令不牢。'筑者释锸而对曰：'数十年来，京城达官家墙，皆是某筑，只见人自改换，墙皆见在。'郭令闻之，怆然动容。遂入奏其事，因固请老。"

在这则故事中，"筑者"是一语点醒梦中人。即在以皇权为核心的专制体制下，士大夫的命运必然是盈满而更易损。如本章第二节中所举，"中兴锐将"马璘曾经得到过唐代宗李豫的无数赏赐，但其在长安城内宅第的寝堂过于奢华，早已引起了太子李适的不悦，在李适继位后便称马璘和太监刘忠翼的宅第"逾制"，因此导致"璘家惧，悉籍亭馆入之官"。另外，即便是安乐公主的园林，最终也因她没能善终而充公。后世也有相近的例子，如清朝乾隆年间和珅府的锡晋斋，大厅内有雕饰精美的楠木隔断，为仿紫禁城宁寿宫式样。等到嘉庆皇帝即位后，这个"逾制"的行为也成为了和珅被赐死的"二十大罪"之一。

因此"以小见大""壶中天地""芥子纳须弥"等，与其说是文人士大夫依托私家园林主动地发展出来的造园美学思想，倒不如说是由其社会角色和能力等所决定的必然结果。龟缩于"壶中天地"实属无奈但可安稳自保，并且也大可在"何如家祠通小院，自家房下垂钓竿"中得到自我安慰和自我调适。

（3）依据基本的视觉审美认识规律，园林要素的具体内容以及体量等，必须与其所在的空间大小形成合理的尺度关系。人类对这种尺度关系的基本认识（感觉）形成于何时无从考证。且因绝大多数私家园林规模有限，必然要以细微见长、以小见大，如精细地叠山理水等。而在规模巨大的皇家园林的超大空间中，过多的"细微"和"以小见大"，反而是琐碎和不协调了，这也是空间艺术一般性的规律，但并不意味着在大型皇家园林里面就不存在"细微"。前面所举所有历史文献中出现的实例表明，私家园林拥有者的社会地位越高、权力越大，其私家园林的规模就有可能越大，在空间内容和空间形态上也就越接近于同时期的皇家园林，这也说明"细微"更偏重于技术和适应性而绝非目的，或曰不得已而为之。只是在文学作品中，其意义被文人无限地夸大了。如果以"局外人"的视觉感受去理解私家园林，那些以小观大的叠山和理水等，可能仅仅表现为视觉感受的协调性，并非一定有"立而像之衡巫""陂而像之江湖"之感。

（4）笔者在前面章节也多次强调过，叠山和理水等，在古代社会并非难以掌握的造园技术与手法。从前面章节多次引用的《淮南子·本经训》的相关描述来看，这类造园技术与手法至晚在汉初就已经成熟，《西京杂记》中描述的汉武帝时期袁广汉的私家园林，进一步证实了这一点。只是在隋唐之前的大型皇家园林中，堆叠真山等并不属于需要突出的重点内容。随着私家园林的逐渐增多，描写这类内容的文学作品也自然会越来越多，且距今时间越近，能够流传至今的也自然越多。因此中国传统园林建筑体系最具特色的叠山理水的技术与艺术手法等，并非源自和成熟于私家园林。确切地讲，仅就叠山理水来讲，小型私家园林与大型皇家园林是在相通的前提下各具特点，并且如宋代皇家园林堆叠"艮岳"的技术与艺术手法的难度，肯定要远远大于任何私家园林堆叠假山与置石等。

"以小见大"，是绝大多数的规模有限的"建筑学"意义上的私家园林的所谓"美学思想"和具体的造园技术与手法等。其中既包括园林整体的和局部的空间规模，也包括具体的园林要素内容。又因其中的建筑内容必须具有一定的体量，植物也有其自然的生长规律，无非是无法大面积地种植。而在皇家园林中堆叠的真山，到了规模有限的私家园林中，也就不得不变为堆叠假山了。因此"以小见大"更多更突出的是表现在山和水两个主要方面，山和水的营造必须是以象征性和写意性为主，前者也因此被习惯地称为"假山"。再有，很多体量较大的置石等，也是被赋予了象征性，也有的被拟形于他物，这完全取决于欣赏者个体的想象。更重要的是，在"以小见大"的造园技术与手法中，各类园林要素内容不是在园林空间中简单地排列、堆砌，而是要经过有机地组织，这也是"建筑学"意义的传统园林建筑体系的重要的空间艺术价值之所在。这类艺术手法等将在本书最后阐释和总结。

（5）中国古代社会从阶级产生之后就不缺乏隐逸者，或可分为主动的和被动的两类，而主动的又可分为"真隐"和"假隐"两类。其实，"假隐"也可以分为两类，如本章开始所举唐朝时期很多遁于山野的隐士，目的是沽名钓誉、自抬身价，为日后的发展做铺垫；隐于朝、市的也可归为"假隐"之列，因为只有这样，"隐者"才能既不会付出有别于常人的代价，又可在物质享受得到满足的同时在精神上也时时得到慰藉，所以无论哪种类型的"假隐"都是入世的。梁朝沈约所撰《宋书·隐逸传序》简单地总结为："身隐故称隐者，道隐故曰贤人。"故，那些没有真正地遁于山野的根本就算不上隐者，而在思想上向往隐逸却不肯具体实践者，顶多可称为"贤人"。然所谓"贤人"，既无践行真隐的勇气，又不肯在精神上自贬身价，或许内心还有一份社会责任感，故号称"深处朱门，情游江海；形入紫闼（tà，门），而意在青云。"（注1）只是他们在满足现实享受（包括生产目的）的私家园林中也找到了满足这种"精神境界"实实在在的契合点，因私家园林空间中要素内容和空间形态等与自然的"江海""青云"等必须有着一定的相似性，也是不得已的选择。当然这类契合点也同样存在于如诗歌、绘画等文艺作品中（只能限于精神层面）。也就是私家园林可以为文人士大夫提供一个与自然相关的观察与冥想的环境或对象。李白的《独坐敬亭山》云："众鸟高飞尽，孤云独去闲。相看两不厌，唯有敬亭山。"描写的是李白在自然之中的观察与冥想，其情感的表达介于"有我之境"和"无我之境"之间。再如中国的山水画，就是要创作出一个可以表达和"卧游"的空间对象。宗炳的《画山水序》云："夫以应目会心为理者，类之成巧，则目亦同应，心亦俱会。应会感神，神超理得。虽复虚求幽岩，何以加焉？又神本亡端，栖形感类，理入影迹。诚能妙写，亦诚尽矣。于是闲居理气，拂觞鸣琴，披图幽对，坐究四荒，不违天励之藂（cóng，同"丛"），独应无人之野。峰岫峣嶷，云林森眇。圣贤暎（同"映"）于绝代，万趣融其神思。余复何为哉，畅神而已。神之所畅，孰有先焉。"（注2）宗炳山水画创作过程即为"畅神"的过程，其结果又可以使他在"卧游"中"畅神"，表达"有我之境"。山水画如此，园林的作用亦可大致如此，如明李东阳的《听雨亭记》："（静观子）尤爱雨，雨至众叶交错有声，浪浪然，徐疾疏密，若中节会。静观子闲居独坐，或酒醒梦觉，凭几而听之，其心冥然以思，肃然以游，若居舟中，若临水涯，不知天壤间尘鞅之累为何物也！"（注3）"冥然以思，肃然以游"的结果是让静观子进入了不知"尘鞅之累为何物"的"有我之境"。当然，所有这些契合点中的一切具体内容，必然也会随着个人"精神境界"的起伏与变化而丰富多彩，但现实中的绝大多数私家园林既因规模有限，又因无法时时更改，因此实际的内容与形式等并不可能有过多的变化，那么"以小观大"的具体手法和以往被无限拔高的美学境界等，也就同样成为了不得已的选择。但"会当凌绝顶，一览众山小"与"才高八九尺，势若千万寻"，在任何正常之人真实的视觉感受中，绝无相同的可能。因此在文学作品中表达的以"拳石"象征高山、以"勺水"象征江海等，大多无异于痴人说梦。

（6）规模有限的私家园林的空间特点或曰观者的空间感受等，具有高度的"意会性"和"模糊性"的特点，详见本章第六节"二"中的相关内容。

注1：《南史•齐宗室传》。

注2：载于张彦远《历代名画记》。

注3：《李东阳文集•卷十•文前稿》。

第五节　隋唐时期的公共风景区园林

笔者在中卷中介绍过孟子等盛赞"文王之苑"，臆想这个苑囿是周文王"与民同乐"的场所，等同于公共风景区园林。但在古代阶级社会，"公共风景区园林"绝对不会是在帝王的苑囿之内，虽然在历史上也不乏有某些皇家园林定期向公众开放的实例。另外，公共风景区（不一定含有园林）大多是相对于封闭的城市而言。最早描写公共风景区及人的活动的历史文献可能是《诗经》。如《诗经•陈风》中有《东门之枌》《东门之池》《东门之杨》（陈国都城位于现河南省淮阳县），从这三首诗的内容来看，都与情思相关，那么陈国东门之外肯定是个风景优美之地，现已知这个风景区的核心地带就是宛丘。考古工作已经证实，宛丘其实是一座废弃的龙山文化时期古城遗址，因其四周夯土残墙高，城内中间低（建筑早已消失），城内和残墙上长满了各种植物，所以这个残城被称为"宛丘"（如"碗"一样的丘）。《诗经•陈风》第一篇就是《宛丘》，内容也与情思相关："子之汤（通"荡"）兮，宛丘之上兮。洵有情兮，而无望兮。坎其击鼓，宛丘之下。无冬无夏，值其鹭羽。坎其击缶，宛丘之道。无冬无夏，值其鹭翿。"

由于历史越往后延展，流传下来的历史文献资料越丰富，所以在隋唐时期的一些文献资料中，也出现了更多的与公共风景区园林相关的内容。"公共风景区园林"与"公共风景区"的区别在于，前者含有人为有目的的自然环境改造和营造的内容。有时两者的区别很有限，但这类内容也绝不应是从隋唐时期才出现的。另外，中国传统的"公共风景区园林"是一开放性的空间，其属性更多地偏向于"社会学"意义上的园林（并不需要过多的设计）。

曲江风景区园林位于长安城东南角城外，其地本是距离长安城最近的自然风景区，在汉朝时期为宜春下苑地界，因有水流屈曲，因而被称为"曲江"。又有少陵原紧环四周，秦岭突兀耸起近在眼前，形成了良好的借景条件。隋初宇文凯兴建大兴城期间，于其低洼处凿池，引黄渠之水（连通潏水）灌入，名"曲江池"，又因曾大面积种植芙蓉而改名"芙蓉池"。唐皇家以此建御苑，周回七十里。而这一地区发展成为长安城附近最大的公共风景区园林，主要还是在唐朝时期。唐开元年间，重新疏浚，又引浐河上游之水经黄渠汇入，水量剧增，恢复曲江池旧名，并有夹城与兴庆宫、大明宫相通，道路便捷，皇帝经常率妃嫔巡幸。

曲江风景区园林是以曲江池为主景，池的东岸是皇帝及三宫六院从夹城进入曲江的主要通道。池南地势最高，因此，供皇帝和妃嫔游乐的紫云楼、彩霞亭和芙蓉园就设置在这一带。紫云楼高耸入云，登楼远眺，曲江池烟水明媚，花卉环周，与水滨的长安城争丽竞辉。芙蓉园芬香浓郁，贞观年间赐给魏王李泰（李世民嫡次子），泰死，改赐东宫。开元时改建为御苑。黄渠从山脚下自东南弯曲而来，把曲江风景区园林与秦岭山脉连成一个整体，湖光山色，格外壮观。

曲江池的西岸即是真正的公共风景区园林，有杏园和曲江亭等，也是举人、进士聚会的场所。这里地势稍低，但有黄渠与慈恩寺相连，是曲江宴会和去雁塔题名的适中地点。另外，其他楼台亭阁无计其数，并有盛开的荷花、杏花、芙蓉、翠蒲、新柳点缀其间，显示出百花争妍、亭榭竞辉和池水明媚的奇异景色。

唐朝盛极一时的"曲江饮宴"一直被传为历史佳话。曲江饮宴以春秋佳节、每月晦日（阴历每月最后一日，月亮隐而不现）、京城官吏伏假和"曲江关宴"（杏园关宴）最为繁华。所谓春秋佳节，主要指中和节（二月朔日）、上巳节（三月三日）、重阳节（九月九日）。每逢这三大节日，百官和百姓游宴曲江池，进入曲江观光的人流如潮，车水马龙，络绎不绝。如上巳节皇帝赐宴臣僚于曲江，京兆府大陈筵席，太常、教坊乐队演奏，池中彩舟与日月争辉。唐康骈的《剧谈录·曲江》载："池中备彩舟数只，唯宰相三使、北省（笔者按：中书省与门下省）官与翰林学士登焉，每岁倾动皇州，以为盛观。"又如杜甫的《丽人行》称："三月三日天气新，长安水边多丽人。态浓意远淑且真，肌理细腻骨肉匀。绣罗衣裳照暮春，蹙金孔雀银麒麟。头上何所有，翠微盍叶垂鬓唇。背后何所见，珠压腰衱稳称身……"另在每年炎夏，文武百官每三日办公一日，大部分都进入曲江池地区消暑度假，也使曲江顿时热闹非凡。

曲江游宴中规模最大的盛会是从唐中宗李显神龙年间就兴起的"曲江关宴"（又称"探花宴""曲江会""杏园关宴"），这是专门为新科及第的进士们在曲江池举行的游宴。古代科考制度一般分乡试、会试、殿试三阶段。生员（秀才）每三年一次到省城参加会考，叫作"乡试"，录取者称"举人"，第一名为"解元"。各地举人们在隔年春天齐聚京城礼部参加"会试"，录取者称"进士"（或称"贡士"，也就是"两榜进士"），第一名为"会元"。同年，进士参加由天子亲自或钦命大臣代理主持在朝堂上出题考试，称为"殿试"（由武则天创制，但直到宋朝及以后才成定制），殿试录取的进士分三等：一甲取三人，即所谓"状元""榜眼"和"探花"。隋唐时期，会试级别的考试科别有"进士科""明经科"等，前者是常科，考取又最难，一般每次只取二三十人，仅是后者的十分之一，因此最为尊贵，地位亦成为各科之首。但在唐朝，"进士及第"后还要到吏部进行"关试"，合格后才能得到官职，而布宴时间是在每年的关试之后，布宴地点就在"杏园"（与孔子"杏坛授徒"的传说有关），故又称"杏园关宴"。此时正值上巳节，气候宜人，春光明媚，杏花盛开，又是三年才举行一次，格外难逢。

能够参加"曲江关宴"，是文人学子们一生中极为风光快意的事情。关宴前数日，各种行市已罗列于曲江池头。待皇帝庆典诏令颁发，全城欢腾，曲江池岸或管弦交作响彻云霄，或轻歌曼舞靡靡华彩。清朝学者毕沅《关中胜迹图志》引宋朝宋敏求《春明退朝录》说："开元时造紫云楼于江边，至期上率宫嫔帘观焉，命公卿士庶大酺，各携妾妓以往，倡优缁黄（即乐人、伎人、道士和僧人），无不毕集。"五代王定保《唐摭言·散序》称："曲江之宴，行市罗列，长安几于半空，公卿家率以其日拣选东床（即"佳婿"），车马阗塞，莫可殚述。"又云："逼曲江大会，则先牒教坊，请奏上御紫云楼，垂帘观焉。时或拟作乐，则为之移日……敕下后，人（进士）置被袋，例以围障、酒器、钱绢实其中。逢花即饮。故张籍诗云：'无人不借花间宿，到处皆携酒器行。'其被袋状元、录事（督酒人，一般是由偕同的妓女出任）同。检点会缺一则罚金。"逸兴遄飞的进士们在宴前还推选两名相貌俊雄之士，称为"探花使"，乘快马遍览长安名园，采回各色名花，供大家品评赏玩。后世进士一甲第三名叫作"探花"，就出于此。

是日，皇帝亲临紫云楼，并在宴中常赏赐些御厨食品，以示恩宠优渥。宴后，进士们乘画舫彩船，泛舟游乐。游宴期间，这些天之骄子们纷纷展示才华，吟诗作赋。最后，全体信步至旁边的慈恩寺，在大雁塔题壁留名（后刻于石碑），以示垂世，叫"雁塔题名"（"到此一游"大概也来源于此）。孟郊《登科后》："昔日龌龊不足夸，今朝放荡思无涯。春风得意马蹄疾，一日看尽长安花。"充分地表达了进士及第的心情和随后的行为情景。

"安史之乱"后，曲江池附近殿宇楼阁大部分倾废。杜甫《哀江头》言："少陵野老吞声哭，春日潜行曲江曲。江头宫殿锁千门，细柳新蒲为谁绿？忆昔霓旌下南苑，苑中万物生颜色。昭阳殿里第一人，同辇随君侍君侧。"

元和九年二月，唐宪宗李纯动员政府力量试图恢复曲江池昔日的繁华，先发神策军1500人掏挖江池，修复紫云楼、紫霞亭等。又动员百司于岸边建亭馆，但始终回天乏术。到了唐代末年，曲江池更加衰败不堪，楼阁亭馆已大多被拆毁。北宋时张礼所看到的曲江池已被辟为农田，中间仅有一个很小的水池用于灌溉。

在唐朝时期，杭州西湖一带也是著名的公共风景区，含有很多园林要素。《新唐书•白居易传》载："始筑堤捍钱塘湖，钟泄其水，溉田千顷；复浚李泌六井，民赖其汲。"这个湖堤又称为"白公堤"，在旧日钱塘门外的石涵桥附近，如今已经无迹可寻了。白居易《钱塘湖春行》："孤山寺北贾亭西，水面初平云脚低。几处早莺争暖树，谁家新燕啄春泥。乱花渐欲迷人眼，浅草才能没马蹄。最爱湖东行不足，绿杨阴里白沙堤。"诗中这个"白沙堤"并不是"白公堤"，但因白居易的诗词而更著名，因此后人又称其为"白堤"。它是将杭州市区与风景区相连的纽带，东起今"断桥残雪"，经锦带桥向西，止于"平湖秋月"，长约二里。位于白堤东端视域开阔，也是完整观赏西湖南、北水域景观的最佳地点。西湖公共风景区的成熟，要等到南宋时期。

较直接地记述公共风景区园林建设的文献，以柳宗元的相关作品最具代表性。柳宗元出生于"安史之乱"平定之后的20年（唐代宗李豫大历八年），20岁时中进士，几年后便步入官场。在唐顺宗李诵即位后仅一年，即任用柳宗元、王叔文和王伾等大臣进行改革，史称"永贞革新"。可惜，改革进行不到半年就失败了。柳宗元也因此受到牵连，被贬到湖南永州任司马长达十年之久，这也成为他人生的重要转折点。被贬期间，柳宗元将主要精力放到了著书立说方面，对哲学、政治、历史、文学和行政等方面的一些重大议题，都进行了研究。特别是其"统合儒释"的主张，为以后的儒、佛、道三教合流奠定了基础。在柳宗元的诸多文学作品中，也有一些与公共风景区园林的建设有关。这些作品也集中地表达了他的审美观点，甚至把这类建设内容上升到了为官者的生活情趣、修养提高与行政效率、行政作为等相关联的高度。为了便于理解，现把其几篇相关典型作品节选和部分白话译文呈现如下：

《邕州柳中丞作马退山茅亭记》：

"冬十月，（柳中丞）作新亭于马退山之阳。因高丘之阻以面势，无欂栌（bólú，斗拱）节棁（jié tuō，梁上短柱）之华。不斫（zhuó，砍削）橼，不剪茨，不列墙，以白云为藩篱，碧山为屏风，昭其俭也。

……每风止雨收，烟霞澄鲜，辄角巾鹿裘，率昆弟友生冠者五六人，步山椒而登焉。于是手挥丝桐，目送还云，西山爽气，在我襟袖，以极万类，揽不盈掌。

夫美不自美，因人而彰。兰亭也，不遭右军（王羲之），则清湍修竹，芜没于空山矣……"

《永州韦使君新堂记》：

"……永州实惟九疑之麓。其始度土者，环山为城。有石焉，翳于奥草；有泉焉，伏于土涂。蛇虺之所蟠，狸鼠之所游。茂树恶木，嘉葩毒卉，乱杂而争植，号为秽墟。

韦公之来，既逾月，理甚无事。望其地，且异之。始命芟其芜，行其涂。积之丘如，蠲之浏如。既焚既酾，奇势迭出。清浊辨质，美恶异位。视其植，则清秀敷舒；视其蓄，则溶漾纡余。怪石森然，周于四隅。或列或跪，或立或仆，窍穴逶邃，堆阜突怒。乃作栋宇，以为观游。凡其物类，无不合形辅势，效伎于堂庑之下。外之连山高原，林麓之崖，间厕隐显。迩延野绿，远混天碧，咸会于谯门之内……"

白话译文：

"……永州在九嶷山麓，最初在这里测量规划的人，也曾环绕着山麓建起了城市。这里有山石，却被茂密的草丛遮蔽着；这里有清泉，却埋藏在污泥之下，成了毒蛇盘踞、狸鼠出没的地方。嘉树和恶木、鲜花与毒草，混杂一处，竞相疯长，因此被称为荒凉污秽的地方。

韦公来到永州，过了一个月，州政大治，没有多少事情。望着这块土地，感到它很不平常，才让人铲除荒草，挖去污泥。铲下来的草堆积如山，疏通后的泉水晶莹清澈。烧掉了杂草，疏通了清泉，奇特的景致层出不穷。清秀和污浊分开了，美景代替了荒凉。看那树木，则清秀挺拔，枝叶舒展；看那湖水，则微波荡漾，曲折萦回。怪石森然繁密，环绕四周。有的排列成行，有的如同跪拜，有的站立，有的卧倒。石洞曲折幽深，石山突兀高耸。于是在此建造厅堂，作为观赏游玩的地方。所有的怪石无不适应地形地势，献技于堂庑之下。新堂的外边，高原和山连接，林木覆盖的山脚悬崖，穿插交错，或隐或现。绿色的原野从近处伸向远方，跟碧蓝的天空连成了一体。这一切，都汇集在门楼之内……"

《零陵三亭记》：

"邑之有观游，或者以为非政，是大不然。夫气愤则虑乱，视壅则志滞。君子必有游息之物、高明之具，使之情宁平夷，恒若有余，然后理达而事成。

零陵县东有山麓，泉出石中，沮洳污涂，群畜食焉，墙藩以蔽之，为县者积数十人，莫知发视……

然而未尝以剧自挠，山水鸟鱼之乐，淡然自若也。乃发墙藩，驱群畜，决疏沮洳，搜剔山麓，万石如林，积坳为池。爰有嘉木美卉，垂水嘉峰，珑玲萧条，清风自生，翠烟自留，不植而遂。鱼乐广闲，鸟慕静深，别孕巢穴，沉浮啸萃，不蓄而富。伐木坠江，流于邑门；陶土以埴，亦在署侧；人无劳力，工得以利。乃作三亭，陟降晦明，高者冠山巅，下者俯清池。更衣膳饔，列置备具，宾以燕好，旅以馆舍。高明游息之道，具于是邑，由薛为首……"

白话译文：

"县城里有观赏游息的阁楼亭台，有人认为与政事无关，这种认识极不正确。心气烦躁就思虑混乱，视野狭隘就思维不敏捷。君子一定要有游乐场所，高雅的设施，使他清明宁静心境平和，常常能够舒适安逸，这样之后才能思路通顺，办事有效率。

零陵县东有一处山脚，泉水从乱石中流出，低湿泥泞，各种牲畜在这里吃喝，用墙壁篱笆来遮蔽它，做县令的人累计有数十人，都不知道开发它……

然而（薛存义）从不因繁重的政务而自我困扰，安闲恬适地享受着山水鸟鱼的乐趣。于是拆除围墙和篱笆，驱赶走各种牲畜，排除壅塞，疏通沼泽，清理山脚。堆积起如林的山石，积累石坳边使之成为池塘。于是就有良木美草、瀑布山峰，山峰幽深寂静，清朗的风气自然而生，苍翠的烟霞自然显现，不用培植就出现了；游鱼喜欢广阔悠闲，飞鸟羡慕恬静幽深，它们在这里繁衍筑巢，游鱼自由遨游，飞鸟鸣叫聚集于林中，不必刻意养殖而富有。砍伐树木抛入江水中，漂流到城门口。挖土烧砖瓦，也在县衙附近。不需要多少劳力。于是修建了三亭（即读书亭、湘绣亭、俯清亭），无论上山下山晴天阴天，爬到高处的可直到山巅，下到山下的能观赏清澈的池沼。洗漱、吃饭、烹调，所有用具一应俱全，友好地接待宾客，把客人安置在旅馆。高雅的消遣方式，在这里非常完备，这是从薛存义开始的……"

柳氏类似的作品还有《永州崔中丞万石亭记》《永州法华寺新作西亭记》《潭州杨中丞作东池戴氏堂记》等。

第六节　隋唐时期的泛宗教园林建筑体系

一、传统的知识体系与"三教融合"

　　笔者在上卷中阐释过中国传统园林建筑体系与中国传统建筑体系客观的关联性，而前者在其形成和发展过程中带有强烈的主观性，这类主观性与社会整体知识体系又有着不可分割性，在泛宗教类传统建筑体系中的表现更是如此。在中国古代社会整体的知识体系中，无论是隐性的还是显性的宗教，始终占有一席之位。人类最初的知识结构或曰思想体系，是多种内容混合在一起的，其中主要含有自然科学内容、哲学内容和原始宗教内容（如图腾、巫术等）等。如果以古希腊为对比参考，大约从公元前 8 世纪起（相当于中国的西周末期），古希腊开始建立城邦国家，在这些城邦国家中，绝大多数是废除君主实行共和，继而限制贵族的权力，建立古代社会公民权利最发达的民主政治。这一时期古希腊的宗教初为多神教，最终信奉的是以宙斯为首的新一代天神体系宗教。但在古希腊社会中，没有享受特权的祭司阶层（神职人员），更没有政教合一的政体，神庙由城邦兴建，由城邦委派人员管理。在神与人的关系上，主张"神人同形同性论"，神就是人最完美的体现，神更健美，更有智慧，更能青春永驻、威力无边，等等。这类宗教思想促使整个希腊文明带有人本主义色彩，即以人作为衡量一切的尺度和出发点，这直接影响了哲学与科学的健康发展。在思想与学术方面，泰利士（约公元前 624 年—公元前 547 年）认为万物起源于水。其学生阿那克西曼德（约公元前 610 年—公元前 546 年）认为万物本源是"无限"，一切生于无限又归于无限。阿那克西美尼（约公元前 585 年—公元前 525 年）认为万物之源为气。赫拉克利特（约公元前 530 年—公元前 470 年）认为万物之源是火。毕达哥拉斯（约公元前 580 年—公元前 500 年）认为数（学）生万物。

　　到了公元前 5 世纪至公元前 4 世纪（相当于中国的春秋晚期至战国初期），希腊进入"古典文化时期"。在思想与学术方面，阿纳克萨哥拉斯（约公元前 500 年—公元前 428 年）认为一切事物都是由许多不同属性的微粒组成，称之为"种子"，并正确地解释了月食形成的原因。其学生恩培多克勒（约公元前 495 年—公元前 435 年）认为事物是客观独立存在并不断地运动变化的，提出万物源于水、火、气、土，并正确解释了日食形成的规律。德谟克利特（约公元前 460 年—公元前 370 年）认为一切事物的本源是原子及虚空，原子是最后不可分割的物质微粒，肉眼难见，数量无限，而运动是原子的固有属性，原子运动聚合成万物，万物之差异即源于构成物质之原子有形状、次序和位置之差异。欧多克索斯（公元前 408 年—公元前 355 年）第一次在人类思想史上提出了天体运动的全方位的概念（"地心说"）。希波克拉底（约公元前 460 年—公元前 377 年）相信人的各种疾病皆是生理失调和外界影响所致，排斥迷信，强调明确病因，按人用药并注意"预后"。在这一时期还出现了著名哲学家苏格拉底（约公元前 469 年—公元前 399 年）、柏拉图（约公元前 428 年—公元前 348 年）和亚里士多德（约公元前 384 年—公元前 322 年），以及数学家希波克拉底（约公元前 470 年—公元前 400 年）、历史学家希罗多德（约公元前 484 年—公元前 425 年）、修昔底斯（约公元前 460 年—公元前 400 年）、色诺芬（约公元前 431 年—公元前 345 年）。这一时期思想体系的最大特点是，科学开始抛弃宗教神学的影响，坚持从物质本身去说明事理。

从公元前 334 年春天开始，马其顿亚历山大大帝开始东征，至公元前 30 年（相当于中国的战国中期至西汉末年），托勒密埃及王国为罗马所灭，这一段时期被称为"希腊化时期"。在这一时期，科学与哲学相分离，各学科日益专门化，数学、物理、化学、地理、天文、生物、医学都成为既互相渗透又相对独立的科学。亚里斯托库斯（约公元前 310 年—公元前 230 年）利用巴比伦几千年的天文观测资料，提出了"日心说"。希帕库斯（公元前 160 年—公元前 125 年）虽然错误地提出了"地心说"，但发现了"岁差"现象（地轴绕着一条通过地球中心而又垂直于黄道面的轴线的圆锥运动，周期为 26000 年），推算出的太阳年长度误差只有 6 分 14 秒。厄拉托斯提尼在埃及实测了子午线长度，计算出的地球周长与实际误差仅 300 公里左右。他主张"地圆说"，还第一次提到了中国。波赛东尼厄斯（公元前 135 年—公元前 51 年）著有《海洋论》，提出五带的划分，把潮汐现象归于月之盈亏。欧几里得（约公元前 310 年—公元前 230 年）著有《几何原理》。阿基米德（公元前 287 年—公元前 212 年）发现了杠杆原理、比重原理、斜面定律、浮力定律等，还发明了滑轮组、螺旋吸水器、军事防御机械等。希罗菲格斯是古代最伟大的解剖学家，扩大了人们对大脑、眼睛、十二指肠、肝脏和再生器官的认识。厄拉西斯托拉图斯是古代最伟大的生理学家，他主张用自然原因解释一切生理现象，通过合理的生活来预防疾病，二人还共同发现了神经系统，区别出了交感神经和运动神经。这一时期的哲学有伊壁鸠鲁（公元前 341 年—公元前 270 年）派、斯多葛派、犬儒学派，前者继承和发扬了德谟克利特的原子论，既承认必然性也承认偶然性，看到了事物内因的作用，他宣扬无神论，认为人死魂灭。

　　反观中国古代社会整体的知识结构或曰思想体系，科学问题、哲学问题和各类宗教问题等，至少在西方科学思想传入并普及之前始终是混杂在一起的，没能形成相互独立的体系。例如，"阴阳""五行""气""天人感应""天人相交性"（刘禹锡创建，也就是"天理""人理"交替发生作用）等，这些概念本身，各家虽然有不同的解释，但始终贯穿于科学、哲学、各类宗教这一混合的学术领域中。例如，无论是否主张"天人合一"，在"法天""顺天"这一点上，多数思想家几乎没有分歧。儒家的这类主张可以概括为"知天命"（"天"即为"神"），所以在行为上只要顺应就行了。道家的这类主张可以概括为"不作为"（"天"为"道"），也就无须进一步地去探究了。更具体的实例如：西汉时期的王充和三国时期的严峻都提出过潮汐与月相关系的学说；隋大业六年（公元610年），太医博士巢元方奉命著成《诸病源候论》，该书只论病因不讲方剂，将各种病症进行分类，探寻各类疾病的病因，是一部纯理论著作；大约在唐中叶，窦叔蒙所撰《海涛志》是史籍所载较早的潮汐学专著，在书中对海洋潮汐知识进行了全面总结，创制了高低潮时推算图；唐开元年间，一行在梁令瓒和南宫说观测资料的基础上，编撰了《大衍历》，当时很少有经过这样充分准备后编制的历法，因而《大衍历》被称为唐历之冠，被列为"好历"。但当这些中国的"科学家"们想把自己的理论进一步提升的时候，他们就碰到了那更高的、似乎可以囊括一切的理论桎梏，就是"阴阳五行"说。早在东汉时期，王充就曾批判过"天人感应"，也顺便批判了"阴阳五行"学说，但王充的思想在一定程度上也保留着一定的神秘主义成分，例如他提出了"五常之气""善气""恶气""仁之气"等概念，并认为这些气是可以左右人的命运的，还认为任何现象的产生都是自然的，但并没有排除唯心主义所认为的某些神秘现象等。在"天道自然"学说盛行的魏晋南北朝时期，"阴阳五行"学说失去了在汉朝那样崇高的地位，但是当唐朝的"科学家"从"天道自然"出发，去试图建立各种科学理论的时候，"阴阳五行"学说又未经批判地被继承了下来。也就是说，科学、哲学、神学（即便是隐性的）始终未能分家。

　　道教产生和佛教引进于两汉交界之际，而儒、道、释应为何种关系，这既是终究必须厘清的宗教问题，也是中国式的学术思想问题，更是重大的社会政治问题。早在南北朝时期，佛教过于兴盛，从北齐始，皇家崇佛，全国有寺庙四万余所，僧尼三百万人不劳而获，占全部人口的七分之一还多，给中国社会政治和经济都带来了严重的威胁。因此抑制宗教发展的政策，在特定的历史时期就必然会成为治理国家的政治选项之一。《周书·武帝》称北周武帝宇文邕："帝沉毅有智谋……身衣布袍，寝布被，无金宝之饰，诸宫殿华绮者，皆撤毁之，改为土阶数尺，不施栌栱。其雕文刻镂，锦绣纂组，一皆禁断。后宫嫔御，不过十余人。劳谦接下，自强不息。'"（建德）六年（公元 577 年）春正月甲午，帝入邺城……辛丑，诏曰：'伪齐叛涣，窃有漳滨，世纵淫风，事穷雕饰。或穿池运石，为山学海；或层台累构，概日凌云。以暴乱之心，极奢侈之事，有一于此，未或弗亡。朕菲食薄衣，以弘风教，追念生民之费，尚想力役之劳。方当易兹弊俗，率归节俭。其东山、南园及三台（笔者按：铜雀、金虎、冰井）可并毁撤。瓦木诸物，凡入用者，尽赐下民。山园之田，各还本主。'"

有这样一个励精图治并反对奢华的皇帝，在动乱的年代视畸形发展的显性宗教为社会"毒瘤"，并加以铲除就不足为奇了。《周书·武帝》称："（建德）二年（公元 573 年）……十二月癸巳，集群臣及沙门、道士等，帝升高座，辨释三教先后，以儒教为先，道教为次，佛教为后。""（建德三年）五月……丙子，初断佛、道二教，经像悉毁，罢沙门、道士，并令还民。并禁诸淫祀（笔者按：非正统的祭祀），礼典所不载者，尽除之。"

"辨释三教先后"就是"三教论衡"，"罢沙门、道士"就是"灭佛""灭道"。北周的这次抑制显性宗教畸形发展的运动，是在中国再次走向大一统前夕的关键性政策，为社会财富积累富足的劳动力提供了必要的保障。值得注意的是，"集群臣及沙门、道士等，帝升高座，辨释三教先后……"则显示了这一时期的"群臣"主要以儒学为正统出身。

在隋唐时期，皇家对儒、佛、道的态度和政策等虽然错综复杂，但主张调和儒、佛、道，建立以儒家皇权思想为核心，以佛、道辅之为主流。

儒学方面：隋朝继北周取得大一统的政权后，隋文帝把儒家学说提升到治国（礼制）核心的地位，因此鼓励劝学行礼。特别是开创性的"科举取士"政治举措，也是以儒家经学为基础。唐太宗李世民以师说多门、章句繁杂为由，敕令大儒士孔颖达与诸儒撰定《五经义疏》，成书后名为《五经正义》。又令颜师古考定《五经》文字，撰成《五经定本》，由唐太宗颁行，令习者以此为准。此后儒经文字完全统一，革除了因文字不同而解释各异的弊端。此后《五经正义》由唐高宗李治颁行天下，以科举为出路的士人，诵习儒经必以《五经正义》的解释为准，否则即为异端邪说。

佛教和道教方面：隋文帝也看到了佛教经南北朝的兴盛，在北方各地已深入民间，社会力量雄厚。而在北周武帝"灭佛"后，大批信众心怀不满，不少教徒隐匿山林，形成了一种不安定的社会因素。因此隋文帝大兴佛事，以利四方安定。《隋书·经籍志》载："开皇元年，高祖普诏天下，任听出家，仍令计口出钱，营造经像。而京师及并州、相州、洛州等诸大都邑之处，并官写《一切经》（笔者按：即《大藏经》）置于寺内。而又别写，藏于秘阁。天下之人，从风而靡，竞相景慕，民间佛经，多于六经数十百倍。"隋朝费长房的《历代三宝记》记载隋文帝曾说："门下：法无内外，万善同归；教有浅深，殊途共致。朕伏膺道化，念存清静，慕释氏不贰之门，贵老生得一之义，总齐区有，思至无为。若能高蹈清虚，勤求出世，咸可奖劝，贻训垂范。山谷闲远，含灵韫异，幽隐所好，仙圣攸居。学道之人，趣向者广。石泉栖息，岩薮去来，形骸所待，有须资给。其五岳之下，宜各置僧寺一所。"另据《释迦方志》记载，隋文帝在位的 20 年间，共度僧尼约 23 万人，立寺 3792 所，写经 46 藏、13286 卷，治故经 3853 部，造像 106560 躯。

早在杨坚准备代周建隋时，著名道士焦子顺向他密告受命之符，并占星问吉。因此文帝成大统后，尊焦子顺为天师，经常与其商议军政要事，并在皇宫附近修建五通观，供天师修道。开皇年间大修道观，广度道士，使道士和宫观的数量都有一定的发展。然隋文帝在后期更沉湎于佛教，对道教却略有戒心，开皇十三年（公元 593 年）曾下令禁止私家暗藏纬侯图谶。实际上是因为道教中的某些内容染指了中国既传统又正统的"隐性"宗教内容，这必然会引起皇帝的戒备。

隋炀帝杨广对佛教和道教首先是采取积极扶持的政策。一方面，自称"菩萨戒弟子"，也曾拜茅山道士王远知为师。史载炀帝外出巡游，陪同左右的四班人马即是和尚、尼姑、道士、道姑，人称"四道场"。另一方面，也对二教严加控制，使其绝对服从皇权的需要。大业元年（公元 605 年），下令禁止图谶，与谶纬有关的书一律烧毁，私藏禁书的被查出后处以极刑。继而又在东都洛阳置"道术坊"，将所有懂得五行、占候、卜筮、医药的人聚居坊中，朝廷派官检查，不许随便出入。道术坊中有佛教徒，但更多的是道教徒。大业三年（公元 607 年），他下令沙门致敬王者，又于大业五年（公元 609 年）令无德的僧尼还俗，寺院按照僧尼的数量保留，其余一概拆毁。

唐高祖李渊在未做皇帝前就笃信佛教，称帝后建寺还愿，设斋行道，但对佛教的态度基本上是扶植与利用为主；早在隋大业十三年（公元 617 年），李渊和李世民父子从太原起兵反隋，曾得到当时著名道士王远知、岐晖的帮助。据《旧唐书·王远知传》载："高祖之龙潜也，远知尝密传符命。"李渊代隋建唐后，晋州（今山西临汾）道士吉善行假托老子，转告李渊李氏子孙可享国一千年，李渊即在羊角山立老君庙，此后道观广修。第二年，他曾到终南山拜谒老君庙，号称祭祖。李渊曾一度下令淘汰僧尼，对佛教有所限制，暗中帮助道教抬高其地位。

唐太宗李世民于贞观三年（公元 629 年）舍通义宫为尼寺，也自称是"菩萨戒弟子"，表示要皈依三宝，并下《为战阵处立寺诏》，为当年各战阵之所修建寺庙，以超度亡灵。他还专门下敕颁发《佛遗教经》，鼓励大臣出家为僧，在《大唐三藏圣教序》中对高僧玄奘赞誉备至；唐太宗也沿习高祖崇道政策，称自己是老子之后裔，由此下诏确定道士、道姑的地位列于僧尼之上。

唐高宗李治为其母祈福，曾下令修筑大慈恩寺，度僧三千，请玄奘任大慈恩寺住持，在寺内另设翻经院。武则天崇佛弘法，自称"佛教虔诚弟子"，自加尊号为"金轮圣神皇帝"。她曾颁布《大云经》于天下，令各州皆建大云寺，度僧千人，并亲自主持《华严经》的翻译。禅宗渐兴后，武则天曾请禅宗北派领袖神秀入宫，敬跪问道。又派人恭请禅宗南派领袖慧能进京，慧能假托年高多病而未成，遂把慧能的得法袈裟弄到京都，供奉于宫中道场之中。唐高宗更是崇信道教，封太上老君为"太上玄元皇帝"，圣母曰"先天太后"，在各州郡设道观奉祀。又以《老子》为上经，把《道德经》列为科举科目，这对天下士人必修老庄之学影响很大，也带动了民间信道之风的滋长。

唐玄宗李隆基在位时期唐朝国力鼎盛，佛教活动也异常活跃，如密宗就是在这一时期创立的。唐玄宗曾请不空为其授灌顶仪式，也成为菩萨戒弟子；玄宗也有抑佛崇道的举措，道教更是乘势大兴。他自称梦中看到老子，醒后画出真容，又教人画老子像分送天下各州开元观供奉。由于佛教有"四大菩萨"（九华山的地藏菩萨、五台山的文殊菩萨、峨嵋山的普贤菩萨、普陀山的观音菩萨），为了使道教与其分庭抗礼，玄宗与李林甫等捧出"四大真人"与之相对应，改庄子（庄周）、文子（辛研）、列子（列寇）和庚桑子（庚桑楚）之号分别为"南华真人""通玄真人""冲虚真人""洞灵真人"，并把他们的著作列为"真经"，纳入道教经典之内。开元九年（公元 721 年），玄宗派遣使者迎司马承祯入宫，亲受法箓，成为道士皇帝。开元十五年（公元 727 年），按照司马承祯的意愿，在五岳各建真君祠一所，开启了道教介入吉礼祭祀体系的先河。开元二十一年（公元 733 年），玄宗命文人学士及所有的贵族和知识阶层，每家藏《道德经》一本，科举加试"老子策"，进而将"四大真人"的著作也列入开科取士之中。根据唐玄宗时期编纂的《唐六典》的记载，凡天下观总 1687 所。其中道士观 1137 所、道姑观 550 所。可见玄宗时道教之隆盛。

唐武宗大力"灭佛"。《旧唐书·武宗传》："……洎于九州山原，两京关，僧徒日广，佛寺日崇。劳人力于土木之功，夺人利于金宝之饰，遗君亲于师资之际，违配偶于戒律之间。坏法害人，无逾此道。且一夫不田，有受其饥者；一妇不蚕，有受其寒者。今天下僧尼，不可胜数，皆待农而食，待蚕而衣。寺宇招提，莫知纪极，皆云构藻饰，僭拟宫居。晋、宋、齐、梁，物力凋瘵，风俗浇诈，莫不由是而致也。况我高祖、太宗，以武定祸乱，以文理华夏，执此二柄，足以经邦，岂可以区区西方之教，与我抗衡哉！贞观、开元，亦尝厘革，铲除不尽，流衍转滋……其天下所拆寺四千六百余所，还俗僧尼二十六万五百人，收充两税户，拆招提、兰若四万余所，收膏腴上田数千万顷，收奴婢为两税户十五万人。隶僧尼属主客，显明外国之教。勒大秦穆护、袄三千余人还俗，不杂中华之风。于戏！前古未行，似将有待；及今尽去，岂谓无时。驱游惰不业之徒，已逾十万；废丹臒无用之室，何啻亿千。自此清净训人，慕无为之理；简易齐政，成一俗之功。将使六合黔黎，同归皇化。尚以革弊之始，日用不知，下制明廷，宜体予意。"但在中国佛教史上，唐朝也是佛教发展的全盛时期，宗派林立、高僧辈出、经籍浩繁。唐朝的皇帝更信奉道教，因此道教在唐朝也得到了极大的发展。唐后期国力渐衰，宗教活动已不像初唐和盛唐那样兴盛。

在东汉以后的历史中，儒、佛、道既相互斗争，又相互吸收，到隋朝与唐初就有三教融合的趋势，更多的是有着同源根基的儒、道与释的冲突。中唐以后，统治者以调和三教矛盾为主要宗教政策，三教的相互吸收和融合便成了主流，这在某些文人士大夫中也得到了响应。

白居易《三教论衡》曾说："儒门释教虽名数则有异同，约义立宗，彼此亦无差别，所谓同出而异名，殊途而同归也。"柳宗元《送僧浩初序》也讲："浮屠诚有不可斥者，往往与《易》《论语》合，诚乐之，其于性情奭然，不与孔子异道。退之好儒，未能过杨子（汉朝杨雄）。杨子之书，于庄、墨、申（笔者按：战国申不害）、韩皆有取焉。浮屠者，反不及庄、墨、申、韩之怪僻险贼耶？曰：'以其夷也。'果不信道而斥焉以夷，则将友恶来（商纣王的大臣）、盗跖（笔者按：春秋战国之际奴隶起义领袖），而贱季札（笔者按：春秋时期吴王寿梦最小的儿子，有贤名）、由余乎（笔者按：秦穆公的上卿）？非所谓去名求实者矣。吾之所取者与《易》《论语》合，虽圣人复生，不可得而斥也。"

柳宗元古文运动的盟友韩愈则以抨击佛、道，重振儒学为己任，作《原道》，正式提出了所谓"尧、舜、禹、汤、文、武、周公、孔、孟"是关于道的传授系统说。但他的"道统"（儒家的传承体系）说却明显渊自佛教的"祖统"，而他的儒学思想也掺杂了不少佛学的成分，如佛学的"真如""佛性"对其就有较大的影响。李翱师从韩愈学古文，协助韩愈推进古文运动，其著《复性书》排斥佛教，提倡中庸，但他的性善情恶论，无疑与佛性论相通。他称："人之所以为圣人者，性也；人之所以惑其性者，情也。喜、怒、哀、惧、爱、恶、欲七者，皆情之所为也。情既昏，性斯匿矣。非性之过也，七者循环而交来，故性不能充也。……情不作，性斯充矣。"

唐后期南禅宗兴起，更是一个调和儒、佛的宗派，十分适合文人士大夫的口味。如唐文宗李昂时期的宰相韦处厚，既服儒教，也习空门，被称为"外为君子儒，内修菩萨行"。"君子儒"就是享受朝廷俸禄而以"谋道"为职业者。慧能三世徒百丈怀海（传承顺序是南岳怀让、马祖道一、百丈怀海）设戒律予以收敛僧侣的恣意妄为，他的《百丈清规》以儒家忠孝为核心，用儒家宗法制度来重新组织寺院的秩序，例如，首两章"祝厘""报恩"讲"忠"，次两章"报本""尊祖"讲"孝"，完全是从儒家照搬的忠和孝。柳宗元《百丈碑铭》评价曰："儒以礼立仁义，无之则坏；佛以律持定慧，去之则丧。"称赞《百丈清规》合乎儒家的礼法。《百丈清规》又要求出家人参与劳作，"一日不作一日不食"，这也使得禅宗和尚在其后躲过了唐武宗的灭佛运动。

禅宗的兴起，也是以佛教的世俗化为前提，因此出现了各式各样的蜕化僧，如有诗僧以作诗求名等。作诗本是唐代文人儒士求取功名的手段，而禅僧也有许多作诗弄画，甚至也和儒生求举一样，奔走于公卿之门，求取仕途发达。也有一大批仕途不济的儒生遁入空门，做了禅僧。这些人既儒也禅，既出家又不像出家的样，是一批儒、释兼修的人物。在这样的历史背景下，也就不难产生三教兼修的人物，如唐德宗李适时期的太常卿韦渠牟，他初读儒书，博览经史，后做道士，又做和尚，自称"尘外人"，或称"遗名子"。《新唐书·韦渠牟传》载："贞元十二年，德宗诞日，诏给事中徐岱、兵部郎中赵需、礼部郎中许孟容与（韦）渠牟及佛老二师并对麟德殿，质问大趣。（韦）渠牟有口辩，虽于三家未究解，然答问锋生，帝听之意动。"

可以认为，"三教融合"是中国古代历史上重要的"学术"事件，但"三教"的"融合"，无疑更强化了中国传统思维方式特点的"意会性"和"模糊性"，即不能通过对某一概念严格的逻辑定义和界定，来清晰地把握这一概念的内涵和外延。也就是说，人们并不是通过抽象的思维方法，而是通过具体语言环境直观领会的方法，来潜移默化地把握这一概念的含义。所以对于如命、道、气、运、理、性、心、玄、空、禅等，似乎有确定的概念，又可以做出任意解释，只要自圆其说便可。那么与科技相关的内容无论当时是否处于世界先进之列，在本质上也只能始终停留在"用"的层面上了，更何况这类内容始终不属于学术的正统，被归为"奇技淫巧"

之列。意外的是，与天文学相关的内容却例外地受到了重视，因除具有实用功能外（如历法），其中的天象是被用来作为军国大事的预测和解释理论体系。但中国传统思维方式特点的"意会性"和"模糊性"，对中国传统艺术也产生了深刻的影响，包括传统园林建筑体系。

二、隋唐时期的泛宗教园林建筑体系

从"三教论衡"到"三教融合"，成为了人们对整体世界认知的主流意识，也就是"三教"在对整体世界的认知方面，在"具象性""意会性"和"模糊性"特征方面上获得了统一。重要的是，主流社会的文化艺术作品等均具有了统一的思维方式、思想内涵，甚至是笼统的外在形式等。例如，诗词、书法、绘画乃至表演艺术和园林艺术等，都可以是写意的，具有"具象性""意会性""模糊性"等特征，也就是使规模有限的"须弥藏芥子，芥子纳须弥"与"壶中天地"和"以小见大"等具有了理论和语境的相通之处。因此，泛宗教建筑体系的园林在情趣上与文人士大夫的私家园林等相比，也就无须有什么特别的创制。因为那些小型的私家园林在空间内容与空间形态方面，本来就具有"具象性""意会性"和"模糊性"相统一的特征。简单地讲，若用"以小观大"的"拳山""勺水"去表达真实的大山与江湖，无疑属于空间内容主观的"意会性"。而通过空间处理手法形成的各种园林要素内容之间的对比与融合关系、各种空间之间的渗透与融合关系等，也就必定会使观者对整体和局部的空间内容与空间形态的感受，形成"具象性"与"模糊性"的统一，也就是在"清晰"与"混沌"之间时时转换与统一。而"意会"与"混沌"的综合，也就是我们常说的"写意"。这类空间的视觉图画在观者的大脑中的刺激与反应，与观者意识中存在的对世界的理解是高度一致的。所以至隋唐时期乃至以后，再也不可能出现如梁武帝的"同泰寺"那样的佛教寺院园林了，因为现有的和可参照的园林形式已经非常"完美"了。

隋唐时期的寺观大体上有两种形式，其一是位于城市之内外平原地区的，一般规模较大。例如佛寺从最初的以塔为中心的院落发展为以崇拜和进行法事活动的殿堂为主，又由于很多寺院来源于"舍宅为寺"，因此在布局形式上与院落式住宅无异。在功能上分为殿堂、寝膳、客舍、园林等主要功能区。

再有，我们在上卷中阐释过，中国传统建筑体系水平展开的布局形式本身便有园林化倾向，在敦煌壁画中有一类称为"西方净土变"（含"观无量寿经变"与"阿弥陀佛经变"）和"东方药师净土变"题材，内容为寺院主院形象，很多是在主院前布置一个坐落于水池上架空形式的横向三联式月台。这种形式依据的是《观无量寿经》和《阿弥陀经》等中的"八功德水"说法，如"有七宝池，八功德水充满其中……四边阶道，金、银、琉璃、玻璃合成，上有楼阁。""八功德水"是供天国的佛、菩萨等沐浴用，冷热随意，深浅任便。如若这类水池存在，也可以认为是佛寺主院内的要素内容，或也可看作园林要素内容。可惜这类壁画内容很可能主要是出于对"西方净土"世界的一种想象，不一定具有普遍性。但主院内如壁画中的其他建筑形式在隋唐时期是存在的。另外，带这类水池的寺院布局形式现多见于10—11世纪前后模仿中国寺庙的日本寺庙。如最早的平等院凤凰堂（京都府宇治市，建于公元1053年），中间为歇山顶阁楼（阿弥陀佛堂），左右和后面有双层廊，左右廊尽端各突出一个小屋顶再折向前结束，建筑平面形成"凹"形。建筑前为水池。京都法圣寺，鸟羽的胜光明寺，平泉的毛越寺、无量光院、圆隆寺等都有相似的布局。国内据说创建于唐朝时期的昆明圆通寺，现状庭院内满是水面，中有一岛，岛上有八角亭，岛前后有路通向山门和大殿。不知是否是保持的唐朝时期的格局。

另一类为山野寺观，规模和形式受限，布局更自由。

隋唐时期留下了大量的与寺观园林相关的文学作品，如刘禹锡的《戏赠看花诸君子诗》："紫陌红尘拂面来，无人不道看花回。玄都观里桃千树，尽是刘郎去后栽。"徐凝的《题开元寺牡丹》："此花南地知难种，惭愧僧闲用意栽。海燕解怜频睥睨，胡蜂未识更徘徊。虚生芍药徒劳妒，羞杀玫瑰不敢开。惟有数苞红萼在，含芳只待舍人来。"描绘的都是寺观园林内的植物。

郑谷的《七祖院小山》："小巧功成雨藓斑，轩车日日扣松关。峨嵋咫尺无人去，却向僧窗看假山。"园林内容的指向更明确。

出家为僧、道，很多毕竟以真正地修行为目的。约在公元600年前，印度婆罗门教从吠陀时代进入沙门时期，一些教徒或教外哲人因不满教义中"种姓制度"的权力垄断、等级界限和繁文缛节等，以"林居者"和"遁世者"身份成为采拾野食和行乞的苦行者，在山野或旷野沉思、研习瑜伽术，寻找真理与精神的安宁，佛教就产生于此。这与中国式的真正的归隐山林有异曲同工之处。道教产生的社会基础也与归隐山林有关，因此历史上很多寺观就是直接建在各类山野之间的。例如在隋唐时期，汉传佛教的四大名山——峨眉山、五台山、九华山、普陀山已经形成。另外，以往五岳、五镇等名山为皇家及政府重要的祭祀之地，多有坛庙类建筑。隋文帝始准许在五岳之下各置僧寺一所，唐玄宗时期又准许置道观（至此开始渐与山岳祭祀类内容相混淆），所以山野寺观在隋唐时期达到了鼎盛。

　　以往有研究者认为，山野寺观园林要从大的自然环境着眼，意思是凡有山野环境的寺观都可看作寺观园林。但笔者已经指出，尽管在山野可能有着最好的借景条件，但若无有意识的人工营造，根本就谈不上"建筑学意义的园林"。例如周文王的灵台区域，之所以可列为园林建筑体系，就是因为有大量有意识的人工景观营建内容。再如辋川别业，其所在地是一个环境优美的风景区，但文学作品中描述的绝大部分内容却与王维的营造无关，因此王维也就称不上"造园家"。有很多描写山野寺观园林环境的唐诗意境悠远，但绝大多数描写的是原自然本身，少有典型属于人工营造的内容。难得的是，在柳宗元的《永州法华寺新作西亭记》中记述了营造环境的事迹："法华寺居永州，地最高。有僧曰'觉照'，照居寺西庑下。庑之外有大竹数万，又其外山形下绝。然而薪蒸浪荡蒙杂拥蔽，吾意伐而除之，必将有见焉。照谓余曰：'是其下有陂池芙藻，申以湘水之流，众山之会，果去是，其见远矣。'遂命仆人持刀斧，群而翦焉。丛莽下颓，万类皆出，旷焉茫焉，天为之益高，地为之加辟；丘陵山谷之峻，江湖池泽之大，咸若有而增广之者。夫其地之奇，必以遗乎后，不可旷也。余时谪为州司马，官外乎常员，而心得无事。乃取官之禄秩，以为其亭，其高且广，盖方丈者二焉……"

　　最后举常建著名的《题破山寺后禅院》，因其基本上涵盖了山野寺观类园林的环境特点和禅意："清晨入古寺，初日照高林。曲径通幽处，禅房花木深。山光悦鸟性，潭影空人心。万籁此俱寂，惟余钟磬音。"

第十二章　两宋时期私家园林等建筑体系

第一节　重构的社会价值与隐逸文化

一、体察"天人之际"的理学思想的创建

就中国古代传统文化的多数内容来讲，在两宋时期几乎达到了顶峰，主要表现在如下几个方面：

（1）体现在君臣关系相对宽松的政治环境。宋朝的科举取士制度比隋唐更加完善，为天下"寒士"等提供了更多的各种仕途的机会，也使他们获得了参与社会变革与发展的机会。同时官僚体系也给予了文人士大夫较高的政治地位和较高的经济待遇，给他们所提供的俸禄都相当优厚，使其能够享受优裕的生活。即便是退休，也会按官职提升一级发放俸禄，或者给予一个虚职以便享受高俸。另外就是对文人及文人士大夫的言论自由和行动自由给以保障和宽容。纵观宋史，少有文人及文人士大夫因言论而获罪被杀的（以贡入太学的陈东是有其他原因的例外），这在整个中国历史上都是少有的。苏轼的《上神宗皇帝书》说："历观秦、汉以及五代，谏诤而死，盖数百人。而自建隆以来，未尝罪一言者，纵有薄责，旋即超升。"即便是因政治斗争遭贬谪的文人士大夫，也多有重新启用并升迁的机会。

（2）体现在获得具体的政治、经济、文化、艺术等方面的成就。详见中卷第八章第一节中的内容，在此不赘述。

（3）体现在文人学士和文人士大夫的"自我成熟"方面，开创了影响深远的理学。宋文人学士和文人士大夫是中国古代历史上文化修养最深厚的一代文人，对前代文化遗产具有非常良好的接受和选择能力。对儒家的道德提升和文化自足，道教中的清静无为和精神净化，佛教禅宗中的轻外物、重自我、泯灭欲求和瞬间顿悟等，大多采取了兼容并蓄的开放态度。无论仕途坎坷失意与否，儒、道、释融通而成的内在超越哲学即理学，都成为了他们精神自救的良药。

殷鉴弗远，唐末五代士人的人生际遇足以让他们心存怵惕。唐末五代，藩镇跋扈，军阀混战，是一个武夫横行、斯文扫地的时代。为了苟全性命于乱世，迫于生计而急于仕进的士人，唯一的出路就是投靠强藩，屈身为幕府宾客。这样，其尊严、前途甚至生命就完全交到了武夫手中。例如，清赵翼的《廿二史札记·五代幕僚之祸》论道："五代之初，各方镇犹重掌书记之官。盖群雄割据，各务争胜，虽书檄往来，

亦耻居人下，觊国者并于此观其国之能得士与否。一时遂各延致名士，以光幕府……然藩镇皆武夫，恃权任气，又往往凌蔑文人，或至非礼戕害。"在这个如《新五代史·序》中所称的"置君犹易吏，变国若传舍"的离乱时代，文人学士的生命在嗜杀成性的武夫凶人手中如同草芥，使他们的人格发生了剧烈的裂变：隐者器局促迫，精神空虚；仕者游离于社会矛盾之外，尸位素餐、苟且偷生、纵情于声色，不复以国家、社会和生民为念。这种分裂和混乱导致传统伦理道德规范遭到了极大破坏，纲常颠覆也破坏了整个社会对国家大一统的政治稳定的期盼与依赖。种种的社会现实仿佛又回到了魏晋南北朝时期。因此宋朝一批有理想、有思想的文人学士和士大夫等，从现实矛盾（对内集权专制、对外屈膝苟安）和歌舞升平表象的背后，看到了隐藏于社会深处的各类危机。出于革除时弊、拯救文化、整顿人心、重树伦理纲常的目的，大胆地抛弃泥古的学风，相互辩论、相互启发、独立思考、大胆立论、讲注义理，最终产生了理学。他们自称为"道学"，即"体认性命之学，而求配当事物之理，合天理物理而一之。"（注1）并重新竖起修身、齐家、治国、平天下的大旗（注2）。理学代表人物先后有邵雍、周敦颐、张载、程颢、程颐（共为理学的开山鼻祖）、石介、胡瑗、孙复（被称为"理学三先生"）、司马光、朱熹、陆九渊、吕祖谦等。

周敦颐（"濂溪先生"）著有《太极图说》及《通书》。其学说乃源自道家太极阴阳五行之说，从宇宙观讲到人生观。他认为宇宙的起源乃由于"无极而太极"。"太极"是宇宙的本体，动而生"阳"，静而生"阴"，"阳动阴静而生金、木、水、火、土五气，分布四时行焉。"太极为理，阴阳五行为气。阴阳交感"化生万物""万物生而变化无穷焉"。在人生方面，周敦颐认为阴阳五行配合得最恰当的就是人，所以万物中以人最为灵秀，禀太极之理，其五行之性，接受太极"纯粹至善"的理，故人之"性"亦本来是善。宇宙既由金、木、水、火、土五行构成，则人亦有仁（木）、义（金）、礼（火）、智（水）、信（土）"五常"，其见诸实施则不外乎"仁""义"二者。仁义之性皆是善的，然用之不得其当，则皆可以变为恶，所以人要不离乎"中正"，以立"人极"（做人的标准）。欲立人极，必须主静无欲，故圣人能主静，而立人极，故其德与天地冥合为一。周敦颐的学说已将宇宙论与修身为人之道糅合在一起。

张载（"横渠先生"）著有《东铭》《西铭》《正蒙》等书。其学说从现象的开展立论，认为万物的生长发展都由于"气"的聚散动静。气之中又有"阴阳二性"，气有阴性的，是静沉而下降的；气亦有阳性的，是动浮而上升的。气有聚散，气聚则物盛，气散则物毁。气的聚散有一定的规律，故物的形成有一定的秩序，此则所谓"理"。人亦由气聚而成，故亦得"性"的部分，于是人具有"天地之性"和"气质之性"，人与万物俱生于天地之间。天地是人与物的父母，人就应该努力破除"我"与"非我"的界限，而使个体和天地万物合一。为达此目的，首先要变化"气质之性"，使之恢复为原来的"天地之性"。而"天地之性"就是朱熹所说之"理"。张载在《西铭》一文中阐明吾人对宇宙所应持的态度，以为"吾人之体即宇宙之体""吾人之性即宇宙之性"，吾人应该视宇宙为父母，应以事父母之道事之，应视天下人皆为兄弟，天下之物皆如同类。还提出了"民胞物与"（民为同胞，物为同类，泛指爱人和一切物类）的主张，"为天地立心，为生民立命，为往圣继绝学，为万世开太平"的抱负。故张载是确立"气"在理学中心地位的理学家。特别是把天、地、君、亲合为一体，以及事天、地、君、亲之道，综述了义理和伦常，备受理学家的赞赏。

程颢（"明道先生"）、程颐（"伊川先生"）幼年曾受学于周敦颐。程颐著有《语录》一书。"二程"认为"一物须有一理"，天下万物皆可用"理"去理解，而且永远不变，"放诸四海皆准"。吾人心中能具备众理，故曰："万物皆备于我。"而人心既具众理，即能应万事，故："叔然不动，感而遂通。"于是程颐由此衍出"用敬致知"之说，即"涵养须用敬，进学在致知""诚意在致知，致知在格物"一方面用敬涵养，勿使非僻之心生。另一方面今日格一物，明日格一物，以穷其理，而求贯通。然吾人心中本具众理，故格物以穷理，实穷吾人心中之理，"性"又是"理"，穷理亦即尽"性"。程颢则衍生出"识仁"之说，即"学者须先识仁，仁者浑然与物同体，义、礼、智、信皆仁也，识得此理，以诚敬存之而已。"此所谓"仁"，即万物一体之仁，浑然与万物同体，就是仁者的仁。吾人识得此理之后，即常记而不忘一切行事，皆本此心作之，此即所谓以"诚敬存之"。如此久而久之，自可达到万物一体的境界，之后则吾人之"性"即得到最大的发展，是谓"尽性"，将性发展到"至善"。

朱熹（"紫阳先生"）讲学于闽，思想宏大，集北宋理学的大成，使之融合为一，再上接孔孟，组成一大理学系统。其宇宙观是以周敦颐的《太极图说》为本，而融合邵雍、张载与"二程"之说，提出一个"理"和"气"。认为宇宙万物都有一个"理"的存在。这个客观的"理"就是"太极"，"人人有一太极，物物有一太极"。而太极只是极好至善的道理，及至表现为具体的形象，则有赖于"气"，因此"理也者，形而上之道也，生物之本；气也者，形而下之器也，生物之具也。"由此而解释到人身的形成，"理"与"气"合构而成人，而"气"中之"理"，即人之"性"。他又认为气有"清""浊"，禀气清者，为圣人，禀气浊者，为愚人。人之所以明德修身，就是用来涤除此"浊气"。根据上述原则，进一步提出"穷理以致其知""反躬以践其实"的主张。认为修养的目的在于"存天理，去人欲"。方法便是要在"持敬"与"致知"方面努力，"持敬"所以专心致志，"致知"在于"格物"，即"物而穷其理，穷理以故其知"。若能将宇宙事物一一研究，用力既久，自能豁然贯通。至此时，则万物之理皆在吾性中，"众物之表里精粗无不到，吾心之全体大用无不明"。

邵雍（"康节先生"）学说从宇宙论推论到人生观，认为人为万物之一，亦万物之灵，而"人心"为一切的主体，宇宙万物万事的变化，皆由于人心的观察而生。所谓"万化万事生于心"，而以心为"太极"，因此人要"养心""去利欲"，而人"至诚"，则宇宙之道无所不通，亦可穷天地性理之奥。

陆九渊（"象山先生"）特别着重于持敬的内在功夫，主张"心即理""吾心便是宇宙，宇宙即是吾心"，不容有二。物穷理为支离破碎，而教人先发明其本心之明，而后博览以应万物之变，并认为"学苟知本，六经皆我驻脚"。与朱熹读书穷理的见解大异其趣，下开明代王阳明之心学。

吕祖谦（"东莱先生"）与朱、陆同时，虽讲理学，然重视学以致用。叶通与陈亮亦同样反对"正心""诚意"之学及"静坐""存养"，吸收王安石"为天下国家之用"的实用思想，倡言功利，赞许"三舍法"（王安石变法科目之一，即用学校教育取代科举考试，把太学分为外舍、内舍、上舍三等，事实上是将太学变成了科举的一个层次，学校彻底变成了选官制度的一个组成部分），主张习百家之学、考订历代典章名物，以培养对社会有实际作为的人才，为宋思想界一大转变（开启了明末清初颜元、黄宗羲、王夫之等的启蒙教育思想）。

综合上述各派之理学内容分析，理学实可分为"象数""理气"与"心性"三种主要派系。趋向"象数"者，本《周易》象数之义及道教所传的"河图洛书"而立论，如周敦颐、张载等的理学属于"象数"这一派。另趋向于"理气"与"心性"者，理论多根据《四书》加以发挥，程颐、程颢与朱熹以"理"为形式法则，"气"为实质内容，皆为"理气派"之代表人物。陆九渊之学说，重在探讨主观之心，受禅宗所讲的"明心见性"的影响较多，阐发天赋之性，为"心性"派之代表。

理学是为中国古代社会构筑的最后一座有关宇宙、社会、人生即"天人之际"的理论大厦，也是一个高度和谐完整、充满内在生机的大一统宇宙体系模型，实际上更是儒学发展的最高形态。它以儒家思想为本体，汲取易、佛、道中某些思想以丰富儒学理论，建立了以"象数""理气""心性"为本位，以"格物致知"或"穷理尽性""致良知"为方法，以"内圣外王"为目的的哲学理论体系，使它具有在哲学思维的深度、理论体系的严密精致方面超过先秦子学、汉唐经学的成就与特色。

更重要的，理学还是一种以道德为本体的人文主义哲学，确立道德为主体的独立性，执着地追求人生精神价值，对培养气节情操、发奋立志、重视品德、以理统情等主体意识结构以及人们的社会责任感、历史使命感等方面起着重要作用。例如在张载理学框架中，个人的命运只有在整个宇宙体系命运中才有意义可言，既然后者是永恒而和谐的，那么士大夫人格的唯一价值即为此而自强不息，这既是士大夫人格空前充分的实现，也是将自我彻底消融在这种和谐而永恒的境界之中。除此之外，士大夫个人根本就没有什么幸与不幸可言。

笔者在十一章中曾经阐释过，在唐朝的一些文人士大夫眼中，古之圣贤或清雅者虽有强大的思想底蕴，但他们生活窘迫，现实中也一定充满了忧愁，因此根本就不值得效仿。但在理学家们看来，"忧"与"乐"是辩证的，既有圣人或清雅之心，便一定能安贫乐道。因此南宋理学家罗大经在《鹤林玉露》中说："夫子有曲肱饮水之乐，颜子有陋巷箪瓢之乐，曾点有浴沂咏归之乐，曾参有履穿肘见、歌若金石之乐，周、程有爱莲观草、弄月吟风、望花随柳之乐。学道而至于乐，方是真有所得。大概于世间一切声色嗜好洗得净，一切荣辱得丧看得破，然后快活意义方自此生。或曰：'君子有终身之忧'；又曰：'忧以天下'；又曰：'莫知我忧'；又曰：'先天下之忧而忧'。此意又是如何？曰：'圣贤忧乐二字，并行不悖。'故魏鹤山（魏了翁，南宋理学家）诗云：'须知陋巷忧中乐，又识耕莘乐处忧。'古之诗人有识见者，如陶彭泽（陶渊明）、杜少陵（杜甫），亦皆有忧乐。如'采菊东篱''挥杯劝影'，乐矣，而有'平陆成江'之忧；'步屦（xiè，木鞋的底）春风''泥饮（笔者按：缠着对方喝酒）田父'，乐矣，而有'眉攒万国'之忧。盖惟贤者而后有真忧，亦盖惟贤者而后有真乐，乐不以忧而废，忧亦不以乐而忘。"

由朱熹发展并集大成的理学，也成为其后几百年来古代社会统治思想的重要组成部分。康熙在《朱子全书》作序说："朱夫子集大成，而绪千百年绝传之学，开愚蒙而立亿万世之规……虽圣人复起，必不能逾也。"另外，陆九渊强调发明本心，轻视一切权威，所谓"六经皆我注脚"。强调主观意志、自立精神、独立意识，不依赖别人、不迷信权威、不拘于习俗，对专制统治下的伦理道德、对凝固了的程朱理学都起着冲击和破坏的作用，对专制时代的异端思想家、改革家都有启迪作用。但从理学整体发展史上看，又存在着浓厚的泛道德主义倾向，自始就存在理论脱离实际、理想超越现实的弊端，特别是理学成为中国后期专制统治的官方意识形态，统治者以其道德说教进行片面利用，致使伦理异化，成为维护专制社会的等级秩序、扼杀人的本性的武器，使之愈加教条化和僵化。

总体来讲，理学并非统一的学问，也与中国传统学术思想的特点是一致的，即终归突破不了科学、哲学与神学之间的界限，在整体上强调的是精神上的满足。陆九渊的理论更具唯心的色彩。虽然孟子的"穷则独善其身，达则兼济天下"是为理学家所推崇的，以致"嗟夫！予尝求古仁人之心，或异二者之为，何哉？不以物喜，不以己悲。居庙堂之高则忧其民；处江湖之远则忧其君。是进亦忧，退亦忧。然则何时而乐耶？其必曰'先天下之忧而忧，后天下之乐而乐'乎。"（注3）"位卑未敢忘忧国，事定犹须待阖棺"（注4）等充满了悲剧色彩的豪言壮语也不绝于耳。但理学也只是形成于两宋时期的以哲学内容为主的学问，并不能阻止大多数人在现实中的欲望，甚至在某些方面，会成为现实欲望的理论依据。

在这一点上，理学与魏晋时期的玄学没有不同。

二、更加游刃有余的"仕"与"隐"

宋朝虽然实行的是"与士大夫治天下"的文官政治，文人受到广泛重用，但为防止专权，在机构设置上依然延续自唐朝实行的三省分权制衡的体制和台谏监督弹劾制度。台谏是指御史台和谏议院，御史台"掌纠察官邪，肃正纲纪"。谏议院"掌规谏讽谕。凡朝政阙失，大臣至百官任非其人，三省至百司事有违失，皆得谏正"。因此，文人士大夫们稍不留心，就可能遭到言官的弹劾而被免职、贬官、流放。同时，宋朝也是朋党之争异常激烈的时代。唐中叶有牛僧孺与李德裕之间的牛李党争，北宋先有宋仁宗时由范仲淹革新引起的朋党之争，后有因王安石变法引起的新旧党争。其间虽涉及是非曲直等，但往往夹杂着意气，动辄相互残酷倾轧。党同伐异，势同水火。清王夫之《宋论》说："一唱百和，唯力是视，抑此伸彼，唯胜是求。天子无一定之衡，大臣无久安之计，或信或疑，或起或仆，旋加诸膝，旋坠诸渊，以成波流无定之宇。"虽然优越的政治地位、丰厚的国家俸禄可以满足文人士大夫世俗人生的各种功利性、享乐性需求，但以皇帝为核心的高度的中央集权、严苛的台谏制度又钳制了个体人格的独立与自由。若既想与现实社会保持密切的联系，以得到具体的利益，又想努力摆脱"政统"的羁縻、控制，不为外物所役，获得个体人格相对的独立与自由，似"出"似"处"的"大隐"或"中隐"，便成为他们调谐"仕"与"隐"的矛盾、求取快意人生的最佳方式，这也是中国古代社会文人士大夫阶层一个永恒的命题。宋朝皇帝对文人士大夫相对宽容的态度，也为这类"假隐"提供了更加便利的政治环境。

宋朝文人士大夫的隐逸之风更可以看作是自唐朝的延续，且有过之而无不及，过去的种种隐逸形式无不具备，且蔚然成风。理学强调精神满足，因此文人士大夫在面对"仕"与"隐"的问题时不但不会把两者对立起来，而且会更加游刃有余。有亦官亦隐，身在朝廷心向林泉的欧阳修、王安石、苏轼、苏辙、范仲淹、范成大、陆游、辛弃疾这些文学巨匠和正直文人；有归隐山林，深思、著述、授徒的邵雍（仁宗嘉祐及神宗熙宁在位期间，先后被召授官，皆不赴）、张载（反复仕、隐）、朱熹（先仕后隐）等理学大师；有真隐的道士陈抟、终老山林的处士林逋（称"和靖先生"，其《山园小梅》"众芳摇落独暄妍，占尽风情向小园。疏影横斜水清浅，暗香浮动月黄昏。霜禽欲下先偷眼，粉蝶如知合断魂。幸有微吟可相狎，不须檀板共金樽"最为著名）、高僧智园等人；学庄子到了化境，"心形俱意，其视轩冕如粪土耳"，乃至不愿与士林交往的松江渔翁、南安翁、苏云卿等人；有行迹狂诞，以行乞、卖卜为生，却也在史籍上留下了一笔的史延寿、董隐子、王江之流；当这个尊重文人和仕人的王朝灭亡的时候，还有为它痛哭、反抗，为它隐遁、赴死的遗民、隐士郑所南、谢枋得、汪梦斗、柴望等。当然更少不了以隐求仕的如种放之流。

《宋史·隐逸传》载："种放，字明逸，河南洛阳人也。父诩，吏部令史，调补长安主簿。放沉默好学，七岁能属文，不与群儿戏。父尝令举进士，放辞以业未成，不可妄动。每往来嵩、华间，慨然有山林意。未几父卒，数兄皆干进，独放与母俱隐终南豹林谷之东明峰，结草为庐，仅庇风雨。以请习为业，从学者众，得束脩以养母，母亦乐道，薄滋味。……淳化三年，陕西转运宋惟干言其才行，诏使召之。其母恚（huì，怒）曰：'常劝汝勿聚徒讲学。身既隐矣，何用文为？果为人知而不得安处，我将弃汝深入穷山矣。'放称疾不起。其母尽取其笔砚焚之，与放转居穷僻，人迹罕至。太宗嘉其节，诏京兆赐以缗钱使养母，不夺其志，有司岁时存问。咸平元年母卒，水浆不入口三日，庐于墓侧……"

其入仕过程是三诏而出，但"放屡至阙下，俄复还山，人有诒书嘲其出处之迹，且劝以弃位居岩谷，放不答。"

最后，"放终身不娶，尤恶嚣杂，故京城赐第为择僻处。然禄赐既优，晚节颇饰舆服。于长安广置良田，岁利甚博，亦有强市者，遂致争讼，门人族属依倚恣横。王嗣宗守京兆，放尝乘醉慢骂之。嗣宗屡遣人责放不法，仍条上其事。诏工部郎中施护推究，会赦恩而止。四月，求归山，又赐宴遣之。所居山林，细民多纵樵采，特诏禁止。放遂表徙居嵩山天封观侧，遣内侍就兴唐观基起第赐之。假逾百日，续给其奉。然犹往来终南，按视田亩。每行必给驿乘，在道或亲诣驿吏，规算粮具之直。时议浸薄之。"

从其母的"恚曰"便可以断定，种放之隐本来就是三心二意的，三诏为官后又屡退屡觐，心无长性。后来发展为"广置良田，岁利甚博"，最后招致世人"议浸薄之"。

身仕心隐，既是中国古代社会高度集权制度下某些文人士大夫不得已的人生或生存选择，也是某些文人士大夫的"标榜"。中国很多传统艺术如书法、绘画、音乐、戏曲、文学、哲学、园林等，也包括显性的宗教等，都可以成为这类"心隐"情绪纾解与释放的媒介。但人的本性是现实中的生物体，"心隐"本身就代表了可能无法拒绝享受快意人生的欲望，而上述艺术形式媒介的大多数，只能单纯地满足于精神的纾解与释放，但私家园林建筑体系却可以同时作为承载快意人生的空间载体，因此便成为了隐藏快意人生的欲望、凸显和标榜精神志趣的最佳选择。两宋理学的创建，或者说在某些理学家的观念中，又把私家园林建筑体系从代表精神纾解等的媒介，提升到了体察"天人之际"媒介的高度。

注1：《宋史·道学传》。

注2：《礼记·大学》："古之欲明明德于天下者，先治其国；欲治其国者，先齐其家；欲齐其家者，先修其身；欲修其身者，先正其心；欲正其心者，先诚其意；欲诚其意者，先致其知，致知在格物。物格而后知至，知至而后意诚，意诚而后心正，心正而后身修，身修而后家齐，家齐而后国治，国治而后天下平。"

注3：（宋）范仲淹《岳阳楼记》。

注4：（宋）陆游《病起书怀》。

第二节　与私家园林建筑体系形态相关美学思想的定型

笔者一直强调，建造皇家和私家园林最基本、最直接的目的是现实享受，因为园林毕竟属于现实生活的空间载体。从欣赏以及更为宏观抽象的精神层面上来讲，文人士大夫的私家园林与隐逸文化还有些许关联，但更多的是偏爱以此为"标榜"。

苏轼的《灵壁张氏园亭记》："道京师而东，水浮浊流，陆走黄尘，陂田苍莽，行者倦厌。凡八百里，始得灵壁张氏之园于汴之阳。其外修竹森然以高，乔木蓊然以深。其中因汴之余浸，以为陂池，取山之怪石，以为岩阜。蒲苇莲芡，有江湖之思。椅桐桧柏，有山林之气。奇花美草，有京洛之态。华堂厦屋，有吴蜀之巧。其深可以隐，其富可以养。果蔬可以饱邻里，鱼龟笋茹可以馈四方之宾客。余自彭城移守吴兴，由宋登舟，三宿而至其下。肩舆叩门，见张氏之子硕。硕求余文以记之。

维张氏世有显人，自其伯父殿中君，与其先人通判府君，始家灵壁，而为此园，作兰皋之亭以养其亲。其后出仕于朝，名闻一时，推其余力，日增治之，于今五十余年矣。其木皆十围，岸谷隐然。凡园之百物，无一不可人意者，信其用力之多且久也。

古之君子，不必仕，不必不仕。必仕则忘其身，必不仕则忘其君。譬之饮食，适于饥饱而已。然士罕能蹈其义、赴其节。处者安于故而难出，出者狃（niǔ，贪图）于利而忘返。于是有违亲绝俗之讥，怀禄苟安之弊。今张氏之先君，所以为其子孙之计虑者远且周，是故筑室艺园于汴、泗之间，舟车冠盖之冲，凡朝夕之奉，燕游之乐，不求而足。使其子孙开门而出仕，则跬步市朝之上；闭门而归隐，则俯仰山林之下。于以养生治性，行义求志，无适而不可。故其子孙仕者皆有循吏良能之称，处者皆有节士廉退之行。盖其先君子之泽也……"

这本来是一篇园林的题记，但苏轼随后又发"仕"与"隐"之慨，提出了"古之君子，不必仕，不必不仕"，近似玄虚的理由。而"开门而出仕，则跬步市朝之上；闭门而归隐，则俯仰山林之下"比唐朝祖咏的"田家复近臣"说得更明确。又，苏轼的《种德亭》曰："小圃傍城郭，闭门芝术香。名随市人隐，德与佳木长。元化（华佗）善养性，仓公（扁鹊）多禁方。所活不可数，相逢旋相忘。但喜宾客来，置酒花满堂。我欲东南去，再观双桧苍。山茶想出屋，湖橘应过墙。木老德亦熟，吾言岂荒唐。"

与苏轼的《灵璧张氏园亭记》相比，司马光的《独乐园记》则是把园林写为与修身养性、独善其身相关联：

"孟子曰：'独乐乐不如与人乐乐，与少乐乐不如与众乐乐。'此王公大人之乐，非贫贱者所及也。孔子曰：'饭蔬食饮水，曲肱而枕之，乐在其中矣。'颜子'一箪食，一瓢饮'不改其乐。此圣贤之乐，非愚者所及也。若夫'鹪鹩巢林，不过一枝；偃鼠饮河，不过满腹'，各尽其分而安之。此乃迂叟之所乐也。

熙宁四年，迂叟（司马光自谦）始家洛，六年，买田二十亩于尊贤坊北关，以为园。其中为堂，聚书出五千卷，命之曰'读书堂'。堂南有屋一区，引水北流，贯宇下，中央为沼，方深各三尺。疏水为五派，注沼中，若虎爪；自沼北伏流出北阶，悬注庭中，若象鼻；自是分而为二渠，绕庭四隅，会于西北而出，命之曰'弄水轩'。堂北为沼，中央有岛，岛上植竹，圆若玉玦，围三丈，揽结其杪，如渔人之庐，命之曰'钓鱼庵'。沼北横屋六楹，厚其墉茨，以御烈日。开户东出，南北轩牖，以延凉飔，前后多植美竹，为清暑之所，命之曰'种竹斋'。沼东治地为百有二十畦，杂莳草药，辨其名物而揭之。畦北植竹，方若棋局，径一丈，屈其杪，交桐掩以为屋。植竹于其前，夹道如步廊，皆以蔓药覆之，四周植木药为藩援，命之曰'采药圃'。圃南为六栏，芍药、牡丹、杂花，各居其二，每种止植两本，识其名状而已，不求多也。栏北为亭，命之曰'浇花亭'。洛城距山不远，而林薄茂密，常若不得见，乃于园中筑台，构屋其上，以望万安、辕辕，至于太室，命之曰'见山台'。

迂叟平日多处堂中读书，上师圣人，下友群贤，窥仁义之源，探礼乐之绪，自未始有形之前，暨四达无穷之外，事物之理，举集目前。所病者、学之未至，夫又何求于人，何待于外哉！志倦体疲，则投竿取鱼，执纤采药，决渠灌花，操斧伐竹，濯热盥手，临高纵目，逍遥相羊（笔者按："相羊"意为盘桓），惟意所适。明月时至，清风自来，行无所牵，止无所框，耳目肺肠，悉为己有。踽踽（jǔ jǔ，单身独行）焉，洋洋（笔者按：舒缓自得貌）焉，不知天壤之间复有何乐可以代此也。因合而命之曰'独乐园'。

或咎迂叟曰：'吾闻君子所乐必与人共之，今吾子独取足于己不及人，其可乎？'迂叟谢曰：'叟愚，何得比君子？自乐恐不足，安能及人？况叟之所乐者薄陋鄙野，皆世之所弃也，虽推以与人，人且不取，岂得强之乎？必也有人肯同此乐，则再拜而献之矣，安敢专之哉！'"

再看苏舜钦的《沧浪亭记》，无非是给自己找了一块被罢官后的去处，但又情满恣意：

"予以罪废，无所归。扁舟吴中，始僦（租赁）舍以处。时盛夏蒸燠，土居皆褊狭，不能出气，思得高爽虚辟之地，以舒所怀，不可得也。

一日过郡学，东顾草树郁然，崇阜广水，不类乎城中。并水得微径于杂花修竹之间。东趋数百步，有弃地，纵广合五六十寻，三向皆水也。杠（独木桥）之南，其地益阔，旁无民居，左右皆林木相亏蔽。访诸旧老，云钱氏有国，近戚孙承右之池馆也（注1）。坳隆胜势，遗意尚存。予爱而徘徊，遂以钱四万得之，构亭北碕，号'沧浪'焉。前竹后水，水之阳又竹，无穷极。澄川翠干，光影会合于轩户之间，尤与风月为相宜。

予时榜（bàng，摇船的工具）小舟，幅巾以往，至则洒然忘其归。觞而浩歌，踞而仰啸，野老不至，鱼鸟共乐。形骸既适则神不烦，观听无邪则道以明；返思向之汩汩荣辱之场，日与锱铢利害相磨戛，隔此真趣，不亦鄙哉……"

另有南宋周密《癸辛杂识·吴兴园圃·假山》一文，介绍了两座私家园林的假山，其中重点指出了假山形貌与园主或建造者学识修养的关系：

"前世叠石为山，未见显著者。至宣和，艮岳始兴大役，连舻辇致，不遗余力。其大峰特秀者，不特侯封，或赐金带，且各图为谱。然工人特出于吴兴，谓之'山匠'，或亦朱勔之遗风。盖吴兴北连洞庭，多产花石，而卞山所出，类亦奇秀，故四方之为山者，皆于此中取之。浙右假山最大者，莫如卫清叔吴中之园，一山连亘二十亩，位置四十余亭，其大可知矣。然余平生所见秀拔有趣者，皆莫如俞子清侍郎家为奇绝。盖子清胸中自有丘壑，又善画，故能出心匠之巧。峰之大小凡百余，高者至二三丈，皆不事饾饤（dòu dìng，比喻杂乱），而犀株玉树，森列旁午（笔者按：交错），俨如群玉之圃，奇奇怪怪，不可名状。大率如昌黎《南山》诗中，特未知视牛奇章为何如耳？（注2）乃于众峰之间，萦以曲涧，甃以五色小石，旁引清流，激石高下，使之有声，淙淙然下注大石潭。上荫巨竹、寿藤，苍寒茂密，不见天日。旁植名药，奇草，薜荔、女萝、菟丝，花红叶碧。潭旁横石作杠（笔者按：桥），下为石渠，潭水溢，自此出焉。潭中多文龟、斑鱼，夜月下照，光景零乱，如穷山绝谷间也。今皆为有力者负去，荒田野草，凄然动陵谷之感焉。""俞氏园，俞子清侍郎临湖门所居为之。俞氏自退翁四世皆未及年告老，各享高寿，晚年有园池之乐，盖吾乡衣冠之盛事也。假山之奇，甲于天下。"

文中提到的吴中（今苏州）卫清叔园内"一山连亘二十亩，位置四十余亭"。其中的"亭"恐有过于堆砌之嫌，密乱如山冢。而俞氏园中之山石，"峰之大小凡百余，高者至二三丈，……犀株玉树，森列旁午，俨如群玉之圃"，后世未有相似者，艺术效果是"秀拔""奇绝"。"盖子清胸中自有丘壑，又善画，故能出心匠之巧。"说明叠石乃至整座园林的营造技巧与风格等，与园主人及造园人的修养有较大的关系。

如果说上述诸文内容总体上是有些就事论事的感觉，那么下面诸文就有"坐而论道"的意味了。北宋时期的理学家邵雍栖身于洛阳私园，其感受是"有屋数间，有田数亩。用盆为池，以瓮为牖。墙高于肩，室大于斗。布被暖余，藜羹饱后。气吐胸中。……尧舜之谈，未尝虚口。当中知天，同乐易友。"（注3）即无论是拥有哪类狭小局促的空间，只因"气吐胸中"，便能"充塞宇宙"了。如果文中所表达的是真实的想法，那么他内心主观的感受显然"超越"了客观的现实。

南宋时期的理学家真德秀为朱熹再传弟子，也是朱熹理学的积极宣传者，其《步云斋记》云："金鸡一峰，为浦城最胜处，而全氏步云斋实踞其巅。……予一日摄衣而登，群山回环，万象呈露，恍然若超尘世而游，无何有之乡。则为之叹曰：古人喜高居远眺者，岂徒以动心骇目云哉？天壤之间，横陈错布，莫非至理。虽体道者，不待窥牖而粲然毕睹然。然自学者言之，则见山而悟静寿，观水而知有本。风雨霜露接于其目，则天道至教，亦昭昭焉可识也。……康节先生（邵雍）曰：天根月窟闲来往，三十六宫都是春，岂谓是耶？既以复全氏，又以自警云。"（注4）即看到的或甚至不用直接看到的（"不待窥牖而粲然毕睹然"）自然景象非单纯的自然景象，都是宇宙的"至理""天道"。

其《观莳园记》曰："天壤间一卉一木无非造化生生之妙。而吾之寓目于此，所以养吾胸中之仁，使盎然常有生意。非如小儿女玩华阅芳，以荒嬉媮乐为事也。"（注5）

总之，苏轼的两文虽然"言不离隐"，似有悲观之情，但还是把园林中的种植类劳作、观赏、养性视为"种德"，整体上更是"养生治性，行义求志"。苏舜钦在其园林中也可以"形骸既适则神不烦，观听无邪则道以明"。这些其实都与孔子的"仁者乐山、智者乐水"的儒家思想一脉相承。至少园林中的建筑还可以供司马光"平日多处堂中读书……事物之理，举集目前""临高纵目，逍遥相羊"。但在邵雍和真德秀等理学家们看来，大自然和园林中的景物都可以启发道理，即宇宙天地间的一草一木，皆可以其"质""性"，呈现背后的"道""理"，狭小的空间也能"充塞宇宙"。也就是欣赏的层次"非如小儿女玩华阅芳，以荒嬉媮乐为事也"。这也比苏轼《书鄢陵王主簿所画折枝二首》中提出的"论画以形似，见与儿童邻"进了一步。因为同是有别于儿童的欣赏层次，苏轼认识的是艺术修养，邵雍和真德秀认识的已经是似客观又主观的宇宙了。重要的是有了属于自己的园林，文人士大夫等似乎也可直接与天道相通，而不必假于皇权独揽的"天人之际"的中介了。

就具体营造方面来讲，宋朝的私家园林继承前代营造手法，更不以规模取胜（大型私家园林较少），因此总体上也会愈加细腻、精致、和谐。规模既小，便不得不采用写意的手法以象征。当然，有无象征性等并不能以大小而论，秦汉时期规模庞大的皇家园林、唐安乐公主的"定昆池"、宋徽宗的"艮岳"等都同样充满了象征性。实际上大多私家园林的所谓写意手法，仅仅是以"小"象征着"大"，如以堆叠的假山甚至是独立的置石象征着高山峻岭，以小池象征着江海，远不如皇家园林等象征性所表达的深意。唐柳宗元的《愚溪诗序》说："愚泉凡六穴，皆出山下平地，盖上出也。合流屈曲而南，为愚沟。遂负土累石，塞其隘，为愚池。愚池之东为愚堂，其南为愚亭，池之中为愚岛。嘉木异石错置，皆山水之奇者……"最后两句道出了"愚池""愚岛"以写意的手法象征"山水之奇"。曾巩的《盆池》："环环清泚旱犹深，炳炳芙蓉近可寻。苍壁巧藏天影入，翠奁微带藓痕侵。能供水石三秋兴，不负江湖万里心。照影独怜身老去，日添华发已盈簪。"显然这个盆池也是以写意的手法象征"江湖"。梅尧臣的《依韵和原甫新置盆池种莲花菖蒲养小鱼数十头》：

"瓦盆贮斗斛，何必问尺寻。菖蒲未见花，莲子未见心。小鲜不足烹，安用芎饵沉。户庭虽云窄，江海趣已深。袭香而玩芳，嘉宾会如林。宁思千里游，鸣橹上清涔。"一个盆池充满了情趣，并引发梅尧臣无限的遐想。对于规模有限的私家园林来讲，通过"写意"表现手法的"象征"是其基本特征，也就是依托与主观审美相关联的造园手法和技巧等，营造出一个主观且"情趣盎然"的"山水"空间。当然从客观上来讲，园林中那些小型的写意山池等，与大自然中真实山水的某些局部、小景，以及普遍的游览山水感受的经验等毕竟是一致的，这也是相关营造技艺的基础。

进一步分析，前面所引诸文也提示出，一座具体静止物化的园林本身并不能独立构成其全部意义，园林除了可作为为拥有者提供诸多具体物化的享受的空间内容与空间载体外，受传统的儒、道、释，特别是理学思想之影响，两宋文人学士与士大夫中的精英者（不可能是全部），在园林中的欣赏、体味是"以情赋景"，从园林中感受永恒而和谐的宇宙韵律，以"万物莫不适性"这一主观审美过程赋予景物以特殊的灵魂。如辛弃疾的《浣溪沙·种梅菊》所言："自有陶潜方有菊，若无何靖即无梅。"可概言之为中国传统园林，特别是那些小型私家园林意境的本质，即主观畅想的作用往往大于客观的实际。因为对于那些小型的私家园林而言，真实的视觉感受，也仅能限于感受出在有限空间内的空间内容与空间形式的"精"与"巧"以至达到的"和谐"，而如传统文人所表述的或理想与景物之豪言（如"梦寐以青山为念""寻丈而豁如江汉"），或关联了仕与不仕的辩证与自满，甚至是感悟到宇宙天地的至理等，皆由心生。所以这种园林意境既是审美的，又是人格的，特别是以新的理学思想为基础，包含着对新的"天人之际"宇宙框架永恒和谐的感悟，即以具体而微的万物，作为"天人之际"的本真或媒介。故此类园林意境构成了中国私家园林的美学典范，之后中国私家园林建筑体系的审美标准无脱其臼。文人士大夫又以"澄怀观道"（注6）"天地一东篱，万古一重九"（注7）为意境的最高境界。遗憾的是，这种所谓意境的创构，是使客观景物作为体验者主观情思的象征，因人、因情、因时、因地、因景而不同，所谓"心匠自得为高"（注8）。所以仅凭文学作品的表述，我们很难客观地判断那些今天无法看到的历史上的园林作品真正之高下。

笔者再举三座文献记载较有特色的两宋私家园林实例。

《洛阳名园记》记述的北宋洛阳富郑公园："洛阳园池，多因隋唐之旧，独富郑公园最为近辟，而景物最胜。游者自其第，东出探春亭，登四景堂，则一园之景胜可顾览而得。南渡通津桥，上方流亭，望紫筠堂，而还右旋花木（pìn）中，有百余步，走荫樾亭，赏幽台，抵重波轩，而止。直北走土筠洞，自此入大竹中。凡谓之洞者，皆斩竹丈许，引流穿之，而径其上。横为洞一，曰‘土筠’；纵为洞三：曰‘水筠’，曰‘石筠’，曰‘榭筠’。歴（lì，同"厉"，经过）四洞之北，有亭五，错列竹中，曰‘丛玉’，曰‘披风’，曰‘漪岚’，曰‘夹竹’，曰‘兼山’。稍南有梅台，又南有天光台。台出竹木之杪（笔者按：细梢）。遵洞之南而东，还有卧云堂。堂与四景堂并南北。左右二山，背压通流。凡坐此，则一园之胜可拥而有也。郑公自还政事归第，一切谢宾客。燕息此园，几二十年，亭台花木，皆出其目营心匠，故逶迤衡直，闿（kǎi）爽深密，皆曲有奥思。"

富郑公园是洛阳城中景物最丰富、最复杂的一座私家园林，主要的特点是高低错落，引入了"高视点园林要素内容"，例如可览全园制高点的有四景堂、卧云堂和两座山，较高的还有两座观景的"台"，另有四个可过人的"筠洞"，内用劈开的竹子引流水，洞顶外部还有相交叉的路径。

《癸辛杂识•吴兴园圃》记述的吴兴沈尚书南园和叶氏石林："沈德和尚书园，依南城，近百余亩，果树甚多，林檎尤盛。内有聚芝堂藏书室，堂前凿大池几十亩，中有小山，谓之蓬莱。池南竖太湖三大石，各高数丈，秀润奇峭，有名于时。其后贾师宪欲得之，募力夫数百人，以大木构大架，悬巨絙（gēng，粗绳索）缒（zhuì，用绳索拴住往下放）城而出，载以连舫，涉溪绝江，致之越第，凡损数夫。其后贾败，官斥卖其家诸物，独此石卧泥沙中。适王子才好奇，请买于官，募工移植，其费不赀。未几，有指为盗卖者，省府追逮几半岁，所费十倍于石，遂复舁（yú，抬着）还之，可谓石妖矣。"

"叶氏石林，左丞叶少蕴之故居，在卞山之阳，万石环之，故名，且以自号。正堂曰‘兼山’，傍曰‘石林精舍’，有承诏、求志、从好等堂，及净乐庵、爱日轩、跻云轩、碧琳池，又有岩居、真意、知止等亭。其邻有朱氏怡云庵、函空桥、玉涧，故公复以‘玉涧’名书。大抵北山一径，产杨梅，盛夏之际，十余里间，朱实离离，不减（不次于）闽中荔枝也。此园在霅（zhá，水名，亦为湖州别名）最古，今皆没于蔓草，影响不复存矣。"

注 1：此地原为五代时吴越国广陵王钱元璙的花园，五代末为吴军节度使孙承祐的别墅。

注 2：（唐）韩愈诗《南山》描写奇石，铺张山形峻险，言辞极尽雕镂，叠叠数百言。

注 3：《伊川击壤集•卷十四•瓮牖吟》。

注4、注5：《永乐大典·卷三十·宋真西山集》。

注6：《宋书·宗炳传》：宗炳讲山水画创作的目的为"澄怀观道，卧以游之"。

注7：（宋）释道璨《潜上人求菊山》。

注8：（宋）米芾《画论》。

第三节　与园林建筑体系相关的大众世俗生活

历史上遗留至今的传统园林建筑体系的实例非常有限，今天的研究者一般更加关注那些与其相关的历史、文化、艺术、技术等，也就是园林的营造技艺。其中特别关注的属于相关的"雅文化"和"精英文化"等。而在历史的现实中，园林建筑体系与广义的社会文化联系最紧密的，反而是那些"俗文化"和"大众文化"。因为园林不同于绘画等，"澄怀观道"绝不会是私家园林建造的第一和唯一目的，其中只有某些园林才可以成为园主人借物咏志的媒介，实现思想情怀的升华等，况且即便是绘画的创作等，以"澄怀观道"为目的，以及达到这种境界的作品也同样属于少数。有趣的是，在笔者以往所举的所有私家园林的实例中，规模和豪华程度等与园主人实际的社会地位的高低成正比关系，而通过文学作品赋予私家园林文化意义的多寡，反而与私家园林的规模与豪华程度等成反比关系。我们还应该认识到，在历史文献中以文学作品等形式描述过的园林，也仅仅是现实中的极少部分。而历史现实中的私家园林的数量，远比我们一般想象的要多得多。如，北宋李格非（李清照之父）的《书洛阳名园记后》曰："方唐贞观、开元之间，公卿贵戚开馆列第于东都者，号千有余邸。及其乱离，继以五季之酷（笔者按：五代时的严酷祸患），其池塘竹树，兵车蹂践，废而为丘墟；高亭大榭，烟火焚燎，化而为灰烬，与唐共灭而俱亡，无余处矣。予故尝曰：'园囿之兴废，洛阳盛衰之候也。'"从文中表述来看，千余座"馆""第"的主人都属于"公卿贵戚"，非一般百姓甚至是文士，其中大部分应该带有园林内容。问题是，若一座都城有这个规模的社会上层的"公卿贵戚"都是忧国忧民之士，国家又怎会衰落？所以私家园林本身并不具备或承载"高尚"的意义，其属性更多地表现为世俗生活的载体。

南宋陆游《乐郊记》曰："李晋寿一日图其园庐持示余，曰：'此吾荆州所居名"乐郊"者也。'荆州故多贤公卿，名园甲第相望。自中原乱，始以吴会上流，常宿重兵，而衣冠亦遂散去。太平之文物，前辈之风流，盖略尽矣。独吾乐郊日加葺……"

在两宋时期，作为世俗生活载体的一部分，除了私家园林外，公共园林也非常多。

北宋名相韩琦《定州众春园记》曰："天下郡县，无远迩小大，位署之外，必有园池台榭观游之所，以通四时之乐……

郡城东北隅，潴水为塘，广百余亩，植柳数万本，亭榭花卉之盛，冠于北垂。盖今宣徽李公昭亮始兴之，后实废焉。予之来，惧陷其心于不公也，复完而兴之。凡栋宇树艺前所未备者，一从新意，罔有漏缺。又治长堤，凿门西南隅，以便游者。于是园池之胜，益倍畴昔，总而名之曰'众春园'。庶乎良辰佳节，太守得与吏民同一日之适，游览其间，以通乎圣时无事之乐，此其意也。后之人视园之废兴，其知为政者之用心焉。"

以上三文，一述公共园林、两说私家园林，即可判断各类园林建筑已经非常普遍。如果再往前追溯，北魏杨炫之的《洛阳伽蓝记》也有类似的记载。

北宋文学家李格非在其《洛阳名园记》中具体记述的洛阳私家园林共 19 座，其中宅园 6 座：富郑公园（宰相富弼）、环溪（园）、湖园、苗帅园（宰相王溥）、赵韩王园（韩王赵普）、大字寺园；与宅第分开的游憩园 10 座：董氏西园（工部侍郎董俨）、董氏东园、独乐园（司马光）、刘氏园、丛春园、松岛园、水北胡氏园、东园、紫金台张氏园、吕文穆园；以培植花卉为主的花园 3 座：天王院花园子、归仁园、李氏仁丰园。洛阳是北宋西京，私家园林当然绝不会仅有 19 座，司马光《题太原通判杨郎中（希元）新买水北园》中有："洛阳名园不胜纪，门巷相连如栉齿（zhǐ chǐ，梳篦的齿）。"其中特殊的有"天王院花园子"，其文曰："洛中花甚多种，而独名牡丹曰'花王'。凡园皆植牡丹，而独名此曰'花园子'，盖无他池亭，独有牡丹数十万本。皆城中赖花以生者，毕家于此。至花时，张幙帐，列市肆，管弦其中。城中士女绝烟火游之，过花时，则复为丘墟，破垣遗灶相望矣。今牡丹岁益滋，而姚黄魏紫一枝千钱。姚黄无卖者。"

南宋周密的《癸辛杂识·吴兴园圃》记述了吴兴（今湖州）的 36 座私家园林，其文辞较简，有在城内之宅园、独园，亦有别业园，另介绍郊外以奇石为主的风景区两处（详见上一节）。其他如：

"赵府三园（赵氏南园）在南城下，与其第（宅）相连。处势宽闲，气象宏大，后有射圃、崇楼之类，甚壮。"

"俞氏园，俞子清侍郎临湖门所居为之。俞氏自退翁四世皆未及年告老，各享高寿，晚年有园池之乐，盖吾乡衣冠之盛事也。假山之奇，甲于天下。"（另一段记述详见上一节）。

江南地区因气候和地理环境的关系，公共风景区园林也非常丰富，南宋范大成著《吴郡志·卷十四·亭园》（《吴郡志》又名《南宋平江府志》）记述在苏州风景区内有很多公共园林，如郡圃、北池、扶春池等：

"郡圃在州宅正北，前临池光亭，大池后抵齐云楼，城下甚广袤。案：唐有西园，旧木兰堂基正，在郡圃之西，其前隙地今为教场，俗呼'后设场'，疑即古西园之地。郡治旧有齐云、初阳，及东、西四楼；木兰堂东、西二亭；北轩、东斋等处。今复立者惟齐云西楼、东斋尔。余皆兵火后一时创立，非复能如旧闻。"

"北池又名'后池'，唐在木兰堂后。韦白常有歌咏《白公桧》，盖在池中。皮陆亦有《木兰后池》《白莲重台》《莲浮萍》三咏。今池乃在正堂之后，而木兰堂基正在其西后，无池迹，岂所谓木兰堂基者，非唐旧耶，或旧池更大，连木兰耶。本朝皇祐间，蒋堂守郡，乃增葺《池馆赋》《北池宴集诗》及《和梅挚北池十咏》。后十二年复守郡，遂作《北池赋》。按堂赋咏，池中有危桥、虚阁。今池皆不能容，则知承平时池更大矣。蒋堂《和梅挚北池十咏》：'池上有虚阁……池上有奇桧……池上有孤岛……池上有修竹……池上有垂柳烟……池上有丛菊……池上有时钓……池上有时宴……池上有鸧鹤……池上有驯鹿亭……'"

还有很多这类公共风景区园林是以某一座建筑为标志，如四照亭、秀野亭、光亭、颁春宣诏亭、池光亭、云章亭、逍遥阁、观德堂、双瑞堂等。

"双瑞堂，旧名'西斋'。绍兴十四年，郡守王（日夬）建。前有花石、小圃，便坐之佳处。绍熙元年，长洲有瑞麦四歧，及后池出双莲，郡守袁说友葺西斋，以'双瑞'名堂，以识嘉祥。"

江南临安（今杭州）各地有更多的公共风景区园林，据元初吴自牧的《梁梦录》描述，主要有西湖景区、下湖景区、钱塘江景区，还有各处的岭、山、岩、洞、溪、潭、涧、浦、池、溏、井、泉等各类大小景区。

西湖周围群山耸峙，疏浚整治后的湖水清澈明静，山色湖光奇妙无穷，有天下"绝景"之说。南宋时，张择端已把西湖胜景按四时特点归为十景，即"苏堤春晓""麴院荷风"（清改为"风荷"）、"平湖秋月""断桥残雪""柳浪闻莺""花港观鱼""雷峰夕照""两峰插云"（清改为"双峰"）"南屏晚钟""三潭映月"（现称"三潭印月"）。这十景，大体概括了西湖美景的主要内容。

下湖位于钱塘门外，其源出于西湖，一自玉壶水口流出，九曲，沿城一带，至余杭门外，分为不同的小湖。南宋潜说友撰《咸淳临安志·卷三十四·山川十三》载北宋初年著名隐逸诗人林逋（后人称"和靖先生"）的《上湖闲泛舣舟石函因过下湖小墅》曰："平皋望不极，云树远依依。及向扁舟泊，还寻下濑归。青山连石埭，春水入柴扉。多谢提壶鸟，留人到落晖。"佚名诗曰："三月平湖草欲齐，绿杨分映入长堤，田家起处乌龙鞯吠，酒客醒时谢豹啼。山槛正当莲叶渚，水塍新筑稻秧畦。人间漫说多歧路，咫尺神仙洞却迷。"

临安有名泉三十余处，多与泛宗教建筑园林相结合。《梦粱录·卷十一·井泉》载："泉者，以城外两赤县有冷泉、醴泉、温泉，并见武林山；玉泉，在钱塘九里松北净空院，齐末有灵悟大师云超开山说法，龙君来听，抚掌出泉，有小方池，深不及丈，水清澈可鉴，异鱼游泳其中，池侧立祠祀龙君，朝家封公爵，白乐天有诗云：'湛湛玉泉色，悠悠浮云身。闲心对定水，清净两无尘。手把青藜杖，头戴白纶巾。兴尽下山去，知我是谁人？'……灵泉，在寿星寺前，有亭。而广福院亦有之；金沙泉，在仁和永和乡，东坡诗有'细泉幽咽走金沙'之句……参寥泉……东坡以僧之名为泉名……白沙泉，在灵隐寺西普贤院方丈之西，其泉自白沙中出，有诗咏曰：'不见泉来穴，沙平落细声。夜高寒月漾，银汉大分明。'……安平泉，在仁和安仁西乡安隐院，有池，扁曰'安平'，泉池边有亭，东坡诗曰：'策杖徐徐步此山，拨云寻径兴飘然。凿开海眼知何代，种出菱花不记年。烹茗僧夸瓯泛雪，炼丹人化骨成仙。当年陆羽空收拾，遗却安平一片泉。'城内有瑞石泉，在料粮院北，瑞石山下。今太庙南有井亭青衣泉，在太庙后三茅观园内。武安泉，在皇城司营，水清甘，有石刻"武安泉"三字。俱按《咸淳志》所载而述之也。"

南宋时期临安私家园林和泛宗教建筑体系类园林等遍及城内外，与一些小型的皇家园林混布在一起，多以西湖为中心。《梦粱录·卷十九·园囿》载，有名号的私家园林与小型皇家御园约有五十座。如，以万松岭内王氏富览园、三茅观东山梅亭、庆寿庵褚家塘东琼华园、清湖北慈明殿园、杨府秀芳园、张氏北园等最为著名。内侍蒋苑使园林"亭台花木，最为富盛"。

各城门外皆有园，如涌金门外有张府泳泽园、慈明殿环碧园。"张府泳泽环碧园，旧名清晖园，大小渔庄，其余贵府内官沿堤大小园囿、水阁、凉亭，不计其数。"

另外，南山长桥西有庆乐御园（旧名南园）、净慈寺前屏山御园、云峰塔前张府真珠园、白莲寺园、霍家园、方家峪、刘园。庆乐御园有"十样亭榭，工巧无二"。真珠园内有高寒堂，华丽无比。

北山有集芳御园、四圣延祥观御园、下竺寺园。其中四圣延祥观御园"西湖胜地，唯此为最""湖山胜景独为冠""里湖内诸内侍园囿楼台森然，亭馆花木，艳色夺锦，白公竹阁，潇洒清爽。沿堤先贤堂、三贤堂、湖山堂、园林茂盛，妆点湖山。"

在中卷第九章中，笔者简略地介绍了北宋汴梁皇家御苑金明池每年定期向公众开放的情况。历史上很多私家园林向来也是有条件地对公众开放的，之前已经列举的实例中有很多如此。如，洛阳的"天王院花园子"就是一座为特定季节周期性临时构建的园林，实为牡丹种植基地，在花期时，"张幕幄，列市肆，管弦其中。"城中女子就是耽误了家中做饭也要一睹其芳容。又如《梦粱录·卷十九·园囿》载："内侍蒋苑使住宅侧筑一圃，亭台花木，最为富盛。每岁春月，放人游玩。堂宇内顿放买卖关扑（以商品为诱饵赌掷财物的博戏），并体内庭（笔者按：宫廷）规式，如龙船、闹竿、花篮、花工，用七宝珠翠，奇巧装结，花朵冠梳，并皆时样。官窑碗碟、历古玩具，辅列堂右，仿如关扑。歌叫之声，清婉可听，汤茶巧细。车儿排设，进呈之器，桃村杏馆酒帘，装成乡落之景，数亩之地，观者如市。"欧阳修《洛阳牡丹记·花品叙第一》载："魏家花者，千叶肉红花，出于魏相（仁溥）家。始樵者于寿安山中见之，斫以卖魏氏。魏氏池馆甚大，传者云：此花初出时，人有欲阅者，人税十数钱，乃得登舟渡池至花所，魏氏日收十数缗（mín，古代计量单位，一般为一串一千文铜钱）。"南宋张锐义的《贵耳集》载："独乐园，司马公居洛时建……有园丁吕直，性愚而鲠，公以'直'名之。夏月游人入园，微有所得，持十千白公，公麾之使去。后几日，自建一井亭，公问之直，以十千为对。复曰：'端明要作好人，在直如何不作好人。'"

这些私家园林有条件地对公众开放，除乐于炫耀、展示、分享外，或直接或些许有经济上的考虑。

我们还可以从几首宋诗词中得到私家园林对公众开放的信息。北宋诗人穆修写汴梁《贵侯园》："名园虽自属侯家，任客闲游到日斜。富贵位高无暇出，主人空看折来花。"邵雍的《洛下园池》："洛下园池不闭门，洞天休用别寻春。纵游只却输闲客，遍入何尝问主人。更小亭栏花自好，尽荒台榭景才真。虚名误了无涯事，未必虚名总到身。"韩琦的《寄题致政李太傅园亭》："洛下名园比比开，几何能得主人来。"

另外，以往所举那些描述私家园林的文学作品，绝大多数也并非园林主人所写，这也是私家园林会有条件地对外开放的间接证明。且这些私家园林"几何能得主人来"，说明对公众开放也并不会影响园主人的日常生活。

私家园林有条件地对公众开放的历史，可能是伴随着私家园林的产生就开始了，如《世说新语·简傲》中记载了东晋王献之未被邀请而游览位于苏中的顾辟疆园，并在园主人和众多宾客面前如入无人之境。既有各类园林大规模地建造与部分皇家、私家园林和泛宗教建筑体系类园林对公众有条件地开放，也必是与公众普遍的对园林的热爱和游园活动相因果。又如《东京梦华录·卷六·收灯都人出城探春》记载的社会大众的游园活动："收灯毕（笔者按：正月十五元宵灯节后），都人争先出城探春，州南则玉津园外学方池亭榭、玉仙观，转龙湾西去一丈佛园子、王太尉园，奉圣寺前孟景初园，四里桥望牛冈剑客庙。自转龙弯东去陈州门外，园馆尤多。州东宋门外快活林、勃脐陂、独乐冈、砚台、蜘蛛楼、麦家园，虹桥王家园，曹、宋门之间东御苑，乾明崇夏尼寺，州北李驸马园。州西新郑门大路，直过金明池西道者院，院前皆妓馆。以西宴宾楼有亭榭，曲折池塘秋千画舫，酒客税小舟，帐设游赏。相对祥祺观，直至板桥，有集贤楼、莲花楼，乃之官河东，陕西五路之别馆，寻常饯送，置酒于此。过板桥，有下松园、王太宰园、杏花冈。金明池角南去水虎翼巷，水磨下首蔡太师园。南洗马桥西巷内华严尼寺、王小姑酒店北金水河两浙尼寺、巴娄寺、养种园，四时花木，繁盛可观。南去药梁园、童太师园。南去铁佛寺、鸿福寺、东西柏榆树。州北模天坡、角桥至仓王庙、十八寿圣尼寺、孟四翁酒店。州西北元有庶人园，有创台、流杯亭榭数处，放人春赏。大抵都城左近，皆是园圃，百里之内，并无闲地。次第春容满野，暖律暄晴，万花争出，粉墙细柳，斜笼绮陌，香轮暖辗，芳草如茵，骏骑骄嘶，杏花如绣，莺啼芳树，燕舞晴空，红妆按乐于宝榭层楼，白面行歌近画桥流水，举目则秋千巧笑，触处则蹴鞠疏狂，寻芳选胜，花絮时坠，金樽折翠簪红，蜂蝶暗随归骑，于是相继清明节矣。"

"大抵都城左近，皆是园圃，百里之内，并无闲地"，可见城郊各类园林之普遍。其中的"剑客庙""仓王庙"属于祭祀类礼制建筑，可能会附带有园林（至晚在唐朝时期就已经出现了）。若对此类建筑是否会附带园林还有疑问，可参见《梦粱录·卷八》所载临安的景灵宫等："景灵宫在新庄桥，投北坐西，乃韩蕲王世忠原赐宅基，其子献于朝，改为宫。向中兴初，高庙（指宋高宗赵构）銮舆幸此，四孟朝献，俱于禁中行礼。绍兴年间，臣僚奏景灵宫以奉祖宗衣冠之所，即汉享庙也，今就便殿设位以飨，未副广孝之意，遂诏临安府同修内司相度，以蕲王（韩世忠）宅基，修盖宫庙。殿门扁曰'思成'，前为圣祖庙，宣祖至徽宗殿居中，东西廊俱图配飨功臣像于壁，元天圣后与昭宪太后而下诸后，殿居于后。朝家欲再广殿庑，刘氏余地，其子孙复献，遂增建前殿五楹，中殿七楹，后殿十七楹，自是斋殿、进膳、更衣、寝殿，次第俱备焉。咸淳年间，再命帅臣重修各殿，度庙亲洒扁目，自圣祖、宣祖、太祖至理庙十六殿……宫后有堂，自东斋殿西循庑而右，为大堂三，临池上，左右为明楼，旁有蟠桃亭，堂南为西斋殿，遇郊恭谢，设宴赐花于此；西有流杯堂、跨水堂、梅亭；北为四并堂，又有橘井修竹，四时花果亭宇，不能备载。"

又，东太乙宫："御前宫观，在杭城者六，湖边者三，多是潜邸改建琳宫，以奉元命，或奉感生帝，属内侍提举宫事……东太乙宫，在新庄桥南。原东都祠五福太乙神也。驻跸于此，以北隅择地建宫，以奉礼寺讨论，宜设位像。按十神者，曰'五福''君基''大游''小游''天一''地一''四神''臣基''民基''直符'。凡行五宫，四十五年一移，所临之地，岁稔无兵疫。绍兴间，命浙漕度地建宫，凡一百七十四区……崇真馆在宫南，有斋八：曰'观妙''潜心''泰定''集虚''颐真''集真''洞微''虚白'。馆有小圃，亭扁'武林'，山在宫后小坡，山乃杭之主山也。"

又，宗阳宫："宗阳宫在三圣庙桥东，以德寿宫地一半建宫，赐名以奉感生帝。盖此地前后环建王邸，又建庙毓圣之所，天瑞地符，益大彰显，诏两司相度建宫……有圃，建堂二，曰'志敬'，曰'清风'。亭扁曰'丹邱元圃'。亭之北凿石池，堂扁曰'垂福'，后曰'清境'。圃内四时奇花异木，修竹松桧甚盛。宫西有介真馆，堂曰大范、观复、观妙，斋曰会真、澄妙、常净，俱度庙奎藻。"

以泛宗教建筑附带的园林为大众游园活动的场所的历史，北魏杨炫之的《洛阳伽蓝记》中也有过相关记载。可以再举一则文献记载唐时期的情况，《南部新书·第四卷·南部新书丁》："长安三月十五日，两街看牡丹，奔走车马。慈恩寺元果院牡丹，先于诸牡丹半月开；太真院牡丹，后诸牡丹半月开。故裴兵部怜《白牡丹诗》，自题于佛殿东颊唇壁之上。太和中，（唐文宗李昂）车驾自夹城出芙蓉园，路幸此寺，见所题诗，吟玩久之，因令宫嫔讽念。及暮归大内，即此诗满六宫矣。其诗曰：'长安豪贵惜春残，争赏先开紫牡丹。别有玉杯承露冷，无人起就月中看。'兵部时任给事。"

我们再分析前引《东京梦华录》中记载的内容，郊外的园林类型中还有很多是酒楼等附带的，最典型的如"宴宾楼有亭榭，曲折池塘秋千画舫，酒客税小舟，帐设游赏。"这也就是笔者所总结的"楼邸园林"（酒楼客栈等附带的园林）。

《东京梦华录·卷七·清明节》载："都城人出郊……四野如市，往往就芳树之下，或园囿之间，罗列杯盘，互相劝酬。都城之歌儿舞女，遍满园亭，抵暮而归。"说明了当时大众游园活动已经非常普遍。

南宋朝廷偏安江左，社会各界对游园等活动的热情并没有因此减弱，如"商女不知亡国恨"社会风气的弘扬。《武林旧事·卷三·西湖游幸都人游赏》记载：

"西湖天下景，朝昏晴雨，四序总宜。杭人亦无时而不游，而春游特盛焉。承平时，头船如大绿、间绿、十样锦、百花、宝胜、明玉之类，何翅百余。其次则不计其数，皆华丽雅靓，夸奇竞好。而都人凡缔姻、赛社、会亲、送葬、经会、献神、仕宦、恩赏之经营、禁省台府之嘱托，贵珰要地，大贾豪民，买笑千金，呼卢百万，以至痴儿呆子，密约幽期，无不在焉。日糜金钱，靡有纪极。故杭谚有'销金锅儿'之号，此语不为过也。

都城自过收灯，贵游巨室，皆争先出郊，谓之'探春'，至禁烟为最盛。龙舟十余，彩旗叠鼓，交舞曼衍，粲如织锦。内有曾经宣唤者，则锦衣花帽，以自别于众。京尹为立赏格，竞渡争标。内珰贵客，赏犒无算。都人士女，两堤骈集，几于无置足地。水面画楫，栉比如鱼鳞，亦无行舟之路，歌欢箫鼓之声，振动远近，其盛可以想见。若游之次第，则先南而后北，至午则尽入西泠桥里湖，其外几无一舸矣。弁阳老人有词云：'看画船尽入西泠，闲却半湖春色。'盖纪实也。既而小泊断桥，千舫骈聚，歌管喧奏，粉黛罗列，最为繁盛。桥上少年郎，竞纵纸鸢，以相勾引，相牵剪截，以线绝者为负，此虽小技，亦有专门。爆仗起轮走线之戏，多设于此，至花影暗而月华生始渐散去。绛纱笼烛，车马争门，日以为常。张武子诗云：'帖帖平湖印晚天，踏歌游女锦相牵。'宋刻《游赏》：'都城半掩人争路，犹有胡琴落后船。'最能状此景。茂陵在御，略无游幸之事，离宫别馆，不复增修。黄洪诗云：'龙舟太半没西湖，此是先皇节俭图。三十六年安静里，棹歌一曲在康衢。'理宗时亦尝制一舟，悉用香楠木抢金为之，亦极华侈，然终于不用。至景定间，周汉国公主得旨，偕驸马都尉杨镇泛湖，一时文物亦盛，仿佛承平之旧，倾城纵观，都人为之罢市。"

从本节以上内容的介绍来看，私家园林、公共（风景区）园林、泛宗教建筑体系园林等，可能从两汉至两宋时期越发普遍，在北宋时期还产生了楼邸园林。这也充分说明了与传统园林相关的最多的文化属于世俗文化，其中还包括社会风气普遍麻木的苟安奢靡。在南宋时期，杭州西湖地区已经成为"销金锅"的社会现实，也有人看到了其背后隐藏的重大社会危机。《宋史·儒林传》载南宋文人陈亮（虽状元及第但未及至官而逝）向皇帝奏折进言说：

"……夫吴、蜀天地之偏气，钱塘又吴之一隅。当唐之衰，钱镠以闾巷之雄，起王其地，自以不能独立，常朝事中国以为重。及我宋受命，祎尽以其家入京师，而自献其土。故钱塘终始五代，被兵最少，而二百年之间，人物日以繁盛，遂甲于东南。及建炎、绍兴之间，为岳飞所驻之地，当时论者，固已疑其不足以张形势而事恢复矣。秦桧又从而备百司庶府，以讲礼乐于其中，其风俗固已华靡，士大夫又从而治园囿台榭，以乐其生于干戈之余，上下晏安，而钱塘为乐国矣。一隅之地，本不足以容万乘，而镇压且五十年，山川之气盖亦发泄而无余矣。故谷粟、桑麻、丝枲之利，岁耗于一岁，禽兽、鱼鳖、草木之生，日微于一日，而上下不以为异也。公卿将相，大抵多江、浙、闽、蜀之人，而人才亦日以凡下，场屋之士（笔者按：指粗陋之人）以十万数，而文墨小异，已足以称雄于其间矣。陛下据钱塘已耗之气，用闽、浙日衰之士，而欲鼓东南习安脆弱之众，北向以争中原，臣是以知其难也。"

　　总结本节内容，自私家园林兴起，文人士大夫即以此作为标榜"烟霞之侣""林泉之志"等象征，直至发展到在两宋理学家眼中的"格物致知"，体味宇宙天地之精妙与人生理想之和谐之媒介的高度。但在现实的社会生活中，当社会政治环境与物质财富等，与风俗习惯等文化因素、社会风气等价值取向达到某种契合与平衡之后，私家园林建筑体系也就暴露与凸显了其原本作为物质生活享受载体的根本目的，从而使其他一切"崇高"之意义几近烟消云散，这也是私家园林建筑体系世俗生活化的表象与本质。这一历史现实从私家园林的产生便开始了，至两宋时期达到极致，也就是"其风俗固已华靡，士大夫又从而治园圃台榭，以乐其生于干戈之余，上下晏安，而钱塘为乐国矣。"请注意，这句话不是笔者本人作为后来的研究者主观的臆想，而是生活在那个时代之人真实的总结。

　　至此，中国传统园林建筑体系的营造技艺与文化精神构建几乎全部完成，之后的发展或为在此时间节点之后的自然延续，也有些许的回光返照。

第十三章 元明清时期私家园林建筑体系

第一节 古代社会晚期的社会文化与
私家园林建筑体系

元明清时期是中国古代社会发展的后期阶段，为了彻底阐明元明清时期私家园林建筑体系诸方面的内容特点等，我们有必要对之前朝代的社会文化思潮进行简单的总结。

如果从社会文化方面分析，我们不妨把时间上移至两汉时期。在中国传统哲学理论体系中，西汉董仲舒的理论是正统儒家理论的发展与总结，核心的内容是包含了"天人合一""天人之际""天人感应"等一套完整的有关宇宙万物与道德的理论体系。在这套理论体系中，宇宙的结构和其中的一切都是以（天）神来主宰，（天）神之下有人君，人君之下有百官和庶民，庶民之下是动植物和其他万物。从狭义上讲，人君就是处于"天人之际"的交点位置；从广义上讲，宇宙的一切又都笼罩在"天人之际"中。在古人看来，（天）神或曰上帝以及"天人之际"规律存在的证据，就是"天人感应"所显现的内容，如天象等。其中处于狭义的"天人之际"交点的"人君"，既"代天而治"，又必须行"德政"，同时也必然具有特殊的权力与地位。这种认识比更早的"绝地天通"理论有所进步。这一套理论在两汉时期又构成了"经学"或曰"名教"中的核心内容，也就是一套由（天）神主导的、由人君代言并治理的、有秩序等级的宇宙和社会体系理论。西汉末年，以及从东汉末至魏晋南北朝时期，社会反复出现"礼崩乐坏"，在社会动荡以及社会普遍的对实际利益追逐面前，"经学"已经显得苍白无力。致使玄学在魏晋南北朝时期兴起，倡导者多以立言与行事的玄远旷达为特征。所谓"玄远"，就是远离具体事物，专门讨论"超言绝象"的本体论问题。玄学在本质上是在汉代"经学"（儒学）衰落的前提下，由道家思想、黄老之学演变发展而来的。因此玄学是以老庄的思想为骨架，从两汉烦琐的经学解放出来，企图调和"自然"与"经学"的一种特定的哲学思潮，用思辨的方法讨论关于天地万物存在的根据的问题，也就是说以一种远离"事物"与"事务"的形式，来讨论事物存在根据的本体论形而上学的问题。它也是中国哲学史上第一次企图使中国哲学在老庄思想基础上，建构把儒、道两大家结合起来极有意义的哲学尝试。

实际上其中也包含了在某种程度上否定"人君"之特权的"天然"的合理性与合法性的企图，也间接地、小心翼翼地怀疑（天）神即上帝的存在。但这种怀疑始终无法抗拒强大的"经学"理论，因为无论是谁走上了"人君"的位置，无疑也都需要"经学"理论的护佑。"经学"与"玄学"成为了因社会地位的不同而选择的哲学或神学。因此，这一时期的非集权核心者的某些私家园林建筑体系，在文化上，便借助于玄学思想与行为而"发扬光大"了。

从两汉至魏晋南北朝时期，除皇亲国戚外，具有门阀士族和文人士大夫双重身份为业主的私家园林建筑体系普遍兴起（或因为文献记载开始增多），这类私家园林，或以农村庄园为依托，或以各类风景区为依托，或是直接建在城市之内。在前两者中，部分特点可以合二为一。总体来讲，它们规模不一（差别很大），形态又各异。但某些拥有者，以所谓"玄学思想"为依据，本质上是在得到实际物质享受的同时，又以"林泉之志""烟霞之侣"为标榜。另外，至晚从西汉时期开始，中国传统园林建筑体系的基本造园手法就已经成熟、完备。具体手法、形式和实际效果等，主要因规模的不同而不同，因建筑形式（发展）的不同而不同，因建造环境的不同而不同（如山林地带与平原地区的不同等）。在魏晋南北朝时期，平原地带的皇家园林，依然有以抽象的"山"即各类高台建筑等为主要"控制性园林要素内容"，而对于绝大多数私家园林来讲，根本就没有能力建造高台建筑等，局部的堆山叠石等也是唯一的选择，因此也就可与"林泉之志""烟霞之侣"等标榜互为佐证。因为真正的"林泉之志""烟霞之侣"等，并不是那些门阀和文人士大夫等愿意付出的代价。

在隋唐之际，道教和佛教自两汉交界时期以来已经有了很大的发展，成为社会文化的重要组成部分，"三教合一"也逐渐成为以文人士大夫为代表的社会思想认识的共识。这种共识，是在无法撼动"经学"思想前提条件下有限的思想的解放与自由，即人文思想的觉醒。所谓"有限"，就是限于"经学"维护的专制统治思想与行为下的适当调和或相安无事。当然，深入人心的主要是道家思想（非道教的主要内容）与禅宗思想，因为这两种思想与"宗教"的思想及行为大多是相反的，不然从一种"桎梏"走向另一种"桎梏"也是毫无意义的。以至在中唐以后，很多文人士大夫开始否认、讥笑那些遵守旧道德而安贫乐道的"迂腐者"，如颜回等；也否认、讥笑那些向往自由但同样迂腐到不会变通者，如陶渊明等。这类思想的蔓延，更说明了正统的"经学"之宇宙、伦理、道德的理论体系，包括现实的以皇帝为核心的极权统治政治等，已经与文人士大夫有限的作为人的自觉意识与行为等达成了默契。因此文人士大夫才会有"仕与不仕"的思想与行为的变通，人生也可以变成游戏。他们拥有的私家园林等，更可以尽情地以"林泉之志""烟霞之侣"等为"标榜"。

从隋唐之际开始，门阀士族逐渐走下历史舞台，皇亲国戚、地主富商、文人士大夫拥有的私家园林呈并举之势，且城市之中的私家园林以小型化为主，并在以后逐渐发展为私家园林建筑体系的主要形式。因规模受限，园林中重要的要素内容之"山"与"水"，不得不采用写意手法的"小"去表达所象征的"大"，营造所谓"写意山水园林"，同时以较大且独立的置石等作为"山"之象征成为一种时尚。与之对应而产生的美学思想和具体手法等，又因释、道的不断融入而得以强化。

经历过五代时期再一次"礼崩乐坏"的两宋时期的某些文人士大夫，在总结传统哲学思想的基础上发展出了理学，也终于找到了属于自己的心灵家园。从内容上讲，理学的理论体系并非完整统一，各家纷说，又以程颢、程颐的理学体系为主线，包括天理论、人性论和修养论三个方面内容。他们在周敦颐提出的太极、理、气、性、命的基本命题的基础上，再以理、气、道的关系为基础，把"天理"提升为宇宙本体，把全部学说都建立在"天理"的基础上。认为万物都有各自的"理"，而宇宙万物又有一个共同的"理"，这个"理"便是宇宙的总根源，它无穷无尽、无始无终，不为尧存、不为桀亡。"理"不仅是自然界的本源和主宰，而且本身就具有伦理道德的属性，是社会伦理道德规范的总和。因此在人性论方面，他们提出"性即理"，内容包括性与理、气、才的关系，以及论仁等几个方面。在修养论方面，强调首先要"定性"，也就是认识和体现自己的本心和本性，通过"定性"达到的是"廓然大公""物来顺应"的"仁"的境界。达到这一境界后，还要加以存养，以保持这种心态，故而提出"主敬"，特别要以"格物致知"来作为探讨追寻"理"的方法（"穷理"），最终达到"仁者浑然与物同体"。二程理学的思想核心，就是弘扬孔孟儒学的精神，强调道德原则对个人社会的意义，注重内心和精神修养。朱熹发展了"二程"关于理、气关系的学说，集理学之大成，建立了一套完整的理学体系。他认为宇宙万物都是由理、气两个方面构成的，气是构成一切事物的材料，理是事物的本质和规律，理在先，气在后。在现实世界中，理、气相依，天下未有无理之气，亦未有无气之理。他还特别强调"天理"和"人欲"的对立，要求人们放弃"私欲"，服从"天理"。

两宋理学发展的社会意义在于重拾社会道德。一方面，把老子的哲学理论加以深化，构建了一个"不为尧存、不为桀亡"的看似客观的宇宙结构体系，并且宏观的"天人之际"无处不在，似乎不再需要"人君"作为中介，每个人都可以考察与融入"天人之际"。同时，人包括社会道德和个人修养等，也是这个"天人之际"的一部分，因此遵守社会道德等不需要"人君"的示范（历史上这种"示范"往往是反面大），但需要克服自身的欲念，也就是"存天理，灭人欲"。矛盾的是，即便是两宋理学集大成者朱熹，实际上也并没有否定传统"经学"的意义，甚至在礼制文化理论方面，他也堪称为中国古代社会后期唯一的"大家"。例如，他对礼制文化中"天"与"帝"之关系的解释，既精准又成为之后礼制文化实践依据的经典结论（参见拙作《礼制建筑体系文化艺术史论》）。两宋理学虽然重构了儒家也是文人士大夫主体的道德标准，但从社会现实来看，这类道德标准并无法约束住整个社会的"人欲"。两宋时期的私家园林与理学观念间些许的关联，在世俗普遍的欲望中就显得微不足道了，并且私家园林的普遍性和世俗性，已经无法再用任何语言的"标榜"去掩盖了。

因此至两宋时期，一方面，某些文人士大夫以理学思想为基础，更加深入地阐释了造园美学思想，甚至是具体手法等，强化了借助"壶中天地""芥子纳须弥"的私家园林，以表达这些文人士大夫也可独立地遨游于"天人之际"的人生理想；另一方面，在有一定的经济基础的社会经济阶层之中，私家园林已经普遍化、世俗生活化。例如大众的游园活动等，也早已成为城市世俗生活中重要的内容之一。这既得益于自隋唐以来的，以科举制度为代表的社会变革所带来的社会相对公平与公正，社会大众文化水平得到普遍提高（有重文轻武的因素），社会经济快速发展等；又有在普遍的社会文化中，以及时行乐为主要社会风气等原因。

到了元明清时期，私家园林直接秉承两宋，但也几乎再无理论或曰美学方面新的创建的支撑，并表现为更加倾向于世俗生活化。例如，明朝时期还出现了一位理学大家王阳明，他继承的是陆九渊的理学即"心学"，并发扬光大。他强调"致良知"及"知行合一"，肯定人的主体性地位。其弟子王艮更进一步地强化这方面的论述，提出"百姓日用即道"。而李贽则更肯定"人欲"的价值，认为人的道德观念系源自对日常生活的需求，表现追求个体价值的思想。他批判重农抑商，倡导功利价值，符合明中后期资本主义萌芽的社会现实。那么，在明朝理学可以大谈"人欲"价值的社会环境下，与"私家园林"相关的一切"标榜"，就几乎属于纯粹的"痴人说梦"了。

元明清时期的私家园林，在具体的营造过程中，也只有秉持早已成熟的美学标准与样本等。一方面，这一时期的私家园林与追求思想境界绝对自由之隐逸文化更难扯上什么关联了。例如，若简单地以归隐者数量与品性等作为社会隐逸文化之标志，那么自《元史》及之后的官方史书中记载的隐逸之士，相比之前已经少之又少。以至到了明朝中叶及以后，归隐之"山人"（明清时期隐者之自称）已经完全世俗化了，即"古岩泽有宰相，今市井皆山人"（注1）。他们虽以隐士自命，但大多既不山居泽处，也不以隐忍含弘为志。而是纵适游讨，"挟诗卷，携竿牍，遨游缙绅"（注2）

间博取声名利禄。甚至有的堕落为"有倚门断袖所不逮者，宜仕绅溺之不悔也"（注3）的地步。有这样普遍的世俗之风尚，若还以"林泉之志""烟霞之侣"标榜私家园林之属性，就恐更难成立了。例如，在明清时期的吴地，文人们渐受商业文化的浸染，更不屑如传说中的隐士那样隐居山林甚至是田庄，而是依附和依赖于城镇、流连于市井，以交游唱和、箫歌玉宴、"得从文酒之乐"为幸事，将"治园亭，杂莳花木"作为高雅、闲适的文化活动。以致"闾阎辐辏，绰楔林丛（笔者按：两句意为"建筑密集，牌楼林立"），城隅濠股，亭馆布列，略无隙地。舆马丛盖，壶觞攒盒，交驰于通衢水巷中，光彩耀目，游山之舫，载妓之舟，鱼贯于绿波朱阁之间，丝竹讴歌与市声相杂。"（注4）请谨记，这是明朝的王琦亲历的记载与评论，实在看不出有一点文人士大夫向来自我标榜的、为现代研究者所津津乐道地颂扬的"林泉之志""烟霞之侣"了。比王琦稍早的元末文人杨维桢就断言："贫贱易屈，富贵易淫。故大隐在关市，不在壑与林。"（注5）再如，清朝时期的扬州私家园林多为两淮盐商所建，除自身享受的目的外，多有祈盼皇帝游幸、赐额以争宠的目的，也就是有着明确的商业利益的考量。

北京作为元、明、清三朝的首都，私家园林多为权贵所建，规模和数量不输于江南。文人士大夫等作为"京官"，游观宴乐和诗赋觞咏等是不可或缺的社会交际，及生活中的重要内容。当然，雅居情韵同样也是这些社会文化精英阶层不可或缺的生活内容。而主要与宅第相依附的私家园林等，正是这类生活最适宜的空间载体。

不同类型业主的私家园林基本上同质化，其形式上的区别同样主要表现为因地域的不同而不同、因财力的不同而不同、因修养的不同而不同。并因自隋唐开始，江南地区的经济发展水平普遍高于北方，又有自然条件的优势、便利，因此至今遗留下来的私家园林是以江南地区明清时期的私家园林等为主要代表。具体实例有苏州的拙政园、留园、网师园、环秀山庄、沧浪亭、怡园、狮子林、耦园、艺圃、退思园（位于江苏吴江同里镇东溪街），无锡的寄畅园，扬州的寄啸山庄（何园）、个园、片石山房（1989年修复），南京的瞻园，上海的豫园、秋霞圃和浙江南浔的小莲庄等。

作为古代社会最后三朝古都的北京地区的私家园林，在风格上或曰效仿江南私家园林，或曰私家园林也只有如此。只是由于各种原因，如自清末特别是1949年以后，因人口迅速汇集、膨胀，使得北京市绝大部分的私宅都演变成了"大杂院"，城市建设和改造的步伐与力度又远远超过国内其他城市，也有很多带有园林的宅第出于安保等的考虑，增建了很多其他内容，那么拥有"空地"最多的园林部分，便首当其冲地遭到了严重破坏，因此能够遗留至今的私家园林非常有限。

为了较立体地展现上述部分地区私家园林的全貌，在以下每一小节中，略述在前面章节中已经出现过的以往历史时期的造园情况。

注1：（明）董斯张《吹景集·卷一·朝玄阁杂语四十则》

注2：（清）钱谦益《列朝诗集小传·丁集上·吴山人扩》

注3：（明）沈德符《万历野获编·卷二十三·山人》之《山人愚妄》："先达如李本宁、冯开之两先生，俱喜与山人交，其仕之屡踬，颇亦由此。余尝私问两公曰：'先生之才高出此曹万万倍，何赖于彼而惑暱之？'则曰：'此辈以文墨糊口四方，非奖借游扬，则立槁死矣。稍与周旋，俾得自振，亦菩萨普度法也。'两公语大都皆如此。余心知其非诚言，然不敢深诘。近日与马仲良交最狎，其座中山人每盈席，余始细叩之，且述李、冯二公语果确否，仲良曰：'亦有之。但其爱怜，亦有因，此辈率多儇巧，善迎意旨，其体善承，有倚门断袖所不逮者，宜仕绅溺之不悔也。'然则弇州讥其骂坐，反为所欺矣。"

注4：（明）王琦《寓圃杂记·卷五·吴中近年之盛》

注5：（元末）杨维桢撰《铁崖乐府·卷六·金处士歌》

第二节　扬州地区的私家园林建筑体系

扬州虽位于长江之北，但邻近长江，周围江河城关重叠，地处四通八达之要冲。南朝鲍照的《芜城赋》说，西汉吴王刘濞在此建都的全盛之时，街市车轴互相撞击，行人摩肩（此描述疑似模拟《史记·苏秦列传》等记述齐国临淄城的情景），里坊密布，歌唱吹奏之声喧腾沸天。吴王靠开发盐田繁殖财货，开采铜山获利致富，使广陵（即扬州）人力雄厚，兵马装备精良。所以能超过秦代的法度，逾越周代的规定。筑高墙，挖深沟，图谋国运长久和美好的天命。刘濞在此建有豪华的宫苑，"藻扃（jiong）黼（fǔ）帐（彩绘的门户、绣花的床帐），歌堂舞阁之甚；璇渊碧树，弋林钓渚之馆。"南北朝时期，刘宋的秘书监徐湛之在"吴王钓台"之侧建有规模较大的私家园林。

隋朝大业年间，隋炀帝以余杭为南端目的地开通了大运河，江都（即扬州）位于长江与大运河的交汇处，成为南北商品的集散地。隋炀帝在扬州大兴土木，顺应蜀冈周围的自然山水形势兴建"长阜苑"，内有归雁、回流、九里、松林、枫林、大雷、小雷、春节、九华和光汾十宫。同时，又把扬州城北迤西数十里辟为禁苑，范围包括西汉吴王的钓台、刘宋徐湛之的园林及戏马台、凤凰楼等，一直延续到甘泉山。一路水光山色，楼台殿阁，相互辉映，苑中有众多奇花、异草、珍禽、宝兽。

苑西北还有"萤苑"，秋夜出游，聚萤放之，灿若星光。

唐朝时期，扬州著名的私家园林有青园桥裴湛家的"樱桃园"、今南门城外的"席氏园"，文学作品中间接描述过的还有"赫氏园（林亭）"等。

两宋时期，扬州公共风景区园林与私家园林均渐多。南宋晚期权相贾似道镇守扬州时，在州宅之东建"郡圃"，利用山水形势，因山为亭、观，因势为回廊、曲径，因水为桥、长堤、雕栏，极尽自然之美（两宋时期"郡圃""郡圃"在各地均比较普遍）。欧阳修任太守时，在蜀冈上建"平山堂"，"取江南诸山，如同到此堂下，拱揖槛前，若可攀跻。"（注1）见于文学作品的扬州私家园林有太守郑兴裔的"蠹云亭"、殿前司亲卫军殿帅郭杲的"羽挥亭"、满泾的"申申亭"、陶谷建的"秋声馆"，还有"朱氏园""丽芳园""壶春园"等。

元朝时期，扬州著名的园林有"路学（地方官学）采芹亭""瓜洲江风山月亭"，以及"明月楼""瞻云楼""居竹轩""平野轩"，还有文人崔伯亨家的园林。

明朝时期，扬州名园迭出，著名的有"皆春堂""江淮胜概楼""竹西草堂""康山草堂""行台西圃""学廨（地方官学）首蓿园""荣园""小车园""偕乐园"，还有大盐商郑氏家族的"休园"（郑侠如）、"影园"（郑元勋）、"嘉树园"（郑元化）等。其中以大盐商兼诗人郑侠如营造的"休园"规模较大，占地五十余亩，内容多至十数景，成为明朝扬州园林的代表作。这些园林除竹西草堂远在城东北三里外，其余全在城垣内外的边缘。如"休园"在新城流水桥畔，"影园"在旧城外西南隅河中长屿上，"康山草堂"在新城东南一隅，"偕乐园"在新城广储门外对河。

至清初时期，两淮盐产量在全国最高，行销范围最广，扬州盐商与广东行商、山西票商构成当时中国三大商业资本集团。因有雄厚的资本为基础，大小私家园林遍布扬州城内外各地。扬州府仪征谢溶生为李斗于乾隆六十年出版的《扬州画舫录》作序云："增假山而作陇，家家住青翠城闉（yīn，瓮城的城门）；开止水以为渠，处处是烟波楼阁。"书中引山东进士刘大关言："杭州以湖山胜，苏州以市肆胜，扬州以园林胜，三者鼎峙，不可轩轾（笔者按：整句意为"不分高下"）。"又载："郡城以园胜。康熙间有八家花园，王洗'马园'即今舍利庵，'卞园''员园'在今小金山后方'家园田'内，'贺园'即今'莲性寺东园'，'冶春园'即今'冶春诗社'，'南园'即今'九峰园'，'郑御史园'即今'影园'，'条园'即今'三贤祠'。《梦香词》云：'八座名园如画卷'是也。'卞园'传有王文简联云：'梅花岭畔三山月，宵市桥头一草堂。'"从它们的分布来看，"东园"在瘦西湖南莲性寺偏东，"卞园"与"员园"在保障湖偏北小金山后，其余的也均在瘦西湖四周。

乾隆时期，两淮盐商更是穷尽财力建造园林，祈盼皇帝游幸，赐额以争宠，扬州园林盛极一时。湖上园林，罗列两岸，城市园林，遍布街巷，大小共达两百座左右，其中以瘦西湖水道两岸的湖上园林最盛。

"瘦西湖"原名"保障湖"，由隋、唐、五代、宋、元、明、清不同时代的护城河连缀而成。乾隆十八年（公元1753年）时，瘦西湖"长河如绳，阔不过二丈许"。后来由盐商出资疏浚，又依河流土阜的微地形，随形置景，安排了一座座私家园林，构成了一个游程曲折、水折景换、亭榭与水树交相辉映、仪态万千的湖上胜境。钱塘诗人汪沆《咏保障河》云："垂杨不断接残芜，雁齿虹桥俨画图。也是销金一锅子，故应唤作瘦西湖。"其中"销金锅"一词，之前曾见于《武林旧事·西湖游幸》描写南宋时期杭州西湖风景区的情景，比喻满足奢靡生活的高消费场所。乾隆南巡时，湖上园林从城东三里尚方寺的"竹西芳"起，一直沿河向西延伸到蜀冈中峰大明寺的"西园"。另由大虹桥向南，延伸到城南古渡桥附近的"九峰园"，共大小园林六十余座。尤其是从北门城外的"城湮清梵"到蜀冈脚下的"平山堂坞"，"两岸花柳全依水，一路楼台直到山。"（注2）。

清朝时期，皇家在扬州也建有行宫，一为南郊三汊河的"塔湾行宫"，另一为城北天宁寺外的"天宁寺行宫"。扬州私家园林可能也受皇家行宫风格的某些影响，因此既有江南私家园林明媚秀丽、柔美轻盈的特点，又糅合了北方园林雄伟庄重的特征。清秀中见刚健，清新中见古朴。因此既有堂庑亭台的高敞挺拔，又有花墙锦窗的玲珑剔透，而假山叠石沉厚苍古。《扬州画舫录》称："扬州以名园胜，名园以叠石胜。"

从道光十年（公元1830年）起，两江总督陶澍因多年的积弊进行了盐制改革，又经鸦片战争和太平天国战争，扬州私家园林大部分荒废，或焚毁，或拆卖，由盛而衰。太平天国战争结束后，两淮盐业死而复生，官僚和盐商又开始纷纷造园，但建造的中心已经转向苏州，此时在扬州建造的私家园林已远不能与盛时相比。至民国时期也有兴建，后期仅剩下残破的六十余处。"大跃进"和"文化大革命"时期，私家园林又一次被大量地破坏，现存私家园林有"个园""寄啸山庄（何园）""片石山房（新修复）""小盘谷"。不甚完整且规模较小的有"汪氏小苑""卢绍绪住宅及意园""贾颂平住宅及二分明月楼""刘庄""平园""魏园""华氏园""壶园""街南书屋""平山堂西园"等。另有经整治但基本以自然景观为主的瘦西湖。

1. 扬州个园

个园位于扬州东北隅，盐阜东路10号。全园分为中部园林区、南部住宅区、北部种竹区三部分，占地约24000平方米，为全国重点文物保护单位。

个园为清嘉庆、道光年间两淮盐总商黄至筠（又名"黄应泰"，字"韵芬"，又字"个园"）在原明朝"寿芝园"旧址上兴建而成。吏部右侍郎刘凤诰所撰《个园记》载："园内池馆清幽，水木明瑟，并种竹万竿，故曰'个园'。"（注3）盖因竹叶形状很像"个"字。传称个园取苏东坡"宁可食无肉，不可居无竹；无肉令人瘦，无竹令人俗"诗意，无可考（图13-1）。

目前的园门开设在北部，入园门后就直接进入北部新开发的种竹区。此区域开敞空旷，但园林要素内容之间缺少有机的联系，鲜有私家园林建筑体系的基本特征。中部传统园区主要以四季假山的堆叠精巧而著名，以表达郭熙的《林泉高致·山水训》中"春山澹冶而如笑，夏山苍翠而如滴，秋山明净而如妆，冬山惨淡而如睡"的意境。

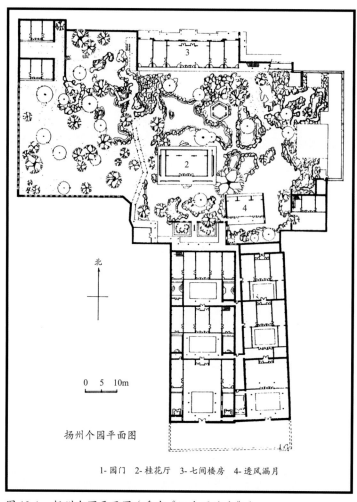

0 5 10m

扬州个园平面图

1- 园门 2- 桂花厅 3- 七间楼房 4- 透风漏月

图 13-1　扬州个园平面图（采自《江南园林志》）

以石笋为"春山"，湖石叠"夏山"，黄石垒"秋山"，宣石堆"冬山"。夏山和秋山内洞府幽深。

若从南部住宅区北进个园，在由东、南、西三面游廊与北面粉墙所构成的天井中，于粉墙月洞门两侧散置石笋，配以疏竹。以石笋象征"雨后春笋"破土而出来表示"春山"。稍前又有十二生肖之山石，皆在似与不似之间，与整个"春山"如竹林相映成趣。月洞门即为个园南面入口，额上有"个园"砖雕（图 13-2）。

入园门后又出现一小空间，北为"桂花厅"（又名"宜雨轩"），作"四面厅"的形式，东、南、西三面有外廊；东北为"透风漏月"小厅；西北无遮，绕过宜雨轩，一大院豁然开朗（图 13-3）。宜雨轩之北有水池，池东南临池有"清漪亭"，原池西有"鸳鸯"两舫，现已无存，小池之西还有两个更小的水池。西院北有七开间两层的"壶天自春"长楼（图 13-4）。

"壶天自春"楼前面偏西有一座六七米高的太湖石叠山，即为"夏山"，与西南的小水池结合紧密，有低矮曲折的石梁可通山内石洞。入洞便觉得藕荷香飘，苍翠生凉。夏山上有"鹤亭"（图 13-5、图 13-6）。

"壶天自春"楼前面偏东，即为"秋山"，用黄石堆叠而成。山势巍峨，峰峦起伏，又见古柏斜伸，红枫遍植，枝叶繁茂。山体内部又有多处空间复杂的洞隧，最宽阔处有石桌。"秋山"相传为清画家石涛杰作，是个园叠山艺术的代表作，具有北方园林叠石雄奇瑰丽的色彩（图 13-7 ～图 13-13）。

图 13-2　扬州个园春山

图 13-3　扬州个园桂花厅

图 13-4　扬州个园壶天自春楼与清漪亭

图 13-5　扬州个园夏山 1

图 13-6　扬州个园夏山 2

图 13-7　扬州个园秋山内部 1

图 13-8　扬州个园秋山内部 2

图 13-9 扬州个园秋山内部 3

图 13-10 扬州个园壶天自春楼二层出口接秋山

图 13-11　扬州个园从壶天自春二层俯瞰秋山局部 1

图 13-12　扬州个园从壶天自春二层俯瞰秋山局部 2

图 13-13　扬州个园秋山局部

步下秋山，往过"透风漏月"小厅，厅南迎面是一组由白色宣石堆叠而成的"冬山"。因宣石内含石英，迎光则闪闪发亮，背光则耀耀放白，南面又有一堵粉白围墙相衬，因此山脉、山顶偶有"积雪"之感（图 13-14、图 13-15）。

自"透风漏月"前廊西面小门出，正与入园处粉墙侧门相对，由此出园，又回到入园前的小庭院中。因此，若从南面入园，之后按顺时针方向游览，最后回到入园前的小庭院中，便可依照春、夏、秋、冬的顺序欣赏四山。

图 13-14　扬州个园冬山 1

图 13-15　扬州个园冬山 2

2. 扬州寄啸山庄（含片石山房）

寄啸山庄又名"何园"，坐落于扬州市徐凝门街花园巷。目前全园由东园、西园、园居院落和"片石山房"四个部分组成，以两层串楼和"复道"（两层走廊）与前面的住宅连成一体。占地 14000 余平方米，为全国重点文物保护单位（图 13-16）。

寄啸山庄为光绪年间道台何芷舠所建宅园，园名取自陶渊明"归去来兮……依南窗以寄傲，登东皋以舒啸，临清流而赋诗"之意。又因是何宅的后花园，故而又称"何园"。

从北门入园过一段夹道左转为东部园区，以一四面"船厅"建筑为主景，南向

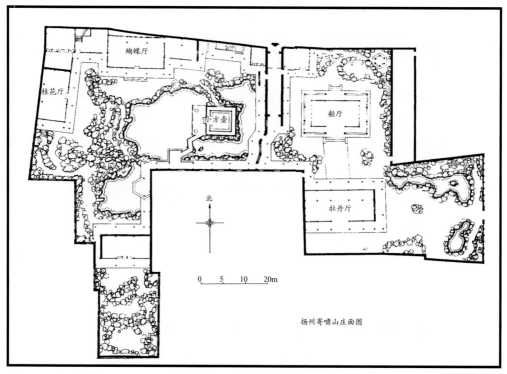

图 13-16　扬州寄啸山庄平面图（采自《江南园林志》）

的明间廊柱上悬有木刻联句"月作主人梅作客，花为四壁船为家"；厅之南有名为"牡丹厅"的五间厅堂，三面有廊；厅之东、北有假山叠石贴墙而筑，参差蜿蜒，妙趣横生。东北角有一六角小亭，背倚粉墙；西有石阶婉转通往东、西园之间的复道楼廊，中有"伴月台"（图 13-17 ～图 13-19）。

　　从北门入园过一段夹道右转为西部园区，西园空间开阔，中央有一湖池，楼厅廊房环池而建。池北之楼宽七开间，中楼的三间稍突，两侧的两间稍敛，屋顶也高低错。屋角微翘，形若蝴蝶，故而俗称"蝴蝶厅"；楼旁与"复道廊"相连，并与假山贯串分隔，廊壁间有漏窗可互见两面的景色。池东有石桥，与水心亭"小方壶"贯通，亭南曲桥抚波，与平台相连，是纳凉之所，小方壶同时也是表演戏曲的舞台。此池与亭的主题也是参照"一池三山"（海上神山有：岱屿、员峤、方壶、瀛洲、蓬莱）。池西一组叠山逶迤向南，峰峦叠嶂，后有三开间的"桂花厅"，有黄石叠山夹道，古木掩映，野趣横生；池西的复道廊南有一幢三开间的两层小楼，独占小院的一角，楼前山石峻峨，清静幽雅。以自然叠石蹬道可上楼，转入曲折、错落的复道。同时，这里也是与住宅连接的出入口，可由此进入后宅内的复道中（图 13-20 ～图 13-22）。

图 13-17　扬州寄啸山庄东园东北叠石及六角亭

图 13-18　扬州寄啸山庄东园"船厅"

图 13-19　扬州寄啸山庄复道高视点俯视东园"船厅"

图 13-20　扬州寄啸山庄平视小方壶

图 13-21　扬州寄啸山庄复道高视点俯视小方壶

图 13-22　扬州寄啸山庄西园蝴蝶厅

　　住宅区有南北两座两层砖木结构的楼房，名"玉绣楼"，院落中间偏东北处还有叠石、池水。两座住宅楼不同程度地吸收了西洋建筑的某些表现手法，而与中国住宅中的正、厢组合形式迥异。实际上，前述园林部分的穿楼复道是与这两座住宅楼相连的，且可看作复道是由此向外延伸，并形成住宅楼北部、东部和西部的由复道相连的环形院落。这种建筑形式以及与园林空间的关系，为现遗留明清私家园林中的孤例。重要的是，因园林与住宅部分基本上以两层的复道串为一体，这样便使得复道成为了重要的、连续的高视点观景廊。以复道为落脚点流动地欣赏整座园林，有令人耳目一新的视觉效果。另外，寄啸山庄中的叠石，在江南私家园林中也属精品（图 13-23 ～图 13-29）。

图 13-23　扬州寄啸山庄西园叠石 1

图 13-24　扬州寄啸山庄西园叠石 2

图 13-25　扬州寄啸山庄从伴月台南望

图 13-26　扬州寄啸山庄复道高视点景观 1

图 13-27　扬州寄啸山庄复道高视点景观 2

图 13-28　扬州寄啸山庄复道高视点景观 3

图 13-29　扬州寄啸山庄复道高视点景观 4

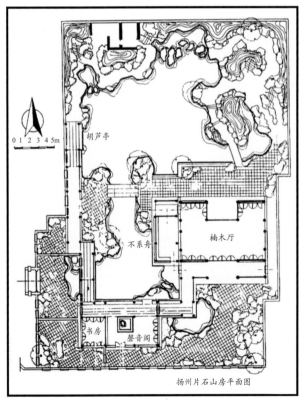

图 13-30　扬州片石山房平面图

光绪九年（公元 1883 年），园主归隐扬州后，购得位于东部园区之东及南的吴氏片石山房旧址，扩入何园。片石山房内叠山传为石涛所为。后因年久荒废，仅存叠山主峰残石依墙而立，1989 年全面修复（图 13-30）。

片石山房与寄啸山庄隔着南部住宅区，位于东南。从其自身的平面来讲，园门位于西南，内有"注雨观瀑"井泉。园门北面即临池，从其前廊往东北稍转即有清时期所建

图 13-31　扬州寄啸山庄片石山房门厅内注雨观瀑井泉

的"楠木殿"，其西墙新接名为"不系舟"的水榭。楠木殿以北的空间比较开敞，中心即为水池，紧贴北墙和东、西部分墙前的即为临池的叠石假山，内有两洞府。贴东墙有游廊和名"胡芦亭"的半亭，内有镜面一方，可映射池面、假山的风光（图 13-31 ～图 13-37）。

片石山房是平地起筑，通过嶙峋的山石、磅礴连绵的贴壁假山，把厅堂、不系舟、山亭等点缀其间，山水建筑浑然一体。园中的植物配置也独具匠心，伴月台旁的梅花、桂花、白皮松，北山麓的牡丹、芍药，

图 13-32　扬州寄啸山庄片石山房弯月门洞　　图 13-33　扬州寄啸山庄片石山房不系舟水榭

图 13-34　扬州寄啸山庄片石山房不系舟水榭边缘叠石水眼处理

图 13-35　扬州寄啸山庄片石山房胡芦亭

图 13-36　扬州寄啸山庄片石山房叠石 1

图 13-37 扬州寄啸山庄片石山房叠石 2

南山的红枫，庭前的梧桐、古槐，建筑旁的芭蕉等，既有一年四季之布局，又有一日之中早晚的变化。

3. 扬州瘦西湖

瘦西湖位于扬州西北郊，可以视为因园林集中而形成的公共风景区园林，因其当年的繁华程度与景观类似于杭州西湖，又因其水面仅仅是一条河流，故名"瘦西湖"。乾隆三十年（公元 1765 年）时，瘦西湖上著名的"二十四景"已经建成，有"卷石洞天""绿杨城郭""西园曲水""虹桥揽胜""冶春诗社""长堤春柳""荷浦薰风""碧玉交流""四桥烟雨""春台明月""白塔晴云""三过留踪""蜀冈晚照""万松叠翠""花屿双泉""双峰云栈""山亭野眺""临水红霞""绿稻香来""竹楼小市""平岗艳雪""香海慈云""梅岭春深""水云胜概"。

瘦西湖内每一座园林都是构成公共风景区园林的有机组成部分，同时也是湖面水道的每一处景观。这一风景区内的园林，虽各自独立，又相互联系，与湖面景观融为一体，封闭与开放并存。另有公共性的游憩设施，还有莲性寺、大虹桥、五亭桥等公共建筑，以及各种式样的画舫和茶楼、酒肆等。

瘦西湖沿湖诸园不是平铺直叙地陈列，而是按照自然河道的环境，将若干园林组成组团景区，互相因借，构成广域的园林环境。按清乾隆年间二十四景的分布状况，可以将瘦西湖分为四大组团：一是"丁溪组团"，包含"卷石洞天""西园曲水""虹桥修禊""倚虹园""柳湖春泛"诸景；二是"四桥烟雨组团"，包含"桃花坞""梅岭春深""四桥烟雨""水云胜概"诸景；三是"五亭桥组团"，包含"莲性寺""白塔""五亭桥""贺园"诸景；四是"平山堂前园林群组团"，包含"高咏楼""蜀冈朝旭""春流画舫""锦泉花屿"诸景。四个组团可谓四大高潮，泛舟沿湖游览，一路高潮迭起，张弛得宜，连绵展开，犹如一幅长卷水景图画。另外，组成瘦西湖园林群的若干私家园林，不再停留在明末清初那种淡泊、清旷的如拙政园、网师园和寄畅园的韵味，而是强调新型的创造。在近十里的连续园林景观中，各个景点因势造园，无一雷同。大体又可分为"水园""山园""岛园""湖畔园"四类。

瘦西湖内的很多单体建筑形象也别具一格，突出了建筑的造景作用，如"五亭桥""白塔""钓鱼台""熙春台"等。明清时期的南北叠石大师均云集扬州，留下了大量作品，瘦西湖内的"卷石洞天""怡性堂（宣石山）""石壁流淙"等均为扬州园林叠石的代表作。

清中期盐业改制后，扬州盐业衰退，湖上园林也逐渐萧条荒废，又经太平天国战乱，更加残破不堪。光绪年间恢复了五亭桥、小金山；民国九年，乡绅陈臣朔在五亭桥东侧建"凫庄"；1980 年春，为迎接国宝鉴真像回扬巡展，政府发动单位集资，组织郊区农民全面疏浚北城河西段（新北门以西）至大明寺山脚下约四公里河床，并拓宽莲花桥至熙春台一段湖面，之后又恢复了"二十四桥""熙春台""卷石洞天"等景点；2007 年恢复"四桥烟雨""石壁流淙"等景点。现瘦西湖已经围成一座收费的封闭公园。

注 1：（宋）乐史撰《太平寰宇记·扬州》。

注 2：扬州二十四景之一的"西园曲水"中"翔凫"石舫舱门题联。

注 3：《个园记》，广陵书社，2013 年 8 月。

第三节　苏州地区的私家园林建筑体系

苏州地区有洞庭西山盛产"湖石"之便，其园林建设，有记载的起始于春秋时期。在吴国建都后，吴王阖闾就利用苏州郊外一带的自然山水，"笼西山以为囿，度五湖以为池"，（注 1）兴建了规模浩大的"姑苏台"等离宫别馆。吴王夫差五年（公元前 491 年），继续扩建姑苏台，"于宫中作海灵馆，馆娃阁，铜勾玉槛，宫之楹楣，珠玉饰之。"（注 2）

西汉时期，吴王刘濞在苏州郊野嗣葺"吴苑"，在城内建造"长洲茂苑"。三国时期，孙权建造了"芳林苑""落星苑"等。

东晋时期，望族顾辟疆兴建了以自然山水为主体的"辟疆园"，有"林泉之胜"，号称吴中第一，这可能是苏州最早的属于士大夫阶层的私家园林。此园至唐宋时期尚存。唐陆龟蒙的《奉和袭美二游诗任诗》曰："吴之辟疆园，在昔胜概敌。前闻富修竹，后说纷怪石。"随着佛教的兴盛，苏州在这一时期也出现了佛寺园林。

因隋唐时期经济重心南移，有大运河之便，士族豪门、文人墨客荟萃江南吴中，苏州园林艺术也有了新的发展。虎丘、灵岩、石湖和洞庭东、西山等处，已成为公共风景区园林荟萃之地。

五代时期，吴越国以杭州为都，苏州也是所属重要城市，贵族官僚在此营建私园盛极一时。吴越文穆王钱元瓘的哥哥钱元璙建造了"南园""东庄"和"金谷园"，规模宏大。其中南园"酾（shī，疏导）流为沼，积土为山，岛屿峰峦，出于巧思"。（注3）其近戚中，吴军节度使孙承佑也在此大建园池，"崇阜广大""杂花修竹"。

北宋时期，弄臣朱勔不仅为了宋徽宗的艮岳在民间大肆搜刮奇石异木，自己还在盘门内建造了"乐园"和"绿水园"。另外还有著名词人苏舜钦的"沧浪亭"、史正志的"万卷堂"（网师园的前身）、蒋光鲁的"隐园"、理学家朱长文的"乐圃"等，其中以苏舜钦所造的"沧浪亭"最为著名。北宋庆历四年（公元1044年），苏舜钦贬谪流寓吴中，见孙承佑池馆遗址，高爽静僻、野水萦洄，便北倚筑亭，因感于《孟子》"沧浪之水清兮，可以濯我缨；沧浪之水浊兮，可以濯我足"，取名"沧浪亭"。至南宋时期，苏州郊外的石湖、尧峰山、天池山、洞庭东、西山等风景名胜区有很多别墅园，城区也营建了不少私园。南宋绍兴初年，沧浪亭为抗金名将韩世忠所得，改名"韩园"。园中两山之间筑桥，取名"飞虹"，山上有连理木，又有寒山堂、冷风亭、翊（yì）远堂、濯缨亭、梅亭等"瑶华境界"。

元朝时期，天如禅师为纪念其师中峰和尚普应国师，建造了"狮子林寺"，园内石峰林立，玲珑俊秀，山峦起伏，气势磅礴。元末，在苏州割据称王的张士诚造有"锦春园"。园内假山池塘、厅堂楼阁争奇斗异，锦帆泾被浚为御园河。沧浪亭废为僧居（现存沧浪亭为明清修葺后的风格）。

据《苏州府志》记载，明朝时期苏州有第宅园林71处。著名的有正德初年，御史王献臣占用道观废址和大弘寺，在城东北隅，娄、齐二门之间营建的"拙政园"；嘉靖年间，太仆寺卿徐泰时在阊门外建的"留园"；其他的代表性园林还有"西园""洽隐园""艺园""芳草园"等。

清朝时期，苏州第宅园林发展到130处。属于清朝中期及以前建造的、较著名的有"怡园""耦园""曲园""残粒园""畅园""五峰园"等。其中以叠山名家戈裕良所掇叠的"环秀山庄"闻名遐迩；清末所建的有"遂园"、中西结合的"天香小筑"，会馆类园林"南园（丽夕阁）"；民国时期建有"朴园"，及在"吴予城"旧址上修建的"皇废基公园"，也称城中公园（今苏州公园），是苏州现代公园的开端。截至目前，苏州有园林69处，为全国城市园林之冠。

现遗留的苏州私家园林多为宅园，以曲折多变、虚实相间、清雅细腻、以小观大的艺术效果，成为充满诗情画意的写意山水园林的代表，亦被称作"城市山林"。以"拙政园""留园""网师园""环秀山庄""狮子林""沧浪亭""怡园""耦园""艺圃""退思园"为代表的苏州私家园林，先后被列为全国重点文物保护单位，并先后被联合国教科文组织列入《世界文化遗产名录》。

因苏州是一座水城，各城门之内外皆因水而秀美，在元、明、清时期也自然成为了公共风景区。再有西北郊的虎丘山，向来为苏州著名的公共风景园林区，最为著名的是"云岩寺塔（虎丘塔）"和与吴王阖闾传说相关的"剑池"等。康熙每次南巡也必到虎丘，康熙二十八年（公元1689年）第二次下江南之前曾下了一道谕旨，将江南积年民欠一应地丁、钱粮、课税与蠲除。苏州官民为感激康熙帝的厚恩，纷纷捐资，将虎丘地区重新整治、建设了一番。如新建了一座"万岁楼"，楼前置玲珑峰石，植松柏数十株，间种梅竹、花卉。原有的"悟石轩"移至万岁楼旁，"生公楼""小华胥"皆改建于观音殿旁。"白莲池"和剑池也疏浚一清，并在剑池之上凭虚架空建造"得泉楼"等。一时间，虎丘山上亭台楼阁参差，回廊曲涧幽深，泉水溪流清涟。又以众星拱月之势，将万岁楼衬托得更加辉煌绚丽。可惜这些建筑内容早已不存。

还有苏州城西阊门外约十里的枫桥镇的"寒山寺"，因唐代大诗人张继的《枫桥夜泊》而知名，也为著名的公共游览区。

1. 苏州拙政园

拙政园位于苏州市娄门内东北街，为园、居结合的宅园，在整体布局上南边为住宅区，北边为园林区，后者又分为东区、中、西三区，全园占地约52000平方米，为国家重点文物保护单位。拙政园园址在元朝时期为大宏寺，明正德年间御史王献臣始建此园，取晋人潘岳《闲居赋》"灌园鬻蔬，是拙者之为政也"之意。此园后多次易主，又经分割，或为私园，或为衙署，或为民宅。现园之西、中部大体为清末规模。拙政园全园的五分之三为水面，不同形体的建筑物多傍水而建，建筑造型力求轻盈活泼；在开阔的水面上或布置小岛，或架设小桥，打破了单调的气氛，衬托了深远，使游人如置身于构图严谨的山水画中（图 13-38）。

东区为明崇祯时期侍郎王心一的归田园居旧址，旧有建筑及山石大部已不存在，现有者多系 1949 年后所建。视觉上虽疏朗明快，但因仅大片草坪和水面较突出，园林要素内容和组景手法均较单调。主要建筑有南端入口处的"兰雪堂"、水边的"芙蓉榭"、池中岛上的"放眼亭"、东边草坪中的"天泉亭"、最北端的"秫香馆"。

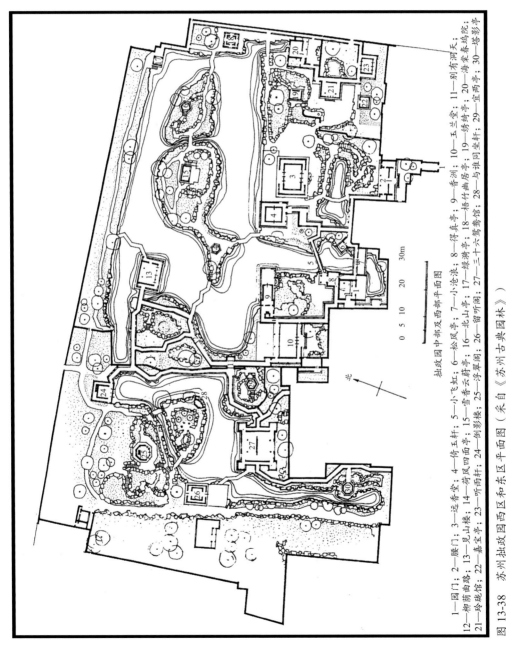

独政园中部及西部平面图

0　5　10　　20　　30m

1—图门；2—腰门；3—远香堂；4—倚玉轩；5—小飞虹；6—松风亭；7—小沧浪；8—得真亭；9—香洲；10—玉兰堂；11—别有洞天；12—柳荫路曲；13—见山楼；14—荷风四面亭；15—雪香云蔚亭；16—北山亭；17—绿漪亭；18—梧竹幽居亭；19—绣绮亭；20—海棠春坞院；21—塔珑馆；22—嘉宝亭；23—听雨轩；24—倒影楼；25—浮翠阁；26—留听阁；27—三十六鸳鸯馆；28—与谁同坐轩；29—宜两亭；30—塔影亭

图 13-38　苏州拙政园西区和东区平面图（采自《苏州古典园林》）

另有独立的置石"缀云峰"等，均为移建。西面依墙构复廊（墙两侧皆为廊），辟南北二门与中区相通（图 13-39）。

拙政园中区在清初为吴三桂女婿王永宁所有，太平天国时，同西区一并归忠王李秀成所有，后为八旗奉直会馆。拙政园除有多处便门与住宅相通外，在中区南面还有直通南街的园门，经长巷达"腰门"（正门以内的第二重门），在门内南端叠山以为屏障，山北隔小池即为中区主要建筑"远香堂"，再北为湖池。中区总体布局是以水面为中心，面积达此区的三分之一，环湖临水建有不同形体和高低错落的建筑，又山水相依，林木葱郁，是全园精华所在（图 13-40）。

中区湖池为东西向长，以"一池三山（岛）"为主题，岛由土堆而成。池之西北角有深入水面的"见山楼/藕香榭"（底层部分），其后有湖石叠山。往西、往南又有"回廊""香洲""玉兰堂"等建筑；池之南主要有"远香堂""倚玉轩"等；池之东有"梧竹幽居亭"，东北角有"绿漪亭"（图 13-41～图 13-44）。

岛的东、西、南三面都有"曲桥"可通岸。西面从柳荫路曲的"石桥"可至西端小岛，上有"荷风四面亭"。过亭往东可达最大的中岛，上有"雪香云蔚亭"，亭的周围遍植蜡梅，山间曲径，两侧乔木丛竹相掩，蔽日浓荫，富有山林之感。由

图 13-39　苏州拙政园东部与中部之间的复廊东侧

图 13-40　苏州拙政园远香堂南立面

图 13-41　苏州拙政园从中区北岸南望见山楼（藕香榭）和香洲等

图 13-42　苏州拙政园见山楼（藕香榭）长廊

图 13-43　苏州拙政园见山楼（藕香榭）

图 13-44　苏州拙政园东南望倚玉轩

亭下坡，有一溪流横陈眼前，这片水系正是水绕山转之意。从石桥过溪便到东面小岛，上有六角"待霜亭"，又称"北山亭"。经亭过"曲桥"便到池畔东岸的"梧竹幽居亭"，这里虽位于拙政园中区东端，却是坐观静赏的极好地点，小阁枕清流，桥下水声长，人于亭内西望，中部的景色尽收眼底，层次丰富，透视感强。这里也是"远借"拙政园之西 3.5 公里外"北寺塔"的最佳观景点之一（图 13-45、图 13-46）。

图 13-45　苏州拙政园从中部园区东端西望

图 13-46　苏州拙政园梧竹幽居亭

　　池南的"远香堂"为拙政园的主要建筑，周围环境较开阔，也可尽收四周水山景色。在远香堂东、南、西有九组建筑或庭院。东隅，即从"梧竹幽居亭"南行，可到"海棠春坞院"，庭院内有海棠两株、翠竹一丛，东西有"半廊"，南为粉墙，北为"书斋"。由海棠、翠竹、山石与粉墙组成一幅极好的立体图画；院之南一墙之隔又有一院，内有小型"山池""玲珑馆"和"听雨轩"；两院与远香堂之间有叠山一组，上有"秀绮亭"；两院之西南有"嘉宝亭"；在远香堂之南又有小形"山池"，之西北有"倚玉轩"，该轩与远香堂共用一临水平台；倚玉轩隔水往西有"香洲"，为借鉴画舫楼船建造的临水楼阁（图 13-47）；由倚玉轩和香洲往南有"小飞虹桥""小沧浪""得真亭"等一组建筑。由小沧浪凭栏北望，透过小飞虹石桥遥望北向的荷风四面亭时，以"见山楼"作为远处背景（或借景），空间层次深远。而那迂回曲折的石桥紧贴水面，水光倒影映照其上，如"溪边照影行，天在清溪底。"（注 4）（图 13-48 ～图 13-51）。

图 13-47　苏州拙政园香洲

图 13-48　苏州拙政园北望小飞虹和松风亭

图 13-49　苏州拙政园中区南望松风亭

图 13-50　苏州拙政园中区南望松风亭与得真亭之间小沧浪

图 13-51　苏州拙政园西北望得真亭和小飞虹

　　拙政园西区在光绪年间曾归张氏，改称"补园"。西区也有一片水池，中、西区间有临水"长廊"相隔，此曲折起伏跨水而建的波状长廊，沿池水走向顺势而建，空间贯通多层次，从西望之，颇有涉水的情趣（图 13-52）。池北水面低处建"倒

图 13-52　苏州拙政园中部和西部园区之间的水廊

影楼"。有从西北深入水中陆地似半岛，上有"浮翠阁"。深入水面半岛顶端，有扇形平面的"与谁同坐轩"，取名自苏东坡词"与谁同坐？明月、清风、我。"（注5）从浮翠阁往南有"留听阁"，再往南绕有西区主要建筑"三十六鸳鸯馆／十八曼陀罗花馆"。该建筑以方形平面带四耳室，厅内以隔扇和挂落划分为南北两部，南部称"十八曼陀罗花馆"，北部名"三十六鸳鸯馆"，这是一种典型的"鸳鸯厅"建筑形式。北厅因临池，池中又曾养三十六对鸳鸯而得名（图13-53～图13-57）。

图13-53　苏州拙政园三十六鸳鸯馆（十八曼陀罗花馆）

图13-54　苏州拙政园倒影楼与桥廊

图 13-55　苏州拙政园浮翠阁

图 13-56　西南望三十六鸳鸯馆（十八曼陀罗花馆）和与谁同坐轩侧面

图 13-57　苏州拙政园与谁同坐轩正面

池东南有建于山上的"宜两亭"，隔池与倒影楼等互为对景，并倒映于清澈的池水之中，成为一处佳景。宜两亭位置高，人于亭内既可俯瞰到西区园景，又可以往东俯瞰中区园景；从"三十六鸳鸯馆/十八曼陀罗花馆"往南又有很窄的南北向水面，南边尽端有弯于水中的"塔影亭"。此地虽窄，但亭下石桥与叠石等颇为精巧。在水面尽端与南面粉墙面交界处，以黄石堆叠并有曲折且很小的石桥等组合，似水面可穿墙而过，实为"假景法"；最西还有盆景园（图 13-58、图 13-59）。

拙政园的叠石比较朴素、简单，多以黄石为主，很少大量地用湖石，

图 13-58　苏州拙政园塔影亭

图 13-59　苏州拙政园中区鸟瞰图（从见山楼后东南望，采自《江南园林论》）

但因其总体规模较大、平面布局曲折多变、园林要素尺度适宜、建筑形式丰富多样，所以在中区和西区的很多处或停留或缓步观望，视觉中的各类空间均有极佳的艺术效果，因此它成为了我国古代江南私家园林中最杰出的代表。

2. 苏州留园

留园在苏州市阊门外，为园、居、祠堂结合的宅园，整体布局南边东部为住宅，西部为祠堂。北部园林区又可分为西、中、东、北四部分，其中西部往南延伸与祠堂平行。全园占地约 20000 平方米，为国家重点文物保护单位（图 13-60）。

明嘉靖年间，太仆徐泰时建东园于此，清嘉庆时期为刘恕所居，名"寒碧山庄"，又名"刘园"。咸丰、同治年间，苏州诸园多毁于太平天国兵乱，而此园尚存。光绪时盛康重修，易名"留园"。

南边临街的入口处为一独立的园门，夹在住宅区和祠堂区之间。若从此入园，入门后便是一小庭院，之后的路径狭长而迂回曲折，恰好起到"欲扬先抑"的作用。经过这一段狭小空间之后，有一小院名"古木交柯"，古树、山石、天竺，犹如立体的画面。旁边的建筑亦轩亦廊，与园林区之间有花窗作空间的渗透。透过漏窗上的各种图案北望，园林中部的山池楼阁等隐约可见（图 13-61、图 13-62）。

"古木交柯"往西有"绿荫""明瑟楼""涵碧山房"三组建筑，前者为临湖

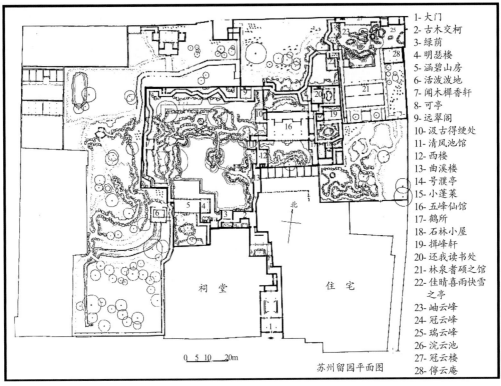

1- 大门
2- 古木交柯
3- 绿荫
4- 明瑟楼
5- 涵碧山房
6- 活泼泼地
7- 闻木樨香轩
8- 可亭
9- 远翠阁
10- 汲古得绠处
11- 清风池馆
12- 西楼
13- 曲溪楼
14- 号濮亭
15- 小蓬莱
16- 五峰仙馆
17- 鹤所
18- 石林小屋
19- 揖峰轩
20- 还我读书处
21- 林泉耆硕之馆
22- 佳晴喜雨快雪
之亭
23- 岫云峰
24- 冠云峰
25- 瑞云峰
26- 浣云池
27- 冠云楼
28- 停云庵

图 13-60　苏州留园平面图（采自《苏州古典园林》）

图 13-61　苏州留园门厅

图 13-62 苏州留园"古木交柯"天井

的轩榭，后者为步入中部园区的主要停顿点，又是此园区的主要观赏建筑，其北是临湖的亲水月台。这组建筑之北视野开阔，眼前一汪池水，水中有"小蓬莱"湖心岛，为"一池三山（岛）"主题；池西、北皆有土筑山体，植被茂密，临水部分由黄石叠成，后又增添湖石。北山林木间有六角形的"可亭"，尺度小巧、适宜；西山有桂树，再西高处有"爬山廊"，可一直环到西山北部。西面爬山廊中部有"闻木樨香轩"；在湖西之北隅，有从西山和北山间引带状水面以为"濠涧"，涧口有石屿，与西山、北山间有石梁（没有栏杆的石桥）相连；"涵碧山房"之南有幽静的小院，点缀些叠石、植物等，与其北形成鲜明的对比（图 13-63）。

如果从"古木交柯"往东右转，有带漏窗的长廊和"曲溪楼""西楼"（背面）、"清风池馆""五峰仙馆"（侧面）、"汲古得绠处"和东北角的"远翠阁"（与北部临墙的爬山廊相连）等建筑；曲溪楼前面有半岛深入湖中，从此半岛到湖中岛再到北山皆有石梁相连。半岛上滨水有"濠濮亭"。

此中部园区西山上的"闻木樨香轩"为最高观景点，为园中重要的"高视点园林要素"，坐在其中可环视景色绝佳的中区各景：透过眼前之林木望园之东、南，东南角是水池的尽头，凌空的长排空窗，"古木交柯"的廊屋和水面连成一角美景；南部绿荫、明瑟楼、涵碧山房，东部远翠阁、曲溪楼、清风池馆、汲古得绠处、

图 13-63 苏州留园中部绿荫

五峰仙馆等皆参差有致，颇具匠心；涵碧山房前面之平台、东南之半岛皆突出水际，
与池中小岛的关系层次分明，更有倒影清晰在目。可惜的是，眼前的山池景象本
应更注重山林野趣，但目前花木品种得过多，花季时过于艳丽，反而稍显凌乱了
（图 13-64 ～图 13-73）。

图 13-64 苏州留园中部从假山南望明瑟楼

图 13-65　苏州留园中部从假山东望曲溪楼

图 13-66　苏州留园中部东南望曲溪楼和濠濮亭

图 13-67　苏州留园明瑟楼和曲溪楼等全景

图 13-68　苏州留园中部假山上的闻木樨香轩内景

中部园区之东有"五峰仙馆"（又称"楠木厅"），由此及以东为东部园区。五峰仙馆是目前苏州园林中最大的厅堂，内部装修甚为精美。馆的南、北都有置石成景的庭院。南庭中，西有"西楼"，东有"鹤所"，院中矗石峰五座。后院也堆叠石峰，低处又砌筑小小金鱼缸，一汲清泉，清意幽新。所叠石峰之后，沿

图 13-69　苏州留园中部假山西侧北部爬山廊　　图 13-70　苏州留园中部假山濠濮

图 13-71　苏州留园湖池西北角

图 13-72 苏州留园中部西北假山顶部 1

图 13-73 苏州留园中部西北假山顶部 2

墙绕以回廊，可通达前后左右。整个五峰仙馆就置身在山石、树木、水池形成的庭院中，不出室门，似能坐观山林之美；五峰仙馆往东有两个小院，南面是"石林小院"和"辑峰轩"，北面是"还我读书处"。小院占地不多，却回廊环绕，空间内外交融。庭中又植佳木修竹、芭蕉数片，精巧得体。总之，从五峰仙馆南北与往东这一片区域，建筑与小型室外空间颇为丰富，叠石等也很精美（图 13-74、图 13-75）。

再东的主要建筑为"林泉耆硕之馆"（"鸳鸯厅"形式），其南、北、东都有院落。南院以植物为主。

图 13-74 苏州留园东部五峰仙馆南北及以东区域小型室外空间与叠石 1

图 13-75 苏州留园东部五峰仙馆南北及以东区域小型室外空间与叠石 2

图 13-76 苏州留园东部林泉耆硕之馆南部檐廊

北院西侧有"佳晴喜雨快雪亭",北侧有"冠云楼",东侧有"伫云庵"。最重要的是院中的"浣云池"和"岫云峰""冠云峰""瑞云峰"三座独立的置石("留园三峰")。其中"冠云峰"乃太湖石中绝品(相传为宋花石纲中的遗物),集"皱、漏、透、瘦"于一身,以嵌空瘦挺、高耸奇特而冠世,隔沼与"林泉耆硕之馆"相望,成为极好的对景。左右又有"瑞云"和"岫云"两峰做伴,成为江南园林中峰石最为集中的一处。"林泉耆硕之馆"是欣赏石峰主要所在,登冠云峰之北的"冠云楼",可一览全园景色(图 13-76 ~ 图 13-80)。

图 13-77　苏州留园东部佳晴喜雨快雪亭和冠云峰

图 13-78　苏州留园东部冠云峰

留园北区原建筑已毁，现广植竹、李、杏，余地辟置盆景，但一些新添建的叠石等，与中国传统园林建筑体系的风格很不协调；西区之土阜为全园最高处，可借景虎丘、天平、上方诸山。山上叠石嶙峋，片石铺地，有"舒啸亭""乐亭"，周围植以青枫、银杏，颇有山林景象（图13-81）。

3. 苏州网师园

网师园位于苏州市城桥路阔家头巷，为园、居相结合的宅园，整体布局为园，在宅之西北，以布局紧凑、建筑精巧和空间尺度比例良好著称。全园面积约5500平方米，为国家重点文物保护单位。

园址在南宋时期为侍郎史正志的"万卷堂"，园称"渔隐"。清乾隆时期，光禄寺少卿宋宗元购得一部分用地，建成网师园。此后又几经兴废，几度易主。光绪年间增建"撷秀楼"，1949年以后扩建了"梯云室"一组和"冷

图13-79　苏州留园东部朵云峰

图13-80　苏州留园东部岫云峰　图13-81　苏州留园北区新建部分叠石

泉亭""涵碧泉"等部分。

　　东部为住宅，从南至北为大门、轿厅、小院、大厅、小院、撷秀楼（花厅）。从轿厅西北角可通园门"网师小筑"，入园后斜向迎面有园内的主要建筑"小山丛桂轩"，采用四面厅形式，四周叠石植竹，环境甚为清幽。轩北为园内用黄石叠成的"云冈"，所配植物以桂树为主；云冈之北即为园中部的小池，岸周叠砌石矶、假山，其东南与西北并有水湾，曲折深奥，若渊源之无穷。池东南颇窄，上有一座体量很小但很精致的石桥；池东即为撷秀楼（花厅）等住宅部分两层高大建筑的侧面，以粉墙黛瓦作池岸背景；沿池东岸往北，有"临水轩""射鸭廊""竹外一枝轩"等，临水轩和东北角的竹外一枝轩以其玲珑剔透突出于前，与游廊和后面较高大的建筑形成对比；东北最高处有两层的"集虚斋"（侧面），再往西北有"看松读书轩"；池西岸有突出水面的"月到风来亭"（亭后有门可通西院），再回转至"云冈"之西，又有干阑式"濯缨水阁"。阁后有狭小的水面和折桥通小山丛桂轩（图 13-82 ～图 13-94）。

　　池西北隔墙有一小园，由"潭西渔隐"月亮门入，面有简朴、古雅的"殿春簃小轩"，又有竹、石、梅、蕉隐于轩北后窗小小的空地上。轩西侧套室曾为张大千及其兄弟张善孖的画室"大风堂"。庭院内叠石假山采用周边布局，东墙峰洞假山围成弧形花

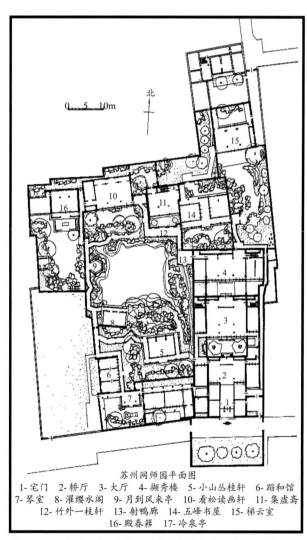

苏州网师园平面图
1- 宅门　2- 轿厅　3- 大厅　4- 撷秀楼　5- 小山丛桂轩　6- 蹈和馆
7- 琴室　8- 濯缨水阁　9- 月到风来亭　10- 看松读画轩　11- 集虚斋
12- 竹外一枝轩　13- 射鸭廊　14- 五峰书屋　15- 梯云室
16- 殿春簃　17- 冷泉亭

图 13-82　苏州网师园平面图（采自《苏州古典园林》）

图 13-83　苏州网师园西北望鸟瞰图（采自《苏州古典园林》）

图 13-84　苏州网师园网狮小筑门　　图 13-85　苏州网师园东南角微型石桥

图 13-86　苏州网师园微型石桥与远景透视

图 13-87　苏州网师园东南角微型石桥与人体尺度的对比

图 13-88　苏州网师园东南角湖面狭窄处叠石处理

台，松枫参差。南面有曲折蜿蜒的花台，穿插峰石，借粉墙的衬托而富情趣，与殿春簃互成对景。西南有半亭形式的"冷泉亭"，亭中置巨大的灵璧石。亭南有天然的"涵碧泉"，泉水清澈见底，又有滴水叮咚，衬托出殿春簃极幽的意境。

网师园的核心区域虽然面积有限，但因在平面布局上迤逦曲折，竖向上池沼与四周叠石、建筑等高低错落，建筑的形式和体量也变化多样，步移景异，处处可作为视线的对景。又以池西北部的小园可渗透与对比，在全园整体面貌的精致中又见灵巧，其中多处的叠石

图 13-89　苏州网师园西北望月到风来亭、竹外一枝轩和水榭等

图 13-90　苏州网师园濯缨水阁

图 13-91　苏州网师园濯缨水阁室内

图 13-92　苏州网师园濯缨水阁东北角叠石与水池关系处理

图 13-93 苏州网师园月到风来亭

或与水池的结合等也可圈可点。

集虚斋之东亦有小园，可从竹外一枝轩东尽端进入，园内建筑为两层，下层为"五峰书屋"，楼上为"读画楼"，与两层的集虚斋相通；再东有山石花木为主的小院，院北为"梯云室"，再北又有小院和建筑等。这一部分可以视为住宅部分的延续，以清雅洁净的格调为主（图 13-95 ～图 13-98）。

4. 苏州环秀山庄

环秀山庄位于苏州市景德路，原占地面积约1600平方米，为国家重

图 13-94 苏州网师园风到月来亭与小山丛桂轩等

点文物保护单位。相传这里曾为五代时期广陵郡王钱元璙"金谷园"旧址。两宋时期为景德寺，几经转换，至清乾隆时期建为私家园林，后又几易其主，至道光末年为汪氏公产，设置祠堂，该园成为祠堂附属园林，名"耕荫义庄"。环秀山庄规模不大，最具特点的部分是堆叠的假山，辅以小池，能较逼真地模拟自然山水景象，有山之麓脚的感觉，而非类于大山之"模型"，即"假山"不"假"。此山为清乾隆时叠山名

图 13-95　苏州网师园篠春殿院内冷泉亭等

图 13-96　苏州网师园梯云室内景

图 13-97　苏州网师园小山丛桂轩西南面小园内的叠石 1

图 13-98　苏州网师园小山丛桂轩西南面小园内的叠石 2

家戈裕良所建。可惜近代以来，堂、亭、廊等建筑大多被毁坏，现已经复建，遗憾的是没有完全复原。

　　全园布局分为三部分，最南入园后有一庭园，北为"有古堂"。穿堂或从其东面的两侧回廊可到后面的名为"环秀山庄"的厅堂，堂北有带回廊、漏窗的院墙，穿过院墙后才到达主要的山水园林院（图 13-99）。

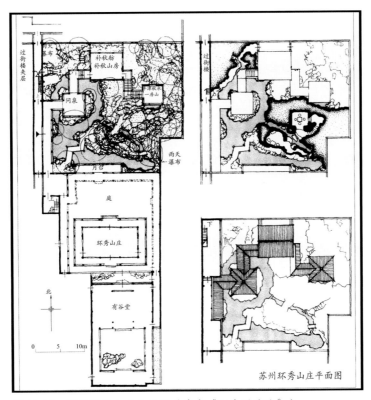

图 13-99　苏州环秀山庄平面图（采自《江南园林论》）

山水园林院内面积不足全园的一半，西南部主要为小池，被山石等分割得盘曲如带、蜿蜒深邃，架曲桥飞梁，以为交通。北面偏东为山，止于池边，如高山之麓脚断谷截溪，气势也雄奇峭拔。主山分前、后两部分，外形峭壁峰峦，内构隧洞。前山临池部分为湖石石壁，与后山之间仅 1 米左右的距离，其间构成流水峡谷，谷高 7 米有余。山之主山峰偏南，又有几个低峰衬托，左右峡谷架以石梁；整座山体有植物相依，其中山上高大的树木在视觉上又拔高了山体的气势（图 13-100 ～图 13-104）。

池中偏北有小岛，上建"问泉亭"，由此可通正北面之"补秋舫"，又名"补秋山房"。舫又前临山池，后依台地小院，附近浓荫蔽日、峰石嵯峨，为园中幽静之所在。从补秋舫可达位于山之中心的"半潭秋水一山房亭"。在院之西墙又有回廊复道等。这些建筑内容与山水的依存关系恰到好处。环秀山庄虽山池体量有限，但叠山之表多有植物覆盖，又有问泉亭、补秋舫、半潭秋水一山房亭依山势而建。因此或从南部月台望之，或沿游廊、问泉亭、补秋舫、半潭秋水一山房亭顺序依次登之，所观皆有亲临山麓之意境，这种意境在南方私家园林中并非寻常可见，完全依赖于精心的细部处理（图 13-105 ～图 13-114）。

图 13-100　苏州环秀山庄从月台东南角西北望

图 13-101　苏州环秀山庄假山临池局部

图 13-103　苏州环秀山庄假山顶部景象 1

图 13-102　苏州环秀山庄假山上石梁　图 13-104　苏州环秀山庄假山顶局部铺装

图 13-105　苏州环秀山庄问泉亭、曲桥和假山

图 13-106　苏州环秀山庄问泉亭西侧山水细部

图 13-107　苏州环秀山庄从西游廊中段望问泉亭

图 13-108　苏州环秀山庄补秋山房

图 13-109　苏州环秀山庄假山顶部景象 1

图 13-110　苏州环秀山庄假山顶部景象 2

图 13-111　苏州环秀山庄从问泉亭西南望

图 13-112　苏州环秀山庄假山上石梁和半潭秋水一山房亭

图 13-113 苏州环秀山庄假山上"石泉眼"1 图 13-114 苏州环秀山庄假山上"石泉眼"2

5. 苏州狮子林

狮子林位于苏州市园林路，为与宗祠相依的私家园林，占地约 10000 平方米（现开放面积为 80% 左右），为国家重点文物保护单位。元朝至正二年（公元 1342 年），僧人天如禅师的弟子们在此为其建寺以为寓所。此地貌形势起伏，有树木和竹林，竹下遗存很多怪石，有的如狮子，故名"狮子林"，同时这一命名也为纪念其师中峰本禅师，因其传道于天目山狮子岩。明洪武初年，画家倪瓒（云林）曾画《狮子林图》。几经流转，清乾隆十二年改名画禅寺，在此前后建墙分割出寺院与北部园林。至公元 1918 年，狮子林园林归上海颜料巨商贝润生所有，于园东住宅之东建宗祠、扩充西部、增添山林景象，同时对全园进行大规模重修。山石衔接多用金属件钩挂、混凝土嵌缝，建筑装修和新建的石舫也引入欧式风格。

园林的主要入口在祠堂正厅西侧，入园前要经过住宅区"燕誉堂"前庭。自庭往西，又至"立雪堂"东面前庭。立雪堂位于园林的东南角，堂侧有洞门可登山。园林布局基本上是以西南至东南为叠山，北为建筑，中间偏西为池。从东南之山有山石和平台深入池中，又有小池面渗透至东南山之东南角，形成山水相依的平面格局。西南至东南之山，又以园外建筑的侧面或围墙为背景（图 13-115）。

狮子林园林以叠山取胜，山内有隧洞似迷宫，山上又奇峰林立，有"含晖""吐月""玄玉""昂霄"等石峰，而又以"狮子峰"为最；若在山中游览，有湖石空架形成的山内隧洞与山外涧峪，又有蹬道穿插交替，迂回高下，所观山之形态千变万化；山上又配以多种植物，有百年古树盘根于石罅间；山间建有"卧云室""修竹阁"（图 13-116 ～图 13-123）。与卧云室相对，园北面有两层建筑"揖峰指柏轩"，轩前有石桥横架于溪上，跨桥便可登山；指柏轩往西南有"见山楼"与"荷花亭"，

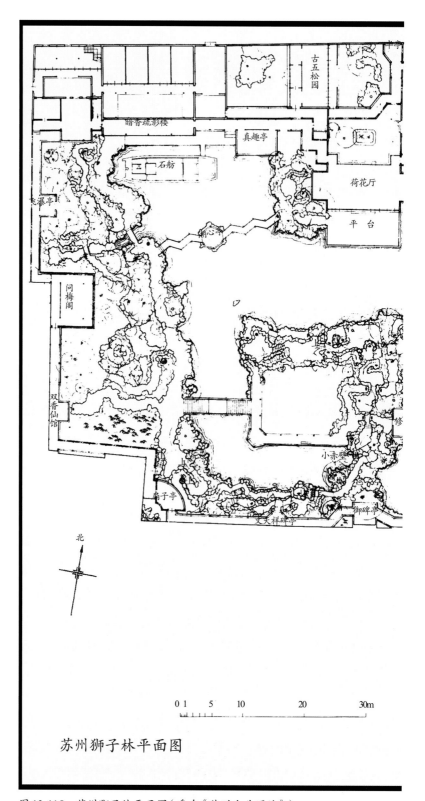

苏州狮子林平面图

图 13-115　苏州狮子林平面图（采自《苏州古典园林》）

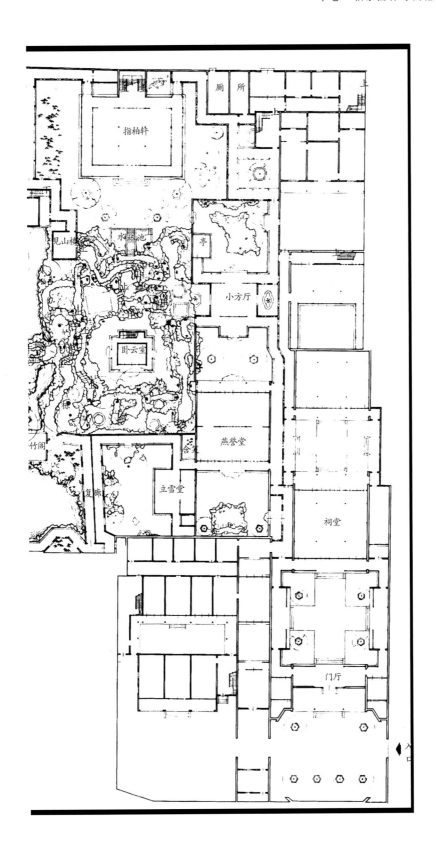

指柏轩

厕所

上

见山楼

水廊池

亭

小方厅

卧云室

竹阁

舍宴

燕誉堂

复廊

立雪堂

祠堂

门厅

入口

图 13-116 苏州狮子林假山顶卧云室

图 13-117 苏州狮子林假山顶修竹阁

图 13-118　苏州狮子林假山顶部景象 1

图 13-119　苏州狮子林假山顶部景象 2

图 13-120 苏州狮子林假山顶部景象 3

图 13-121 苏州狮子林假山上的峰石 1

图 13-122 苏州狮子林假山上的峰石 2

图 13-123 苏州狮子林假山上的峰石 3

前者已跨至山上，后者位于北岸中轴位置，因此也是欣赏山水视点中心的位置，下有亲水平台；再往西，北面有"真趣亭"。乾隆下江南曾多次来此园游览，也曾多次为此园题词，其中有"真趣"，贝氏园主后来借题发挥，建造了内饰金碧辉煌的真趣亭；再往西有"石舫"，形式类似颐和园之石舫，其背景为高耸宽敞的"暗香留影楼"。此楼与真趣亭、荷花厅、见山楼、指柏轩等不同高度的建筑皆可通过游廊连通。沿西墙和南墙，游廊周接，随地势起伏变化，高下错落，曲折多变。

在西部山巅有"飞瀑亭"接游廊，其旁瀑布分成三段跌落，或依崖壁泻下或凌空直下，犹如岩崖峭壁上飘下一层薄如蝉翼的水纱，清水注入荷池。临岸架以石板桥，使瀑布与水面似分非分，增加了空间层次，又有倒影效果；飞瀑亭之南有"问梅阁"，再南有"双香山馆"，东转再南有"扇子亭"，再东有"御碑亭"等。这些停顿点皆在不同位置的山巅高出，可从不同角度俯瞰全园，属于较典型的高视点园林要素内容；在湖面低处，有多个亲水平台和桥、亭等，便于观赏游鳞莲藻。位于低处，既使人感到水面宽阔，又因池中莲荷高下、亭楼倒影，池边绿树拂波、湖石护壁，烘托出了飞瀑山势的峥嵘（图 13-124 ～图 13-131）。

狮子林之叠石假山为遗留至今的南方私家园林体量之最，也因此而著名，于山巅

图 13-124　苏州狮子林从假山上北望指柏轩

图 13-125　苏州狮子林荷花厅与见山楼

图 13-126　苏州狮子林真趣亭内景

图 13-127　苏州狮子林石舫

图 13-128　苏州狮子林暗香疏影楼、湖心亭、真趣亭等

及山中较高视点观赏各处观景效果也俱佳。但因位于东南的叠石假山过于集中，若从北岸南望，山体有生硬、壅塞、琐碎之感，若山巅再有游人以真人尺度为参照，其山就如直白的山之"模型"，有"虚假"感等不足。另外，"立雪堂"前之叠石，也有

图 13-129　苏州狮子林湖心亭

图 13-130　苏州狮子林西南石桥

图 13-131　苏州狮子林从假山上西望问梅阁

过分追求狮、牛、蛙、蟹形似之嫌，皆与写意山水园林本应追求之山水意境相去甚远（图 13-132～图 13-134）。

6.苏州沧浪亭

沧浪亭位于苏州市人民路沧浪亭街，占地 9300 多平方米，为国家重点文物保护单位。北宋庆历四年（公元 1044 年），集贤殿校理、监进奏院苏舜钦（著名的词人，与宋诗的"开山祖师"梅尧臣合称"苏梅"）蒙冤遭贬，流寓到苏州，见五代孙承佑的废园"草树郁然，崇埠广水"，便以四万钱购得。苏舜钦遭贬后便自号"沧浪翁"，吟唱着"沧浪之水清兮，可以濯我缨；沧浪之水浊兮，可以浊我足"的渔父歌，在城市中过起了一段隐逸山水、逍遥自乐的生活，还曾作著名的《沧浪亭记》。庆历八年复官为湖州长史，未及赴任即病逝。

沧浪亭流转至清康熙

图 13-132　苏州狮子林东南望假山 1

图 13-133　苏州狮子林东南望假山 2

图 13-134　苏州狮子林西南望假山

三十五年（公元1696年），园主重新修葺，移建沧浪亭于岗阜林石间，并增建廊、轩、入口石桥等。清末年间，毁而复修，后又重新修整（图13-135）。

沧浪亭是一座风格独特的园林，未入园门先见景。园前横街西侧路口便立"沧浪胜迹"石坊，从石坊边开始有一湾清流直引至坐南朝北的园门，并一直向东流去。特别是沧浪亭沿其北面河道的建筑等，不仅丰富了园外景观，还使得这一区域的景

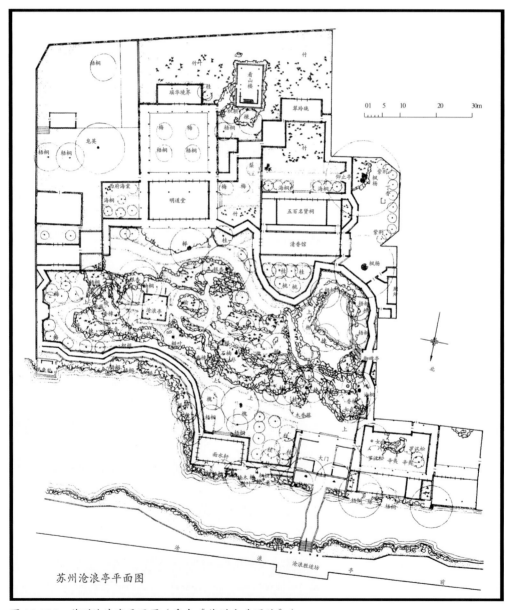

苏州沧浪亭平面图

图13-135 苏州沧浪亭平面图（采自《苏州古典园林》）

观之美甚至胜过了园内（图13-136～图13-142）。

过桥入园门，因园北部以山林小池为主、南部以建筑为主，入园门后即可见山石横卧，将满园景色深深遮掩。

若从园门循内外复廊东行，有可连通外河的"面水轩""观鱼处"等建筑。前者轩前竖有清康熙年间江苏巡抚宋荦所撰《重修沧浪亭记》碑；后者屏风板上有现代学者蒋吟秋所书苏舜钦的《沧浪亭记》。廊墙上漏窗形式无一雷同，并使得园内外景观可互相因借，若隐若现。若从园门顺曲廊南行，曲廊随地形而起伏变化，中

图13-136　苏州沧浪亭街入口处石牌坊

图13-137　苏州沧浪亭外河西段1

图 13-138　苏州沧浪亭外河西段 2

图 13-139　苏州沧浪亭北门

图 13-140　苏州沧浪亭外河东段 1

图 13-141　苏州沧浪亭外河东段 2

图 13-142　苏州沧浪亭外河东段 3

置御碑亭，碑上刻康熙帝南巡时题写的诗联。廊之东有园内小池。

　　入园北部院中的小山，偏东部分外为叠砌黄石，内为包裹土丘，方便配置以箬竹、乔木，苍翠随处可见，效果自然、苍古。石构架的沧浪亭坐落于东部山巅，古亭石枋上"沧浪亭"三字为清朝名士俞樾所书，亭柱有联"清风明月本无价，近水远山皆有情"；山之偏西处邻近小池，山表多以黄石掺杂湖石所叠，稍显琐碎，又有跨山的汉桥和隧洞。沧浪亭中这组堆叠的假山并不高大，整体形象颇似自然地形的起伏，但亦为江南私家园林中低矮的堆山叠石中的精品（图 13-143 ~ 图 13-155）。

　　南部园区之西有"清香馆""五百名贤祠"。过此祠后有南庭，庭南为"翠玲珑"。

图 13-143　苏州沧浪亭入门后便遇假山

图 13-144　苏州沧浪亭西端长廊

图 13-145　苏州沧浪亭西端长廊与湖池

图 13-146　苏州沧浪亭湖池和御碑亭

图 13-147　苏州沧浪亭御碑亭下湖池边的叠石

图 13-148　苏州沧浪亭假山西段蹬道

图 13-149　苏州沧浪亭假山东段山巅及沧浪亭

图 13-150　苏州沧浪亭假山中段山巅

图 13-151　苏州沧浪亭假山西段山巅

图 13-152　苏州沧浪亭假山西段隧洞

图 13-153　苏州沧浪亭假山北坡与南面长廊

图 13-154　苏州沧浪亭东部长廊与碑亭

图 13-155　苏州沧浪亭从山巅望面水轩

祠之东为"明道堂"，南庭有"瑶华境界"；最南有楼阁，下部叠石为两室隧洞，门额刻道光皇帝所书"印心石屋"。石屋前还有叠石围成的小院，入口也呈隧洞形式，上刻林则徐手书"圆灵证鉴"。石屋上有高阁两层，名为"看山楼"。之前近俯南园，平畴村舍，远眺楞伽、七子和灵岩、天平诸山，隐现槛前。而今已被周围的高楼所围，视野近乎咫尺，旧景已不复见（图13-156～图13-158）。

7. 同里镇退思园

同里镇位于今苏州市吴江区东北的太湖之滨、京杭大运河畔，距苏州市老城区近40里，是一个具有悠久历史和典型水乡风格的古镇。同里风景优美，镇外四面环水，镇内由15条河流纵横分割为7个小岛，并由49座桥连接。镇内家家临水、户户通舟，明清民居鳞次栉比。宋元明清石桥保存完好，镇内大小园林也引人入胜，退思园就是其中典型代表。

退思园是清光绪十一年到十三年（公元1885年—公元1887年）期间，任安徽"凤、颖、六、泗"兵备道的任兰生在"部议革职位"后落职回乡，花十万两银子建造的宅园，取名"退思"，即《左传》"进思尽忠，退思补过"之意，据说当时是请画家袁龙为之设计。此园位于同里镇中心，占地近6700平方米，宅、园一体，现为国家重点文物保护单位。此宅园东西向布置，从西向东，西部为住宅，东部为园林，之间有中庭为过渡区。

图13-156 苏州沧浪亭看山楼

图 13-157　苏州沧浪亭看山楼下部叠石

图 13-158　苏州沧浪亭看山楼下石隧洞

西部住宅有三组十分考究的建筑，最西边有"门厅（轿厅）""茶厅""正厅"，中间有"下房""走马楼"（五楼五底，名"畹多楼"），东边有居南的"岁寒居""迎宾室"和居北的"坐春望月楼"，还有贴中部回廊而居中的"旱船"。建筑物高低错落、组合得宜，可与东部园林争辉（图 13-159、图 13-160）。

东部园林主要以湖池为中心，有叠石和曲桥、回廊、复廊、亭、台、楼、阁、轩等类型的建筑，主要以环池贴水而筑，突出了水面的汪洋之势，故有"贴水园"之称。池北有"退思草堂"，池西北角有"揽胜阁"和"轩"。揽胜阁与前院北面二层的住宅部分相连，是俯瞰全园的最佳观景点，有约 270 度的视野，属于设计精巧的高视点园林要素内容。池西有"九曲回廊""水香榭"和"闹红一舸"，前者也是西部与东部衔接处的重要建筑，后者船头采用悬山形式，屋顶榜口稍低。船身由湖石

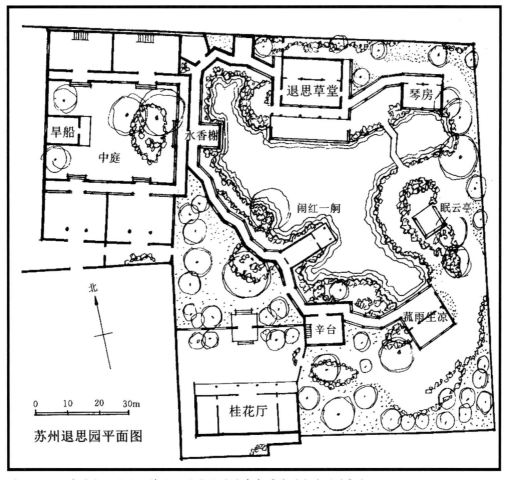

图 13-159　苏州吴江区同里镇退思园平面图（采自《苏州古典园林》）

图 13-160 苏州吴江区同里镇退思园旱船

托起，外舱地坪紧贴水面。水穿石隙，潺流不绝，仿佛航行于江海之中；船头红鱼游动，点明"闹红"之趣。

池南有"辛台""菰雨生凉轩"，两者以两层的复廊相连，在辛台和复廊的二层也可以俯瞰全园。还有退至西南角、独立成院的"玉露"和"桂花厅"；池东有"眠云亭""三曲桥""琴房"。它们各具形态、错落有致、揖让有序（图 13-161 ～图 13-170）。

退思园可以说有两大特点：首先是叠石运用技巧比较突出，除了眠云亭三面依附于体量稍大的"假山"外，沿着水岸的置石与植物的紧密配合，为园区增色不少，再与四周的建筑配合，在园内各个位置流连欣赏都美不胜收；其次，园区虽然不大，但"揽胜阁""辛台""复廊""眠云亭"等高视点园林要素内容为园区增加了近一倍的视觉欣赏的落脚点。正是因退思园小巧而精致、清淡而典雅，1986 年，在美国纽约市斯坦顿岛植物园内，以退思园为蓝本，建造了一座面积 3850 平方英尺的江南庭园，名"退思庄"。

另外，在同里镇还有几座小型的宅园，其中以明代处士朱祥所建耕乐堂比较突出。

注 1、注 3：（宋）朱长文撰《吴郡图经续记·上卷·亭馆》。

注 2：（南朝·宋）祖冲之《述异记》，载于《大平御览·卷二百三十六》。

注 4：（宋）辛弃疾《生查子·独游雨岩》。

注 5：（宋）苏轼《点绛唇·闲倚胡床》。

图 13-161　苏州吴江区同里镇退思园水香榭

图 13-162　苏州吴江区同里区退思园闹红一舸

图 13-163　苏州吴江区同里镇退思园水香榭与揽胜阁

图 13-164　苏州吴江区同里镇退思园从西南角东南望

图 13-165　苏州吴江区同里镇退思园从揽胜阁东望

图 13-166　苏州吴江区同里镇退思园从揽胜阁东南望

图 13-167　苏州吴江区同里镇退思园从东南往西北望退思草堂等

图 13-168　苏州吴江区同里镇退思园退思草堂西北走廊

图 13-169　苏州吴江区同里镇退思园眠云亭

图 13-170　苏州吴江区同里镇退思园从眠云亭西南望辛台、复廊与菰雨生凉轩局部

第四节　北京地区的私家园林建筑体系

一、北京私家园林爆发式出现与发展

从辽金元至明清，北京虽为北方城市，但也成为了私家园林建设与发展最集中的地区之一。记载辽金时期北京地区私家园林的资料较少，零星记载的有辽赵延寿的"别墅"、郭世珍的"独秀园"（位于现通州区），金赵亨的"种德园"（位于现丰台区）、"草三亭"（位于现丰台区）、王郁的"钓鱼台别墅"等。如明崇祯进士、清左都御史、太子太保孙承泽的《春明梦余录·卷六十四·名迹一》载："钓鱼台在阜成门外南十里花园村，有泉自地涌出，金人王郁隐居于此，筑台垂钓。"辽金的北京城位于现北京城的西南部，那里原本地势低洼、水网密布，因此私家园林多集中于西南部地区。元末熊梦龙的《析津志辑佚·古迹》中对此也有简单的表述。

至元、明、清三朝，北京地区更是集中爆发式出现并发展了大量的私家园林，原因大致有三个：

（1）作为全国的政治、文化和经济中心，皇亲国戚、文人士大夫、商贾巨富等云集于此，而权力、财富或兼而有之者，向来就是建造并拥有园林最基本的条件。并且园居生活早已成为了世俗生活中既奢侈又高雅的标志。历史学家陈垣先生在《元西域人华化考》中称："自唐以来，庄园之风极盛，离宫别馆，榱（cuī，屋椽）栋相望。风气所趋，西域人亦竞相仿效，此其故半因豪富，半因爱慕华风"（注1）。其中"半因豪富，半因爱慕华风"，非常准确地道出了建造并拥有园林的基本条件和基本动机。

（2）相比较而言，元明清时期商业经济和城市化程度都超过以往，即便人们对自然还有向往和怀恋之情，但那些身处宦海闹市核心的文人士大夫等，很少再有机会和意愿去遨游名山大川，"林泉之志""烟霞之侣"等早已"耳目断绝"。清朝自不待言，明朝朱元璋钦定的《大诰》中规定："寰中士大夫不为君用，罪至抄劄。"（注2）在这前无古人的法令下，苏州才子姚润、王谟因征诏不至，江西贵溪儒士夏伯启叔侄因把左手大指剁去，以示不肯出山为官，最终皆被朱元璋所杀。同时，朱元璋还制造了许多看起来是莫名其妙的文字狱，如浙江府学教授林元亮、北平府学训导赵伯宁、福州府学训导林伯璟、桂林府学训导蒋质，都因执笔的表章中有歌颂皇帝为天下"作则"一类字样，被认为"则"是影射"贼"。这类无从辩解的杀戮和"寰中士大夫不为君用，罪至抄劄"均显现了皇权的绝对性对士人阶层的巨大的威慑。如果说两宋时期也存在文化专制，但至少文人士大夫的人格在表面上还是得到了尊重，所以他们能够以"气节"自励，维持以"仕"求"道"的行为与品格。而明朝自其立国之初，就彻底取消了那些较著名的文人与政权游离的选择，因此他们不如干脆主动选择遨游于宦海，在安身立命的同时，也不妨居于闹市以寻幽，意淫于"山水相忘"之乐，在安稳之下还可以寄情笔墨以卧游。

（3）北京虽然是北方城市，但城内外的水利设施建设非常完善，有河湖和泉水等可以利用，且当时北京的地下水位比较高，方便在园林的池旁凿井取水，为私家园林的建造提供了必要的自然条件。实际上直至20世纪70年代，北京东南郊区县的地下水位还非常高，那时农村还保留着土葬的习俗，在开挖墓穴时，墓穴中很快就会涌满了地下水。

二、元朝时期北京的私家园林建筑体系

元世祖忽必烈登上汗位后，在原金中都城的东北开始建造新城，至元八年（公元1271年）改国号为"元"，次年定都城名为"大都"，这也是北京地区在中国历史上首次成为统一的全国性政权的首都，从此大都开始了经济发达、百业兴旺的局面，极大地促进了主要依靠权力、资源与财富占有为依托的私家园林的建设和发展，同时，私家园林的建设也顺势进入了第一个高潮时期。元朝统治者定天下子民为蒙古、色目、汉人、南人四等，前两者人口虽少，却集中占有大部分的社会财富，

因此元大都的私园，多为蒙古人和色目人所有，但也有一些布衣文士坐拥私园。虽然资料有限，见于历史文献的名园已不下几十座之多。元大都的私家园林位于郊外的要远多于城内的，且东、南、西三面郊区都有许多园林兴筑，西南郊因水资源丰富，又邻近辽金旧城，园林尤其兴盛（图 13-171）。

金末元初的文学家、历史学家元好问所撰《遗山先生文集·卷三十三》中载有曾为当时幕府从事刘某的"别业"所作《临锦堂记》，称此园"引金沟之水渠而沼之，竹树葱茜，行布棋列，嘉花珍果，灵峰湖玉，往往而在焉。堂于其中，名之曰'临锦'。"《春明梦余录·卷六十四·名迹一》说："今右安门外西南，泉源涌出，为草桥河，连接丰台，为京师养花之所。元代右丞相廉希宪之'万柳园'、赵参谋之'匏瓜亭'、栗院使之'玩芳亭'、张九思之'遂初堂'，皆在于此。"明朝刘侗、于奕正撰《帝京景物略·卷三·南城内外》载："右安门外南十里草桥，方十里，皆泉也，会桥下，伏流十里，道玉河以出，四十里达于潞（河）……土以泉，故宜花，居人遂花为业……草桥去丰台十里，中多亭馆，亭馆多于水频圃中。而元廉希宪之'万柳堂'、赵参谋之'匏瓜亭'、栗院使之'玩芳亭'，要在弥望间，无址无基，莫名其处。"

元大都最著名的私家园林当数元代右丞相廉希宪（维吾尔族）的别业"万柳堂"。

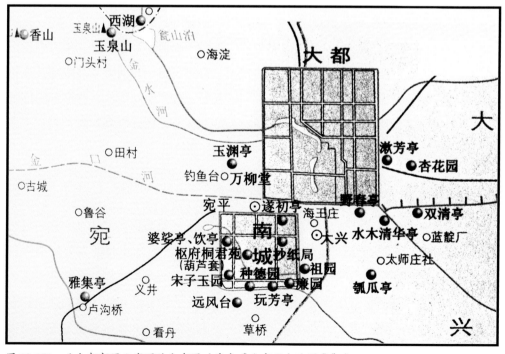

图 13-171　元大都郊区私家园林分布图（采自《北京历史地图集》）

明万历时蒋一葵撰《长安客话·卷三·郊坰杂记》载："元初，野云廉公希宪即钓鱼台为别墅。构堂池上，绕池植柳数百株，因题曰'万柳堂'。池中多莲，每夏柳荫莲香，风景可爱。"蒋一葵比刘侗、于奕正年长至少二十余岁，他认为廉希宪的万柳堂在今海淀区钓鱼台而不是今丰台区草桥。元朝画家赵孟頫画过一幅《万柳堂图》，其上题诗曰："万柳堂前数亩池，平铺云锦盖涟漪。主人自有沧州趣，游女仍歌白雪词。手把荷花来劝酒，步随芳草去寻诗。谁知咫尺京城外，便有无穷万里思。"

清朝顾嗣立所编《元诗选二集》中载有元参知政事王士熙为栗院使之"玩芳亭"所作《题玩芳亭诗》五首，描述曰："每忆城南路，曾来好画亭。栏花经雨白，野竹入云青。波景浮春砌，山光扑画扃。褰衣对薜萝，凉月照人醒。何处春来好？城南尺五天。地幽迷晓树，花重压春烟。上客抛罗袂，佳人舞画筵。晓来清兴熟，移坐曲池边。留客青春过，题诗碧雾寒。乱莺穿舞障，轻蝶立回栏。白日闲斟酒，清时早挂冠。主人多雅兴，不觉玉卮干。拂拭亭前石，东风屋角生。浅云浮水动，迟日傍花明。春去青林合，人来白鸟迎。暮尘回首处，此地可忘情。美酒朝朝熟，佳宾日日来。玉卮擎雨露，翠袖拂尘埃。预恐春城闭，先教晚骑回。只今行乐地，飞絮落莓苔。"

以上两园亦大面积地种植牡丹等花卉，仿佛重现了北宋汴梁某些私家园林的景象。

《析津志辑佚·古迹》载："匏瓜亭在燕之阳春门（笔者按：金中都东城墙南门）外，去城十里。亭之大，不过寻丈。又匏瓜乃野人篱落间物，非珍奇可玩之景。然而士大夫竞为歌、诗，吟咏叹赏，长篇短章，累千百万言犹未已。"元朝最著名的政治家耶律楚材之子耶律铸，作为先朝旧臣，在忽必烈即位后曾屡罢屡起，最终被罢免，曾作《匏瓜亭》诗："一壶天地备菀裘，应结壶翁物外游。田仲尽当多屈榖，惠施何得应庄周。岂容五石为无用，好办千金预为酬。匏落纵甘成弃物，世途元更有中流。"

"匏瓜亭"私园中有"幸斋""东皋村""耘轩""暇观台""清斯池""流憩园""归云台""秋涧"八景，以彰显清高脱俗之意趣。

《析津志辑佚·古迹》载："遂初亭在京施仁门北（笔者按：金中都东城墙北门），崇恩福元寺西门西街北，旧隆禧院正厅后。乃章子有平章别墅也。"詹事张九思的"遂初亭"花木水石之胜甲于京师。清人张景星、姚培谦、王永祺编选《元诗别裁集》中，载有赵孟頫《张詹事遂初亭》诗云："青山绕神京，佳气溢芳甸。林亭去天咫，万象争自献。年多佳木合，春晚余花殿。雕栏留戏蜂，藻井语娇燕。退食鸣玉珂，友于此中宴。"

《钦定日下旧闻考·卷九十·郊坰南》引元朝著名学者、谏臣王恽的《秋涧集·远风台记》中记述御史韩某的"远风台"："补丰宜门（笔者按：金中都南城墙正门）外西南行四五里，有乡曰'宜迁'，地偏而嚣远，土腴而气淑。郊邱带乎左，横冈亘其前。中得井地三九之一，卜筑耕稼，植花木，凿池沼，覆篑（kuì，用草编的筐子）池旁，架屋台上，隶其榜曰'远风'。以为岁时宾客宴游之所者，韩氏之昆仲、总管通甫判府君美也。"

清吴长元根据清康熙年间朱彝尊编辑的《日下旧闻》和清英廉、于敏中、宾光鼐等奉乾隆皇帝敕编的《钦定日下旧闻考》两书提要钩玄、去芜存菁而成的《宸垣识略·卷九·外城一》载，在城南郊的"葫芦套"："楼台掩映，清漪旋绕，水花馥郁，非人间景。"位于今崇文门外的御史王俨的"水木清华亭"："园池构筑，甲诸园第。"

大都城的齐化门（今朝阳门）外有"漱芳亭"，元末明初陶宗仪所撰《南村辍耕录·卷九》载："漱芳亭道士张伯雨，号'句曲外史'，又号'贞居'，尝从王溪月真人入京。初，燕地未有梅花，吴间闲宗师（全节），时为嗣师，新从江南移至，护以穹庐，扁曰'漱芳亭'。"

大都城的东郊有"姚氏园"，《钦定日下旧闻考·卷八十八·郊坰东一》载："至元初，姚长者仲实于城东艾村得沃壤千五百余亩，构堂树亭，缭以榆柳，环以流泉，药阑蔬畦，区分井列，日引朋俦觞泳其间，优游四十余年，泊然无所干于世。"

大都城东郊潞县（今北京市通州区）有"崔氏园"，以盛植花卉著名。

大都城内园林选址以邻近积水潭地区为主（注3），如"万春园""望湖亭"。另外，位于西城的丞相伯颜府园中有"丽春楼"、位于东城的著名孝义之家张氏宅园名"柏溪亭"等，也都是城内名园。

元人的宴游之风很盛，与以往历史上特别是隋唐、两宋时期的传统一样，元大都的私家园林有很多是向公众开放的。《钦定日下旧闻考·卷五十四·内城北城》引《明统一志》描述今日玉渊潭之地："元时郡人丁氏故池，柳堤环抱，景气萧爽，沙禽水鸟多翔集其间，为游赏佳丽之所。元人游此，赓和（意为续用他人原韵或题意唱和）极一时之盛。"又引清词人纳兰性德《渌水亭杂识》载："元时海子岸有'万春园'，进士登第恩荣宴后，会同年于此。宋显夫诗所云：'临水亭台似曲江也'。"《宸垣识略·卷八·内城四》推测"万春园"的位置在今火神庙后。

三、明朝时期北京的私家园林建筑体系

明洪武元年（公元1368年），大将军徐达、常遇春率军北伐，元顺帝远遁大漠，

大都被明军占领，改为北平府。后燕王朱棣以"靖难"为名，由北平起兵南伐夺取帝位。永乐元年（公元 1403 年），北平设顺天府，改为北京。永乐十九年（公元 1421 年），正式迁都，北京重新成为全国的首都。

在明成祖朱棣迁都之后，有大量官员随之北上，以京师为家。孙承泽撰《天府广记•卷二•明初风气》载："明初风气淳厚，上下恬熙。官于密勿者（笔者按：勤勉努力），多至二三十年，少亦十余年。故或赐第长安，或自置园圃，率以家视之，不敢蘧庐（qú lú，驿站中供人休息的房间）一官也。"此后奢侈之风渐长，"史载孝宗时，令南北五城遇百官夜饮归，使各铺火夫提灯传送，真盛世之风也。神宗朝，宫膳丰盛，列朝所未有。不支光禄钱粮，彼时内臣甚富，皆今轮流备办，以华侈相胜。又收买书画玉器侑馔，谓之孝顺。上惟岁时赏赐而已，至崇祯禁止。"

至神宗万历年间，北京私家造园之风日渐大盛，进入了第二个高潮期。明沈德符撰《万历野获编•卷二十四•畿辅》之"京师园亭"称："都下园亭相望，然多出戚畹勋臣以及中贵，大抵气象轩豁，廊庙多而山要少，且无寻丈之水可以游泛。惟城西北净业寺（笔者按：位于今什刹海西海北岸）侧，有前后两湖，最宜开径。今惟徐定公（笔者按：徐文璧，徐达八世孙）一园，临涯据涘，似已选胜，而堂宇苦无幽致，其大门棹楔（笔者按：门旁表宅树坊的木柱），颜曰'太师圃'，则制作可知矣。以予所见可观者，城外则李宁'远圃'最敞，主人老恚，不复修饰，闻今已他属。'张惠安园'独富芍药，至数万本，春杪贵游，分日占赏，或至相竞。又万瞻明都尉园，前凭小水，芍药亦繁，虽高台崇榭，略有回廊曲室，自云出翁主指授。又米仲诏'进士园'，事事模效江南，几如桓温之于刘琨，无所不似，其地名'海淀'，颇幽洁。旁有戚畹李武清新构亭馆，大数百亩，穿池叠山，所费已巨万，尚属经始耳。其他字据写本补，豪贵家苑囿甚夥（huǒ，多），并富估豪民，列在郊墅（shuò，诉求）杜曲（笔者按：樊川）者，尚俟续游。盖太平已久，但能点缀京华即佳事也。"

沈德符描述的明朝京城私家园林相对于南方的，在整体上的特点是山、水少，建筑多。目前能够确定的明朝时期京城内外的私家园林的具体位置，比元朝时期的更清晰，再参考其他文献来看，其实仍是以水作为重要的园林要素内容，因为这些园林基本上是遍布于城内便于引水之地、西北郊即城内水系的流入方向、东南郊和南郊即京城水系的流出方向，且南郊又有凉水河水系。其中又以西北郊海淀地区、西城什刹海（也就是积水潭）地区名园最多。再有，当时于城外水系的上下游之地，本身就有很多的"水泡子"，直接可以利用，而靠近主要水系地区，不但自然环境优美,地下水位也高,便于凿井取水。还有极个别的园林直接从这些河流中引水。《钦定日下旧闻考·卷五十四·内城北城》说:"西山诸泉从高梁桥流入北水关,汇此,折而东南,直环地安门宫墙(指皇城墙),流入禁城,为太液池。元时既开通惠河,运船直至积水潭。自明初改筑京城,与运河截而为二。积土日高,舟楫不至,是潭之宽广,已非旧观。故今指近德胜桥者为积水潭(笔者按:今"西海"),稍南者为什刹海(笔者按:今"前海"和"后海"),又东南者为莲花泡子,其始实皆从积水潭引导成池也。"(图13-172)

明朝因有藩王之国制度,诸王成年后均需离京至其封地居住,故永乐年后北京私家园林中并无王府花园,而是以外戚、功臣世家以及宦官等人的园亭为最鼎盛,其余官僚、文人次之。清人宋起凤《稗说·卷四》载:"定国、成国两公(笔者按:中山王徐达和东平王朱能之后人),李、周、田三外家,王、魏、曹、李诸臣,皆有家园艺第筑于内第,即燕中士大夫,亦不得过而流览焉。"

明朝北京私园声名最著者,为位于西北郊海淀地区的米万钟"勺园"和武清侯李氏的"清华园",文献记载也最详细。

米万钟(字仲诏)是明朝著名的书画家,宋朝米芾后人。从万历二十四年(公

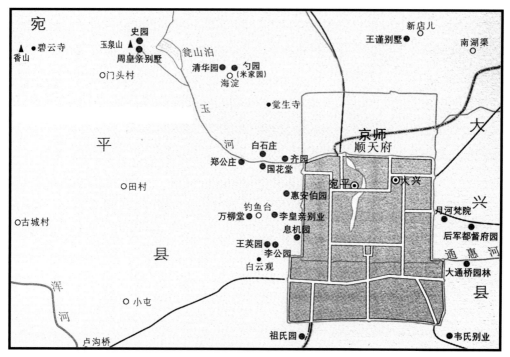

图13-172 明朝时期北京郊外私家园林分布图(采自《北京历史地图集》)

元 1596 年）开始任官，崇祯元年（公元 1628 年）后担任太仆寺少卿理光禄寺寺丞事。其勺园位于今北京大学西门内南北地段以及未名湖一带。或曰深受江南园林风格影响，或曰私家园林的基本造园手法亦如此，其本人绘制的《勺园修禊图》，烟水迷离，桥堤纵横，空间曲折，堂、楼、亭、榭、舫等建筑造型朴素，植物以柳、松、竹、芭蕉为主。明人孙国光的《游勺园记》称：

"驻湛园之旬日，适雨师洒道，清和月，乃欲如秋。友人胥西臣曰：'曷不决策为勺园游？'遂同策马出西直门。……园入路有棹楔（zhào xiē，有标识内容的木桩）曰'风烟里'。里之内，乱石磊珂齿齿，夹堤高柳荫之。折而南，有堤焉。堤上危桥云耸，先令人窥园以内之胜，若稍以游人馋想者，曰'缨云桥'，盖佛典所谓'缨络云色'，苏子瞻书额。直桥为屏墙，墙上石曰'雀滨'，黄山谷书额。从桥折而北，额其门，曰'文水陂'，吕纯阳乩笔书额。门以内，无之非水也。而跨水之第一屋，曰'定舫'。舫以西，有阜隆起，松桧环立离离，寒翠倒池中，有额，曰'松风水月'。阜陡断，为桥九曲，曰'逶迤梁'，即园主人米仲诏先生书额。逾梁而北，为'勺海堂'，堂额吴文仲篆。堂前古石蹲焉，栝子松椅之。折而右个，为曲廊，廊表里复室皆跨水，未入园先闻响屧（xiè）声（笔者按：春秋时期吴宫有'响屧廊'，吴王令西施步屧，廊虚而响，故名）。南有屋，形亦如舫，曰'太乙叶'，盖周遭皆白莲花也。从太乙叶东南走竹间，有碑焉，曰'林于滏'（笔者按：'林于'，竹名；'滏'，古水名）。燕京园墅得水难，得竹弥难。竹间有高楼，从万玉中涌出，曰'翠葆楼'，楼额邹颜吉书。登斯书楼也，如写一园之照，俯看池中田田（笔者按：'田田'，指莲叶茂盛的样子），今人作九品莲台想（笔者按：谓九品往生之行者所乘坐之莲台，略称'九莲'）。更从树隙望西山爽气，尽足供柱笏云。从楼中折而北，抵水，无梁也（笔者按：'梁'即'桥'）。但古树根络绎水湄，仍以达于太乙叶，曰'槎枒渡'（笔者按：'槎枒'，本指树枝的分叉，也指怪石歧出的状态），亦园主人自书额。从楼而东，一径如鱼脊，拾级而上为松岗，有石笋离立，一石几峙其上。又蛇行下，折而北，为水榭，榭盖头以茅，正与定舫直，而不相通。榭下水仅碧藻沈泓，禁莲叶不得蹁入，盖鱼龙潼潘所都处也。自是返自曲廊，别有耳室，其上一线漏明，如天井岩，梯而上，临然平台，不知其下有屋，屋下复有莲花承之也。从台而下，皆曲廊，如螺行水面，以达于最后一堂，堂前与勺海堂直，仍是莲花水隔之，相望咫尺不得通。启堂后北窗，则稻畦千顷，不复有缭垣焉。此中听布谷鸟声与农歌互答，顾安得先生遂归而老其农于斯乎？自是返至勺海堂，左个为水榭，榭东小堤，度一亭，亭内为泉一泓，昔西岳十丈莲生玉井，此则井乃藏莲花中，亦奇亦哉！从亭折而南，为'濯月池'，池在屋中，池形与窗楞形，比如偃月然。池南为浴室，额其气楼曰'蒸云'，仍与定舫直，而不相通，然种种不相通处，又皆莲花水百脉灌注而蔑（笔者按：'蔑'即'无'）不通也。莲花水上皆荫以柳线，黄鹂声未曙来枕上，迄夕不停歌，何尝改江南韵语也？大抵园之堂、若楼、若亭、若榭、若斋舫，虑无不若岛屿之大海水者，无廊不响屧，无室不浮玉（笔者按：传说有仙人居住的地方），无径不泛槎（笔者按：亦作"泛查"，指乘木筏登天的出入口），将海淀中固宜有勺园耶？园以内，水无非莲，园以外，西山亦复岳莲，其胜！"

米万钟在城内另筑有"湛园""漫园"。《宸垣识略·卷七·内城三》载，湛园近西长安门，有"石丈斋""石林""仙籁馆""茶寮""书画船""绣佛居""竹渚""敲云亭"诸胜；《宸垣识略·卷八·内城四》载，漫园在积水潭东，有临水高阁三层。此二园在当时同样著名，文人题咏很多。

武清侯李伟是明外戚世家（嘉靖皇帝朱厚熜的岳父），身份显赫。其清华园规模较大，方圆十里，广达数百亩，内容与风格也更显富丽恢弘。《帝京景物略·卷五·西城外》云："巴沟自青龙桥，东南入于淀。淀南五里，丹陵沜（pàn，同"畔"）。沜南，陂者六，达白石桥，与高梁水并。沜而西，广可舟矣，武清侯李皇亲园之。方十里，正中'挹海堂'，堂北亭，置'清雅'二字，明肃太后手书也。亭一望牡丹，石间之，芍药间之，濒于水则已。飞桥而汀，桥下金鲫，长者五尺，锦片片花影中，惊则火流，饵则霞起。汀而北，一望又荷蕖（qú），望尽而山，剑铓螺矗，巧诡于山，假山也。维假山，则又自然真山也。山水之际，高楼斯起，楼之上斯台，平看香山，俯看玉泉，两高斯亲，峙若承睫。园中水程十数里，舟莫或不达，屿石百座，槛莫或不周。灵璧、太湖、锦川百计，乔木千计，竹万计，花亿万计，阴莫或不接。"

《钦定日下旧闻考·卷七十九·国朝苑囿》引明孙国敉撰《燕都游览志》对此也记述颇详，其中有："武清侯别业，额曰'清华园'，广十里，园中牡丹多异种，以绿蝴蝶为最，开时足称花海。西北水中起高楼五楹，楼上复起一台，俯瞰玉泉诸山。"

引清吴邦庆的《泽农吟稿》也说："武清侯海淀别业引西山之泉汇为巨浸，缭垣约十里，水居其半。叠石为山，岩洞幽居。渠可运舟，跨以双桥。堤旁俱植花果，牡丹以千计，芍药以万计。京国第一名园也。"

引明工部郎中高道素的《明水轩日记》说："清华园前后重湖，一望漾渺，在都下为名园第一。若以水论，江淮以北亦当第一也。"

从以上这些相近的记录来看，在明朝时期的私家园林中，武清侯的清华园无论其规模还是内容等，恐怕要堪称全国第一了，这在中国古代社会中后期是实属少有的个案。武清侯李伟另有"钓鱼台别业"（李皇亲别业）和"十景园"等。

相比较而言，前述勺园等追求雅致幽远的意境，清华园则追求富丽恢弘的气魄。在清朝成亲王永瑆著《诒晋斋集·卷六》中载有明末宰辅叶向高的评价为："李园壮丽，米园曲折；米园不俗，李园不酸。"

勺园和清华园均位于"海淀"，所圈湖泊应属自然。明朝也有一些私家园林擅自引用京城供水系统中上游之水的实例，如《明史·宦官一》记载成化年间大太监李广"起大第，引玉泉山水，前后绕之。给事叶绅、御史张缙等交章论劾……"李广的宅第就位于后来的清朝和珅宅，也就是再后的恭王府，西面的柳荫街位置即为原李广宅第西侧的河道。

西直门外的高梁河是西水入京的重要河流之一，从高梁桥至白石桥一带就有外戚的"张氏庄""郑公庄""畹园"和驸马万炜"白石庄"等。《帝京景物略·卷四·西城外》载，"白石庄"内有"爽阁""郁冈轩""翳月池"，"秋色甚美，牡丹为最，文士多有题咏"。另载惠安伯张元善在西郊有一座"牡丹园"，方圆数百亩，遍植牡丹、芍药，密如菜畦，完全以花取胜，成一大特色，为京人游观胜地，但难属"建筑学意义的园林"。可能其田亩多为依靠权势而来。因此《明神宗显皇帝实录·卷八十四》载："追夺惠安伯张元善侵占地亩花利，仍罚禄米一年，拨置家人陈嘉猷等发遣、发配有差。"

从高梁桥至石桥一带在元朝就属于著名的风景区，到了明朝更是如此。《帝京景物略·卷四·西城外》载："高梁桥堤北数十里大抵皆别业、僧寺，低昂疎簇，绿树渐远，间以水田，界如云脚下一空。距桥可三里为极乐寺址，寺天启初年犹未毁也，门外古柳，殿前古松，寺左国花堂牡丹，西山入座，涧水入厨。神庙四十年间，士大夫多暇，数游寺，轮蹄无虚日，袁中郎黄思立云：'小似钱唐西湖然'。"又称这一带："夹岸高柳，丝丝到水。绿树绀宇，酒旗亭台，广亩小池，荫爽交匝。岁清明，桃柳当候，岸草遍矣。都人踏青高梁桥，舆者则褰，骑者则驰，蹇驴徒步，既有挈携，至则棚席幕青，毡地藉草，骄妓勤优，和剧争巧……是日游人以万计，簇地三四里。浴佛、重午游也，亦如之。"

西城什刹海、积水潭一带因为邻近大片水面，借景十分方便，成为城内最集中的园林区。《帝京景物略·卷一·城北内外》中述及什刹海、积水潭一带的胜境说："京城外之西堤、海淀，天涯水也。皇城内之太液池，天上水也。游，则莫便水关。《志》有之，曰'积水潭'，曰'海子'，盖《志》名……水一道入关，而方广即三四里，其深矣鱼之，其浅矣莲之，菱芡之，即不莲且菱也，水则自蒲苇之，水之才也。北水多卤，而关以入者甘，水鸟盛集焉。沿水而刹者、墅者、亭者，因水也，水亦因之。梵各钟磬，亭墅各声歌，而致乃在遥见遥闻，隔水相赏。立净业寺（笔者按：位于德胜门西）门，目存水南。坐太师圃（笔者按：定国徐公别业）、晾马厂、镜园、莲花庵、刘茂才园，目存水北。东望之，方园也，宜夕。西望之，漫园、湜园、杨园、王园也，望西山，宜朝。深深之太平庵、虾菜亭、莲花社，远远之金刚寺、兴德寺，或辞众眺，或谢群游矣。"

在此地段还有弘治年间（第九个皇帝孝宗朱祐樘的年号）内阁首辅李东阳的"西涯别业"，位于鼓楼斜街沿湖一带，园中辟有桔槔亭、莲池、菜园等。更可远眺墙外的什刹海和钟鼓楼。后为法华庵址，相邻海印寺。

这一地带因风景独好，私园与寺院混杂。但因地界有限，私园便肯定大小不一。《钦定日下旧闻考·卷五十四·内城北城》载："定国徐公别业，从德胜桥下右折而入（今积水潭医院位置）……前一堂，堂后汙折至一沼，地颇疏旷。沼内翠盖丹英，错杂如织。沼北广榭，后拥全湖，高城如带，庭有垂柳，袅袅拂地，婆娑可玩。堂左右书室，西筑高台，从出树杪，眺望最远，滨湖园为第一；孝廉刘百世别业，堂三楹（开间），南有广除（笔者按："除"，假山），眺湖光如镜，故名'镜园'。下有路，委折临湖。门作一台，望山色遥清可鉴。台下地最卑，眺湖较远……刘茂才园，创三楹北向，无南荣，东累层级而降，下作朱栏小径。北轩二楹，南有小沼种莲，北扉当湖东，有书室，上作平台。此地居湖中，乃南北最修处，所以独胜；湜园者，太守苗公君颖别业也，西面望湖；杨园在湜园稍南，杨侍御新创。"在这些私园中，"定国徐公别业"的规模稍大。

《帝京景物略·卷一·城北内外》载英国公"新园"："夫长廊曲池，假山复阁，不得志于山水者所作也，杖履弥勤眼界则小矣。崇祯癸酉岁深冬，英国公乘冰床，渡北湖（笔者按：后海），过银锭桥之观音庵，立地一望而大惊，急买庵地之半，园之，构一亭、一轩、一台耳。但坐一方，方望周毕。其内一周，二面海子，一面湖也，一面古木古寺，新园亭也。园亭对者，（银锭）桥也。过桥人种种，入我望中，与我分望。南海子（笔者按：前海）而外，望云气五色，长周护者，万岁山也。左之而绿云者，园林也。东过而春夏烟绿、秋冬云黄者，稻田也。北过烟树，亿万家甍，烟缕上而白云横。西接西山，层层弯弯，晓青暮紫，近如可攀。"

英国公为建"新园"，只是买了原观音庵一半的面积（《宸垣识略·卷八·内城四》称此"观音庵"为"海潮观音寺"，在"银锭桥南湾"），实际上那一带也没有太大面积的土地可买，他的园林内也只建有"一亭""一轩""一台"。重要的是文中也表明了一种观点，即在特定的历史条件下，某些私家园林也仅是那些不能或不愿"志于山水者"所建造的玩物，因疏于游历，眼界和志趣等也自然小了。但英国公非常聪明，他买的这块地虽小，但有着极佳的借景条件，非常适合建造园林。

什刹海地区在明朝时期同样是京城内最著名的公共园林区，《帝京景物略·卷一·城北内外》载："岁初伏日，御马监内监，旗帜鼓吹，导御马数百洗水次。岁盛夏，莲始华，晏赏尽园亭，虽莲香所不至，亦席，亦歌声。岁中元夜，盂兰会，寺寺僧集，放灯莲花中，谓灯花，谓花灯。酒人水嬉，缚烟火，作凫雁龟鱼，水火激射，至菱花焦叶。是夕，梵呗鼓铙，与宴歌弦管，沉沉昧旦。水，秋稍闲，然芦苇天，菱芡岁，诗社交于水亭。冬水坚冻，一人挽木小兜，驱如衢，曰'冰床'。雪后，集十余床，垆（lú，指酒店）分尊合（笔者按：这几句指十余冰床串起来被人拉着跑，人在冰床上饮酒取乐），月在雪，雪在冰。西湖春，秦淮夏，洞庭秋，东南人自谢未曾有也。东岸有桥，曰'海子桥'，曰'月桥'，曰'三座桥'。桥南北之稻田，倍于关东南之水面。"

西城其他地段的名园还有宣城伯卫氏的"宣家园"、英国公的"府园"、冉驸马的"月张园"，均为权贵豪门之园。

《钦定日下旧闻考·卷四十五·内城东城一》引《燕都游览志》列东城诸园："园亭之在东城者曰'杨氏园'，曰'杨舍人秘园'，曰'张氏陆舟'，曰'恭顺侯吴国华为园'，曰'英国公张园'；'成国公适景园'后归武清李侯；曰'万驸马曲水园'，曰'冉驸马宜园'，园故仇鸾所筑，鸾败，归成国公，后归于冉。"

其中著名者有成国公的府园"适景园"、冉驸马的"宜园"、万驸马的"曲水园"。适景园筑有三堂，左右均种植高大的榆、柳、松，背有一槐树冠更是庞大过屋。宜园以假山著称，曲水园以水竹取胜，各显其绝。

崇文门位于京城西南，属于城内水系流出方向，其附近泡子河一带也是园林荟萃之所。《帝京景物略·卷三·城南内外》载："崇文门东南角，洼然一水，泡子河也。积潦耳，盖不可河而河名。东西亦堤岸，岸亦园亭，堤亦林木，水亦芦荻，芦荻上下亦鱼鸟。南之岸，'方家园''张家园''房家园'，以房园最，园水多也。北之岸，'张家园''傅家东西园'，以东园最，园水多……路回而石桥，横乎桥而北面焉。中'吕公堂'，西杨氏'泌园'，东'玉皇阁'。水曲通，林交加，夏秋之际，尘亦罕至。"

在位于更偏东的朝阳门外，僧人道深曾筑有"月河梵苑"，作为自己在寺院之外的别墅花园。园内构有"一粟轩""花石屏""希古草舍""槐室""板凳桥""苍雪亭""击壤处"等数十景，规模不小。四周以竹为屏藩并点缀小石塔，有叠石、莲池和梅花、兰花、碧桃等珍奇花卉。其幽静雅致远非他园所能及。

城南和稍远的南郊水源也比较丰富，亦为城内水系流出方向，又有凉水河途经，因此一些私园因景色优美成为名园，典型者如城南的"梁氏园"和南郊的"祖氏园"。"梁氏园"为明嘉靖进士梁梦龙的宅园，引凉水河入其中，亭榭花木集一时之盛。其遥对西山，后绕清波。池面广阔可泛舟其上，池之南北又多亭台楼榭，几十亩的牡丹、芍药，香气四溢。至清朝时期，宣南一带蛰居着众多的江南才子，他们时常聚于此，饮酒赋诗，歌以咏志。乾隆年间在其废址上建有寿佛寺；"祖氏园"以绿柳红药著称，还因为靠近水田而被认为有江南野村的情韵。这些私园均是当时京城的游览佳处，在适宜的季节游人如织。

明朝太监擅权，家财充盈。宦官所构园亭以东南郊的"韦公庄"（韦氏别业）最为著名。此园为正德间太监韦霖所建，明武宗曾赐额"弘善寺园"。园中有海棠、苹婆（又称"凤眼果"）和奈子（沙果）三大珍奇卉木，同时假山幽胜，也成为当时京人经常造访的郊外游览胜地。

大臣府园以正统年间（第六位皇帝明英宗朱祁镇的年号）大学士杨荣位于东城的"杏园"为代表（因居地所处，时人称为"东杨"）。此园旁依杏林，园中景致疏朗，铺陈苍松、湖石、奇花、茂竹，又有曲溪绕庭，上构小桥，意境清幽。其中松石如画，经常成为当时大臣宴集的场所。有宫廷画家谢环（庭循）所绘《杏园雅集图》传世。再有同期礼部尚书吴宽的"亦乐园"，中有"海月庵""玉延亭""春草池""醉眠桥""冷澹泉""养鹤阑"等，现有李东阳、赵宽、张纯修等水墨纸本《玉延亭图卷》流传。另外，万历年间（第十三位皇帝明神宗朱翊钧年号）官至太子右庶子的袁宗道有"抱瓮亭"，该园以亭为中心，西有大柏树六株，另有梨树两棵，其余空地均种菜，不属于"建筑学意义的园林"。

因明朝时期北京的私家园林已经蔚为大观，故民国时期的学者傅芸子先生有"旧京园林，盛于朱明"之说。因北京地区私家园林集中产生的时期既晚于长安、洛阳、汴梁等地，也晚于江南等地，且江南的私家园林延续与传承得更为连贯，所以北京地区的私家园林在内容与形式上或曰明显地模仿于江南，或曰私家园林发展至这一时期，其内容与形式自然如此（没有其他可供选择的余地）。首先是重视堆山叠石，还追求一些形态独特的独石形式的置石景观。例如，李伟的"清华园"中有一座假山采用了石纹五色、长短悬殊的"断石"。米万钟更是著名的石癖，筑有"古云山房"专储奇石，传说曾为了搬运一块奇石而倾家荡产（传现位于颐和园乐寿堂前）。其次是比较重视水景观内容的营造，很多名园是以水景观取胜。例如，《稗说·卷四》

载，周、田两家（周为崇祯皇帝的皇后家，田为贵妃家）居第"通水泉，荫植花木，叠石为山，极尽窈窕。两家本吴人，宾客僮仆多出其里，故构筑一依吴式，幽曲深邃，为他园所无。""勺园"主人米万钟曾经在江南的六合县为官，深谙江南园林之趣，因此此园颇多学习江南之处。《万历野获编•卷二十四•畿辅》之"京师园亭"称："米仲诏'进士园'，事事模效江南，几如桓温之于刘琨，无所不似。"（笔者按：刘琨为西晋政治家、文学家、音乐家和军事家，并以貌美著名。桓温为东晋政治家、军事家、权臣，因别人说其外貌像刘琨而得意）。而武清侯李伟位于三里河故道旁的别业，"于水岸设村落，宛如江浦渔市"。当然，北京地区毕竟不是江南，所以明朝沈德符总结的北京私家园林的整体特点是建筑多、山水少。树木种植主要有槐、松、柳和海棠之类的果木，如成国公"适景园"内有古槐传说年逾四五百岁，树冠大过屋顶。万氏"白石庄"则以柳胜。花卉尤重牡丹、芍药、荷花等，亦有在园内多辟药圃和菜圃的。

四、清朝时期北京的私家园林建筑体系

到了清朝时期，北京城内外的私家园林又有了新的变化，旧园随着改朝换代及园主命运的改变，或废弃或破败。但从康熙时期开始，私家园林的建设又逐渐达到了新的高潮，主要为各类王府等都建在城内（分亲王府、郡王府、贝勒府、贝子府四个等级），这类府邸一般都附有园林，规模较大的有恭亲王府、醇亲王府、康亲王府、孚王府、洵贝勒府等府邸园林。另外在西北郊海淀一带，还有皇子们的"赐园"和"礼遇"为主要汉族大臣们的"寓所"等（因为清朝皇帝的大部分时间都是住在西北郊皇家园林中，而主要大臣居京城内多有不便），颇具规模的有"达园""澄怀园""蔚秀园""承泽园""朗润园""熙春园""近春园"等。但上述府邸、园林等的产权属于皇产，由内务府统一管理。在北京城内外当然还会有不少属于文人士大夫、学者名流和大太监等的私家宅园，著名的有历任内务府总管、刑部尚书、兵部尚书、都察院左都御史、武英殿大学士、太子太傅明珠的"自怡园"，保和殿大学士、礼部尚书、太子少傅王熙的"怡园"，刑部尚书、文华殿大学士、太子太傅冯溥的"万柳堂"，大理寺卿、兵部右侍郎、都察院左都御史孙承泽的"孙公园"，翰林院检讨、参与修撰《明史》的朱彝尊的"宅园"，总管内务府大臣、武英殿大学士文煜的"可园"，李渔的"芥子园"，兵部尚书、太子太保贾汉复的"半亩园"，吴三桂的"府园"，康熙十三子允祥的"交辉园"，英宗堂的"余园"，历任协办大学士、太子少保衔、兼国子监事、右督御史、礼部尚书纪晓岚的"阅微堂"，等等。京城内外，清朝时期

的各类私家园林共计有一百五十余处，随着时代的变迁，目前个别的还保存良好，少数尚有迹可循，大多已经踪迹全无。下面列举一些实例（图 13-173、图 13-174）。

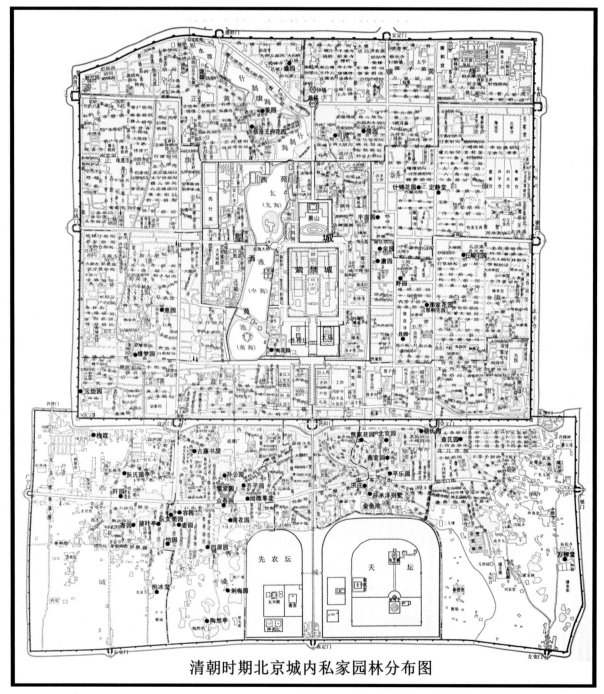

清朝时期北京城内私家园林分布图

图 13-173　清朝时期北京城内私家园林分布图（采自《北京历史地图集》）

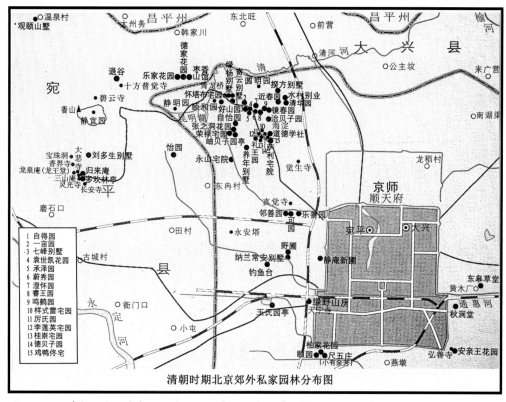

清朝时期北京郊外私家园林分布图

图 13-174 清朝时期北京郊区私家园林分布图 (采自《北京历史地图集》)

1. 自怡园

位于海淀水磨村以北、长春园东部、万泉河以西一带，为清康熙朝武英殿大学士明珠的别墅园。该园于康熙二十六年（公元 1687 年）由著名画家兼造园家叶洮为之设计并建造。雍正二年（公元1724 年），因追夺明珠儿子揆叙以前的罪状被籍没。乾隆年间，其址并入长春园东部。

2. 蔚秀园

初名"彩霞园"，后又名"含芳园"，位于今北京大学西校门的对面，占地面积约 80000 平方米。道光年间，为乾隆玄孙载铨定郡王的赐园，咸丰三年（公元1853 年），载铨加亲王衔，故此园又称"定王园"。咸丰八年，又转赐给醇亲王奕譞，并最终改名为"蔚秀园"。奕譞去世后，收归内务府管理，直到清朝覆亡前夕，才赠送给奕譞的第五子载沣（溥仪的生父）作为私产。

该园门内有河池，南岸有两进四合院一座。北岸为园中主要建筑群区域，有"临水轩""曲廊""小亭""厅堂""工字殿"等。建筑群后有山，转过山谷有小溪，过平桥后为一组别院，院中植桂树，有曲折回廊。别院东北山中有"六角亭"，四周置叠石假山。

民国初年，该园曾一度为地方军阀军队占用。1931 年燕京大学购得此园时，尚有房屋八十余间，树木千余株，稍加修葺作为教职员家属宿舍使用。1973 年至 1979 年，先后在该园中西部共建了 15 幢宿舍楼。

3. 澄怀园

位于海淀区今一〇一中学西南、蔚秀园北，毗邻圆明园，初为雍正年间大学士张廷玉的赐园，其后大学士刘统勋常居此园。乾隆时期，又为书房和上书房翰林的值庐，又称"翰林花园"，护卫和管理等均由圆明园管园大臣统一负责。咸丰皇帝曾有诗云："墙西柳密花繁处，雅集应知有翰林。"

该园中共有五处建筑组群，有"乐泉""叶亭""竹径""东峰""影荷桥""药堤""两香沜""洗砚池""乐泉西舫""食笋斋""矩室""凿翠山房""近光楼""砚斋""凿翠斋""秀亭""翠云峰"等二十余景。到了清末，该园又改作"升平署"，宫中梨园戏班曾居于此。现为中央党校南院，园中建筑物已不存，只是山水布局基本上保留了原有风貌。

4. 淑春园

又称"十笏园"，位于今北京大学未名湖区域，至晚在乾隆中叶之前既有。园中以水田为主，建筑并不很多（"圆明五园"中"春熙院"的前身也叫"淑春园"，两者容易相混）。后乾隆将其赏赐给和珅，经和珅的大肆营建，园内的景物面貌发生了很大的改观，成为当时冠绝京师的私家园林。园中有楼台 64 座，游廊、楼亭 357 处，房屋共 1003 间。还有蓬岛瑶台、石舫等。

乾隆驾崩后，嘉庆曾以和珅二十罪状将其赐死，其中第十三款即为"所盖楠木房屋，僭侈逾制，隔断式样仿照宁寿制度。其园寓点缀与圆明园蓬岛瑶台无异，不知是何肺肠。"这里所说的"楠木房屋"，指的是后为恭王府的"锡晋斋"，其隔断式样仿紫禁城的"宁寿宫"制度。而"蓬岛瑶台"指的就是淑春园湖中小岛和岛上的建筑。现未名湖畔还存有淑春园内的慈济寺门，湖中石舫也是淑春园旧物。

5. 鸣鹤园

位于今北京大学校园西北部，为道光皇帝的五弟惠亲王绵愉赐园。东西长 500 米，南北最宽处 200 米，占地面积约 9 万平方米。

该园东部为日常起居区域，以方形金鱼池为中心，由厅、堂、回廊、城关和小山组成一个封闭的庭院。庭院东边有一座小山，可沿爬山廊拾级而上，山上有亭名"翼然亭"，至今尚存；西部为游宴之地，有池湖和岛屿等。

6. 朗润园

位于今北京大学校园东北隅，初为嘉庆皇帝给乾隆十七子永璘的赐园，因永璘封庆王，故名"庆王园"。咸丰年间赐恭亲王奕䜣，更名"朗润园"。光绪二十四年（公元1898年）奕䜣故，该园收归内务府，曾作内阁、军机处会议之所。宣统年间，隆裕皇太后又赐予贝勒载涛。

《北京西郊成府村志》载："成府北头路西，过石平桥即（朗润园）东门。入东门西行北视之，宫门三楹，前列石狮二。入正门，环山西行，道路平坦，松柏成荫。北渡石平桥，殿宇奇伟，分中、东、西三所。中所宫门三楹，额曰'壶天小境'。左右为片石堆砌假山。三所皆南向，殿宇四周环河。其前稍东，有四角方亭一座，（名）'涵碧亭'。河南岸有倒座抱厦房三间，再西北有水座三间，北向，开后窗，可以赏荷钓鱼。正所殿宇，到底三层，与东西所互成套殿，两山儿复用游廊数十间，以通往来。西所前面一带白墙，上嵌十锦假窗。前后河岸，密排垂杨……殿院后墙之外，修竹万竿。西所北墙外，以山障之，有三卷殿一座，各三间。隔河北岸，尚有平台房三间。该园北墙内一带土山，墙外即长河。"

7. 承泽园

位于海淀挂甲屯南，南近畅春园、东邻蔚秀园，始建于雍正三年（公元1725年）。初为果亲王允礼的赐园，道光年间赐予皇八女寿恩公主，光绪时又赐给庆新王。

该园其总体上分为南、北两部分，中间隔以东西走向的溪湖。南部为宫门和附属用房，又以山水为主，北部为园内主体建筑等。入园门，迎面为拐角形照壁，不远处有小溪，上架石平桥。过桥有敞轩三间，前后出廊，两侧置假山。过轩又一溪，上架三拱白玉石桥。桥正北有厅七间，前廊后厦。再北为带垂花门的院落，东西各有游廊十六间，北面正厅五间，后有九间罩房。院中植碧桃、牡丹。后院湖石参差，掩以修竹；正厅东有别院两所，均为三进的四合院。东院建城关一座，溪水绕城关流水园外；正厅西面建曲廊十六间，沿廊可达山顶厅堂。堂西有楼五间，山前有水池，池南有岛，上置土阜石山。

该园现为北京大学教职工宿舍区，北半部园中山石、池沼及各类建筑物保存完好。

8. 熙春园

始建于康熙年间，位于今清华大学内（有学者认为其早期应该归为"广义"的圆明园系列）。道光年间，该园一分为二，东北部仍然称"熙春园"，为道光皇帝第五子的府邸，西部名为"近春园"。咸丰年间，熙春园更名为"清华园"，咸丰亲题"清华园"字额。园林建筑至今保存完好的有大宫门、二宫门、东西朝房、怡春院、古月堂、黄花院、工字厅以及群房等。

9. 近春园

位于今清华大学游泳池附近，原来基本上为河湖所环绕，主要建筑物分布在两个大岛上，以水景取胜。英法联军焚毁西郊诸园后，同治十二年（公元1873年）因重修圆明园，将该园建筑物拆运一空，只留下湖池和荒岛。朱自清先生早年所写的著名散文《荷塘月色》描写的就是这一带残留的风景。

清朝时期北京的所有私家园林中，目前保存最完好的当属建于城内的恭王府花园（详见后）。

10. 怡园

坐落于宣武门外，东起米市胡同、西至南横街南半截胡同，园域范围广阔。该园初为明朝后期宦官权臣严嵩的花园，又名"七间楼"。清初归汉族大臣王崇简、王熙父子所有。《宸垣识略·卷十·外城西二》记载："怡园在横街西七间楼，康熙中大学士王熙别业。"园中最著名的景观为著名造园家张然所叠山石。在康熙时期，曾聘请江南叶洮、张然参与畅春园的营造。王世祯《居易录》云："怡园水石之妙，有若天然，华亭张然所造。"园中主要建筑物有席庞堂、射堂、摘星岩等。王熙曾请宫廷画家焦秉贞绘《怡园图》，画中主要建筑有临水两座三开间楼房，正中一楼后面有院落。池塘南为亭榭、假山，池塘北有贴水曲桥相连。西部还有一平房跨院。园中间又植松柳。该园至乾隆年间时已荒废。

11. 万柳堂

坐落于北京南城广渠门内，占地三十亩，为康熙年间文华殿大学士冯溥别墅。据清乾隆进士、工部郎中、太仆寺卿戴璐所著《藤阴杂记·卷五·中城南城》载："国初，益都相国冯文毅仿廉孟子（元朝右宰相）万柳堂遗制，既建育婴会于夕照寺傍，买隙地种柳万株，亦名'万柳堂'。"当时这一私园一直对外开放。嘉庆年间，该园易主于被称为"三朝阁老、九省疆臣、一代文宗"的阮元（云台），重修。同乡画家朱鹤年（野云）植柳五百株。当时有诗述及其事："堂空人去落花悉，幸有中丞著意修。台榭尽栽新草木，光阴全换旧春秋。"道光年间，"柳枯堂圮"，唯有附近夕照寺尚完整。

12. 孙公园

坐落于和平门外琉璃厂以西，为康熙年间曾任吏部右侍郎、都察院左都御史、《春明梦余录》和《天府广记》作者孙承泽的宅园。园内主要有"研山堂""万卷楼""戏楼"等建筑。《藤阴杂记·卷五·中城南城》中说："孙公园后相传为孙退谷（笔者按：孙承泽别号）别业……后有晚红堂。宅后一第，有林木亭榭，有兰韵堂。诗云：'匝地清阴三伏候，参天老树百年余。'"

该园以戏楼最为著名。康熙年间洪昇的《长生殿》写成后，曾在这里的戏楼举行过盛大的演出，主持演出的是保和殿大学士梁清标，签发请柬者为右赞善赵执信。获柬者以此为荣，不得者妒而生恨。时值康熙的孝懿仁皇后忌辰，于是有人上奏，诡称设宴张乐为大不敬，随后康熙降旨命刑部拿人。幸得梁清标左右周旋，案情才大为减缓，但终有五十余名官员被革职。

在孙承泽之后，孙公园住过很多名人，有乾隆时期的大学士翁方纲、道光年间的藏书家和篆刻家刘位坦等。著名的甲戌本脂批《红楼梦》就是刘位坦的藏书，后经他的子孙拿到琉璃厂出售而流传出来。晚清时期，孙公园分为前孙公园、后孙公园两地，经过几百年的变迁，现在这些建筑都已变成了民宅，面目全非，只有后来改建成为安徽会馆的大戏楼至今还在。

13. 朱彝尊宅园

坐落于原宣武区海柏胡同顺德会馆内。朱彝尊是浙江秀水（今嘉兴）人，康熙十八年（公元 1679 年）被选进翰林院编修《明史》。康熙二十三年，他为编辑《瀛洲道古录》，私自抄录地方进贡的书籍，被学士牛钮弹劾，官降一级。康熙二十九年，补原官。不久告老辞官。他访问遗老，搜集轶事，埋首书丛，从一千六百余种古籍中选辑有关北京的记载和资料，撰成《日下旧闻》。

该宅园里原有两株古藤，因此取名"古藤书屋"，在书屋对面，建有一亭名"曝书亭"，现已毁。朱彝尊晚年于嘉兴王店镇购得原名"竹垞"的宅园，又建（或改名）一座曝书亭。

14. 可园

位于东城鼓楼南帽儿胡同，是清光绪年间武英殿大学士文煜的宅园的一部分。园内有一其侄文志和所撰的园记石碑，碑文中说："凫诸鹤洲以小为贵，云巢花坞惟斯幽。若杜佑之樊川别业，宏景之华阳山居，非敢所望。但可供游钓、备栖迟足矣。命名曰'可'……拓地十方，筑室百堵，疏泉成沼，垒石为山，凡一花一木之栽培，一亭一榭之位置，皆着意经营，非复寻常。"

文煜宅共有东西并排的五座院落，其中现为 7 号院占两座，目前破坏最为严重，11 号院和 13 号院为狭长的大型四合院，中间的 9 号院即为可园，南北长约 97 米、东西宽约 26 米，分为前、后两院。

该园在整体的建筑布局方面有着明显的中轴线和正、厢观念，前后院各有一座正厅或正房位于正中位置，在西厢房的位置上各有一座小厅，与东部的长廊相均衡。前院中心为池沼，后院中心为假山，亦有小池，两院间通过东部的长廊贯通。有临街的园门可入，门之后即垒有假山，上有一座小巧玲珑的六角亭。穿山洞而过，可行至水池的小石桥上，水池面积虽小，但形状曲折，并引出两脉支流，一脉从石桥下穿过至西面院墙止，另一脉一直穿过南面的假山至六角亭下，与山石相依，聊有山泉之意。前院正厅为一座五开间硬山顶建筑，体量较大，带耳房和游廊，东侧的游廊依山势由高渐低直抵后院。一进后院便可见一组假山，屏障似的从东边斜插院中，另一组假山在东边的水榭周围。水榭原亦有水池环绕，现已被填平。后院正房是五开间硬山顶，带耳房、游廊，前出三开间歇山顶抱厦。在东部假山上建有一座三开间歇山顶的敞轩，为全园最高处。此轩建筑最为精巧，直接临山对石，轩下以石砌成浅壑，有雨为池，无雨为壑。

园内建筑屋面均用灰色筒瓦，墙面以清水砖墙为主，厅、榭等柱均为红色，长廊柱为绿色。建筑梁枋上作苏式彩画，并仅在箍头、枋心包袱位置加以装饰。建筑檐下的吊挂楣子均为木雕，细致繁复，各不相同，主题有松、竹、梅、荷花、葫芦等，比寻常的步步锦图案显得精美清雅。园内目前有多株珍贵的松、槐、桑等古树，至今整体保存尚好。

另外，从可园东南侧的游廊可折而向东，通向 7 号院之西院假山上的一座三开间歇山敞轩。现在敞轩尚存，假山则仅剩土堆，叠石均失。根据现状和建筑尺度分析，7 号院之西院当有前后两进院落，以园林为主，而东院则应为四进院落的四合院。现东院已面目全非，仅剩下一座三开间的正房和后罩房。西院除了假山上的敞轩外，大门和四间倒座房以及后面的五间正房还基本完好。游廊及假山可与可园的假山、游廊相接。西院假山之北原为一座两卷棚歇山顶，前后共十间的厅堂，后被拆除，另建了一座两层洋楼，现尚存，虽经改造，仍带有一定的民国风格。

11 号院和 13 号院均为四进的四合院，其中 13 号院的第四进院落较大，并向西扩展，两边并不严守对称。北为正房三间，左右西带两间耳房，东连顺山房三间。西厢位置现存一榭，前出一单间卷棚悬山顶抱厦，与东厢房相对。此院原来也是池、山等俱全，山石上还建有一座小亭，西厢房实为池上居。今亭、山、池均已无存。

院中有古树尤为珍贵。北廊偏西为井院，今水井已无，尚存两间小房。

文煜宅在北洋时期为大总统冯国璋所有，7 号院的洋楼就是冯家改建的。后又为北平伪军司令张兰峰所有。1949 年后曾为朝鲜驻华大使馆。9 号院可园西南部分走廊已拆除，院内假山上之敞轩已建成房屋，山北又砌了一座两层新式楼房。

15. 芥子园

位于北京南城和平门外韩家潭中段路北，为清初著名文学家、戏曲理论家李渔居京时所建。李渔一生著述丰富，著有《笠翁十种曲》（含《风筝误》）、《无声戏》（又名《连城璧》）、《十二楼》《闲情偶寄》《笠翁一家言》等五百多万字。还批阅《三国志》，改定《金瓶梅》，编《芥子园画谱》等。在《笠翁一家言》中有很多有关园林内容的观点。

清人崇彝撰《道咸以来朝野杂记》中说："南城韩家潭芥子园，初甚有名，亦李笠翁所造者。后归广东公产。当年沈笔香（笔者按：沈锡晋，吏部朗中）、梁伯尹（笔者按：梁志文，吏部主事），两前辈皆曾寓焉。予造者屡矣。看其布置，殊无足助，盖屡经改筑，全失当年丘壑，不过敞厅数楹，东南隅有假山小屋而已。"

清人麟见亭撰《鸿雪因缘图记》中亦说："当国初鼎盛时，王侯邸第连云，竟侈缔造，争延翁为座上客，以叠石名于时。"

李渔之后，该园屡易其主，后改为广东会馆。现芥子园已无遗迹可寻。

16. 半亩园

位于东城区黄米胡同（中国美术馆北侧），最早为清初陕西巡抚贾汉复的宅园。李渔是他的幕僚，因此据说园中山石是由李渔所掇。道光二十一年（公元 1841 年），此园为河道总督麟庆所得，在对宅院重新修缮的同时更增添了许多内容，是该园的鼎盛时期。麟庆为官时，走遍中国，游历颇丰，晚年将自己的经历请画家绘成《鸿雪因缘图记》，共收图 240 幅，逐图撰写图记，其中有该园的全景图和局部图。因此，有人认为该园与李渔无关，设计者是麟庆，修葺者是李渔。

鼎盛时期的麟庆宅共有三路五进四合院，北抵亮果厂路南，南抵牛排子胡同路北，西邻东黄城根，有房舍一百八十余间。其园林部分以正堂"云荫堂"为界，分前、后两部分空间。"云荫堂"有清初状元梁阶石写的楹联："文酒聚三楹，晤对间今今古古；烟霞藏十笏，卧游边水水山山。"还有麟庆本人写的楹联："源溯长白，幸相承七叶金貂，那敢问清风明月；居邻紫禁，好位置廿年琴鹤，愿常依舜日尧天。""云荫堂"旁有小楼名"近光阁"，楼上有联为麟庆所作："万井楼台疑绣画；五云宫阙见蓬莱。"与楼相通有一"琴台"。台下突出一块顺山石，石有洞，过石洞有"退思斋"，为专收古琴之处，楹联亦为麟庆亲题："随遇而安，好领略半盏新茶，一炉宿火；会心不远，最难忘别来归雨，经过名山。"院南有"赏春亭"，此处有一椭圆形大水池，周围青石铺就。池中有一亭，名"流波华馆"，还有一座双桥相通。环池有"玲珑池馆"。在近光阁旁有"曝画廊""拜石轩"，轩楹联为："湖上笠翁，端推妙手；江头米老，应是知音。"

在"云荫堂"之后空间，有叠石为山，顶建小亭。有轩三间，为藏书用，名"娜嬛妙境"。麟庆家的藏书在当时负有盛名。除藏书、储琴等之外，园里还有一处专存鼎彝的"永保尊鼎"。

半亩园在麟庆后几次易手，民国时归晚清军机大臣瞿鸿禨之子瞿宣颖所有，1947 年被天主教怀仁学会占用，当时虽尚有园林遗构，但已荒芜破败。20 世纪 50 年代，在西边宅园位置建了一座办公楼，致使该园已无踪迹可寻。

17. 北京恭王府花园

恭王府位于北京市西城区前海西街，是清朝时期规模最大的一座王府。早在明弘治年间，这里是大太监李广的宅邸。清乾隆四十一年（公元 1776 年），和珅开始在这东依前海、背靠后海的位置修建他的豪华宅第，时称"和第"。嘉庆四年（公元 1799 年）正月初三，太上皇乾隆归天，次日，嘉庆褫夺了和珅军机大臣、九门提督两职，并查抄其家。估算全部财产（也包括位于海淀的赐园等）约值白银八亿两，相当于清政府十五年的财政收入。同年正月十八，和珅被"赐令自尽"，而"和第"本身，则归嘉庆皇帝的胞弟庆僖亲王永璘所有。同时，因和珅之子丰绅殷德（内务府大臣兼銮仪卫銮仪使，兼正白旗汉军都统）为乾隆之女和孝公主的驸马，所以他与公主仍居住在半座宅第中。咸丰元年（公元 1851 年），此宅归恭亲王奕䜣所有，改名"恭王府"，此名一直沿用至今。

恭王府由府邸和后花园两部分组成，南北长约 330 米，东西宽 180 余米，占地面积约 61120 平方米，其中府邸占地 32260 平方米，花园占地 28860 平方米。府邸和花园不仅宽大，而且建筑也是最高规制。

南面的府邸分东、中、西三路，每路由南至北都是以严格的中轴线贯穿着的多进院落组成。中路最主要的建筑是"银安殿"（俗称）和"嘉乐堂"。按照《大清会典·工部》中的规定，亲王府中称为"正殿"的建筑，可为面阔七间的绿琉璃瓦歇山顶（"凡正门、殿、寝均覆绿琉璃瓦"），前可设前墀（月台），前墀可环以石栏，台基高七尺二寸（现存王府建筑中还未见到这类实例）。另可设东西配楼各九间，覆灰瓦

（历史上只有裕亲王府如此，其他王府最多为七间）。郡王府的正殿则可为面阔五间的绿琉璃瓦歇山顶，不能设前墀，基高五寸。贝勒以下正殿称"堂"。民国初年，恭王府银安殿不慎失火，连同东西配殿一并焚毁，现银安殿为复建，面阔五间。嘉乐堂为面阔五间带耳房的绿琉璃瓦硬山顶建筑，在恭亲王时期，主要作为王府的祭祀场所，供有祖先、诸神等的牌位。

东路的前院正房名为"多福轩"，厅前有一架长了两百多年的藤萝，至今仍长势甚好。后进院落正房名为"乐道堂"，是当年恭亲王奕䜣的起居处。西路的院落较为小巧精致，主体建筑为"葆光室"和"锡晋斋"。其中锡晋斋大厅内有雕饰精美的楠木隔断，仿紫禁城宁寿宫式样（此为和珅僭侈逾制，是其被赐死的"二十大罪"之一）。

府邸最北为一座两层的"后罩楼"，东西长达 156 米，后墙共开 88 扇窗户，内有 108 间房，俗称"99 间半"，取道教"届满即盈"之意。

府邸北面为"朗润园"或称"萃锦园"，俗称"恭王府花园"，与前面府邸部分之间有一条东西向的通道相隔。1921 年，恭亲王的孙子溥伟为筹集复辟经费，将恭王府府邸部分的"龙票"，以八万银元的价格抵押给北京天主教会的西什库教堂。十几年后，抵押款本利已经滚到了近二十万，穷途末路的溥伟早已无力偿还这笔巨款债务。1932 年，由罗马教会兴办的辅仁大学，以与教会之间的关系，用 108 根金条代偿了这笔贷款，产权遂归这所大学。1937 年，辅仁大学因扩充女生宿舍，收回房产，将府邸部分作为女院，并把后罩楼通向萃锦园的通道砌死，府邸与花园就开始分开了。同年，原先居住在花园中的溥伟二弟溥儒，又以十万银元的价格将花园也卖给了辅仁大学（图 13-175）。

在花园部分的整体布局中，沿内墙稍里有叠山环抱，仅西北缺一角。建筑布局又分中、东、西三路。中路的建筑是花园主体，正门是一座具有西洋建筑风格的汉白玉随墙拱门，处于花园中轴线的最南端。进门后有"独乐峰"，是一块高五米有余的太湖石，起着屏蔽视线的作用。过了独乐峰正北为"福河""海渡鹤桥"，桥北为"安善堂"，这是一座宽敞的大厅，前有抱厦，左右有环抱前伸的回廊，接东西配房"明道斋""棣华轩"。其后为"韵花簃"，是一排堂阁小屋，过此即为全园中的主山"滴翠岩"，上有平台名"邀月台"，额曰"绿天小隐"，山下有洞，曰"秘云洞"（洞内相关故事等，系恭王府花园在 20 世纪 80 年代对外开放时，由承包商人编造）。最后一组建筑是纳凉的"倚松屏"和"蝠厅"。

东路的主要建筑为建于同治年间、名"怡神所"的大戏楼，建筑面积 685 平方

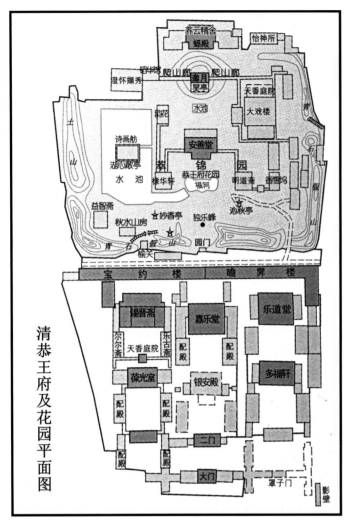

米，屋面为三券勾连
搭。戏楼南为赏花处
的"怡神所"。东路
还有"曲径通幽""香
雪坞""吟香醉月""蹱
蔬圃""流怀亭""垂
青樾""樵香经"等。

西路以湖池水面
为主，主要建筑景观
是池中三开间的"诗
画舫"。池西岸有"凌
倒影"，北岸有五开
间的"花月玲珑轩"
及"海棠轩"，原西
北角还有一座小型的
"花神庙"。南岸有"浣
云居"，南岸山上有
一段城堡式墙垣，长
约 50 米，雉堞、洞
券俱全，石额书"榆
关"，山径石碣书"翠
云岭"。榆关东北有

图 13-175　清恭王府及园林平面图（采自《北京历史地图集》）

一座两层梅花八角平顶的"妙香亭"（下层名"波若庵"），其西面有"秋水山房"，
南面有"养云精舍"。西路中还有"雨者岭"、小型"龙王庙"和微型"山神庙"等。

花园中的主要建筑并不都是孤立存在的，很多建筑之间都有回廊相连。建筑与
湖池、山石、植物之间相互搭配等，都达到了很高的水平。园内筑山叠石的水平也
非常高，材质有湖石、黄石和青石。形式上有独立的置石，有大量配合其他景观内
容而点缀的石组置石，有叠石小山，还有内部堆土，外包叠石的体量较大的山等。
另外，园中西部的湖池基本上是长方形，也没有使用"一池三山"的主题。

另外，至民国前期，北京地区有私家园林一百几十座，其中多为延续前清的或
加以改造。完全新建的有"达园""马家花园""贝家花园""陈氏淑园"等，且

由于城外有地势和取材的便利，新建的略多于城内。另外在香山地区，因风景优美，且因山地的高差较大导致的用地局促，出现一片私家别墅区。这些别墅的形式多以中式宅院为主，庭院中多有绿化，但并非属于"建筑学意义的园林"。这也再一次提醒我们注意，之前在历史文献中出现的别墅、别业，可能很多也属于此种情况（图13-176）。

注1：陈垣：《元西域人华化考》上海古籍出版社，2000年12月出版，第99页。

注2：《明史·卷九十三·刑法一》。

注3：元朝时期的积水潭指今前海、后海、西海共三湖，但比目前面积大。

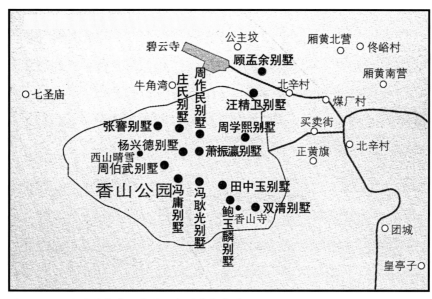

图13-176　民国时期香山地区私家园林分布图

第五节　其他地区的私家园林建筑体系

因扬州、苏州和北京以外城市所遗留的私家园林实例较少，故在本节一并简介。

一、无锡地区的私家园林建筑体系

无锡距苏州一百余里，以太湖之滨的鼋头渚和惠山山地公共风景区而著名。但无锡遗留下来的清朝及以前的私家园林较少，著名的仅有位于惠山脚下的寄畅园与"朝房"。惠山低处及脚下其余一些私家园林等多为民国时期建造。

无锡寄畅园与"朝房"

寄畅园位于惠山东麓山下惠山横街,东南是锡山,占地约一万平方米,园林西部以堆山叠石为主,园林东部以湖池为主。园址在元朝时为"惠山寺"沤寓、南隐等二僧舍。明嘉靖初年(公元 1527 年前后),为曾任南京兵部尚书秦金(号凤山)得之,辟为园,名"凤谷山庄"。秦金殁,园归族侄秦瀚及其子、江西布政使秦梁。嘉靖三十九年(公元 1560 年),秦瀚修葺园居、凿池、叠山,亦称"凤谷山庄"。秦梁卒,园改属秦梁之侄、都察院右副都御史、湖广巡抚秦耀。万历十九年(公元 1591 年),秦耀因其师张居正案被牵连而解职。回故里无锡后,寄抑郁之情于山水之间,疏浚池塘,改筑园居,构园景二十,有"含贞斋""大石山房""丹丘小隐""嘉树堂""清川华薄""鹤步滩""环翠楼""涵碧亭""邻梵楼""悬淙涧""先月榭""卧云堂""清籞(yù)""知鱼槛""锦汇漪""清响斋""爽台""飞泉""凌虚阁""栖玄堂",每景题诗一首。取王羲之《答许椽》诗:"取欢仁智乐,寄畅山水阴"句中的"寄畅"两字名园。

明末清初,园区曾被分割为两部分。清顺治末康熙初,秦耀曾孙又将其合并,并加改筑,延请造园名家张涟(南垣)和其侄子张鉽掇山理水,疏泉立石。康熙、乾隆各六次南巡,两帝共有七次到过此园。乾隆仿此园于圆明园中造"廓然大公"(双鹤斋),于清漪园(颐和园)中建"惠山园"(谐趣园)。咸丰、同治年间,寄畅园多数建筑毁于兵火,后稍做补葺。

园林入口原临秦园街(今惠山横街),在今砖雕大门以南,1954 年拓宽横街时,东园墙缩进 7 米(今湖之东岸明显局促),将砖雕大门北移。门内即为临湖的"知鱼槛水榭",入园伊始即可见湖光山色。后又在南部惠山寺入口道北新辟园门,并新建"秉礼堂"一组小庭园。

当年这座园林中东部湖水边有"画舫""酒舸",建筑与倒影上下交辉有若繁锦,故湖池之名"锦汇漪"。湖池水面南北较长,在乾隆年间,北岸有"嘉树堂",旁边有"大石山房"。从此处观赏锦汇漪,近景有斜架湖面一隅的"七星桥",纤细朴实。中间有"鹤步滩"大枫杨作中景衬托。远有惠山"龙观塔"作借景,景深大而有层次感;东岸滨湖从北往南现有"涵碧亭""知鱼槛水榭""郁盘亭",后两者间以游廊相连。建筑其间又配合巨大的古树;湖西南隅现有"宸翰堂""天香阁""卧云堂"等,东南隅有"凌虚阁"。西北山上有歇山顶的"梅亭"。目前这些建筑均为复建(图 13-177 ~ 图 13-184)。

湖池边原为散点叠石,颇有自然野趣,尤其与土山相连一面的水湾港汊叠石及

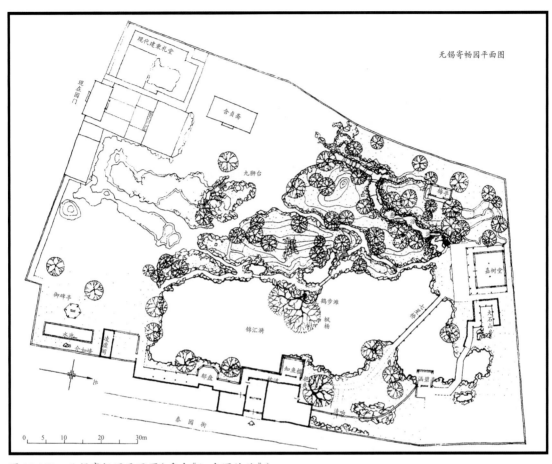

图13-177　无锡寄畅园平面图(采自《江南园林论》)

图13-178　无锡寄畅园大石山房部分

图 13-179　无锡寄畅园于锦汇漪北岸借景龙观塔

图 13-180　无锡寄畅园知鱼槛

图 13-181　无锡寄畅园锦汇漪南岸远观知鱼槛

图 13-182　无锡寄畅园锦汇漪东岸郁盘

图 13-183　无锡寄畅园凌虚阁

图 13-184　无锡寄畅园南部景观

石梁，以及低平的鹤步滩叠石并配置斜出的二杈枫杨，均属不可多得的杰作。在后来的维修中加砌筑了大量石块，被篡改得面目全非。

在园的西部，借助原有山麓阜岗创作土山，由康熙年间造园家张涟（南垣）之侄张鉽亲为。此山以堆土为主，从南往北中间开一曲折的谷涧，两壁及路面皆以黄石叠砌，伴有小溪和步石。其间引惠山"天下第二泉"为溪，水流婉转跌落，泉声聒耳，空谷回响，如八音齐奏，故在北边嘉树堂一端的涧口岩石上刻"八音涧"以点题。山上以高大的树木助长气势，西部半壁山巅上又有曲折的山路，西北岔路可达"梅亭"（图 131-185 ～图 13-191）。

目前寄畅园最突出的特色有三个：其一是山石、湖池、植物配备见长，并与湖滨建筑小品的点缀完美统一。山水相依，植物茂密，颇具野趣。若以园林为表"林泉之志"的媒介，那么寄畅园整体的"林泉"之像酣畅淋漓，为江南园林之最。其二是一般私家园林因空间有限，很多植物配置或多为点缀，或为并非重要的小品等。而环寄畅园湖边的植物因自然、茂密、高大，亦可提升为重要的园林要素内容之典范。再者，因又以湖池、山石、植物配置见长，因此建筑反而成为了整体园林内容与效果的点缀。其三是有多视点可以惠山龙观塔为借景，空间层次丰富，视觉效果唯美（图 13-192 ～图 13-197）。

在寄畅园东面的惠山横街对面有"寄畅园朝房"，为当时地方官员迎候皇帝临幸，提前集中恭候之处，故借用"朝房"名称。但此朝房属于秦家私产，形式与格局为一小型宅园，由数座小院连通构成，院中有小池、叠石、亭榭、连廊等，布设精巧（图 13-198 ～图 13-202）。

图 13-185　无锡寄畅园西部假山顶及梅亭

图 13-186　无锡寄畅园鹤步滩与石梁

图 13-187　无锡寄畅园七星桥

图 13-188　无锡寄畅园九狮台叠石

图 13-189　无锡寄畅园八音涧 1

图 13-191　无锡寄畅园八音涧 3　　　　　图 13-190　无锡寄畅园八音涧 2

图 13-192 无锡寄畅园锦汇漪西岸叠石

图 13-193 无锡寄畅园锦汇漪东北大石山房地区叠石

图 13-194　无锡寄畅园于锦汇漪南岸借景龙观塔

图 13-195　无锡寄畅园于锦汇漪西南岸东北望鹤步滩和知鱼槛

图 13-196　无锡寄畅园鹤步滩枫杨树遮挡下的知鱼槛

图 13-197　无锡寄畅园于鹤步滩东北望嘉树堂和七星桥

图 13-198　无锡寄畅园"朝房"宅园 1

图 13-199　无锡寄畅园"朝房"宅园 2

图 13-200　无锡寄畅园"朝房"宅园 3

图 13-201　无锡寄畅园"朝房"宅园 4

图 13-202　无锡寄畅园"朝房"宅园 5

二、南京地区的私家园林建筑体系

南京私家园林的历史可溯至东晋，至南朝时已遍布都城内外，见于史载的有三十余处。后累代不衰，享盛名者多系当朝或挂冠官吏、文人雅士或富商巨贾所拥有。至明初，太祖朱元璋致力于发展社会生产，不建皇家园林，亦不准私宅造园，为数不多的几座宅园皆为功臣拥有。当时因钟山、玄武湖为禁区，故私家园林多建于城西南凤凰台、杏花村一带。此地原为教场，荒僻寂静但风景优美。另外，以河湖、山峰和绿波万里的树木花卉为主要景观内容的公共游览区却独具特色，使全城如一个庞大的植物园。如在钟山之阳有植物园，以漆、桐、棕树为主，各有数千万株，主要为解决海运和战船所需大漆、桐油和棕而种植。因风景优美，为南京城增添了无限美好的风光。又如狮子山（城西北）、四望山（城北 10 里）、马鞍山（城东南 35 里）、清凉山（城西部）、鸡鸣山（城北部，覆舟山西南）、聚宝山（城南聚宝门外）等地，山色葱郁、风景如画，又可俯瞰全城、远望大江。同时集中了数十座寺庙，著名的如静海寺（狮子山）、鸡鸣寺（鸡鸣山）、报恩寺（聚宝山）等。

至朱元璋晚年，亦欲建造大规模的皇家园林，然国力不济而未能如愿。明中后期，南京经济已臻繁荣发达，人文荟萃，建园亦无限制，宅园建立随即兴盛，可考者凡一百三十余座。至清中叶又有增建修复，可考者达一百七十余座。然而，南京历代战火频繁，远有隋克陈，近有清咸丰年间太平天国战乱及侵华日军南京屠城几次大兵火，几致南京园林濒于绝境。于今存较完整的只有瞻园。

南京瞻园

瞻园始建于明朝初年，位于今南京市秦淮区瞻园路北侧，坐北朝南，总面积 5500 平方米。

朱元璋因念功臣中山王徐达"未有宁居"，特给徐达建成了这所府邸花园，经徐氏后人七世、八世、九世三代人修缮与扩建，至万历年间已初具规模。清顺治二年（公元 1645 年），该园成为江南行省左布政使署。乾隆帝巡游江南时曾驻跸此园，并御题"瞻园"匾额。

清咸丰三年（公元 1853 年），太平天国定都南京后，瞻园先后为东王杨秀清府、夏官副丞相赖汉英衙署和幼西王萧有和府。同治三年（公元 1864 年），清军夺取"天京"，该园毁于兵燹。同治四年（公元 1865 年）和光绪二十九年（公元 1903 年），瞻园两度重修，但已非原有景况。至此瞻园的总体布局比较单纯，在南部主要有鸳鸯厅形式的静妙堂，北部堆土、叠石为山，山前与池水相连，近山地处理成临崖盘道、矶滩，并架曲桥。

1949 年后瞻园又经两次大规模的修建、扩建。至 1987 年，修建楼台亭阁 13 间。目前瞻园叠山理水和植物种植比较完美，某些建筑也比较精巧，兼收南北园林特色，但有些现代施工痕迹较明显，整体环境受周围高楼影响很大（图 13-203～图 13-212）。

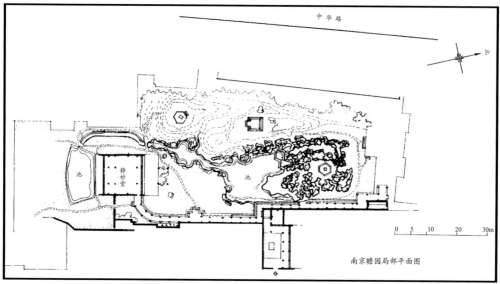

图 13-203　南京瞻园局部平面图（采自《江南园林志》）

图 13-204　南京瞻园静妙堂

图 13-205　南京瞻园春波亭与船舫

图 13-206　南京瞻园临风轩

图 13-207　南京瞻园船舫

图 13-208　南京瞻园船舫内景

三、上海地区的私家园林建筑体系

上海地区早在春秋时期属吴，战国时期先后属吴、越、楚，秦汉以后开始设县，至明末有松江府及所属华亭、上海、青浦三县，苏州府所属嘉定、崇明两县，另有防御性的金山卫。上海地区所遗私家园林最早的建于明朝时期，如上海市内的豫园和嘉定秋霞圃等。至清朝时期，很多私家园林又演变为礼制类建筑及附设园林，如豫园（包括分离出去的内园）成为了上海城隍庙的附园，秋霞圃成为嘉定城隍庙的附园，曲水

图 13-209　南京瞻园内景 1

图 13-210　南京瞻园内景 2

图 13-211　南京瞻园内景 3

图 13-212　南京瞻园岸

园成为青浦城隍庙的附园，常熟城隍庙有后园等。上海豫园、嘉定秋霞圃、青浦曲水园、南翔古漪园、松江醉白池又被称为上海地区仅存的"五大园林"。

上海豫园

豫园位于上海市豫园路，原为明嘉靖、万历年间曾任过刑部主事、南京工部主事和四川布政使等官职的潘允端修的私家园林，占地 4700 多平方米。当时曾请著名的造园家、有"张山人"之称的张南阳叠大山，园成之后，誉满江南。据潘允端《豫园记》记载，园内堂馆轩榭、亭台楼阁达三十余处，并有湖池溪流、山峰奇石、名花异木相衬托。

明朝末年，豫园随业主而败落；康熙四十八年（公元 1709 年），其东部二亩许易主，修成"内园"；乾隆二十五年（公元 1760 年），其西部一部分易主修整，由此形成东、西两园，整修过的豫园称"西园"，内园称"东园"；大约在清中叶，东、西两园又成为上海城隍庙的后花园；道光年间，豫园年久失修，官府令各同业公所集资经营，计有 21 个行业分区整修，作为同业宴饮、议事场所；此后屡遭战乱破坏；清末，将废毁的西部"凝晖阁""船舫厅""九狮亭"一带辟为市肆；直到 1949 年前夕，豫园已破败；1956年，政府重修豫园，1961年起对公众开放。

遗存至今的园林只剩下"湖心亭"及其以北的部分，占地约2万平方米，而湖心亭又被隔在园外，作为市肆茶楼使用。位于湖心亭以东的"玉华堂""得月楼/崎藻堂""绿杨春榭"景区是1959年重建的，玉华堂前有"玉玲珑"，相传这块独石为北宋花石纲的遗物（图13-213～图13-215）。

从湖心亭区域背面的南门进入豫园，首先映入眼帘的就是位于全园西南隅的"三

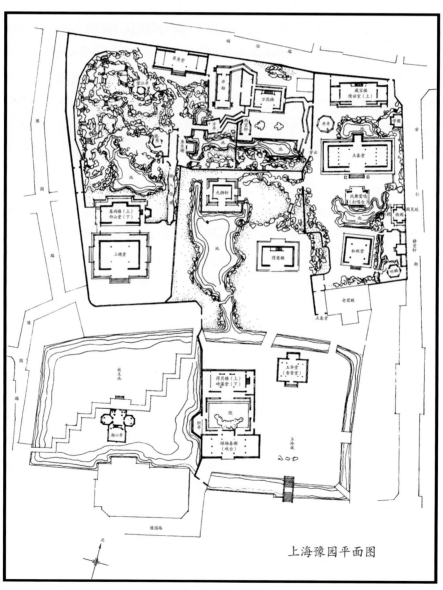

图13-213　上海豫园平面图（采自《江南园林志》）

图 13-214 上海豫园湖心亭与九曲桥

图 13-215 上海豫园玉玲珑

穗堂""卷雨楼（上）/仰山堂（下）"，隔湖往南即为明代著名叠山家张南阳所叠的"大假山"，十余米高，山路盘旋回转，于盘路两侧叠山，转折处叠石高起如峰，整体似峰峦叠嶂，涧溪幽深。山前有"挹秀亭"作为前景，山巅有"望江亭"，即可俯瞰全园景色，当年也可眺望黄浦江。山后以"萃秀堂"为屏障，正东有"亦舫""万花楼""方亭""两宜轩"等。湖和山的东南为"渐入佳境游廊"和"鱼乐榭"。往东南又有"九狮轩""得意楼"以及湖面和绿地。这座大假山可能为张南阳唯一传世作品。

与豫园西北部以大假山等为核心的景区相对应，东北部则为以"点春堂"为中心的景区。这里还有"快楼"（东）、"和煦堂"（南）、"藏宝楼"（北）、"老君殿"（最南）等建筑物，堂与楼之间均有水池相隔，布局和谐，别有情趣，步步引人入胜（图13-216～图13-220）。

豫园在细节处理上还有很多可圈点之处，如北部两宜轩之西有一隔墙，将轩前细窄的池水分割为东、西两段。池水寻洞穿墙而过，上面又有漏窗呼应。这是以隔墙划分空间，避免一览无余，但又隔而不塞。在丰富了景观内容的同时，又引领游者对阻隔背后的空间产生无限的遐想和探幽的欲望，反而使得对园林整体空间尺度的感觉远大于实际空间尺度（图13-221～图13-226）。

图 13-216　上海豫园大假山前的湖面与折桥

图 13-217　上海豫园卷雨楼（上）、仰山堂（下）

图 13-218　上海豫园九狮轩

图 13-219　上海豫园快楼

四、岭南地区的私家园林建筑体系

从广西东部至广东东部地域，与湖南和江西交界处有"越城岭"（湘桂间）、"都庞岭"（湘桂间）、"萌渚岭"（湘桂间）、"骑田岭"（湘南）、"大庾岭"（赣粤间），被称为"五岭"。其南地域在历史上被称为"岭南"地区，古为百越之地，境域主要涉及今福建南部、广东全部、广西东部及南部、海南全部和越南北部等地。

在中国古代历史上，岭南

图 13-220　上海豫园老君殿

图 13-221　上海豫园叠石与两宜轩之西过水花墙

图 13-222　上海豫园过水花墙

图 13-223　上海豫园内隔墙跨红门

图 13-224　上海豫园叠石与花墙的结合

图 13-225　上海豫园内景

图 13-226　上海豫园积玉水廊

与岭北地区的交通非常不便，岭南的历史发展过程就充分反映了这一现象。例如，据《淮南子·人间训》记载，早在秦朝时期，秦始皇为统一中国，发动过两次对岭南地区的征服战争。第一次南征是在公元前 219 年，屠睢率领 50 多万大军分五路南下征服闽浙与岭南，出兵当年就征服了闽浙，而在征服岭南时因后勤供应跟不上而遭受失败。秦始皇总结失败的教训，决定开发至岭南的通道，一是在广西兴安境内湘江与漓江之间修建一条人工运河；二是修通中原与岭南连接的"新道"，这条新道的关键路段是由湖南翻越骑田岭南麓的今连州"顺头岭"至广东。第二次南征岭南是于公元前 214 年，任嚣和赵佗率领 50 万大军分三路南下征服岭南。其中一路就是从顺头岭翻过，顺连江，下番禺（今广州市）。最终南征胜利，使百越之地纳入了秦国的版图，并设置了南海、桂林和象郡。任嚣任南海尉，赵佗任龙川令。但在陈胜、吴广等农民起义爆发后，赵佗遵任嚣遗嘱自保，起兵扼守"阳山关（即顺头岭）""湟溪关"和"横浦关"，诛杀了忠于秦国的官员。在得知秦国灭亡后，赵佗又派兵攻占了桂林和象郡，最后建立了独立的南越国，统治了今南到越南北部及海南岛、北达五岭、东临大海、西至滇黔桂交界处。赵佗自立为南越王后还自称"南越武帝"。

汉初，由于征伐困难，南越国勉强成为了西汉的"藩属国"。直至公元前 112 年夏季，汉武帝刘彻出兵 10 万发动对南越国的战争，并于同年冬季灭亡南越国。从汉朝至唐朝时期，岭南的经济和人口分布的重心仍在粤北和西江流域，而珠三角地区和潮汕平原一直都是人烟稀少。唯有广州地区在汉朝时期成为中国与古罗马帝国的海上贸易中心和海上丝绸之路的起点，也成为了中原商贾缔造财富传奇的地方。《汉书·食货志》载："粤地处近海，中国（笔者按：即中原）往商贾者多取富焉。"

东汉章帝时期，大司农郑宏奉命又将顺头岭一带的秦汉古道（从现广东清远连州市大路边镇至湖南郴州临武县茅结岭以北）拓宽至 3 米左右，用条块麻石或青石铺砌成岭南通往中原的官道。《后汉书·郑弘传》载："建初八年，（弘）代郑众为大司农。旧交趾七郡（笔者按：包括今广东省至越南北部）贡献转运，皆从东冶（今福州），泛海而至，风波艰阻，沉溺相系。弘奏开零陵（笔者按：湖南永州）、桂阳（笔者按：湖南郴州）峤道（笔者按：山路），于是夷通，至今遂为常路。"

唐朝开元年间，岭南以沿海之利，海外贸易交通有了很大发展，广州成为中外海上交通门户的大商港。在去官归养的张九龄的建议下，朝廷委派他主持扩建大庾岭"新道"，即今梅岭古道（今从广东南雄市至江西省大余县之间），使其成为连通岭南岭北的又一条主要通道。

　　两宋期间社会动荡，为躲避战乱，中原及江南的移民大量迁入岭南地区，同时粤北地区的人口也开始大规模迁入珠三角地区，使珠三角地区的人口迅速增长，并形成了"广府民系"。珠三角地区逐渐取代粤北成为岭南的经济与文化中心。

　　正是由于山高岭峻的阻隔，"山高皇帝远"，岭南地区与中原等地沟通困难而开发得较晚，也较少受到中原社会动荡的影响，不但经济发展一直较为平稳，文化更保有很多地域的特点。但历史上历次汉人的大举南迁，不仅加快了岭南的开发，并以先进的生产力和文化影响了岭南百越人。同时，历代流人贬官至岭南，对提高岭南各地文化水平，或多或少起到过积极作用。例如，唐代流贬至岭南有史可考者，流人将近 300 人，降官近 200 人。

　　从明朝至清中期，是古代岭南最繁荣的时期。广州因长期为全国唯一的对外贸易港口，也是当时最大的商业城市之一。清朝时期珠江的商贸航运更加繁忙。康熙二十四年，在广州建立了粤海关，在"十三行"（十三家中间商人）建立了洋行制度。乾隆年间，准许外国人在"十三行"一带开设"夷馆"，方便经商和生活居住。

　　岭南的建筑形式分为"广府建筑""潮汕建筑"和"客家建筑"三种主要类型，并且主要以民居为主。清末民国初期，在侨乡和城市地区又出现了"骑楼建筑"。

　　广义上的岭南园林有广东园林、广西园林、福建园林、海南园林等。历史上较著名的有南越王赵佗的"四台"，闽越王无诸的"桑溪"，南汉王刘𬞟的"西御苑""九曜园"，闽王王审知的"西湖水晶宫"等。记载较详细的是在北宋时期，广西经略安抚使程节在今桂林市兴建了一座园林式驿馆，供政府官员迎来送往时暂住，名"八桂堂"，此园林一直至清朝末年多次异地重建过。

　　狭义的岭南园林是以"广府园林"为代表，成为中国传统造园艺术的三大流派之一。如前面所介绍的，在广州建立了粤海关和在"十三行"建立了洋行制度，也正是在这一时期，广州海珠区、西关一带涌现出由"十三行"商人兴建的规模宏大、雍容华丽的私家园林，包括"潘家花园""伍家花园""海山仙馆"在内的众多名园，被称为"行商庭园"，也是岭南园林的巅峰之作。但能遗留至今的岭南私家园林很少，目前有佛山市顺德区大良镇的"清晖园"、佛山市禅城区的"梁园"、广州市番禺区南村镇的"余荫山房"、东莞市莞城街道博厦社区的"可园"，被称为"岭南四大园林"。其他还有碧江的"金楼""宝墨园"，顺德的"和园""粤晖园"，开平的"立园"等。

由于岭南私家园林遗留至今的实例较少，且大部分因各种原因在 1949 年以后经过了不少改造、扩建与重建，因此只能直观地表述它们的一些比较鲜明的特色，主要表现在如下几个方面：

（1）岭南园林整体上的特点是兼收并蓄，很多局部也是精巧秀丽，但空间内容与空间形态的表达往往比较简洁明了，非常符合岭南文化的基本特点。例如，虽然有些园林整体与局部的空间关系也不乏曲折变化，但园林内部各个空间之间相互的渗透关系和各种园林要素之间的关系等，没有江南私家园林那么含蓄多变，规模较大的清晖园和余荫山房东园便是如此（图 13-227 ～图 13-233）。

在小尺度空间的处理方面也不乏精妙者，如"余荫山房"西园部分，建筑、假山、置石、池沼、植物等各种园林要素之间的配合非常精巧，意境幽深，回味无穷，堪称空间处理的典范；另外，如"可园"因建筑组团在整体上属于"连房广厦"形式的布置，建筑成组成群地围合成一个大庭园，含有园内容部分的空间穿插组合就犹如"小街坊"，与大多采用建筑单栋自由分布，并以回廊、隔墙、假山等形成不

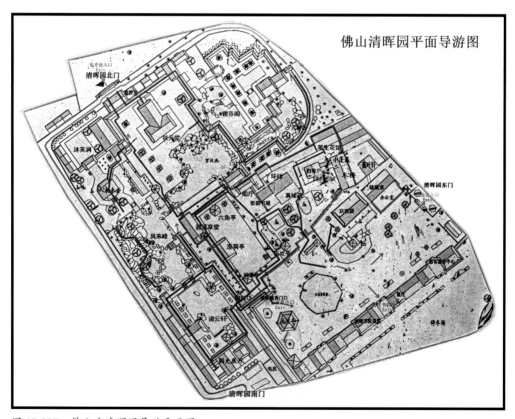

图 13-227　佛山市清晖园导游平面图

图 13-228　佛山市清晖园内景 1

图 13-229　佛山市清晖园内景 2

图 13-230　佛山市清晖园内景 3

图 13-231　佛山市清晖园内景 4

图 13-232　佛山市清晖园罗汉池景区（全国最精彩部分）1

图 13-233　佛山市清晖园罗汉池景区（全国最精彩部分）2

同的曲院的园林布局手法迥然不同（图 13-234～图 13-243）。

（2）岭南园林中的建筑有比较鲜明的特色，建筑形式朴实的与华丽的同时存在，但建筑构造形式一般都比较简单。特别是园林空间内部的建筑，并不拘泥于当地民居的基本形式，可以根据需要去创造，例如余荫山房西园水池南部的"临池别馆（玲珑水榭）"。比较特殊的建筑形式有碉楼，如可园的"邀山阁"、清晖园的

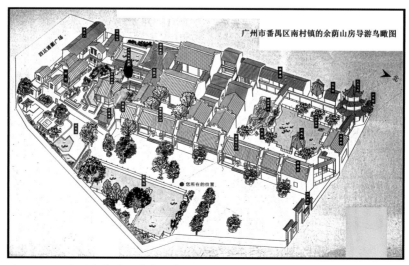

图 13-234　广州市余荫山房导游鸟瞰图

图 13-235　广州市余荫山房外围建筑

图 13-236　广州市余荫山房东园内景 1

图 13-237 广州市余荫山房东园内景 2

图 13-238 广州市余荫山房西园内景 1

图 13-239　广州市余荫山房西园内景 2

图 13-240　广州市余荫山房西园内景 3

图 13-241　广州市余荫山房西园内景 4

图 13-242　东莞市可园内景

图 13-243 佛山市梁园内景

"留芬阁"、立园的"毓培楼"。亭子的形式和做法很不规范，还有少数民族建筑形式的和俄罗斯、西欧等形式的。有很多建筑的装修比较精美、华丽，大量运用木雕、砖雕、石雕、陶塑、泥塑、灰塑、陶瓷等民间工艺，门窗格扇、花罩漏窗等都精雕细刻，再镶上套色玻璃做成纹样图案，其彩色光影犹如一幅幅玲珑剔透的织锦（图 13-244 ～图 13-247）。某些建筑或局部构件受西方建筑文化的影响，如在中式传统建筑中采用西式的门窗或柱头、厅堂外设铸铁花架等，都反映出中西兼容的岭南文化特点。"余荫山房"东园北部的一组两层建筑（瑞景楼、桂馥楼等），在二层室外设有较宽的走廊，接天桥可达假山顶，成为重要的"高视点"园林要素内容，对欣赏全园美景非常重要。这种形式的"高视点"园林要素内容，在扬州的何园中也出现过（图 13-248 ～图 13-250）。

（3）岭南园林中的叠山和置石所用的石材有广西湖石、广东黄蜡石和英石、闽南花岗石、海南珊瑚石等。堆叠的假山和较大的竖向置石等独自的形象和艺术效果往往都不错，但有些与其他园林要素内容之间，也就是与整体环境之间的界限和疏离感较强。例如余荫山房东园的假山，独自的形象包括与植物的配合等的艺术效果非常突出，但在整体空间环境中显得比较突兀。岭南园林中的置石多是平

图 13-244　广州市余荫山房西园玲珑水榭

图 13-245　广州市余荫山房西园玲珑水榭室内

图 13-246　东莞市可园邀山阁

图 13-247　佛山市清晖园留纷阁

图 13-248　广州市余荫山房东园北部天桥

图 13-249　广州市余荫山房东园假山

图 13-250　广州市余荫山房东园从北部建筑二层走廊看假山

放，或独立或组团，很少出现如江南私家园林中的、以竖向叠出如独立置石效果的做法。

（4）岭南园林中的理水往往比较简单，可能是受西方园林形式的影响，水池多采用几何形式。但几何形状边界清晰的水池，与其他园林要素内容之间，也就是与整体环境之间的界限和疏离感也较强。例如余荫山房东园的水池，在整个空间中显得过于独立。另外，几何形状的水池如果与其他园林要素内容配合得当，空间艺术效果未必不佳，如清晖园中部有一组由长方形的水池与"六角亭"、敞轩状的"澄漪亭"和"游廊"等组成的空间效果也非常不错，但这类空间缺少了中国传统园林建筑体系特有的"山林气象"，特别是在其隔壁空间中，"凤来峰"假山与池水等形象又非常自然化，这使得面积有限的清晖园整体的空间内容与空间形态的艺术效果显得缺乏一致性（图 13-251～图 13-253）。

图 13-251　佛山清晖园澄漪亭与方形水池

图 13-252　佛山市清晖园凤来峰

图 13-253　佛山市清晖园九狮山

第十四章 中国传统园林建筑体系 空间内容与空间形态解析

第一节 中国传统园林建筑体系空间特征解析

建筑艺术即为空间的艺术，无论室内、室外，单体建筑抑或建筑群体组合。在中国传统建筑体系中，因受建筑技术即建筑结构、建筑构造和建筑材料的直接影响，单体建筑的空间形式比较单一、物理性能比较单一，建筑体量也受到限制。因此，要满足复杂的功能需求，就必须以多个单体建筑的组合来实现，那么群体建筑之间的空间组合关系就显得尤为重要，这也是中国传统建筑体系最为重要的特征。但就这一体系来讲，不同使用性质的建筑组群，其空间组合关系的特点与所形成空间氛围等又有很大的不同。如果以明清时期遗留至今的建筑体系之实例来看，除了使用的方便性外，大部分组合是以体现明确的等级和秩序的空间关系和空间氛围为主，包括皇家宫廷建筑体系、礼制建筑体系、宗教建筑体系、衙署建筑体系、各类合院形式的民居建筑体系，以及城市规划等；另一个极端是以追求轻松、自由的空间关系和空间氛围为主，这包含了几乎大部分的园林建筑体系。

中国传统园林建筑体系之起源与原始宗教崇拜即礼制文化相关，至古帝王产生，便被当作所谓"天人之际"的媒介和代言人。那么其园林建筑体系等，也就成为了表达"天人之际"之精神境界的物化场所并加以享受，也就是模仿上帝或神仙居住地，亦有政治宣示之功能。对这类内容的表达，以秦汉时期平原地带的皇家园林达到了顶峰。它们利用自然台地、人工堆叠的自然形态的山、各类高台建筑（抽象的山加建筑）等和所依附的飞阁复道等"高视点园林要素内容"为重要依托，亦以地面的建筑、构筑物、置石、池沼、河渠、各类植物等"低视点园林要素内容"为重要依托，共同形成了空间形式立体多变、内容形式丰富多样、视觉感受新奇独特的皇家园林。其"高视点园林要素内容"是"有别自然"，其"低视点园林要素内容"是"有若自然"，充分表达了"天人之际"的神仙境地的思想主题与艺术效果。在这一空间体系中，"高视点园林要素内容"又成为关键性的"控制性园林要素内容"，也就是把握空间视觉效果最关键性的内容。简单地说，这类空间最突出的特点是至少具有上、下两层立体空间，很好地表达了"天人之际"的神仙境地的具体空间内容与空间形象。另外，在古帝王和早期的皇家园林中，那些高大的高台建筑等，还有很强的防御功能，我们在中卷中具体介绍过，在此不再赘述。

由于建造各类高台建筑等需要大量的社会成本，包括扰乱正常的政务和耽误农时等，且如秦始皇那样大兴土木，已经成为导致国家灭亡和儒家政治理念（至少表面上是）中的"反面教材"，大约从隋唐时期开始，基本已经弃用各类高台建筑。平原地带的皇家园林因面积广大，便突出采用不同类型与内容的景区集锦组合方式布局（也有很多是重复的），同时集中挖池筑山，营造新型的"控制性园林要素内容"，如隋唐洛阳西苑、北宋汴梁华阳宫、从辽一直延续至清的北京西苑等。清朝时期的北京颐和园（清漪园）是利用自然的万寿山和所邻的昆明湖（半人工水系）作为"控制性园林要素内容"的皇家园林的代表。由于圆明园位于平原低洼地带，邻近区域内已经有香山、万寿山、玉泉山，就没必要再大规模地人工造山，也就成为以湖面水网为背景和纽带的、采用集锦组合方式布局的皇家园林的代表。同时，小型私家园林细腻的营造手法，至晚在隋唐之际就已经达到了顶峰，或仅是更早的这类园林造园手法的自然延续（并没有证据证明这类园林造园手法的明显进步），所以在如圆明园、颐和园、承德避暑山庄等大型皇家园林中，便自然而然地会在集锦的小区域内象征性地借鉴和引入某些私家园林的造园手法等。并且中国古代社会的很多皇帝，无疑也是那个时代的文化精英，某些文化观念等，也是他们所掌握的文化中的重要内容，因此在大型皇家园林中借鉴私家园林的某些造园手法等，也并无文化和"语境"方面的障碍。但唯一不变的是皇家园林主要的精神主题和整体的空间形象等，其中也必然包括最重要的等级观念。

由于隋唐及以后时期平原地带的大型皇家园林，不再以各类高台建筑作为控制性的"高视点园林要素内容"，而是以自然形态的山所替代，因此在整体的空间形态上便是"有若自然"。并且那些新型的"控制性园林要素内容"，也成为了体现天人之际和模仿神仙境地的主体，如大型的一池三山（岛）"园林母题"等，也包括高大的建筑。再有，由于皇家园林的面积广大，不同类型景区内容的营造游刃有余，整体空间内容与空间形态的效果依然可以丰富多样，因此在整体上依然可以达到表达"天人之际"和模拟"神仙境地"的目的与效果，只是与秦汉时期的皇家园林的空间内容与空间形态几乎完全不同。

在历史上，古帝王或皇家园林建筑体系的外在形式甚至是其理想和观念等，也曾经被各类"有能力者"不同程度地模仿着，甚至同样可以作为政治"宣示"的工具。如周文王为商的西伯侯，其所建造的"灵台"以及春秋战国时期各类诸侯建造的"美台榭"等（这类园林的分类较困难，在中卷中归为了"古帝王与皇家园林之列"）。

自两汉、魏晋南北朝时期以来，真正意义上的私家园林越来越多（文字记载渐多），一方面，绝大部分私家园林的拥有者，既不可能拥有较大面积的土地，也不可能拥有集中人力、物力建造大量的各类高台建筑的能力，因此就必须利用或有限地模仿自然形态之山水，达到事半功倍的效果；另一方面，在以皇帝为核心的专制社会政治体制下，那些门阀士族、地方豪强和文人士大夫等，既可能是这种社会政治体制的直接受益者，也可能是直接的受害者，有时这两种角色的转变是瞬息万变，他们对这种社会制度既爱恨交加又无法脱离。因此在特定的社会文化"语境"下，一部分私家园林又成为他们标榜"林泉之志""烟霞之侣"等"情怀"的象征。所谓"林泉之志""烟霞之侣"，原本是文人等个体在与皇权和整个集权体制无法抗衡后的逃避，并且这种"逃避"不是灰溜溜的，而是充斥了精神的自满与自觉，即以玄学为重要的精神支柱。而现实中的这种"自满"与"自觉"，往往也并非单向的运动，一旦时机成熟，个体便会掉头跻身于仕途宦海，甚至可以"林泉之志""烟霞之侣"沽名钓誉，以至于"仕与不仕"的辨证关系，发展成了文人士大夫普遍的处世哲学。在两宋之际发生与发展的理学思想的影响下，"仕与不仕"的辨证关系已经不再是文人士大夫等纠结的思想主题，理学本身就是突显天理、道德与人性的精神支柱，其中"天理"中也包含有自然之道。因此，如果说除了能力和等级因素外，私家园林的内容与形式等也深受文人士大夫等主流的思想文化的影响。那么从玄学至理学，再加上道与禅的某些思想等（既然心性本净、佛性本有，可以直彻心源、见性成佛，就要寂然无为、舍妄归真），都要求私家园林主流的风格必须是"有若自然"。基于以上两个方面因素的汇聚，以突出山水主题为特征，也就成为了绝大多数私家园林的选择与延续的传统。

私家园林自身的规模和形式等也是有天壤之别的，时间越早，个别大型的私家园林越接近于皇家园林，至唐朝时期，安乐公主的园林"定昆湖"甚至还与皇家园林无异。但对于占有绝大多数的私家园林来讲，因规模有限，位于城市平原地带的"有若自然"的方式必然是"以小见大"，并因此发生与发展了"以小见大"的造园美学思想，同时也有不得已而为之的窘迫。与此相对应的是在相对的狭小空间内的细腻的空间内容与空间形态的处理方法。具体来讲，就是园林要素内容和空间以"小"为主，并以"小"的空间和园林要素内容，"写意"地表达所象征的"大"，并且各个小空间之间注重相互的渗透与因借关系，甚至要借助于"假景"等，让人在视觉和想象中产生错觉，使得园林的"视觉空间"大于实际的"物理空间"。

若再进一步从普遍的社会生活和视觉感受角度来理解，对于中国古代社会的大众来讲，长期生活在因等级、秩序而压抑的建筑物理空间和社会政治空间之中，若能时常转换至轻松而自由的山水园林物理空间中，无疑是视觉与精神调适的良好方式之一。这应该也是在中国古代社会，对轻松而自由的、潇洒而活泼的山水园林建筑体系始终保持高度向往之基本原因，以至文人士大夫等都侧重于把园居生活自诩为"林泉之志""烟霞之侣"的替代。然而，虽然长期生活在上述因等级、秩序而压抑的建筑物理空间与社会政治空间中，致使对山水园林空间有着本能性的向往，但并不是人人都可以获得的，就其巨大的建造和消费成本来讲，必须以一定的经济能力甚至是社会地位作为依托。而一旦拥有，往往又会异化为或精雅闲适，或铺张奢华甚至是奢靡生活的一部分，或曰园林本来就属于拥有此类生活能力的结果，即为"儒为名高，贾为厚利"之后才能拥有的生活载体。另外，古代帝王和皇帝们也会承受着来自社会的政治压力，主要为如何保障并始终拥有唯我独尊的权力和地位，以及"帝祚永延"等。与唯我独尊的权力和地位相适应，皇家园林必须体现出高于一般私家园林的等级差别，当然更为其奢华乃至奢靡生活的一部分。这些都导致了中国传统园林建筑体系之社会功能，以及文化和艺术属性等，成为多层次复杂的"二律背反"之典型实例之一。尽管如此，这并不妨碍我们对其特殊的空间形态和内容而产生的视觉直至心理感受的分析，这些内容也就是中国传统园林建筑体系艺术成就的物化形态。

总之，中国传统园林建筑体系的发生与发展，是以满足拥有者物质生活层面的享受为目的，又以满足精神层面的诉求和宣示为升华，并受中国古代社会特有的物质与非物质文化内容之影响，逐步形成和完善了特殊的园林建筑体系空间特征和营造手法等。在其发展或曰延续的中后期，其中在精神层面诉求中属于个别的最后与最高境界，体现为在严格的礼制思想框架内的宇宙天地体系中文人士大夫标榜的身份定位和精神调适，构建了属于自己心目中的"神仙境地"及"宇宙框架"。另外，在建筑美学与哲学的思想意识层面，以自然形式为主的园林建筑体系，是相对于有着严格等级限定的传统建筑体系的适度反叛。

中国传统园林建筑体系的空间特征表现为如下几个方面：

（1）中国传统园林建筑体系空间的整体特征主要表现为非对称性。这是大自然带给人们的经验，无论是空间之前、后、左、右四边界，还是空间中的园林要素内容等，大多遵循此原则。空间中的园林要素内容自不待言，如若空间四界不得已而采用了方方正正的对称形式，则在空间中的园林要素内容设置方面，就更需尽量减弱这种对称感，如注意在靠近四界边缘处的内容安排上求得突出的变化，特别是尽量使得四界本身的内容和形式有所不同：有的可以是以建筑正立面或侧立面为界

（效果大为不同），有的可以是以院墙、花墙（带窗洞等装饰的墙）为界，有的可以是以堆山叠石为界，有的可以是以植物为界，有的可以不同的园林要素内容的组合为界，等等。甚至可以在墙体顶部的形式处理方面寻求突破。现存传统园林实例中例外者，是私家园林中那些规模最小的庭园和紫禁城御花园等。凡置身于对称的园林空间之中，视觉与精神放松之欢愉感都会逊于其他，因为这种放松之欢愉感源自视觉画面中园林要素内容和所组成空间的或持续而含蓄或突然的变化，这就是在每个停留点上要有多视角的多种画面出现，以及强调所谓"步移景异"的原理所在。同理，若置身于有限的园林空间之中，凡在视线中有"挥之不去"的充满壅塞的构筑，皆会减弱放松之欢愉感。清梁章钜所撰的《浪迹续谈•卷一•狮子林》中载："客有招余重游狮子林者，余笑谢之，盖余于吴郡园林，最嫌狮子林之逼仄，殊闷人意，故前官苏藩时，亦曾偕友往游一次，而并无片语纪之。或谓此园为倪云林所筑，则亦误也。曾闻之石竹堂前辈云：'元至正间，僧天如惟则延（请）朱德润、赵善长、倪云林、徐幼文共商叠成，而云林为之图，取佛书狮子座而名之耳。'明时尚属画禅寺，国初鞠为民居，荒废已久。乾隆二十七年，南巡莅吴，始开辟蔓草，筑卫墙垣。中有狮子峰、含晖峰、吐月峰、立雪堂、卧云室、问梅阁、指柏轩、玉鉴池、冰壶井、修竹谷、小飞虹、大石屋诸胜，又有合抱大松五株，故又名'五松园'，则人所鲜知也。"今观苏州狮子林假山，也确有"逼仄，殊闷人意"之感，个中具体原因将在以下小节中具体分析。

（2）中国传统园林建筑体系空间的整体特征又表现为避免一览无余。其景观内容如若都是一览无余，即缺乏了"或持续而含蓄或突然的变换"，便会降低游览和驻足过程中伴随的视觉新鲜感，对于小尺度的园林空间更是如此。又因对于绝大多数园林建筑体系来讲（特别是私家园林），其空间毕竟是有限的，最长两点之间的距离一定会远远小于游者的良好视线距离。所以若能以各类不同形式的建筑物、构筑物、堆山叠石、理水和植物等，或多项园林要素内容组合为手段，分割与划分空间，产生阻隔、遮挡、掩映等，从而避免了一览无余，再结合"借景"等手法，不仅能丰富空间内容与空间形式的效果，形成"或持续而含蓄或突然的变换"，更可使观者在曲折盘桓、穿插顾盼过程中"视觉或感觉空间"之体量远大于实际的"物理空间"之体量。这也是中国传统园林建筑体系空间处理最重要的方法。相应地，游览线路的设计也与此目的相配合，不但在水平方向上曲折多变，在竖向上也是跌宕起伏，所谓山之"可游"，与亭台楼阁等配合提供"可望"之地，皆有此作用。园林要素内容竖向上的变换，可以为游者提供可仰视的内容，特别是能够让游者可以站在高处俯视或瞭望，目的是改变游者的视角方位，以便产生与平视时相同的空间及内容等，在视觉上感受新鲜感。另又因可眺望，达到远借其他景观"为我所用"的目的，这也就是"高视点园林要素内容"的重要性。

（3）中国传统园林建筑体系空间的局部特征表现为"突破"界限的限制。若以一个局部的室外空间作为一个基本空间单元，那么它有四面边界和地面边界，共为五个界面。在四面边界界面上的基本处理手法，是开各种形式的"孔洞"，常见的为各种形式的门洞、窗洞和漏窗等。这类孔洞是使该空间单元之内外空间相互渗透的通道，既可在视觉感受上达到突破界限的效果，又可将四边界之外的景物为我所用，即所谓"借景"；或可干脆以各类建筑、堆山叠石和各种植物等，以半遮挡的形式，更直接地减弱其中一两个界面的限定；地表界面中的池沼河渠等，可以理解为该空间单元局部向下突破界限之限定（仅是其作用之一）；虽然空间单元的上空没有实际界限的限制，但空间中园林要素内容的平均高度，在视觉感受中就犹如上部空间的限定，那么空间中最高的园林要素内容，如山巅、高台、楼阁、高大植物等，都可在视觉上起到空间单元局部向上突破限定的视觉感受效果。以上各类突破空间界限等的处理手法，一方面，可直接消解空间界限的压抑感；另一方面，如通过门洞、窗洞等可观看该空间单元以外之景象，以及更直接地减弱空间界面的限定等，均可增加空间及内容的丰富性、趣味性和层次感。而通过漏窗等因不能尽观空间单元之外的景象，在增加空间及内容的丰富性、趣味性和层次感的同时，更可使游者产生丰富的联想。再者，空间的渗透关系绝不是仅限于两个空间之间，即便是狭小的空间，也可能会有多个方向的渗透关系。另外，在游人均可进入的相邻的空间中，渗透关系不仅是相互的，从空间界面两侧对望会有截然不同的艺术效果，并可能与"泄景""框景"等相互转化（详见后）。（图 14-1 ～图 14-6）

（4）中国传统园林建筑体系空间中的不同空间区域，或不同园林要素内容之间的位置关系等，表现为相互穿插与渗透，形成"你中有我、我中有你"的"流动空间"势态是多方面的。例如，池沼河渠等水面，不只是停留在某一空间范围之内，整体上，尽可能地贯穿于不同的空间之中，在局部中，可以绕到突出于地表的堆山叠石之后、各类建筑之后，等等。换一个角度理解，也可以认为堆山叠石特别是部分建筑等，是以不同的程度深入到了池沼水面之中。植物配置也是如此。另有道路和场地的各类穿插与渗透等（可参见以往介绍过的园林实例中的平面图）。这类穿插与渗透造成的流动的势态，使得园林空间及要素内容在宁静中又充满了含蓄的动感，而这种动感又能缓慢且不间断地刺激游者的视觉兴奋点，如绘画之"气韵生动"。当某一种园林要素

图 14-1　室内外空间在视觉上的空间渗透（苏州留园）

图 14-2　室内外空间在视觉多方向的空间渗透（清晖园）

图 14-3　室内外狭小空间多方向的空间渗透（苏州留园）

图 14-4　室外狭小空间为实现空间渗透所开连续的漏窗（苏州留园）

图 14-5　一座建筑多方向的空间渗透（苏州狮子林）

图 14-6　由门洞形成的空间渗透（南京瞻园）

内容被其他要素内容遮挡而不能尽观其尽端时，又会使观者产生丰富的联想。

（5）中国传统园林建筑体系发展到中后期，空间中最具特征的园林要素内容为山、水、置石和近似自然状态下的植物。这并不是说各类建筑等不重要，而是无论各类建筑等有多么重要，若缺少山、水、置石和近似自然状态下的植物等，或它们所占的比重非常有限，那么这个体系便难以划为中国传统园林建筑体系。为此，"叠山理水"也就成为了中国传统园林建筑体系中不可或缺的内容。中国传统园林中人工营造的"山"的类型，抽象的有高台建筑（或其中的基座部分），具象的有土堆的、石叠（掇）的，还有土石结合的，具象的基本形式当然是"有若自然"。

另外，在中国其他类传统建筑体系中，很多都具有"园林化的倾向"，如现存北京的大型皇家祭祀建筑体系等。这也是由中国传统建筑体系的特征所决定的，即在单体建筑之间有很多富余的场地空间，在这些场地空间之中有条件也有必要填充山石和植物等（如北京社稷坛内），甚至是某种功能性的水系等（如北京天坛内斋宫外围的"御沟"），但这些建筑体系的功能属性并不属于园林建筑体系。历史上出现过的"泛宗教"建筑体系的园林等，一般是单独设置，也有其独立的功能，而不应该把本身就置于自然山水环境中的"泛宗教"建筑等笼统地理解为某某园林。

（6）特别是在中国古代社会的中后期，文人士大夫等对私家园林中处理得当的人工山水园林的文学性描写，和近乎于哲学性评价的实践美学思想是"以小见大"，这也是以往的研究者认为的中国传统园林之最高美学原则。明朝时期的画家、园林设计家文震亨在其《长物志》中以"一峰则太华千寻，一勺则江湖万里"来描写所谓"写意园林"中山水之意向，这类思想和相近的文学描述，在隋唐之际就已经非常普遍。例如，我们之前介绍过的唐李华所写《贺遂员外药园小山池记》中的"庭除有砥砺之材、础礩之璞，立而像之衡巫。堂下有畚锸之坳、圩塍之凹，陂而像之江湖"。还有白居易所写的诗文，等等。其实，若从视觉效果的角度来分析，凡处理得当的人工山水和各类置石等内容，当然也包含依附的植物等，无论大小，它们的主要特点一定是接近于自然山水的基本特征。例如，自然山谷中的溪流池沼等，很多是与各类山石相伴，而传统园林实例中池沼等水边堤岸的处理，特别是在小型空间内的，大多也是与各种形式的置石相结合。从技术层面上讲，置石可具体起到岸边护坡的实际作用；从视觉感受层面上考虑，就是对大自然概括性的模拟。概言之，"虽由人作，宛自天开"。另外，就独石形式的置石来讲，其效果当然也只能是取决于其自身的形状、质感和体量等独特性之程度，况且它们本身就是取之于大自然。至于在以往章节中所举例的古代文人"以小见大"类的各种描述，则更多的是属于在特定心境下的感慨而已。

"以小见大"，必须是包括园林要素中的几乎所有内容（个别高大的植物除外）。例如，在大型皇家园林的某些大体量空间中，某些体量较小的假山和置石等，其空间视觉效果是远远不如小型私家园林空间之中的。那么进一步讲，营造、研究与评价中国传统园林建筑体系中的一切内容，都要以园林的空间体量为基本前提。而不以此为基本前提的评价，都不属于"建筑学"意义上的研究与评价。

（7）中国传统园林建筑体系空间之营造手法（造景）丰富多样。前面所述的内容，亦可以算作整体概括的造景手法，此外，前人还总结过江南私家园林的"组景十八法"即借景、障景、露景、隔景、分景、蒙景、藏景、引景、对景、夹景、框景、泄景、影景、色景、香景、添景、题景、景眼。这些组景方法与前面所讲空间等特征是相关联的，有些属于更具体的细节处理手法，亦是各类园林普遍采用的方法。

所谓"借景"手法，简单地概括就是把"他"景借"我"所用。大致有三种借用情况：

其一是在传统园林的建筑空间体系中，任何一个园林要素内容都不是孤立地存在的，必定要与空间环境中的其他园林要素内容发生联系。例如，在空间中的某一建筑的周围可能有叠石和植物相依，叠石之中又会有植物点缀，建筑的邻近处还可能会有池沼，建筑之前又必然会有广场和道路等。那么在观者眼中，这座建筑的形象美感，既与其自身的造型、色彩、尺度、细部处理等相关，又与其邻近的环境之中上述山石、植物、池沼、广场和道路的自身形象和它们之间的依存关系相关。因此对于这座建筑来讲，上述环境中的一切其他内容，都可以看作这座建筑物之借景，也就是所谓的"临借"。放大到空间区域来讲，在这个特定的空间内环顾四周及上下所产生的印象，都与对这个建筑形象的视觉感受相关，因此这个空间中目视所及的所有其他内容，也都可以看作这座建筑的借景。

其二是在一个特定的空间单元中（如一座院落中），观者透过门、窗的孔洞和其他非完全遮挡的界面所能看到的四周其他空间中的内容等，都会与这个特定空间之内的视觉感受产生联系，且能形成丰富的空间层次，产生协调甚至是对比关系，或远处之某园林要素内容的视觉形象更为突出等。那么目光所及的其他空间中的内容，哪怕仅仅是隐约的，都可看作此空间的借景，也就是所谓的"近借"。

其三是若在此空间中可观远方之（可能与其毫不相关）空间中的内容，那么这类内容就可视为此空间之借景，也就是所谓的"远借"（参见图 13-45 和图 13-179）。因此"高视点园林要素内容"就尤为重要（仅仅是其作用之一）。

另外，还有声音之借、气味之借、动物（如飞鸟）之借、天空之借（如明月），以及阴晴云雨气象之借和寒来暑往季节之借等。

总之，借景既是所有园林组景中最重要的手法，也是促使园林空间内容形成某特定氛围的关键。例如，在私家园林中随处可见的置石和植物等，就是自然山水氛围营造的关键。

所谓"障景"手法，即以单独或连续的小空间或园林要素内容形成的"障碍物"等为遮挡，避免游者在园林空间入口处便对园内主要的空间内容一览无余，而是把最好的空间内容深藏其后的方法。常"先藏后露""欲扬先抑""山重水复疑无路，柳暗花明又一村"。如园林入口处常迎门挡以山石，这种处理手法称为"山抑"。不仅是在园林空间入口处，在任意两个不同空间的交界处，很多都属于采用了障景的手法，以增加空间的层次感。

所谓"露景"手法，即在不同类型空间交界的适当位置处（包括"孔洞"），突然暴露出另外一个空间内主要或局部的园林要素及空间内容等，以对游者产生较强烈的视觉感受刺激的处理方法。实际上，"露景"手法一般与"障景"手法相互配合运用。如果是静态地观察，部分"露景"也属于"借景"或"框景"。

所谓"隔景"手法，即把整座园林的物理空间用多种手段划分为多个相互穿插渗透的空间，有开有合、有虚有实，既满足实际的使用功能划分，又可扩大总的"视觉空间"体量，增加"流动空间"势态，特别也是避免园林空间中的主要内容一览无余的方法。在具有一定体量的园林空间中，若全无"隔景"处理手法，甚至可以认为其并不具备典型的中国传统园林的空间特征。

所谓"分景"手法，一种情况是与隔景相对应，"隔"是划分空间，"分"是分开、分别独立造景；另一种情况是在一个相对较大的空间中，分别营造不同的景观内容。

所谓"朦景"手法，即在一个小空间范围内也要避免所有空间内容都一览无余的处理方法。如通过建筑、山石和植物等进行适当的相互遮挡、相互掩映等。

所谓"藏景"手法，即以适当的遮挡，避免某一具体园林要素内容完全暴露无遗的含蓄的处理方法。如利用植物等对山石、池面进行适当的遮挡，则有如郭熙《林泉高致·山水训》中所讲的："山欲高，尽出之则不高，烟霞锁其腰则高矣；水欲远，尽出之则不远，掩映断其流则远矣"的艺术效果；又有把某一具体园林要素内容藏于回转处，可让游者产生惊喜的处理方法。

所谓"引景"手法，即通过路径、游廊和掩映于高处的标志物（如山上的亭子）等，引导或吸引游者产生行进和游览意愿的处理方法。

所谓"对景"手法，就是要使游者视线之前方有可供欣赏的、明确的园林要素内容相对应。处理方法主要分为两种情况：其一是在园林空间的游览线路上原本就要设置出若干停留点，包括各种类型的小型场地和亭台楼阁等，那么当游者位于这些停留点时，其视线所及的范围中，就要有一个以上的可供欣赏之明确的、令人赏心悦目的园林要素内容，或是成组团的园林空间内容等；其二是由于游者在行进过程中的视线方向与行进方向大体一致，为了使游者在行进过程中的视线前方有可观赏的、明确的、令人赏心悦目的园林要素内容、成组团的园林空间内容等，就要适当地改变一些路径的行进方向，使之与前方较好的园林要素内容、成组团的园林空间内容等形成对景关系。

所谓"夹景"手法，当处于视线前方的某主要园林要素内容尺度有限，而视线两侧的空间又大而无挡时，视线前方的园林要素内容就会显得单调乏味，且整体空间尺度失当。如果能于前方空间两侧适当地用其他建筑、假山、树木花卉等内容屏障起来，形成"视觉通廊"，就会增加前方空间的进深感、透视感、层次感等，这种空间处理手法即为夹景。

所谓"框景"手法，即利用一切可以成为前方园林要素和空间内容明确之"边框"，使前方园林要素和内容如在"画框"中，形成接近如"一幅完整图画"般效果的方法。既可以门、窗、石孔等形成的孔洞为框景手段，又可以建筑的梁柱甚至是植物的空隙等形成的"边框"为框景手段（图14-7～图14-13）。

图14-7　由窗洞形成的框景与空间渗透（苏州留园）

图 14-8　由漏窗形成的框景与空间渗透（苏州耦园）

图 14-9　由门洞形成的框景与空间渗透（苏州狮子林）

图 14-10　由门洞形成的框景与空间渗透（上海豫园）

图 14-11　由门洞形成的框景与空间渗透（无锡寄畅园）

图 14-12　由建筑梁柱等形成的框景（苏州耦园）

图 14-13　由植物形成的框景（苏州留园）

所谓"泄景"手法，即透过门、窗、漏窗和孔洞，以及其他非完全遮挡的界面，故意若隐若现地泄露其他空间的一部分景观内容，从而达到吸引观者产生游览意愿的处理方法。

所谓"影景"手法，即利用水面倒影形成景象的处理方法。

所谓"色景"手法，即以各类色彩或色彩的对比，丰富园林要素内容和空间效果的处理方法。

所谓"香景"手法，即以不同植物或相同植物在不同季节的气味为景的处理方法。

所谓"添景"手法，即在某一空间的空旷处适当地添加园林要素内容的处理方法。

所谓"题景"手法，可概括地称为"题咏"，即以对联、匾额、题记等文字内容，增加特定的园林要素或空间内容(特别是建筑)的总结性、联想性、趣味性的处理方法。

所谓"景眼"手法，即在或相对连续或平淡的空间内容中增添"点睛之笔"的处理方法。"景眼"一词来源于中国画中的"画眼"一词，例如，在大面积的暗部内容中要有小面积的亮部内容，不然暗部就会有沉闷感。

在上述"十八法"之中，"借景（近借）""露景""框景""泄景"都会利用门窗和其他"孔洞"等（并非全部），并且都是以空间的渗透性、层次性来增加视觉感受效果的丰富性、无限性（视觉和感觉空间远远大于物理空间）、吸引性等为基本目的。它们之间的区别为：当通过较大的"孔洞"和其他"边框"的框定，游者能看到接近于一幅完整的画面的本空间或相邻空间的内容时，便可视为形成了"框景"；当可忽略"框定"的概念，看到其他空间的内容，且那些内容并非一定如一幅完整的画面时，便可视为"借景（近借）"；若游者在行进中，忽见与当前空间环境产生较强烈对比的、"意外"的空间内容，并可直接转入这一空间区域时，便可视为"露景"；在某空间中若隐若现的，至少使游者可感觉到还有其他空间的存在，便可视为"泄景"。或因游者所处位置、角度、运动速度和注意力集中程度的不同，或因所"透过"的园林要素即空间的突显程度、完整程度、吸引程度之不同等，它们之中的部分属性可以互相转换。总之，这些手法均可以用"互相因借""空间渗透"等来概括（图 14-14 ～图 14-20）。

除上述"十八法"之外，其实还有一种可称为"假景"的手法也较为常用。从遗留至今的江南私家园林实例来看，无不注重园林情趣，甚至可以说一切手法最终都是围绕着创造并强化情趣而展开的。这里所说"假景"的手法，基本目的是在某些局部处理上避免生硬，更重要的目的是使游者产生更丰富的联想。例如，在水面接触某些空间墙面边界的时候，就有意识地缩小水面，并用石头在墙面边界处叠垒

图 14-14　因角度及距离稍远形成的泄景与空间渗透（南京瞻园）

图 14-15　因角度及距离较近形成的对景、框景与空间渗透（南京瞻园）

图 14-16　因角度及距离稍远形成的泄景与空间渗透（苏州艺圃）

图 14-17　因角度及距离较近形成的框景与空间渗透
（苏州艺圃）

图 14-18　因距离更近形成的对景（苏州艺圃）

图 14-19　空间界面两侧空间泄景、渗透等的相互性（苏州艺圃）

成涵洞状，这样就不会使游者感觉水体是到
了尽头，反而会有水体来自或流出于边界之
外的遐想。这些"边界"既包括围墙，也包
括池边建筑的底部，还包括池边或池内假山
的根部等。再如，于覆盖在水体的叠石的某
些部位留出通水的孔洞，因下面有水且淌过
有声，这类孔洞便会有如泉眼、水井之类的
效果，情趣盎然。其实，从广义上讲，那些
小型的人工堆叠假山等，又何尝不是"假景"
的手法。

图 14-20　由漏窗形成的泄景与空间渗
透（苏州沧浪亭）

　　以上所阐释的中国传统园林建筑体系的
空间特征等，是笔者对历史文献和遗留至今的传统园林实例的解读与分析的结果。但
要实现这类不同的空间特征，首先要做的工作便是平面布局，这也是传统园林建筑体
系营造过程中会遇到的第一个难点，而这个难点是由空间内容与形式的"自由"造成的。

　　明末造园家计成著有《园冶》一书，在《卷一·兴造论》的"相地"中，他把江南私家园林营造的位置分为"山林地""村庄地""郊野地""江湖地""城市地""傍宅地"六类，对前四者布局特点的描述，基本可以用"因地制宜"来概括。对"城市地"园林的描述如下：

"市井不可园也；如园之，必向幽偏可筑，邻虽近俗，门掩无哗。开径透迤，竹木遥飞叠雉；临濠蜒蜿，柴荆横引长虹。院广堪梧，堤湾宜柳；别难成墅，兹易为林。架屋随基，浚水坚之石麓；安亭得景，莳花笑以春风。虚阁荫桐，清池涵月；洗出千家烟雨，移将四壁图书。素入镜中飞练；青来郭外环屏。芍药宜栏，蔷薇未架；不妨凭石，最厌编屏（注1）；未久重修，安垂不朽？片山多致，寸石生情；窗虚蕉影玲珑，岩曲松根盘礴。足征市隐，犹胜巢居（笔者按：隐士巢父木栖而居），能为闹处寻幽，胡舍近方图远；得闲即诣，随兴携游。"

在《卷一·兴造论》的"立基"中说："凡园圃立基，定厅堂为主。先乎取景，妙在朝南，倘有乔木数株，仅就中庭一二。筑垣须广，空地多存，任意为持，听从排布；择成馆舍，余构亭台；格式随宜，栽培得致。选向非拘宅相，安门须合厅方。开土堆山，沿池驳岸；曲曲一湾柳月，濯魄清波；遥遥十里荷风，递香幽室。编篱种菊，因之陶令当年；锄岭栽梅，可并庾公（注2）故迹。寻幽移竹，对景莳花；桃李不言，似通津信；池塘倒影，拟入鲛宫。一派涵秋，重阴结夏；疏水若为无尽，断处通桥；开林须酌有因，按时架屋。房廊蜒蜿，楼阁崔巍，动'江流天地外'之情，合'山色有无中'之句。适兴平芜眺远，壮观乔岳瞻遥；高阜可培，低方宜挖。"

在《卷一·兴造论》的"屋宇"中说："凡家宅住房，五间三间，循次第而造；惟园林书屋，一室半室，按时景为精。方向随宜，鸠工合见（笔者按：达成一致的意见）；家居必论，野筑惟因。随厅堂俱一般（笔者按：相同），近台榭有别致。前添敞卷，后进余轩。必有重椽，须支草架；高低依制，左右分为。当檐最碍两厢，庭除恐窄；落步（笔者按：台阶）但加重庑，阶砌犹深。升拱不让雕鸾，门枕胡为镂鼓。时遵雅朴，古摘端方。画彩虽佳，木色加之青绿；雕镂易俗，花空嵌以仙禽。长廊一带回旋，在竖柱之初，妙于变幻；小屋数椽委曲，究安门之当，理及精微。奇亭巧榭，构分红紫之丛；层阁重楼，迥出云霄之上。隐现无穷之态，招摇不尽之春。槛外行云，镜中流水，洗山色之不去，送鹤声之自来。境仿瀛壶，天然图画，意尽林泉之癖，乐余园圃之间。一鉴（注3）能为，千秋不朽。堂占太史，亭问草玄（注4），非及云艺之台楼，且操般门之斤斧。探其合志，常套俱裁。"

从所引《园冶》中的内容来看，属于设计原则的论述。笔者曾在两所大学教授过传统园林设计课程，发现学生在着手仿江南私家园林设计时，远比其他类建筑设计困难得多。最初是无从下手，最后大部分设计方案仅可算作是具备一些园林要素内容的传统建筑组群及环境，而不是以特殊的空间关系为最重要特征的中国传统园林。面对这一无法回避的现实，笔者在后来的教学中，不得不为学生梳理了一套引导性的可参考的设计步骤，内容大致为：

第一步是根据虚拟的场地范围划定园林的空间边界，同时结合"设计任务书"中基本的功能要求，确定一个大概效果的构想，并确定出入口的位置。具体为确定是以哪类园林要素内容作为空间联系的主要纽带或屏障等，并以这些纽带或屏障要素内容构成园林场景效果的控制性要素内容。然后把它们的位置和体量大概地勾画出来。要注意有张弛、开合、大小、形状等对比关系的运用等，特别是空间大小的对比关系。一般来讲，水面的面积可以稍大些，各类假山的面积却不宜过大。

第二步是把功能中有明确要求的各个建筑或建筑组团摆放在恰当的位置上。也可以与第一步对调，首先摆放主要建筑或建筑组团，然后勾画那些起到空间联系纽带或屏障作用的园林要素内容的位置和大小等，当然，建筑本身也可以起到这类作用。在这一步骤中，要特别注意各种园林要素内容特别是建筑尺度和比例的准确性。若建筑的尺度特别是比例没有掌控好，前与后的工作便都没有意义了。还要注意对有些功能的要求，并不需要如其他建筑设计要求得那么严格。例如，在其他类的建筑设计中，行进距离的长短关系到使用方便性等功能要求，而在中国传统园林建筑体系的设计中，有时却有必要特意延长行进的距离，或有多种选择，因为让游者在不同的位置以不同的视角流连顾盼，既是游览体验的重要过程之一，也是有目的地扩大"视觉空间"感受的方法之一。但也要注意适度。

第三步是从园林入口处开始，在园区入口和主要建筑或建筑组团之间，也可以理解为是在园区入口和"目的地建筑"之间，安排一系列的由山石、植物、水面、桥梁、道路、游廊、亭榭等构成的相互穿插与渗透的空间，使游人从入口处穿过这些空间序列方可到达"目的地建筑"。如若是把主要的功能建筑或建筑组团放在了入口附近，那么也可以把其他远处的某重要建筑视为"目的地建筑"。这些前置的序列空间内容和组合形式等，是以之前勾画的那些起到空间纽带或屏障作用的园林要素内容为基本架构或限制条件的。需要注意的问题有三点：一是这些前置的序列空间，在整体设计中属于最难把握的部分，也正是体现中国传统园林建筑体系空间特征的最核心部分，并且忌空洞、忌琐碎、忌对称；二是功能性的"目的地建筑"若不是在入口附近，那么它们所在的空间一般不宜过小；三是要重视园区入口处空间和内容的设计。

第四步是在那些"目的地建筑"的其他方向上也布置出各类相互穿插与渗透的

空间，并且有些部分可能会与前面的空间相合并。至此，这座园林基本的平面布局已经形成，并且是已经形成了不同类型的次一级的园林空间。需要注意的是，恰当的空间边界的内容与形式的处理，是空间效果的丰富性和使游人产生空间遐想的关键。因此在这一步骤的最后，要谨慎地确定各个空间的四个边界的园林要素内容与形式。边界的形式大致可以分为完全阻隔、渗透、完全开敞三种模式，还可以借助"假景"手法以丰富空间的遐想。

第五步是在上述初步确定的平面布局的基础上，再进一步地调整和细化。在这一轮的调整中，始终要设想自己是在其中游览，例如，设想在行进的某个位置上平视、仰视、俯视甚至是回头时，或应直接看到什么，或应隐约看到什么，或应突然看到什么，等等。在此类设想的基础上，可以改变道路或游廊等行进的方向，可以移动最初摆放的各类建筑的位置甚至是局部空间内容的重新组合，可以再次增添或删减某些园林要素内容，还有进行空间及内容横向和竖向的调整等。至此，宏观的平面布局应该基本完成了。

第六步及以后步骤，主要是对园林要素内容的立体空间形态的搭建和调整等。如建筑形态设计，以及其前后左右的假山、置石、水面、植物等内容的搭配与调整，还有相对较大的假山形态的搭建与调整等。其中也必然包括对平面布局的局部内容的进一步调整等。在这一步骤中，要重点确定有哪几个"点"或"线"可以作为"高视点园林要素内容"，这些"高视点园林要素内容"要有主高和次高等之分，要布置在相对较大的空间位置中。之后还有植物的选择等。

上述大致梳理的设计步骤并不能道尽所有的设计内容、方法和技巧等，若对这类内容详细地展开、分解，可以整理出一部关于中国传统园林建筑体系设计内容和方法的专著。并且这类园林建筑设计是有别于其他类建筑设计的，因为其中的部分内容只能是限于"纸上谈兵"，如若付诸实践，现场修改与调整的环节必不可少。因为工匠们可以根据图纸营造出一座复杂的建筑物，却基本不可能根据图纸堆叠出一座完美的"假山"，何况堆叠假山的材料还是非标准的。

注1：指花木过于整齐，如编织的屏风一样。

注2：汉庾信将军伐南越在大庾岭开路，唐张九龄重修道路，在两边山上种植梅树，故此地称"梅岭"。

注3：出自朱熹《观书有感》诗句："半亩方塘一鉴开，天光云影共徘徊。问渠那得清如许，为有源头活水来。"

注4：出自西汉杨雄撰写的《太玄经》的典故，"草玄"喻指淡泊名利，一心著述。

第二节　中国传统园林建筑体系中的叠山解析

中国传统园林建筑体系的起源，是一个几乎无法判断与回答的问题，只能说从早期的某一阶段开始，借助于自然山水环境建造的目的之一便是模仿神仙境地。至晚在传说中的夏代之前，我们的祖先主要是居住在平原及浅山地区，这从大量的各类文化遗址的发现中已经得到了证实。长时间以来，在如《山海经》中所反映出的这一时期及之后人们的观念中，一般的神仙要么是居住在高山之上，要么是居住在阔水之中（均属于地祇），而"昆仑山"等还是天神的"下都"，这在《尚书》等文献中也得到了印证。因此山和水是中国传统园林建筑体系中不可或缺的最重要的内容，这类早期的园林也因此被称为"自然山水园林"，即便是后来出现的城市中规模有限的私家园林，也被称作"城市山林"。但就具体的传统园林建筑体系来讲，完全利用纯粹的自然山水之情况并不多见，多少都会有些人工改造、添加的痕迹，越往后越如此，如《尚书·旅獒》中就有"为山九仞，功亏一篑"之句，说的就是人工造山之事。

所谓"叠山"和"理水"，均属于具体的地表塑造工程，其目的就是以自然山水形态的精华为蓝本，或进行局部改造，或更多地依靠人工高度地浓缩"仿造"。其中那些仿造自然形态的，追求的效果是"虽由人作，宛自天开"。技巧成熟的叠山理水的历史，可以肯定是出现于西汉之前（以前的章节中已经阐释过，在此不赘述），特别是当园林建筑体系一经靠近或迁入城市之中，叠山和理水等就更成为了其中重要的工程内容。

如果从建筑工程技术的角度来讲，"叠山"应该是个广义的概念，就是"堆山叠石"等，内容包括了"堆土筑山"（需要版筑技术等）、"叠石为山"、两种材料及工艺兼而有之的"堆山叠石为山"等，后者就是以土为心夯筑，外表局部再垒砌石材等。当然还包括叠出石峰和一些稍复杂的置石等。又因人工仿造的外表为石材的"山"的效果，也要极尽模仿自然，每块石材的形状、大小、摆放等要经过反复推敲，所以表述这一施工过程的动词不用"垒"和"砌"而用"叠"和"掇"。在通俗的语境中，往往又把外表以叠石为主形成的"小山"称为"假山"。特殊的就是在置石范畴内，以独石或数石相叠为"峰"。或也可认为独石或数石组合的"峰"，因体量适宜，造型、纹理可供单独欣赏，与"山"的具体概念无关。但它们在人们的视觉和联想中，也很难摆脱"山"的痕迹和概念。其中也有与其他内容产生联想的实例，如动物造型等。

就目前所遗留的大型皇家园林来讲，颐和园的万寿山属于依托自然之山加以改造的典型实例，而西苑（北海）的琼岛则属于人工"堆土叠石"的典型实例。后者还因手段多样且有足够的体量，从山之内外不同位置、不同角度欣赏，整体上兼有自然之山雄壮与秀美的多重特点，反而不觉是人工所为。再如西苑（北海）的琼岛，与纯粹自然之山体比较，除基本形态外，主要还有适宜各类建筑并与山体融为一体的各类台地，有宽窄和坡度不同的路径、蹬道，有模仿、浓缩自然山体形态局部（如琼岛北坡）之峰、谷、坡、溪等叠石，有集中有序栽种的各类植物等。因此无论是在整体还是在局部上，可能比自然山体表面的内容更加丰富多样。相比较而言，圆明园之中的"山"一般较矮，主要是堆土而成，局部叠石，也有一些靠叠石而成的"假山"，但目前已经无法欣赏其原貌。

在中国传统园林建筑体系的历史中，隋唐之前也有众多堆土夯筑成几何形状山体的实例（台阶状四棱锥体去除顶部），如"高台建筑"或"高台＋建筑"的底座和单纯的高台等。这类高度概括的几何状的山体，形态更显得威严、庄重，并且当与周围大面积的水面、植物以及不同尺度的各类建筑等融合在一起，且与相依附的飞阁复道等相结合时，非但不会显得呆板，反而是突显了另外一种类型的视觉感受，即人类创造的设计感，以及与所要表达思想观念的契合度。以往有研究者认为这类中国传统园林形式属于"初级阶段"，完全是缺少"建筑学"专业的基本常识。可能有人又会以所谓中国传统文化的特点是崇尚自然为借口，但中国传统园林的营造，既有其自身的目的，又有其自身的政治与经济规律，其中的更"接近"自然形式的选择，更多的原因是出于"迫不得已"，这在前面章节中多有论述，不再赘述。至北宋华阳宫的艮岳，是城市中及平原地带皇家园林形态发生彻底转折的标志。至于那些相对小型的私家园林，从一开始就是借助或模仿自然，也就不存在什么"转折"问题，只是随着历史往后的延续，对其内容与形态表述的"频率"越来越密集，这与文学作品的创作越来越多，遗留至今的越来越多有很大的关联。例如，在造纸术发明之前，著述本身就很有限，能被后人有意识地流传的，便是那些著述中最重要的内容。

就自然界的山而言，剔除气候、光照、附着的植物等外在环境因素外，有大小、势态、材质、纹理、整体和局部等之别，若要人为地把其中的最佳形态高度浓缩，在选择石材之初就必定会本能地选择那些在造型和纹理等方面原本就属奇特者，这也是其中造型更奇特、纹理更秀美、体量更大者会成为园林中独石景观的根本原因之一。当把这类奇特的石材作为模仿大自然的"局部"形态使用时，因其本身便属于大自然局部中的佼佼者（鬼斧神工而天成），与人们和大自然相对照的视觉经验所引发的审美经验高度吻合，一般都会达到很好的视觉效果。就遗留至今的江南私家园林而言，视觉效果较完美者，也多属于对大自然局部模仿的类型，或看似随意摆放的置石等，但凡属过度表达的便显突兀。当把这些奇石重新组合起来，堆叠为"山"时，因体量等问题，与自然之山的形态往往会有较大的差异，如体量小且集中堆砌的就会显得过于怪诞，既零碎又壅塞，那么一定会导致与观赏者之间的视觉和审美经验的冲撞。例如，就南方私家园林中很多较大体型的叠山而言，其形态多类似于山之"模型"，一般又会有较大的夸张，视觉效果完美者便属奇缺。而当"模型"上又有较多的真实的人的活动作为尺度参照时，便会产生视觉上的不适感。苏州狮子林的叠山就属于这方面较典型的实例。

进一步讲，在大多空间有限的私家园林或皇家园林中的小型园中园中，为适应、迎合"山水"之概念，往往会不可避免地以奇石堆叠出如山之"模型"体量的"假山"，那么这些假山之形态，与欣赏者的审美之间便会存在一段较长时间的磨合过程，最终有一些文人总结出了与这种现实相适应的如"以小见大"等抽象的美学概念，近人和今人又概括为"意向""写意"等。这些抽象的美学概念本身并无不妥，且是中国传统园林文化中独有的美学概念的创建，但现实中堆叠出的众多假山之形象，必定会是千姿百态，真实的视觉效果又非文字可以准确地描述出来的，而那些善于总结的文人，在其他方面（如文学）又有着"权威"的成就，后人便会把符合"以小见大"等概念作为无条件的崇拜对象而忽视具体实际的视觉效果。对于这类现象，前人其实也早有察觉并提出过批评，而设计功底浅薄之研究者，即便是接触过这类文献，也会直接忽略。这类文献内容如明清之际张潮编辑的《虞初新志·张南垣传》所载。为便于理解，现把原文中的重点内容直接译为白话文，也可借此了解由著名造园家主持的园林建造过程等情况：

张南垣名叫"涟"，"南垣"是他的字……他从小学画，喜欢画人像，又善于画山水，就以山水画的意境垒石叠山，所以他别的技艺都不著称，只有垒石叠山最为擅长……一百多年来，从事垒石叠山技艺的人大都把假山造得高突险峻，修建园林的人家往往搜罗一两块奇异的石头，便称它为"峰"。都从别的地方用车运来，为此而挖坏城门，掘坏道路，车夫和驾车的牛都累得气喘吁吁、汗流浃背，才得以运到。他们用长而粗的绳索把巨石绑扎，用熔化的铁汁灌到它的空隙中去，安放后如祭祀那样宰牲下拜以示敬意，再开始在它的正上方凿刻题字，又在凿好的字上填上青色，使巨石像高耸险峻的山峰，垒造这种假山竟是如此的艰难。假山旁险要之处又架上石梁桥，铺设狭窄的山路，让头戴方巾、足蹬爬山鞋的游客顺着曲折盘旋的山路攀登，弯着腰钻进深深的山洞，在悬崖峭壁之处扶着山壁颤颤抖抖、惊愕瞪视。张南垣经过时笑着说："这难道是懂得造山的技艺吗？那群峰高耸入云，深山隐天蔽日，都是天地自然造成，非人力所能达到的。何况天然的山岭往往跨越数百里，而我用方圆一丈多的地方，五尺长的沟渠来仿效它，这与集市上的人拾取土块来哄骗儿童又有什么区别呢？只有那平缓的山冈小坡、土山高地，营造修建，可以计日而成，然后在中间纵横交错安放山石，用短墙将它围绕，用茂密的竹子把它遮蔽，有人从墙外望见，就好像奇峰峻岭重重叠叠的样子。这种假山中石头的脉络走向，忽伏忽起，又突又翘，像狮子蹲伏，像野兽扑食，张牙舞爪，奔腾跳跃，穿越草丛林间，直奔厅堂前柱，使人感到似乎身历山麓溪谷之间，而这几块山石乃是我个人所有的。方形的池塘和石砌的沟渠，改建为曲折迂回的沙岸；雕梁画栋的建筑，改成黑漆装修和白石灰抹墙；选取不凋谢的树木，如松、杉、桧、栝之类，混杂种植成林；再用容易得到的石头，如太湖石、尧峰石之类，按自己的意思加以布置。这样既有山水的美景，又无登攀的劳苦，不也是可以的吗？"华亭的南京礼部尚书董其昌、征君陈继儒都非常称赞张南垣的构思，说："江南各山，土上有石，黄公望、吴镇经常说到，这是深知绘画的构图和布局的……"

他和别人交往，喜欢讲别人的好处，不管别人地位的高低，能够与不同爱好的人相处，因此在江南各府县来往活动了五十多年。除华亭、秀州外，在南京、金沙、常熟、太仓、昆山，每次经过必定要逗留好几个月。他所建造的园林，以工部主事李逢申的"横云山庄"、参政虞大复的"豫园"、太常少卿王时敏的"乐郊园"、礼部尚书钱谦益的"拂水山庄"、吏部文选郎吴昌时的"竹亭别墅"最为著名。他在绘制营造草图时，对高低浓淡早已做了规划。刚刚堆造土山，树木和山石还未安置，山岩峡谷已安排妥帖，随机应变地选用各种山石来垒出假山的脉络，烘托它的气势，而不留下人工的痕迹。即使一花一竹的布置，它的疏密倾斜，从各个角度看也都是非常巧妙的。假山尚未垒成，就预先考虑房屋的建造；房屋还没有造好，又思索其中的布置，窗栏家具都不加以雕凿装饰，十分自然。主人通达事理的，张南垣可以不受催促勉强，逐一建造；遇到要凭自己意图建造的主人，不得已而委曲顺从，后来过路人见到，就会叹息说："这一定不是张南垣的构思。"

张南垣从事这技艺的时间一长，土石草树的性质特征便都能掌握。每当开始动手造做的时候，乱石成堆，有的平放，有的斜搁，张南垣徘徊不前，四下观察，山石的正侧横竖、形状纹理，都默默地记在心中，借助众人的力量来修筑成功。他经常高坐在一间屋子里，一边与客人说说笑笑，一边呼唤工匠说："某一棵树下的某块石头可以放在某某地方。"眼睛不往那儿看，手也不向那儿指，好像金属已在炉内冶炼，就不必再借助于斧凿来锤击了。甚至安放梁柱和封顶后，用悬绳来检验，也一寸都不差，观看的人因此十分佩服他的技能。有学他技艺的人，认为他平生所长全在于建造的曲折变化，所以就尽心尽力地加以模仿，初看还有点相似，细看就觉得不像了。而张南垣独自规划布局，使人们在开始建造的几天之内，方圆几丈之间，很难理解他的设计意图，等到造好以后，就像天生地出，妙合自然，使人觉得从未见过。他曾在朋友的书房前模仿荆浩、关同的山水画笔意垒叠假山，两山对峙，左曲右平，向上直垒已过四丈，不做一点曲折，忽然在它的顶端，将几块山石相互交错造成气势，则整座假山具有灵动之感，一片青绿，与众不同。所谓别人建造的没有能及得上他的原因，就在于此。

张南垣有四个儿子能够继承他的技艺。他晚年谢绝涿鹿相国冯铨的聘请，派他的第二个儿子前往，自己在鸳湖边造了三幢小屋，隐退养老。我去访问他，他对我说："自从我用建造园林的技艺来往于江南，几十年来，看到名园别墅变换主人的事到处都有。在战火中荡平毁坏，湮没荒废在荆榛丛中，奇花异石被别人车载取走，但我仍然再次为他们营建的园林，也已多次见到……"我说："柳宗元作《梓人传》，说从其中可以得到治理国家和人民的大义。现在观察张南垣君的技艺，虽然庖丁解牛、鲁班制鹊，也不能超过他，他的技艺是符合园林建造规律的啊！君子不做无益的事，挖池筑台，是《春秋》劝诫的，但是那些王公显贵，歌舞游乐，奢侈放纵，耗费钱财，只有园林作为耳目的观赏，稍微符合清净之道。而且张君因地制宜地挖池叠山，依照自然，爱惜人力，这是学愚公移山而改变了一下方式……"

上文中描述的张南垣也曾仿荆浩、关同的山水画笔意垒叠假山，但并不是如缩小比例的山之模型，在规模和形式上更接近于独石景观。这类由较小的石头垒叠出的宛如独石者可称为"垒叠石峰"，因比大体量的独石来得更容易，所以在园林中更为常见。

我们可以把传统园林中总称为"堆山叠石"的内容在园林空间中的形式，概括地划分为如下几个方面：

其一为垒叠的小山（不可登临游玩，或不必冠以"山"之概念）和特意摆放在各处"散落"的小型独石的组合，有些还垒叠出较特殊的形状。

其二为独石峰和垒叠石峰，或平地独处或位于假山之顶部。

这两类内容，在江南私家园林和北方皇家园林的园中园中几乎随处可见，统称为"置石"，其工艺名"叠石"比较确切。

其三为实实在在堆叠的山或"假山"，体量较大，可登临游玩等。最常见的构造是石包土，除可以节省石材外，还便于在其上栽种各类植物，山石与植物两种不同质感的对比，犹如山水画中的"计白当墨"，可以打破单一材质的单调感。以石材占更多比例堆叠或垒叠出来的假山，著名者有苏州环秀山庄的假山（从某些位置观看，也可认为是模仿自然之山之局部）、苏州沧浪亭假山的东段和整体的微地形、苏州洽隐园的"水假山"、扬州个园的"秋山"、无锡寄畅园的"八音涧"、北京西苑（北海）静心斋内的假山等。还有山内为洞穴者，主要的好处是节省石材。需要说明的是，这类假山良好的形象并不是独立地存在的，皆是与周围环境相融合相因借的。

在计成的《园冶·卷三·掇山》中，他把私家园林中山的种类分为"园山""厅山""楼山""阁山""书房山""池山""内室山""峭壁山"。显然属于按照位置分类。另外还有相关的"山石池""金鱼缸""峰""峦""岩""洞""涧""曲水""瀑布"等。其中"峭壁山"的构想类似于组织画面："峭壁山者，靠壁理也。借以粉壁为纸，以石为绘也。理者相石皴纹，仿古人笔意，植黄山松柏、古梅、美竹，收之圆窗，宛然镜游也。"

假山在局部处理方面，我们可以总结为如下主要内容：

麓坡：模仿大山余脉的边角，若与建筑和植物等配合得当，在有限的空间中便会有山林之景象"意犹未尽"的感觉。整体内容中可能有缓坡、陡崖、路径、蹬道、局部独石垒叠或组合（重点形象内容），其间又配合花草树木（重点形象内容）等。这类模仿内容的体量相对较大，实际效果往往也较完美。

岩崖：以叠石为主模仿悬崖峭壁的局部。多用于大型假山的某些边缘的局部处理、自然山体的某些改造部位（起护坡作用）、紧贴围墙的假山、有分割空间和屏障作用且平面狭窄的假山等。很多岩崖还会与水面组合。这类内容的材质较单一，且材质品相和营造者的审美水平差距较大，导致实际效果的差距更大。

峰峦：模仿大山之顶部特征。因此多用于各种类型假山的顶部处理，以加强山势的效果，与植物结合还可增添山林气氛。但实际效果也是差距很大。

谷涧：模仿山谷、水涧。前者用于假山的穿行部位，可增强身临其境的感觉；后者是山、水结合部位处理的重要手法和内容之一；也有很多是山谷、水涧一并模仿的实例，效果更佳。佼佼者如无锡寄畅园的"八音涧"。

泉瀑：模仿大自然中的山涧瀑布。瀑布源头的位置要求较高，传统的水源是依靠至少两层高的建筑的屋檐或假山顶在下雨时的汇水。现某些江南私家园林的泉瀑用隐藏的水泵抽取循环水，如苏州狮子林和佛山清晖园的泉瀑。

洞隧：模仿自然中供穿过或驻留的隧洞。后者在假山中纯属于"情趣"内容塑造，园主人未必真会在里面驻留，但这种工程技术可以节省土或石材。还有一种与池水结合的洞隧，可以增加山、水的情趣，特别是还可以塑造成"水源出处"（实际上并无外来的水源），既韵味十足，又可启发游者的遐想。

矶滩：水岸边伴随砂、石是常见的自然景观，称为"矶滩"。把假山低矮处水岸或无山的水岸模仿成这种形式，是水岸处理最常见的形式。另有不与假山相连的置石，多也是如此。

现有传统园林实例中堆山叠石的内容和形式是千姿百态的，体量小者或大者之局部，并不容易较明确地划分出具体仿造的类型。如本节前面所述，特别是在江南私家园林中（这类内容比较集中），效果完美者，多属那些随处可见的体量较小者置石，当然也包括具有一定体量的独石，也就是它们更接近自然形态，符合人们的"视觉经验"，对它们的欣赏也完全可以不用"预设概念"，即不必与"山"的概念进行联想，它们只是大自然山水环境的一部分，在大自然中便是如此。而那些体量较大者，因多靠堆砌并过于追求"奇特"，反而有或整体壅塞或整体零碎之感，与"山"的视觉经验相去甚远。笔者曾设计过类似的内容，但工人几乎无法依图施工，因此笔者不得不亲自上手。在中国传统园林的营造技艺中，恐怕叠石是最难掌握的部分。再有，即便"以小见大"是中国传统园林造园手法和美学中的重要内容，但如私家园林中的那些假山，与皇家园林中大体量的堆土筑山的效果相比较，不可同日而语。

堆山叠石的全部内容，也包括真山，在中国传统园林建筑体系中的功能、作用和特点等，可以总结为如下几个方面：

（1）中国传统园林中各种类型的山，可以满足拥有者在精神方面的诉求。山是"神仙境地"最重要的内容，如天神的"下都"就是位于"昆仑山"。对于文人士大夫等来讲，所标榜的"山水相望""林泉之志""烟霞之侣"等，也都离不开山。

（2）各种类型的山是中国传统的"自然山水园林"的重要标志，也是中后期传统园林中重要的园林要素内容。山可构成相对独立的园林形象内容（当然也不排除有其他要素内容的参与），如自然和人工营造的真山和体量较大的"假山"、独石峰和"垒叠石峰"等，都可构成园林中重要的形象甚至是标志性的形象内容。

（3）各种类型的山可与其他园林要素内容相结合，共同构成重要的园林形象内容。例如，有些假山也可以认为是建筑的基座和植物的基底。古帝王和早期皇家园林中的夯土高台即抽象的山，也可以认为是相依的木构建筑的内核或基座。

（4）从空间布局来讲，各种类型的山可作为空间延续、空间组织和空间划分的重要内容与手段之一，或独立完成或与其他园林要素内容相配合完成。

（5）各种类型的山是人的园居和游览活动的空间载体。特别在大型皇家园林中，大型的山也是某些动植物及经济作物的空间载体。

（6）叠石可作为其他园林要素内容的陪衬，是对其他园林要素内容与形象的"调剂"，或为"自然山水园林"整体"山水环境"空间视觉形象塑造的重要内容。如规模较小的石峰、"垒叠石峰"和"散落"的各种置石组等。

（7）叠石可以作为工程技术措施，如水岸、土山边、路边等处的护坡等，山上的蹬道又是功能性的内容。当然，它们也都有环境形象的作用。

堆山叠石所用的石材，一般可分为"山石"和"湖石"两大类。"山石"即于山上开采的岩石，凡具有一定纹理的都可使用。江南园林所用山石多开采于江苏常州黄山、苏州尧峰山、镇江圌山等，且颜色偏黄，所以俗称为"黄石"。"湖石"即为溶蚀空洞的石灰岩，但不一定都是产自于湖水中，主要品种有江苏太湖洞庭西山的"太湖石"，昆山市马鞍山的"昆山石"，宜兴张公洞、善卷洞一带的"宜兴石"，南京七星观、仓头一带的"龙潭石"，南京青龙山一带的"青龙山石"，镇江大岘山的"岘山石"，安徽灵璧县磬山的"灵璧石"，安徽宁国市的"宣石"（其中的"马牙宣"用作几案陈设），安徽巢湖的"散兵石"，江西江州湖口的"湖口石"（用作几案陈设），浙江湖州武康县的"武康石"，广东英德的"石英石"（常作盆景），辽宁锦州的"锦川石"等。在云南和广西等省，这类经风化和水溶后的类似于"湖石"的石材也很多。

第三节　中国传统园林建筑体系中的理水解析

中国传统的"自然山水园林"中离不开水，从园林产生的源头上来讲，水系既是古帝王和皇家园林模仿神仙境地的重要内容，也是这一生态系统不可或缺的重要内容，以及游览活动的空间载体。在中国传统园林建筑体系中，各类山体、水系、建筑、植物、道路和小型广场等都可以作为划分空间的手段，又以道路和小型广场作为全园主要的联系纽带。园林的总体规划，可以认为是以其中的某一两项内容为起点或基础开始布局，各类山体、建筑、植物等在平面总体布局中不需要连贯，但因水体必须有"源"，所以水系一般必须贯通。这在规划布局中虽有一定的难度，但水系也因此可以看作是园林空间联系的重要纽带，园林空间因水而活、因水而动，因水更加富有情趣。因此"理水"主要就是梳理水系的意思，也是园林中水景的处理方法，一般会涉及三类主要内容或问题：其一是水源的问题；其二是水系连贯性的问题；其三是水景观塑造的问题。

水源是解决园林用水的关键，一般大型皇家园林可以依靠行政和财政力量，或直接占据有丰富水源的地理位置，或通过人工疏浚、改造水系，甚至是挖掘河渠解决水源问题。那些相对小型的私家园林，也有很多是位于水源丰富之地的，某些位于城市郊区的，还可以选择靠近某些水源地引水（特别是在城市水系的下游处）。在元明清时期，北京城内严禁私家园林直接从城市水系中引水，但因当时北京的地下水位较高，可以在池旁凿井取水。夏秋季节雨量较大，也可以收集雨水。江南城市内的私家园林有些可以从城市水系中直接引水，也可于池底凿井，使地下水反涌于池内，更可收集雨水解决水源问题。

除了水源问题外，理水的难点更在于整体布局，这属于园林空间体系组织范畴的内容，如水面整体与局部的大小和形状，水系上下游水口的位置与形式（即便可能是假的），与其他景观要素内容的穿插、揖让关系等。

园林中水景观的形式，主要由水面边界的大小、形状、材质，以及与水面相依但看似无关的边界，如山体的高度、材料、形状等外在条件所决定，因此理水的难点同样也体现在上述边界界面内容的处理上。

仅就模仿自然水体方面来讲，理水有如下类型的内容：

湖池与河渠：除前面已经罗列的作用外，特别是在中国传统园林建筑体系产生与发展的早期，建造园林的基本目的之一便是模仿"仙境"。在人们的观念中，传说中的海岛与现实中的河湖等，是地祇类神仙的居住地之一，因此"一池三岛"或"一池四岛"等，就成为了大型皇家园林中不可或缺的传统母题。这一传统母题也并不为大型皇家园林所独有，即便在规模有限的私家园林中，也似在有意无意中被继承，例如，前有洛阳履道坊内白居易的宅园，其《池上篇并序》说："又作中高桥，通三岛径。"后有江南私家园林中更多的实例，最明显的是苏州的环秀山庄、留园、拙政园，扬州的何园等。其中留园直接把湖中小岛称为"小蓬莱"，何园则把湖中的建筑称为"小方壶"。

另外，在大型皇家园林中，湖池中可以"演练水军"，还可以从水产品中获得可观的经济收入，多用于宫内生活消费和祭祀消费等。

水田：在自然环境中，农家水田也属于视觉形象优美的景观内容。大型皇家园林为了追求视觉形象的丰富性、视觉形象的对比性和标榜所谓"淡泊"之心，往往会在取水方便的情况下设置水田类景区（当然也有相应的建筑）。再有，历史上有很多大型皇家园林占地面积大，自然环境条件优越，有条件从稻、果、蔬和水产品中获得可观的经济收入，水田也是这类经济收入的基础设施之一。

濠濮：以较高的"山崖"与低矮的水面对比，以两山夹一水的形式形成山水相依的园林景区形式。虽然这类景区是以表现水景观为主，但关键的工程技术及艺术效果却主要是依靠叠石的效果来决定。

渊潭：一面临山而空间相对狭隘的水面景观形式，可因山高而愈加显得水深。

源泉：水贵有源，一潭死水便索然无味。园林中模仿的水的源头有河渠的平面类和地表泉眼类两种主要类型，前者更容易使人产生空间不尽的联想。另外就是不易模仿的山泉类。在空间有限的私家园林中，一般水源主要是靠池底水井中地下水的反涌，为了表现水系出入园外的情趣（而非死水一潭），把靠近园林边界等处的池面在恰当的位置收窄形成"河渠"状，并"撞"在围墙或假山边，再配以叠石模拟的涵洞等，便会造成水系连通园外的错觉。这种方法也可用于园林空间的其他位置，如让水面伸入到建筑的月台之下，再用叠石等做出相应的假水口，便会产生水体可穿建筑而过的错觉；在部分池面上盖垒石块，巧妙地留出孔洞，这类孔洞便有泉眼的错觉。

水街：出于基本的安全的考虑，中国古代社会的皇帝和后妃们最难以享受到的生活内容，恐怕就是随意接触市井生活了。所谓"微服私访"，即便有部分是历史事实，也并不是随时、随意、随地可为之，而如"南巡"等，向来都是皇家最奢侈的活动之一。因此，在某些皇家园林中便建造了"买卖街"，并以宫女、太监充当市井中的各色人物，用以补偿和满足皇帝和后妃接触市井生活的欠缺。建造这类特殊的"买卖街"的实例，前有汉孝灵帝的后宫园林，后有清帝的西郊诸园，如乾隆帝在清漪园（颐和园）北部建造的"买卖街"，以苏州山塘水街的形式为蓝本。

各类理水的全部内容，也包括自然的河湖，在中国传统园林建筑体系中的功能、作用和特点等，可以总结为如下几个方面：

（1）中国传统园林中的各类水体，可以满足拥有者在精神方面的诉求。追求"神仙境地"离不开水，尤以"一池三山"等为代表。文人士大夫等标榜的"山水相望""林泉之志""烟霞之侣"等也离不开水。

（2）水是"自然山水园林"重要的标志和园林要素内容，例如《园冶》中说"湖池倒影，拟似鲛宫"，即便是水中倒影，也都属于园林中较重要的视觉形象内容。

（3）从空间布局的角度来讲，水也是空间延续、空间组织和空间划分的重要内容与方法之一。

（4）在中国传统的绘画理念和技法中，"计白当墨"是调适视觉感受、避免视觉疲劳、使人产生联想等的创作方法，园林中的水体在园林中也可以起到类似的作用。

（5）水是园林中水生动植物生活的载体，也是整个生态系统中不可或缺的内容。在大型皇家园林中，大型水面也是水面游园活动的载体。

（6）水还可以调节园林中的小气候，在特殊天气中，某些水面又似烟云的源头。

第四节　中国传统园林建筑体系中的植物解析

大自然中的植物，很多便是与山水相依的，那么"自然山水园林"一贯地重视植物的移植和栽种，就不足为奇了。中国早期的古帝王园林称为"苑囿"，实际上就是大型综合动物园和植物园，也是很多祭祀活动的场地，而发生在这类早期园林中的很多祭祀活动，也都离不开植物。在《诗经·鲁颂·泮水》的描述中，有"思乐泮水，薄采其芹""思乐泮水，薄采其藻""思乐泮水，薄采其茆（笔者按："莼菜"）"之句，讲的是在这类早期园林中的采集活动。根据《周礼·天官·冢宰》中的陈述，君王宗庙的祭祀，就少不了由执其事的官员"笾人"负责以竹器"笾"进献食物。这类食物中谷物类的有麦、麻实、黑黍米，果类有枣、桃、榛、梅、菱、芡等。同时，由负责的官员"醢人"以木器"豆"进献韭菜、菖蒲、芜菁、苔菜、冬葵、水芹等。因此可推断在位于郊外的早期的古帝王园林中，移植、栽种特定或珍稀植物的历史要早于"叠山理水"的历史，因为一般的灌溉还上升不到"理水"的高度。再如《山海经》中描述的上帝的"下都"昆仑山中，有大量的各种奇特的植物。在前面章节中的很多皇家园林实例中，都有此类内容较详细的介绍，在此不再赘述。

各类植物在中国传统园林建筑体系中的功能、作用和特点等，可以总结为如下几个方面：

（1）中国传统园林中的植物，可以满足拥有者在精神方面的诉求。古帝王和皇家园林移植和栽种植物的基本目的之一，是更好地浓缩模仿神仙境地等，因为在"神仙境地"中不会缺少大量的动植物；文人士大夫等标榜的"山水相望""林泉之志""烟霞之侣"等，自然也离不开植物；中国古代社会以农业经济为本，因此象征"男耕女织"的内容也会出现在大型皇家园林中，如象征前者的稻田、象征后者的先蚕坛等，这些都与植物相关；理学家可以把园林中的植物种植上升为洞察宇宙天地之媒介的高度；文人士大夫等把很多植物作为所谓"气节"或其他寓意的象征，如"岁寒三友"（松、竹、梅）、"岁寒四友"（梅、竹、兰、菊）、荷花（清白、高洁）、桂花（神话中的植物，早生贵子）、牡丹（百花之王，荣华富贵），等等。尤其是爱在园林中栽种竹类植物，苏轼的《于潜僧绿筠轩》："宁可食无肉，不可居无竹；无肉令人瘦，无竹令人俗；人瘦尚可肥，士俗不可医。"其实，"食而有肉"远远要比建造、经营一座园林容易得多。对于佛家来讲，荷花、莲花有着多种特殊的意义，如在佛教传说中，释迦牟尼诞生后便可行走，最初"七步成莲"。《大智度论·释初品中户罗波罗蜜下》说："比如莲花，出自污泥，色虽鲜好，出处不净。"《从四十二章经》说："我为沙门，处于浊世，当如莲花，不为污染。"以至很多文人士大夫等皆对荷花、莲花有溢美之词，如李白的《僧伽歌》："心如世上青莲色。"孟郊的《送清远上人归楚山旧寺》："道证青莲心。"白居易的《赠别宣上人》："似彼白莲花，在水不著水。"权德舆的《题云居山房》："试问空门清净心，莲花不著秋潭水。"赵碬的《赠天卿寺神亮上人》："笑指白莲心自得，世间烦恼是浮云。"因此特别是在佛寺园林中，种植莲花、荷花是不可或缺的内容。

（2）植物也是"自然山水园林"重要的标志和重要的要素内容，植物或可独立成景，或作为其他园林要素内容的配景。园林中植物的种植方式，主要视园林规模的大小而定，大型皇家园林中的植物，一般可以成片种植为景，而大型皇家园林之局部空间（如园中园）和小型私家园林中的植物，一般可以单株为景。更普遍的则是与其他园林要素内容搭配种植。以植物作为最重要的或曰"控制性"的园林要素内容的著名实例，为无锡的寄畅园。

（3）从规划布局方面考虑，横向具有一定规模体量的植物群落，或与其他园林要素内容搭配，可起到间隔、划分园林空间的作用。

（4）从视觉感受的角度来讲，园林要素内容中的建筑和山石等，在人的视觉形象感受中属于"硬朗"的内容，特别是后者，而前者往往又是多数空间节点的核心内容；各类水体和植物等，在人的视觉形象感受中大多属于"柔软"的内容。"硬"与"软"之间相互搭配，既可起到笔者多次强调的"计白当墨"之神奇的视觉感受效果，特别是堆叠的体量较大的假山等，必须与各类植物相搭配；在各类假山之上搭配种植乔木与灌木，也可在空间视觉上增加假山的高度和自然的苍莽感，这也是中国传统园林建筑体系中的植物不会修剪成如西方古典园林中的几何形状的原因。

（5）可调节小气候并组成一个相对独立、宜居的生态环境空间。中国传统园林建筑体系因借助或模仿自然，所能形成的一个客观舒适的生态环境，是人们喜爱"园居"生活本能的需要，植物在其中也起到了绝对性的重要作用。

（6）可获得相应的经济产出。如在大型皇家园林中设置的稻田、菜圃、药园等，既可作为视觉调节性的重要景观内容，又可从中获得一定的经济产出。在一些私家园林中，种植花卉、药用植物等也比较普遍，其中甚至不乏以贩卖所种植的花卉为主要目的之一的私家园林。

第五节　中国传统园林建筑体系中的建筑解析

在早期的古帝王苑囿中，除"动物园"中必要的功能性建筑外，其他主要建筑大多是作为园主人短时期休息的场所，数量也有限。但随着园林建筑体系的逐步完善，建筑的作用越来越重要，因为要把它作为可长时期满足生活享受的场所，"可居"便成为了必不可少的功能需求。在古帝王与皇家园林建筑体系中，建筑是模仿"神仙境地"不可或缺的内容，而所谓"海市蜃楼""蓬岛瑶台""天宫霄汉""琼楼玉宇"等，也必须具有居住性功能，只是与一般的居住类建筑相比，更加注重各类象征性。历史上很多皇家宫廷建筑，是以"宫苑"的形式存在的，即园林部分所占的面积比例要远大于宫廷建筑组群所占的比例。直至辽金元明清时期，以皇宫（紫禁城）、西苑园林、西郊园林为代表的皇家宫廷和园林建筑体系，才可以进行较清晰的分类，这仅是在都城规划思想及其实践更加完善合理的历史条件下出现的。但清朝时期的很多皇帝日常居住和处理朝政，大多数时间是在皇家园林中度过的，为此还特意在其中设置了具有朝廷性质的建筑群组。总之，"可居"性是古帝王和皇家园林建筑体系从最初的苑囿得以发展的最根本的原因。另外，"隐性"和"显性"的宗教活动等，也是古帝王与皇家日常生活中最重要的活动内容之一，为此礼制和宗教类建筑向来也是古帝王与皇家园林中不可或缺的内容。

在大型的古帝王与皇家园林中，主要建筑基本上可以归为同时期最宏伟、最庄重的建筑序列，集建筑技术与艺术之大成。前有商周时期的鹿台、灵台（"文王之台"）等为例（春秋战国时期，直接以"高宫室、美台榭"概括这类建筑体系），一直到清朝时期也是如此。例如，国家最重要的祭祀建筑——天坛祈年殿（注1），净高38米，而颐和园的佛香阁净高41米，两者的高度和体量都相当。只是在古代社会的中晚期，"神仙境地"的形式可能受道教"洞府"观念的影响较多，皇家园林中的很多建筑更加注重与自然环境的协调，在体量、材料和色彩等方面也均有所收敛，特别是在离宫性质的园林中的建筑更是如此。前者如隋唐时期的九成宫，后者如圆明园、颐和园（清漪园）等。例如在圆明园中，一般重要的宗教和祭祀类建筑才会采用重檐琉璃瓦歇山顶（重檐琉璃瓦庑殿顶等级最高），如"方壶胜境"中的主要建筑等；在颐和园中，除了佛香阁外，位于其北中轴线上的建筑仅采用了重檐琉璃瓦歇山顶。

历史中的私家园林建筑体系，有些在规模、形式与内容方面堪比皇家园林，其余不少是以"园居"的形式存在的。即便很多私家园林属于住宅的"附园"，但园主人重要的生活起居内容，往往也是安排在园林中的主要建筑内，例如苏州拙政园的"远香堂"、南京瞻园的"静妙堂"等，都是作为亲朋好友聚会、宴饮等使用的主要建筑；拙政园的"三十六鸳鸯馆／十八曼陀罗花馆"、扬州寄啸山庄（何园）中的"小方壶"等，是兼作戏剧演出的场所等。在这类私家园林中，并不缺乏属于同时期民居类的较大体量的建筑，只是因为在建筑造型等方面不追求庄重，在相对较大尺度的园林空间中也就不显得"宏伟"了。当然，私家园林中更不缺乏更加活泼多样的小体量的建筑。另外，在别业、山居类所谓私家园林中，一般更是以建筑为核心，而绝大多数其他园林要素内容，往往更多的是属于借景范畴。若以明清时期成熟的私家园林建筑体系之特殊的空间处理手法等标准来衡量，恐怕历史上很多的别业、山居等，甚至可以排除于私家园林建筑体系之外。

相对而言，宗教和祭祀类建筑体系中的园林，倒是多了一份潇洒和自由，因"附园"的功能比较明确，其中的建筑性质也多为观赏性或庇护性。

鉴于建筑本身在园林建筑体系中的重要性，在园林的设计和建造过程中，一般首先要确定主要建筑的内容、位置和形式等，即以建筑的内容、位置和形式等为统领。另外，中国古代社会中晚期的皇家园林、绝大部分（时期）的私家园林等，是以自然或模仿自然山水为重要特征，但在这一建筑体系的整体形象中，建筑本身也起到了重要的作用，园林空间体量越小越是如此。因为空间体量有限，建筑的体量就相对较大，在人的视线中便会更加突出，所以就必须更加注重建筑形式的对比关系，在空间位置上需更加变幻多样，在装修上也需更富有情趣（如门窗形式和图案）。中国古代社会中晚期的皇家园林和大多数私家园林中的建筑，为了与自然或模仿自然山水之环境相协调，在外观上一般慎用跳跃的色彩，注重室内外空间的渗透关系，也重视室内设计和家具、装饰品的选择等也与之相协调。在中国传统的建筑体系中，除了早期的高台建筑和井干建筑，主要包括如下主要建筑类型：

殿：在清朝皇家园林建筑体系中，几乎是最重要的建筑才可称为"殿"，这一点与宫廷建筑体系、坛庙建筑体系、寺观建筑体系的习惯相同，建筑形式也基本相同。但最高等级的仅采用黄琉璃瓦重檐歇山顶。

厅堂："厅"与"堂"或单称或合称，指开敞、明亮的大厅。在私家园林建筑体

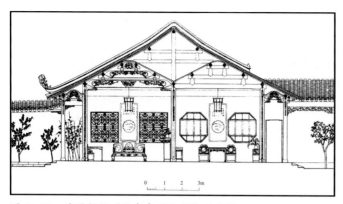

图 14-21 苏州留园"林泉耆硕之馆"剖面图

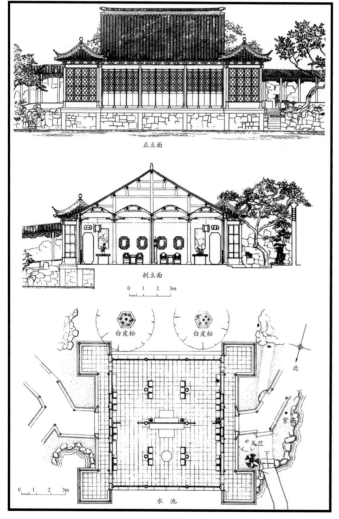

图 14-22 苏州拙政园"三十六鸳鸯馆、十八曼陀罗馆"平、立、剖面图

系中，一般作为其中最重要的起居功能建筑，既有歇山顶也有硬山顶。《园冶·卷一·立基》说："凡园圃立基，定厅堂为主，先乎取景，妙在朝南。"在江南私家园林建筑体系中，有一种面阔三间或五间，采用硬山与歇山顶，内部用"草架"（罩架）处理成两个以上屋顶形式的建筑，称为"鸳鸯厅"。如苏州拙政园三十六鸳鸯馆/十八曼陀罗花馆，室内以顶棚的造型划分出了四部分空间。这类厅堂的特点是室内外空间形式均比较丰富多样，室内草架以上构造又形成了一个隔热层（图 14-21 ～图 14-23）。

馆：属于在位置、功能、等级等方面比厅堂次一级的建筑，如私家园林建筑体系中居住功能建筑等。有时与厅堂比较也仅仅是名称上的区别。

轩：屋面形式如

图 14-23　苏州拙政园 "三十六鸳鸯馆、十八曼陀罗馆" 室内

厅堂，但一般是有三面开敞，因此功能又如亭。有时也会把并非三面开敞的建筑称为 "轩"。

榭：《说文》把 "榭" 解释为 "台有屋也"。所以一般会把建在高台或临水或水中的建筑称为 "榭"。这三种情况在空间位置上有很大的差别，但临水和水中之榭的下面往往有干栏支撑的台。

亭：最早是指专供遮阳避雨的庇护性建筑，因此四面开敞。也有在外层柱子内侧再砌一层带门窗洞的墙的亭子，多见于江南私家园林，如苏州拙政园的 "梧竹幽居亭"。小说《红楼梦》中还描述过带有隔扇窗的亭子，应该不是妄言。另外还有很多半亭，特点是一面靠墙，屋面也仅有一半。亭的平面形式有方形、多边（角）形、圆形、扇形以及组合型等，屋面形式很丰富，以攒尖形式最多。

廊：用于主要建筑间相连接且平面狭长的建筑称为 "廊"，即带屋面的通道。常见的有两侧开敞的 "空廊"、一面靠墙一面开敞的 "半廊"、两边并行且中间有隔墙的 "复廊"、带隔扇窗的 "暖廊"、顺山升高的 "爬山廊"、上下两层的 "复道"、高高架空的 "飞阁"，还有实为花架的 "花廊" 等。廊虽然仅属于辅助性建筑，但在园林空间中的作用却非常突出，一般可起到不同空间的阻隔或联系的重要作用。

如颐和园、北海中的长廊等，也是重要的庇护性建筑和观赏景物的落脚点。与廊相伴的墙体一般都会有漏窗。在江南私家园林中，有些"半廊"并不始终靠墙布置，会在某些位置脱离墙体折转后又返回，形成很短的一段"空廊"，并在"空廊"与墙体间的空隙处栽种植物、布置小型叠石等，以打破单调并增加情趣。在折转处视线的正前方，或有"对景"景观内容（图13-39）。

楼阁：二层或以上的建筑为"楼""阁"或"楼阁"，秦汉时期把有隔扇窗的"复道""复廊"称为"阁"。

皇家园林中的楼阁往往体量较大，功能也更加多样。在江南私家园林中，楼阁多为两层，个别为三层。体量较大的，一般靠近园区边界，形成特色鲜明的空间边界背景，如苏州留园的曲溪楼、西楼、冠云楼，苏州耦园的双照楼，扬州的个园、何园环园边界的长楼等；又有体量较小、形态紧凑或多变的楼，常常与山水相结合形成景观的焦点，如苏州留园的远翠阁，明瑟楼又与主体厅堂涵碧山房结合在一起。拙政园的浮翠阁、见山楼、倒影楼等也属于这类楼的实例。

舫：即临水的船形建筑。有些建筑并非船形，名称也并不为"舫"，但因临水且组合似船形，实际上也是有"舫"的基本含义，如苏州拙政园中的"香洲"一组建筑。《庄子·列御寇》中有："饱食而遨游，泛若不系之舟，虚而遨游者也。"因此传统园林中的舫多为此词义的附会，名"不系舟"。既为"舟"，就要有行驶的方向，在江南私家园林中"舟"的船头一律朝向东方，也就是"驶往"欣欣向荣充满希望的方向，而绝不会向西驶往日暮途远的方向。

在实际使用中，以上有些建筑的名称又往往混用，并无明确的原因，如称为"厅""堂""馆""轩"等仅仅是标榜古义。虽然又常把临水的敞厅称为"榭"，但其中很多的基础却是直接做在岸边的，并无干栏与平台支撑。也有完全位于旱地的建筑以船舫为名，如退思园中庭的"旱船"。

另外，按照材质和工艺属性，我们也把园林中重要的道路、广场等划归建筑系列，桥梁、石梁（独石桥）等更不在话下。

从清朝遗留至今的传统园林建筑体系中的大型建筑，除其中的礼制与宗教建筑外，屋面均不做正脊。如在圆明园中，多带正脊的建筑组群有"月底云居""方壶胜境""鸿慈永祜"，前者主要为佛教建筑，中者既仿海中神山仙岛，也主要为佛教建筑，后者为宗庙。

建筑作为中国传统园林建筑体系中重要的园林要素内容，与其他园林要素内容共同组景的形式丰富多样，例如：以空间边缘处的建筑限定一个具体的园林空间环境，这类空间边缘建筑的形式，或以正面或以侧面，或以正面与侧面的组合，或以单层或以多层，或以单层与多层的组合等，形成这个空间不同的边缘形态。以建筑的侧立面或围墙面向空间，亦可形成其他景观要素单纯的背景。当然，这类园林空间边缘的形态并不一定都是有意为之。

很多建筑以其相对于空间环境的巨大体量和形态本可独立成景，其本身也有着明确的使用功能，但既然是处于园林空间环境之中，总会与假山、置石、水面、植物等（即便是属于点缀性的）相结合，形成一个可相互因借的园林环境空间，这类组景形式在小型园林空间中随处可见，如苏州留园"涵碧山房"南部园林空间、"五峰仙馆"南北园林空间、"揖峰轩"南北园林空间、"还我读书处"东西园林空间等。甚至有些建筑的台阶特意使用自然形状的石块。

与各类的山或置石等相结合，一种情况是强调建筑所在的"山林"环境，或以小型置石等依附于建筑，或置石等并未与建筑直接接触，这类组景形式在小型园林空间中随处可见；另一种组景形式是以建筑作为"山林"景观的点缀，还可在视觉上增加山体的高度，所以是以建筑依附于假山置石，如苏州狮子林东部假山顶部的"卧云室"和"修竹阁"等，而西部假山顶上的"问梅阁"，也是最重要的高视点园林要素内容点之一；特殊且特别的是颐和园中以佛香阁为代表的一组建筑，形式与成就最为突出，即山林、台地、建筑等完全融合在一起，也只有大体量的山林和大体量的建筑相结合才能达到这样的艺术效果。

与水体相结合，一种情况是强调建筑所在的水体环境，这种组景形式在园林空间中最为普遍，甚至是以小面积的水体依附于建筑，如苏州拙政园的"塔影亭"与狭窄水面的关系（图13-58）；另一种情况是作为水体环境的点缀，又形成水体环境的景观节点，所以是以建筑依附于大面积的水体，如苏州狮子林中的"湖心亭"、拙政园中的"见山楼"、扬州寄啸山庄（何园）中的"小方壶"等。其中的各类桥梁还是水面空间联系的纽带。

在很多情况下，建筑与山石、水体，还包括植物等的结合并不是孤立的，往往是综合在一起的，这种情况在江南私家园林中最为多见（图14-24）。

建筑中的门洞、窗洞、漏窗等，不但自身形象丰富多样，成为园林空间中的背景（如连续的漏窗）或点睛之笔。更重要的是这些"孔洞"也是"借景""框景""泄景""露景"等重要造景手法及空间渗透的媒介之一。

各类道路和长廊等不仅可自身独立为景，还是划分空间的手段或空间联系的纽带。

图 14-24　苏州环秀山庄问泉亭东侧山水植物细部

各类建筑与构筑物在中国传统园林建筑体系中的功能、作用和特点等，可以总结为如下几个方面：

（1）中国传统园林建筑体系中的建筑，可以满足拥有者在精神方面的诉求。古帝王与皇家园林中的建筑，既是模仿神仙境地的重要内容，也是体现园林拥有者身份的具体而重要的象征。如在古帝王与皇家园林中，那些高等级的建筑可以显示古帝王和皇帝自身是处于"天人之际"的特殊地位，早期的那些高台建筑，某些还是与神接触的具体的场所或阶梯。在那些占绝大多数的小型私家园林中，也会用某建筑去表达和标榜一些与"山水相望""曲高和寡"等相关的精神诉求，只是在这些私家园林中的这类"精神诉求"，着实显得有些虚伪，因为这类建筑往往都是那些在使用功能上无足轻重的，如"不系舟"、苏州拙政园中的"与谁同坐轩"等。

（2）中国传统园林建筑体系中的建筑，特别是其中所包含的各类使用功能，也就是满足不同需求的"空间载体"功能等，是园林建筑体系存在并得以不断发展之根本。建筑布局的融合性、灵活性和使用功能的多样性等，也是这一建筑体系与很多西方古典主义园林、西方自然主义园林和现代公园在内容与形式上的重要区别之一。

（3）中国传统园林建筑体系中的建筑，集中了同时期建筑体系的最高技术与艺术成就，并更加注重形象的各类象征性、与环境的协调性、形式的灵活多样性等特点，因此也是不同时期的中国传统建筑体系中精华部分的集中展现。具体的建筑形式，向来以皇家园林中的最为丰富，因为皇家有条件集中更多的财力、人力和当时的最高建筑技术等。如早期的有各种形式的高台建筑或"高台＋建筑"等。到了清朝时期，"三山五园"（或曰"七园"）中的建筑，可以说是汇集了当时国内园林中可用的所有建筑技术和建筑形式，特别是其中很多建筑形式也仅仅是在这些园林中才被创造出来的，如"万方安和"中"卍"字形建筑平面等。如果说中国传统建筑体系中的建筑形式还有很大的局限性，"万变不离其宗"，那么在圆明园中引进并创造的"西洋楼"建筑群等，则能更明确地说明这一问题。

（4）因建筑或建筑组群巨大的体量与具体使用功能等原因，中国传统园林中大多数的重要空间节点，是以建筑或其组群为核心。因此，建筑和建筑组群也是划分园林空间最重要的手段之一，特别是在空间有限的私家园林中更是如此。

注1：明嘉靖二十四年始建，后又改变形式，于清光绪十五年毁于雷火，数年后复建。

第六节　中国传统园林建筑体系中的题咏解析

题咏，在整个中国传统建筑体系中都属于独具特色的内容，在园林建筑体系中，题咏所对应的内容范围可大可小，包括园林名称，区域空间名称，园林要素内容名称，以及相关的匾额、对联、诗句，等等。因此某些题咏可以很好地概括一座园林、一定范围内的园林空间和特定的园林要素内容的艺术主题。例如，乾隆皇帝所作《御制圆明园图咏》中的"圆明园四十景"的诗词及小序等，属于对区域景区主题的进一步深化，为我们展现了这"四十景"内容的主题及基本含义等。但由于这方面历史资料的匮乏，我们无法真实准确地还原各类题咏产生的具体过程。好在其他文学作品中有与这类内容相关的具体描述，可以为我们今天理解这类内容提供"鲜活"的参考。

中国四大古典名著之一《红楼梦》的作者曹雪芹，大约生于清康熙五十四年（公元1715年），卒于至乾隆二十八年（公元1763年）间，为江宁织造曹寅之孙、曹颙之子（一说曹𬂩之子），恰逢清朝盛世。在《红楼梦》中较详细地描述过的三组大型建筑群有贾氏住宅"荣国府""宁国府"和因元妃省亲而建的"大观园"。从与大观园相关的空间内容的描述来看，曹雪芹对当时的园林建筑体系的空间形态与空间内容的构成非常精通。例如，北京清漪园始建于乾隆十五年（公元 1750 年），在其西北部有"耕织图"景区，由"延赏斋""织染局""蚕神庙""水村居"以及水乡田园式的环境等空间与内容组成，以体现"男耕女织"的主题和乾隆皇帝也"向往"归隐的雅兴（这类"雅兴"还可参见他的"圆明园四十景"的诗词中的相关内容），当时还特意将宫廷内务府织染局迁到园内。始建年代更早的圆明园后湖以北的"澹泊宁静"的东、西、北三面有小面积的稻田，"文源阁"和"柳浪闻莺"的北面和东面也有较大面积的稻田。"耕织图"这类主题内容的景区，在以往的皇家园林里也并不少见，如北宋汴梁"华阳宫"内模仿农耕田园的"西庄"景区等。但现实中的私家园林，因大多规模有限，很少会安排这类内容，也就很少有可供曹雪芹参照的实例。而在小说《红楼梦》中的大观园，曹雪芹特意安排了这类主题内容的景区："下面分畦列亩，佳蔬菜花，漫然无际。"为的是使这类景区与相关人物的性格特点和最终命运等内容相吻合。这也间接地证明了曹雪芹在中国传统园林建筑体系的认知方面有着很高的学识与修养，因此其小说中对相关内容的描述，也一定有很高的历史参考价值。

在《红楼梦》第十七回"大观园试才题封额、荣国府归省庆元宵"中，贾政有一句话："偌大景致，若干亭榭，无字标题，也觉寥落无趣，任有花柳山水，也断不能生色。"这句话实际上是借贾政之口，道出了中国传统园林建筑体系的一个重要特征，即单纯视觉上的园林形象内容等，并不是在观赏过程中可感知到的全部内容，或曰并不能仅凭直觉去欣赏，还要有如匾额、对联、题记等文学内容作为观赏过程中的"提示"，以助发幽思玄妙之想。另外，当时此类题咏内容，对于创作者的"题"和观赏者的"赏"，还有相互考验才学与修养等方面的文化功能，并且成为中国传统园林建筑体系本身文化功能的一部分。以下便从《红楼梦》第十七回"大观园试才题封额、荣国府归省庆元宵"和第十八回"皇恩重元妃省父母、天伦乐宝玉呈才藻"中概括地摘录一部分内容，作为对这类文化内容"鲜活"的注解。

在"大观园"基本完工时，贾珍等来见贾政说："园内工程俱已告竣，大老爷已瞧过了，只等老爷瞧了，或有不妥之处，再行改造，好题匾额对联的。"贾政听完沉思一会儿说："这匾额对联倒是一件难事。论理该请贵妃赐题才是，然贵妃若不亲睹其景，大约亦必不肯妄拟。若直待贵妃游幸过再请题，偌大景致，若干亭榭，无字标题，也觉寥落无趣，任有花柳山水，也断不能生色。"众清客在旁笑答道："老世翁所见极是。如今我们有个愚见：各处匾额对联断不可少，亦断不可定名。如今且按其景致，或两字、三字、四字，虚合其意，拟了出来，暂且做灯匾联悬了。待贵妃游幸时，再请定名，岂不两全？"贾政听了表示"所见不差"，并说："你们不知，我自幼于花鸟山水题咏上就平平，如今上了年纪，且案牍劳烦，于这怡情悦性文章上更生疏了。纵拟了出来，不免迂腐古板，反不能使花柳园亭生色，倘不妥协，反没意思。"众清客笑道："这也无妨。我们大家看了公拟，各举其长，优则存之，劣则删之，未为不可。"贾政道："此论极是。且喜今日天气和暖，大家去逛逛。"

在众人入园门之前撞上了因躲之不及的贾宝玉。"贾政近因闻得塾掌称赞宝玉专能对对联，虽不喜读书，偏倒有些歪才情似的，今日偶然撞见这机会，便命他跟来。"后面便具体描写了贾宝玉在题匾、写对、赋诗等方面高于贾政和众清客之处，大观园最初的诸景点的题咏等，几乎由他一人完成，其中重点描述的有"有凤来仪""杏帘在望""蘅芷清芬""红香绿玉"等处题咏的过程。

有凤来仪：

（贾政等人）于是出亭过池，一山一石，一花一木，莫不着意观览。忽抬头看见前面一带粉垣，里面数楹修舍，有千百竿翠竹遮映。众人都道："好个所在！"入门便是曲折游廊，阶下石子漫成甬路。北面有三间房舍，一明两暗，里面都是尺度合宜的床几椅案。从里间房内又得一小门，出去则是后院，有大株梨花兼着芭蕉，又有两间供休息的附属房间。后院墙下忽开一隙，得泉一派，开沟仅尺许，灌入墙内，绕阶缘屋至前院，盘旋竹下而出（精细的理水手法）。

贾政笑道："这一处还罢了。若能月夜坐此窗下读书，不枉虚生一世。"众清客道："此处的匾该题四个字。"一个道是"淇水遗风"，（注1）另一个道是"睢园雅迹"。（注2）贾政皆称"俗"。贾宝玉道："都似不妥。""这是第一处行幸之处，必须颂圣方可。若用四字的匾，又有古人现成的，何必再作。"贾政道："难道'淇水''睢园'不是古人的？"宝玉道："这太板腐了。莫若'有凤来仪'四字。"贾政命再题一联，宝玉联曰："宝鼎茶闲烟尚绿，幽窗棋罢指犹凉。"

杏帘在望：

转过山怀中，隐隐露出一带黄泥筑就矮墙，墙头皆用稻茎掩护。有几百株杏花，如喷火蒸霞一般。里面数楹茅屋，外面却是桑、榆、槿、柘各色树稚新条。随其曲折，编就两溜青篱。篱外山坡之下，有一土井，旁有桔槔辘轳之属。下面分畦列亩，佳蔬菜花，漫然无际。贾政笑道："倒是此处有些道理。固然系人力穿凿，此时一见，未免勾引起我归农之意。"方欲进篱门去，忽见路旁有一石碣，亦为留题之备。众人笑道："更妙，更妙，此处若悬匾待题，则田舍家风一洗尽矣。立此一碣，又觉生色许多，非范石湖（笔者按：范大成）田家之咏不足以尽其妙。""……此处古人已道尽矣，莫若直书'杏花村'妙极。"贾政听了，笑向贾珍道："正亏提醒了我。此处都妙极，只是还少一个酒幌。明日竟作一个，不必华丽，就依外面村庄的式样作来，用竹竿挑在树梢。"贾政又向众人道："'杏花村'固佳，只是犯了正名，村名直待请名方可。"众客都道："是呀。如今虚的，便是什么字样好？"贾宝玉说："旧诗有云：'红杏梢头挂酒旗'（注3），如今莫若'杏帘在望'四字。"众人都道："好个'在望'！又暗合'杏花村'意。"宝玉冷笑道："村名若用'杏花'二字，则俗陋不堪了。又有古人诗云：'柴门临水稻花香'（注4），何不就用'稻香村'的妙？"众人听了，亦发哄声拍手道："妙！"

蘅芷清芬：

贾政因见两边俱是超手游廊，便顺着游廊步入。只见上面五间清厦连着卷棚，四面出廊，绿窗油壁，更比前几处清雅不同。贾政叹道："此轩中煮茶操琴，亦不必再焚名香矣。此造已出意外，诸公必有佳作新题以颜其额，方不负此。"众人笑道："再莫若'兰风蕙露'贴切了。"贾政道："也只好用这四字。其联若何？"一人道："麝兰芳霭斜阳院，杜若香飘明月洲。"又一人道："三径香风飘玉蕙，一庭明月照金兰。"贾宝玉说："此处并没有什么'兰麝''明月''洲渚'之类，若要这样着迹说起来，就题二百联也不能完。""匾上则莫若'蘅芷清芬'四字。对联则是：'吟成豆蔻才犹艳，睡足酴醾梦也香。'"

红香绿玉：

一径引人绕着碧桃花，穿过一层竹篱花障编就的月洞门，俄见粉墙环护，绿柳周垂。贾政与众人进去，一入门，两边都是游廊相接。院中点衬几块山石，一边种着数本芭蕉，那一边乃是一棵西府海棠，其势若伞，丝垂翠缕，葩吐丹砂。贾政因问："想几个什么新鲜字来题此？"一客道："'蕉鹤'二字最妙。"又一客道："'崇光泛彩'方妙。"贾宝玉说："此处蕉、棠两植，其意暗蓄'红''绿'二字在内。若只说蕉，则棠无着落，若只说棠，蕉亦无着落。固有蕉无棠不可，有棠无蕉更不可。""依我，题'红香绿玉'四字，方两全其妙。"

贵妃贾元春系贾宝玉的嫡母长姊，从小就帮着王夫人照顾贾宝玉，对他自然有着比别人多一分的怜爱。因此在省亲游大观园过程中，肯定了贾宝玉在文学方面的才华，还要进一步验证他在这方面的能力。

贾元春等进园，重点游了"有凤来仪""杏帘在望""蘅芷清芬""红香绿玉"等处，且登楼步阁、涉水缘山、百般眺览徘徊。"元妃乃命传笔砚伺候，亲搦湘管，择其几处最喜者赐名。"其中对"有凤来仪""杏帘在望""蘅芷清芬""红香绿玉"分别赐名为"潇湘馆""浣葛山庄（稻香村）""蘅芜苑""怡红快绿（怡红院）"。"更有'蓼风轩''藕香榭''紫菱洲''荇叶渚'等名，又有四字的匾额十数个，诸如'梨花春雨''桐剪秋风''荻芦夜雪'等名，此时悉难全记。又命旧有匾联俱不必摘去。于是先题一绝云：'衔山抱水建来精，多少工夫筑始成。天上人间诸景备，芳园应锡大观名。'写毕，向诸姊妹笑道：'我素乏捷才，且不长于吟咏，妹辈素所深知。今夜聊以塞责，不负斯景而已。异日少暇，必补撰《大观园记》并《省亲颂》等文，以记今日之事。妹辈亦各题一匾一诗，随才之长短，亦暂吟成，不可因我微才所缚。且喜宝玉竟知题咏，是我意外之想。此中'潇湘馆''蘅芜苑'二处，我所极爱，次之'怡红院''浣葛山庄'，此四大处，必得别有章句题咏方妙。前所题之联虽佳，如今再各赋五言律一首，使我当面试过，方不负我自幼教授之苦心。'宝玉只得答应了，下来自去构思。"

在元春命贾宝玉所做的四首五律诗中，两首为贾宝玉独立完成：

有凤来仪（潇湘馆）："秀玉初成实，堪宜待凤凰。竿竿青欲滴，个个绿生凉。迸砌妨阶水，穿帘碍鼎香。莫摇清碎影，好梦昼初长。"

蘅芷清芬（蘅芜苑）："蘅芜满净苑，萝薜助芬芳。软衬三春草，柔拖一缕香。轻烟迷曲径，冷翠滴回廊。谁谓池塘曲，谢家幽梦长。"

第三首经薛宝钗点拨修改完成。小说中讲，彼时宝玉尚未作完，只刚作了"潇湘馆"与"蘅芜苑"二首，正作"怡红院"一首，起草内有"绿玉春犹卷"一句。宝钗转眼瞥见，急忙回身悄推他道："她（笔者按：指元春）因不喜'红香绿玉'四字，改了'怡红快绿'，你这会子偏用'绿玉'二字，岂不是有意和她争驰了？况且蕉叶之说也颇多。再想一个字改了吧。"宝玉见宝钗如此说，便拭汗道："我这会子总想不起什么典故出处来。"宝钗笑道："你只把'绿玉'的'玉'字改作'蜡'字就是了。"宝玉道："'绿蜡'可有出处？"宝钗见问，悄悄地咂嘴点头笑道："……唐钱翊咏芭蕉诗头一句：'冷烛无烟绿蜡乾'，你都忘了不成？"

怡红快绿（怡红院）："深庭长日静，两两出婵娟。绿蜡春犹卷，红妆夜未眠。凭栏垂绛袖，倚石护青烟。对立东风里，主人应解怜。"

第四首是由林黛玉悄悄替他完成：

杏帘在望（稻香村）："杏帘招客饮，在望有山庄。菱荇鹅儿水，桑榆燕子梁。

一畦春韭绿，十里稻花香。盛世无饥馁，何须耕织忙。"

小说《红楼梦》中的上述内容，对我们今天理解和研究中国古代社会末期私家园林的营造情况有着特殊的说明意义。例如，从"大观园"中题咏的产生过程来看，是园林的所有者和其他文人等因景而作，并非在设计之前就有什么"预设"，且具有相当的偶然性。在《红楼梦》小说的其他章节中，对于这样一座为接待元妃省亲而建造的重要的建筑组群，既没有关于建造当初对空间形态与空间内容构想等内容的描述，也没有提及由谁具体来进行设计。或许大观园的空间形态与空间内容，在当时已经可以"约定俗成"，也就是说至清朝时期，私家园林的空间形态和空间内容，已经可以从"约定俗成"的"菜单"中进行选择了，即大多私家园林潜在的拥有者和专业的工匠等，对私家园林营造的内容，早已有了潜在的"腹稿"。

另外，《红楼梦》中讲述的故事，有助于我们理解私家园林的社会与文化意义。曹雪芹通过贾政之口，给园林中匾额、对联等文字内容的性质定义为"怡情悦性"，实际上也是表达了私家园林建筑体系基本的功能之一和文化意义。但"怡情悦性"与"林泉之志"实在是相去甚远。而小说中描述的建造目的，与"怡情悦性"同样是相去甚远。在小说中，随着故事情节的展开、发展，最核心的内容都发生在大观园中，这座大观园就是曹雪芹构建的一个"理想国"的象征。但无论贾政、众清客、贾宝玉在"大观园试才题对额"时如何夸耀它的文化和象征意义，本质上它终究是一座世俗的温柔之乡，特别是其最初的建造目的，也是因"荣国府归省庆元宵"。后来在大观园中继续演绎了各色人等的喜怒哀乐、悲欢离合。这类世俗故事内容的丰富性，也远远超出了大观园，即作为空间载体的私家园林本身的范畴。

注1：《诗经·国风（卫风）·淇奥》中有："瞻彼淇奥，绿竹猗猗。……瞻彼淇奥，绿竹青青。……瞻彼淇奥，绿竹如箦。""淇奥"（yù，水之曲岸），具体指西周时卫国的"淇园"。

注2：《滕王阁序》有："睢园绿竹，气凌彭泽之樽。""睢园"即为西汉梁孝王刘武在开封建的梁园。

注3：出自明唐寅的《杏林春燕》，原诗为："红杏梢头挂酒旗，绿杨枝上转黄鹂。鸟声花影留人住，不赏东风也是痴。"

注4：出自晚唐诗人许浑的《晚自朝台津至韦隐居郊园》，原诗为："秋来兔雁下方塘，系马朝台步夕阳。村径绕山松叶暗，野门临水稻花香。云来海气琴书润，风带潮声枕簟凉。西下蟠溪犹万里，可能垂白待文王。"注意，原诗中为"野门"非"柴门"。

后 记

    在笔者接触中国传统园林建筑体系内容的经历中，有几段内容的印象始终是比较深刻的。笔者发现，这些挥之不去的记忆片段，恰恰是笔者不断深入地理解中国传统园林建筑体系内容的关键"突变"点。因此把这些记忆的片段串联起来叙述，有助于读者对正文中或已阐释过的相关问题的理解。

    在读大学二年级时，笔者全班曾到承德市避暑山庄进行了为期两周的色彩写生。其间，对这座残缺的清皇家园林近距离、长时间地接触多了，特别又因一直比较疲惫，所以最后在绘画的感觉上便有些麻木。但也因近距离和较长时间的接触，那些因特殊天气和特殊时间所呈现出的美好景象，也使笔者初步体会到了"坐拥"园林与"逛公园"的感受之间的巨大区别。这种巨大区别，也同样存在于笔者常驻大山中写生时，早晚与阴晴等不同时间与气候情况下的视觉感受，与"到此一游"之间。

    在读大学三年级时，笔者全班园林设计课程中的一部分内容，是为期四周时间的江南私家园林考察，地点包括上海、杭州、苏州、扬州、镇江、无锡、南京等。在从北京开往上海的火车上，笔者第一次透过车窗看到了在凌晨的雾霭茫茫、粉墙黛瓦、稻田野塘等组成的恬静秀美画面，对江南景色产生了初步的美好印象。而之后真的置身于各个具体的私家园林及风景区之中（后者如杭州西湖畔和镇江金山寺下的长江边），对江南恬静秀美的景色更是由衷地喜爱。特别是在扬州参观期间，我们就直接住在何园（寄啸山庄）内，更可以近距离地观察与触摸这座集南北特色于一体的私家园林。但在整个考察过程中不无遗憾的是，对于有同学提出的疑问，比如可能是因审美疲劳等原因而产生"不过如此"的感觉，以及对一些园林要素内容的形象和安排是否适宜的质疑，某任课老师仅用"你还没有（进）入（意）境"而简单地搪塞了。

    由陈凯歌执导的电影《霸王别姬》在 1993 年荣获法国戛纳国际电影节金棕榈奖，随后还获得了美国金球奖的最佳外语片奖、国际影评人联盟大奖等多项国际大奖。因此在西方国家掀起了一波"中国文化热"现象。不久，法国某出版商通过国内一家出版社联系中国艺术研究院，希望合作出版一套（10本）有关中国传统文化方面的书籍，并要求每个选题的作者先提交一份写作提纲供参考。最后只确定了其中的两个选题，一个是"中国京剧"，另一个是笔者的"中国园林"。为此，法国出版商与合作的国内出版社约笔者开了两次讨论会。在第一次讨论会开始时，对方首先让笔者大概地翻阅了一本法文图书。书中有连续几页的彩色图片中有渔民打鱼的场景，还有古航海图，等等。对方问笔者能否看出这是一本什么书，笔者因不懂法文，又是匆匆翻阅了几页，自然无法确切地回答。对方说这是一本《菜谱》。笔者马上明白了，原来法国人在介绍一条鱼的烹饪时，首先介绍这种鱼是生长在哪片海域的，当地的渔民是怎么捕捞的，历史上又是怎么运抵法国的，然后才是具体地介绍在厨房怎么烹饪等。之后对方说之所以会选中笔者的选题，是因为在笔者的提纲中提出了除了一般性的阐释外，重点是以联系古代人的现实生活去描述园林，以置身于园林环境中的真实体验去描述园林，等等。对方表示合作的书籍虽然要有最高学术水平，但不能写成大学教材式的，因为除了相关专业的学生外，没有人会去读一本大学教材。那家合作的国内出版社的人员之前也做了很多功课，对国内当时在园林艺术方面的研究成果和专家等都有些了解，所以问笔者对中国皇家园林和私家园林的看法。可以说笔者的回答让他们着实兴奋，比如，他们从来没听说过在英法联军火烧圆明园时期，咸丰皇帝的"木兰秋狝"行为在其他朝代也曾经相似地上演过。通过与法国出版商的讨论，也进一步强化了笔者早已开始的研究中国传统建筑艺术、文化和历史等的方法。例如，若脱离了对以汉武帝为代表的汉朝皇帝个人的研究而去研究汉朝的皇家园林，其结论很可能就沦为以田野考古和文献考证等资料的总结，加上以传统固有的思维逻辑和观念为基础的主观的臆断。

笔者因出生在北京，儿时常随家长到市内的"公园"游玩，对其中的皇家园林整体的富丽堂皇和某些局部空间的清雅幽静的印象，至今仍记忆犹新。前者如远望颐和园万寿山的佛香阁景区，后者如近观北海的濠濮间与画舫斋景区等（画舫斋景区已经很久不对外开放了），挥之不去的印象尤以画舫斋为甚。现在想来，可能因为儿时最喜欢所居四合院中下雨时的景象：夏秋暴雨之时，面对天空中的阵阵雨幕、庭院中瞬间的积水、积水中雨点交错的涟漪和水雾、雨后积水上飘动的落花和树叶等，都会给笔者儿时的生活平添很多意外的惊喜与情趣，还时常幻想着积水会出现游鱼。而画舫斋景区较小尺度的灰瓦灰墙的建筑、游廊和院中的池水等，与暴雨过后四合院中的景象有很多相似性，恍然中犹如四合院中雨后景象的驻留，并且池中的游鱼，也是四合院雨后的景象中可幻想但不曾真的有过的。

　　实际上笔者对中国传统园林建筑体系理论的初步了解，并非始于大学时期的专业课程，而是始于在高中时期拜读的宗白华先生的《美学散步》中的相关内容。书中以诗化的优美语言，讲解了中国传统园林、绘画、书法、雕塑、诗词、戏剧、舞蹈等诸多艺术的程式、手法、动态、象征、意境、风格等内容，并把各门艺术的特征联系起来，展现了中国传统艺术整体的美学特征和与西方艺术美学的比较特征等。在今天看来，这本书中并没有看似高深的理论，但在诗化的语言中解答了很多中西方传统艺术中的基本美学规律问题。

　　以往有些研究者对与中国传统园林建筑体系相关的文化艺术等问题的解释，虽然貌似高深，但终似是而非。例如，导游给游客介绍私家园林建筑体系的社会与文化意义时，讲述最多的就是所谓的隐逸文化，感觉若没有隐逸文化就没有私家园林，而引用最多的名句就是孔子的"道不行，乘桴浮于海"。好像孔子就是春秋时期的隐者，这显然是违背和无视基本的历史常识。孔子不但没有"乘桴浮于海"，且周游列国也是有着明确的出世目的。很显然，这些导游词都有固定的版本，而导游词编辑者所利用的资料，都是来源于与园林相关的专业书籍。

　　我们今天所能见到的传统园林实例都属于历史遗存，但在当时的历史中却可以归为文化空间。而对于研究者而言，"历史遗存"与"文化空间"的具体区别，便是研究者是否生活在特定的历史时期，因为我们不是，所以就容易仅凭各类文献中的只言片语，便对"历史遗存"在特定时间的文化内容做出想当然的揣测。再如，有学者还把中国传统园林建筑体系的基本形态归结为中国人传统的自然观问题，其观点认为："中西传统文化对待自然的态度大相径庭，西方人视自然为上帝的造物，且从上帝处获得了驾驭自然、征服自然的权力。而中国人则视自然为万物的本源，对自然采取了敬畏与呵护的态度，在理念中把自然与人文社会融为一体，在建筑环境的创造上对于自然的偏好，成为一种本能的追求。"很显然，"中国人则视自然为万物的本源"的结论便站不住脚，在中国主流的儒家文化中僵化的上帝观，至晚延续到了清末，矗立在北京南部的天坛就是最好的证明。并且即便是道家学说，也从没有以"自然为万物的本源"的理论，如老子《道德经》中的"人法地、地法天、天法道、道法自然"中的"自然"，并非我们今天所说的"大自然"之意，而是有"自然而然"之意。为了说明上述观点，前述研究者还列举了诸如"中国人很早就发展了完善的城市规划思想，城市与居住建筑，从来就是与自然环境密不可分的。例如在城市规划方面，秦咸阳城在规划中像天界河汉；隋唐长安城将大片山林与水体括入城市，将乐游原、曲江池等山水景观纳入城市空间体系；宋汴梁城在'四水贯都'

的基础上，又在宫城东北隅堆造大型自然园林——艮岳，使繁闹的都市中，平添大面积的自然景观。……又如中国的居住建筑，从来都是一个将自然景物与居住空间融为一体的环境。秦始皇建造咸阳阿房前殿，北依渭水，南向秦岭，'自殿下直抵南山，表南山之颠以为阙'，将宫殿建筑与大尺度的自然山水作大空间范围的交融。隋代建洛阳城，为写仿河汉而将洛水贯都，并使宫禁的前门紧邻河道，架'天津桥'过往。城西所建西苑内设龙鳞池，在池畔建造了16组建筑院落组群，每一座院落都是用池水曲折环绕，更在池中心设仙山琼阁。风俗渲染之下，唐宋间的洛阳城内园池鼎盛，城东南隅的大片里坊中山环水绕。唐代东、西两京城中十分流行的'山池院'或'山亭院'式住宅，就是这种将自然景观与居住建筑融为一体的典型形式。在住宅内，天光、水色、山石、林木、花草、丛竹，无一不与房屋主人起居、读书、休憩的空间相互交融贯通。这一居住理念，一直影响到明清时代的北方四合院住宅及南方带有私家花园的士大夫住宅。所谓'城市山林'，即在喧闹的城市中，自有一方恬静的天光水色、林木山石。"以上一串的实例，笔者在前面章节中都具体阐释过，它们并非可以成为理念相同的并列关系，特别是很多并非出于"在建筑环境的创造上对于自然的偏好"。笔者所举这些实例，似乎是想证明"在理念中把自然与人文社会融为一体"，也就是所谓的"天人合一"。实际上"天人之际，合而为一"的理念，乃为神学理念，绝非今天科学意义上的自然与环境保护理念。这类问题，笔者在前面章节中已经有过充分的阐释，在此不再赘述。下面赘举两则历史文献中的内容，对作者前面的观点予以检验。

《三辅黄图•卷三•扶荔宫》载："扶荔宫，在上林苑中……以植所得奇草异木：菖蒲百本；山姜十本；甘蕉十二本；留求子十本；桂百本；蜜香、指甲花百本；龙眼、荔枝、槟榔、橄榄、千岁子、柑橘皆百余本。"请重点注意下面这段话："上木，南北异宜，岁时多枯瘁。荔枝自交趾移植百株于庭，无一生者，连年犹移植不息。后数岁，偶一株稍茂，终无华实，帝亦珍惜之。一旦萎死，守吏坐诛者数十人，遂不复莳（shí，栽种）矣。"

北宋张淏《艮岳记》记载宋徽宗建艮岳："时有朱勔者，取浙中珍异花木竹石以进，号曰'花石纲'。……调民搜岩剔薮，幽隐不置，一花一木，曾经黄封，护视稍不谨，则加之以罪。斫山辇石，虽江湖不测之渊，力不可致者，百计以出之至，名曰'神运'。舟楫相继，日夜不绝，广济四指挥，尽以充挽士，犹不给。……又有不待旨，但进物至都，计会宦者以献者。大率灵璧、太湖诸石，二浙奇竹异花，登莱文石，湖湘文竹，四川佳果异木之属。皆越海度江，凿城郭而至……"

观此两则记载，无论如何也推断不出诸如"视自然为万物的本源，对自然采了敬畏与呵护的态度"的结论。

另有南宋周密的《癸辛杂识·吴兴园圃·假山》说："前世叠石为山，未见显著者。至宣和，艮岳始兴大役，连舻輂致，不遗余力。其大峰特秀者，不特侯封，或赐金带，且各图为谱。然工人特出于吴兴，谓之山匠，或亦朱勔之遗风。盖吴兴北连洞庭，多产花石，而卞山所出，类亦奇秀，故四方之为山者，皆于此中取之。"

文中所讲述的内容，实为各类造园者为一己私利，破坏他地自然环境风貌之范例。

因地域相对封闭，中国古代传统文化有着超级稳定性的基本特征，例如传统园林建筑体系从最初的模仿神仙境地开始，这种目的或主题，在其发展或延续的历史过程中也逐渐转变为园林文化中的潜意识，即便在清朝时期的私家园林中，也淋漓地再现着。另外，中国传统建筑体系的结构、构造、材料等，自先秦至清末也未有本质上的进步，不得不始终以群体组合为基本特征，这也为包括传统园林在内的传统建筑体系提供并限定了基本的空间形态。因此，在充分肯定中国传统园林建筑体系在空间内容与空间形态的营造方面取得了骄人成就的前提下，也要认清"在建筑环境的创造上对于自然的偏好"，主要是源于建筑技术和建筑材料长期并无本质进步的局限。

赵玉春

2021 年 3 月 29 日于北京

参 考 文 献

[1] 侯仁之 . 北京历史地图集 [M]. 北京：文津出版社，2013.

[2] 刘策 . 中国古代苑囿 [M]. 银川：宁夏人民出版社，1982.

[3] 周维权 . 中国古典园林史 [M]. 北京：清华大学出版社，1990.

[4] 杨鸿勋 . 江南园林论 [M]. 北京：中国建筑工业出版社，2011.

[5] 杨鸿勋 . 宫殿考古通论 [M]. 北京：紫禁城出版社，2001.

[6] 童寯 . 江南园林志 [M]. 北京：中国建筑工业出版社，1984.

[7] 刘敦桢 . 苏州古典园林 [M]. 北京：中国建筑工业出版社，2005.

[8] 江晓原 . 天学真原 [M]. 沈阳：辽宁教育出版社，1991.

[9] 王毅 . 园林与中国文化 [M]. 上海：上海人民出版社，1990.

[10] 李浩 . 唐代园林别业考论 [M]. 西安：西北大学出版社，1996.

[11] 贾珺 . 北京私家园林志 [M]. 北京：清华大学出版社，2009.

[12] 中华书局编辑部 . 二十四史 [M]. 北京：中华书局，1977.

[13] 赵尔巽，等 . 清史稿 [M]. 北京：中华书局，1977.

[14] 刘安，等 . 淮南子 [M]. 北京：中华书局，2012.

[15] 吴长元 . 宸垣识略 [M]. 北京：北京出版社，1964.

[16] 于敏中 . 日下旧闻考 [M]. 北京：北京古籍出版社，1985.

[17] 刘侗，于奕正 . 帝京景物略 [M]. 上海：上海古籍出版社，2000.

[18] 冯梦龙 . 析津志辑佚 [M]. 北京：北京古籍出版社，1983.

[19] 孟元老 . 东京梦华录 [M]. 郑州：中州古籍出版社，2010.

[20] 周密 . 武林旧事 [M]. 杭州：浙江古籍出版社，2011.

[21] 杨炫之 . 洛阳伽蓝记 [M]. 北京：中华书局，2012.

[22] 佚名 . 三辅黄图校正 [M]. 西安：陕西人民出版社，1980.

[23] 葛洪 . 西京杂记 [M]. 北京：中华书局，1985.

[24] 孙承泽 . 春明梦余录 [M]. 北京：北京古籍出版社，1992.

[25] 吴自牧 . 梦梁录 [M]. 杭州：浙江人民出版社，1984.

[26] 周密 . 癸辛杂识 [M]. 吴企明点校 . 北京：中华书局，1988.